高等学校电气工程类系列教材

电工技术

（第三版）

■ 李海 崔雪 编著

WUHAN UNIVERSITY PRESS
武汉大学出版社

图书在版编目(CIP)数据

电工技术/李海,崔雪编著. —3 版. —武汉:武汉大学出版社,2011.12
高等学校电气工程类系列教材
ISBN 978-7-307-09235-8

Ⅰ.电…　Ⅱ.①李…　②崔…　Ⅲ.电工技术　Ⅳ.TM

中国版本图书馆 CIP 数据核字(2011)第 202131 号

责任编辑:李汉保　　责任校对:刘　欣　　版式设计:马　佳

出版发行:武汉大学出版社　(430072　武昌　珞珈山)
(电子邮件:cbs22@whu.edu.cn 网址:www.wdp.com.cn)
印刷:通山金地印务有限公司
开本:787×1092　1/16　印张:24.75　字数:596 千字
版次:1993 年 1 月第 1 版　2005 年 7 月第 2 版
2011 年 12 月第 3 版　2011 年 12 月第 3 版第 1 次印刷
ISBN 978-7-307-09235-8/TM·25　定价:35.00 元

高等学校电气工程类系列教材

编　委　会

内容简介

本书内容符合国家教育部颁布的“电工技术”（电工学Ⅰ）教学基本要求，是在前两版工科本科生历经数年使用的基础上的修订和补充。其内容包括：电路模型与电路定律、电路定理和分析方法、正弦稳态的相量法、交流电路的频率特性、二端口网络、一阶电路、二阶电路、磁路与电机（变压器、同步机、异步电动机、控制电机）及其控制（继电器—接触器控制、可编程控制器）、供用电及安全用电等。

本书可以作为高等学校非电专业本科生电工学系列《电工技术》课程教材，可以作为其他强电、弱电结合专业本科生的教材，也可以供高等学校教师以及相关工程技术人员参考使用。

序

电力工业是国民经济生产的基础能源工业，对于现代化建设具有举足轻重的地位，涉及工业、农业、国防建设、科学技术以及国民经济建设的各个领域。我国电力工业正在蓬勃发展，发电装机容量迅速增长，电网规模不断扩大、网架日趋紧密，2020年，我国发电装机容量将稳居世界第一。未来20年，中国将是全球电力工业和电工制造业的最大市场。目前我国电力工业的规模已居世界第二位，大部分地区电力需求能得到满足。然而，我国电气化水平和发达国家还有相当一段差距，尤其在人均用电量方面，仅为世界平均水平的三分之一。因此，培养适应新时期电气工程类专业的高级人才，促进电力工业建设，对于21世纪我国实现跨越式发展具有重要意义。

电气工程专业是一门历史悠久的专业。经过一百多年的不断发展，电气工程专业已逐步发展成为一个新兴的电气工程学科。至今，电气工程学科已形成为学科覆盖面广、学科理论体系完善、工程实践成功、应用领域宽广的一门独立学科。电气工程给人类社会的许多方面带来了巨大而深刻的影响。近一百年来，电气工程专业在我国高等教育中一直占据着十分重要的地位，为国家培养了大批的规划、设计、建设、生产及管理和科技人才，他们为我国电气工程的建设及其他领域的工作作出了巨大的贡献。

为了提高高等学校电气工程类课程建设、教材建设水平，由武汉大学电气工程学院和武汉大学出版社联合倡议，组建了高等学校电气工程类系列教材编委会，并联合若干所高等学校编写电气工程类教材，为我国高等学校从事电气工程类教学的教师，尤其是长期在教学和科研一线积累了丰富教学经验的教师搭建了一个研讨交流的平台，以此联合编写教材，交流教学经验，研讨教学方法。同时，通过相互讨论学习，确保教材的编写质量，突出课程的基本特色，有利于教材的不断更新，极力打造精品教材。

本着上述原则和方法，我们组织编撰出版了高等学校电气工程类系列教材。根据国家教育部电气工程类本科人才培养方案以及编委会成员单位（高校）电气工程类本科人才培养方案明确了教材种类（课程内容），并根据专业（课程）特色进行分工和编排，旨在提高高等学校电气工程类课程的教学质量和教材建设水平。

参加高等学校电气工程类系列教材编委会的高校有：

武汉大学，华中科技大学，四川大学，湖南大学，河海大学，南京工程大学，广东工业大学，郑州大学，三峡大学，湖北工业大学，上海电力学院，广西大学，长沙理工大学等院校。

武汉大学出版社是被中共中央宣传部与国家新闻出版署联合授予的全国优秀出版社之一，在国内享有较高的知名度和社会影响力，感谢其在出版过程中给予了许多有益的建议。我们愿与各位朋友真诚合作，力争将该系列教材打造成为国内同类教材中的精品教材，为高等教育的发展作出更大的贡献！

高等学校电气工程类系列教材编委会

2011年4月

前 言

近代科学技术发展的特点是继承积累和多种学科成果综合。前者体现在继承前人的知识、经验和成果的基础上向前发展；而后者是依靠和综合多种学科的成果，将多种技术结合起来实现科学技术的飞跃或更快的发展。

多种学科成果综合离不开现代仪器、机器，现代仪器、机器多采用多种先进技术形式综合集成，其根本上是电工电子技术的集成。今天，无论从事何种职业都离不开电工知识和技能的掌握。

人们在生活、学习和生产实践中，对电工电子技术知识的需求正日益渗透到人类社会实践的各个领域。为了适应社会需求和教学改革的需要，根据国家教育部最新颁布的高等学校工科本科基础课程“电工学”教学基本要求作为依据，结合教学改革的实践和需要，我们在前两版同名教材的基础上进行了较大修改。考虑到电工电子新技术的不断产生和发展，人们对电工电子技术应用需求和内容的扩展要求，以及教学手段的不断更新等因素，这次修订在体系上作了些微调，对前两版的传统内容进行精选和压缩，考虑到部分专业的特殊需求，力求使教材适应非电类更多专业的需求和应用。

本书编写的指导思想是，在内容上考虑到电子信息技术的迅速发展及其在非电类专业越来越广泛的应用，因此编写时既覆盖了教学基本要求所规定的全部内容，又增添了一些拓宽和加深的内容，以满足非电类各专业根据具体需要进行取舍；在阐述上由浅入深，循序渐进，使之符合人们认识客观事物的规律，便于读者自学；适当反映了现代科学技术发展的新成就。并注意加强知识的综合和系统的概念，力求保证基础、体现先进、加强应用，处理好基础性、先进性和应用性的关系。在体系上注意各部分章节的有机联系，加强了各主要部分内容的逻辑性，便于读者应用和科技创新能力的培养。

本书的特点是：“精选内容保基础，跟踪前沿新技术，面向实际重应用，突出能力的培养”。本书含有足够大的信息量，我们希望能为教师提供丰富的教学内容和各类不同学时对内容取舍的选择余地，也有利于开拓学生眼界和思路，便于学生自学。

本书是电工学课程的电工技术及应用部分。在内容组织上精选和压缩传统内容，注重跟踪新技术的发展，强调新技术的介绍。在结构上采用模块式，并注意各模块之间在不同组合时的逻辑衔接问题，以便不同专业使用。本书视其学时和要求，可以单独使用，也可以与相应的《电子技术》（如由李海主编、中国电力出版社出版的“十二五”规划教材《电子技术》）配套使用。

本书的内容除覆盖全部教学基本要求外，还充分考虑培养面向21世纪人才所必须具备的基础扎实、知识面宽、能力强和素质高的特点。为此，我们注意下列几点：

1. 重点保证“三基”即基本理论、基本知识和基本技能方面的内容，加强基本分析方法和电路定理的应用，注重“三基”的培养和训练。

2. 尽可能反映现代电工技术的新成果、新技术，如零输入和零状态网络的引入，电动机的软起动、变频调速以及可编程控制等内容，使教材的内容尽可能跟上时代发展的步伐。

3. 为了便于教与学，书中配有多种类型的例题和习题。例题是联系实际的典型例子，用来巩固基本知识和扩展基本内容，多数不必讲述，让学生自学理解。各章的习题大致可以分为三种类型：一是在"基本要求"范围内的习题，用于加强概念，理解、掌握"基本要求"的内容；二是较难习题，用于加深理解，起到举一反三之功用；三是接近实际的应用题，用于开拓学生视野，掌握实际应用知识。

这次修订编写工作由李海、崔雪承担。第8章～第12章由崔雪编写，第1章～第7章、第13章由李海编写。全书由李海统稿。

本书编写参考和引用了许多同仁的优秀成果，在此对参考资料和成果的原作者，表示衷心感谢！

限于作者学识水平有限，书中难免有疏漏和不妥之处，恳请使用本书的教师、学生以及其他读者批评指正。

作 者

2011年9月

目 录

电路基础篇

电路基础篇

第1章　电路模型及基本定律

电工、电子技术发展十分迅速,现代一切新的科学技术无不与电有密切的关系。因此,人们愈易清楚地认识到电工技术在现代社会中的应用地位。在这样的形势下,作为未来的工程师及科技工作者,掌握电工技术的相关理论知识和技能是极为重要的。

学习电路知识主要应掌握电路的基本规律及其计算方法,从而了解典型电路的特性,为今后的实际工作做好理论准备。但是,书本中所能介绍的电路毕竟是有限的,而今后工作中可能遇到的电路问题则是千变万化、层出不穷的。因此,我们应立足于掌握一些分析问题的方法,这样将会终生受益,对解决实际问题就能得心应手,应对自如。本章将从最一般的分析方法入手,即建立实际装置的物理模型,进而遵照电路的基本规律建立其数学模型,由此引出一些基本概念以及后面各章的学习内容。因此,本章是全书的基础。

§1.1　电路及其基本物理量

一门严谨的学科理论,往往有若干无需证明的公理作为全部立论依据,以示无懈可击。如牛顿的经典力学理论,就是建立在质量守恒、能量守恒这两条公理以及一条集中化假设 —— 质点不具有空间几何尺寸之上的。同样,电路理论寻根究源也有其理论支柱,那就是电荷守恒、能量守恒这两条公理和一条集中化假设 —— 理想模型(元件)不具有空间几何尺寸。凡符合上述集中化假设条件的元件称为集中参数元件。在这一假设下,电路中各部分的电压和电流仅是时间 t 的函数,可以表示为 $u(t)$ 和 $i(t)$。在这一假设下,元件端钮上的电压和电流,可以用物理方法准确的测定,不因其测试位置不同而异。凡不符合上述假设条件者将要用分布参数表示,本课程只讨论集中参数元件电路。

1.1.1　电路及其分类

1. 电路的组成

由电气装置和器件组成,为完成能量或信号的转换、电能的输送和分配以及信号的传递和处理的系统,称为电路。习惯上把这种电路称为实际电路。

任何一个实际电路都是由电能(或信号)源、电能接受器以及中间环节三部分组成的。

电能(或信号)源,如发电机、信号发生器、蓄电池、温差电池、干电池等,这些装置将其他形式的能量转换成电能。

电能接受器用来将电能转换成其他形式的能量。如电动机、加热器、电灯、永磁式扬声器等都属于电能接受器。在电路中电能接受器习惯上称为负载。

中间环节用来连接电源和电能接受器(负载),抑制或放大确定的信号分量(如滤波器,放大器),改变电路其他部分的电压和电流水平(如变压器),等等。

我们在研究这些实际电路的特性时，往往不是以这些实际的装置和器件作为讨论对象，而是对这些装置和器件的电磁特性进行科学的抽象与概括，用一些模型来代表实际装置和器件的外部功能。用这些模型元件按一定规则进行组合来描述实际装置的主要电磁性能。

由此可知，我们的研究对象，已不是看得见摸得着的实际装置，而是一些理想模型，以及由这些模型相互连接所构成的各种电路图，习惯上称之为电路。在后面所谈到的电路，都是指的电路图。

电路按其功能可以分为传输或分配电能（如电力系统）与传递或处理信号之用（如无线电技术、通信技术等电路）的两大类。

2. 电路中的物理过程

（1）能量类型。

- 能量
  - 电磁能量（电能）
    - 磁场能量
    - 电场能量
  - 非电磁能量（非电能）

（2）电路中的物理过程。

电路中的物理过程主要是能量转换和能量交换。能量转换是指电能与非电能之间的转换，能量交换是指电场能量与磁场能量的交换。

在电能转换成非电能的过程中，将伴随着能量的交换。电能转换成非电能要消耗电能，称为能量消耗或消耗有功，用转换的速率表示。而电能和磁能的交换没有电能损耗，用能量交换的最大速率表示其特性。电工中称之为消耗无功。

1.1.2 电路元件及其种类

用来代表实际装置外部功能的物理模型称为电路符号，习惯上又称为电路元件，简称元件。电路中的每个元件都有确定的引出端钮，借助引出端钮元件之间相互连接。

电路的实际装置可以用这些元件端钮上的有关物理量的代数方程或微分方程来描述，当然只能是近似地描述所研究的实际装置，模型取得越精确，则理论分析的结果与实际情况就越吻合。

电路元件按其引出端钮数目一般分为二端元件和多端元件，按其元件的数学模型，元件又分为线性和非线性两大类。电路元件还可以分为有源元件和无源元件。能源属于有源元件，放大器件（如电子管、晶体管、运算放大器等）属于有源元件；消耗电能或储存电能的元件（如电阻、电感线圈、电容器、变压器等）都属于无源元件。元件还可以按其他的条件分类，这里不一一介绍了。

1.1.3 基本变量

所谓基本变量是指能用这些变量方便地表示出电路中其他各物理量。电路问题的基本描述量是沿用物理学中有关电学的基本物理量。这些基本物理量一般分为基本变量与基本复合变量两大类。

基本变量如：电流 i、电压 u、电荷 q、磁通 ϕ 等。

基本复合变量如：功率 p、能量 w 等。

为了便于使用，对本书中用得较多的三个变量，即电压、电流和功率略加回顾。

1. 电压

电压是电路中两点电位之差值,即电位差,在数值上等于将单位正电荷从一点移到另一点时所获得的能量。可以表示为

$$u = \frac{\mathrm{d}w}{\mathrm{d}q} \tag{1-1}$$

法拉第(Faraday)发现:线圈两端之间的电压还可以简单地表示为

$$u = \frac{\mathrm{d}\phi}{\mathrm{d}t} \tag{1-2}$$

其中:电荷的单位为C(库仑),能量的单位为J(焦耳),磁通的单位为Wb(韦伯),时间的单位为s(秒)。当电压的单位为V(伏特)时,在实用中还有μV,mV,kV。

2. 电流

电荷的定向运动就形成电流,其大小等于单位时间通过导体横截面的电量,表示为

$$i = \frac{\mathrm{d}q}{\mathrm{d}t} \tag{1-3}$$

当电荷的单位为C(库仑)时,电流的单位为A(安培),在实用中还有mA,μA,kA。

如果电压和电流的大小和方向不随时间变化,则称为直流电。分别用英文大写字母U和I表示。

3. 功率

单位时间内电路消耗(或吸收)的能量称为功率,可以表示为

$$p = \frac{\mathrm{d}w}{\mathrm{d}t} \tag{1-4}$$

当能量单位为J(焦耳),时间单位为s(秒)时,功率的单位是W(瓦特)。在实用中还有mW,kW。

若每秒消耗一焦耳的电能,则其功率为一瓦特,于是功率表达式可以改写成

$$p = \frac{\mathrm{d}w}{\mathrm{d}q} \cdot \frac{\mathrm{d}q}{\mathrm{d}t}$$

应用式(1-1)和式(1-3)可得

$$p = ui \tag{1-5}$$

结果表明,功率是两个基本变量的乘积,即可以用基本变量表示,故称p为复合变量。对直流电,则功率为

$$P = UI \tag{1-6}$$

1.1.4　物理量的方向

电压、电势存在着高低电位端之分,电激流、电流存在着流向,习惯上称之为方向。在电路计算中常用到实际方向和参考方向两个术语。

1. 实际方向

所谓实际方向,是指反映物理量物理意义的方向。电压为由高电位指向低电位;电势则是由低电位指向高电位;电流在外电路由高电位流向低电位,在电源内部由低电位流向高电位。

在电路分析计算时,应根据电路定律建立电路方程,而在建立电路方程时需要知道电

压、电流的方向。然而,在绝大多数情况下,特别是一些复杂电路,是很难事先直观判定各电压、电流的实际方向的,为了解决这一矛盾引进参考方向。

2. 参考方向

所谓参考方向(或正方向),是指为了定量分析计算而事先假定的电压、电流方向,电流常用箭头"→"标注,而电压则用"+"、"-"极性标注,在文字符号中用双下标表示,如 U_{ab} 表示电压的参考方向由 a 指向 b。

电压、电流方向的选择,原则上讲是任意的,但当把同一元件上的电压和电流方向选择一致时,则给电路分析带来许多方便,这种组合选择,称为关联参考方向。

1.1.5 激励和响应

向电路输入信号(或作为能源,向电路输入能量推动电路工作的电压或电流)称为激励。经电路传输和处理后输出的信号(或由激励源作用而在电路各部分产生的电压、电流)称为响应。

电路理论分为两大分支:其一为电路分析(网络分析);其二为网络综合(设计)。本课程只讨论电路分析。电路分析的任务是:由已知电路结构、激励和元件参数,求电路的响应,从而了解电路特性。而常用的方法是激励和响应的方法(这种方法日常生活中也广泛采用,下面以一个通俗的例子来说明这个方法的内容。当人们想要了解一个瓷碗有无破损时,常常用一个硬物轻轻敲击碗边,而听瓷碗发出的响声如何。这里敲击一下可以认为是施加的一种激励,而碗发出的响声是一种响应,从碗发出响声的不同,可以判断瓷碗是否有肉眼所看不见的破损存在)。我们要了解一个电路的特性时所用的方法也十分相似,可以在电路的某一端口(称为输入端口)施加一种激励,这时激励则应为电信号,即随时间变化的各种电压及电流。而观察或计算电路中某一部分的电压或电流(响应),当得知网络对特定激励所产生的响应(如电路对直流、正弦函数、冲击函数的响应)时,便可以导出这一网络的特性。为了便于应用,下面介绍几种典型的激励函数及其波形。

1. 常数

不随时间变化的量

$$f(t) = A \quad (\text{对所有的 } t)$$

直流电路中的电压、电流均是常量。其波形如图 1-1(a) 所示。

2. 正弦波函数

$$f(t) = A_m \sin(\omega t + \varphi)$$

式中常数 A_m 为振幅,ω 为角频率,$\omega t + \varphi$ 为相角,φ 为初相角。其波形如图 1-1(b) 所示。

3. 单位阶跃函数

单位阶跃函数是研究动态电路时的一种重要激励函数。其定义为

$$u(t) = \begin{cases} 0, & (t < 0) \\ 1, & (t > 0) \end{cases}$$

其波形如图 1-2 所示。函数在 $t = 0$ 瞬间不连续,故在该瞬间的取值是有限的不确定值。可以认为 $u(0_-) = 0$ 和 $u(0_+) = 1$,即函数在 $t = 0$ 点的左极限为 0,右极限为 1。

假设我们把单位阶跃延迟 t_0 秒,则 $u(t)$ 是一个延迟单位阶跃函数 $u(t - t_0)$。如图 1-3 所示,函数表达式为

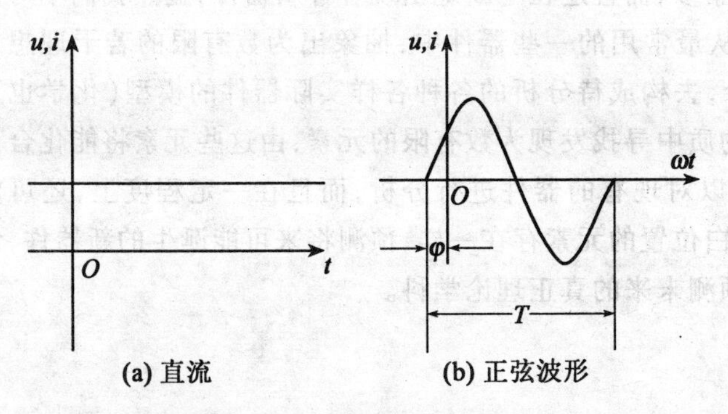

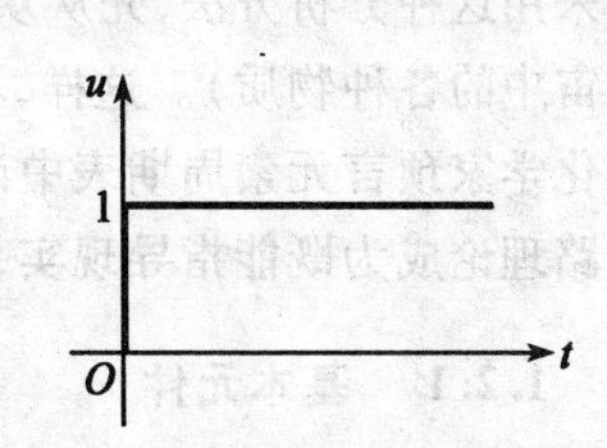

图1-1　常用激励波形　　图1-2　单位阶跃函数波形

$$u(t-t_0)=\begin{cases}0, & (t<t_0)\\ 1, & (t>t_0)\end{cases}$$

4. 单位矩形脉冲函数

$$p(t)=\begin{cases}0, & (t<0)\\ \dfrac{1}{\Delta t}, & (0<t<\Delta t)\\ 0, & (t>\Delta t)\end{cases}$$

该函数在 $t=0\sim\Delta t$ 之间等于 $\dfrac{1}{\Delta t}$，其余时间均为零，且曲线所围面积为1，故称为单位矩形脉冲，如图1-4所示，也可以用单位阶跃函数来表示，即

$$p(t)=\frac{1}{\Delta t}[u(t)-u(t-\Delta t)]。$$

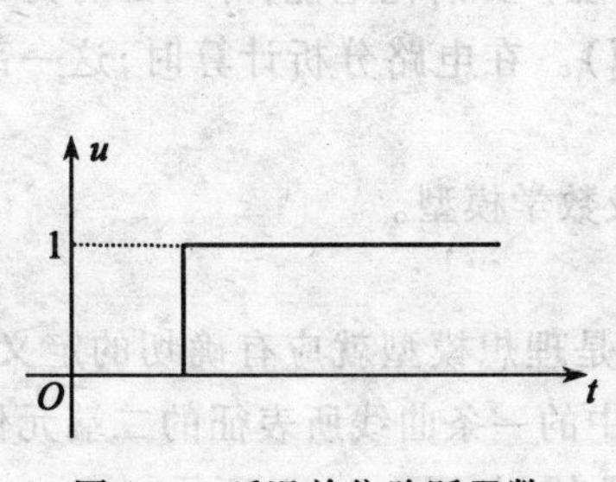

图1-3　延迟单位阶跃函数

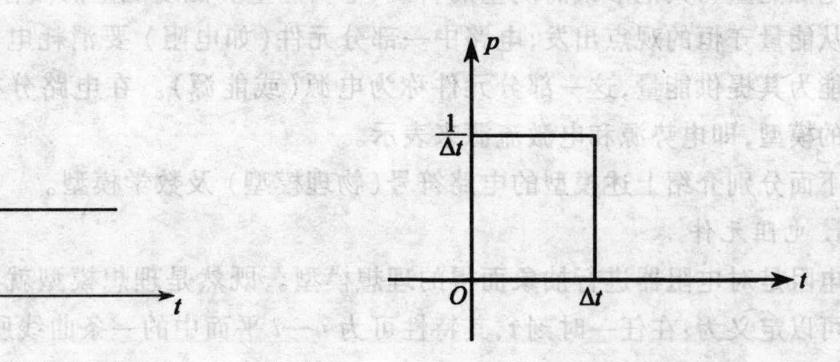

图1-4　单位矩形脉冲函数

§1.2　电路模型

前面谈到过，我们在分析和研究一个实际装置时，常采用模型化的方法，即先构思出能反映实际装置最主要物理特性的模型（物理模型），然后建立相应的一组数学模型，使分析定量化，求解所得数学方程，从而得到对该实际装置分析研究的结果。然而在电力系统和电

子线路中，所应用的装置、器件品种繁多，而且还在不断地出现各种新器件，显然我们不可能一个个就事论事，但是我们可以先从最常用的一些器件中，抽象出为数有限的若干理想模型——元件，再用这些元件的组合，去构成待分析的各种各样实际器件的模型（化学也正是采用这种分析方法，先从众多的物质中寻找发现为数有限的元素，由这些元素将能化合出宇宙中的各种物质）。这样，不仅可以对现有的器件进行分析，而且在一定程度上，还可能像化学家预言元素周期表中尚留空白位置的元素存在一样，预测将来可能诞生的新器件，使电路理论成为既能指导现实，又能预测未来的真正理论学科。

1.2.1 基本元件

要定义的基本元件有多少？以下表示出了基本元件的个数和类型：

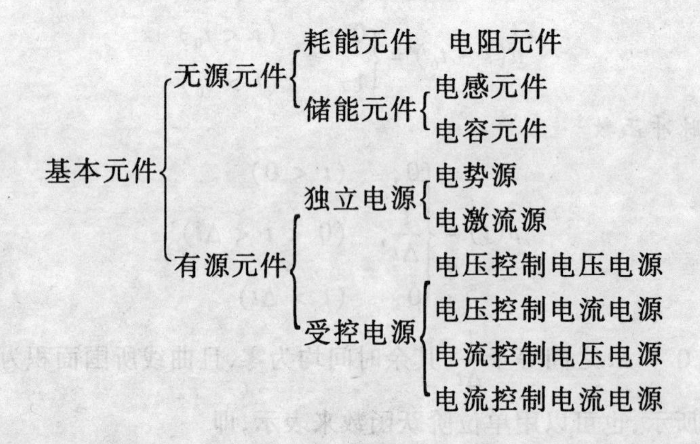

电阻元件、电容元件和电感元件是电路的基本无源元件。这些元件分别代表实际装置中的电磁能量与其他形式的能量的转换、电场能量和磁场能量的储存和变化的外部功能。

从能量守恒的观点出发，电路中一部分元件（如电阻）要消耗电能，那么必有另一部分元件能为其提供能量，这一部分元件称为电源（或能源）。在电路分析计算时，这一部分用相应的模型，即电势源和电激流源来表示。

下面分别介绍上述模型的电路符号（物理模型）及数学模型。

1. 电阻元件

电阻是对电阻器进行抽象而得的理想模型。既然是理想模型就应有确切的定义，电阻元件可以定义为：在任一时刻 t，其特性可为 u—i 平面中的一条曲线所表征的二端元件称为电阻元件。该曲线称为电阻在某一时刻 t 的伏安特性曲线，如图 1-5(a) 所示。

如果电阻的特性曲线在所有时间都是过原点的一条直线，则称之为线性电阻，否则称为非线性电阻。线性电阻的电路符号如图 1-5(b) 所示。所以任何一个电阻可以按其是线性还是非线性、是时变还是定常归类。本课程主要讨论线性定常和非线性定常两类电阻。

由解析几何知识可知，线性定常电阻特性曲线的方程为

$$u = Ri \quad (\text{或 } i = Gu) \tag{1-7}$$

式中 R 为电压与电流的比例系数，称 R 为电阻元件的参数，即 R 表示电阻，其单位为 Ω（欧姆），$G = \dfrac{1}{R}$，称为电导，其单位为 S（西门子）。

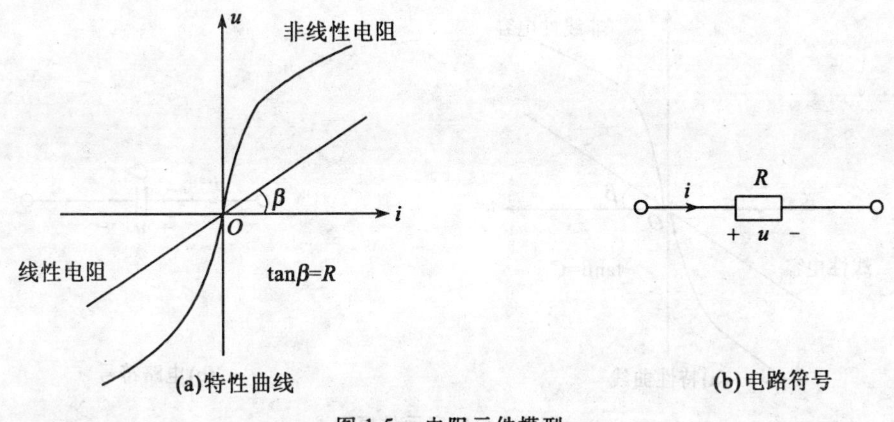

图 1-5　电阻元件模型

式(1-7) 反映了电阻元件上的电压 u 和电流 i 这两个基本变量的一种约束关系,即电压电流关系,用文字符号 VCR 表示①。习惯上称之为伏安关系。

从特性曲线来看,电压、电流是一个代数量,即电压、电流可能为正或为负。但是从物理学方面看,电压、电流为正、为负并无实际意义。为了给电压、电流的正、负赋予物理的解释,引进物理量的参考方向。有了参考方向后,电压、电流为正,则表示实际方向与参考方向一致,为负则表示实际方向与参考方向相反。人们把参考方向说成是连通数学和物理的桥梁,可见在电路分析计算中参考方向是十分重要的。

为了便于分析,电压、电流的参考方向(又称正方向)一般标注在电路符号上,其电压的参考方向通常用极性"+"和"-"表示,而电流则用箭头表示。参考方向的选择原则上讲是任意的,但为了分析问题的方便起见,同一元件上的电压、电流常选择相同的正方向。这样在电路符号上可以只标出电流(或电压)的正方向。这种参考方向的选择法称为关联参考方向,这种在电阻上电压、电流参考方向选择一致,又称为负载惯例。在这种假定下,电阻上的功率恒为正。

2. 电容元件

电容是对电容器进行抽象而得到的理想模型,用电容来表示实际装置中电场的外部功能。同样可以给电容一个确切的定义,电容的定义为:在任一时刻 t,其特性能用 $u—q$ 平面上的一条曲线描述的二端元件,称为电容元件。如果特性曲线在所有的时刻都是过原点的一条直线,如图 1-6(a) 所示,则称为线性定常电容。

特性曲线的方程为

$$q = Cu$$

方程两边对时间求导则有

$$\frac{\mathrm{d}q}{\mathrm{d}t} = C\frac{\mathrm{d}u}{\mathrm{d}t}$$

考虑电流的定义,上式可以改写成

$$i = C\frac{\mathrm{d}u}{\mathrm{d}t}\quad\left(\text{或 } u(t) = \frac{1}{C}\int_{\infty}^{t} i(t)\,\mathrm{d}t\right) \tag{1-8}$$

① VCR——Voltage Current Relation.

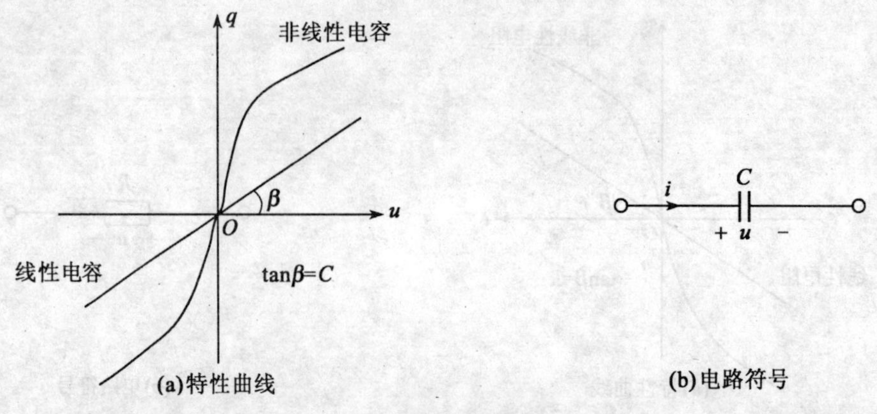

图 1-6 电容元件模型

式(1-8)为电容元件的伏安关系(VCR),其中 C 是一个常数,是联系电流与电压微分的比例系数,称之为电容元件的参数,其单位为 F(法拉)。

与电阻元件一样,仍借助参考方向来统一电容的物理模型与数学模型,电路符号及参考方向如图 1-6(b) 所示。

电容的伏安关系表明,某一时刻电容的电流和该时刻电容两端电压的变化率成正比,与该时刻电压的大小及电压的"历史"情况无关。电容上电压即使不为零,也有可能 $i(t)=0$,因为$\frac{du}{dt}$可能为零,$\frac{du}{dt}$越大,电流 $i(t)$ 也越大,这意味着电容是个动态元件。由于实际电路中的电流不可能无穷大,所以电容的端电压只能连续变化,而不能跃变。

3. 电感元件

电感元件是对电感器进行抽象得到的理想模型,用电感元件来代表实际装置中磁场的外部功能。电感元件定义为:在任意时间 t,其特性为 $i—\phi$ 平面上的一条曲线所描述的二端元件,称为电感元件。如果特性曲线在所有时间内都是通过原点的一条直线,则称为线性时不变电感。本课程只讨论这类电感。线性时不变电感的特性曲线如图 1-7(a) 所示。

线性时不变电感特性曲线的方程可以写成

$$\phi = Li$$

方程两边对时间求导得

$$\frac{d\phi}{dt} = L\frac{di}{dt}$$

$$u = L\frac{di}{dt} \tag{1-9}$$

式(1-9)为电感元件的伏安关系(VCR),L 为一常数,L 是联系电压与电流的变化率的比例系数,故称之为电感元件的参数,其单位为 H(亨利),简称亨。同样借助于参考方向来统一电感元件的物理模型和数学模型,其电路符号及参考方向如图 1-7(b) 所示。

与电容元件一样,电感元件也是一个动态元件,不同的是电感元件上的电流不能突变,只能连续变化。

以上介绍了 R、L、C 三个基本的无源元件,一个实际装置可以用这三个无源元件的适当组合来代表该装置的外部功能。但模拟实际器件的原则是择其主要者,弃之次要者。因此,

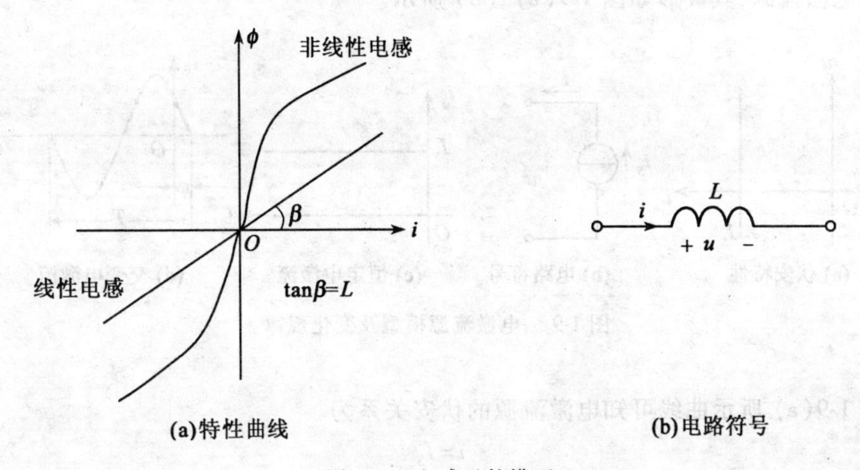

图 1-7　电感元件模型

即使同一器件，视其工作情况之不同，其主次亦各异，而所有元件亦各有区别。

4. 电动势源

电动势源亦称为理想电压源，其定义为：能维持端口电压为定值（常数或确定的时变函数），而与通过的电流无关的二端元件，称为理想电压源。其维持能力靠局外力做功来实现，并用电动势描述，故称为电动势源（简称电势源），用 e 或 u_s 表示，其伏安特性及电路符号如图 1-8（a）、（b）所示。电路符号旁边的“+”、“-”表示电源的极性（高低电位端），电动势表示电位的升高，故正方向由“-”指向“+”。当 $e(t)=E$ 为常数时电源称为恒定电动势源，简称恒压源；若 $e(t)$ 按某种确定函数规律（如正弦）变化，则称为交变电动势，其波形如图 1-8（c）、（d）所示。

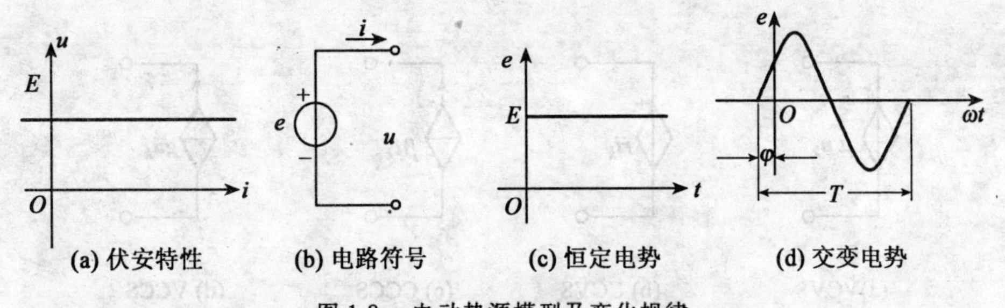

图 1-8　电动势源模型及变化规律

由图 1-8（a）所示曲线可知电势源的伏安关系为

$$u=E \tag{1-10}$$

5. 电激流源

电激流源又称为理想电流源，其定义为：能维持端口电流为定值（常数或确定的时变函数），而与两端的电压无关的二端元件，称为电激流源（简称激流源），用 i_S 表示。其维持能力也是靠局外力做功来实现。其伏安特性及电路符号如图 1-9（a）、（b）所示。若 $i_S(t)=I_S$ 为常数时，称为恒定电激流源，简称恒流源；若 $i_S(t)$ 按某种确定函数规律（如正弦）变化，则称为交变电激流源,其波形如图 1-9(c)、(d) 所示。

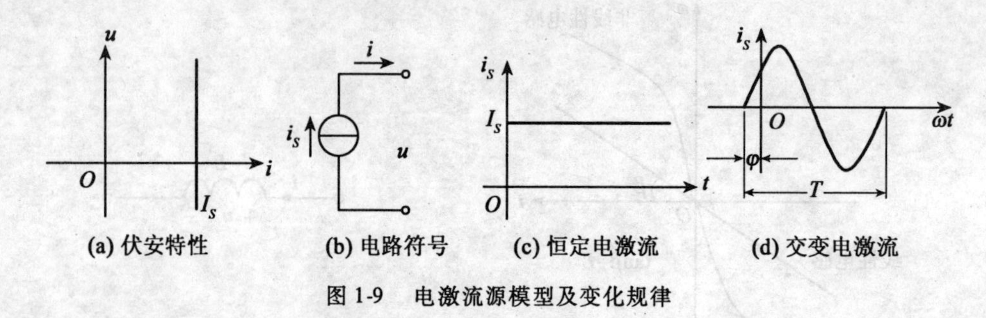

(a) 伏安特性 (b) 电路符号 (c) 恒定电激流 (d) 交变电激流

图 1-9 电激流源模型及变化规律

由图 1-9(a) 所示曲线可知电激流源的伏安关系为

$$i = I_S \tag{1-11}$$

6. 受控源

前面定义的电源其电压或电流值是确定的,大小和变化规律仅取决于局外力的做功,而与所在电路中其他部分的电流或电压无关,具有这种特性的电源,称为独立电源。

在实际应用中(例如分析晶体管放大器电路),还存在着电源的输出电压或电流的大小和变化规律受所在电路中其他某支路的电流或电压控制,不具有确定值。当控制量消失或为零时,受控电源的电压或电流也将为零,具有这种特性的电源称为受控源。

(1) 受控源类型及电路符号。根据受控源在电路中提供的是电压还是电流,是受电压的控制还是受电流的控制,受控源可以分成四种类型:

电压控制电压源(VCVS)、电流控制电压源(CCVS)、电压控制电流源(VCCS) 和电流控制电流源(CCCS)①。受控电源的表示既要考虑与独立电源符号的区别,又要体现电压源和电流源的特点,于是其相应的电路符号如图 1-10 所示。

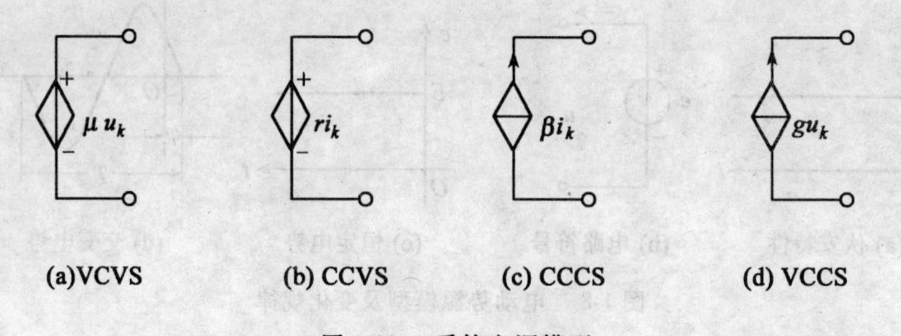

(a)VCVS (b) CCVS (c) CCCS (d) VCCS

图 1-10 受控电源模型

(2) 理想受控源模型。所谓理想受控源,控制端消耗的功率为零,即电压控制的受控源输入电阻无穷大($I_i = 0$),电流控制的受控源输入电阻为零($U_i = 0$),其输出为恒定电压或

① VCVS——Voltage Controlled Voltage Source.
CCVS——Current Controlled Voltage Source.
VCCS——Voltage Controlled Current Source.
CCCS——Current Controlled Current Source.

电流。四种理想受控源的模型如图 1-11 所示。

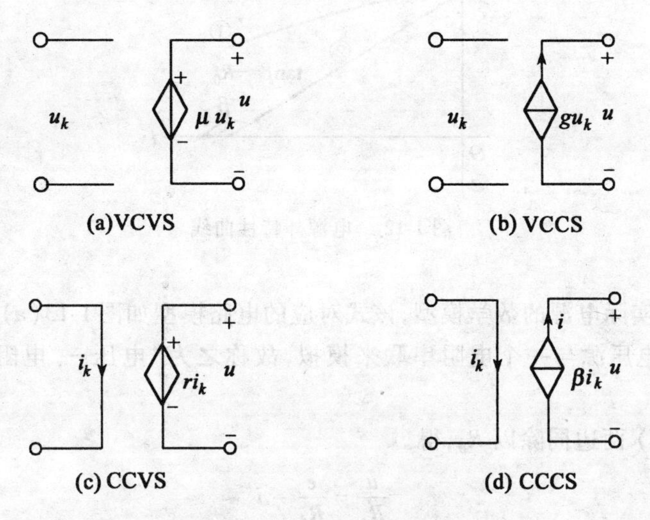

图 1-11　理想受控源模型

(3) 受控源的特点。控制量与受控量的关系是通过控制系数反映出来的,若控制系数为常数,则称为线性受控源。而理想受控源控制系数分别定义为:

$$
\left.
\begin{aligned}
&\text{VCVS 的转移电压比} && \mu = \frac{u}{u_k} \\
&\text{CCVS 的转移电阻} && r = \frac{u}{i_k} \\
&\text{VCCS 的转移电导} && g = \frac{i}{u_k} \\
&\text{CCCS 的转移电流比} && \beta = \frac{i}{i_k}
\end{aligned}
\right\}
\tag{1-12}
$$

受控源虽然在某些情况下,在电路中看成是激励,但是更常见的是用来模拟电子器件中发生的现象,反映受控量和控制量的依存关系。但值得注意的是,这一控制通常是单方向的,不存在反方向的控制作用。

1.2.2　实际电源的电路模型

实际中的各种电源,除了能对外提供定值电压或电流外,还因为组成电源的材料都具有电阻,所以实际电源本身还会消耗一些电能。实际电源的外特性应是图 1-12 中曲线 ① 所示,可见实际电源的输出电压是随输出电流的增加而下降的,曲线的变化率反映了组成电源材料的电阻,称为电源的内阻。显然,实际电源是一个非线性电阻。为了方便分析,假设内阻为线性电阻,如图 1-12 中曲线 ② 所示。

由图 1-12 可知 $\beta > 90°$,直线斜率 $\tan\beta$ 为负,即用 $-R_0$ 表示,于是由解析几何知识可得曲线 ② 的方程为

$$u = e - R_0 i \tag{1-13}$$

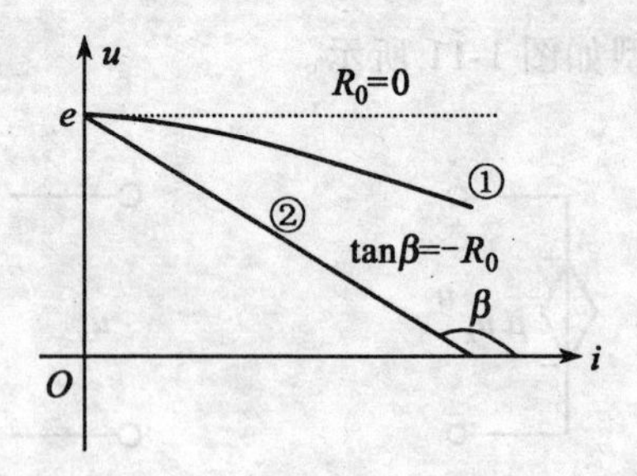

图 1-12 电源外特性曲线

式(1-13)为实际电源的数学模型,该式对应的电路模型如图 1-13(a)所示。可见,实际电源可以用理想电压源与一个电阻串联来模拟,故称之为“电压 — 电阻模型”,简称电压源。

若在式(1-13)两边同除以 R_0,得

$$\frac{u}{R_0}=\frac{e}{R_0}-i$$

进一步可以改写成

$$i=i_S-\frac{u}{R_0} \tag{1-14}$$

式(1-14)是实际电源数学模型的另一种形式,与之对应的电路模型如图 1-13(b)所示。该模型是由电激流源与电阻并联来模拟实际电源的,故称为电流源。可见,电源可以用两种不同的电路模型来表示。

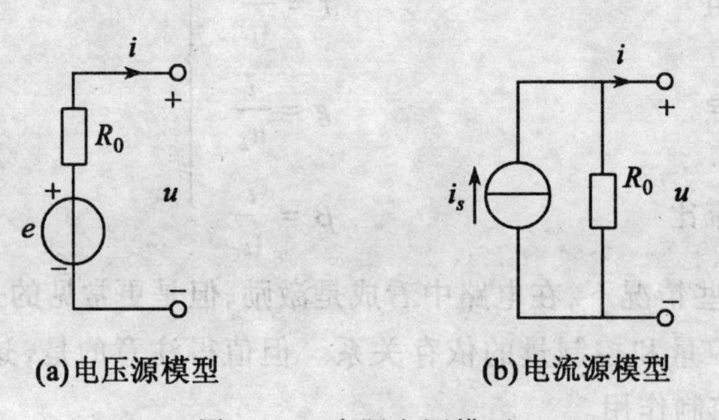

(a)电压源模型 (b)电流源模型

图 1-13 实际电源模型

值得强调的是,以上元件符号的表示为开口电路的表示法,即电流不等于零。

§1.3 电路基本定律

电路元件的伏安关系反映了电路元件对其所在支路的电压和电流之间所起的一种约束作用,故常把元件的伏安关系称为元件约束。当若干电路元件按某种组合构成电路后,元件上的电压、电流就不再是互不相关的变量了,在任何时刻元件上的电压、电流除必须各自遵循其元件的约束外,同时还要遵循相互之间的约束关系,即所有连在同一结点上的支路电流和任意回路中各元件上的电压之间,将受到结构的约束。基尔霍夫定律就是概括这种约束

的基本定律。

1.3.1　电路结构术语

因电路结构约束必将涉及电路结构术语，为此首先介绍有关电路结构的几个术语。

(1) 支路。没有分支的一段电路，称为支路，用 b 作文字符号。如图 1-14 所示电路中 E_1 与 R_1、R_2、R_3、R_4、R_5、E_6 和 R_6 分别称支路。所以图 1-14 所示电路有 6 条支路，即 $b=6$。每条支路上所有元件中流过同一个电流，该电流称为支路电流。含有电势的支路称为有源支路，否则称为无源支路。

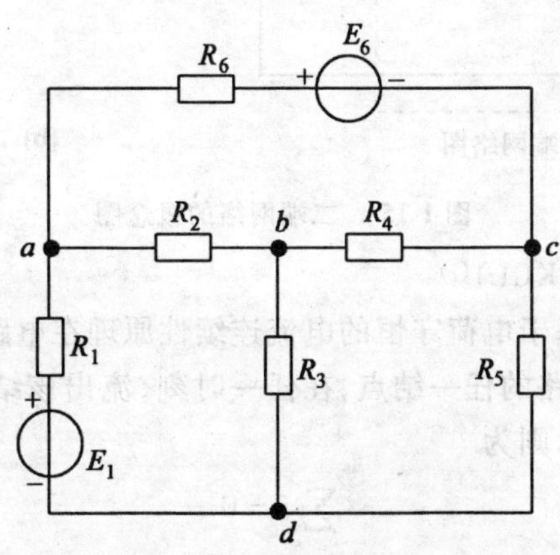

图 1-14　电路结构术语示意图

(2) 结点。电路中三条及其以上的支路的汇聚点称为结点，用 n 作文字符号。图 1-14 所示电路中 a、b、c、d 点称为结点，即 $n=4$。由此可见，支路是跨接在两结点之间的一段电路，所以，电路中两结点之间的电压称为支路电压。

(3) 回路。从网络的一个结点出发，经过若干支路与结点，重新回到起始结点(所有支路和结点只准经过一次)，这样首尾相连的闭合路径，称为回路。用 l 作文字符号。如图 1-14 中，$abdca$、$abcda$、$adbca$ 分别称为回路，按回路的定义，还可以选择许多回路。含有电势的回路称为有源回路，否则称为无源回路。

(4) 网孔。内部不包围任何支路的回路，称为网孔。用 m 作文字符号。如图 1-14 所示电路中的回路 $abda$、$cbdc$ 和 $abca$ 称为网孔。图 1-14 所示电路的网孔 $m=3$，网孔是相对的。

(5) 二端网络。在电路分析计算时，有时并不需要求出电路的全部支路电流和电压，而只需要求出电路中某一支路或负载元件上的响应。在这种情况下，如果将这一指定的支路或负载元件从原来的电路中划出，而电路的其他部分连同激励源在内，组成一新的有源电路，这时常把除该支路以外的电路称为二端网络，如图 1-15(a) 的虚线框部分所示，并用图 1-15(b) 所示符号表示。若二端网络中含有电源，则称为有源二端网络，用 N_S 表示，否则称为无源二端网络，用 N_0 表示。

1.3.2　基尔霍夫两定律

为了便于理解，下面以图 1-16 所示具体电路为例来介绍基尔霍夫定律，首先假定各支路电流的参考方向和回路(网孔) 的绕向，即回路的方向，如图 1-16 所示。

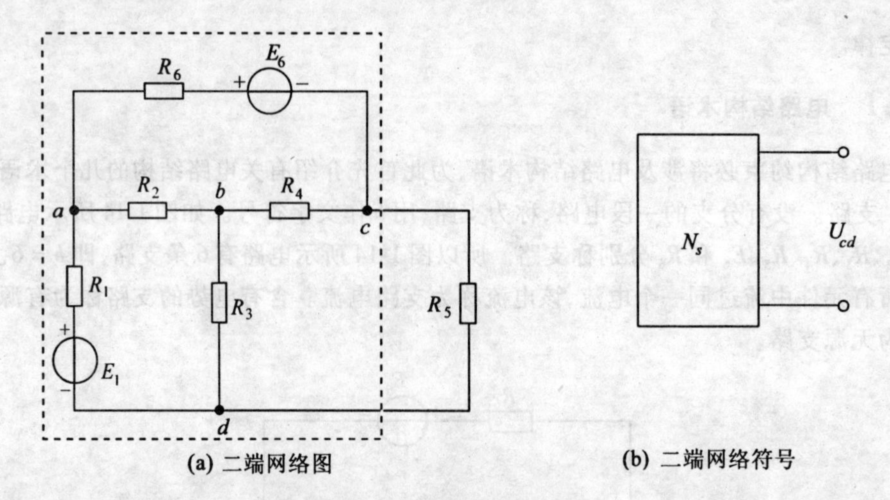

(a) 二端网络图

(b) 二端网络符号

图 1-15　二端网络的概念图

1. 基尔霍夫电流定律(KCL)①

基尔霍夫电流定律是基于电荷守恒的电流连续性原理在电路问题中的表述。其内容可以叙述为：对于集中参数电路的任一结点，在任一时刻，流出该结点的所有支路电流的代数和等于零。用数学公式表示则为

$$\sum i = 0 \tag{1-15}$$

在支路电流的代数和中，设参考方向离开结点的电流带正号，参考方向指向结点的电流带负号。反之亦然。例如，对应图 1-16 中的结点 b 有

$$I_2 - I_3 - I_4 = 0$$

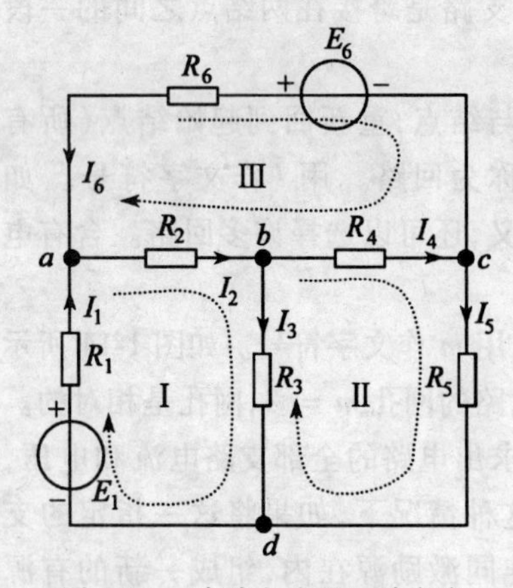

图 1-16　支路电流及回路方向

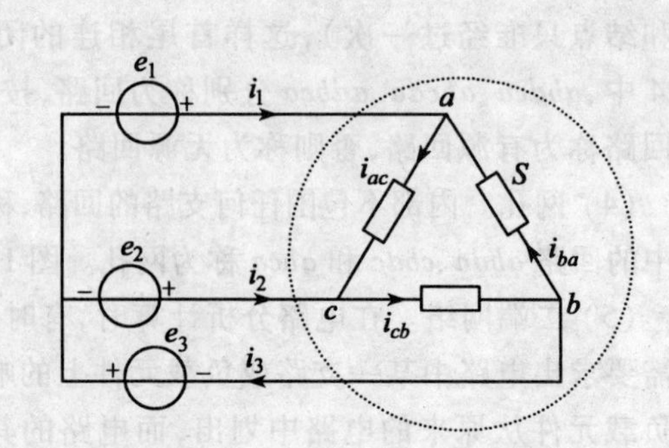

图 1-17　KCL 用于广义结点

基尔霍夫电流定律可能推广到电路中任何一个封闭面所包围的部分。如图 1-17 所示的电路中，封闭面 S 内有三个结点 a，b，c，在三个结点处，分别有

① KCL——Kirchhoff's Current Law.

$$i_1 + i_{ba} - i_{ac} = 0$$

$$i_2 + i_{ac} - i_{cb} = 0$$

$$- i_3 + i_{cb} - i_{ba} = 0$$

将三个式子相加,便得　$i_1 + i_2 - i_3 = 0$

可见,流出(或流进)任一封闭面的电流代数和也是恒等于零的。这种假想的封闭面,称为广义结点。

例 1.1　如图1-18 所示,$I_1 = 2(\mathrm{A})$,$I_2 = -3(\mathrm{A})$,$I_3 = -2(\mathrm{A})$,试求 I_4。

解　由 KCL 可以列出

$$- I_1 + I_2 - I_3 + I_4 = 0$$

$$- 2 + (-3) - (-2) + I_4 = 0$$

$$I_4 = 3(\mathrm{A})。$$

由例 1.1 可见,上式中有两套正、负号,括号里的正、负号是参考方向的选择带来的,负号表示电流的实际方向与参考方向相反。括号外的正、负号是 KCL 的代数和带来的。负号表示电流的参考方向是指向结点,反之亦然。

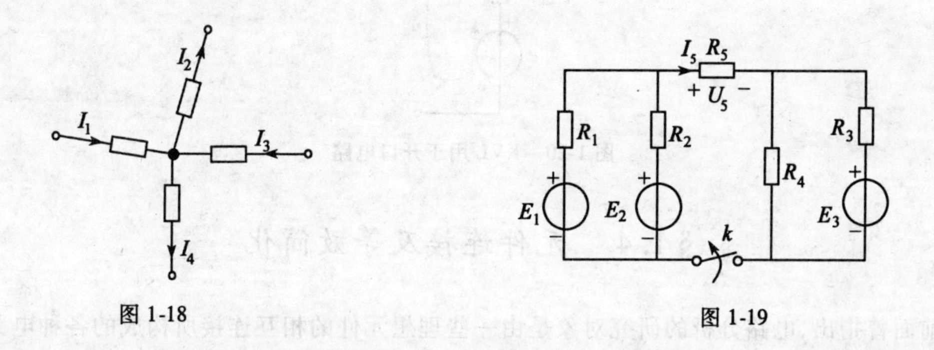

图 1-18　　图 1-19

例 1.2　如图1-19 所示,已知 $E_1 = 15(\mathrm{V})$,$E_2 = 13(\mathrm{V})$,$E_3 = 4(\mathrm{V})$,$R_1 = R_2 = R_3 = R_4 = 1(\Omega)$,$R_5 = 10(\Omega)$。试求,当 k 断开时电阻 R_5 上的电压 U_5 和电流 I_5。

解　KCL 应用于封闭面得

$$I_5 = 0$$

$$U_5 = R_5 I_5 = 0。$$

2. 基尔霍夫电压定律(KVL)①

基尔霍夫电压定律,是基于能量守恒的电位单值性原理在电路问题中的表述。其内容可以叙述为:对于任一集中参数电路中的任一回路,在任一时刻,沿着回路的所有电压降的代数和等于电位升的代数和。用数学公式表示则为

$$\sum u = \sum e \text{ 或 } \sum iR = \sum e \tag{1-16}$$

应用式(1-16)时,首先应假定电压、电势的参考方向,并指定回路的绕行方向,即回路的方向。这里,凡是电压降、电动势的参考方向与回路的方向一致时定为正号,相反则定为负号。例如在图 1-16 中,对回路 Ⅰ 列电压方程有

① KVL——Kirchhoff's Voltage Law.

$$U_1 + U_2 + U_3 = E_1$$

显然,式(1-16)适合有源回路。对无源回路,因回路中无电动势,则 KVL 表示为

$$\sum u = 0 \text{ 或 } \sum iR = 0 \tag{1-17}$$

即沿回路电压降的代数和等于零,式(1-17)是基尔霍夫电压定律的另一种表达式。同样,凡电压正方向与回路方向一致的取正号,相反的则取负号。

例如在图 1-16 中,对回路 Ⅱ 列电压方程有

$$-U_3 + U_4 + U_5 = 0$$

如图 1-20 所示,基尔霍夫电压定律可以推广到开口电路或虚拟回路,如电源的电压源模型,应用 KVL 则可以得到电压方程

$$u = e - R_0 i$$

该方程与外特性方程是相同的。

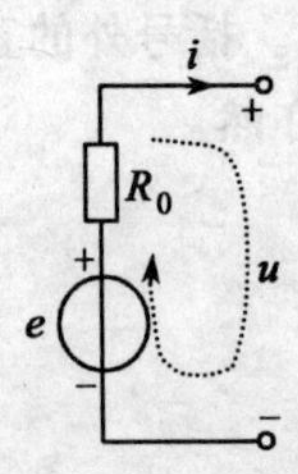

图 1-20 KVL 用于开口电路

§1.4 元件连接及等效简化

前面曾指出,电路分析的研究对象是由一些理想元件的相互连接所构成的各种电路,接着提出了一些典型的模型元件,这些元件按某种组合将构成电路。最简单的组合是串、并联组合。下面介绍元件的串、并联组合及其等效简化的方法。

1.4.1 电阻元件的串、并联

下面以电阻为例讨论无源元件的连接。

1. 电阻的串联

若干元件接在同一支路上,称为元件的串联。如图 1-21(a)所示 R_1 和 R_2 为串联。

两个电阻串联可以由一个电阻 R 等效置换。设 R_1、R_2 都是线性电阻,R_1、R_2 的伏安关系为

$$u_1 = R_1 i$$
$$u_2 = R_2 i$$

串联后外接端钮上的电压为

$$u = u_1 + u_2 = R_1 i + R_2 i = (R_1 + R_2) i$$

元件 R 的伏安关系为

$$u = Ri$$

如果 R 等效于 R_1 与 R_2 的串联,则对外的伏安特性应相同,因此应有

$$R = R_1 + R_2$$

上式不仅是一个计算公式,而更重要的是,该式用精练的数学语言阐述了表达式的物理

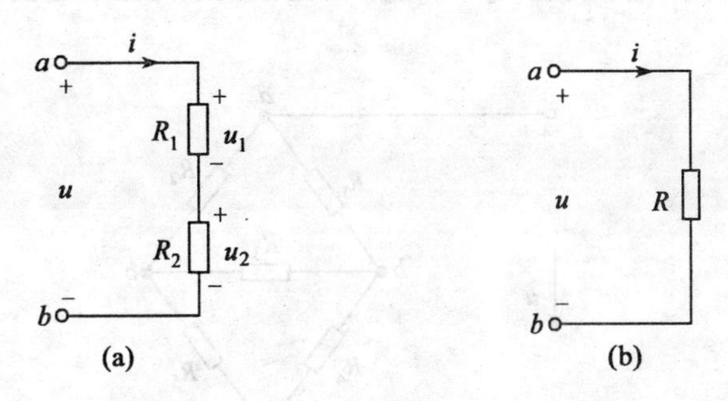

图 1-21　电阻串联

意义。特别是等号，不仅表示量值的相等，还有等效的含义。

如果一条支路有 n 个电阻串联，其串联后的等效电阻为

$$R = \sum_{k=1}^{n} R_k \tag{1-18}$$

2. 电阻的并联

如图 1-22(a) 所示，R_1 和 R_2 都连接在结点 a 及 b 之间，称为并联。其特点是各元件上具有相同的电压 u。

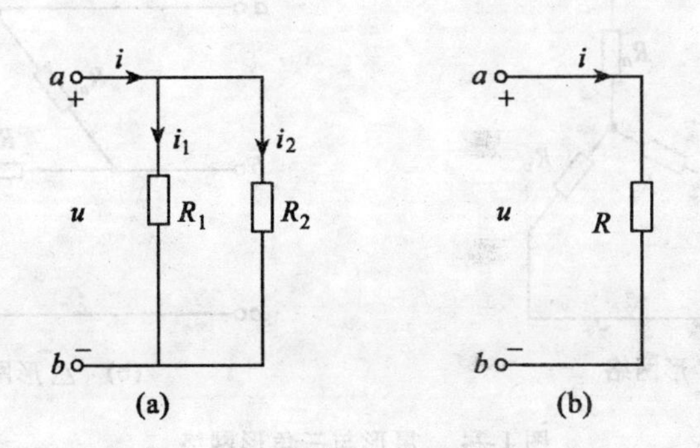

图 1-22　电阻并联

根据等效的原则，也可以找到一个等效元件 R 来置换。通过与上述相同的论证可得

$$R = \frac{R_1 R_2}{R_1 + R_2}$$

两个以上电阻并联，其等效参数用电导参数来表示比较方便，即等效电导参数为

$$G = \sum_{k=1}^{n} G_k \tag{1-19}$$

与前述一样，对上面两式要懂得并完全理解这一公式所表达的物理意义。

1.4.2　元件的星形连接与三角形连接

电路元件除串联和并联连接关系外，还存在着既不是串联也不是并联的关系，即“星形”和“三角形”连接，如图 1-23 所示。在图 1-23 所示电路中，R_1、R_2、R_3（或 R_3、R_4、R_5）的连

接关系为三角形连接，R_1、R_3、R_4（或 R_2、R_3、R_5）的连接关系为星形连接。

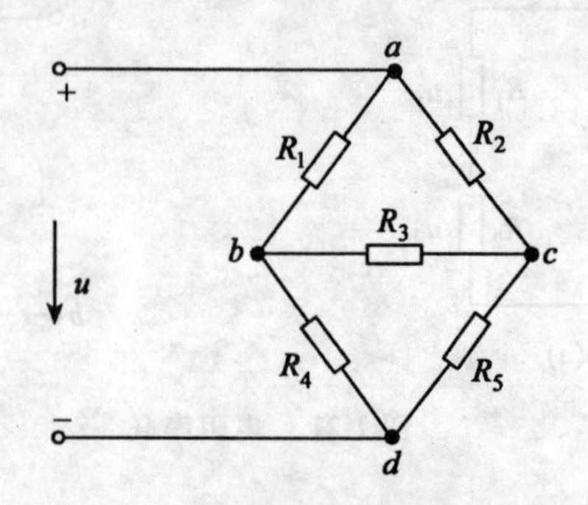

图 1-23　星形、三角形联接电路

在实际应用中习惯上把“星形”及“三角形”连接的电路绘制成图 1-24 所示形式，并用符号 Y 及 △ 形象地表示连接关系。

这两种连接方式都有三个与外电路连接的端钮，故称为三端网络，或“星形网络”、“三角形网络”。

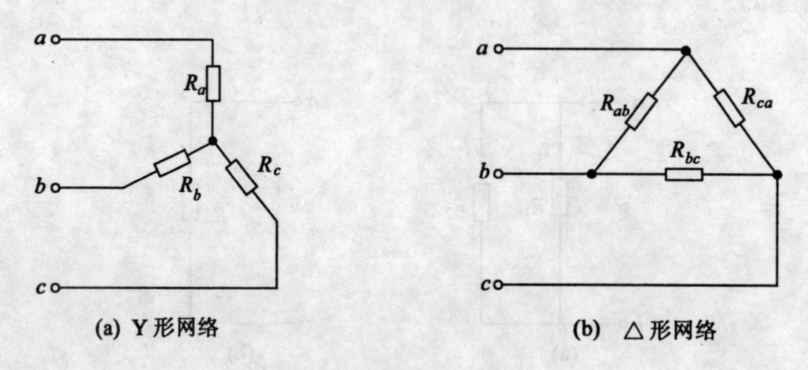

(a) Y 形网络　　(b) △形网络

图 1-24　星形与三角形网络

1.4.3　理想电源元件之间的连接

1. 电势源的串、并联

如图 1-25(a) 所示电路图，是两个电势源相串联的电路。按图 1-25 所示的电压正方向，由 KVL 可得电压方程

$$u_S = u_{S1} + u_{S2}$$

由等效原则，对外电路而言，可以用一个电势源等效置换，如图 1-25(b) 所示。对于 n 个电势源相串联时，等效电势源的电压等于各电源电压的代数和，即

$$u_S = \sum_{k=1}^{n} u_{Sk} \tag{1-20}$$

极性与等效电压 u_S 相同者取正号，相反则取负号。

电势源的并联必须满足电压相等且同极性端相连，否则由电势源组成的回路将违背

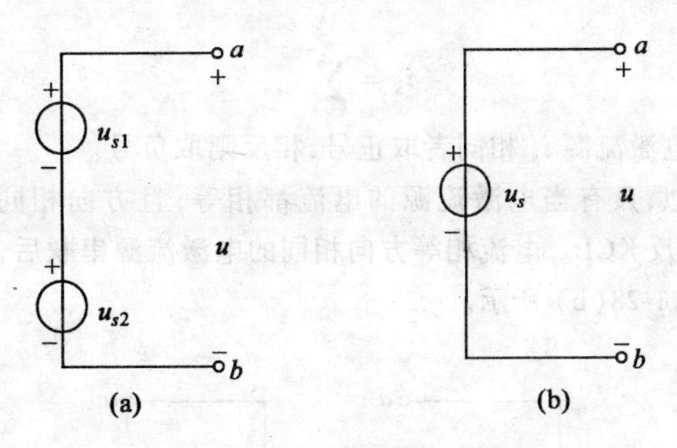

图 1-25　电势源串联

KVL。因此，规定只有电压相等、极性相同的电势源才允许并联，如图 1-26 所示。此时，等效电势源等于并联电势源中的任意一个，如图 1-26(b) 所示。

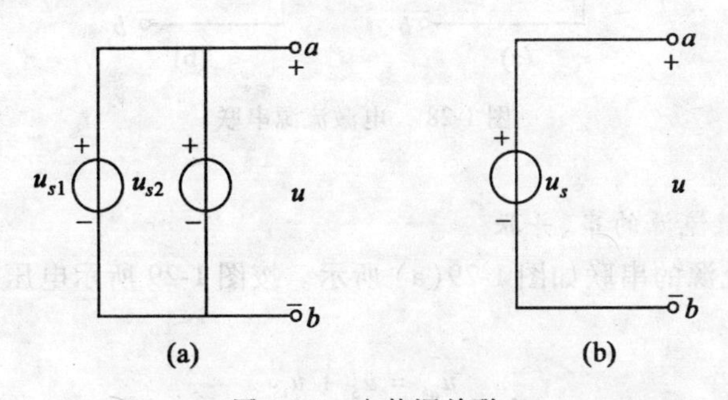

图 1-26　电势源并联

2. 电激流源的串、并联

如图 1-27(a) 所示，是两个电激流源相并联的电路，按图 1-27 所示电流的参考方向，由 KCL 可得电流方程

$$i_S = i_{S1} + i_{S2}$$

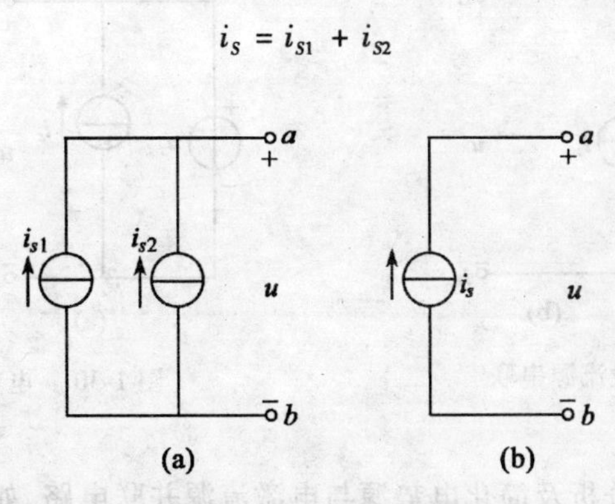

图 1-27　电激流源并联

根据等效原则，对外电路而言，可以等效化简为一个电激流，其电流值为 $i_{S1} + i_{S2}$，如图 1-27(b) 所示。当 n 个电激流源并联时，等效电激流源的电流等于各并联电激流源电流的代

数和,即

$$i_S = \sum_{k=1}^{n} i_{Sk} \tag{1-21}$$

参考方向与等效电激流源 i_S 相同者取正号,相反则取负号。

与电势源并联相似,只有当电激流源的电流都相等,且方向相同时才允许串联,如图 1-28 所示,否则就会违反 KCL。电流相等方向相同的电激流源串联后,等效电源的电流等于其中的任何一个,如图 1-28(b) 所示。

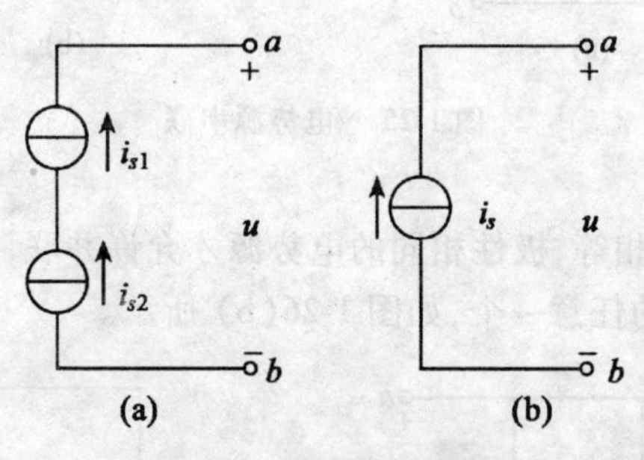

图 1-28 电激流源串联

3. 电势源与电激流源的串、并联

电势源与电激流源的串联如图 1-29(a) 所示。按图 1-29 所示电压的正方向,据 KVL 可得电压方程

$$u_{ab} = u_S + u_{iS}$$

由于 u_{iS} 是不确定的,u_{iS} 取决于外电路,所以 u_{ab} 与 u_{iS} 具有同样的性质,而外电路取得的电流为 i_S,所以从 a、b 端的外特性来看等效于一个电激流源,如图 1-29(b) 所示,其等效电源的电流等于 i_S。

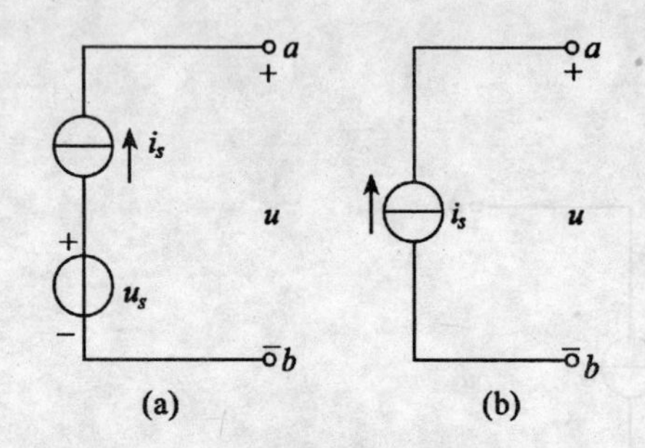

图 1-29 电势源与电激流源串联

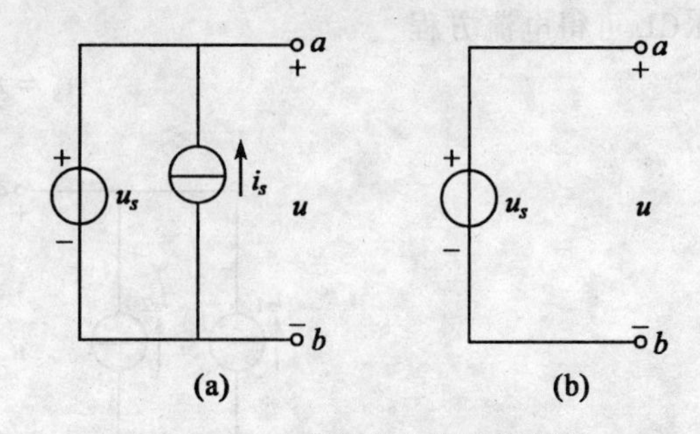

图 1-30 电势源与电激流源并联

用同样的方法可以分析及简化电势源与电激流源并联电路,如图 1-30 所示为电势源与电激流源并联及等效简化电路。

综合上述,可以归纳出以下结论:若干电势源串联或若干电激流源并联可以合并简化;与电激流源相串联的元件(包括电势源和电阻)或与电势源相并联的元件(包括电激流源和电阻),在进行等效变换时,它们称为多余元件。因为有没有它们都不改变电激流源对外电路提供的电流和电势源对外电路提供的电压。但必须注意的是,等效是指对外电路提供的电压和电流不变,对变换电路内部则是不等效的。

4. 有源元件与无源元件的串、并联

有源元件与电阻的连接,除以上介绍的电势源与电阻并联和电激流与电阻串联两种连接组合外,还有如图 1-31 所示的两种连接组合。这两种连接常当做单元电路,即有源支路。图 1-31(a) 所示电路相当于实际电源的"电压—电阻模型",图 1-31(b) 所示电路,相当于电源的"电流—电阻模型"。显然它们是一种有效连接。这两种组合,其重要的作用在于启示我们把实际电源模型加以推广。在电路分析中,可以把电势与电阻的串联或电激流与电阻的并联看成一个电源。这样处理后对分析计算将带来极大的灵活性。

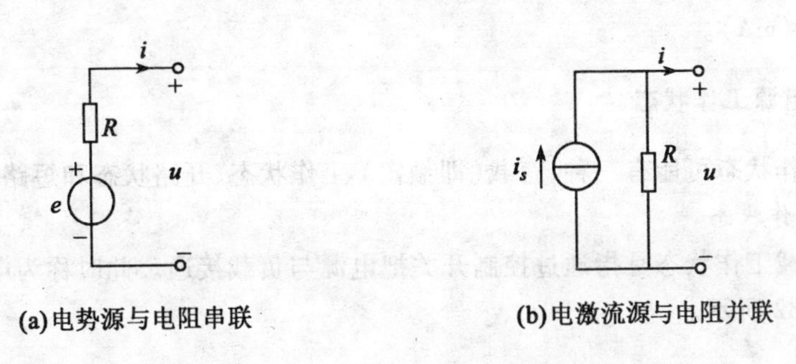

图 1-31　有源元件与无源元件的连接

§1.5　电路工作状态

1.5.1　电气设备的额定值

前面定义了理想电路元件的电路模型,它们具有简单而精确的特征,这些电路模型类似于力学中所采用的质点和刚体。在实际电路和实际系统的分析中,这些电路模型是必不可少的,我们必须认识到,那些在实验室遇到的或在实际电路中用到的实际元件,诸如实际电阻器、线圈和电容器等,可以用电路模型来模拟。而实际工程中大多是采用近似的方法处理实际问题。这里具有决定意义的是要懂得如何正确地进行模拟,并在解题时如何采用有效的近似方法,必须懂得在什么情况下模型是有效的,在什么情况下需要修改模型。因此,我们在模拟实际元件时,需要考虑工作范围、温度效应、寄生效应等。

任何实际的元件都要规定出元件的正常工作范围,对于任何器件,几乎总是规定出器件的特定的最大电压、最大电流和最大功率。若超过了这些规定的值,则该元件就不能用通常的方法来模拟。实际上,长期超过规定值使用将损坏元件,为了元件工作时安全、经济、合理以及延长其使用寿命,一般规定元件只能在特定值的$\frac{1}{2}$ ~ $\frac{2}{3}$长期工作,这一规定值常称为额定值,常用字母 N 作下标来表示额定值。

电气设备或元、器件的额定值常标在产品的铭牌上或写进相关的技术手册和使用说明书中。例如某交流电动机铭牌上所标 10kW、220V、50A、1500r/min 等就是该电动机的额定值。在日常使用时，该电动机应接于220(V)的交流电源上，当该电动机拖动10kW的机械负载，转速为1500r/min时，电动机的输入电流应为50(A)。电动机一般不允许超过这些额定值而长期工作，如果电源电压低于220(V)，则电流将超过额定值，或电动机将不能带动10(kW)机械负载在额定转速下运行。有时额定值并不全部标出，可以根据已知值求出其他值。例如一只电阻，习惯上标出的额定值(常称标称值)为功率及阻值。这里没有电流值，但可以由式

$$I^2 = \frac{P}{R} \tag{1-22}$$

求出。如100(Ω)、$\frac{1}{4}$(W)的电阻，其额定电流应为0.05(A)。表明该电阻长期使用，电流不允许超过50(mA)。

1.5.2 电源工作状态

电源的工作状态可能有三种，有载(即额定)工作状态、开路状态和短路状态。

1. 有载工作状态

电源的有载工作状态是指通过控制开关把电源与负载接通。此时称为电源的有载工作状态。如图1-32所示。

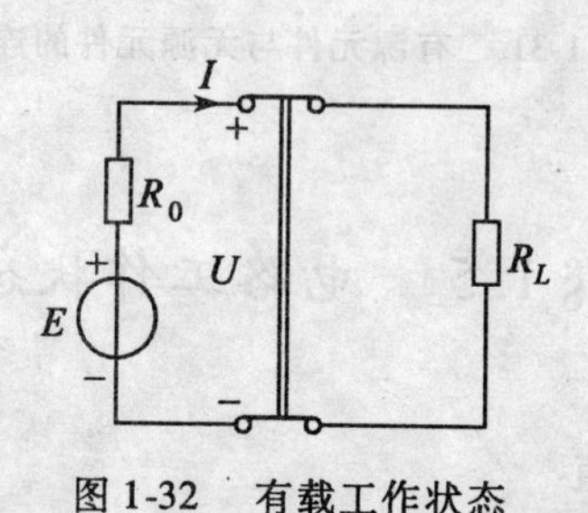

图1-32 有载工作状态

此时电路有能量转换，电源输出的电流即为流经负载的电流，其大小为

$$I = \frac{E}{R_0 + R_L} \tag{1-23}$$

电源输出电压等于负载电阻两端的电压，其大小为

$$U = IR_L = E - IR_0 \tag{1-24}$$

对确定的电源而言，电路中的电流与R_L成反比，电源的输出电压随电流的增加而下降，把端电压随负载电流变化的情况，绘制成$U = f(I)$曲线，该曲线称为电源的外特性曲线。如图1-12所示。

将式(1-24)两边同乘以电流I得

$$I^2R_L = EI - I^2R_0 \text{ 或 } P = P_E - \Delta P \tag{1-25}$$

式(1-25)中$P_E = EI$，即电源发出的功率；$\Delta P = I^2R_0$，即电源内阻上消耗的功率；$P = UI = I^2R_L$，是电源输出的功率，即电源供给负载的功率。式(1-25)称为电路的功率平衡方程。

2. 开路状态

若电路中的某一支路断开了，则该支路的工作状态称为开路。电源开路如图1-33所

示。电路开路时,断开支路中的电流为零,断开点之间的电压称为开路电压,用 U_{0C} 表示。电源开路时,开路电压等于电动势,因为输出电流为零,故电源对外没有能量输出。开路时的特征为

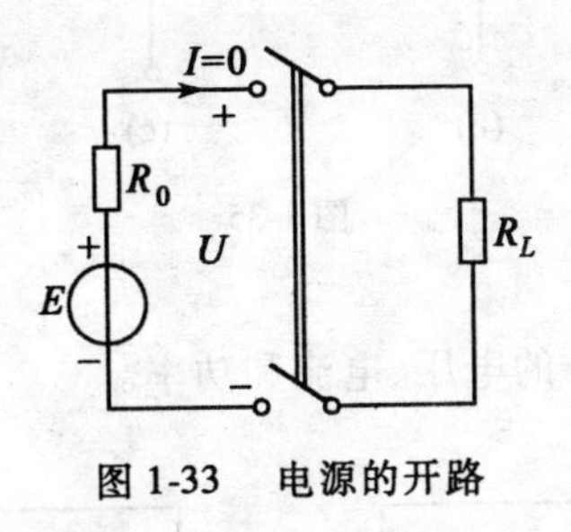

图 1-33　电源的开路

$$I = 0, P = 0, R_L = \infty, U_{0C} = E。$$

3. 短路状态

短路就是负载或电源两端被电阻为零的导体直接连接。短路可能发生在电路的任意处,但最严重的是电源短路,如图 1-34 所示。

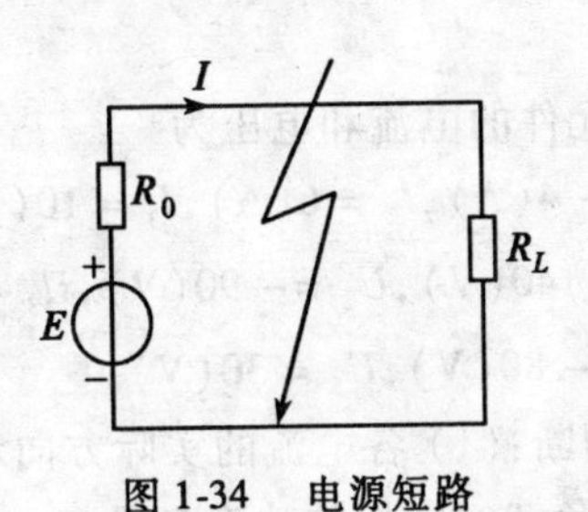

图 1-34　电源短路

电源端发生短路时,电流不经负载,而直接从电源的正极经短路线流向负极,此时电流称为短路电流,用 I_d 表示,其值等于$\frac{E}{R_0}$。由于电源内阻 R_0 很小,所以短路电流一般很大。短路时,电源产生的电动势全部消耗在内阻上,由于短接线的电阻为零,所以电源短路时,其端电压为零。电源短路的特征为

$$R_L = 0, U = 0, I_d = \frac{E}{R_0}, P = 0, P_E = \Delta P = I_d^2 R_0。$$

值得注意的是:在电力系统中,短路通常是一种事故,应当尽力防止。产生短路的原因,通常是由于接线不慎或电气设备和线路的绝缘不良。为此,经常检查设备和线路的绝缘情况是十分必要的。为了防止短路事故引起的严重后果,可以在电路中接入熔断器或自动保护器,以便在发生短路时,让故障电路及时自动与电源断开。当然,有时为了某种需要而有意将一段电路短接或进行某种短路试验,则是与短路事故完全不同的另一类问题。

习　题　1

1.1　试判断图 1-35 中哪些元件是电源,哪些元件是负载?

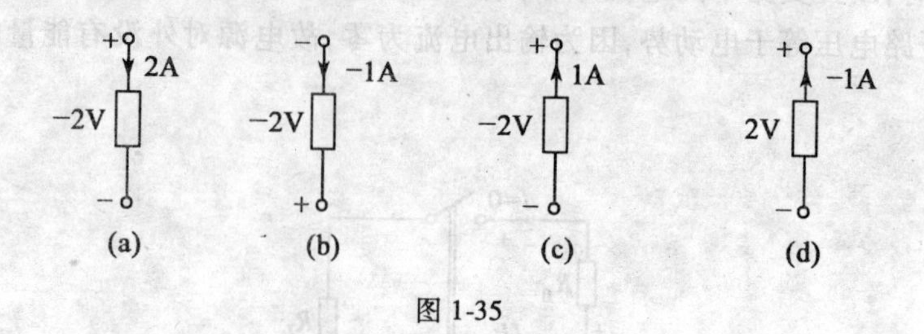

图 1-35

1.2 试求图 1-36 中各元件的电压、电流和功率。

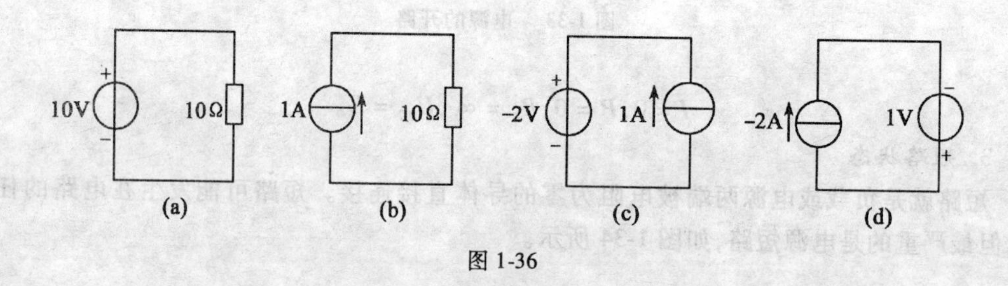

图 1-36

1.3 已知图 1-37 中五个元件的电流和电压为

$$I_1 = -4(\mathrm{A}), I_2 = 6(\mathrm{A}), I_3 = 10(\mathrm{A}),$$

$$U_1 = 140(\mathrm{V}), U_2 = -90(\mathrm{V}), U_3 = 60(\mathrm{V}),$$

$$U_4 = -80(\mathrm{V}), U_5 = 30(\mathrm{V})$$

其参考方向如图 1-37 所示，试判断：(1) 各电流的实际方向和各电压的实际极性，并另画图表示。(2) 哪些是电源，哪些是负载？它们的功率各是多少？

1.4 如图 1-38 所示，电路为一测量电压源电动势 E 和内阻 R_0 的实验线路。图 1-38 中 R 为一阻值适当的电阻，当开关 K 断开时，电压表读数为 6(V)；开关闭合后，电压表的读数为 5.8(V)，电流表的读数为 0.58(A)，试求 E 和 R_0 的值。

1.5 电路如图 1-39 所示。已知电源的额定输出功率为 100(W)，额定电压为 30(V)，电源内阻 $R_0 = 0.1(\Omega)$，负载电阻 R 可以调节。试求额定工作状态下的电流和负载电阻值，以及电源开路和短路电流。

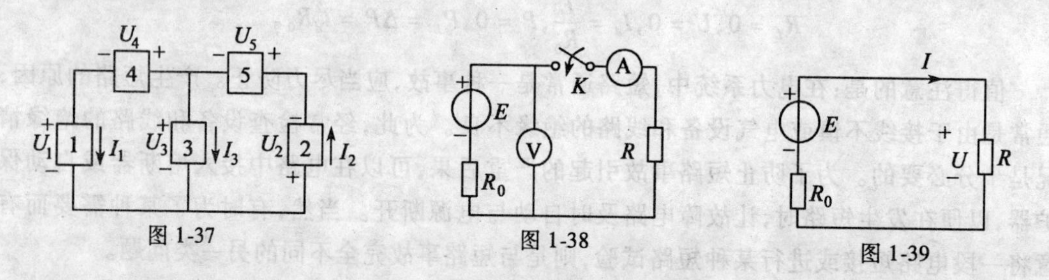

图 1-37　图 1-38　图 1-39

1.6 电路如图 1-40(a)、(b) 所示，试求各图电压 U_{ab}。

1.7 电路如图 1-41(a)、(b) 所示，试求各图 U_{ab} 的表达式。

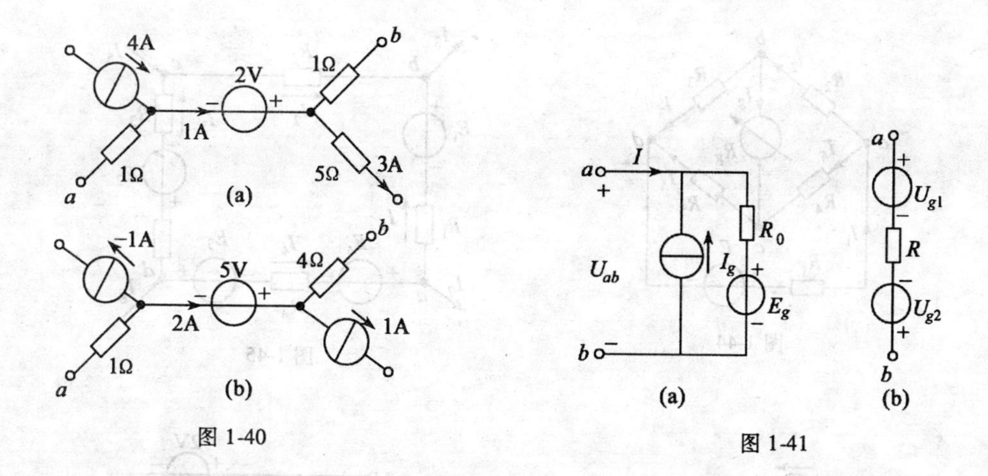

图 1-40　　图 1-41

1.8　电路如图 1-42 所示，已知 $I_1=2(\mathrm{A})$，$I_S=3(\mathrm{A})$，$E_2=10(\mathrm{V})$。试求 E_2 中的电流和发出的功率。

1.9　电路如图 1-43 所示，已知 $I_1=0.3(\mathrm{A})$，$I_2=0.5(\mathrm{A})$，$I_3=1(\mathrm{A})$，试求 I_4。

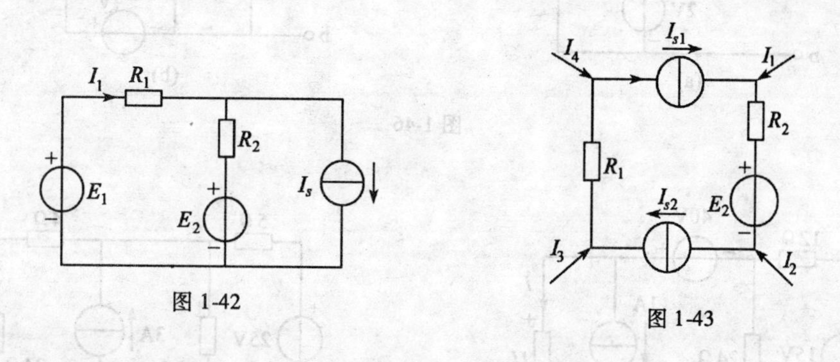

图 1-42　　图 1-43

1.10　电路如图 1-44 所示，令 $U_1,I_1,U_2,I_2,\cdots,U_6,I_6$ 分别表示 $R_1,R_2,\cdots,R_6$ 的电压和电流，参考方向。

(1) 已知 $E=10(\mathrm{V})$，$U_1=1(\mathrm{V})$，$U_2=3(\mathrm{V})$，$U_4=6(\mathrm{V})$，试问：可否计算出 R_3，R_5 和 R_6 的电压？U_{ad} 又是多少？

(2) 若已知 $I_1=10(\mathrm{A})$，$I_2=4(\mathrm{A})$，$I_3=6(\mathrm{A})$，试问：可否计算出 R_4、R_5 和 R_6 中的电流？

1.11　电路如图 1-45 所示，若选取 $abcda$ 为回路绕向，试按 KVL 列出回路方程，并写出 U_{ab} 的两个表达式。

1.12　一只 110(V)、25(W) 的灯泡，需要接到 220(V) 的电源上，试问需串联多大阻值的电阻？该电阻的功率应选多大？

1.13　化简图 1-46 中各含源二端网络。

1.14　用有源支路的等效变换方法，试求图 1-47(a)、(b) 所示电路中 U 和 I 的值。

1.15　用有源支路的等效变换方法求图 1-48 所示电路中 R_4 上流过的电流。已知 $E=70(\mathrm{V})$，$I_S=\dfrac{8}{5}(\mathrm{A})$，$R_1=10(\Omega)$，$R_2=2(\Omega)$，$R_3=R_4=4(\Omega)$。

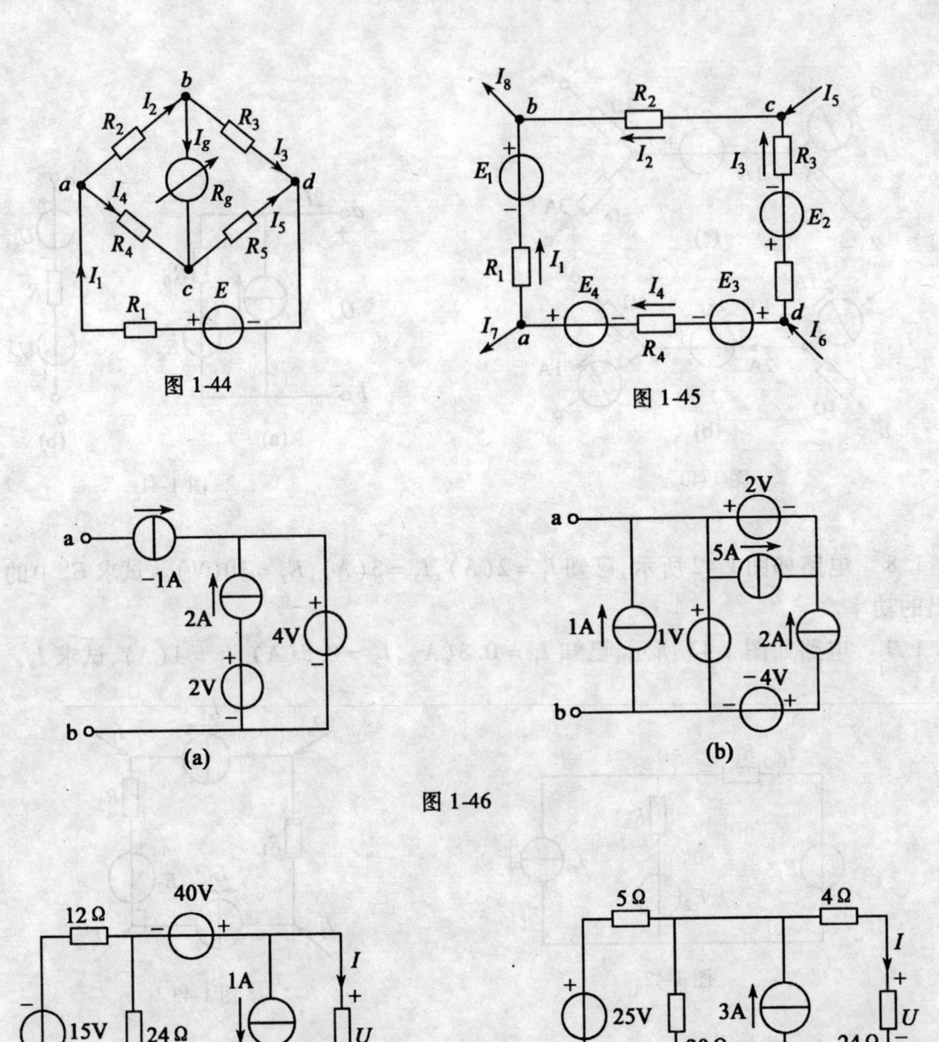

图 1-44

图 1-45

图 1-46

图 1-47

1.16 电路如图 1-49 所示，试求各电激流源的端电压、功率和各电阻消耗的功率。

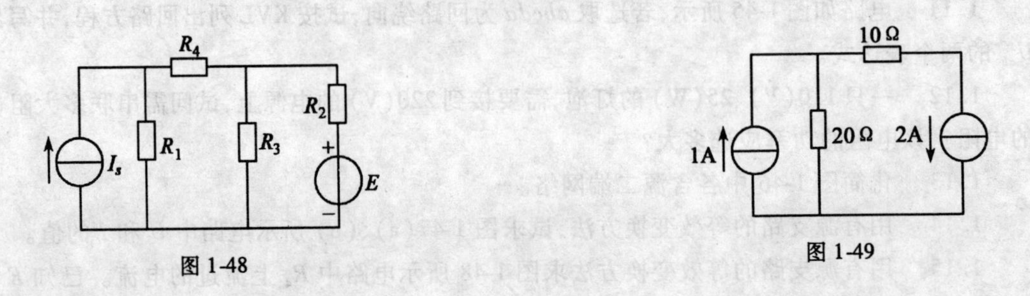

图 1-48

图 1-49

第 2 章　网络分析方法与网络定理

电路的分析和研究，主要是通过对基本变量的定量分析和计算来达到目的的。线性电路的分析方法大致可以分为两大类：其一，网络方程法。这类方法是以电路的元件约束 VCR 和结构约束 KCL、KVL 为理论依据的，选择适当的未知变量，建立一组独立方程并求解该方程组，最后得出所需要的支路电流、支路电压和其他量；其二，等效变换法，这类方法是根据电路的一些性质和定理，对电路进行变换和简化使问题便于解决，从而达到分析计算的目的。上述两类方法相比较，前者通用性强，从原则上说对各种线性网络都适用，属于基本分析方法；后者只对一定范围的网络适用，但是该方法对实践中遇到的许多网络具有通用性，是分析电路的有力工具。本章将分别介绍上述两类分析方法，为了提供具有普遍意义的基本分析方法，对网络方程法我们将着重介绍支路电流法和结点电压法。为了便于突出主题，本章以直流电路为对象讨论分析方法。

在电路理论中，电路和网络两个概念并无根本区别，都是指按一定方式连接起来的电路元件的集合。相对而言，网络是指较复杂的电路，不过基本分析方法对两者都适用。在本书中，根据习惯和需要将采用不同的称谓，然而，两种叫法从概念上说，认为其含义相同。

§2.1　简单电路计算

对于具有串联、并联结构的电路，按照第 1 章中元件串联、并联组合的方法用等效元件置换，可以简化电路的结构。

2.1.1　电阻的串联分压

串联分压电路如图 2-1 所示，串联电阻 R_1 与 R_2 上的电压分别为

$$\begin{cases} U_1 = \dfrac{R_1}{R_1 + R_2}U \\ U_2 = \dfrac{R_2}{R_1 + R_2}U \end{cases} \tag{2-1}$$

其中：$\dfrac{R_1}{R_1 + R_2}$、$\dfrac{R_2}{R_1 + R_2}$ 称为分压系数。

可见，串联电阻上电压的分配与电阻成正比。选用适当大小的电阻相串联，可以从较高的外加电压获得适应于负载工作所需要的电压。当其中一个电阻较另一个电阻小很多时，串联电路中两端的电压也低很多，因此，这个电阻的分压作用常可以忽略不计。

例 2.1　如图2-2 所示表示简单分压器原理电路图。设电源电压 $U_S = 100(\text{V})$，$R_1 = 9 \times 10^3(\Omega)$，$R_2 = 900(\Omega)$，$R_3 = 90(\Omega)$，$R_4 = 10(\Omega)$，试求转换开关 K 在位置①、②、③时的

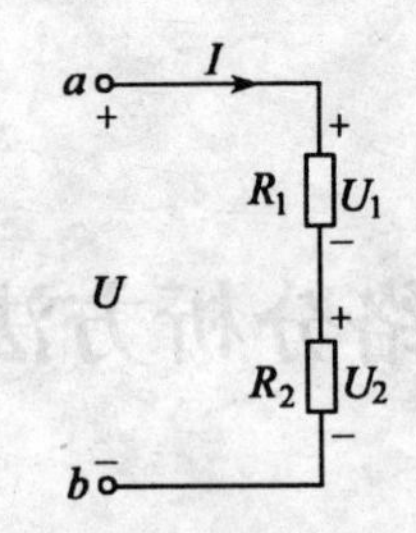

图 2-1 串联分压

输出电压。

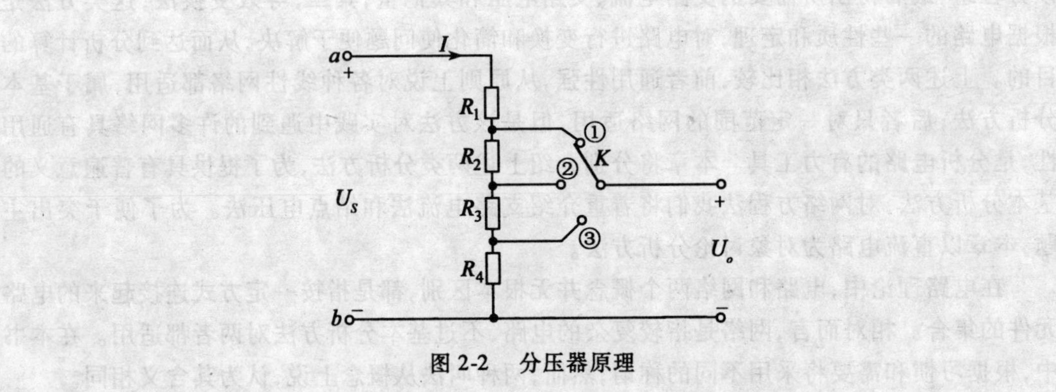

图 2-2 分压器原理

解 当 K 在 ① 时

$$U_{01} = \frac{R_2 + R_3 + R_4}{R_1 + R_2 + R_3 + R_4} U_S = \frac{1 \times 10^3}{10 \times 10^3} \times 100 = 10(\mathrm{V})$$

当 K 在 ② 时

$$U_{02} = \frac{R_3 + R_4}{R_1 + R_2 + R_3 + R_4} U_S = \frac{100}{10 \times 10^3} \times 100 = 1(\mathrm{V})$$

当 K 在 ③ 时

$$U_{03} = \frac{R_4}{R_1 + R_2 + R_3 + R_4} U_S = \frac{10}{10 \times 10^3} \times 100 = 0.1(\mathrm{V})。$$

2.1.2 电阻的并联分流

如图 2-3 所示电路为两电阻并联，输入总电流将按一定规律分配到两个电阻中。下面讨论电流在并联电阻上的分配规律。

电阻并联时其参数用电导表示其计算公式简捷。如图 2-3 所示，G_1 与 G_2 并联时，对外等效电导由式(1-19) 可得 $G = G_1 + G_2$，因此，并联元件的公共电压可以求得为 $U = \frac{I_S}{G}$，求得 U 后，元件 G_1 与 G_2 的电流便可以分别由下式求得

$$\begin{cases} I_1 = \dfrac{G_1}{G_1 + G_2} I_S \\ I_2 = \dfrac{G_2}{G_1 + G_2} I_S \end{cases} \tag{2-2}$$

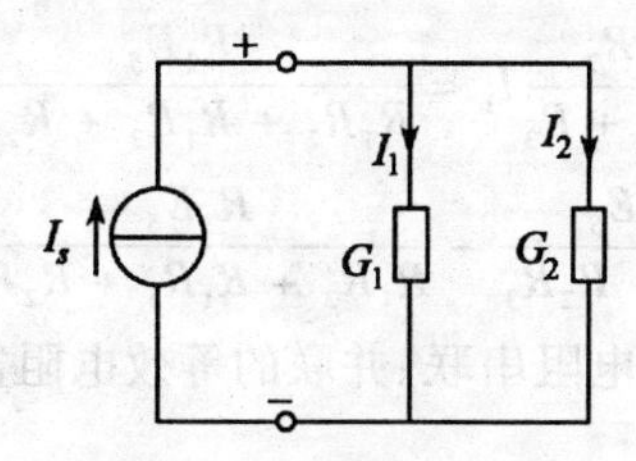

图 2-3　电阻并联分流

将这一电导并联分流的公式与电阻串联分压的公式相对比，具有完全相似的形式。对于两个电阻并联，其分流公式有时也用电阻参数表示，即

$$\begin{cases} I_1 = \dfrac{R_2}{R_1 + R_2} I_S \\ I_2 = \dfrac{R_1}{R_1 + R_2} I_S \end{cases} \tag{2-3}$$

例 2.2　对如图2-4 所示的电路，给定电源电压 E_S 及各个电阻元件的电阻值，试求通过各个元件的电流（这个电路既有串联，又有并联，常称为混联电路）。

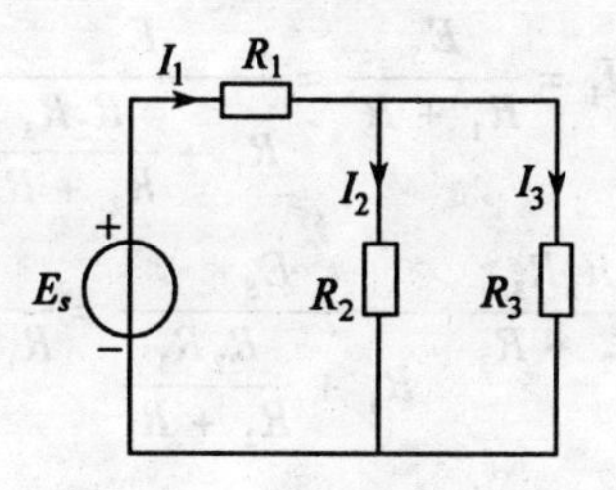

图 2-4　电阻混联电路

解　解法一：直接写出 I_2 及 I_3

$$I_2 = \frac{R_3}{R_2 + R_3} \cdot \frac{E_S}{R_1 + \dfrac{R_2 R_3}{R_2 + R_3}} = \frac{R_3 E_S}{R_1 R_2 + R_1 R_3 + R_2 R_3}$$

$$I_3 = \frac{R_2}{R_2 + R_3} \cdot \frac{E_S}{R_1 + \dfrac{R_2 R_3}{R_2 + R_3}} = \frac{R_2 E_S}{R_1 R_2 + R_1 R_3 + R_2 R_3}$$

$$I_1 = I_2 + I_3 = \frac{(R_2 + R_3) E_S}{R_1 R_2 + R_1 R_3 + R_2 R_3}。$$

解法二：先求出 I_1，再应用分流公式求 I_2 及 I_3。

$$I_1=\frac{E_S}{R_1+\dfrac{R_2R_3}{R_2+R_3}}=\frac{(R_2+R_3)E_S}{R_1R_2+R_1R_3+R_2R_3}$$

$$I_2=\frac{R_3}{R_2+R_3}I_1=\frac{R_3E_S}{R_1R_2+R_1R_3+R_2R_3}$$

$$I_3=\frac{R_2}{R_2+R_3}I_1=\frac{R_2E_S}{R_1R_2+R_1R_3+R_2R_3}$$

或 $I_3=I_1-I_2=\dfrac{(R_2+R_3)E_S}{R_1R_2+R_1R_3+R_2R_3}-\dfrac{R_3E_S}{R_1R_2+R_1R_3+R_2R_3}=\dfrac{R_2E_S}{R_1R_2+R_1R_3+R_2R_3}$。

解法三：如图 2-5 所示，应用电阻串联、并联的等效电阻简化电路，逐步计算出结果。

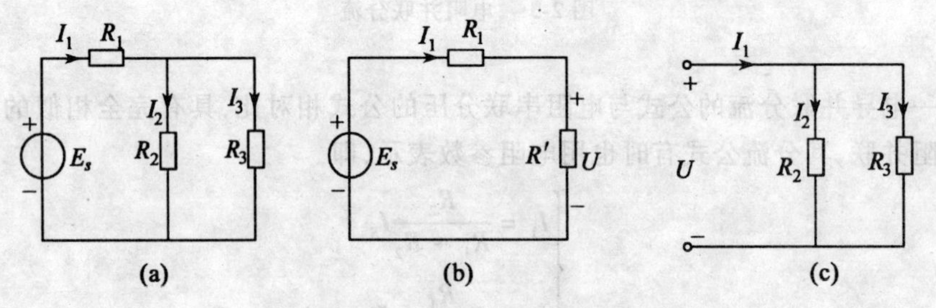

图 2-5 串联、并联电路的简化

$$R'=\frac{R_2R_3}{R_2+R_3}$$

$$I_1=\frac{E_S}{R_1+R'}=\frac{E_S}{R_1+\dfrac{R_2R_3}{R_2+R_3}}$$

$$U=R'I_1=\frac{R_2R_3}{R_2+R_3}\cdot\frac{E_S}{R_1+\dfrac{R_2R_3}{R_2+R_3}}=\frac{R_2R_3E_S}{R_1R_2+R_1R_3+R_2R_3}$$

$$I_2=\frac{U}{R_2}=\frac{R_3E_S}{R_1R_2+R_1R_3+R_2R_3}$$

$$I_3=\frac{U}{R_3}=\frac{R_2E_S}{R_1R_2+R_1R_3+R_2R_3}。$$

分析计算所应用的基本公式，都不应通过死记硬背，或是临时翻书，而应通过多做习题，多应用，自然掌握牢记。因此建议读者在做习题时多采用解法三的方法，对具体电路运用基本原理求解，避开抄用现成的公式。

§2.2 电位的计算及电路的简化表示

在电路分析中，有时用电位的概念却比用电压的概念显得方便，特别是在电子电路中，更是如此。因为电子电路常需比较若干点之间的电位高低，而电压仅用来比较某两点之间的电位高低。

所谓电位，是指电路中某一点到参考点的电压。电路中的参考点，常选在电路中的某结点，用接地符号 ⊥ 表示，⊥ 表示该点电位为零。电位用字母 U 加单下标表示。例如在图2-6中，我们选择 b 点为参考点，即设 b 点的电位为零，即

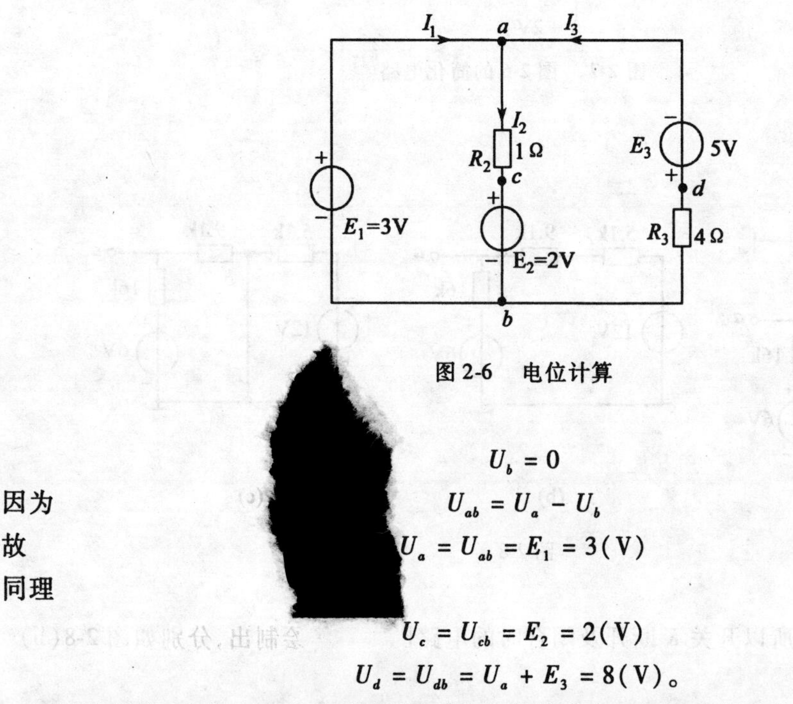

图2-6　电位计算

$$U_b = 0$$

因为
$$U_{ab} = U_a - U_b$$

故
$$U_a = U_{ab} = E_1 = 3(\text{V})$$

同理
$$U_c = U_{cb} = E_2 = 2(\text{V})$$
$$U_d = U_{db} = U_a + E_3 = 8(\text{V})。$$

可以看出，电位实际上仍然是指两点之间的电压，即电路中其他点与参考点之间的电压。因此，电位的计算方法和计算电压的方法完全一样。

参考点可以选择电路中的任意一个结点，仍以图2-6为例，再选 a 点为参考点，则

$$U_a = 0$$

由
$$U_{ab} = U_a - U_b$$

得
$$U_b = -U_{ab} = -E_1 = -3(\text{V})$$

又由
$$U_{cb} = U_c - U_b$$
$$U_c = U_{cb} + U_b = 2 - 3 = -1(\text{V})$$

同理
$$U_d = U_{da} - U_a = 5(\text{V})。$$

结果表明，参考点选择不同，则各点电位亦不同，而任意两点之间的电压却是不变的。由此可见，电位计算与参考点的选择有关，而电压则与参考点的选择无关。当运用电位去分析电路时，参考点是可以任意选定的，但是一经选定，则在计算的过程中，就不得再行变更。而且，不指定参考点就谈论各点电位的高低是没有意义的。

在运用电位分析电路时，往往把电路图画成简化的形式。图2-7就是图2-6的简化电路图。

例2.3　试求如图2-8(a)所示电路中的开关 K 断开及闭合时 a 点的电位。

解　图2-8(a)中接地符号虽有多个，其含义是等电位点，相当于一根短接线连接在一

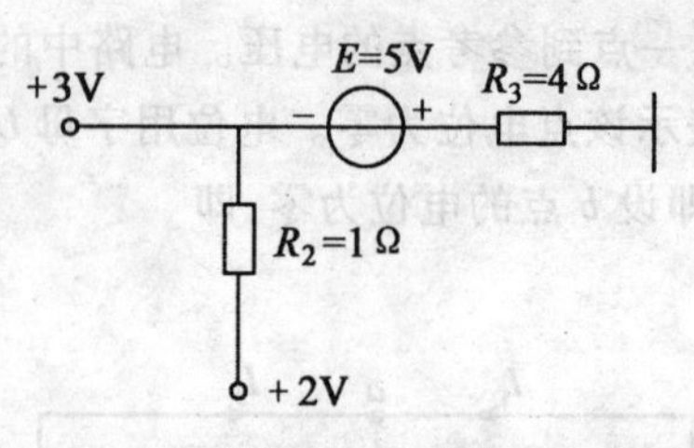

图 2-7 图 2-6 的简化电路

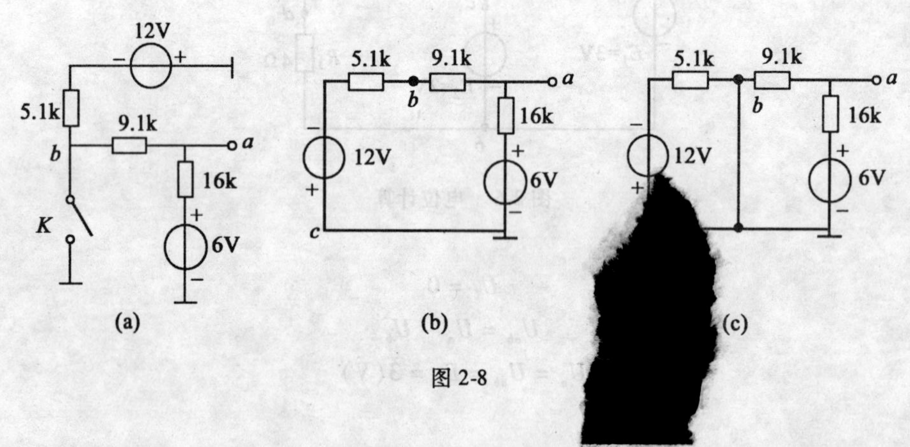

图 2-8

起，并非多个参考点。所以开关 K 断开及闭合时的电路[illegible]制出，分别如图 2-8(b)、(c) 所示。

当 K 断开时，由图 2-8(b) 可以列出电压方程（参考[illegible]所示）

$$(16+9.1+5.1)\times 10^{3} I = [illegible]$$

可得

$$I=\frac{18}{30.2}\times 10^{-3}=0.596\times 10^{-3}(\mathrm{A})=0.[illegible]\mathrm{mA})$$

于是 $U_a=U_{ac}=-0.596\times 16+6=-3.536(\mathrm{V})$。

当开关 K 闭合后，由图 2-8(c) 可以看出，这时 b 点变成了零电位，使两个电源构成两个彼此无关的回路。a 点的电位只与 6 伏电源的回路中电流有关，故得

$$U_a=U_{ab}=9.1\times\frac{6}{16+9.1}=+2.155(\mathrm{V})$$

计算结果表明，由于开关 K 的接通，使 a 点电位由原来的 $-3.536\mathrm{V}$ 升高到 $+2.155\mathrm{V}$。

[思考与练习题]

2.2.1 在图 2-9 所示电路中，试分析当开关 K 断开和闭合时，a、b、c 各点电位是否有变化？为什么？

2.2.2 试计算图 2-10 所示电路中 a 点的电位。

2.2.3 电路如图 2-11 所示，当 R_2 电阻的滑动触头左右移动时，试分析 a、b 两点电位的变化。

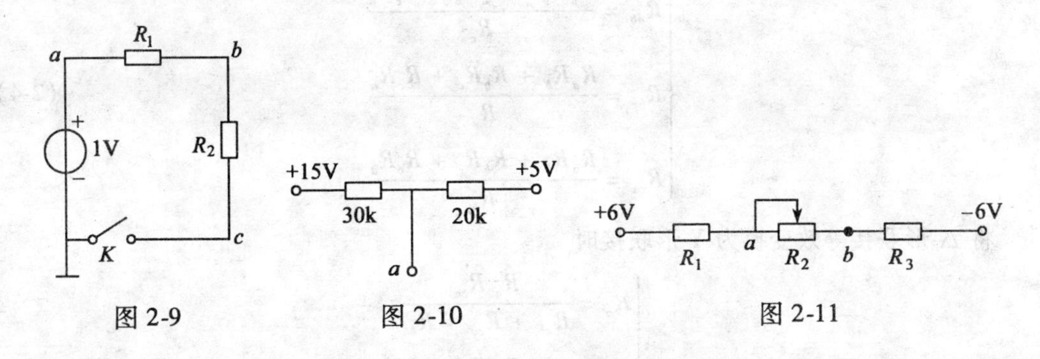

图 2-9　图 2-10　图 2-11

§2.3　网络变换

2.3.1　星形网络与三角形网络的等效互换

在无源网络化简的过程中，有时需要对星形网络和三角形网络进行等效互换，使其一些电路元件化成串(并)联关系，以便简化网络。

根据等效的定义，要使 Y 形与 △ 形网络(如图 2-12 所示电路)等效必须是对应端钮流入或流出的电流(如 I_a、I_b、I_c)对应相等，对应端钮之间的电压(如 U_{ab}、U_{bc}、U_{ca})也对应相等。也就是说经这样的变化后，不影响电路其他部分的电压和电流。

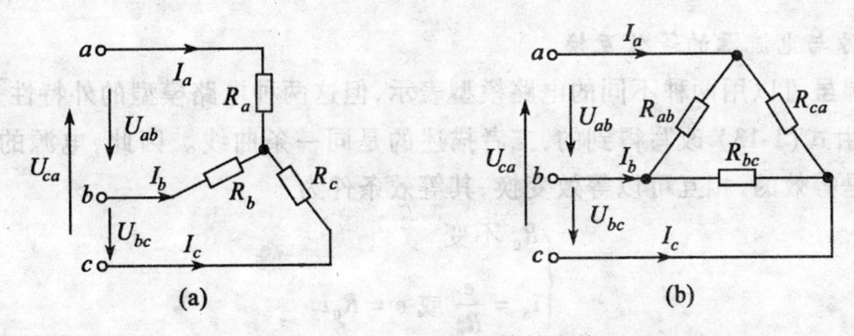

图 2-12　Y—△ 网络等效变换

当满足等效条件后，在 Y 形和 △ 形两种接法中，对应的任意两端之间的等效电阻也必须相等。如图 2-12 所示电路，设某一对应端开路时，其他两端之间的等效电阻为

$$R_a + R_b = \frac{R_{ab}(R_{bc} + R_{ca})}{R_{ab} + R_{bc} + R_{ca}}(c\text{ 端开路，在 }ab\text{ 之间加电压})$$

同理

$$R_b + R_c = \frac{R_{bc}(R_{ca} + R_{ab})}{R_{ab} + R_{bc} + R_{ca}}(a\text{ 端开路，在 }bc\text{ 之间加电压})$$

$$R_c + R_a = \frac{R_{ca}(R_{ab} + R_{bc})}{R_{ab} + R_{bc} + R_{ca}}(b\text{ 端开路，在 }ca\text{ 之间加电压})$$

联立求解，可分别求得 Y—△、△—Y 等效参数，即将 Y 形连接等效变换为 △ 形连接时为

$$\begin{cases} R_{ab} = \dfrac{R_aR_b + R_bR_c + R_cR_a}{R_c} \\ R_{bc} = \dfrac{R_aR_b + R_bR_c + R_cR_a}{R_a} \\ R_{ca} = \dfrac{R_aR_b + R_bR_c + R_cR_a}{R_b} \end{cases} \tag{2-4}$$

将 △ 形联接等效变换为 Y 形联接时

$$\begin{cases} R_a = \dfrac{R_{ab}R_{ca}}{R_{ab} + R_{ca} + R_{bc}} \\ R_b = \dfrac{R_{bc}R_{ab}}{R_{ab} + R_{ca} + R_{bc}} \\ R_c = \dfrac{R_{ca}R_{bc}}{R_{ab} + R_{ca} + R_{bc}} \end{cases} \tag{2-5}$$

当 $R_a = R_b = R_c$,即 Y 形连接的电阻对称时,由式(2-4) 可知

$$R_{ab} = R_{bc} = R_{ca} = R_\Delta = 3R_Y \tag{2-6}$$

可见变换所得的 △ 形网络也是对称的,由此可得

$$R_Y = \frac{1}{3}R_\Delta \tag{2-7}$$

2.3.2 有源支路等效互换

1. 电压源与电流源的等效互换

实际电源虽可以用两种不同的电路模型表示,但这两种电路模型的外特性是相同的,即式(1-14) 是由式(1-13) 改写得到的,二者描述的是同一条曲线。因此,电源的两种模型对外电路而言是等效的,相互可以等效变换,其等效条件为

$$\begin{cases} R_0 \text{ 不变} \\ i_S = \dfrac{e}{R_0} \text{ 或 } e = R_0 i_S \end{cases} \tag{2-8}$$

如果知道某一种电路模型,利用 $i_S = \dfrac{e}{R_0}$,或 $e = R_0 i_S$ 可以求出另一种电路模型。显然理想电压源和理想电流源不能互换。

2. 有源支路等效互换法

有源支路等效互换法实际是电压源和电流源等效互换的推广应用。该方法根据电势源串联和电激流并联可以合并的原理以及电压源与电流源可等效互换来简化电路,进而求解电路。下面以具体例子来说明其方法。

例 2.4 试用有源支路等效互换的方法计算图 2-13(a) 所示电路中电阻 R 中的电流 I。

解 根据电势源串联和电激流并联可以合并的原理,依次将有关支路适当变换、合并,最后化简为图 2-13(g) 所示电路,由此可得

$$I = \frac{2}{2+3} \times 2.5 = 1(\text{A})$$

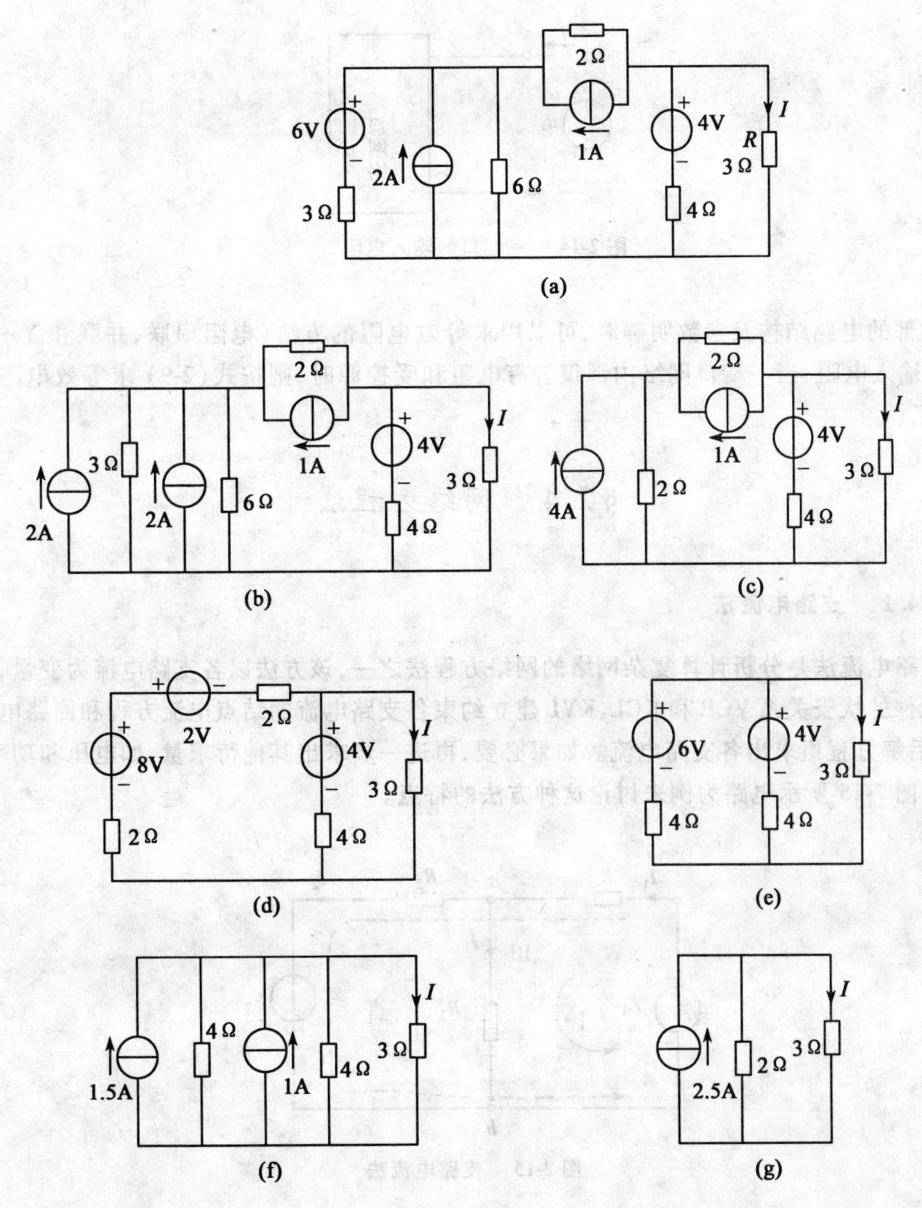

图 2-13

2.3.3 输入电阻与等效电阻

对于如图 2-14 所示的二端网络，若在其端钮之间加电压 u，则将产生一个在一个端钮流进另一端钮流出的电流 i，满足这一条件的二端网络称为一端口网络或单口网络。

所谓输入电阻，是指不含独立电源的一端口电阻网络的外加端电压与端钮上电流的比值，即

$$R_{in}=\frac{u}{i} \tag{2-9}$$

对无源一端口的输入电阻与等效电阻是相等的，但二者的含义有区别。当无源一端口

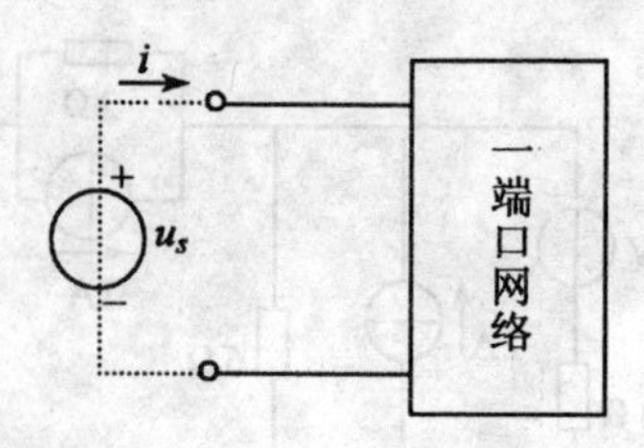

图 2-14 一端口的输入电阻

网络内部的电路结构及参数明确时,可以用求等效电阻的方法(电阻串联、并联和 Y—Δ 变换)求输入电阻;当一端口网络内部仅含有电阻和受控源时,则按式(2-9)求等效电阻或输入电阻。

§2.4 网络方程法

2.4.1 支路电流法

支路电流法是分析计算复杂网络的网络方程法之一,该方法以各支路电流为变量,根据支路元件的伏安关系 VCR 和 KCL、KVL 建立约束各支路电流的结点电流方程和回路电压方程,然后解方程组求出各支路电流。如果必要,再进一步求出其他待求量,如电压和功率等,下面以图 2-15 所示电路为例来讨论这种方法的特点。

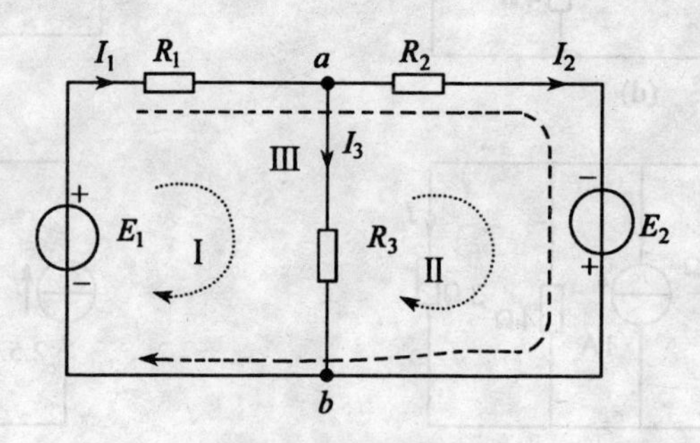

图 2-15 支路电流法

如图 2-15 所示电路具有三条支路、两个结点和两个网孔,应用支路电流法求各支路电流时,首先选定各支路电流的参考方向,并规定 KCL 的代数符号,列出结点电流方程。对结点 a 列出

$$-I_1+I_2+I_3=0 \quad ①$$

对结点 b 列出

$$I_1-I_2-I_3=0 \quad ②$$

显然,方程 ① 就是方程 ②。所以,对两个结点的电路,应用 KCL 只能列出一个独立方程。一般地,对具有 n 个结点的电路应用 KCL 只能列出 $n-1$ 个独立方程。

然后,应用 KVL 列回路电压方程。首先选取回路并假定回路绕行方向,再列方程。

对回路 Ⅰ 可以列出

$$I_1R_1 + I_3R_3 = E_1 \quad ③$$

对回路 Ⅱ 可以列出

$$I_2R_2 - I_3R_3 = E_2 \quad ④$$

对回路 Ⅲ 可以列出

$$I_1R_1 + I_2R_2 = E_1 + E_2 \quad ⑤$$

从这三个方程不难发现,其中任意一个方程可以从其他两个方程中导出,所以只有两个回路方程是独立的。一般对于 n 个结点 b 条支路的网络,根据 KVL 可以列出 $b-(n-1)=m$ 个独立回路电压方程,这 m 个独立回路的确定,最简单的方法是按网孔选择回路。换句话说,按电路的网孔所列出的回路电压方程都是相互独立的,于是对于 b 条支路的网络根据 KCL、KVL 列出的独立方程数目恰好等于 b 个未知支路电流变量数。可见,应用支路电流法,必须联立求解 b 个方程。

综上所述,支流电流法的求解步骤如下:

(1) 确定支路电流的数目,并选择电流的参考方向;

(2) 用 KCL 对 $n-1$ 个结点列电流方程;

(3) 选 m 个网孔为回路,标定每个网孔的绕行方向,由 KVL 列出以支路电流为未知变量的电压方程;

(4) 求解(2) 及(3) 所列的 b 个联立方程,即解出各支路电流;

(5) 解出支路电流后,再应用元件的伏安关系求出各元件的电压。

例 2.5　如图2-16 所示电路为两台发电机并联运行,共同供电给负载。负载电阻 $R=24(\Omega)$。由于某种原因,两台发电机的电势发生了差异,$E_1=130(\text{V})$,$E_2=117(\text{V})$,两台发电机的内阻 $R_1=1(\Omega)$,$R_2=0.6(\Omega)$。用支路电流法,试求每台发电机中的电流以及两台发电机各自发出的功率。

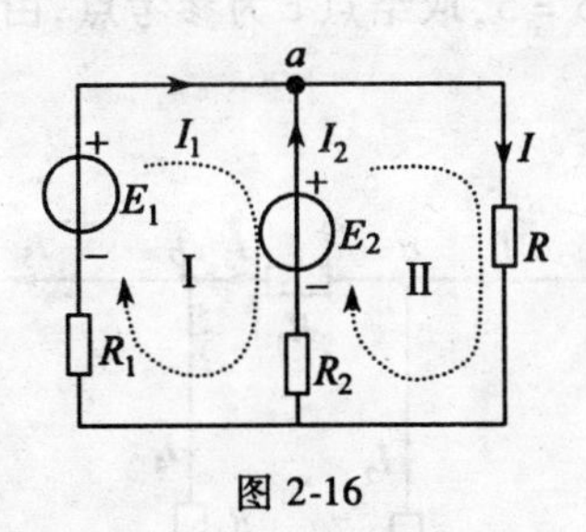

图 2-16

解　(1) 本题 $b=3$,各支路电流参考方向如图 2-16 所示。

(2) 对结点 a,应用 KCL 列方程,则有

$$I = I_1 + I_2$$

(3) 取网孔为独立回路,绕行方向如图 2-16 所示。对各回路应用 KVL 列方程。

对回路 Ⅰ 有

$$R_1I_1 - R_2I_2 = E_1 - E_2$$

对回路 Ⅱ 有

$$R_2I_2 + RI = E_2$$

把电动势及电阻数值代入，即得

$$\begin{cases} I = I_1 + I_2 \\ I_1 - 0.6I_2 = 13 \\ 0.6I_2 + 24I = 117 \end{cases}$$

（4）联立解方程

$$I_1 = 10(\mathrm{A}), I_2 = -5(\mathrm{A}), I = 5(\mathrm{A})$$

两台发电机的端电压，亦即负载上的电压

$$U = RI = 24 \times 5 = 120(\mathrm{V})$$

发电机 1（E_1、R_1）发出的功率

$$P_1 = UI_1 = 120 \times 10 = 1\,200(\mathrm{W})$$

发电机 2（E_2、R_2）发出的功率

$$P_2 = UI_2 = 120 \times (-5) = -600(\mathrm{W})$$

负号说明发电机 2（E_2、R_2）起着负载的作用，它从发电机 1（E_1、R_1）取用了 600W 功率。

2.4.2 结点电压法

结点电压法也是分析计算复杂网络的网络方程法之一。与支路电流法相比较，结点电压法的优点是减少了联立求解网络方程的维数。

结点电压是电路中各结点到参考点的电压（即结点电位），结点电压法是以结点电压为未知量以 KCL 为变量的拓扑约束，列网络方程求解电路。结点电压法看似只体现了 KCL，但实际上 KVL 是由线性电路的性质而自动满足的。下面仍以具体电路为例来说明结点电压法的特点。

1. 结点电压（电位）方程

如图 2-17 所示电路，$n = 3$，$b = 5$，取结点 c 为参考点，由 KCL 可以列出 $n - 1 = 2$ 个独立的电流方程。

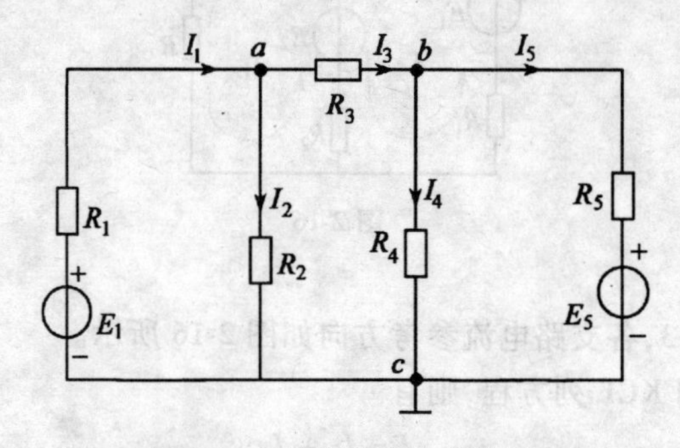

图 2-17 结点电压法电路图

KCL 用于结点 a 和 b 可得

$$I_1 = I_2 + I_3 \quad ①$$

$$I_3 = I_4 + I_5 \quad ②$$

由 VCR 可得

$$I_1=\frac{E_1-U_a}{R_1},I_2=\frac{U_a}{R_2}$$

$$I_3=\frac{U_a-U_b}{R_3},I_4=\frac{U_b}{R_4},I_5=\frac{-E_5+U_b}{R_5}$$

将所有 VCR 代入方程 ① 和方程 ② 即可得到

$$\frac{E_1-U_a}{R_1}=\frac{U_a}{R_2}+\frac{U_a-U_b}{R_3}=\frac{U_a-U_b}{R_3}\ \frac{U_b}{R_4}+\frac{U_b-E_5}{R_5}$$

整理得

$$\begin{cases}\left(\dfrac{1}{R_1}+\dfrac{1}{R_2}+\dfrac{1}{R_3}\right)U_a-\dfrac{1}{R_3}U_b=\dfrac{E_1}{R_1}\\ -\dfrac{1}{R_3}U_a+\left(\dfrac{1}{R_3}+\dfrac{1}{R_4}+\dfrac{1}{R_5}\right)U_b=\dfrac{E_5}{R_5}\end{cases}\tag{2-10}$$

采用电导形式可以改写为

$$\begin{cases}(G_1+G_2+G_3)U_a-G_3U_b=G_1E_1\\ -G_3U_a+(G_3+G_4+G_5)U_b=G_5E_5\end{cases}\tag{2-11}$$

将方程写成规格化形式(用数字表示结点电压的下标)

$$\begin{cases}G_{11}U_1+G_{12}U_2=I_{s_{11}}\\ G_{21}U_1+G_{22}U_2=I_{s_{22}}\end{cases}\tag{2-12}$$

方程中的 G_{11}、G_{22} 称为相应结点的自导,自导是连接该结点的所有电导之和,在方程中自导取正号,表示仅由该结点电位作用时,电流从该结点流出。$G_{12}=G_{21}$ 为结点之间的互导,在方程中互导取负号,表明相邻结点的高电位驱使电流流向本结点。结点电压方程右端是流入该结点有源支路的电激流,G_1E_1 实际上是 E_1 和 R_1 串联有源支路的等效电流源的电激流,其余类推。电流指向结点取正号,反之取负号。

若电路是由 n 个结点构成的,则式(2-12) 可以写成一般形式

$$\begin{cases}G_{11}U_1+G_{12}U_2+\cdots+G_{1,n-1}U_{n-1}=I_{s_{11}}\\ G_{21}U_1+G_{22}U_2+\cdots+G_{2,n-1}U_{n-1}=I_{s_{22}}\\ \quad\vdots\qquad\quad\vdots\qquad\qquad\quad\vdots\qquad\qquad\vdots\\ G_{n-1,1}U_1+G_{n-1,2}U_2+\cdots+G_{n-1,n-1}U_{n-1}=I_{s_{n-1,n-1}}\end{cases}\tag{2-13}$$

式(2-13) 右边的电流,应看成是与相应结点连接的有源支路电激流的代数和。

2. 弥尔曼定理

对于仅有两个结点的网络,如图 2-18 所示,则只能列 $n-1=1$ 个结点电压方程。

取 b 点为参考点,则对 a 点列方程

$$(G_1+G_2+G_3+G_4)U_a=G_1E_1+G_2E_2+G_4E_4$$

$$U_a=\frac{G_1E_1+G_2E_2+G_4E_4}{G_1+G_2+G_3+G_4}$$

写成一般的形式为

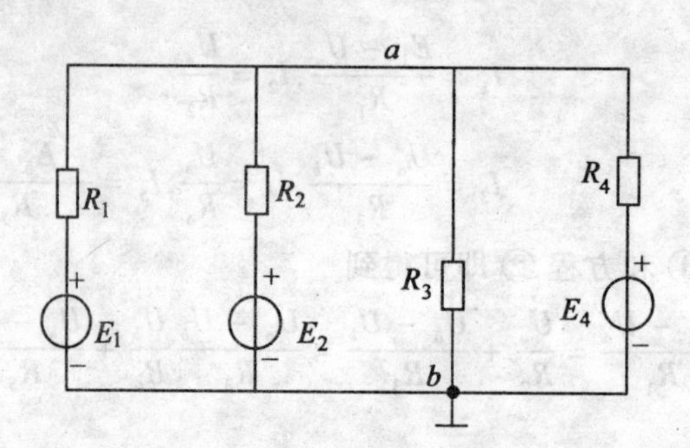

图 2-18 弥尔曼定理电路图

$$U_a = \frac{\sum G_k E_k}{\sum G_j} \text{或} \frac{\sum \frac{E_k}{R_k}}{\sum \frac{1}{R_j}} \tag{2-14}$$

$$G_j = \frac{1}{R_j}(j = 1, 2, \cdots, b)$$

式(2-14)称为弥尔曼(Millman)定理。其中 $k \leqslant b$。

例 2.6 试建立如图2-19 所示电路的结点电压方程。

解 设 U_a、U_b、U_c 为未知量，其电路方程为

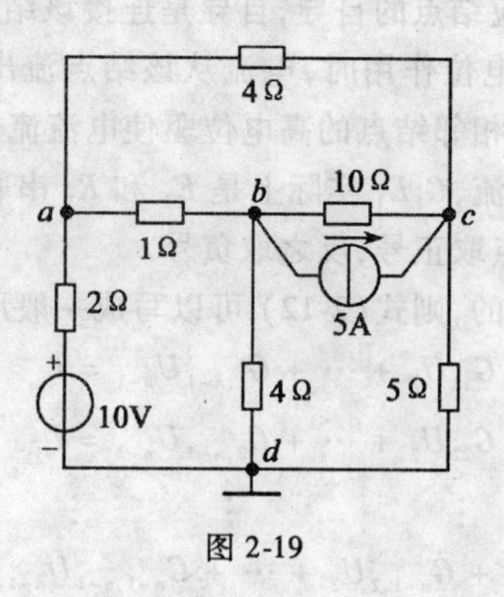

图 2-19

$$\left(\frac{1}{2} + \frac{1}{4} + 1\right) U_a - U_b - \frac{1}{4}U_c = \frac{10}{2}$$

$$-U_a + \left(1 + \frac{1}{4} + \frac{1}{10}\right) U_b - \frac{1}{10}U_c = -5$$

$$-\frac{1}{4}U_a - \frac{1}{10}U_b + \left(\frac{1}{10} + \frac{1}{4} + \frac{1}{5}\right) U_c = 5。$$

例 2.7 电路如图2-20 所示，R 均为 1(Ω)，试求各结点电压。

解 解法一：任选三个结点电压作变量，即选 U_1、U_2、U_4，并设 $U_3 = 0$，由于1(V)电压源支路内无串联电阻，这给计算该支路电源电流带来困难，所以设该电源电流为 I，方向如图

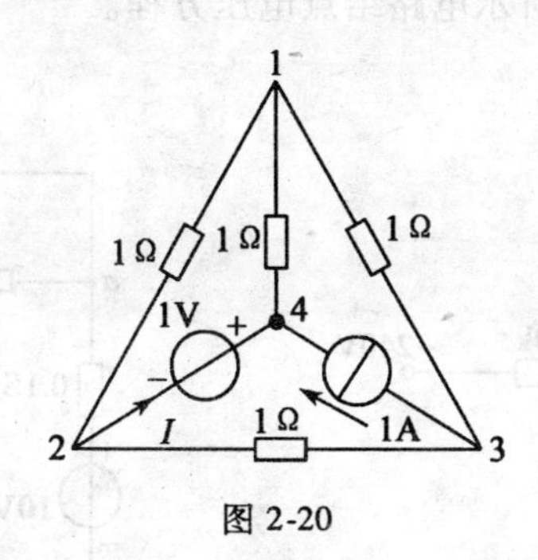

图 2-20

2-20 所示,可以建立电路方程式

$$3U_1 - U_2 - U_4 = 0$$

$$-U_1 + 2U_2 = -I$$

$$-U_1 + U_4 = I + 1$$

由于方程数少于未知量数,所以应补充一个方程。补充方程可以为

$$U_4 - U_2 = 1$$

从而解得　　$U_1 = 0.6(\text{V}), U_2 = 0.4(\text{V}), U_3 = 0(\text{V}), U_4 = 1.4(\text{V}), I = -0.2(\text{A})$。

解法二:有目的地选择参考点可以使未知量数目减少,若选电压源的负端 2 为参考点,则其正端 $U_4 = 1(\text{V})$ 为已知,所以只需两个结点方程就可以解出其余的结点电压。

$$3U_1 - U_3 - 1 = 0$$

$$-U_1 + 2U_3 = -1$$

可解得　　$U_1 = 0.2(\text{V}), U_3 = -0.4(\text{V}), U_2 = 0(\text{V}), U_4 = 1(\text{V})$。

可见适当选择参考点,可以减少未知量,从而使问题简化。由于解法一和解法二所选的参考点不同,所解得的各点电位值不同是理所当然的,但相应两点的电位差还是相等的。

[思考与练习题]

2.4.1　电路如图 2-21 所示,试列出求解各支路电流所需要的支路电流方程。

2.4.2　试求如图 2-22 所示电路的各支路电流。

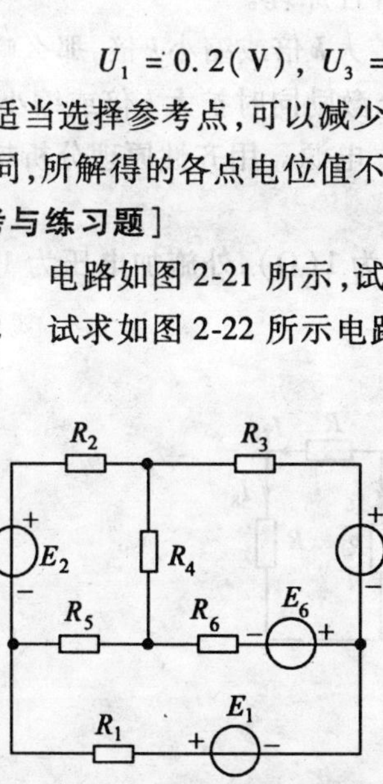

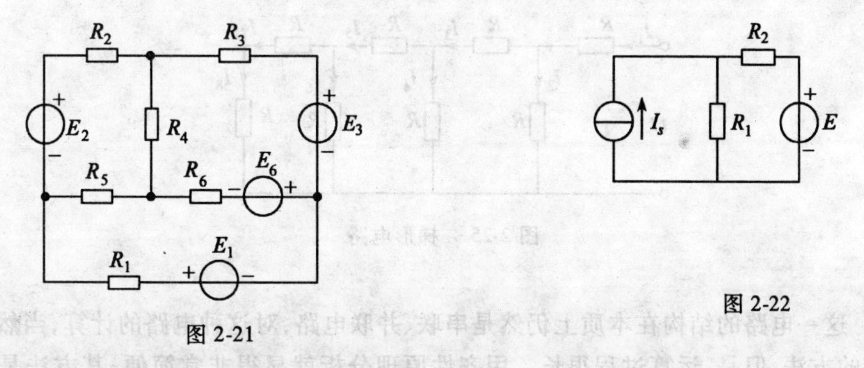

图 2-21

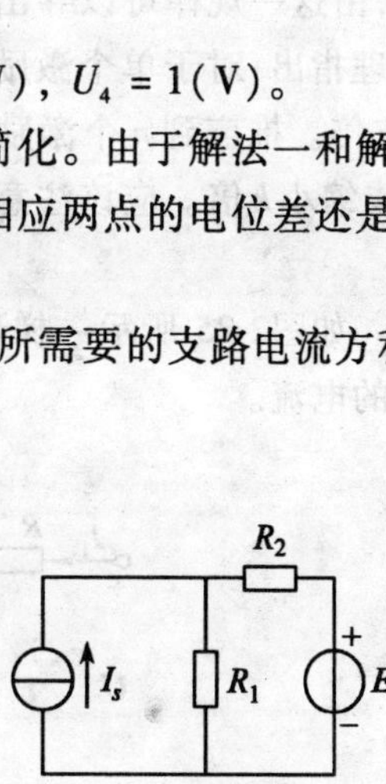

图 2-22

2.4.3　试比较支路电流法、结点电压法的特点。

2.4.4　试用结点法求如图 2-23 所示电路 10k 电阻中的电流。

2.4.5 试列出如图 2-24 所示电路结点电压方程。

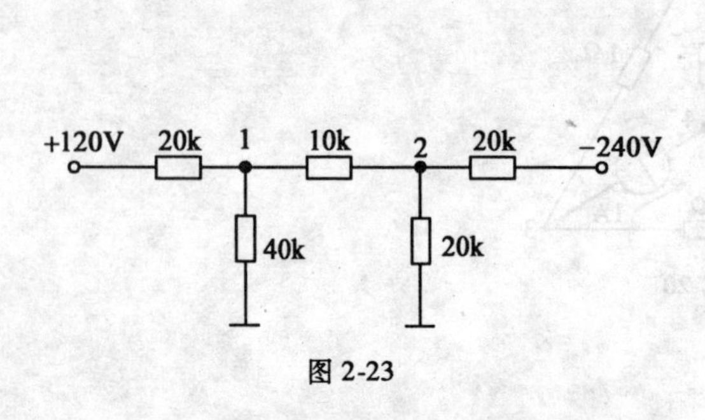

图 2-23

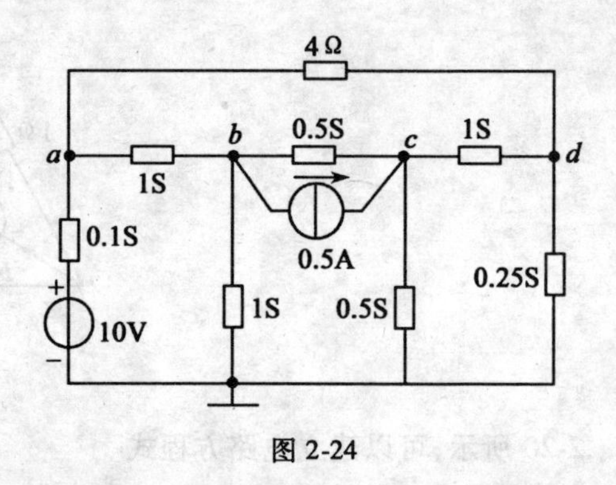

图 2-24

§2.5 电路定理

电路有许多固有的特性和性质，人们常用定理来描述这些特性，这里主要介绍常用的基本定理。

2.5.1 齐性原理

在线性电路中，任何处的响应(电压、电流)与引起该响应的激励成比例，这是线性电路的线性规律，由这一规律可以导出一个线性定理 —— 齐性原理。

齐性原理指出：对于单个激励的线性电路，若激励扩大 k 倍或缩小 k 倍，那么响应也扩大 k 倍或缩小 k 倍。推广到 n 个激励同时作用时，则为 n 个激励同时扩大 k 倍或缩小 k 倍，响应也扩大 k 倍或缩小 k 倍。应该注意，这里的激励是指独立电源。用齐性原理分析梯形电路特别有效。

例 2.8 如图2-25 所示一梯形电路，其所有电阻均为 1(Ω)，外施加电压为 1(V)，试求通过各元件的电流。

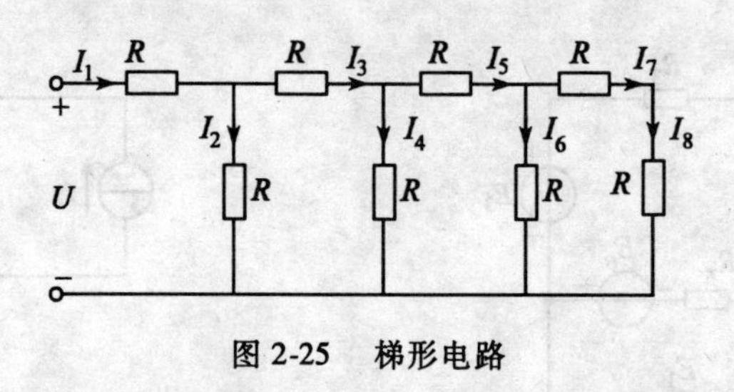

图 2-25 梯形电路

解 这一电路的结构在本质上仍然是串联、并联电路，对这种电路的计算，当然可以用前面介绍的方法，但是，运算过程很长。用齐性原理分析就显得非常简便，其方法是先设通过最后一个元件 R_8 的电流为 1(A)，向前推算，逐步求出通过各元件的电流(及电压)，并得出产生如此大小电流(及电压)所需外施电压的大小；比较计算外施电压与实际的外施电压得其比值,即 k 值。然后对所有元件上的计算电流(及电压)乘以 k 进行修正,得出各元件上电流(及电压)的实际值。

设

$$I_8 = 1(\text{A})$$
$$I_7 = I_8 = 1(\text{A})$$
$$U_6 = U_7 + U_8 = R_7 I_7 + R_8 I_8 = 1 \times 1 + 1 \times 1 = 2(\text{V})$$
$$I_6 = \frac{U_6}{R_6} = \frac{2}{1} = 2(\text{A})$$
$$I_5 = I_6 + I_7 = 2 + 1 = 3(\text{A})$$
$$U_5 = I_5 R_5 = 3 \times 1 = 3(\text{V})$$
$$U_4 = U_5 + U_6 = 3 + 2 = 5(\text{V})$$
$$I_4 = \frac{U_4}{R_4} = 5(\text{A})$$
$$I_3 = I_4 + I_5 = 5 + 3 = 8(\text{A})$$
$$U_3 = R_3 I_3 = 1 \times 8 = 8(\text{V})$$
$$U_2 = U_3 + U_4 = 8 + 5 = 13(\text{V})$$
$$I_2 = \frac{U_2}{R_2} = 13(\text{A})$$
$$I_1 = I_2 + I_3 = 13 + 8 = 21(\text{A})$$
$$U_1 = R_1 I_1 = 1 \times 21 = 21(\text{V})$$
$$U = U_1 + U_2 = 21 + 13 = 34(\text{V})$$

但实际上 $U = 1(\text{V})$,故电路中所有元件上的电流均需除以 34。这是因为我们假设的 I_8 需外加 34(V) 才得到 1(A),这比实际情况都扩大了 34 倍。于是进行修正就可以得到各元件中的实际电流,即 $I_1 = 0.6176(\text{A})$, $I_2 = 0.382(\text{A})$, $I_3 = 0.253(\text{A})$, $I_4 = 0.147(\text{A})$, $I_5 = 0.882(\text{A})$, $I_6 = 0.588(\text{A})$, $I_7 = I_8 = 0.0294(\text{A})$。

2.5.2　叠加原理

叠加原理是线性电路的重要原理。什么叫做叠加原理呢?在回答这个问题之前,首先来做下面的计算。即分别求出图 2-26(a),(b),(c) 所示电路中的 I_1, I'_1, I''_1。

对图 2-26(a),用支路电流法求 I_1

$$I_1 + I_2 - I_3 = 0$$
$$I_1 R_1 + I_3 R_3 = E_1$$
$$I_2 R_2 + I_3 R_3 = E_2$$

解得

$$I_1 = \frac{(R_2 + R_3)E_1}{R_1 R_2 + R_2 R_3 + R_1 R_3} - \frac{R_3 E_2}{R_1 R_2 + R_2 R_3 + R_1 R_3} \tag{2-15}$$

由图 2-26(b) 求 I'_1,用串联、并联先化简电路,如图 2-26(d) 所示。

$$R = R_2 /\!/ R_3 + R_1 = \frac{R_1 R_2 + R_2 R_3 + R_1 R_3}{R_2 + R_3}$$

$$I'_1 = \frac{(R_2 + R_3)E_1}{R_1 R_2 + R_2 R_3 + R_1 R_3} \tag{2-16}$$

对图 2-26(c),求 I_2'',电路简化为如图 2-26(e) 所示。

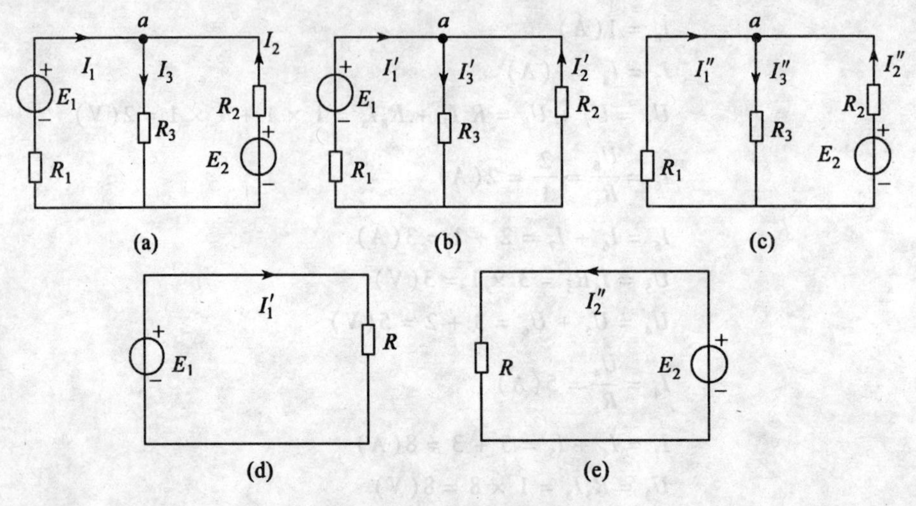

图 2-26　叠加原理电路图

$$R = R_1 \,/\!/\, R_3 + R_2 = \frac{R_1R_2 + R_2R_3 + R_1R_3}{R_1 + R_3}$$

$$I_2'' = \frac{(R_1 + R_3)E_2}{R_1R_2 + R_2R_3 + R_1R_3}$$

$$I_1'' = -\frac{R_3}{R_1 + R_3}I_2'' = -\frac{R_3E_2}{R_1R_2 + R_2R_3 + R_1R_3} \tag{2-17}$$

把式(2-16) 与式(2-17) 相加与式(2-15) 相比较

$$I_1' + I_1'' = \frac{(R_2 + R_3)E_1}{R_1R_2 + R_2R_3 + R_1R_3} - \frac{R_3E_2}{R_1R_2 + R_2R_3 + R_1R_3}$$

不难看出,其方程右边正好等于 I_1 的表达式,从数学的角度讲,这是函数的可加性,用电工技术的理论解释,即图 2-26 中图(a)的物理过程可以分解成图(b)和图(c)两种情况的合成,这就是线性电路的可加性。线性电路的这一性质可以叙述为:在线性电路中,如有若干独立电源同时作用于电路,电路中任何一个支路电流(或电压)都可以看成是,由电路中各个独立电源单独作用时,在该支路中所产生的电流(或电压)分量的代数和,这就称为叠加原理。

借助于叠加原理可以简化复杂电路的计算。然而叠加原理更重要的作用是,使我们加深了对线性电路特性的认识,即线性电路中各个激励所产生的响应是互不影响的。一个激励的存在并不会影响另一个激励所引起的响应。若各个激励的频率不同,当共同作用于同一线性电路时,所得的响应也只包含激励的频率,不会产生新的频率成分。

正确理解叠加原理的关键在于正确理解除源的概念。所谓除源是指考虑某一电源单独作用时,其余的电源不作用,称为除源。具体地讲,除源就是将电压源的电动势短接,将电流源的电激流开路,而电源的内阻均保留。

叠加原理只适用于线性电路,且仅电压、电流满足叠加性,而功率不具有叠加性。

例 2.9　试用叠加原理计算图 2-26(a) 所示电路中各个电流。设 $E_1 = 140(\text{V})$, $E_2 = 90(\text{V})$, $R_1 = 20(\Omega)$, $R_2 = 5(\Omega)$, $R_3 = 6(\Omega)$。

解　把图 2-26(a) 看成图 2-26(b) 和图 2-26(c) 的叠加，在图 2-26(b) 中

$$I_1' = \frac{E_1}{R_1 + \dfrac{R_2 R_3}{R_2 + R_3}} = \frac{140}{20 + \dfrac{5 \times 6}{5 + 6}} = 6.16(\text{A})$$

$$I_2' = -\frac{R_3}{R_2 + R_3} I_1' = -\frac{6}{5 + 6} \times 6.16 = -3.36(\text{A})$$

$$I_3' = \frac{R_2}{R_2 + R_3} I_1' = \frac{5}{5 + 6} \times 6.16 = 2.8(\text{A})$$

在图 2-26(c) 中

$$I_2'' = \frac{E_2}{R_2 + \dfrac{R_1 R_3}{R_1 + R_3}} = \frac{90}{5 + \dfrac{20 \times 6}{20 + 6}} = 9.36(\text{A})$$

$$I_1'' = -\frac{R_3}{R_1 + R_3} I_2'' = -\frac{6}{20 + 6} \times 9.36 = -2.16(\text{A})$$

$$I_3'' = \frac{R_1}{R_1 + R_3} I_2'' = \frac{20}{20 + 6} \times 9.36 = 7.2(\text{A})$$

所以

$$I_1 = I_1' + I_1'' = 6.16 - 2.16 = 4(\text{A})$$

$$I_2 = I_2'' + I_2' = 9.36 - 3.36 = 6(\text{A})$$

$$I_3 = I_3' + I_3'' = 2.8 + 7.2 = 10(\text{A})$$

叠加时还应注意参考方向，各分量电流的参考方向与总电流参考方向一致时取正，反之则取负。

2.5.3　替代定理

替代定理具有广泛的应用，其意义可以用图 2-27 解释，即在给定的任意一电阻网络中，若第 k 条支路的电压 u_k 和电流 i_k 为已知（如图 2-27(a) 所示），那么，这条支路可以用一个具有电压等于 u_k 的电势源替代（如图 2-27(b) 所示），或用一个具有电流等于 i_k 的电激流源替代（如图 2-27(c) 所示）。替代后网络中所有的电压、电流均保持原值不变。这里第 k 条支路可以是有源支路或无源支路，但第 k 条支路的电压或电流若受网络 N_S 中的物理量控制时，该支路不能被替代。

图 2-28 示出了替代定理的应用实例，由图 2-28(a) 所示电路可以求得 $I_1 = 2(\text{A})$, $I_2 = 1(\text{A})$, $I_3 = 1(\text{A})$, $u_3 = 8(\text{V})$，其支路 3 可以用电压等于 8V 的电势源替代，如图 2-28(b) 所示；或用电流等于 1A 的电激流源替代，如图 2-28(c) 所示。可以证明，替代前后的电路方程完全是相同的。应该指出的是，替代定理不仅适用于电阻网络，而且也适用于任何元件组成的网络。

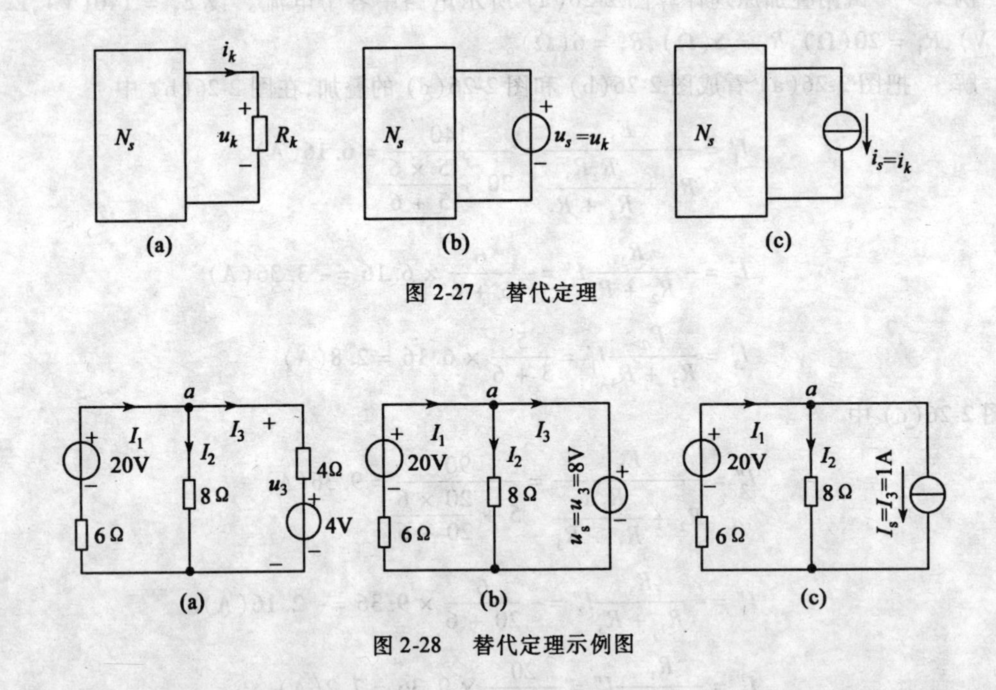

图 2-27 替代定理

图 2-28 替代定理示例图

2.5.4 戴维南 — 诺顿定理

1. 等效电源定理

等效电源定理指出：任何有源二端网络，都可以用一电压源串联内阻或电流源并联内阻的等效电路来代替，如图 2-29(b)、(c) 所示。等效电源定理对任一线性网络给出了一个理性认识的图景。等效电路的参数确定由戴维南(Thevenin)和诺顿(NoRton)给出了解析和实验的方法，于是使等效电源定理成为计算复杂网络响应的一种有利工具。

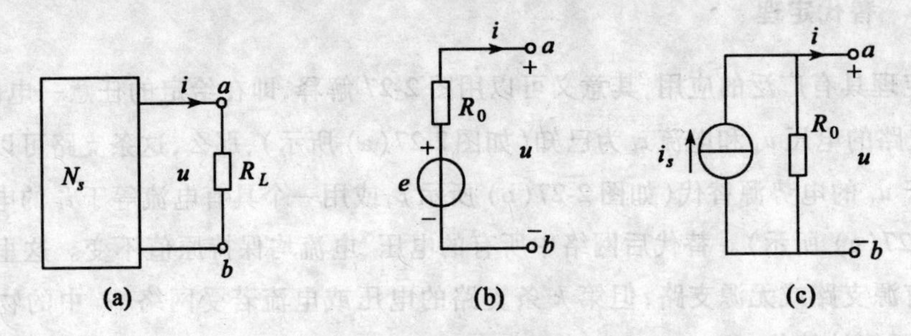

图 2-29 等效电源定理

2. 戴维南定理

任何一个有源二端线性网络都可以用一个电动势 E 和内阻 R_0 串联的电源来等效代替，如图 2-29(b) 所示，等效电源的电动势 E 等于该有源网络的开路电压。内阻 R_0 等于将网络内各独立电源置零值时，从网络端口求得等效电阻，这就是戴维南定理。

为了了解替代定理和叠加原理的应用，下面应用替代定理和叠加原理来证明戴维南定理，其过程如图 2-30 所示。根据替代定理，用理想电流源替代 R_L。

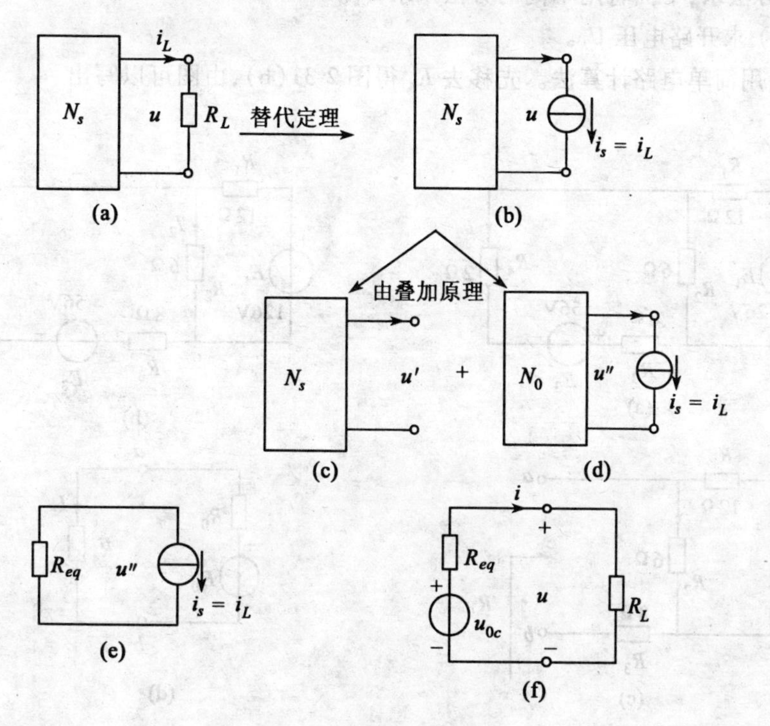

图 2-30　戴维南定理证明过程

根据电流源的特点，其两端的电压取决于外电路，因此 u 如何表示则是我们最关心的。根据叠加原理，u 可以分为有源二端网络内部和外部电源分别作用的两部分的叠加，即

$$u = u' + u''$$

在图 2-30 中，图(d) 可以用图(e) 所示电路等效替代，由等效电路可知

$$u'' = -i_S R_{eq}$$

由图(c) 可知，u' 等于有源二端网络的开路电压，即

$$u' = u_{0C}$$

所以

$$u = u' + u'' = u_{0C} - iR_{eq}$$

上式为有源二端网络的端口特性，所以原电路的等效电路如图 2-30(f) 所示，于是定理得证。

*3. 诺顿定理

对于任意一个线性有源二端网络，都可以用一个电流为 i_S 的电激流源和内阻 R_0 并联的电源来等效代替(如图 2-29(c) 所示)。等效电源的电激流 i_S 等于有源二端网络的短路电流。等效电源的内阻 R_0 等于有源二端网络中所有电源均除去后所得到的无源二端网络，从网络端口求得等效电阻。这就是诺顿定理，应用上述同样的方法可以证明诺顿定理的成立，这项工作留给读者自己完成。

例 2.10　试用戴维南定理求如图2-31 所示电路中的电流 I。

根据定理意义分析，首先必须求出戴维南定理等效支路，即求出图 2-31(d) 中的 E_0 和 R_0。根据定理求 E_0 变为求开路电压 U_k，其开路电压用什么方法求，定理没作限定，故可以用任何有效的方法求，下面将用不同的方法来求 U_k。

解 (1) 求开路电压 U_k。

解法一：用简单电路计算法。先移去 R_4 得图 2-31(b)，由图可以写出

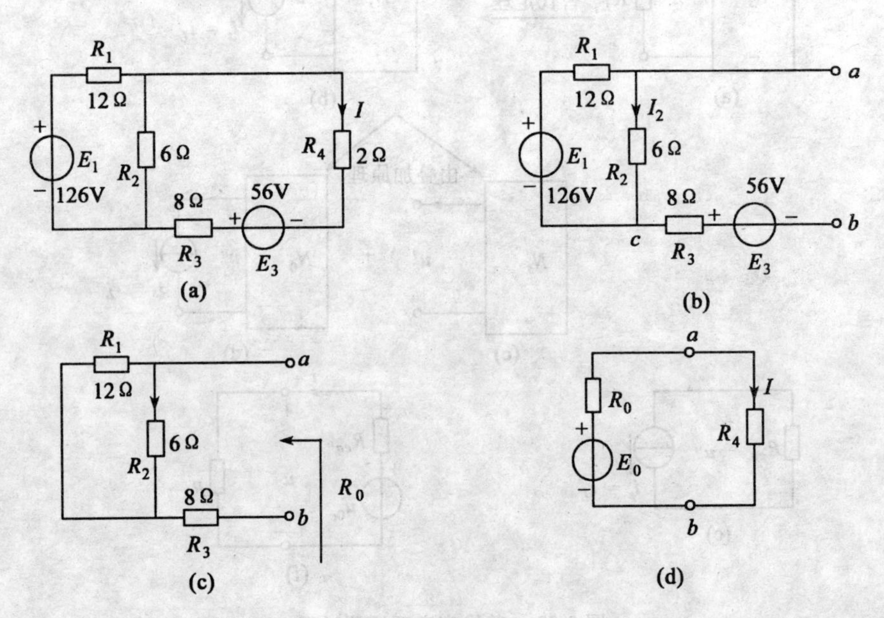

图 2-31

$$U_{ab} = U_{cb} + I_2R_2$$

因开路，R_3 上的压降为零，故

$$U_{cb} = E_3 = 56(\text{V})$$

$$I_2 = \frac{E_1}{R_1 + R_2} = \frac{126}{12 + 6} = 7(\text{A})$$

$$U_{ab} = 56 + 7 \times 6 = 98(\text{V})$$

解法二：用结点法求 U_{ab}。选 b 点为参考点，则 $U_{ab} = U_a$，以 U_a、U_c 为变量列结点电压方程

$$\left(\frac{1}{12} + \frac{1}{6}\right)U_a - \left(\frac{1}{12} + \frac{1}{6}\right)U_c = \frac{126}{12}$$

$$-\left(\frac{1}{12} + \frac{1}{6}\right)U_a + \left(\frac{1}{12} + \frac{1}{6} + \frac{1}{8}\right)U_c = \frac{56}{8} - \frac{126}{12}$$

解联立方程，即可求得 U_a、U_c。

由于本题比较特殊，U_c 实际上是已知量，故把 $U_c = 56(\text{V})$ 代入上述任一方程即可求得 U_a。

$$\frac{3}{12}U_a - \frac{3}{12} \times 56 = \frac{126}{12}$$

$$U_a = 98(\text{V})$$

(2) 求等效内阻 R_0。

图 2-31(b) 除源后得图 2-31(c) 所示无源网络,所以

$$R_0 = R_1 \mathbin{/\!/} R_2 + R_3 = \frac{12 \times 6}{12 + 6} + 8 = 12(\Omega)$$

解法三:网络变换法。除上述方法外,还可以应用有源支路等效互换逐步化简最后一起求出 E_0 和 R_0,其过程如图 2-32 所示。

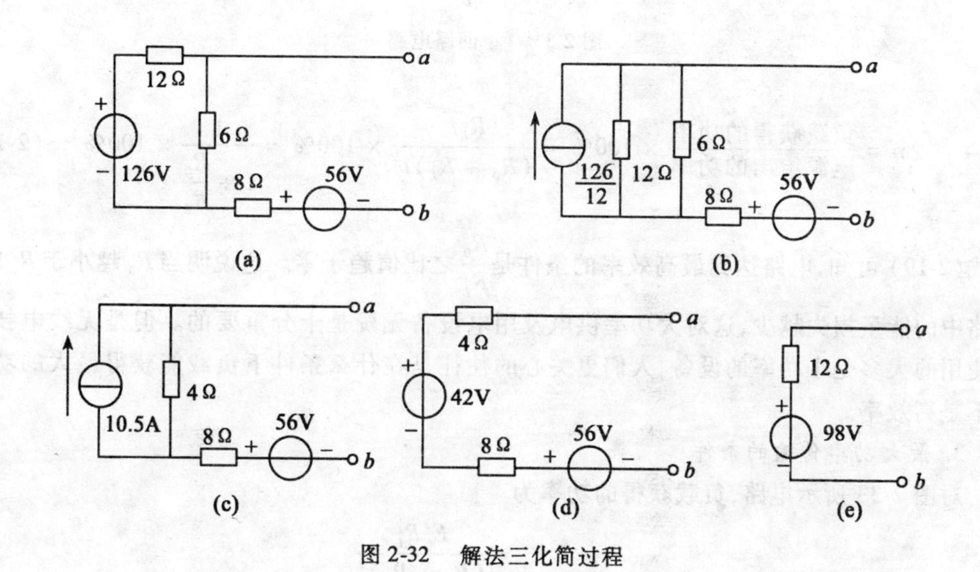

图 2-32　解法三化简过程

(3) 求电流 I。由图 2-31(d) 所示电路列方程

$$I = \frac{E_0}{R_0 + R_4} = \frac{98}{12 + 2} = 7(\mathrm{A})。$$

2.5.5　最大功率传输定理

1. 电路中的功率平衡

到此已知,任何一个电源或有源二端网络都可以简化为一个电动势 E 和内阻 R_0 串联的等效支路,即最终获得一个既简单又典型的单回路电路,如图 2-33 所示。我们在研究这种电路时常关心其功率分配问题。由 KVL 可得

$$E = R_0 I + R_L I$$

两边同乘以 I 得

$$EI = R_0 I^2 + R_L I^2 \tag{2-18}$$

式(2-18) 中各项的物理意义是:式(2-18) 左端是电源发出的功率,右端是内阻消耗的功率与负载获得的功率之和,在电路中功率总是平衡的。

2. 能量转换效率

从效率的角度来看,负载所获得的功率将转换成其他形式的能量,是有用的部分,而内阻的功率是真正消耗掉了,所以电路的效率为

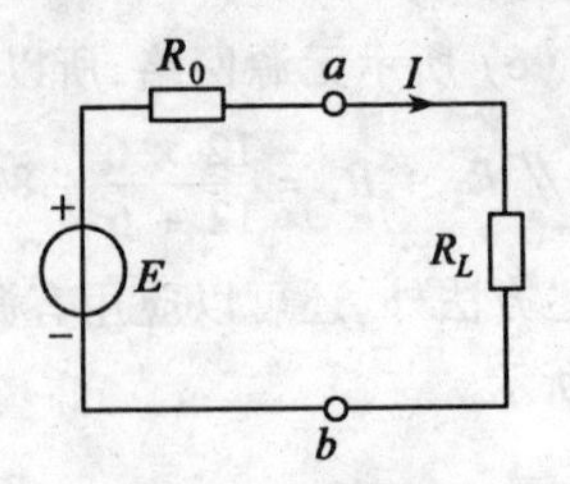

图 2-33 单回路电路

$$\eta = \frac{负载获得的功率}{电源给出的功率} \times 100\% = \frac{R_L I^2}{(R_0 + R_L) I^2} \times 100\% = \frac{1}{1 + \dfrac{R_0}{R_L}} \times 100\% \quad (2\text{-}19)$$

从式(2-19)可知,电路达到最高效率的条件是$\dfrac{R_0}{R_L}$之比值趋于零。这说明当R_0越小于R_L时,电路中的能量损失越少,这对大功率供电及用电设备无疑是十分重要的。但是无线电技术所使用的大多是小功率的设备,人们更关心的往往是在什么条件下负载能获得最大的功率而不是高效率。

3. 最大功率传输的条件

对图 2-33 所示电路,负载获得的功率为

$$P_L = I^2 R_L = \frac{E^2 R_L}{(R_L + R_0)^2}$$

若电源电势E和内阻R_0为固定值,负载R_L是可以选择的,那么负载获得最大功率的条件可以用求极值的方法找到

$$\frac{\mathrm{d}P_L}{\mathrm{d}R_L} = \frac{E^2}{(R_L + R_0)^2} - \frac{2E^2 R_L}{(R_L + R_0)^3} = \frac{R_0 - R_L}{(R_L + R_0)^3} E^2$$

令求导结果等于零可以解得

$$R_L = R_0 \quad (2\text{-}20)$$

在满足式(2-20)时负载能获得最大的功率,因而可以得出如下结论:含源线性二端网络传递给可变负载R_L的功率为最大的条件是负载R_L应与二端网络等效电阻R_0相等。此即最大功率传递定理,或称为最大功率匹配条件,即负载与电源匹配。

应特别注意到上述定理的先决条件是含源线性二端网络给定(其等效内阻已定)而负载可变,如果负载给定而电源内阻可变的情况如图 2-34(b)所示,那只有在$R_0 = 0$时负载能获得最大功率,而最大功率匹配条件因前提不同也就不能适用了。

当电路达到匹配时,由式(2-19)可以求得电路的效率

$$\eta = \frac{1}{1 + 1} \times 100\% = 50\% \quad (2\text{-}21)$$

式(2-21)说明对图 2-33 形式的电路,负载R_L虽然能获得最大的功率,但将有相同数量的功率损失在内阻上,得失各半。若图 2-33 是代替的有源二端网络,那么R_0是等效内阻,所以计算R_0上的电压、电流和功率都毫无实际意义,故计算电路效率时,不能用等效电路计算,而应从具体电路出发。每个具体的电路,在负载获得匹配时,电路效率的多少需按定义计算得

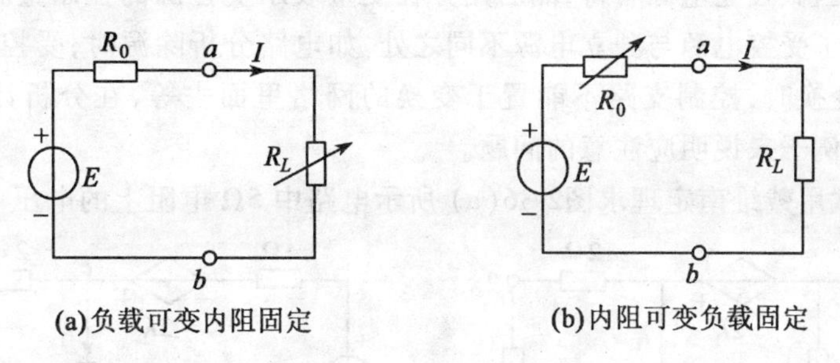

图 2-34　定理应用条件

出，不一定是 50%。

例 2.11　电路如图 2-35(a) 所示。试问：

(1) R_L 取多大值能获得最大功率？

(2) 以 R_L 作负载，则电路匹配时，其效率为多少？

解　(1) 先求出 ab 左端的等效电路。由电源的等效互换可得等效电路如图 2-35(b) 所示。按最大功率传递定理可得 $R_L = 0.5(\Omega)$ 时获得功率最大。

(2) 计算电路效率时见图 2-35(c) 得

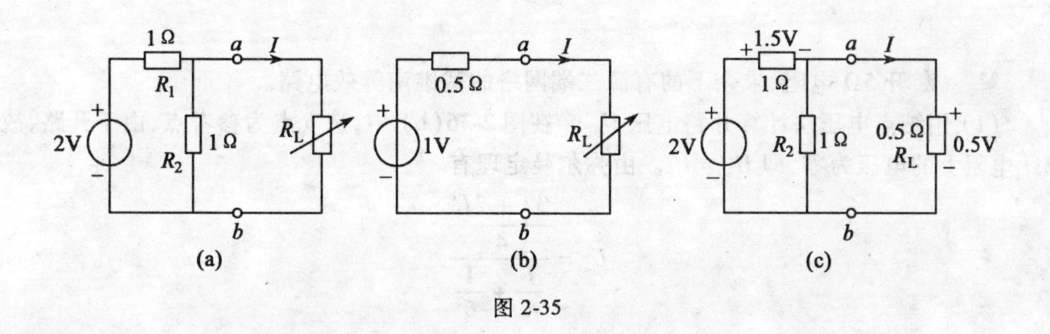

图 2-35

$$P_{R_L} = \frac{U^2}{R_L} = \frac{0.5^2}{0.5} = 0.5(\mathrm{W})$$

$$P_{R_2} = \frac{U^2}{R_2} = \frac{0.5^2}{1} = 0.25(\mathrm{W})$$

$$P_{R_1} = \frac{U^2}{R_1} = \frac{1.5^2}{1} = 2.25(\mathrm{W})$$

$$\eta = \frac{0.5}{2.25 + 0.25 + 0.5} \times 100\% = 16.7\%。$$

可见，对如图 2-35 所示电路，电路在匹配状态时的效率不是 50% 而仅为 16.7%。

§2.6　含受控电源电路的分析方法

对含受控电源的线性电路，仍可以用前面介绍的电路分析方法进行分析与计算，即列方程时先把受控源当做独立电源看待，然后用方程变量表示受控源的控制量。但由于受控电源的特性又决定了受控电源与独立电源不同之处，如电路分析除源时，受控电源应保留，不能被除掉；网络变换时，控制支路不能置于变换的网络里面去等，在分析计算时应特别注意。以下以具体例子来说明应注意的问题。

例 2.12 试用戴维南定理求图2-36(a) 所示电路中 5Ω 电阻上的电压 U_{ab}。

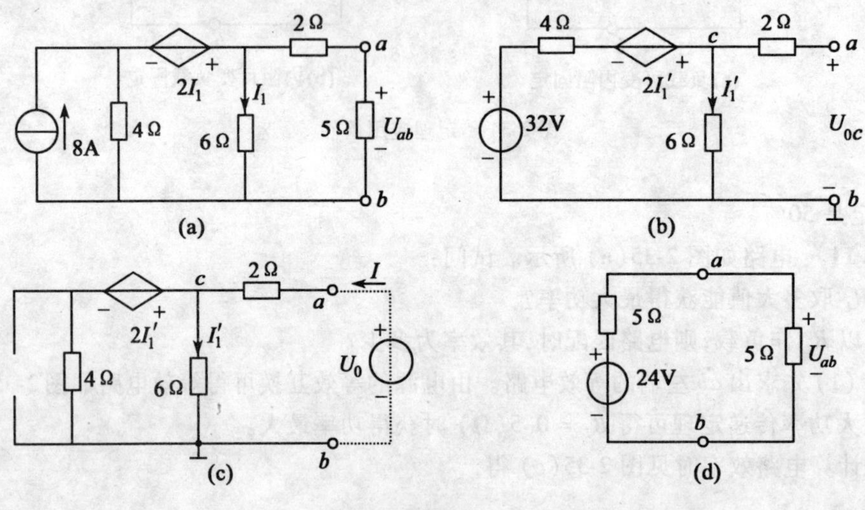

图 2-36

解 断开 5Ω 电阻，求余下的有源二端网络的戴维南等效电路。

(1) 用结点电压法计算开路电压 U_{0C}。在图 2-36(b) 中，选 b 点为参考点，由于开路，故 2Ω 电阻上的电压为零，即 $U_a = U_c$。由弥尔曼定理有

$$U_c = \frac{\dfrac{32 + 2I_1'}{4}}{\dfrac{1}{4} + \dfrac{1}{6}}$$

化简后得

$$\frac{5}{12}U_c = 8 + 0.5I_1'$$

用方程变量 U_c 表示控制量，即

$$I_1' = \frac{U_c}{6}$$

代入上式得

$$\frac{5}{12}U_c = 8 + \frac{1}{12}U_c$$

所以

$$U_c = 24(\text{V})。$$

(2) 求等效电阻 R_0。由于除源时必须保留受控源，故不能用串联、并联简化的方法求等效电阻，则用式(2-9) 的电压、电流法求等效电阻，即除去原电路的独立电源，外加电势源 U_0 求电流 I，如图 2-36(c) 所示。由弥尔曼定理有

$$U_c = \frac{\dfrac{2I_1'}{4} + \dfrac{U_0}{2}}{\dfrac{1}{4} + \dfrac{1}{6} + \dfrac{1}{2}}$$

将 $I'_1=\frac{U_c}{6}$ 代入上式得　　$$\frac{11}{12}U_c=\frac{1}{12}U_c+\frac{U_0}{2}$$

化简后得　　$$U_c=0.6U_0$$

电流 I 为　　$$I=\frac{U_0-U_c}{2}=\frac{U_0-0.6U_0}{2}=0.2U_0$$

等效电阻为　　$$R=\frac{U_0}{I}=5(\Omega)。$$

(3) 求 5Ω 电阻上的电压 U_{ab}。由以上计算求得图 2-36(b) 所示电路的戴维南等效支路,接上 5Ω 电阻便可以求得 U_{ab},由图 2-36(d) 得

$$U_{ab}=\frac{5}{5+5}\times 24=12(\mathrm{V})。$$

例 2.12 给出了含有受控源电路的分析步骤,并强调了除源时必须保留受控源的原则以及含有受控源电路的等效电阻的计算方法。

例 2.13　试用有源支路的等效互换法求如图 2-37 所示电路中的电流源两端的电压 U_S。

解　受控电压源与受控电流源也可以等效互换,但在变换的过程中控制支路不能变换到等效网络中去,否则受控源的控制量则不明确,因而受控源也就不确定了。进行变换最后得出图 2-37(e) 的等效电路,由分压原理得

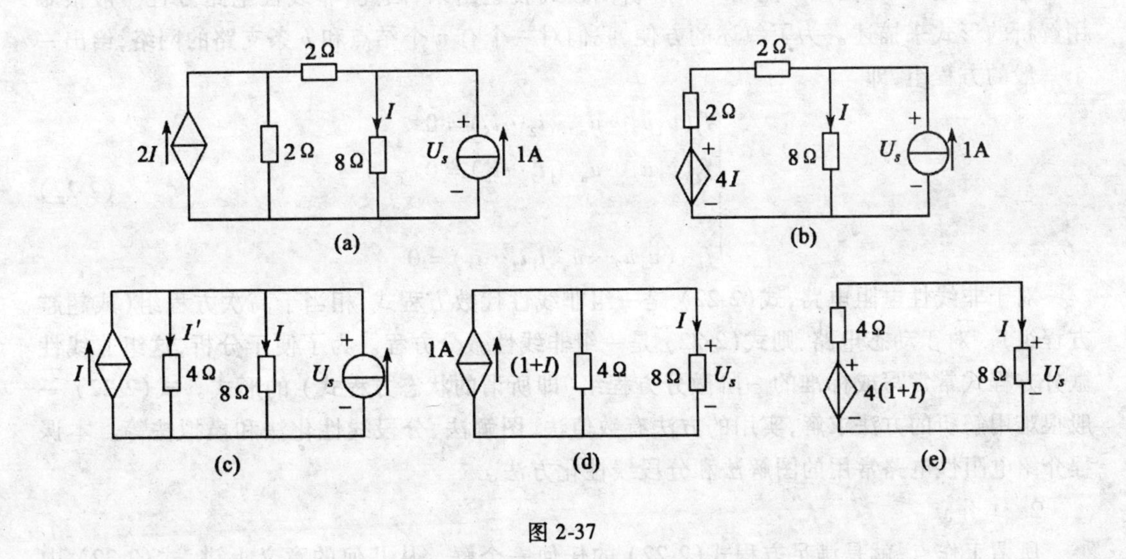

图 2-37

$$U_S=\frac{8}{4+8}\times 4(1+I)$$

用变量表示控制量,即　　$$I=\frac{U_S}{8}$$

代入上式得　　$$U_S=\frac{8}{4+8}\times 4\left(1+\frac{U_S}{8}\right)$$

所以　　$$U_S=4(\mathrm{V})$$

§2.7 非线性电阻电路分析

前面讨论的都是线性电路,严格地讲,绝对的线性是没有的,只是电路工作在一定的电压、电流范围内和环境条件下,认为具有线性性质。而非线性电路在实际工程中是大量存在的,特别是随着科学技术的进步,元件的非线性特性得到广泛的应用,如利用电阻的非线性特性进行整流、倍频、限幅,利用非线性电感进行倍频和分频、存储信息,利用非线性电容进行倍频、分频、参量放大、电子调谐等,非线性的这些特性都广泛应用于文化生活、科学技术各个领域,所以除具有前面的线性电路知识外,还应了解一些非线性电路的知识。本节将介绍非线性电阻电路的一些基本概念和实用分析方法。

2.7.1 非线性电阻网络的基本概念

1. 非线性电路方程

全部元件都是线性元件的电路称为线性电路。至少含有一个非线性元件的电路,称为非线性电路,如果非线性电路中仅含有电阻元件,这种电路便称为非线性电阻电路。如果电路中至少有一个储能元件(电感或电容),那么这种电路便称为动态电路。

非线性电路方程仍然是根据KVL、KCL和VCR列出的一组充分必要的求解方程。但是非线性元件的VCR往往不能用一个解析函数式表达出来,因此,非线性电路方程一般很难用解析的形式来描述。为了叙述的方便,我们对一个有 n 个结点和 b 条支路的网络,给出一个一般的方程组,即

$$\begin{cases} f_1(u_1u_2\cdots u_n, i_1i_2\cdots i_b)=0 \\ f_2(u_1u_2\cdots u_n, i_1i_2\cdots i_b)=0 \\ \vdots \\ f_{b+n}(u_1u_2\cdots u_n, i_1i_2\cdots i_b)=0 \end{cases} \tag{2-22}$$

对于非线性电阻电路,式(2-22)是一组非线性代数方程式,相当于高次方程组(或超越方程组)。对于动态电路,则式(2-22)是一组非线性微分方程。为了便于分析,这组非线性微分方程式常常写成标准的一阶微分方程组(即所谓的状态方程式)的形式。式(2-22)一般很难用解析的方法求解,实用的方法有数值法、图解法、分段线性化法和模拟法等。本课程介绍电阻性电路常用的图解法和分段线性化方法。

2. 工作点

所谓工作点,就是满足方程式(2-22)的任何一个解。从几何的意义上讲,式(2-22)中的每一个方程都是 $b+n$ 维空间内的一个曲面。式(2-22)的一个解就是在 $b+n$ 维空间中 $b+n$ 个曲面的交会点。该点称之为相应非线性电路的工作点,它是一组数的集合。尚需指出:在一般的 $b+n$ 维空间中,$b+n$ 个曲面交会有四种情况:(1)存在一个交点;(2)存在有限个交点;(3)存在无限个交点;(4)无交点。与此相应,任一模型化的非线性电阻性电路的解,一般来说可以有四种情况:(1)唯一解;(2)有限个解;(3)无限多个解;(4)无解。

3. 策动点特性图(DP图)

设如图2-38所示的 N 为电阻性非线性电路,若在任一端上接一个电压源 U_S(或接一个

电流源 I_S)，对不同的 U_S(或 I_S)，非线性电路 N 有不同工作状态。对每一个确定的端口激励源 U_S(或 I_S)，电路对应着一个或若干个端口电流 i(或端口电压 u)。当电压源 U_S(或电流源 I_S) 由 $-\infty$ 变到 $+\infty$ 时，端口变量(u、i) 对应的轨迹称为该非线性网络的策动点特性图，简称DP图。对于同一个非线性电路，不同的策动点有不同的DP图，而且非线性电阻网络的任意一个端口上都存在一个特定的 DP 图。

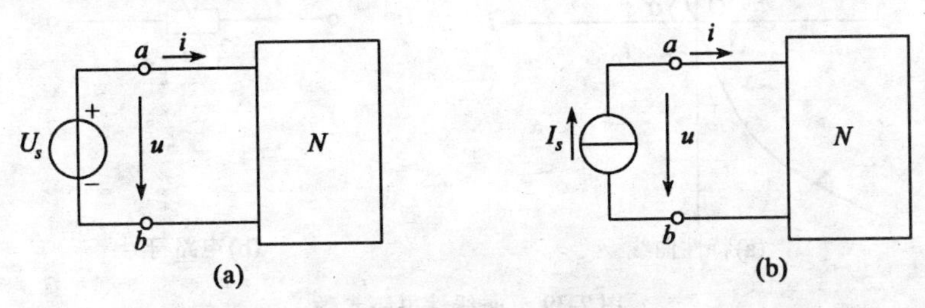

图 2-38　非线性电阻网络

从相关定义上看 DP 图与线性电路中的策动点函数有相似之处，都是表征端口变量 u、i 之间的关系，但是两者却有很大的区别。策动点函数是线性电路中的独立电源去掉后得出的端口变量 u、i 之间的关系，是 u—i 平面上一根通过原点的直线。而 DP 图是把非线性电路中的独立电源作为非线性元件的组成部分得出的端口变量 u、i 之间的关系，在 u—i 平面上其轨迹是一条任意曲线。该曲线一般只能用实验方法或近似解法求出数据后绘制而成。

4. 转移特性图(TC 图)

设电路 N 是一个多端口的非线性电路，在不同端口处测得的端口变量所组成的曲线称为转移特性图，简称 TC 图。

TC 图表示输入信号 $x(t)$ 和输出信号 $y(t)$ 之间的关系，根据输入量和输出量的不同，TC 图有以下四类：

① 电压转移特性图 $u_0 = f(u_i)$；② 电流转移特性图 $i_c = f(i_i)$；③ 电流 — 电压转移特性图 $i_0 = f(u_i)$；④ 电压 — 电流转移特性图 $u_0 = f(i_i)$。

由此可以看出，转移特性实际上就是输出与输入的关系，而且是指不同端口之间的关系而言的。

2.7.2　非线性电阻参数

由于各类非线性电阻的复杂性，对于非线性电阻很难给出严格的定义，只能规定凡不符合欧姆定律的电阻都为非线性电阻，其特性曲线如图 2-39 所示。非线性电阻的阻值是随着电压、电流的大小而变化的，而且对于某一点 P，可以定义两种电阻，即静态电阻 R_S 和动态电阻 R_d。

$$R_S = \frac{u_P}{i_P} = \tan\alpha \tag{2-23}$$

$$R_d = \lim_{\Delta i \to 0} \frac{\Delta u_P}{\Delta i} = \frac{\mathrm{d}u}{\mathrm{d}i} = \tan\beta \tag{2-24}$$

式(2-23) 中 α 为 P 点到原点的连线与 i 轴的夹角，式(2-24) 中 β 为 P 点的切线与 i 轴

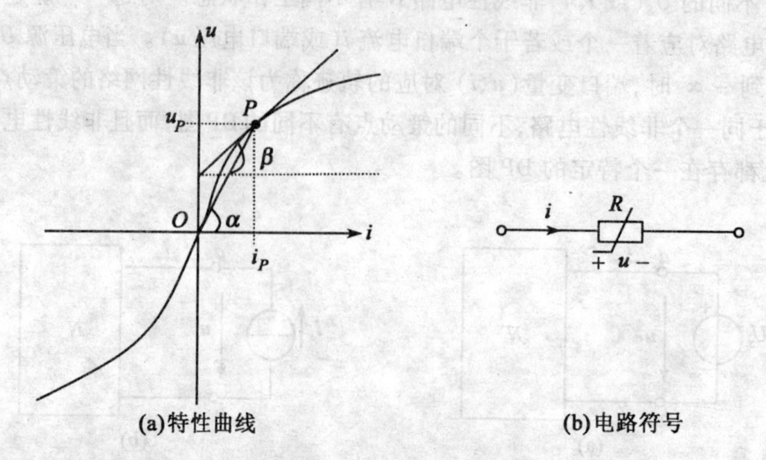

(a)特性曲线 (b)电路符号

图 2-39 非线性电阻参数

的夹角。在电压、电流的参考方向一致的情况下，静态电阻总是正的，动态电阻可能出现负值。在特性曲线的上升部分，动态电阻为正，特性曲线的下降部分，动态电阻为负。显然，非线性元件的动态电阻与静态电阻都不是常量，而是电压 u 和电流 i 的函数。

2.7.3 非线性电阻电路分析方法

由前面的介绍不难知道，在非线性电路分析的过程中，人们最关心的是电路的工作点，DP 图、TC 图。所以研究的任务，更多的是求解这三个基本问题。

确定工作点，就是要求解非线性电路方程(2-22)，用解析法一般很难实现，常用的方法是图解法。本节将介绍用图解法确定工作点和用近似法分析转移特性。

1. 用图解法确定工作点

当需要确定其非线性电阻的工作点时，可以将电路的其他部分看成一个单口网络（该网络可能是线性的，也可能是非线性的），如图 2-40(a) 所示。为了方便，设 N_S 为线性有源网络，并可用戴维南支路等效，如图 2-40(b) 所示，其中非线性电阻为一个二极管。

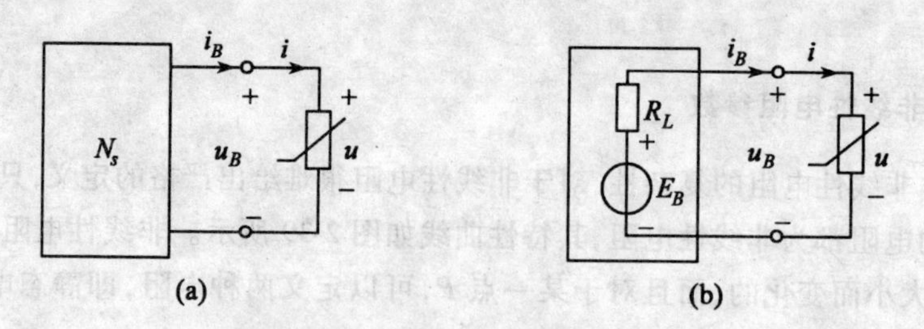

(a) (b)

图 2-40 确定工作点的简化电路

由 KVL 和 KCL 得

$$i = i_B \tag{2-25}$$

$$u = u_B \tag{2-26}$$

由元件(二极管)的特性可得

$$i = I_s [e^{\frac{u}{V_T}} - 1] \tag{2-27}$$

有源二端网络的端口特性为

$$i_B = \frac{E_B}{R_L} - \frac{u_B}{R_L} \tag{2-28}$$

将式(2-25)、式(2-26)代入式(2-28)得

$$i = \frac{E_B}{R_L} - \frac{u}{R_L} \tag{2-29}$$

在 u—i 平面上分别绘制出式(2-26)和式(2-28)对应的曲线,如图 2-41(a)、(b)所示。这两条曲线相交开 Q 点,如图 2-41(c)所示。

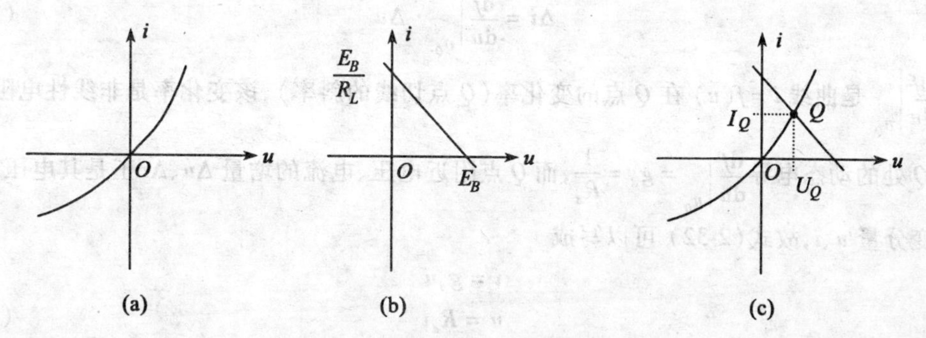

图 2-41　非线性电阻电路的图解法

上述两条曲线的交点,就是方程(2-27)和方程(2-29)的联立解,也就是电路的工作点 $Q(U_Q、I_Q)$。在电子学中,习惯上把图 2-41(c)中的直线称为负载线,这是把线性部分看成是非线性部分的负载,因此这种方法也称为负载线法。

2. 小信号分析法

在实际工程中,常常遇到的非线性电路除定常的外,常见的还有时变问题,例如在半导体放大电路中,就是时变信号源和直流电源同时激励,因此在非线性元件上的响应除了有直流成分外,还存在时变成分。但是,当时变信号源产生的响应在幅度上远远小于直流工作点的 U_Q、I_Q 时,这类问题可以用图解法求解,但用所谓小信号分析法求解更为方便。

小信号分析法是把非线性电阻在其工作点附近线性化的一种近似方法,使用的条件是:在非线性电阻直流工作点附近,电压、电流的时变分量的幅度 $|u|$、$|i|$ 远远小于工作点附近曲线的曲率半径。满足该条件的非线性电路,在确定直流工作点后,可以用线性电路的解法求出非线性电路的时变分量 u、i。其响应是直流分量 U_Q、I_Q 和时变分量 u、i 的叠加,即

$$\begin{aligned} u(t) &= U_Q + u(t) \\ i(t) &= I_Q + i(t) \end{aligned} \tag{2-30}$$

这里的(U_Q、I_Q)是当 $u(t)=0$ 时的解,即直流工作点。该点可以假设 $u(t)=0$,用前面介绍的图解法求得。

下面讨论小信号工作状态下的 VCR。

对于非线性电阻,$i=f(u)$ 是非线性函数。由于 $u(t)$ 远远小于 U_Q,所以小信号工作状态

只在工作点 $Q(U_Q、I_Q)$ 附近工作，于是可以将 $i=f(u)$ 在 Q 点附近用泰勒(Taylor)级数展开

$$i=f(u)=f(U_Q+\Delta u)=f(U_Q)+\left.\frac{\mathrm{d}f}{\mathrm{d}u}\right|_{U_Q}\cdot\Delta u+H\cdot O\cdot T$$

式中，$H\cdot O\cdot T$ 为高阶项。

如果作一阶近似，忽略高阶项($H\cdot O\cdot T$)，则上式可以近似写为

$$f(U_Q+\Delta u)=f(U_Q)+\left.\frac{\mathrm{d}f}{\mathrm{d}u}\right|_{U_Q}\cdot\Delta u \tag{2-31}$$

当电压 $u\to U_Q+\Delta u$ 时，则相应电流 $i\to I_Q+\Delta i$，故式(2-31)可以写成

$$I_Q+\Delta i=f(U_Q)+\left.\frac{\mathrm{d}f}{\mathrm{d}u}\right|_{U_Q}\cdot\Delta u$$

而 $f(U_Q)$ 是工作点 Q 处的电流 I_Q，因此上式变为

$$\Delta i=\left.\frac{\mathrm{d}f}{\mathrm{d}u}\right|_{U_Q}\cdot\Delta u \tag{2-32}$$

$\left.\frac{\mathrm{d}f}{\mathrm{d}u}\right|_{U_Q}$ 是曲线 $i=f(u)$ 在 Q 点的变化率(Q 点切线的斜率)，该变化率是非线性电阻在工作点 Q 处的动态电导 $\left.\frac{\mathrm{d}f}{\mathrm{d}u}\right|_{U_Q}=g_d=\frac{1}{R_d}$，而 Q 点附近电压、电流的增量 Δu、Δi 正是其电压、电流的时变分量 u、i，故式(2-32)可以写成

$$i=g_d u$$

或

$$u=R_d i \tag{2-33}$$

当工作点 Q 确定后，非线性电阻在 Q 点的动态电导 g_d 是常数。由式(2-33)可见，在小信号工作状态只考虑工作点附近的情况时，非线性电阻中电压的时变分量 u 和电流的时变分量 i 之间是线性关系。因此，求时变分量时，可以把电路看做等效的线性电路，称为小信号等效电路，电子学中又称为微变等效电路。该电路的结构与原电路相同，但激励源换成了时变信号源，非线性电阻用工作点处的动态电阻代替，各线性电阻保持不变，如图 2-42 所示。

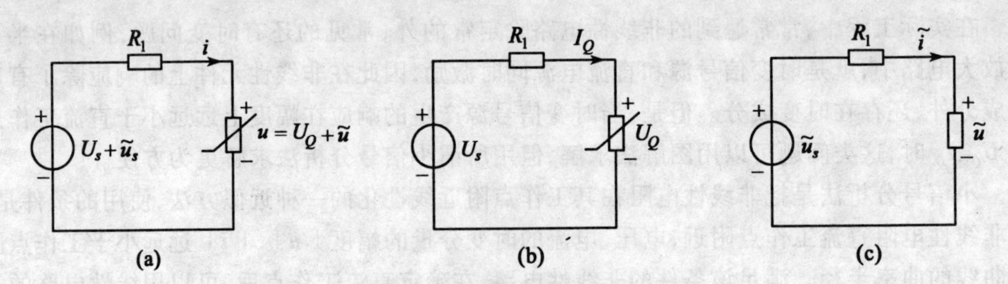

图 2-42 小信号分析的分解电路

图 2-42 表示分析小信号电路的三个主要步骤：第一步，计算在直流电源激励下(此时 $u=0$)，非线性电路的工作点 $Q(U_1,I_Q)$；第二步，作出小信号等效电路，计算时变信号源激励下(此时 $U_S=0$)电路响应的时变分量 $\tilde{U}$、$\tilde{i}$；第三步，将前两步所得结果相加，得到该非线性电路的解 $u=U_Q+\tilde{U}$，$i=I_Q+\tilde{i}$。下面通过例题来体会采用小信号分析法计算非线性电阻电路的步骤。

例 2.14　在图2-43(a)所示电路中,已知 $I_S = 10(\text{A})$, $i_s = \sin t(\text{A})$, $R = \frac{1}{3}(\Omega)$,非线性电阻伏安特性为

$$i = u^2 \quad (\text{单位:A,V}), u > 0$$
$$i = 0, \quad u < 0$$

试求非线性电阻两端电压。

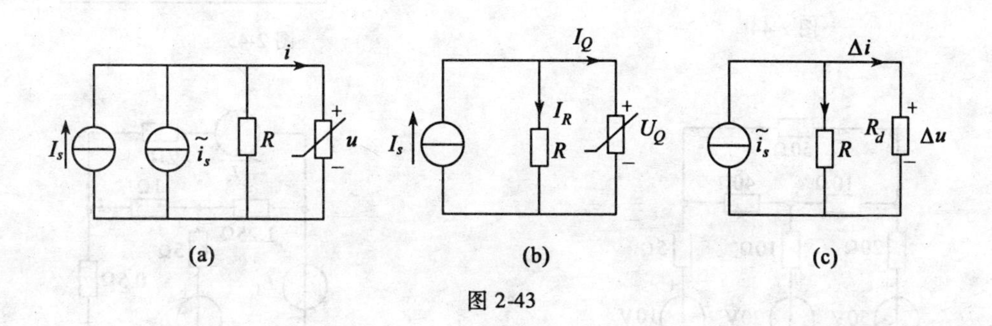

图 2-43

解　信号源电流最大的绝对值是 1A,该值远远小于直流电流源的电流 10A,所以可以用小信号分析法求解。

(1) 首先求工作点,从图 2-43(b) 所示直流电源单独作用时的电路可知

$$I_S - I_R - I_Q = 0$$

$$I_R = \frac{U_Q}{R}, I_Q = U_Q^2, U_Q > 0$$

故
$$10 - 3U_Q - U_Q^2 = 0$$

解得 $U_Q = 2(\text{V})$。另一解 $U_Q = -5(\text{V})$,不符合 $u > 0$ 的条件,舍去。

注意:求工作点也可以用前面介绍的图解法。

(2) 求非线性电阻元件在工作点处的动态参数。当 $U_Q = 2(\text{V})$ 时,动态电导为

$$g_d = \frac{\mathrm{d}i}{\mathrm{d}u}\bigg|_{U_Q=2\text{V}} = \frac{\mathrm{d}}{\mathrm{d}u}u^2\bigg|_{U_Q=2\text{V}} = 4(\text{S})$$

(3) 作小信号等效电路,如图 2-43(c) 所示。由该图解得

$$\tilde{U} = \frac{1}{7}\sin t(\text{V})$$

(4) 求电路的全解

$$u = U_Q + \tilde{U} = 2 + \frac{1}{7}\sin t(\text{V})$$

习　题　2

2.1　电路如图 2-44 所示,已知 $E_1 = 10(\text{V})$, $E_2 = 6(\text{V})$, $R_1 = 5(\Omega)$, $R_2 = 2(\Omega)$, $R_3 = 3(\Omega)$,试用支路电流法求各支路电流。

2.2　电路如图 2-45 所示,试求开关 K 断开和接通两种情况下各支路的电流。

2.3　试用结点电压法求如图 2-46 所示电路中各支路电流。

2.4　电路如图 2-47 所示,已知 $E_1 = 5(\text{V})$, $E_2 = 10(\text{V})$, $I_S = 2(\text{A})$,各电阻值如图所示,试求各电源的功率。

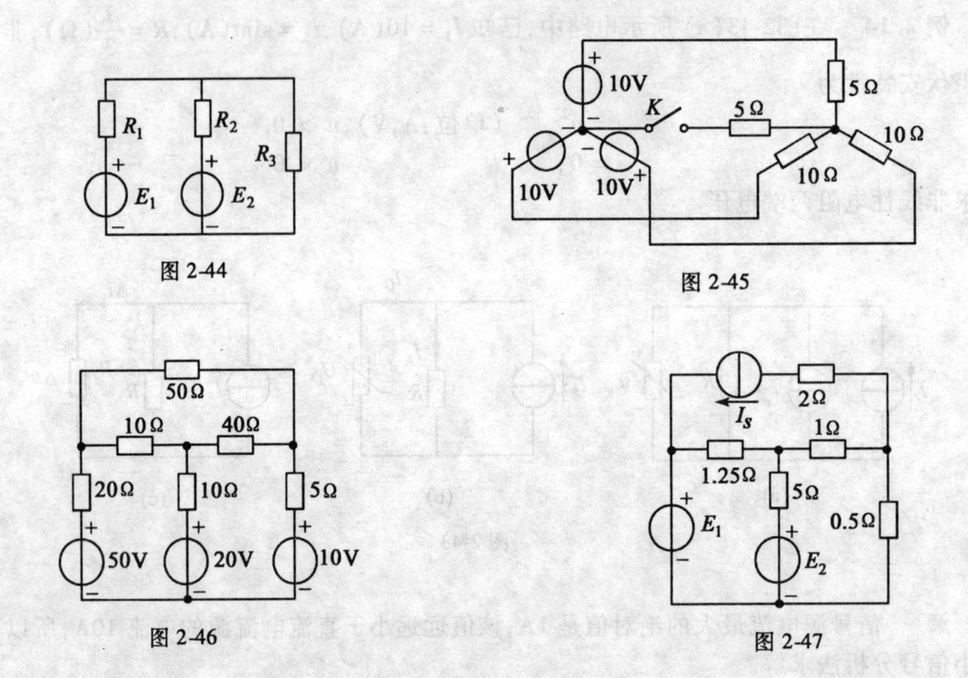

图 2-44　　图 2-45

图 2-46　　图 2-47

2.5　电路如图 2-48 所示，已知 $E=70(\mathrm{V})$，$I_S=\dfrac{8}{5}(\mathrm{A})$，$R_1=120(\Omega)$，$R_2=R_4=4(\Omega)$，$R_3=2(\Omega)$，试用结点电压法求 R_4 中的电流。

2.6　图 2-49 中已知 $E_1=125(\mathrm{V})$，$E_2=60(\mathrm{V})$，$R_1=40(\Omega)$，$R_2=120(\Omega)$，$R_3=30(\Omega)$，$R_4=60(\Omega)$。试用结点电压法求各支路电流（提示：可选结点 ③ 为参考点，则结点 ② 的结点电压 $U_2=E_2$ 为已知，因此只有结点 ① 的电压 U_1 为未知量）。

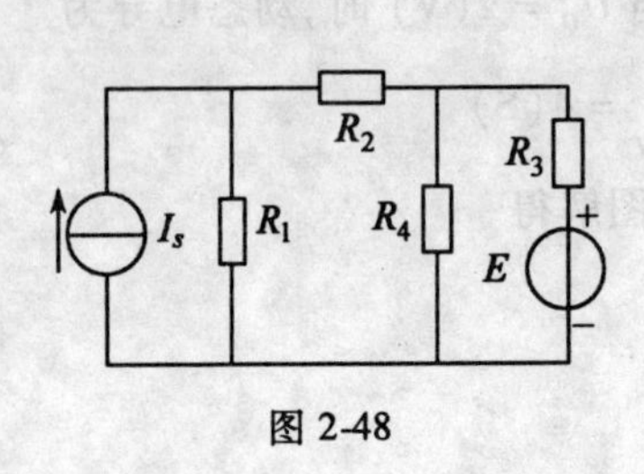

图 2-48

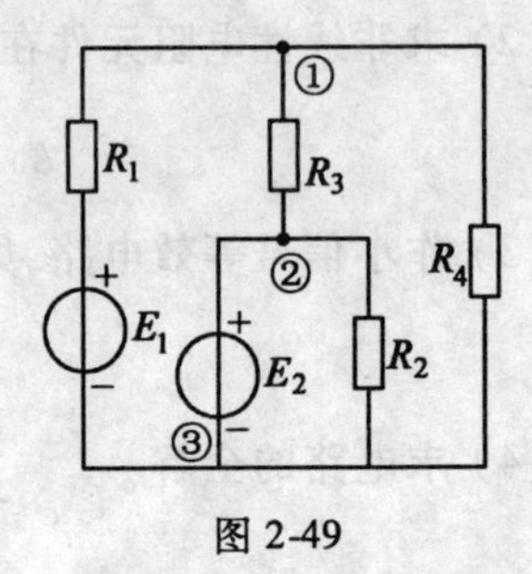

图 2-49

2.7　图 2-50 所示电路是用伏安法测量电阻 R 值的两种电路。因为电流表有较小内阻 R_A，电压表有较大内阻 R_V，所以两种测量方法都将引入误差。试分析它们的误差，并讨论两种方法的适用条件（即适用于测量阻值大一点的还是小一点的电阻，可以减小误差）。

2.8　电路如图 2-51 所示，当 $R_L=\infty$ 时，电流表读数为 I_1；当 $R_L=r$ 时，电流表读数为 I_2。设 r（电流表的内阻）为已知值，试证 $R=r\left(\dfrac{I_1}{I_2}-1\right)$。

2.9　电路如图 2-52 所示，当 $R_L=0$ 时，电压表读数为 U_1；当 $R_L=r$ 时，电压表读数为

U_2。设 r(电压表的内阻) 为已知值,试证 $R=\dfrac{r}{\dfrac{U_1}{U_2}-1}$。

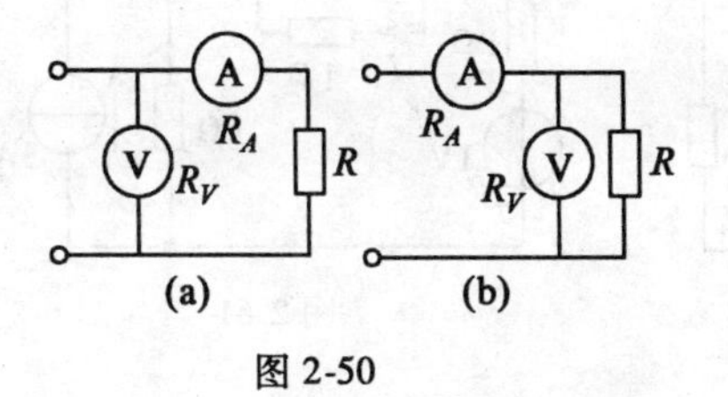

图 2-50

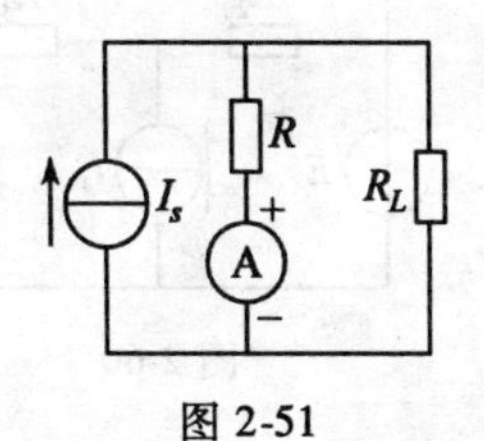

图 2-51

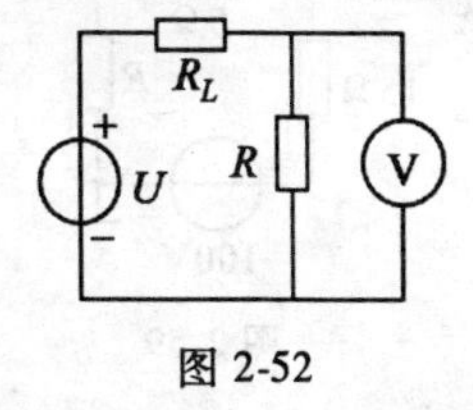

图 2-52

2.10　电路如图 5-53 所示,已知 $R_5=600(\Omega)$,其他电阻均为 $300(\Omega)$,试求开关 K 断开及闭合时 a、b 两端的等效电阻。

2.11　电路如图 2-54 所示,试求 a、b 两端的等效电阻。

2.12　电路如图 2-55 所示,已知 $U_1=10(\text{V})$,$E_1=4(\text{V})$,$E_2=2(\text{V})$,$R_1=4(\Omega)$,$R_2=2(\Omega)$,$R_3=5(\Omega)$,试求开路电压 U_{ab}。

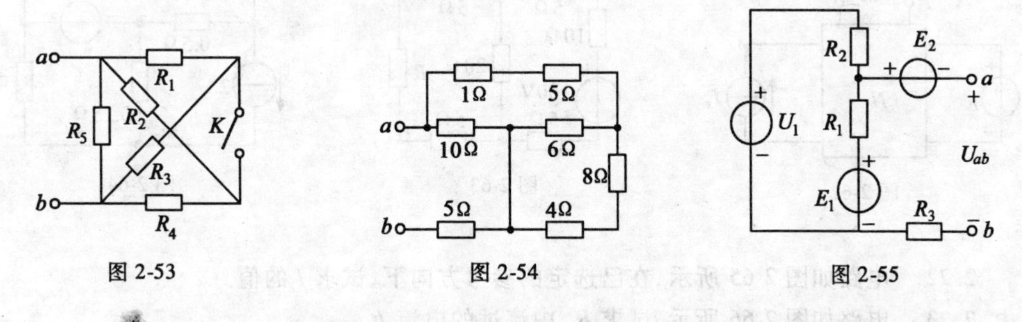

图 2-53　图 2-54　图 2-55

2.13　电路如图 2-56 所示,试求输出与输入电压之比,即$\dfrac{U_2}{U_1}$。

2.14　电路如图 2-57 所示,试求 A 点的电位 U_A。

2.15　电路如图 2-58 所示,在开关断开及闭合两种情况下,试求 A 点的电位 U_A。

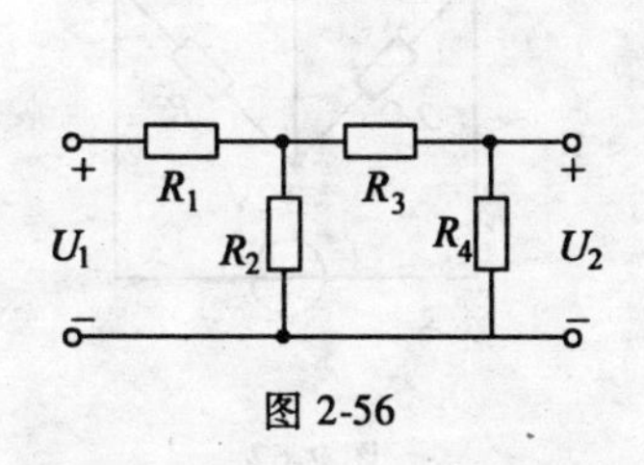

图 2-56

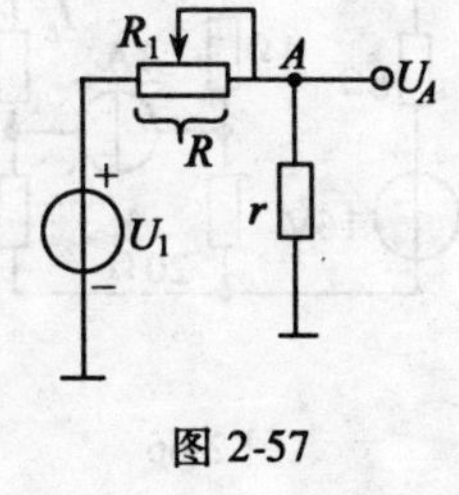

图 2-57

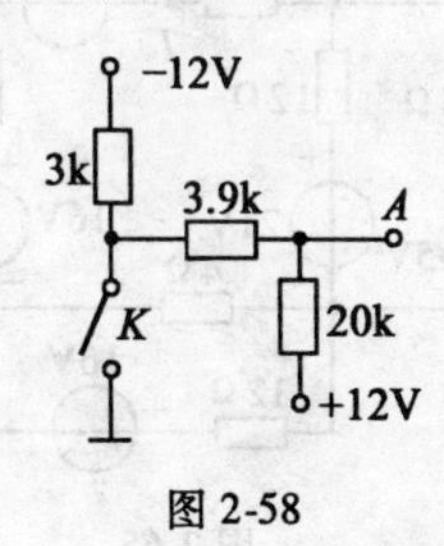

图 2-58

2.16　电路如图 2-59 所示,已知 15(Ω) 电阻两端电压为 30(V),其极性如图所示。试求 B 点的电位 U_B 及电阻 R 的值。

2.17　试用叠加原理求图 2-60 所示电路中流过 R_1 的电流。已知 $E=10(\text{V})$,$I_S=2(\text{A})$,$R_1=1(\Omega)$,$R_2=2(\Omega)$,$R_3=R_4=3(\Omega)$。

2.18 试用叠加原理求图 2-61 所示电路中的电流 I。

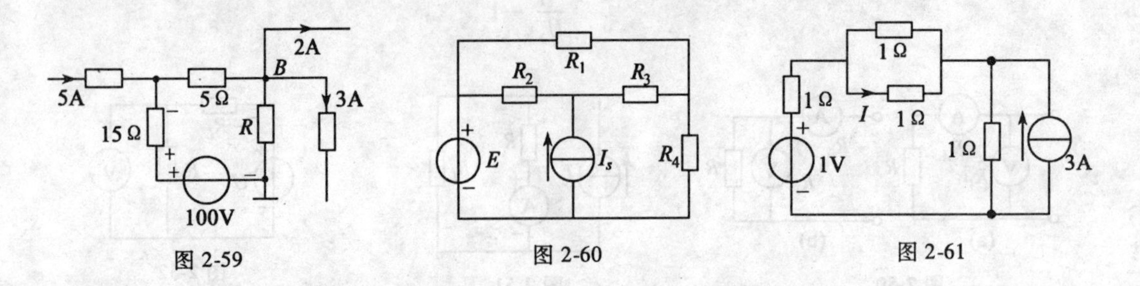

图 2-59　　图 2-60　　图 2-61

2.19 电路如图 2-62 所示，已知 N 是线性无源电阻网络，且当 $I_S = 1(\text{A})$，$E = 1(\text{V})$ 时，$U_0 = 0$；当 $E = 10(\text{V})$，$I_S = 0$ 时，$U_0 = 1(\text{V})$。试求当 $I_S = 10(\text{A})$，$E = 0$ 时，$U_0 = ?$

2.20 电路如图 2-63 所示，当 $R = 20(\Omega)$ 时，试计算 R 中流过的电流。

2.21 电路如图 2-64 所示，已知 $R = \frac{3}{4}(\Omega)$，试求 R 中流过的电流。

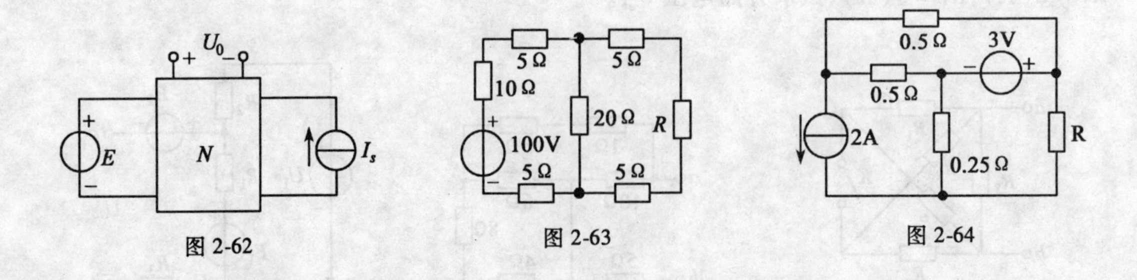

图 2-62　　图 2-63　　图 2-64

2.22 电路如图 2-65 所示，在已选定的参考方向下，试求 I 的值。

2.23 电路如图 2-66 所示，试求 R_L 中流过的电流 I_L。

2.24 电路如图 2-67 所示，已知 $R = \frac{2}{3}(\Omega)$，试求电阻 R 中流过的电流。

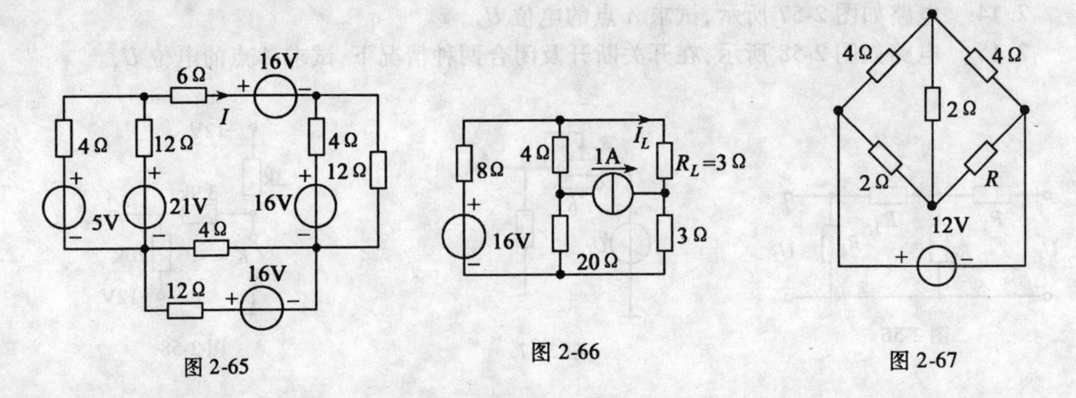

图 2-65　　图 2-66　　图 2-67

2.25 电路如图 2-68 所示，已知 $i_S = 5(\text{A})$，$u_S = 3(\text{V})$，$R_2 = \frac{1}{6}(\Omega)$，$R_5 = 1(\Omega)$，$R_6 = 2(\Omega)$，非线性电阻的伏安特性为 $i_3 = 3u_3^2$(单位:A、V)，试求非线性电阻两端的电压 u_3。

2.26　图 2-69 所示电路中，已知 $R_1=2(\Omega)$，$u_S=9(\mathrm{V})$，非线性电阻的伏安特性 $u=2-2i+\frac{1}{3}i^3$（单位：V，A）。若 $u_S=\sin t$（单位：V，S），试求电流 i。

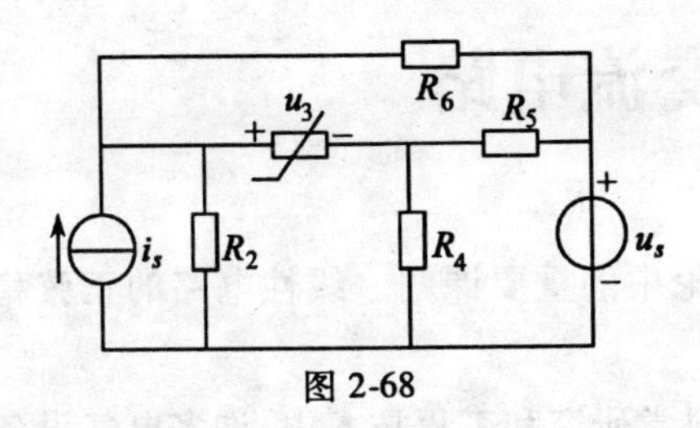

图 2-68

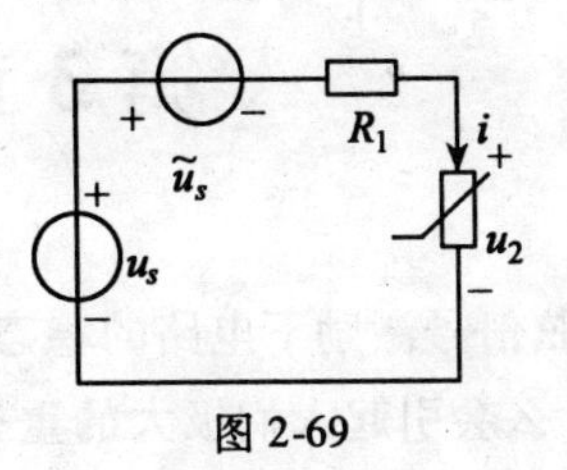

图 2-69

第3章 正弦交流电路

在正弦信号激励下电路的稳态响应，是电路理论中的重要课题。线性电路的正弦稳态响应，为什么会引起人们极大的重视呢？原因在于：

1. 正弦信号（波形）比较容易产生和获得。在科学研究和工程技术中，许多电气设备和仪器都是以正弦波为基本信号的。例如各种正弦信号发生器、发电机以及高保真度的音频放大器等，提供或传输的都是不同频率的正弦信号。

2. 正弦信号可以用相量表示。线性电路的正弦稳态分析可以借助于相量模型，利用复数的性质和计算方法，将微分运算和积分运算变换为代数的运算，从而使正弦稳态分析的数学演算得到简化。

3. 根据傅里叶（Fourier）级数和傅里叶积分的数学理论，周期信号都能分解为一系列正弦信号的叠加。利用线性电路的叠加性质，可以把正弦稳态分析推广到非正弦周期信号激励的线性电路中去，使正弦信号的理论和应用得到丰富和发展。

在电路理论中，以时间为自变量来分析电路中激励和响应关系的方法，称为时域分析法。以频率为自变量的分析方法，称为频域分析法。时域分析法便于揭示电路与信号的时间特性，频域分析法对研究信号或电路的频率特性是十分重要的工具。本章讨论正弦电路的时间特性，并着重介绍正弦稳态分析的相量法。

无论就理论意义还是从实用价值来说，正弦稳态分析的地位都是不容忽视的。本章引出一些概念和分析方法，对后面的内容来说是很重要的。

§3.1 正弦交流电的基本概念

由同频率的正弦信号激励的电路称为正弦电路。正弦电路在稳态条件下，其各部分的电压、电流也都是按正弦规律变化的。我们把按正弦规律和余弦规律变化的物理量统称为正弦量，都用小写的字母表示。

3.1.1 正弦量的三要素

在分析正弦交流电路时，除了用最直观的波形图来表示正弦量外，还需写出对应波形的数学解析式，即正弦函数表达式。如图3-1所示波形对应的函数表达式为

$$u = U_m \sin(\omega t + \Psi) \tag{3-1}$$

由数学相关知识知道，无论是绘制波形图还是写表达式，要唯一确定一个正弦量，都必须把握住正弦量的三个特征，即频率（周期）、幅值和初相位。

1. 周期和频率

应用中常把图 3-1 所示的完整波形称为正弦波的一个波（或称为正弦量变化一次），于是正弦量变化一次所需的时间称为周期，用 T 表示，其单位为 s（秒）；单位时间内正弦量变化的次数称为正弦量的频率，用 f 表示，单位为 Hz（赫兹）。频率是周期的倒数，即

$$f=\frac{1}{T} \tag{3-2}$$

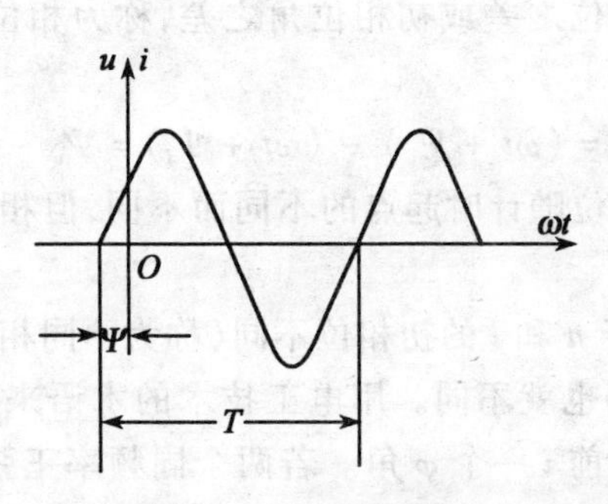

图 3-1　正弦交流波形

周期和频率是描述正弦交流电变化快慢的两个物理量，这两个物理量表征正弦量变化快慢的特征。我国工业用电频率（简称工频）规定为 50Hz，即 $f=50\text{Hz}$。

值得注意的是：在实际使用中，图 3-1 中横坐标常用 ωt 表示，而很少用时间 t 作横坐标，这是因为在计算三角函数值时，用弧度（或角度）计算比较方便，因而必须把时间单位化成相应的弧度（角度），所以正弦交流电的波形图大多采用 ωt 作横轴。

ω 称为角频率，ω 表示正弦量交变时，单位时间内所经历的弧度角。其单位为 rad/s（弧度/秒），可见 ω 也表征正弦量变化快慢的特征。ω 与 T 和 f 的关系为

$$\omega = \frac{2\pi}{T} = 2\pi f \tag{3-3}$$

式（3-3）表示 T、f、ω 三者之间只要知道其中之一，则其余均可求出。

2. 幅值（最大值）

正弦量在任一瞬间的值称为瞬时值，用小写字母来表示，如 i、u 及 e 分别表示电流、电压及电动势的瞬时值。瞬时值中最大的值称为幅值或最大值，用带下标 m 的大写字母来表示，如 I_m、U_m 及 E_m 分别表示电流、电压及电动势的幅值。可见幅值表征了正弦量的大小特征。

3. 相位及相位差

（1）相位。表示正弦量起始状态和变化进程的电角度称为相位。用下式定义

$$\alpha = \omega t + \Psi \tag{3-4}$$

因用角度表示，故常称为相位角。

（2）初相位。$t=0$ 时的相位称为初相位，简称初相。由式（3-4）可知。初相位用 Ψ 表示。正弦量是随时间变化的，必然就有一个计时起点的选择问题，对同一个波形，计时起点不同，则函数达到最大值的时间就不同。或者说波形在 u—t 平面的位置则不同，显然对于频率、幅值相同的两个（或多个）正弦量就要用初相位 Ψ 来区别了。可见初相位表征了正弦

量初值的特征。

在一个正弦交流电路中,各部分电压、电流的频率是相同的,但初相位不一定相同,如图3-2所示。图中 u 和 i 的波形可以表示为

$$\begin{cases}u = U_m\sin(\omega t + \Psi_u)\\ i = I_m\sin(\omega t + \Psi_i)\end{cases} \tag{3-5}$$

它们的初相位分别为 Ψ_u 和 Ψ_i。

两个同频率正弦量的相位之差或初相位角之差,称为相位差角或相位差。用 φ 表示。于是上述 u 和 i 的相位差为

$$\varphi = (\omega t + \Psi_u) - (\omega t + \Psi_i) = \Psi_u - \Psi_i \tag{3-6}$$

两个同频率正弦量的相位随计时起点的不同而不同,但相位差保持不变。这是一个很有用的结论。

由图3-2可以看出,由于 u 和 i 的初相位不同(称为不同相),所以它们到达某一特定值(如正的幅值或零值)的时刻也就不同。用电工技术的术语来讲,先到达者为超前,后到达者为滞后。在图3-2中,u 超前 i 一个 φ 角。若两个同频率正弦量的相位差为零,则称两个正弦量同相,相位差 $\varphi=180°$ 时,则称反相。如图3-3所示波形中,i_1 和 i_2 同相,i_2 和 i_3 反相。

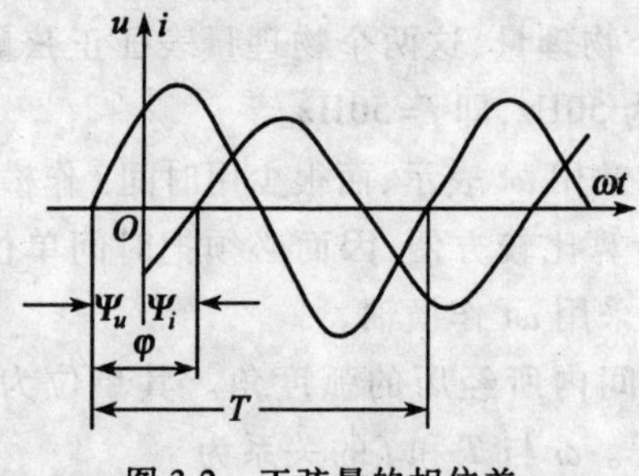

图3-2 正弦量的相位差

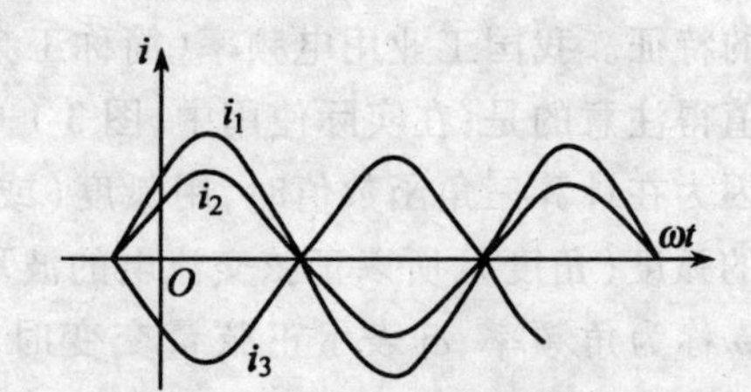

图3-3 正弦量的同相与反相

可以看出,最大值、角频率和初相位各自表征了正弦量一个方面的特征,通过给定这三个量可以唯一确定一个正弦量。因此,把最大值、角频率和初相位称为正弦量的三要素。同时这个事实也告诉我们,任何方法只要能表征出正弦量的三要素,那么该方法就能用于描述正弦量。下一节正是在这个思想指导下进行讨论的。

3.1.2 正弦量的有效值

电功率、电能、机械能均能体现电流、电压的效果。直流量用电流和电压本身数值就能体现这种效果。但是交流量用瞬时值说明不了这样的效果,因为任何一个瞬时值代表不了其他的瞬时值。用最大值夸大了交流量的作用,用零值又取消了交流量的作用。因此,在交流电路分析中引进一个能反映正弦量作功效果的量值,即有效值。一个正弦电流的有效值是这样规定的:正弦电流 i 通过电阻 R 时将产生热量,如果在一个周期所产生的热量,恰好等于某一直流电流 I 以相同长的时间通过同一电阻时所产生的热量,则把这个直流电流 I 定义为该正弦电流 i 的有效值。它们之间的关系可以根据焦耳—楞次定律来确定,即

$$0.24\int_0^T i^2 R\mathrm{d}t = 0.24I^2RT$$

由此可以得正弦电流的有效值

$$I = \sqrt{\frac{1}{T}\int_0^T i^2\mathrm{d}t} \tag{3-7}$$

式(3-7)不仅适用于正弦电流,而且也适用于任何周期性变化的交流。可见,周期性电流的有效值等于其瞬时值的均方根,故有效值又称为均方根值。该结论对电动势、电压、电流及磁通等任何周期性交变量均适合。根据有效值的定义我们还可以导出正弦量的有效值和最大值之间简明的数量关系。设电流的瞬时表达式为

$$i = I_m\sin(\omega t + \Psi_i)$$

其有效值为

$$\begin{aligned} I &= \sqrt{\frac{1}{T}\int_0^T I_m^2\sin^2(\omega t + \Psi_i)\mathrm{d}t} = \sqrt{\frac{I_m^2}{T}\int_0^T \frac{1-\cos2(\omega t+\Psi_i)}{2}\mathrm{d}t} \\ &= \sqrt{\frac{I_m^2}{T}\left[\frac{t}{2}\right]_0^T - \frac{\sin2(\omega t+\Psi_i)}{4\omega}\Bigg|_0^{2\pi}} = \frac{I_m}{\sqrt{2}} = 0.707I_m \end{aligned} \tag{3-8}$$

结果表明正弦量的有效值与最大值之间是$\sqrt{2}$的关系。同时告诉我们,若已知最大值(或有效值),由式(3-8)可以求得有效值(或最大值),不必要再从定义出发去求有效值。

实际工程中凡涉及到电动势、电压、电流等数值,若无特殊声明,都是指有效值。正弦交流有效值用不带任何下标的大写字母表示。如 E、I、U、Φ 等。

[思考与练习题]

3.1.1　有效值 $U=220$(V)、频率 $f=50$(Hz)的交流电压,在 $t=0$ 时的瞬时值为 110(V),试写出电压的三角函数表达式。

3.1.2　$i_1=15\sin(100\pi t+45°)$(A),$i_2=10\sin(200\pi t-30°)$(A),则两电流的相位差为75°。此说法是否正确?

3.1.3　在图3-4的电路中,电流表 A_1、A_2 的读数都是5A,试问电流表 A 的读数是否一定为10A? 为什么?

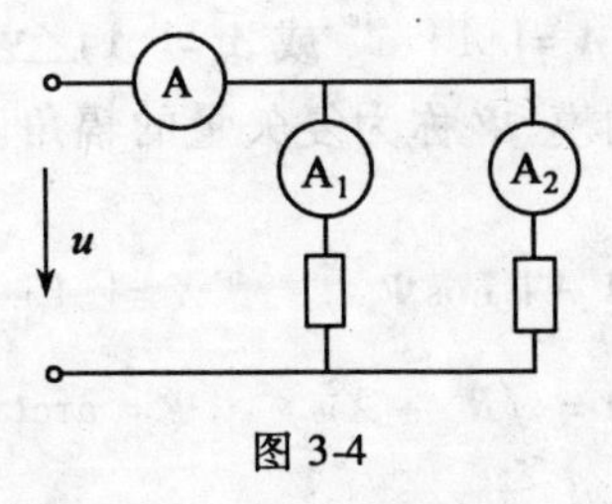

图3-4

§3.2　正弦量的相量表示

前面介绍了两种表示正弦量的方法,即波形图和三角函数式。这两种方法是正弦量的最基本且最直观的表示方法,其最大的特点是正弦量的三个要素显示明确。但是这种表示法却不便于正弦电路的分析计算。所以,人们对寻求用相量表示正弦量的方法,所谓相量

(phasor)就是用于表示时间函数的复矢量。所以相量的数学基础是复数。为了便于用相量方法分析正弦稳态电路,首先简要回顾一下电工常用的复数知识。

3.2.1 电工中常用的复数知识

1. 复数

所谓复数,就是用来表示复平面上一个点的一对有序的实数。如图 3-5(a)中的 A 点,记做

$$A=(R,X)$$

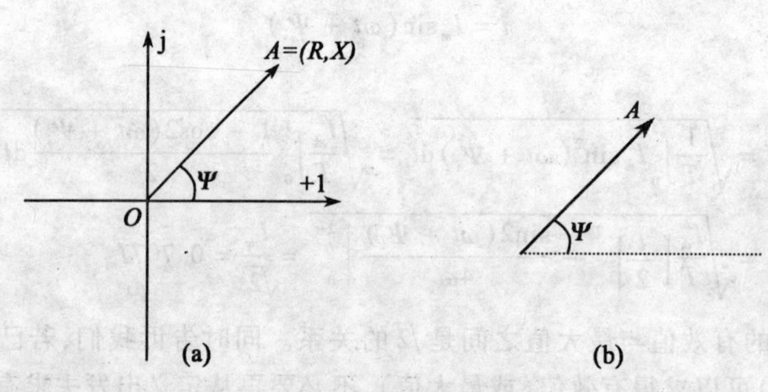

图 3-5 复数的几何表示

由复数理论知道,任何复数 $A=(R,X)$ 都可以表示成实数 R 与纯虚数 $\mathrm{j}X$ 之和的形式,即

$$A=R+\mathrm{j}X$$

$$\begin{cases}R=\mathrm{Re}[A]\\X=\mathrm{Im}[A]\end{cases}\tag{3-9}$$

Re[ ],Im[ ]分别表示对括号内的复数取实部和取虚部的线性数学算子。j 为虚数单位,$\mathrm{j}=\sqrt{-1}$,上式为复数的代数式。除此之外,复数还可以用坐标原点到 A 点的一个有向线段表示,如图 3-5(a)所示。该有向线段习惯上用图3-5(b)的简化形式(亦称相量图)表示,根据矢量的坐标表示法,该复数还可以写成下列指数形式

$$A=|A|\mathrm{e}^{\mathrm{j}\Psi}\text{ 或 }A=|A|\angle\Psi$$

A 称为复矢量,$|A|$称为复矢量的模、Ψ 称为复矢量的辐角。复数的指数式与代数式之间可以由下列关系式转换

$$R=|A|\cos\Psi\qquad X=|A|\sin\Psi$$

其中 $$|A|=\sqrt{R^2+X^2}\qquad \Psi=\arctan\frac{X}{R}$$

2. 欧拉公式

用复数表示正弦时间函数的过程中应用了一个很重要的数学公式——欧拉公式,即

$$\mathrm{e}^{\mathrm{j}\omega t}=\cos\omega t+\mathrm{j}\sin\omega t$$

根据式(3-9)可得

$$\begin{cases}\cos\omega t=\mathrm{Re}[\mathrm{e}^{\mathrm{j}\omega t}]\\\sin\omega t=\mathrm{Im}[\mathrm{e}^{\mathrm{j}\omega t}]\end{cases}\tag{3-10}$$

式中 $e^{j\omega t}$ 是模为 1，而角速度为 ω 的旋转复矢量，式(3-10)揭示正弦时间函数可以用旋转复矢量虚轴上的投影来表示。欧拉恒等式揭示出三角函数与指数函数之间的关系，从而开辟了用复数来表示正弦时间函数的途径。

3. 旋转因子

由欧拉公式 $e^{j90°}$ 可以写成

$$e^{j90°}=\cos 90°+\mathrm{j}\sin 90°=\mathrm{j}$$

$$e^{-j90°}=\cos 90°-\mathrm{j}\sin 90°=-\mathrm{j}$$

于是有

$$\pm\mathrm{j}=e^{\pm j90°}$$

上式表明，在复平面里，一个复矢量乘以 $e^{j90°}$（或 $e^{-j90°}$），则相当于把原复矢量逆时针（或顺时针）旋转 90°。故 $e^{\pm j90°}$ 称为旋转 90° 的因子。由此推广为 $e^{j\omega t}$，即如果一个相量乘上 $e^{j\omega t}$，则原复矢量以 ω 为角速度逆时针方向旋转。因此，把 $e^{j\omega t}$ 称为旋转因子。

4. 复数的四则运算

复数的相加或相减常用代数形式进行，其具体运算是将两个复数的实部与实部，虚部与虚部分别相加减，如

$$(a_1+\mathrm{j}b_1)\pm(a_2+\mathrm{j}b_2)=(a_1\pm a_2)+\mathrm{j}(b_1\pm b_2) \tag{3-11}$$

复数作乘、除法运算时，常用指数形式进行，即

$$p_1 e^{j\Psi_1}\cdot p_1 e^{j\Psi_2}=p_1\cdot p_2 e^{j(\Psi_1+\Psi_2)} \tag{3-12}$$

$$\frac{p_1 e^{j\Psi_1}}{p_2 e^{j\Psi_2}}=\frac{p_1}{p_2}e^{j(\Psi_1-\Psi_2)} \tag{3-13}$$

用代数形式作复数的运算时，有时还要用到共轭复数。若两个复数实部相等，虚部绝对值相等而符号相反，则这两个复数称为一对共轭复数，例如，$Z=R+\mathrm{j}X$ 的共轭复数为 $\widetilde{Z}=R-\mathrm{j}X$。若用指数式表示，$Z=|Z|e^{j\varphi}$，$\widetilde{Z}=|Z|e^{-j\varphi}$。

两共轭复数相乘的结果是一个实数，即

$$(a+\mathrm{j}b)(a-\mathrm{j}b)=a^2+b^2$$

利用这一特性，两代数形式的复数可以按以下方法相除

$$\frac{a_1+\mathrm{j}b_1}{a_2+\mathrm{j}b_2}=\frac{(a_1+\mathrm{j}b_1)(a_2-\mathrm{j}b_2)}{(a_2+\mathrm{j}b_2)(a_2-\mathrm{j}b_2)}=\frac{a_1a_2+b_1b_2}{a_2^2+b_2^2}+\mathrm{j}\frac{a_2b_1-a_1b_2}{a_2^2+b_2^2} \tag{3-14}$$

顺便指出，两复数相等的充分条件是，实部和虚部分别相等，或模和辐角分别相等。

3.2.2 算子 Im[ ]的运算规则

1. 对复数进行取虚变换后进行加、减运算的结果等于对复数进行加、减运算后再取虚变换。若

$$\dot{U}_1=a_1+\mathrm{j}b_1,\ \dot{U}_2=a_2+\mathrm{j}b_2$$

则

$$\mathrm{Im}[\dot{U}_1]\pm\mathrm{Im}[\dot{U}_2]=\mathrm{Im}[\dot{U}_1+\dot{U}_2]$$

2. 对复数虚部进行微分、积分运算的结果，等于对复数进行微分或积分运算后再取虚部。即

$$\frac{\mathrm{d}}{\mathrm{d}t}\mathrm{Im}[\dot{U}e^{j\omega t}]=\mathrm{Im}\left[\frac{\mathrm{d}}{\mathrm{d}t}\dot{U}e^{j\omega t}\right]$$

及 $$\int \mathrm{Im}[\dot{U}\mathrm{e}^{\mathrm{j}\omega t}]\mathrm{d}t = \mathrm{Im}\left[\int \dot{U}\mathrm{e}^{\mathrm{j}\omega t}\mathrm{d}t\right]。$$

结果表明,Im[ ]算子是线性算子,即可以与加、减、微分、积分算子互换运算次序。

3.2.3 正弦量的相量表示法

1. 正弦量与旋转矢量的关系

复数为什么能表示正弦量呢?这可以借助欧拉恒等式来解释。

设有一旋转复矢量为 $$U_m \mathrm{e}^{\mathrm{j}(\omega t+\Psi_u)}$$

由欧拉公式有 $$U_m \mathrm{e}^{\mathrm{j}(\omega t+\Psi_u)} = U_m \cos(\omega t+\Psi_u) + \mathrm{j}U_m \sin(\omega t+\Psi_u)$$

对复矢量取虚部有 $$\mathrm{Im}[U_m \mathrm{e}^{\mathrm{j}(\omega t+\Psi_u)}] = U_m \sin(\omega t+\Psi_u)。$$

结果表明,正弦函数可以通过对复数取虚变换得到。正弦量可以用相量表示也正是在这个理论指导下的一个成果。

设有正弦函数 $$u(t) = U_m \sin(\omega t+\Psi_u)$$

则 $$u(t) = \mathrm{Im}[U_m \mathrm{e}^{\mathrm{j}(\omega t+\Psi_u)}]。$$

取虚的几何意义可以由图 3-6 来说明。结果表明:正弦量是复平面上的一个旋转矢量在虚轴上的投影。旋转矢量在虚轴上的投影是按正弦规律变化的,即按时间轴展开就是正弦波形图。

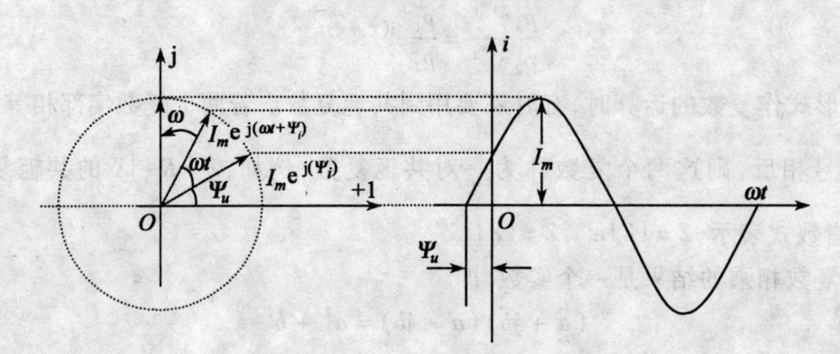

图 3-6 旋转相量与正弦量的关系

2. 正弦量的相量表示法

正弦量是复平面上的一个旋转矢量的虚部,但在正弦电路中,所有的正弦量都是同频率,即以相同的速度旋转,而且所有的旋转矢量之间又是相对静止的。这一事实告诉我们,在正弦电路中,可以用静止相量代替旋转量讨论问题,而得到的结论与用旋转量讨论的结果是相同的。

若有正弦量 $u(t)$、$i(t)$ 为
$$u(t) = U_m \sin(\omega t+\Psi_u)$$
$$i(t) = I_m \sin(\omega t+\Psi_i)$$

由上述分析可以写成
$$u(t) = \mathrm{Im}[U_m \mathrm{e}^{\mathrm{j}(\omega t+\Psi_u)}] = \mathrm{Im}[U\mathrm{e}^{\mathrm{j}\Psi_u} \cdot \sqrt{2}\,\mathrm{e}^{\mathrm{j}\omega t}]$$
$$i(t) = \mathrm{Im}[I_m \mathrm{e}^{\mathrm{j}(\omega t+\Psi_i)}] = \mathrm{Im}[I\mathrm{e}^{\mathrm{j}\Psi_i} \cdot \sqrt{2}\,\mathrm{e}^{\mathrm{j}\omega t}]$$

比较 $u(t)$ 和 $i(t)$ 的旋转矢量表达式,不难发现它们有许多相同因子,即共性。如在同频率的正弦量之间,都有一个 $\mathrm{e}^{\mathrm{j}\omega t}$ 旋转因子,所有正弦量的幅值与有效值都有 $\sqrt{2}$ 的关系,同

时都有个取虚算子 Im[ ]。这些因子在正弦电路中对区别各正弦量并不起什么作用,而真正能表示电压、电流特征的是各自与时间无关的复值常数,该复值常数称为相量。因此,在频率相同的情况下,正弦量就可以用相量来表示。对上式 $u(t)$ 和 $i(t)$ 所对应的相量分别为

$$u \Leftrightarrow \dot{U} = U\mathrm{e}^{\mathrm{j}\Psi_u}(\text{或 } \dot{U} = U\angle\Psi_u) \quad i \Leftrightarrow \dot{I} = I\mathrm{e}^{\mathrm{j}\Psi_i}(\text{或 } \dot{I} = I\angle\Psi_i) \tag{3-15}$$

这种用相量表示实函数的方法是人们的一种约定,它们之间只是对应关系,并非等值关系,所以不能写成 $u=\dot{U}$、$i=\dot{I}$。从对应关系的意义上讲,这种方法又称为符号法。为了给人们以直观明了的概念,人们还常以相量式对应的相量图来表示,即以长度为有效值的有向线段与实轴正方向的夹角为初相角的图形来表示正弦量。相量图可以是一个相量,也可以是几个同频率相量绘制在一起,如图 3-7 绘制出 $\dot{U}$ 和 $\dot{I}$,它们的参考相量是实轴。相量的长度为有效值的相量称为有效值相量,实用中多用有效值相量。

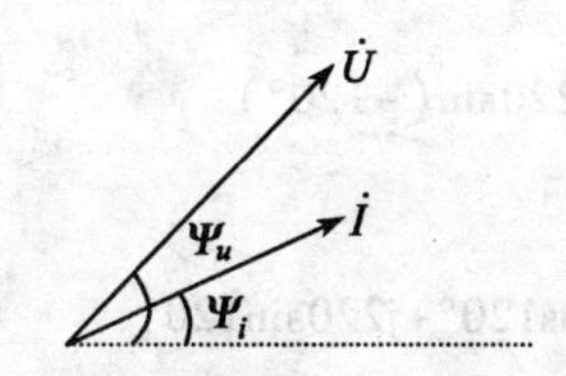

图 3-7　同频率正弦量的相量图

必须强调指出的是:字母上加点"·"是一种强调的含义,强调带点的复数是表示按正弦规律变化的时间函数,由这层意思可以找到对应的正弦函数表达式。换句话说,并不是任何复数都有对应的正弦函数表达式。由上述过程不难知道,只有在正弦电路中正弦量才能用相量表示,相量不能表示非正弦周期量,只有同频率的相量才能在一起运算(相量的解析运算,相量图几何运算)。

3.2.4　正弦量微分与积分的相量

前面曾提到过,正弦量用相量表示后,可以将正弦稳态分析中求解微分方程的演算变换为求解相量的代数方程,这正是人们所希望的。如何实现这个变换工作呢?这要从正弦量的微分与积分的相量谈起。

1. 正弦量微分的相量

设

$$i = \mathrm{Im}[\dot{I}\sqrt{2}\mathrm{e}^{\mathrm{j}\omega t}]$$

$$\frac{\mathrm{d}i}{\mathrm{d}t} = \frac{\mathrm{d}}{\mathrm{d}t}\mathrm{Im}[\dot{I}\sqrt{2}\mathrm{e}^{\mathrm{j}\omega t}] = \mathrm{Im}\left[\frac{\mathrm{d}}{\mathrm{d}t}(\dot{I}\sqrt{2}\mathrm{e}^{\mathrm{j}\omega t})\right]$$

$$= \mathrm{Im}[\mathrm{j}\omega\dot{I}\sqrt{2}\mathrm{e}^{\mathrm{j}\omega t}] = \mathrm{j}\omega \cdot \mathrm{Im}[\dot{I}\sqrt{2}\mathrm{e}^{\mathrm{j}\omega t}] \rightarrow \mathrm{j}\omega\dot{I}$$

所以

$$\frac{\mathrm{d}i}{\mathrm{d}t} \Rightarrow \mathrm{j}\omega\dot{I} \tag{3-16}$$

结果表明:正弦量微分的相量为该正弦量的相量乘以 jω。

2. 正弦量积分的相量

设

$$i = \mathrm{Im}[\dot{I}\sqrt{2}\mathrm{e}^{\mathrm{j}\omega t}]$$

$$\int_{-\infty}^{t} i\mathrm{d}t = \int_{-\infty}^{t} \mathrm{Im}[\dot{I}\sqrt{2}\,\mathrm{e}^{\mathrm{j}\omega t}]\,\mathrm{d}t = \mathrm{Im}\left[\int_{-\infty}^{t} \dot{I}\sqrt{2}\,\mathrm{e}^{\mathrm{j}\omega t}\mathrm{d}t\right] = \mathrm{Im}\left[\dot{I}\sqrt{2}\int_{-\infty}^{t} \mathrm{e}^{\mathrm{j}\omega t}\mathrm{d}t\right]$$

$$=\mathrm{Im}\left[\dot{I}\sqrt{2}\,\frac{1}{\mathrm{j}\omega}\int_{-\infty}^{t} \mathrm{e}^{\mathrm{j}\omega t}\mathrm{d}\omega t\right] = \mathrm{Im}\left[\dot{I}\sqrt{2}\,\frac{1}{\mathrm{j}\omega}\mathrm{e}^{\mathrm{j}\omega t}\right] = \mathrm{Im}\left[\frac{1}{\mathrm{j}\omega}\dot{I}\sqrt{2}\,\mathrm{e}^{\mathrm{j}\omega t}\right]$$

$$\int_{-\infty}^{t} i\mathrm{d}t \Rightarrow \frac{1}{\mathrm{j}\omega}\dot{I} \tag{3-17}$$

可见,正弦量积分的相量为该正弦量的相量除以 jω。

由此看出,用相量表示正弦量后,正弦量的微分和积分问题转化为相量的代数问题。

例 3.1 试写出 $u_A = 220\sqrt{2}\sin 314t$ (V), $u_B = 220\sqrt{2}\sin(314t - 120°)$ (V), $u_C = 220\sqrt{2}\sin(314t+120°)$ (V)的相量式,并作出相量图。

解 $\dot{U}_A = 220\angle 0° = 220\cos 0° + \mathrm{j}220\sin 0° = 220$ (V)

$$\dot{U}_B = 220\angle{-120°}$$
$$= 220\cos(-120°) + \mathrm{j}220\sin(-120°)$$
$$= -110 - \mathrm{j}110\sqrt{3}\ (\mathrm{V})$$

$$\dot{U}_C = 220\angle 120° = 220\cos 120° + \mathrm{j}220\sin 120°$$
$$= -110 + \mathrm{j}110\sqrt{3}\ (\mathrm{V})$$

其相量图如图 3-8 所示。因为三个相量的频率相同,故可以绘制在一个图中。

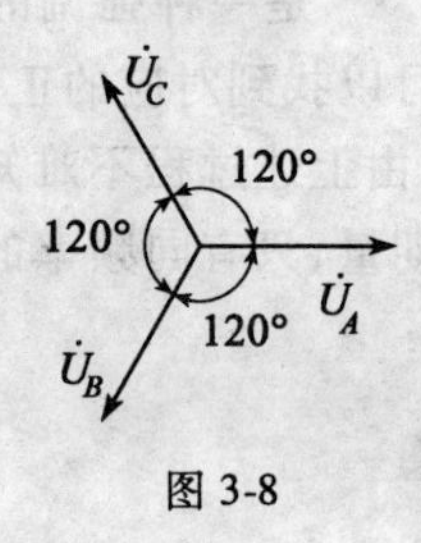

图 3-8

例 3.2 (1)已知电流的相量 $\dot{I} = \frac{25}{\sqrt{2}}\mathrm{e}^{-\mathrm{j}30°}$ (A),试写出瞬时表达式。

(2)已知电流 $i = 100\sin(\omega t + 30°)$ (A),试写出该电流的相量。

解 (1)由相量式求瞬时表达式,必须将相量 $\dot{I}$ 乘以$\sqrt{2}\,\mathrm{e}^{\mathrm{j}\omega t}$然后取虚部。

$$i = \mathrm{Im}[\dot{I}\sqrt{2}\,\mathrm{e}^{\mathrm{j}\omega t}] = \mathrm{Im}[25\mathrm{e}^{-\mathrm{j}30°}\cdot \mathrm{e}^{\mathrm{j}\omega t}] = \mathrm{Im}[25e^{j(\omega t - 30°)}] = 25sin(\omega t - 30°)(A)$$

熟练以后,由相量⇒瞬时表达式量,只要直接写。在相量法中有时又称相量电流为复电流。

(2)电流的最大值 $I_m = 100$ (A),初相位为 30°,但是我们定义的相量都是指有效值相量,故

$$\dot{I} = \frac{100}{\sqrt{2}}\mathrm{e}^{\mathrm{j}30°}\ (\mathrm{A})。$$

例 3.3　已知复电流 $\dot{I}=8+\mathrm{j}6(\mathrm{A})$，试写出电流的瞬时表达式。

解　先求复电流的模和辐角

$$I=\sqrt{8^2+6^2}=10(\mathrm{A})$$

$$\varphi=\arctan\frac{6}{8}=36.9°$$

$$i=10\sqrt{2}\sin(\omega t+36.9°)(\mathrm{A})。$$

[思考与练习题]

3.2.1　为什么要用相量表示正弦量？用相量和旋转矢量代表正弦量有何区别？

3.2.2　相量与正弦量的瞬时表达式是何关系？

3.2.3　为什么相量表示法只能用于同频率正弦量的分析？

3.2.4　试指出下列各式中的错误，并改正之。

(1) $i=5\sin(\omega t-30°)=5\mathrm{e}^{-\mathrm{j}30°}$；

(2) $\dot{U}=100\angle 45°=100\sqrt{2}\sin(\omega t+45°)(\mathrm{V})$；

(3) $I=15\sin(314t+45°)(\mathrm{A})$；

(4) $I=10\mathrm{e}^{\mathrm{j}30°}(\mathrm{A})$。

3.2.5　把下列复数化成代数式。

(1) $50\angle 100°$；(2) $\mathrm{e}^{\mathrm{j}90°}$；(3) $4\mathrm{e}^{-\mathrm{j}178°}$；(4) $30\mathrm{e}^{-\mathrm{j}295°}$。

3.2.6　把下列复数化为指数形式或极坐标形式。

(1) $3+\mathrm{j}4$；(2) $4-\mathrm{j}3$；(3) $-125+\mathrm{j}94$；(4) $-25-\mathrm{j}10$；

(5) $-10+\mathrm{j}20$；(6) $-\frac{1}{2}-\mathrm{j}\frac{\sqrt{3}}{2}$；(7) $-\frac{1}{2}+\mathrm{j}\frac{\sqrt{3}}{2}$。

§3.3　电路约束的相量形式

用相量法分析正弦稳态电路时，电路约束都应该用相应的相量形式表示，即 VCR、KCL 和 KVL，以及元件模型也都要用相应的相量形式来表示。

3.3.1　元件 VCR 的相量形式

假设二端元件上的电压、电流均为正弦量，且取关联参考方向，则元件所在支路的电压和电流分别为

$$u=U_m\sin(\omega t+\psi_u)=\mathrm{Im}[\sqrt{2}\dot{U}\mathrm{e}^{\mathrm{j}\omega t}]$$

$$i=I_m\sin(\omega t+\psi_i)=\mathrm{Im}[\sqrt{2}\dot{I}\mathrm{e}^{\mathrm{j}\omega t}]。$$

1. 电阻元件

由式(1-7)有

$$u=Ri$$

电压、电流用旋转矢量表示后代入得

$$\mathrm{Im}[\sqrt{2}\dot{U}\mathrm{e}^{\mathrm{j}\omega t}]=\mathrm{Im}[\sqrt{2}R\dot{I}\mathrm{e}^{\mathrm{j}\omega t}]$$

因而有 $$\dot{U}=R\dot{I} \text{ 或 } \dot{I}=G\dot{U} \tag{3-18}$$

式(3-18)称为电阻元件 VCR 的相量形式,与之对应的元件模型如图 3-9(a)所示。

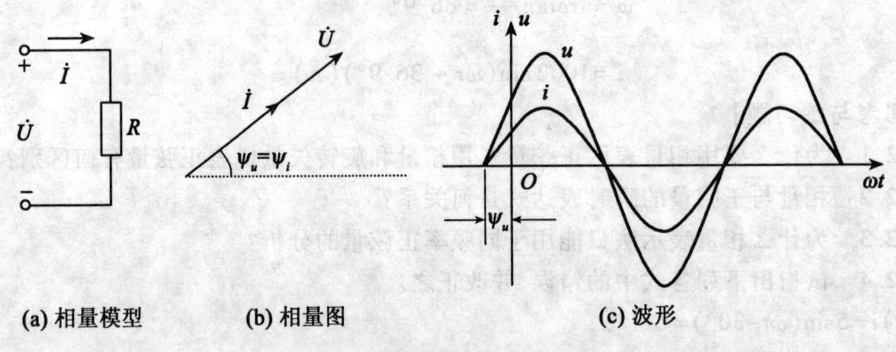

图 3-9 电阻元件的相量模型

VCR 的相量形式,包含大小和相位两部分,式(3-18)可以写成

$$Ue^{j\psi_u}=RIe^{j\psi_i}$$

由两复数相等的充分条件可得

$$\begin{cases}U=RI\\ \psi_u=\psi_i\end{cases} \tag{3-19}$$

式(3-19)表示电阻两端电压有效值等于电阻与电流有效值的乘积,且电阻两端的电压与电流是同相的。电阻元件两端电压和电流的相量图及电压、电流的波形图如图 3-9(b)、(c)所示。

2. 电容元件

由式(1-8)

$$i=C\frac{du}{dt}$$

电压、电流用旋转矢量表示后代入得

$$\mathrm{Im}[\sqrt{2}\dot{I}e^{j\omega t}]=C\frac{d}{dt}\mathrm{Im}[\sqrt{2}\dot{U}e^{j\omega t}]=\mathrm{Im}[j\omega C\dot{U}\sqrt{2}e^{j\omega t}]$$

则有 $$\dot{I}=j\omega C\dot{U} \text{ 或 } \dot{U}=-j\frac{1}{\omega C}\dot{I} \tag{3-20}$$

式(3-20)称为电容元件 VCR 的相量形式,与之对应的相量模型如图 3-10(a)所示。相量形式的 VCR 同样包含大小和相位两部分,式(3-20)可以写成

$$Ue^{j\psi_u}=\frac{1}{j\omega C}Ie^{j\psi_i}=-j\frac{1}{\omega C}Ie^{j\psi_i}=\frac{1}{\omega C}Ie^{j\psi_i}e^{-j90^\circ}=\frac{1}{\omega C}Ie^{j(\psi_i-90^\circ)}$$

由两复数相等的充分条件可得

$$\begin{cases}U=\frac{1}{\omega C}I=X_CI\\ \psi_u=\psi_i-90^\circ\end{cases} \tag{3-21}$$

比较式(3-21)与式(3-19)可知,$X_C=\dfrac{1}{\omega C}$具有与 R 相同的量纲,对电流起阻碍作用,故称为“容抗”,单位为Ω。$\psi_u=\psi_i-90^{\circ}$ 表示电容的电流总是超前电压 90°,这表明电容不仅具有限流特性,还具有移相特性。其相量图与波形图如图 3-10(b)、(c)所示。

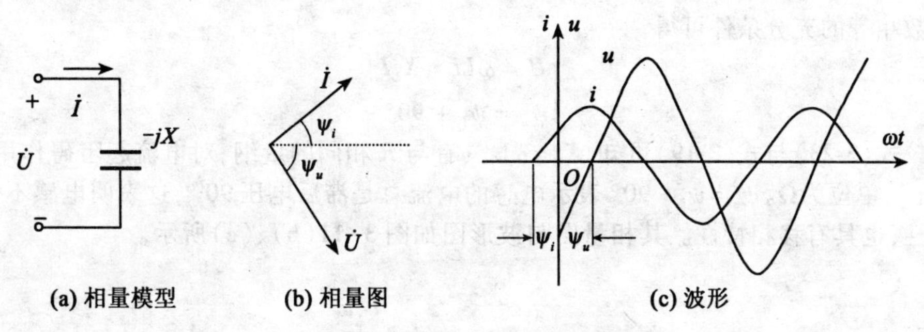

图 3-10 电阻元件的相量模型

例 3.4 设有一电容器,其电容 $C=40(\mu F)$,电阻可以忽略不计,接于 50(Hz),220(V)的电压上,试求:(1)该电容的容抗 X_C;(2)电路中的电流 I 及其与电压的相位差;(3)若外加电压的数值不变,频率变为 5000(Hz),重求以上各项。

解(1)容抗 X_C

$$X_C=\frac{1}{2\pi fC}=\frac{1}{2\times3.14\times50\times40\times10^{-6}}\approx80(\Omega)。$$

(2)选电压为参考相量,即 $\dot{U}=220e^{j0^{\circ}}(V)$,则

$$\dot{I}=\frac{\dot{U}}{-jX_C}=\frac{220e^{j0^{\circ}}}{80e^{-j90^{\circ}}}=2.75e^{j90^{\circ}}(A)$$

即电流的有效值$I=2.75(A)$,相位超前于电压 90°。

(3)当频率为 5000Hz 时

$$X_C=\frac{1}{2\pi f\,C}=\frac{1}{2\times3.14\times5000\times40}\approx0.8(\Omega)$$

可见容抗减小为原值的$\dfrac{1}{100}$,因而电流增大到 100 倍,即 $I=275(A)$,电流的相位仍超前于电压 90°。

例 3.4 告诉我们,同一电容对不同频率的电流呈现不同容抗,频率越高,容抗越小,则电流越大。

3. 电感元件

由式(1-9)

$$u=L\frac{di}{dt}$$

电压、电流用旋转矢量表示后代入得

$$\mathrm{Im}[\sqrt{2}\,\dot{U}e^{j\omega t}]=L\frac{d}{dt}\mathrm{Im}[\sqrt{2}\,\dot{I}e^{j\omega t}]=\mathrm{Im}[j\omega L\dot{I}\sqrt{2}\,e^{j\omega t}]$$

因而有
$$\dot{U} = \mathrm{j}\omega L\dot{I} \text{ 或 } \dot{I} = -\mathrm{j}\frac{1}{\omega L}\dot{U} \tag{3-22}$$

式(3-22)称为电感元件 VCR 的相量形式，与之对应的相量模型如图 3-11(a)所示。式(3-22)同样包含大小和相位两部分。该式改写成为

$$U\mathrm{e}^{\mathrm{j}\psi_u} = j\omega LI\mathrm{e}^{\mathrm{j}\psi_i} = \omega LI\mathrm{e}^{\mathrm{j}\psi_i}\cdot\mathrm{e}^{\mathrm{j}90^\circ} = \omega LI\mathrm{e}^{\mathrm{j}(\psi_i+90^\circ)}$$

由两复数相等的充分条件可得

$$\begin{cases}U = \omega LI = X_L I\\ \psi_u = \psi_i + 90^\circ\end{cases} \tag{3-23}$$

比较式(3-23)与式(3-19)可知，$X_L = \omega L$ 具有与 R 相同的量纲，对电流起阻碍作用，故称为“感抗”，单位为Ω。$\psi_u = \psi_i + 90^\circ$ 表示电感的电流总是滞后电压 90 °，这表明电感不仅具有限流特性，也具有移相特性。其相量图与波形图如图 3–11(b)、(c)所示。

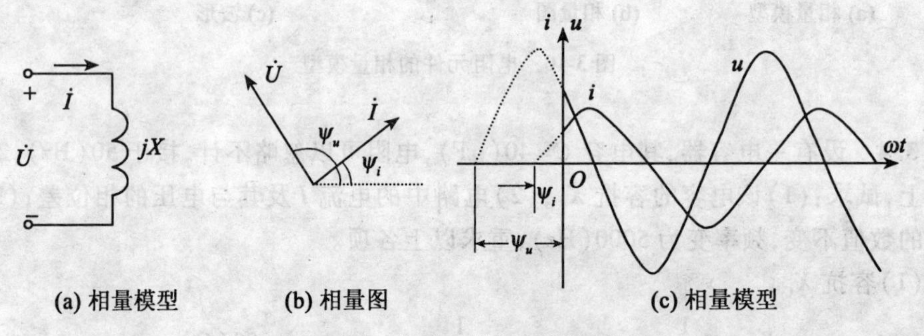

(a) 相量模型　(b) 相量图　(c) 相量模型

图 3-11　电感元件的相量模型

例 3.5　设有一电感线圈，其电感 $L = 0.5$(H)，电阻可以忽略不计，接于 50(Hz)，220(V)的电压上，试求：(1)该电感的感抗 X_L；(2)电路中的电流 I 及其与电压的相位差；(3)若外加电压的数值不变，频率变为 5000(Hz)，重求以上各项。

解

(1)感抗 X_L。$X_L = 2\pi fL = 2\times3.14\times50\times0.5 = 157(\Omega)$

(2)选电压为参考相量，即 $\dot{U} = 220\mathrm{e}^{\mathrm{j}0^\circ}$(V)，则

$$\dot{I} = \frac{\dot{U}}{\mathrm{j}X_L} = \frac{220\mathrm{e}^{\mathrm{j}0^\circ}}{157\mathrm{e}^{\mathrm{j}90^\circ}} = 1.4\mathrm{e}^{-\mathrm{j}90^\circ}(\mathrm{A})$$

即电流的有效值 $I = 1.4$(A)，相位滞后于电压 90°。

(3)当频率为 5000(Hz)时

$$X_L = 2\pi f L = 2\times3.14\times5000\times0.5 = 15700(\Omega)$$

可见感抗增大到 100 倍，因而电流减小为原值的$\frac{1}{100}$，即 $I = 0.014$(A)，电流的相位仍滞后于电压 90°。

例 3.5 告诉我们，同一电感对不同频率的电流呈现不同感抗，频率越高，感抗越大，则电流越小。

3.3.2　基尔霍夫定律的相量形式

电路元件的伏安关系 VCR、KCL 和 KVL 是分析各种电路的理论依据，对正弦稳态电路

的分析也不例外，为了用相量法分析正弦稳态电路，上节我们讨论了基本元件上伏安关系的相量形式。那么 KCL 和 KVL 也应运用相应的相量形式表示。

1. KCL 的相量形式

在任意时刻，集中参数电路中任意节点 KCL 的时域形式为

$$\sum_{k=1}^{m} i_k = 0$$

在正弦稳态电路中，用相量模型代替时域电路模型，各支路电流的相量形式为

$$\dot{I}_k = I_k e^{j\Psi_{ki}}$$

于是

$$i_k = \mathrm{Im}[\dot{I}_k \sqrt{2} e^{j\omega t}]$$

则

$$\sum_{k=1}^{m} \mathrm{Im}[\dot{I}_k \sqrt{2} e^{j\omega t}] = 0$$

由 Im[ ]算子的线性特性，上式可以写成

$$\mathrm{Im}\left[\sum_{k=1}^{m} \dot{I}_k \sqrt{2} e^{j\omega t}\right] = 0$$

要使上式成立，则括号内必须为零。又因 $e^{j\omega t} \neq 0$，所以只有

$$\sum_{k=1}^{m} \dot{I}_k = 0 \tag{3-24}$$

式(3-24)称为 KCL 的相量形式。式(3-24)表明：在集中参数的正弦稳态电路中，流出(或流入)任意结点的各支路电流相量的代数和为零。在相量模型电路中，式(3-24)对支路电流在结点处提出了约束条件。

2. KVL 的相量形式

在任意时刻，集中参数电路中任一回路 KVL 的表达式的时域形式为

$$\sum_{k=1}^{m} u_k = 0$$

在正弦稳态电路中，各支路电压相量为

$$\dot{U}_k = U_k e^{j\Psi_{ku}}$$

$$u_k = \mathrm{Im}[\dot{U}_k \sqrt{2} e^{j\omega t}]$$

于是有

$$\sum_{k=1}^{m} \mathrm{Im}[\dot{U}_k \sqrt{2} e^{j\omega t}] = 0$$

因 $\sum$、Im[ ] 可以交换先后顺序，故上式可以写成

$$\mathrm{Im}\left[\sum_{k=1}^{m} \dot{U}_k \sqrt{2} e^{j\omega t}\right] = 0$$

要使上式成立只有

$$\sum_{k=1}^{m} \dot{U}_k = 0 \tag{3-25}$$

式(3-25)称为 KVL 的相量形式，式(3-25)表明：在集中参数的相量电路模型中，沿任意回路巡行一周，其各支路电压相量的代数和为零。

应用 KVL、KCL 的相量形式，有助于进行正弦稳态分析，便于直接建立相量形式的电路方程。

§3.4 复阻抗与复导纳

前面对纯电阻、电感和电容元件定义了电阻、感抗和容抗参数。而实际电路中,往往同时包含有两种或三种元件组成的电路。本节讨论元件组合后的综合特性。

3.4.1 复阻抗与复导纳的概念

如图 3-12(a)所示二端网络,是一个含有电阻、电容和电感的无源网络。从等效的观点讲,二端网络总可以等效为一个元件,但是这个元件不再可能是 R、L、C 中的任何一种,该元件应该是能反映 RLC 的综合特性的参数。这个参数称为复阻抗或复导纳,其电路符号和文字符号如图 3-12(b)所示。

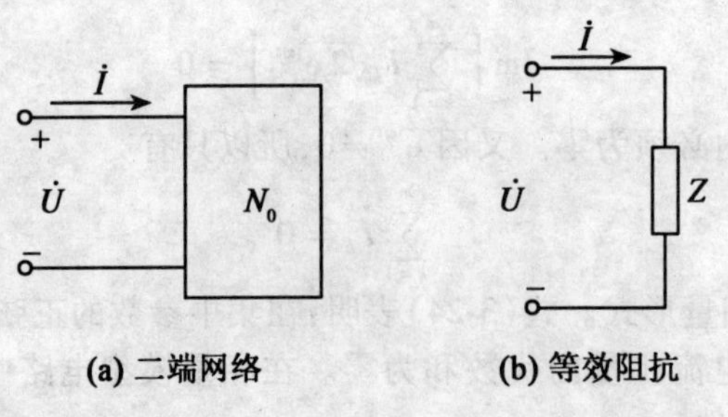

图 3-12 二端网络的等效参数

Z 称为复阻抗,其定义为

$$Z=\frac{\dot{U}}{\dot{I}}=|Z|\mathrm{e}^{\mathrm{j}\varphi} \tag{3-26}$$

式中:$|Z|$—— 复阻抗的模,简称阻抗,单位为 Ω; φ ——复阻抗的辐角,简称阻抗角。

复阻抗的代数形式为 $Z=R+\mathrm{j}X$

其实部 R 为电阻,虚部 X 称为电抗。由复数的指数和代数式的关系有

$$|Z|=\sqrt{R^2+X^2}$$

可见 R、X 和 $|Z|$ 构成了直角三角形,这个三角形称为阻抗三角形,如图 3-13 所示。

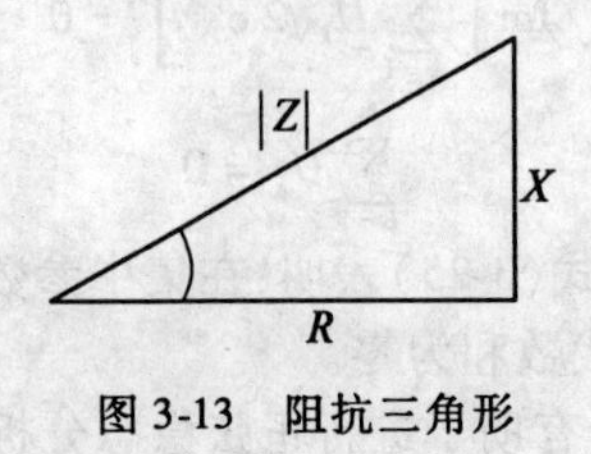

图 3-13 阻抗三角形

复阻抗的倒数定义为复导纳,用 Y 表示。即

$$Y = \frac{1}{Z} = \frac{\dot{I}}{\dot{U}} = |Y|e^{j\varphi} \tag{3-27}$$

式中：$|Y|$——复导纳的模，简称导纳，单位为 S；

φ—— 导纳角。

复导纳的代数形式为　　　　　$Y = G - jB$

其实部 G 称为电导分量，虚部 B 称为电纳分量。

值得强调的是，复阻抗和复导纳都是复数，是用于联系相量电流 $\dot{I}$ 和相量电压 $\dot{U}$ 的复系数，它们不是表示正弦量的相量，故字母 Z 和 Y 上不加圆点。

在交流电路的分析中，常把复阻抗和复导纳视为一个广义电路元件，并称为阻抗元件或导纳元件。式(3-26)和式(3-27)称为元件的 VCR，它们与直流电路中的欧姆定律的形式相似，故式(3-26)和式(3-27)又称为广义欧姆定律。所谓广义是该元件可以描述 R、L、C 的所有不同组合情况。

对于单个电阻元件，复阻抗和复导纳分别为

$$\begin{cases} Z_R = R \\ Y_R = \dfrac{1}{R} = G \end{cases} \tag{3-28}$$

对于单个电感元件，复阻抗和复导纳分别为

$$\begin{cases} Z_L = jX_L \\ Y_L = \dfrac{1}{jX_L} = -jB_L \end{cases} \tag{3-29}$$

式中 B_L 称为感纳，单位为 S。同理，对于单个电容元件复阻抗和复导纳分别为

$$\begin{cases} Z_C = -jX_C \\ Y_C = \dfrac{1}{-jX_C} = jB_C \end{cases} \tag{3-30}$$

式中 B_C 称为容纳，单位为 S。

3.4.2　复阻抗和复导纳的计算

1. 串联电路的复阻抗

如图 3-14 所示电路应用 KVL 有

$$\dot{U} = \dot{U}_R + \dot{U}_L + \dot{U}_C$$

考虑式(3-18)、式(3-20)和式(3-22)后，上式可以改写成

$$\dot{U} = \dot{I}R + j\dot{I}X_L - j\dot{I}X_C = \dot{I}[R + j(X_L - X_C)]$$

方程两边同除以 $\dot{I}$ 则得

$$\frac{\dot{U}}{\dot{I}} = R + j(X_L - X_C) = R + jX$$

所以串联电路的复阻抗为

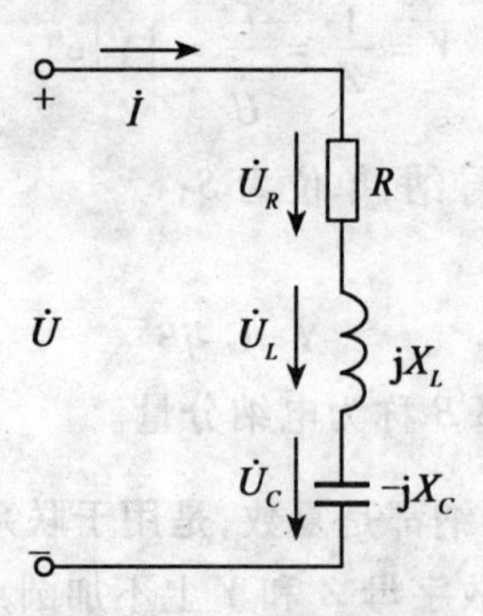

图 3-14 RLC 串联电路

$$Z = R + jX = |Z|e^{j\varphi} \tag{3-31}$$

$X = X_L - X_C$ 称为电抗,单位为 S。由复数的指数和代数式的关系可得

$$\begin{cases} |Z| = \sqrt{R^2 + (X_L - X_C)^2} \\ \varphi = \arctan \dfrac{X_L - X_C}{R} \end{cases} \tag{3-32}$$

可见复阻抗的模和辐角(阻抗角)都决定于电阻和电抗参数。为了便于讨论阻抗的综合特性,可以把式(3-26)改写成

$$Z \frac{\dot{U}}{\dot{I}} = \frac{Ue^{j\psi_u}}{Ie^{j\psi_i}} = |Z|e^{j\varphi}$$

由两复数相等的条件可知

$$\begin{cases} |Z| = \dfrac{U}{I} \\ \varphi = \psi_u - \psi_i \end{cases} \tag{3-33}$$

式(3-33)表明,复阻抗的模|Z|联系了电压、电流的有效值,反映了三参数综合“限流”作用的大小,其辐角φ反映了电阻、电抗的综合“移相”特性。即当φ>0 时,复阻抗的电压超前电流,电路呈感性,即感性电路,体现在复阻抗的代数式中则为虚部为正,当φ<0 时,则电压滞后电流,电路呈容性,即容性电路,此时复阻抗的虚部为负。当然也可能φ=0,即 $X_L = X_C$,虚部为零,这时电压与电流相同,电路呈电阻性。

2. 并联电路的复导纳

如图 3-15 所示为 RLC 并联电路。取关联参考方向由 $\sum \dot{I}_k = 0$ 有

$$\dot{I} = \dot{I}_G + \dot{I}_L + \dot{I}_C$$

考虑式(3-18)、式(3-20)和式(3-22)后,上式可以改写成

$$\dot{I} = G\dot{U} + (-jB_L)\dot{U} + (jB_C)\dot{U}$$

方程两边同除以 $\dot{U}$ 则得

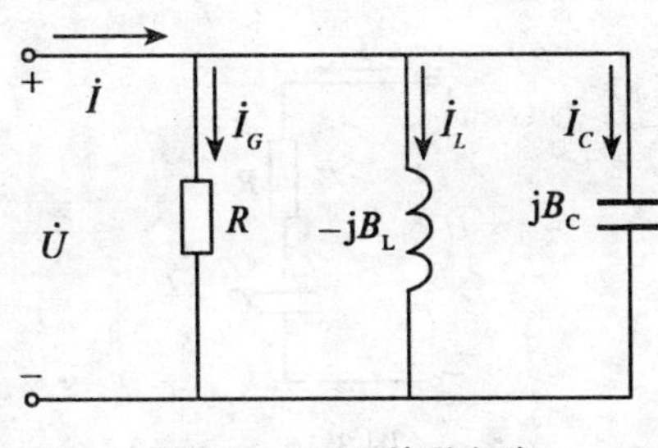

图 3-15　RLC 并联电路

$$\frac{\dot{I}}{\dot{U}} = G - j(B_L - B_C)$$

于是可得该并联电路的复导纳为

$$Y = G - j(B_L - B_C) = G - jB = |Y|e^{-j\varphi} \tag{3-34}$$

其中 $B = B_L - B_C$ 称为电纳，单位为 S。导纳与电纳、电导的关系为

$$\begin{cases} |Y| = \sqrt{G^2 + B^2} \\ \varphi = \arctan \dfrac{B}{G} \end{cases} \tag{3-35}$$

以上分析表明，对串联电路的复阻抗由电阻、电抗直接相加求得，并联电路的复导纳由电导、电纳直接相加求得，但是，对并联电路的复阻抗、串联电路的复导纳不能用元件的逆参数直接相加求得。一般由复阻抗与复导纳互为倒数的关系求得，即：

串联电路的复导纳为

$$Y = \frac{1}{Z} = \frac{1}{R + jX} = \frac{R - jX}{R^2 + X^2} = \frac{R}{R^2 + X^2} - j\frac{X}{R^2 + X^2} \tag{3-36}$$

并联电路的复阻抗为

$$Z = \frac{1}{Y} = \frac{1}{G - jB} = \frac{G + jB}{G^2 + B^2} = \frac{G}{G^2 + B^2} + j\frac{B}{G^2 + B^2} \tag{3-37}$$

一般情况下，式(3-26)定义的复阻抗又称为一端口网络的输入阻抗或驱动点阻抗，其实部和虚部都将是外施正弦激励角频率的函数，此时 Z 可以写成

$$Z(j\omega) = R(\omega) + jX(\omega) \tag{3-38}$$

其实部 $R(\omega)$ 称为电阻分量，虚部 $X(\omega)$ 称为电抗分量。

例 3.6　有一个 5.1(kΩ)的电阻，与一个 1000(pF)的电容串联，如图 3-16 所示，(1)试计算该支路在 30(kHz)频率下工作时的复阻抗和复导纳。(2)试求两个元件并联时的复导纳。

解　(1)串联时的复阻抗和复导纳，先求在工作频率下电抗

$$X_C = \frac{1}{\omega C} = \frac{1}{2\pi \times 30 \times 10^3 \times 10^{-9}} = 5.31(\text{k}\Omega)$$

复阻抗为

$$Z = R - jX_C = 5.1 - j5.31 = 7.36e^{-j46.2^\circ}(\text{k}\Omega)$$

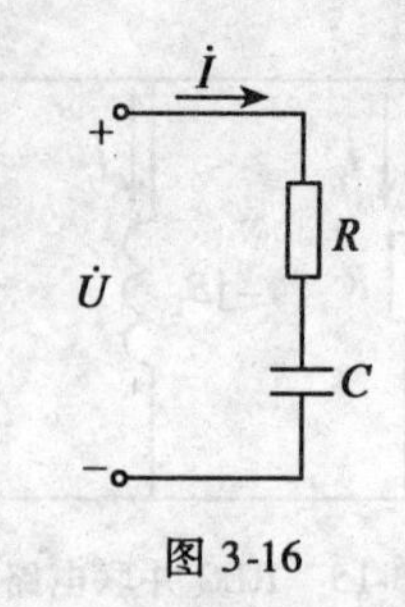

图 3-16

复导纳可以由式(3-36)求得

$$Y_S=\frac{R}{R^2+X_C^2}+\mathrm{j}\frac{X_C}{R^2+X_C^2}=\frac{5.1}{5.1^2+5.31^2}+\mathrm{j}\frac{5.31}{5.1^2+5.31^2}$$

$$=0.0941+\mathrm{j}0.098=0.136\mathrm{e}^{\mathrm{j}46.2°}(\mathrm{mS})。$$

(2)元件并联时的复阻抗,先计算元件的电导和电纳

$$G=\frac{1}{R}=\frac{1}{5.1}=0.196\ (\mathrm{mS})$$

$$B_C=\frac{1}{X_C}=\frac{1}{5.31}=0.188\ (\mathrm{mS})$$

元件并联时的复导纳可以由式(3-34)求得

$$Y_P=G-\mathrm{j}B=G-\mathrm{j}(-B_C)=0.196+\mathrm{j}0.188=0.272\mathrm{e}^{\mathrm{j}43.8°}(\mathrm{mS})$$

$$Z_\mathrm{P}=\frac{1}{Y_\mathrm{P}}=\frac{1}{0.272}\mathrm{e}^{-\mathrm{j}43.8°}=3.676\mathrm{e}^{-\mathrm{j}43.8°}(\Omega)。$$

例 3.7 有一铁芯线圈,当施加 200(V)工频电压时,线圈电流为 0.4(A),且在相位上滞后于电压 75 °,试求串联形式的等效电阻和电感。

解 按题给条件,设电压为参考相量,即

$$\dot{U}=U=200(\mathrm{V})$$

$$\dot{I}=0.4\mathrm{e}^{-\mathrm{j}75°}\ (\mathrm{A})$$

复阻抗

$$Z=\frac{\dot{U}}{\dot{I}}=\frac{200}{0.4\mathrm{e}^{-\mathrm{j}75°}}=500\mathrm{e}^{\mathrm{j}75°}(\Omega)$$

换算成代数形式

$$Z=R+\mathrm{j}X_L=129+\mathrm{j}483(\Omega)$$

所以

$$R=129(\Omega),X_L=483(\Omega)$$

相应的等效电感为

$$L=\frac{X_L}{\omega}=\frac{483}{2\pi\times50}=1.54\ (\mathrm{H})。$$

[思考与练习题]

3.4.1 什么是感性电路?什么是容性电路?各具有什么特点?

3.4.2　为什么电阻不能“移相”，而电感却能“移相”90°？

3.4.3　在 RC 串联交流电流中，若 $R=X_C$，下列关系式中哪个正确？哪些不正确？

$$U_R = U_C, u_R = u_C, \dot{U}_R = \dot{U}_C$$

$$U = U_R + U_C, u = u_R + u_C, \dot{U} = \dot{U}_R + \dot{U}_C$$

3.4.4　在如图 3-17(a)、(b)所示电路中，给出两个电流表的读数，试求另一个表的读数。

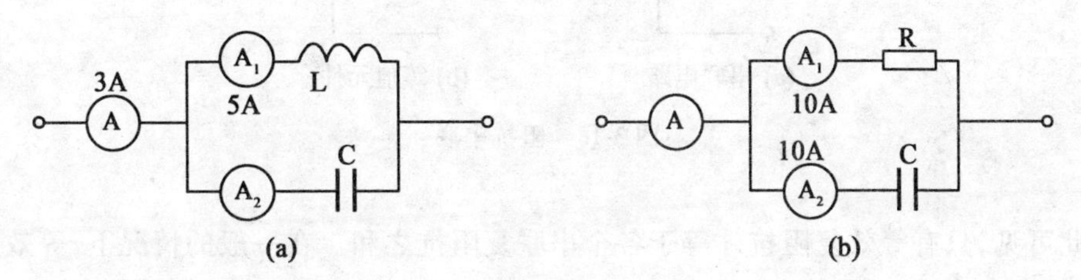

图 3-17

§3.5　正弦稳态分析的相量法

引入阻抗元件和导纳元件后，交流电路中电路约束的形式同直流电路一样简单，而正弦交流电路的计算就转化求电压电流的相量，故称这种方法为相量法。

相量法又分为复数计算法和相量图法。前者是借助复阻抗和复导纳将直流电路的各种分析方法和电路定理推广到线性电路的正弦稳态分析，差别仅在于电路约束（VCR、KVL、KCL）、电路定理和电路方程都是以相量的形式描述的，而计算则是复数运算。而后者是在对较为简单的正弦交流电路进行分析计算时，首先定性地绘制出相量图，再从中找出定量关系，从而简化电路计算。

3.5.1　正弦稳态分析的复数计算法

1. 阻抗串联电路

如图 3-18 所示电路，是由 Z_1、Z_2 两个复阻抗元件串联的电路。

把 KVL 应用于这个开口电路，则有

$$\dot{U} = \dot{U}_1 + \dot{U}_2 = \dot{I} Z_1 + \dot{I} Z_2 = (Z_1 + Z_2)\dot{I} \tag{3-39}$$

两个串联的复阻抗可以用一个等效复阻抗代替，等效电路如图 3-18(b)所示，根据等效电路可以写出

$$\dot{U} = Z\dot{I} \tag{3-40}$$

比较上列两式，则得　$Z = Z_1 + Z_2$

进一步改写成　$|Z|e^{j\varphi} = |Z_1|e^{j\varphi_1} + |Z_2|e^{j\varphi_2}$

因为　$e^{j\varphi_1} \neq e^{j\varphi_2} \neq e^{j\varphi}$

所以　$|Z| \neq |Z_1| + |Z_2|$

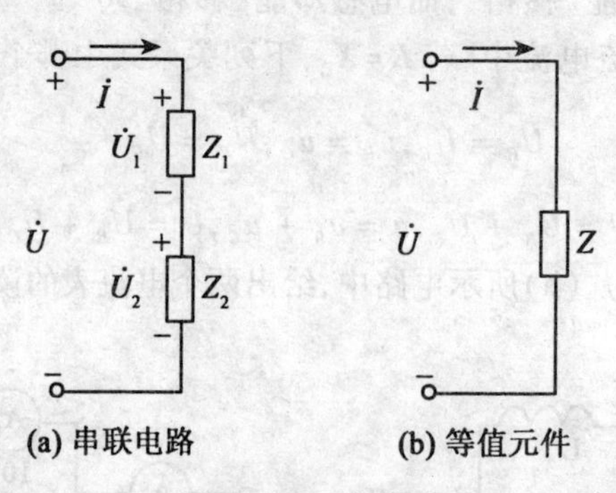

(a) 串联电路 (b) 等值元件

图 3-18 阻抗串联

由此可见，只有等效复阻抗才等于各个串联复阻抗之和。在一般的情况下，等效复阻抗可以写成

$$Z=\sum Z_k=\sum R_k+\mathrm{j}\sum X_k=|Z|\mathrm{e}^{\mathrm{j}\varphi}$$

式中

$$|Z|=\sqrt{\left(\sum R_k\right)^2+\left(\sum X_k\right)^2}$$

$$\varphi=\arctan\frac{\sum X_k}{\sum R_k} \tag{3-41}$$

在上列各式的 $\sum X_k$ 中，X_L取正号，X_C取负号。

串联电路中，各阻抗元件上的电压，按复阻抗分压，两串联复阻抗元件上的电压分别为

$$\begin{cases}\dot{U}_1=\dfrac{Z_1}{Z_1+Z_2}\dot{U}\\ \dot{U}_2=\dfrac{Z_2}{Z_1+Z_2}\dot{U}\end{cases} \tag{3-42}$$

例 3.8 设有两个复阻抗 $Z_1=6.16+\mathrm{j}9(\Omega)$ 和 $Z_2=2.5-\mathrm{j}4(\Omega)$，它们串联接在 $\dot{U}=220\mathrm{e}^{\mathrm{j}30^\circ}$ (V)的电源上。试用相量计算电路的电流 $\dot{I}$ 和各阻抗元件上的电压 $\dot{U}_1$ 及 $\dot{U}_2$，并作相量图。

解

$$Z=Z_1+Z_2=\sum R_k+j\sum X_k=(6.16+2.5)+\mathrm{j}(9-4)=8.66+\mathrm{j}5=10\mathrm{e}^{\mathrm{j}30^\circ}(\Omega)$$

$$\dot{I}=\frac{\dot{U}}{Z}=\frac{220\mathrm{e}^{\mathrm{j}30^\circ}}{10\mathrm{e}^{\mathrm{j}30^\circ}}=22(\mathrm{A})$$

$$\dot{U}_1=\dot{I}Z_1=22(6.16+\mathrm{j}9)=22\times10.9\mathrm{e}^{\mathrm{j}55.6^\circ}=239.8\mathrm{e}^{\mathrm{j}55.6^\circ}(V)$$

$$\dot{U}_2=\dot{I}Z_2=22(2.5-\mathrm{j}4)=22\times4.71\mathrm{e}^{-\mathrm{j}58^\circ}=103.6\mathrm{e}^{-\mathrm{j}58^\circ}(\mathrm{V})。$$

在计算各量时应草绘出相量图，因为相量图给人以醒目的直观形象，能提示我们如何求取各量。计算完成后，再按比例绘制出正式的相量图，如图 3-19 所示。

2. 阻抗并联电路

如图 3-20(a)所示是两导纳元件并联的电路。根据 KCL 则有

$$\dot{I} = \dot{I}_1 + \dot{I}_2 = Y_1\dot{U} + Y_2\dot{U} = (Y_1 + Y_2)\dot{U} \tag{3-43}$$

两个并联的复导纳也可以用一个等效复导纳 Y 来代替，如图 3-20(b) 所示。

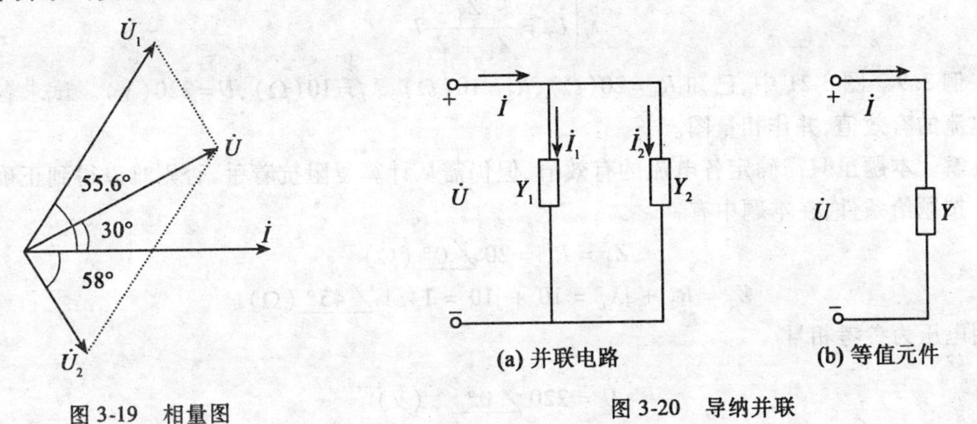

图 3-19　相量图　　　图 3-20　导纳并联

由等效电路可得

$$\dot{I} = Y\dot{U} \tag{3-44}$$

比较上列两式，则得

$$Y = Y_1 + Y_2$$

上式改写成指数式

$$|Y|e^{-j\varphi} = |Y_1|e^{-j\varphi_1} + |Y_2|e^{-j\varphi_2}$$

因为

$$e^{-j\varphi_1} \neq e^{-j\varphi_2} \neq e^{-j\varphi}$$

所以

$$|Y| \neq |Y_1| + |Y_2|$$

由此可见，只有等效复导纳才等于各个并联复导纳之和，一般情况可以写成

$$Y = \sum Y_k = \sum G_k - j\sum B_k = |Y|e^{-j\varphi}$$

式中

$$\begin{cases} |Y| = \sqrt{\left(\sum G_k\right)^2 + \left(\sum B_k\right)^2} \\ \varphi = \arctan \dfrac{\sum B_k}{\sum G_k} \end{cases} \tag{3-45}$$

在上列各式的 $\sum B_k$ 中，B_L 取正号，B_C 取负号。

交流并联电路中各并联导纳元件中的电流按复导纳比确定分流关系。

$$\begin{cases} \dot{I}_1 = \dfrac{Y_1}{Y_1 + Y_2}\dot{I} \\ \dot{I}_2 = \dfrac{Y_2}{Y_1 + Y_2}\dot{I} \end{cases} \tag{3-46}$$

在只有两个元件并联时，也可以按复阻抗比确定分流关系

$$
\begin{cases}
\dot{I}_1 = \dfrac{Z_2}{Z_1 + Z_2}\dot{I} \\
\dot{I}_2 = \dfrac{Z_1}{Z_1 + Z_2}\dot{I}
\end{cases}
\tag{3-47}
$$

例 3.9 图 3-21 中，已知 $R_1 = 20(\Omega)$，$R_2 = 10(\Omega)$，$X_L = 10(\Omega)$，$U = 220(\text{V})$。试求各支路电流的有效值，并作相量图。

解 本题虽只需确定各电流的有效值，但仍需从计算复阻抗着手，否则难以得到正确结果。按题给条件，在本题中有

$$Z_1 = R_1 = 20\angle 0°\ (\Omega)$$

$$Z_2 = R_2 + \text{j}X_L = 10 + \text{j}10 = 14.1\angle 45°\ (\Omega)$$

选用电压为参考相量

$$\dot{U} = 220\angle 0°\quad (\text{V})$$

$$\dot{I}_1 = \frac{\dot{U}}{Z_1} = \frac{220\angle 0°}{20} = 11\ (\text{A})$$

$$\dot{I}_2 = \frac{\dot{U}}{Z_2} = \frac{220\angle 0°}{14.1\angle 45°} = 15.6\angle -45° = 11 - \text{j}11(\text{A})$$

$$\dot{I} = \dot{I}_1 + \dot{I}_2 = 11 + 11 - \text{j}11 = 22 - \text{j}11 = 24.6\angle -26.6°(\text{A})$$

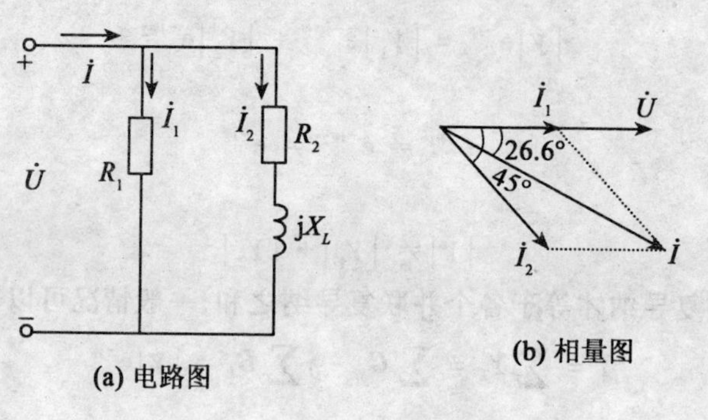

(a) 电路图

(b) 相量图

图 3-21

相量图如图 3-21(b)所示。各电流的有效值分别为

$$I_1 = 11(\text{A}),\ I_2 = 15.6(\text{A}),\ I = 24.6(\text{A})。$$

3. 复杂网络的计算

正弦激励下的复杂网络也可以如同直流电路一样，用支路电流法、结点电压法、叠加原理和等效变换原理等各种方法求解。

例 3.10 如图 3-22 所示电路中，已知 $Z_1 = Z_2 = 10 + \text{j}10(\Omega)$，$\dot{E}_1 = 10\angle 75°(\text{V})$，$\dot{I}_S = 1\angle 30°(\text{A})$，试求通过 Z_2 的电流 $\dot{I}_2$。

解 方法一 支路电流法。各支路电流的参考方向如图 3-22 所示。由 KCL、KVL 得

$$\begin{cases}\dot{I}_S - \dot{I}_1 - \dot{I}_2 = 0 \\ Z_1\dot{I}_1 - Z_2\dot{I}_2 = \dot{E}_1\end{cases}$$

联立求解得

$$\dot{I}_1 = 0.853\angle 30°\text{ (A)},\ \dot{I}_2 = 0.147\angle 30°\text{ (A)}$$

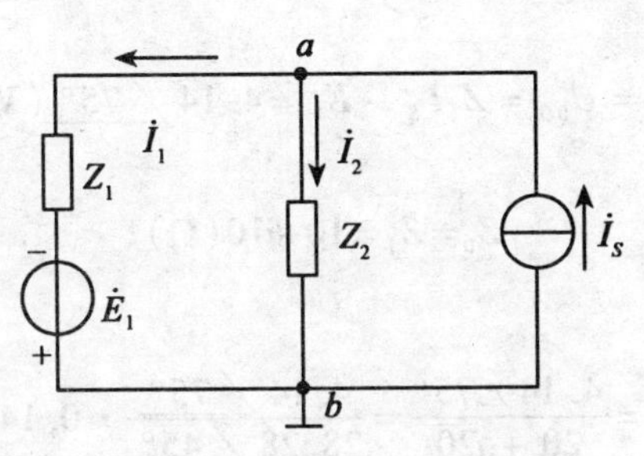

图 3-22　电路图

方法二　用结点电压法。由弥尔曼定理

$$\dot{U}_a = \frac{\frac{-\dot{E}_1}{Z_1} + \dot{I}_S}{\frac{1}{Z_1} + \frac{1}{Z_2}} = 2.08\angle 75°\text{ (V)}$$

$$\dot{I}_2 = \frac{2.08\angle 75°}{10 + j10} = \frac{2.08\angle 75°}{\sqrt{2}10\angle 45°} = 0.147\angle 30°\text{ (A)}$$

方法三　叠加原理法。$\dot{E}_1$ 和 $\dot{E}_S$ 分别单独作用的等效电路如图 3-23 所示，

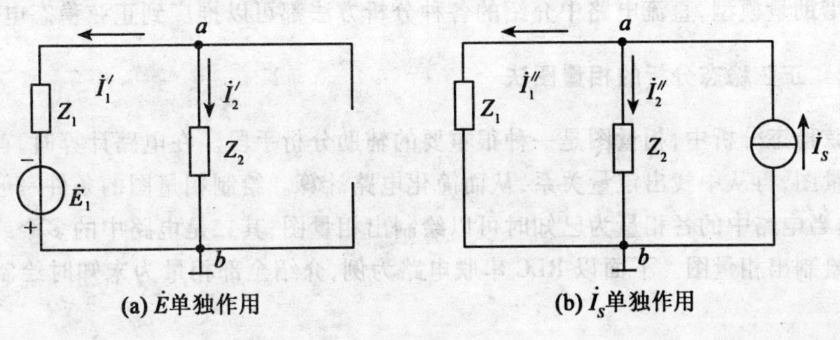

(a) $\dot{E}$单独作用　　(b) $\dot{I}_S$单独作用

图 3-23

由图 3-23(a)有

$$\dot{I}_2' = -\frac{\dot{E}_1}{Z_1 + Z_2} = -0.353\angle 30°\text{ (A)}$$

由图 3-23(b)有

$$\dot{I}''_2 = \frac{Z_1}{Z_1 + Z_2}\dot{I}_S = \frac{\dot{I}_S}{2} = 0.5\angle 30°\,(\text{A})$$

通过 Z_2的电流 $\dot{I}_2$ 为

$$\dot{I}_2 = \dot{I}'_2 + \dot{I}''_2 = 0.147\angle 30°\,(\text{A})$$

方法四 用戴维南定理法。其计算电路如图 3-24 所示。求开路电压。

由图 3-24(a)可得

$$\dot{E} = \dot{U}_{0C} = Z_1\dot{I}_S - \dot{E}_1 = 4.14\angle 75°\,(\text{V})$$

由图 3-24(b)可得

$$Z_0 = Z_1 = 10+j10\,(\Omega)$$

由图 3-24(c)可得

$$\dot{I}_2 = \frac{\dot{E}}{Z_0 + Z_2} = \frac{4.14\angle 75°}{20 + j20} = \frac{4.14\angle 75°}{28.28\angle 45°} = 0.147\angle 30°\,(\text{A})$$

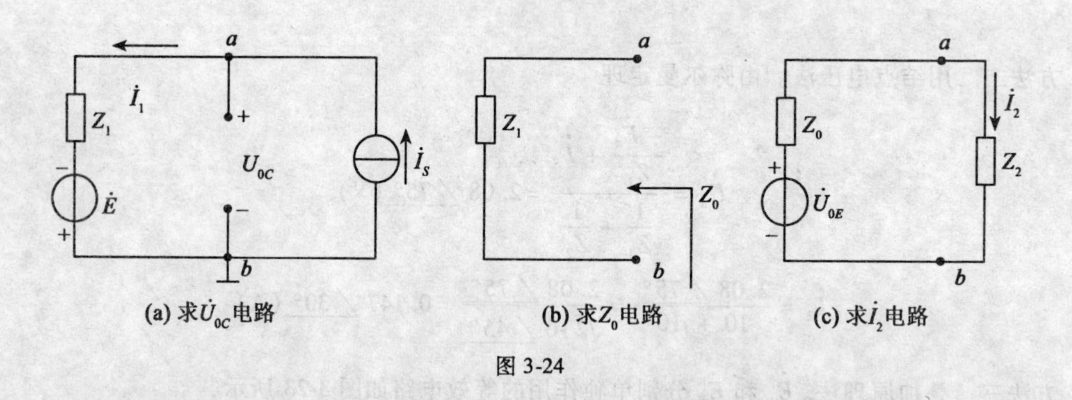

(a) 求$\dot{U}_{0C}$电路 (b) 求Z_0电路 (c) 求$\dot{I}_2$电路

图 3-24

可见借助量模型,直流电路中介绍的各种分析方法都可以推广到正弦稳态电路的分析。

3.5.2 正弦稳态分析的相量图法

在正弦稳态分析中,相量图是一种很重要的辅助分析手段。在电路计算时,首先定性地草绘其相量图,再从中找出定量关系,从而简化电路计算。绘制相量图的条件一般有两种情况:其一是当电路中的各相量为已知时可以绘制出相量图;其二是电路中的多个或全部相量为未知时绘制出相量图。下面以 RLC 串联电路为例,介绍全部相量为未知时绘制相量图的方法。

在全部相量为未知时绘制相量图,一般假设某一正弦量的初相位等于零,然后以这个正弦量为基准,再来确定其他正弦量的初相。这个人为规定其初相等于零的正弦量称为参考正弦量(或参考相量)。如图 3-25(a)所示串联电路中,选电流为参考相量,记做 $\dot{I} = Ie^{j0°} = I$。

根据 RLC 元件伏安关系的特点,若假定 $U_L>U_C$,可确定出各电压与电流的相位关系,如图 3−25(b)所示。

应用 KVL 可得电压方程

$$\dot{U}=\dot{U}_R+\dot{U}_L+\dot{U}_C$$

相量方程可以理解为 $\dot{U}$ 是由 $\dot{U}_R$、$\dot{U}_L$、$\dot{U}_C$ 合成的。根据矢量合成的作图方法，可以把图 3-25(b)相量图绘制成图 3-25(c)所示相量图。

图 3-25(c)中 $\dot{U}_X=\dot{U}_L+\dot{U}_C$ 称为电抗压降，电抗压降的大小取决于 U_L、U_C 的大小关系，$U_L>U_C$，$\dot{U}_X$ 超前 $\dot{I}$90°；$U_L<U_C$，$\dot{U}_X$ 滞后 $\dot{I}$90°。

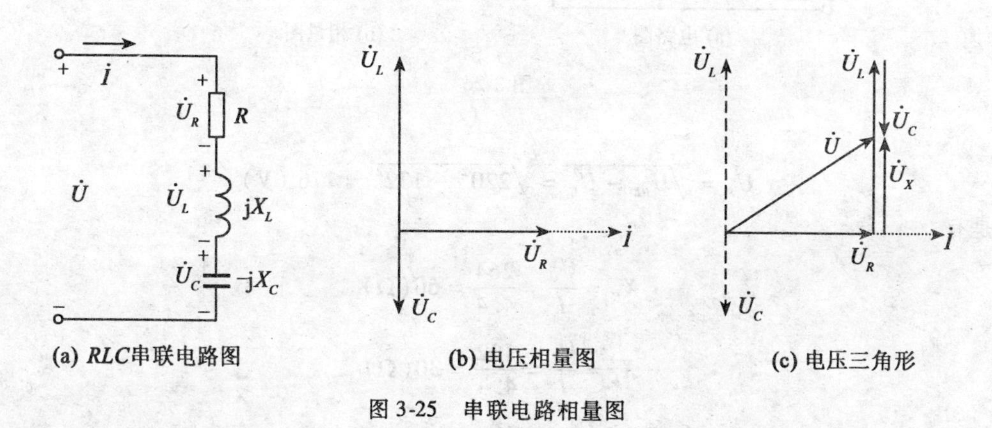

图 3-25　串联电路相量图

由图 3-25(c)可以看出，电压相量 $\dot{U}$、$\dot{U}_R$ 及 $\dot{U}_X$ 组成了一个直角三角形，称之为电压三角形。电压三角形简明描述了 *RLC* 串联电路中各电压相量的大小和相位关系以及与电流的相位关系。利用电压三角形可以采用几何的方法求得有关电压的有效值，即

$$U=\sqrt{U_R^2+(U_L-U_C)^2}=\sqrt{U_R^2+U_X^2} \tag{3-48}$$

其中电抗压降 $U_X=U_L-U_C$，因假定了 $U_L>U_C$，即 $|\dot{U}_L|>|\dot{U}_C|$，$\dot{U}_X$ 与 $\dot{U}_L$ 相同，所以电压 $\dot{U}_X$ 超前电流 $\dot{I}$ 一个 φ 角，这样的电路称为电感性电路。

由电压三角形也可以确定 $\dot{U}$ 的相位，即

$$\varphi=\arctan=\frac{U_X}{U_R} \tag{3-49}$$

例 3.11　在如图 3-26(a)所示的电路中 $U=220(\mathrm{V})$，$U_C=264(\mathrm{V})$，$U_{RL}=220(\mathrm{V})$，$I=4.4(\mathrm{A})$。试求 R、X_L、及 X_C。

解　本题借助于相量图辅助分析，可以简化计算。首先定性地绘制出相量图，再从中找出定量关系。由已知条件可知，由 U，U_C 和 U_{RL} 组成了一个由 U_C 为底边的等腰三角形，由 U_R、U_L 和 U_{RL} 组成了一个直角三角形，且 $\dot{U}_R$ 与 $\dot{I}$ 同相，$\dot{U}_L$ 超前 $\dot{I}$90°，于是绘制出相量图如图 3-26(b)所示。由几何学知识可知

$$U_L=\frac{U_C}{2}=132\ (\mathrm{V})$$

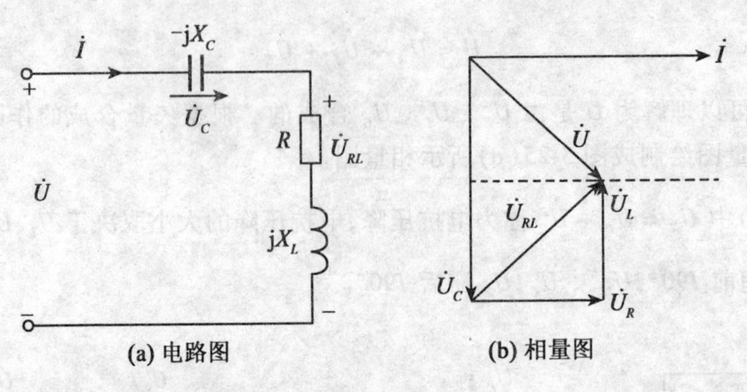

图 3-26

$$U_R = \sqrt{U_{RL}^2 - U_L^2} = \sqrt{220^2 - 132^2} = 176\ (\text{V})$$

于是有

$$X_C = \frac{U_C}{I} = \frac{264}{4.4} = 60(\Omega)$$

$$X_L = \frac{U_L}{I} = \frac{132}{4.4} = 30(\Omega)$$

$$R = \frac{U_R}{I} = \frac{176}{4.4} = 40(\Omega)。$$

例 3.12 一个电感线圈，具有电阻 $R = 15(\Omega)$，电感 $L = 12(\text{mH})$，与一理想电容器串联，电容 $C = 5(\mu\text{F})$，将这串联电路接在电压 $u = 100\sin 5000t(\text{V})$ 的电源上，试求电路的电流 i 及电压 u_C，u_L。

解 这是一个 R、L、C 串联电路，题目已给出电源电压为参考正弦量

求阻抗$|Z|$。

感抗 $$X_L = \omega L = 5 \times 10^3 \times 12 \times 10^{-3} = 60(\Omega)$$

容抗 $$X_C = \frac{1}{\omega C} = \frac{1}{5 \times 10^3 \times 5 \times 10^{-6}} = 40(\Omega)$$

电抗 $$X_L - X_C = 60 - 40 = 20(\Omega)$$

阻抗 $$|Z| = \sqrt{R^2 + X^2} = \sqrt{15^2 + 20^2} = 25(\Omega)$$

求电流 i $$I_m = \frac{U_m}{|Z|} = \frac{100}{25} = 4\ (\text{A})$$

$$\varphi = \arctan\frac{X}{R} = \arctan\frac{20}{15} = 53.1°$$

$$i = 4\sin(5000t - 53.1°)\ (\text{A})$$

求电容上的电压降

$$U_{Cm} = X_C I_m = 40 \times 4 = 160\ (\text{V})$$

$$u_C = 160\sin(5000t - 53.1° - 90°) = 160\sin(5000t - 143.1°)\ (\text{V})$$

求电感线圈上的压降

$$|Z_L| = \sqrt{R^2 + X_L^2} = \sqrt{15^2 + 60^2} = 61.8(\Omega)$$

$$U_{Lm} = I_m |Z_L| = 61.8 \times 4 = 247.2(\mathrm{V})$$

$$\varphi_L = \arctan\frac{\omega L}{R} = \arctan\frac{60}{15} = 76°$$

$u_L = 247.2\sin(5000t - 53.1° + 76°) = 247.2\sin(5000t + 22.9°)(\mathrm{V})$。

由于相量与正弦量的对应关系十分明显，不需任何换算，只要直接的对应写出。所以，也常以解得的相量作解为答，在有特殊要求时才写出正弦函数表达式。

[思考与练习题]

3.5.1　如图 3-27 所示的四个电路，在各图下方给出的电压、电流和阻抗的答案是否正确？

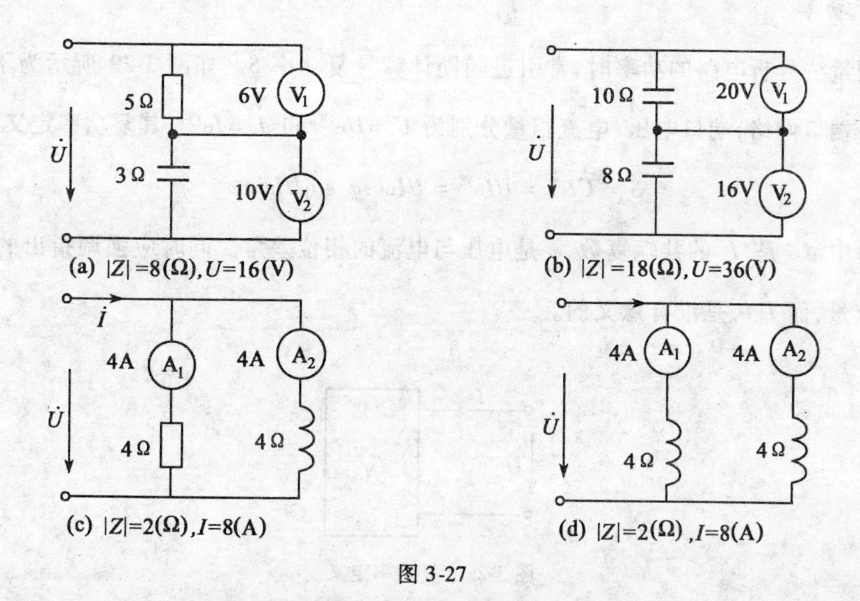

图 3-27

3.5.2　若某支路的复阻抗 $Z=8-j6(\Omega)$，则其复导纳 $Y=\frac{1}{8}-j\frac{1}{6}(\mathrm{S})$，试问：对不对？

3.5.3　试计算如图 3-28 所示两电路复阻抗 Z_{ab} 和复导纳 Y_{ab}。

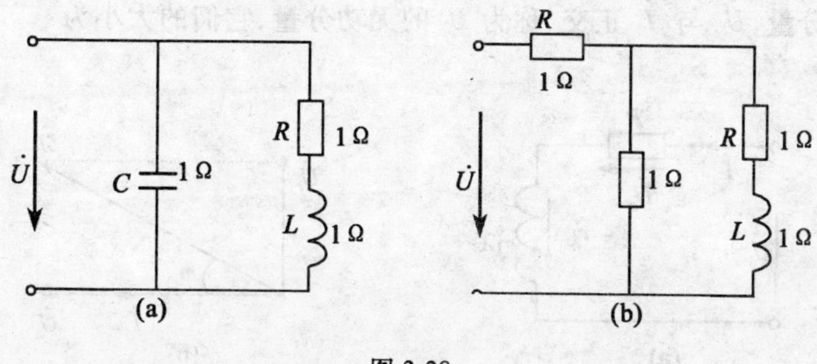

图 3-28

3.5.4　串联电路中的阻抗为什么不能直接相加，而必须是复阻抗相加？

3.5.5 两阻抗串联后的等效阻抗是否一定大于串联的每一个阻抗？试举例说明之。

§3.6 正弦交流电路的功率

应用相量法求出电路中各支路电压和电流的有效值以及它们的相位差后，便可以计算电路的功率。由于交流电路的物理过程比直流电路复杂，既有能量转换又有能量交换，所以，描述功率行为的功率概念也就不像直流电路那样单一了。

3.6.1 交流电路的功率概念

1. 复功率

用相量法分析电路的功率时，常引进辅助计算量复功率 $\widetilde{S}$。如图 3-29 所示为不含独立电源的一端口网络，端口电压、电流相量分别为 $\dot{U}=Ue^{j\psi_u}$ 和 $\dot{I}=Ie^{j\psi_i}$，其复功率定义为

$$\widetilde{S}=\dot{U}\dot{I}^*=UIe^{j\varphi}=UI\cos\varphi+jUI\sin\varphi \tag{3-50}$$

式(3-50)中 $\dot{I}^*$ 是 $\dot{I}$ 的共轭复数，φ 是电压与电流的相位差角。同时应强调指出的是：$\widetilde{S}$ 不代表正弦量，而 $\dot{U}\dot{I}$ 是没有意义的。

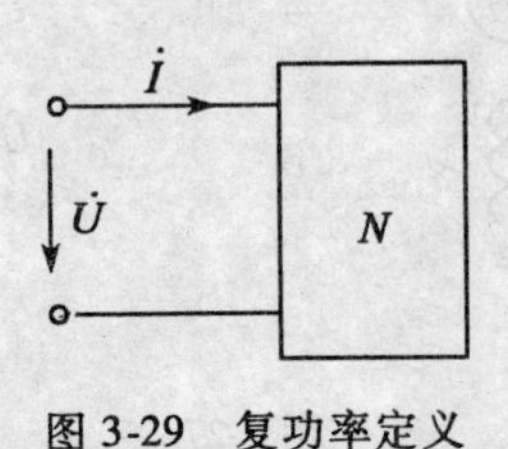

图 3-29 复功率定义

2. 电压的有功分量和无功分量

一端口可以用等效阻抗 $Z=R+jX$ 表示，如图 3-30(a)所示。其相应的电压、电流的相量图如图 3-30(b)所示。$\dot{U}_a$ 和 $\dot{U}_r$ 可以理解为端口电压相量 $\dot{U}$ 的两个分量，$\dot{U}_a$ 与 $\dot{I}$ 同相，称为 $\dot{U}$ 的有功分量，$\dot{U}_r$ 与 $\dot{I}$ 正交，称为 $\dot{U}$ 的无功分量，它们的大小为

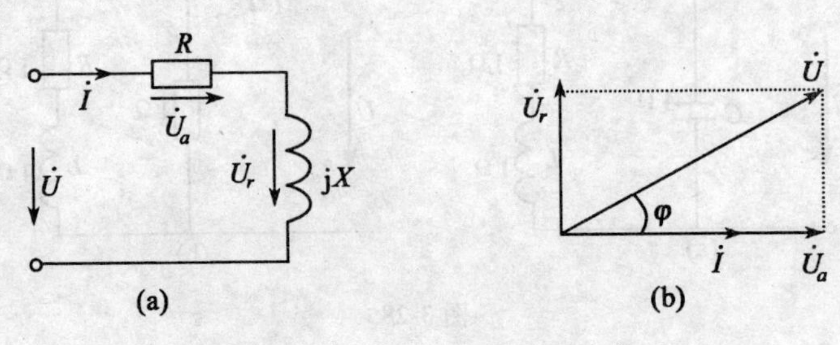

图 3-30 电压的有功分量与无功分量

$$\begin{cases} U_a = U\cos\varphi \\ U_r = U\sin\varphi \end{cases} \tag{3-51}$$

3. 有功功率、无功功率和视在功率

比较式(3-50)和式(3-51)可知，复功率的实部为电压的有功分量与电流的乘积，故称为有功功率，用 P 表示，单位为 W(瓦特)，而复功率的虚部为电压的无功分量与电流的乘积，故称为无功功率，用 Q 表示，单位为 var(乏)，而复功率的模等于电压有效值与电流有效值的乘积，称为视在功率，用 S 表示，单位为 VA(伏安)。于是式(3-50)可以改写为

$$\widetilde{S} = P + \mathrm{j}Q \tag{3-52}$$

于是有功功率、无功功率和视在功率由下列公式计算

$$\begin{cases} P = UI\cos\varphi \\ Q = UI\sin\varphi \\ S = UI \\ S = \sqrt{P^2 + Q^2} \end{cases} \tag{3-53}$$

4. 瞬时功率

式(3-53)对正弦交流电路的功率进行定量计算比较方便，但定性分析用功率曲线则概念明确，分析方便。功率曲线，即功率随时间变化的关系，故又称为瞬时功率。瞬时功率等于任意瞬间的电压和电流的乘积。即

$$p = ui \tag{3-54}$$

可见，电路中的功率也是随时间而变化的，但变化规律与电路参数性质有关，以下分别就几种不同的电路情况依次介绍。

3.6.2 单纯元件的功率特性

1. 电阻电路

如图 3-29 所示一端口网络是纯电阻网络，那么端口的电压与电流同相位，即

$$u_R = U_m \sin(\omega t + \Psi)$$
$$i_R = I_m \sin(\omega t + \Psi)$$

瞬时功率随时间变化的规律为

$$p_R = u_R i_R = U_m I_m \sin^2(\omega t + \Psi) \tag{3-55}$$

电压、电流及瞬时功率的波形如图 3-31 所示。

由波形不难看出，$p_R \geqslant 0$，这表明电阻总是把电能转换成热能，并且这种转换是不可逆的。

与交流量的有效相似，正弦交流电路的有功功率并不是指某特定时刻的瞬时功率，而是瞬功率的平均值，即平均功率。由于交流电的周期性，瞬时功率在一周期内的平均值等价于该瞬时功率在长时间内的平均值，所以常用瞬时功率在一周期内的平均值代表，即

$$P = \frac{1}{T}\int_0^T p\mathrm{d}t \tag{3-56}$$

于是电阻电路的平均功率为

$$P_R = \frac{1}{T}\int_0^T U_{Rm} I_{Rm} \sin^2(\omega t + \Psi)\mathrm{d}t = \frac{1}{T}\int_0^T U_R I_R[1 - \cos2(\omega t + \Psi)]\mathrm{d}t = U_R I_R$$

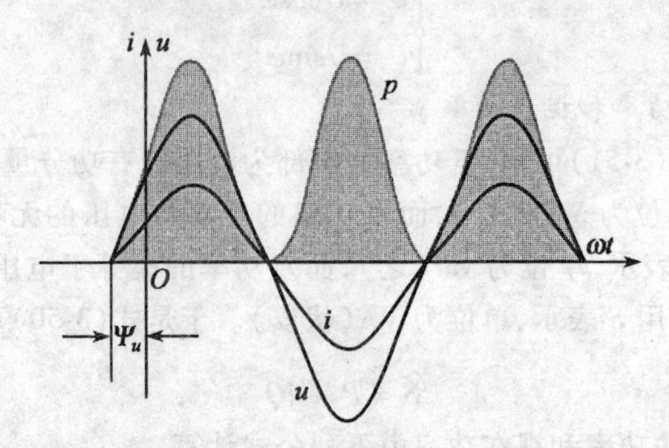

图 3-31　电阻元件的 u、i、p 曲线

结果与式(3-53)的计算结果是一致的。电阻消耗的功率还可以用下列公式计算

$$P_R = U_R I_R = I_R^2 R = \frac{U_R^2}{R} \tag{3-57}$$

电阻电路功率等于电压有效值与电流有效值的乘积，在形式上与直流电路的功率一样。但其物理意义不同，这里 P_R 是平均功率，而 U_R 和 I_R 都是有效值。

在一个周期内电阻元件将电能转换成的热能为

$$W = \int_0^T p\mathrm{d}t$$

通常用下列公式计算电能

$$W_R = P_R t \tag{3-58}$$

2. 电感电路

如图 3-29 所示一端口网络是纯电感网络，那么端口的电压超前电流 90°，设电流的初相为零，即

$$i_L = I_{Lm}\sin\omega t$$

$$u_L = U_{Lm}\sin(\omega t + 90°)$$

瞬时功率随时间变化的规律为

$$P_L = u_L i_L = U_{Lm}\sin(\omega t + 90°)I_{Lm}\sin\omega t = U_{Lm}I_{Lm}\cos\omega t\sin\omega t = \frac{U_{Lm}I_{Lm}}{2}\sin 2\omega t$$

$$p_L = U_L L_L \sin 2\omega t \tag{3-59}$$

其 u、i、p 的波形如图 3-32 所示。可见，电感电路中的瞬时功率是以两倍电流的频率交变的。由 p_L 的波形图不难看出，在电源的第一个与第三个$\frac{1}{4}$周期内，p_L 为正(u,i 符号相同)；第二个与第四个$\frac{1}{4}$周期内，p_L 为负(u,i 一正一负)。瞬时功率为正，意味着电感处于用电状态，即从电源取用电能。瞬时功率为负，意味着电感处于发电状态，即把能量归还电源。电感的这一行为，还可以从电感的电流变化情况帮助理解，即电源的第一个与第三个$\frac{1}{4}$周期内，电流值在增大，即磁场在建立，电感线圈把电能逐渐转换成磁能而储存在磁场内，在第二个与

第四个$\frac{1}{4}$周期内，电流值逐渐减小，即磁场在消失，线圈释放出储存的能量并转换成电能而归还给电源。这是一种可逆的转换过程。若忽略电路中的电阻，线圈中的磁场能量将全部归还给电源，也就是说电路中没有能量损耗。这个结论还可以由电感的平均功率来证明，即

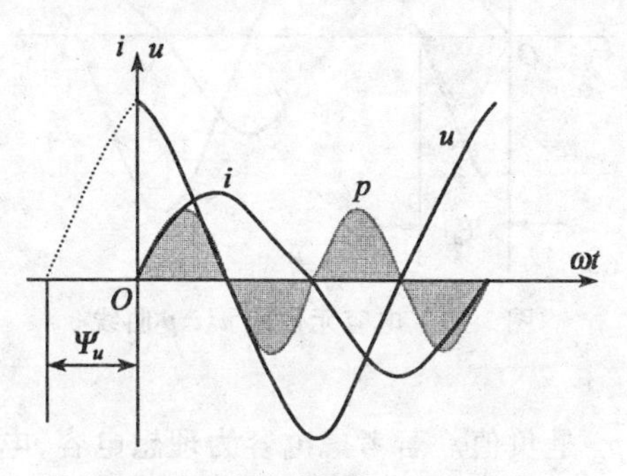

图 3-32　电感元件的 u、i、p 曲线

$$P_L = \frac{1}{T}\int_0^T U_L L_L \sin 2\omega t \mathrm{d}t = 0 \tag{3-60}$$

由上述分析可知，电感元件在交流电路中，没有能量消耗，只有与电源（或电容）间的能量交换，所以电感元件的功率行为不能用有功功率来表示，则必须引用无功功率来表征，由式(3-53)知电感的无功功率为

$$Q_L = U_L I_L \sin 90° = U_L I_L \tag{3-61}$$

可见，电感元件的功率行为是能量交换，其交换规模用最大交换速率即瞬时功率的幅值来表示的。

3. 电容电路

如图 3-29 所示一端口网络是纯电容网络，那么端口的电压滞后电流 90°，同样以电流为参考量，则有

$$i_C = I_{Cm}\sin\omega t$$
$$u_C = U_{Cm}\sin(\omega t - 90°)$$

瞬时功率随时间变化的规律为

$$p_C = u_c i_c = U_{Cm}\sin(\omega t - 90°) I_{Cm}\sin\omega t = - U_{Cm} I_{Cm}\cos\omega t\sin\omega t$$
$$p_C = - U_C I_C \sin 2\omega t \tag{3-62}$$

其 u、i、p 的波形如图 3-33 所示。

电容的瞬时功率也与电感一样，是以两倍于电流的频率交变的。电容在交流电路中也是起能量交换作用的。不过电容是以电场形式的能量储存，以电场形式的能量归还电源的。在第二个与第四个$\frac{1}{4}$周期内，电压与电流方向相同，即电容元件充电，这时电容器从电源取用电能储存在电容器的电场中，所以在这个时段内 p_C 是正的。在第一个与第三个$\frac{1}{4}$周期内，电压与电流方向相反，这就是电容元件的放电。这时，电容元件放出在充电时所储存的

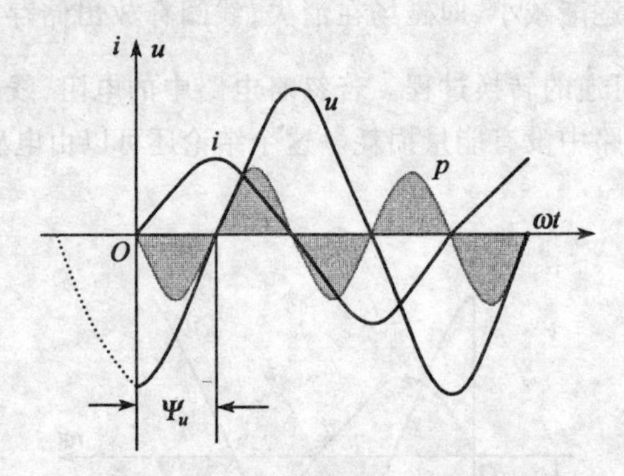

图 3-33 电容元件的 u、i、p 曲线

能量，并归还给电源，所以 p_C 是负值。若考虑电容为理想电容，电容归还给电源的能量等于充电时取用的电能，即电路中没有能量损失。这一点同样可以用平均功率说明，即

$$P_C = \frac{1}{T}\int_0^T p_C \mathrm{d}t = -\frac{1}{T}\int_0^T U_C I_C \sin 2\omega t \mathrm{d}t = 0 \tag{3-63}$$

由上述分析可知，电容元件在交流电路中，没有能量消耗，只有与电源（或电感）间的能量交换，其交换规模用无功功率来表征，由式(3-53)知电容的无功功率为

$$Q_C = U_C I_C \sin(-90°) = -U_C I_C \tag{3-64}$$

所以，电容元件的功率行为也是用瞬时功率的幅值来表示的。由上述分析可知，在交流电路中，电阻是耗能元件，而电感、电容属储能元件。

3.6.3 阻抗元件的功率特性

1. 阻抗元件的功率曲线

对于阻抗元件，若仍以电流为参考量，即 $\Psi_i = 0$，则 $\Psi_u = \varphi$，其中 φ 等于阻抗角。由此可得瞬时功率为

$$\begin{aligned} p &= ui = U_m \sin(\omega t + \varphi) I_m \sin\omega t \\ &= (U_m \cos\varphi \sin\omega t + U_m \sin\varphi \cos\omega t) I_m \sin\omega t \\ &= U_m I_m \cos\varphi \sin^2\omega t + \frac{U_m I_m}{2} \sin\varphi \sin 2\omega t \\ &= UI\cos\varphi(1 - \cos 2\omega t) + UI\sin\varphi \sin 2\omega t \end{aligned} \tag{3-65}$$

其 u、i、p 的波形如图 3-34 所示。

式(3-65)中的第一项始终大于或等于零$\left(\varphi \leqslant \frac{\pi}{2}\right)$，该项是瞬时功率中不可逆部分；第二项是瞬时功率中可逆部分，其值正负交替，这说明能量在外施电源与一端口之间来回交换。

2. 阻抗元件的功率三角形

由式(3-53)有

$$S = \sqrt{P^2 + Q^2}$$

不难看出 S、P、Q 三者也构成了一个直角三角形，如图 3-35 所示。这个直角三角形称

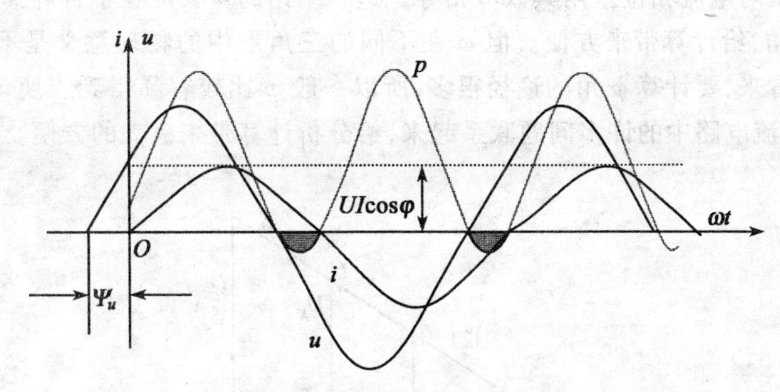

图 3-34　阻抗元件的 u、i、p 曲线

为功率三角形。由三角形可得

$$\cos\varphi = \frac{P}{S} \tag{3-66}$$

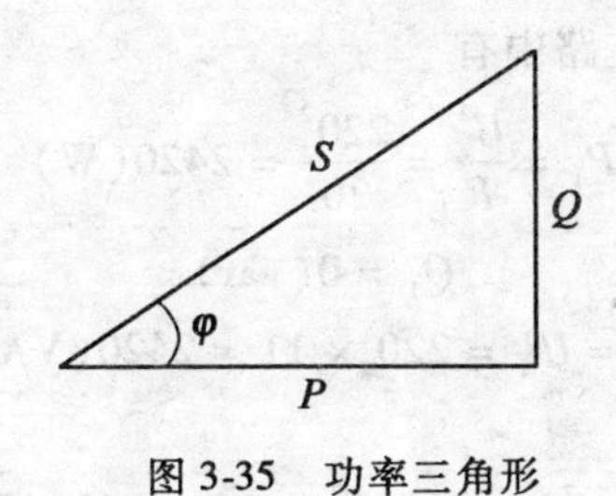

图 3-35　功率三角形

$\cos\varphi$ 表示电路的有功功率在视在功率中所占的比例，故称为电路的功率因数。φ 称为功率因数角。

由上述分析可知

$$\begin{aligned} S &= UI = I\sqrt{U_R^2+(U_L-U_C)^2} = I\sqrt{U_R^2+U_L^2-2U_LU_C+U_C^2} \\ &= \sqrt{U_R^2I^2+U_L^2I^2-2U_LIU_CI+U_C^2I^2} = \sqrt{(U_RI)^2+(U_LI-U_CI)^2} \\ &= \sqrt{P^2+(Q_L-Q_C)^2} \end{aligned}$$

所以

$$Q = Q_L - Q_C \tag{3-67}$$

Q_L、Q_C 分别称为感性无功和容性无功。同时由于在交流电路中，$P_L=P_C=0$，于是 P_R 的下标也就没有必要了，P 一定是电阻消耗的功率。

在式(3-67)中，当电路为感性时，$U_L>U_C$，故 $Q_L>Q_C$，相应的有 $Q>0$，电路为容性时则有 $Q_L<Q_C$，$Q<0$。

3. 阻抗元件的三角形

到此为止，对于阻抗元件我们介绍了 3 个三角形，即电压三角形、阻抗三角形和功率三角形，三者之间为相似关系。

如图 3-36 所示，如果把功率三角形按比例缩小 I 倍，于是可以得到电压三角形。再把电压三角形按比例缩小 I 倍，则得到阻抗三角形。三角形相似对应角相等，所以功率因数角、阻抗角、电压与电流相位差角其数值相等。这一结论的重要性在于告诉我们可以通过多种途径计算 φ 角，给计算带来方便。但 φ 在不同的三角形中的物理意义是不同的，这也不可忽视。由此看来，要计算 φ 角的途径很多，所以一般 φ 比较容易得到。换句话说，φ 就像一条纽带，把交流电路中的许多问题联系起来，给分析计算带来极大的方便。

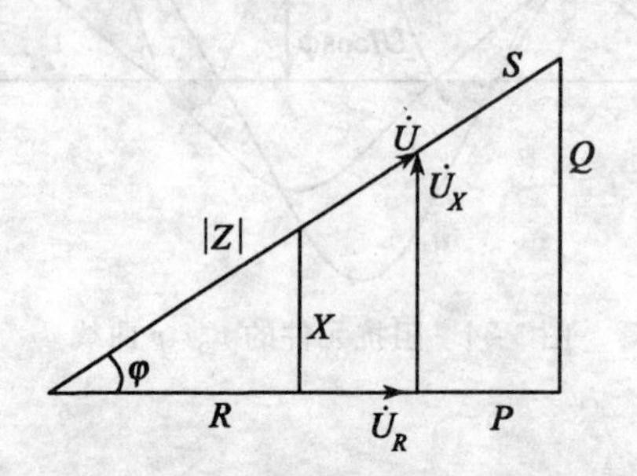

图 3-36 功率、电压、阻抗三角形

例 3.13 试计算例 3.9 中各支路及整个电路的平均功率、无功功率和视在功率。

解 按该题的数据，在 R_1 支路中有

$$P_1 = \frac{U^2}{R} = \frac{220^2}{20} = 2420(\text{W})$$

$$Q_1 = 0(\text{var})$$

$$S_1 = UI_1 = 220 \times 11 = 2420(\text{VA})$$

在 R_2 与 X_L 的串联支路中有

$$P_2 = I_2^2 R_2 = 15.6^2 \times 10 = 2434(\text{W})$$

$$Q_2 = I_2^2 X_L = 15.6^2 \times 10 = 2434(\text{var})$$

$$S_2 = UI_2 = 220 \times 15.6 = 3432(\text{VA})$$

对整个电路可以按功率三角形计算

$$P = P_1 + P_2 = 2420 + 2434 = 4854(\text{W})$$

$$Q = Q_1 + Q_2 = 0 + 2434 = 2434(\text{var})$$

$$S = \sqrt{P^2 + Q^2} = \sqrt{4854^2 + 2434^2} = 5430(\text{VA})。$$

对于一个复杂电路，其中各部分有功功率之和必等于总有功功率，各部分无功功率之和也等于总无功功率，总视在功率应等于有功功率和无功功率的几何相加，即

$$\begin{cases} P_\Sigma = \sum P_k \\ Q_\Sigma = \sum Q_k \\ S_\Sigma = \sqrt{P_\Sigma^2 + Q_\Sigma^2} \end{cases} \tag{3-68}$$

§3.7 功率因数的提高

在电力系统中，功率因数的大小直接影响系统运行的经济性，所以提高电网的功率因数有着极为重要的意义。

在电力系统中,许多电气设备(如发电机、变压器等)容量以 kVA 表示,即用视在功率表示。如果输送的无功多了,有功势必减少,即功率因数就较低。功率因数高说明设备容量充分利用,所以功率因数的高低是标志着一台发电机或变压器能否充分利用的问题。假设一台容量为 10^4kVA 的发电机,若系统的功率因数 $\cos\varphi=0.9$,则 $P=S\cos\varphi=9\times10^4$kW。若 $\cos\varphi=0.7$,则 $P=S\cos\varphi=7\times10^4$kW。可见,功率因数越高,发电机和变电设备利用率就越高;而且提高功率因数可以减小电流,从而减小了输电线路上的电能损失。

从 p_L 和 p_C 的曲线可以知道,电感与电容能量的存储与释放具有互补性,即电感吸收能量之时,恰是电容放出能量之际。这表明在电感元件和电容元件之间可以进行能量交换,即感性无功与容性无功的相互补偿。

供电系统中的用电设备多数属于感性负载,需要大量的无功功率来建立必要的磁场。因此感性负载是要消耗无功功率的。我们可以把电容元件看做是发出无功功率的设备。这样,可以用电容补偿感性负载所需的无功,这便是提高系统功率因数的主要手段。称之为电容补偿。电容补偿多用并联方法实现。

设一感性负载如图 3-37(a)所示,用 R—L 串联等效电路表示。其消耗的有功功率为 P,其功率因数为 $\cos\varphi_1$。若把功率因数提高到 $\cos\varphi_2$,这时要并联多大的电容?

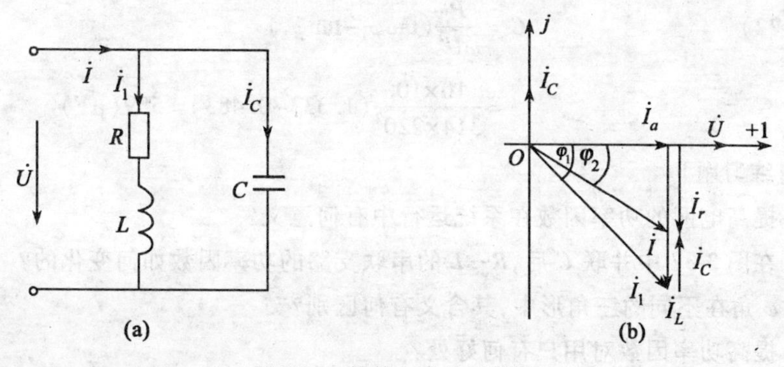

图 3-37　补偿电容的计算图

(1)未并联电容前负载中的电流。

$$I_1=\frac{P}{U\cos\varphi_1}$$

$\dot{I}_1$ 是总电流,$\dot{I}_1$ 可以理解为由 $\dot{I}_a$ 和 $\dot{I}_L$ 两个相量的矢量合成,如图 3-37(b)所示。

$$I_L=I_1\sin\varphi_1=\frac{P}{U}\tan\varphi_1 \tag{3-69}$$

(2)并联电容以后,在电容支路上产生 $\dot{I}_C$ 与 $\dot{I}_L$ 相位相反,见图 3-37(b)。这时电路的总电流为 I,无功电流为 I_r。

$$I_r=I_L-I_C \tag{3-70}$$

$$I_r=I\sin\varphi_2=\frac{P}{U\cos\varphi_2}\sin\varphi_2=\frac{P}{U}\tan\varphi_2$$

将 I_L、I_r 代入式(3-70)得

$$I_C = \frac{P}{U}(\tan\varphi_1 - \tan\varphi_2) \tag{3-71}$$

而将 $I_C = C\omega U$ 代入式(3-71)可以求得补偿电容器的电容量

$$C = \frac{P}{\omega U^2}(\tan\varphi_1 - \tan\varphi_2) \tag{3-72}$$

也可以用无功电流求 C(详细推导从略)

$$I_C = I_L - I_r = I_1\sin\varphi_1 - I\sin\varphi_2 \tag{3-73}$$

电容量
$$C = \frac{1}{\omega X_C} = \frac{I_C}{\omega U} \tag{3-74}$$

例 3.14 有一电感性负载,接在220(V)的工频电网上,吸收的功率为10(kW),$\cos\varphi$=0.6。若使功率因数提高到0.9,试求补偿电容 C 值。

解 先求 $\tan\varphi_1$ 和 $\tan\varphi_2$

$$\varphi_1 = \arccos\varphi 0.6 = 53.13°$$

$$\tan\varphi_1 = \tan 53.13° = 1.333$$

$$\varphi_2 = \arccos\varphi 0.9 = 25.8°$$

$$\tan\varphi_2 = \tan 25.8° = 0.483$$

由式(3-72)

$$C = \frac{P}{\omega U^2}(\tan\varphi_1 - \tan\varphi_2)$$

$$= \frac{10\times10^3}{314\times220^2}(1.333-0.483) = 559(\mu F)$$

[**思考与练习题**]

3.6.1 提高电网的功率因数在系统运行中有何意义?

3.6.2 在图3-37中并联 C 后,R—L 的串联支路的功率因数如何变化的? 为什么?

3.6.3 φ 角在不同的三角形中,其含义有何区别?

3.6.4 提高功率因数对用户有何好处?

3.6.5 二阻抗并联时电路总的视在功率是否一定等于二支路视在功率之和?

习 题 3

3.1 有一正弦电压 $u=200\sin\left(314t-\frac{\pi}{3}\right)$(V),试求:

(1)角频率 ω、频率 f 和周期 T,最大值 U_m,初相位 Ψ_u;

(2)在 $t=0$(s)和 $t=0.1$(s)时的电压瞬时值;

(3)绘制出电压的波形图。

3.2 已知 $i_1=15\sin(314t+45°)$(A),$i_2=10\sin(314t-30°)$(A),试问:

(1)二电流的有效值各为多少?

(2)电流的相位差等于多少? 哪个超前,哪个滞后?

(3)在同一直角坐标系中绘制出二电流的波形图。

3.3 已知复数 $A=-8+j6$ 和 $B=3+j4$,试求 $A+B$、$A-B$、$A\cdot B$ 和 $\frac{A}{B}$。

3.4 已知复数 $A=4+j3$，$B=10\angle 30°$，试求 $A+jB$ 和 $\frac{A}{j}+B$。

3.5 如图3-38所示为某电路的电压、电流相量，并已知 $U=220(\text{V})$，$I_1=10(\text{A})$，$I_2=5\sqrt{2}(\text{A})$。试用复数和三角函数式表示各正弦量。

3.6 已知正弦量 $\dot{U}=220\angle 30°(\text{V})$ 和 $\dot{I}=4-j3(\text{A})$，试分别用三角函数式、波形图及相量图表示它们。

3.7 如图3-39所示电路中，已知 $i_1=4\sin(\omega t+90°)(\text{A})$，$i_2=6\sin(\omega t-90°)(\text{A})$，试通过相量图求总电流的三角函数式，并把三个电流绘在一个相量图中。

3.8 如图3-40所示电路中，已知 $u_1=60\sqrt{2}\sin\omega t(\text{V})$，$u_2=80\sqrt{2}\sin(\omega t+90°)(\text{V})$，试通过相量图求出总电压 u 的三角函数式，并把三个电压相量绘在一个相量图中。

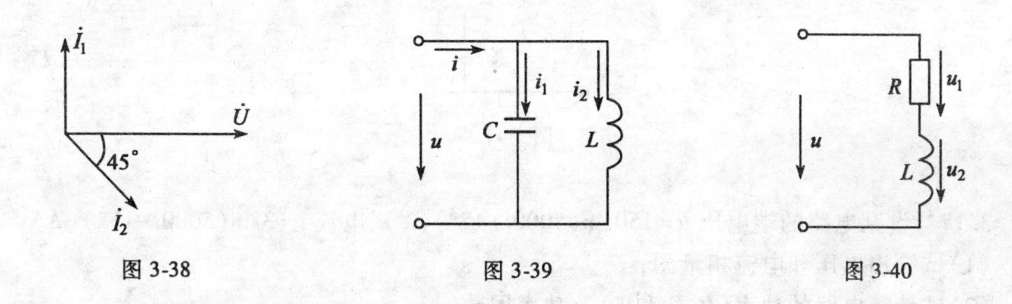

图3-38 图3-39 图3-40

3.9 两个并联支路电流：$i_1=3\sqrt{2}\sin(\omega t+30°)$ (A)，$i_2=3\sqrt{2}\sin(\omega t-60°)$ (A)，试通过复数运算求总电流。

3.10 两段串联电路，外加总电压为 $u=(\sqrt{2}+\sqrt{6})\sin(\omega t+45°)(\text{V})$，第一段上电压为 $u_1=2\sin(\omega t+60°)(\text{V})$。

(1) 试通过复数运算求第二段上电压 u_2 的三角函数式；

(2) 试绘出三个电压的相量图。

3.11 一个线圈的电感 $L=10$ (mH)，电阻可以忽略，接到电压为 $u=100\sqrt{2}\sin314t$ (V) 的交流电源上。

(1) 试求电流的有效值和三角函数式，并绘出其相量图；

(2) 若本题的电压有效值不变，频率变为 50×10^3 (Hz)，试问结果有何变化？

3.12 一个绝缘良好的电容器的电容 $C=10$ (μF)，接到电压为 $u=100\sqrt{2}\sin314t$ (V) 的交流电源上。

(1) 试求电流的有效值和三角函数式，并绘出其相量图；

(2) 若电压有效值不变，频率变为500 (Hz)，试问结果有何变化？

3.13 RLC串联电路中，已知 $R=500$ (Ω)，$L=500$ (mH)，$C=0.5$ (μF)，试求在下列角频率下的复阻抗 Z。

(1) $\omega=1000\text{rad/s}$；(2) $\omega=3000\text{rad/s}$。

3.14 已知负载上的电压、电流相量为

(1) $\dot{U}=100\angle -60°(\text{V})$，$\dot{I}=5\angle 30°(\text{A})$；(2) $\dot{U}=200\angle -30°(\text{V})$，$\dot{I}=2.5-j4.33(\text{A})$。

试求负载的复阻抗，并计算出其电阻、电抗各为多少？

3.15　有一RLC串联的交流电路，已知 $R=X_L=X_C=10(\Omega)$，通过的电流为 $i=\sqrt{2}\sin314t$（A），试求其两端电压 u。

3.16　如图3-41所示电路中，已知 $R=50(\Omega)$，$L=500(\text{mH})$，$C=100(\mu\text{F})$，$u=100\sqrt{2}\sin100t(\text{V})$，试求电流 i 的有效值和三角函数式。若电压改为 $u'=100\sqrt{2}\sin200t(\text{V})$，结果如何？

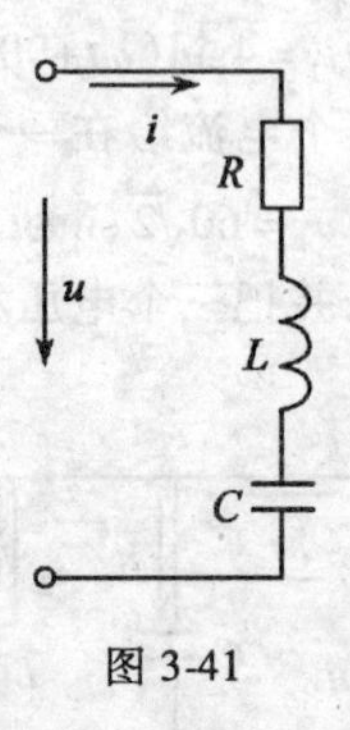

图3-41

3.17　设某电路的端电压 $u=150\sin(5000t+45°)(\text{V})$，电流 $i=3\sin(5000t-15°)(\text{A})$。

(1)试绘出电压和电流相量图；

(2)试计算电路的功率（P、Q 和 S）及功率因数；

(3)设该电路是两个参数组成的串联电路，试求电路的参数。

3.18　一线圈接在 $U=120(\text{V})$ 的直流电源上，电流为20(A)。若接在 $f=50(\text{Hz})$、$U=220(\text{V})$ 的交流电源上，则电流为28.2(A)。试求线圈的电阻和电感。

3.19　一线圈接在频率 $f=\dfrac{100}{3.14}(\text{Hz})$ 的交流电源上，由电表测得端电压 $U=220(\text{V})$，电流 $I=11(\text{A})$，有功功率 $P=1936(\text{W})$。试计算线圈的电阻和电感，并求电路中的无功功率 Q。

3.20　如图3-42所示一移相电路，如果 $C=0.01(\mu\text{F})$，输入电压 $u_1=\sqrt{2}\sin6280t(\text{V})$，如果欲使输出电压 u_2 在相位上前移60°，试问应配多大的电阻？此时输出电压的有效值 U_2 等于多少？

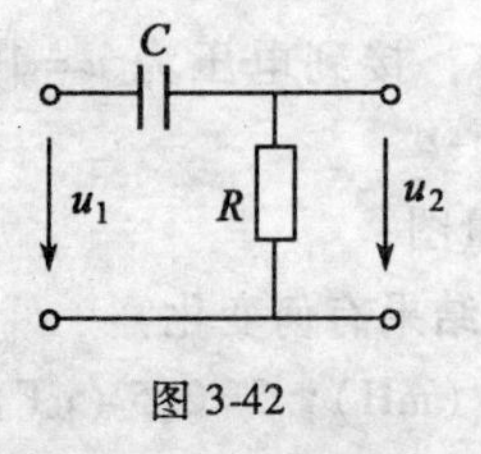

图3-42

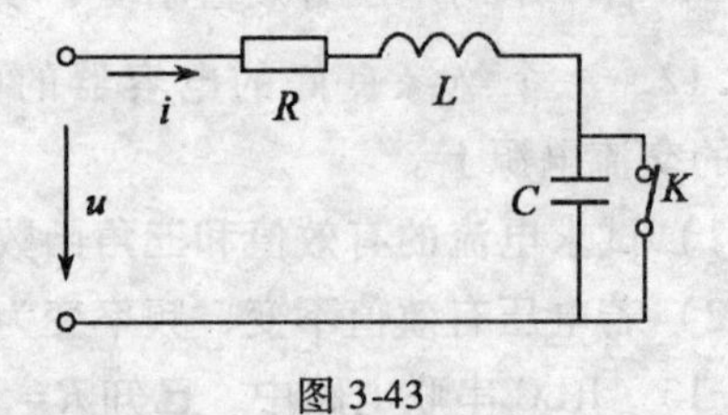

图3-43

3.21　如图3-43所示电路中，已知 $R=10(\Omega)$，$L=\dfrac{1}{31.4}(\text{H})$，$C=\dfrac{1}{3140}(\text{F})$，外加电压 $u=220\sqrt{2}\sin314t(\text{V})$。试分别计算在短接开关 K 闭合和断开两种情况下的电流 I 和各参数

上的电压 U_R、U_L、U_C，以及电路中的功率(P、Q 和 S)和功率因数。

3.22 计算下列各题，并说明电路的性质：

(1) $\dot{U}=10\angle 30°$(V)，$Z=5+j5(\Omega)$，I=? P=?

(2) $\dot{U}=30\angle 15°$(V)，$\dot{I}=3\angle 15°$(A)，R=? X=? P=?

(3) $\dot{U}=100\angle 30°$(V)，$\dot{I}=5\angle 60°$(A)，R=? X=? P=?

3.23 如图 3-44 所示电路中，$R=100(\Omega)$，$C=10(\mu F)$，$i=2\sin 1000t$(A)。试求二支路电流的有效值和三角函数式。

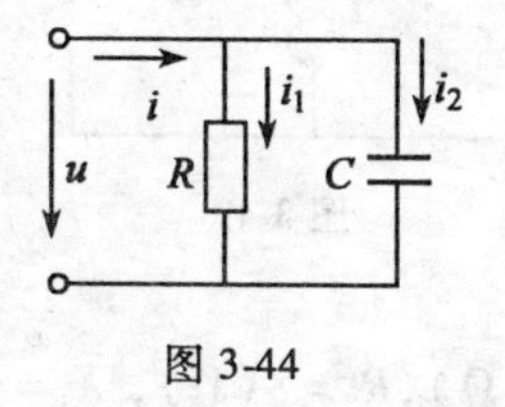

图 3-44

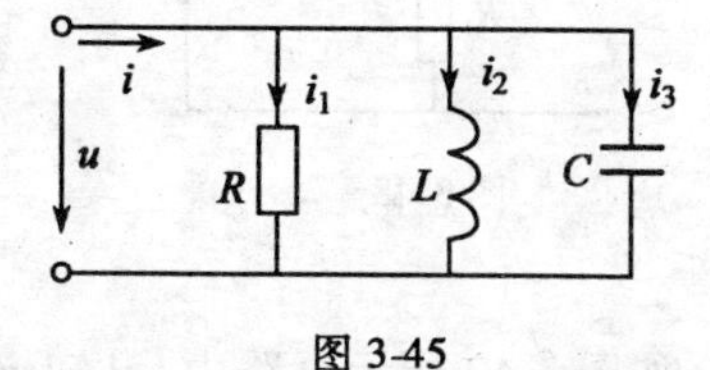

图 3-45

3.24 如图 3-45 所示电路中，已知 $R=7.5(\Omega)$，$X_L=6(\Omega)$，$X_C=10(\Omega)$，$U=180$(V)。

(1)试求各支路电流和总电流，并画出其相量图；

(2)试求整个电路的功率因数；

(3)试计算功率 S、P 和 Q；

(4) Q 是否等于 Q_L-Q_C？

3.25 如图 3-46 所示为二线圈串联的电路，$Z=6+j8(\Omega)$，$Z_2=8+j6(\Omega)$，外加电压 $u=100\sqrt{2}\sin 314t$(V)。试求：

(1)电路中电流 i 和 二阻抗上电压 u_1、u_2；

(2)二段的有功功率 P_1、P_2 和总的有功功率 P；

(3)二段的无功功率 Q_1、Q_2 和总的无功功率 Q；

(4)二段的视在功率 S_1、S_2 和总的视在功率 S；

(5)验证 $P_1+P_2=P$，$Q_1+Q_2=Q$，$S_1+S_2\neq S$。

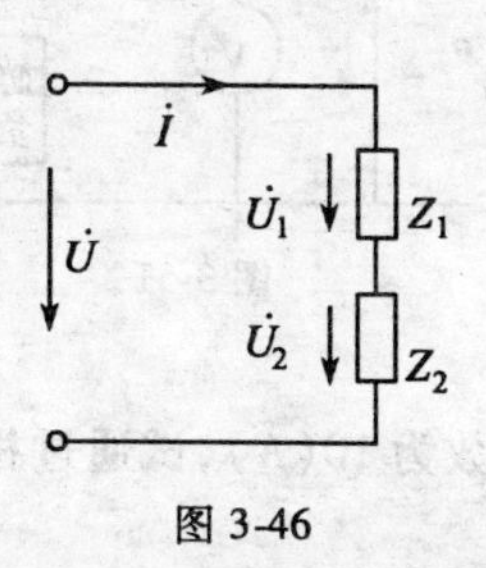

图 3-46

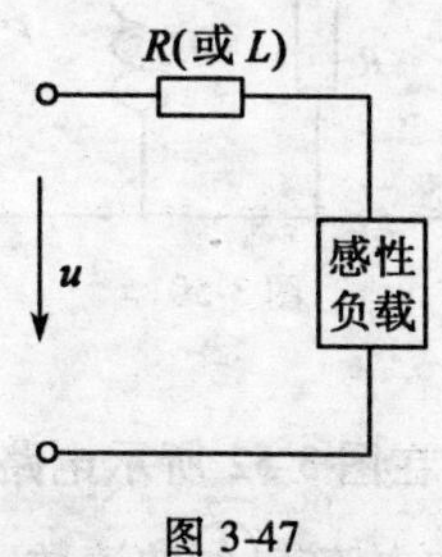

图 3-47

3.26 如图 3-47 所示电路中有一感性负载，其额定电压 $U_N=220$(V)，额定功率 $P_0=1$(kW)，功率因数 $\cos\varphi=0.8$。电源电压偏高，为 $U=240$(V)，频率 $f=50$(Hz)。欲使该负载工作在额定电压，可串入一个电阻或电感。试问：

(1)若串联一电阻,其值应为多少;

(2)若串联一电感,其值应为多少?

3.27 如图 3-48 所示电路中,已知 $U=220(\mathrm{V})$,$R=10(\Omega)$,$X_1=10\sqrt{3}(\Omega)$,$R_2=20(\Omega)$,试求各电流和有功功率。

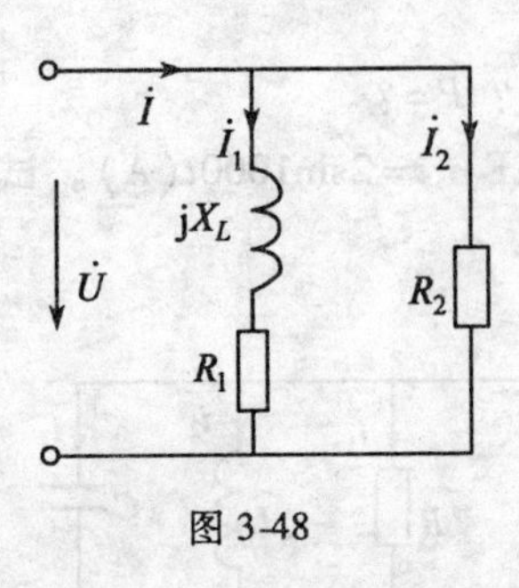

图 3-48

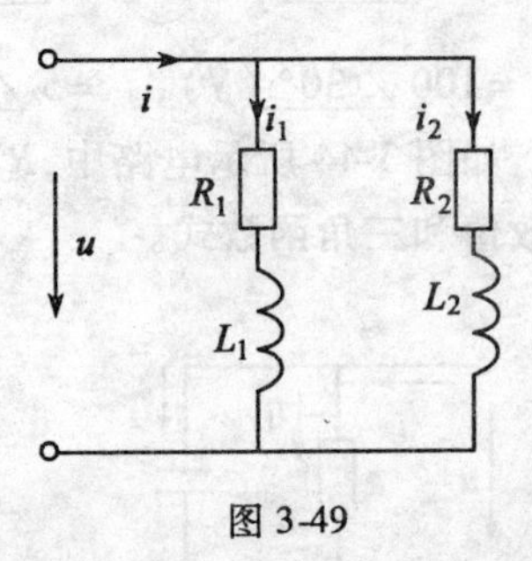

图 3-49

3.28 如图 3-49 所示电路中,已知 $R_1=3(\Omega)$,$X_1=4(\Omega)$,$R_2=8(\Omega)$,$X_1=6(\Omega)$,$u=220\sqrt{2}\sin 314t(\mathrm{V})$,试求:

(1)支路电流 i_1、i_2 和总电流 i;

(2)支路功率 P_1、Q_1、S_1 和 P_2、Q_2、S_2;

(3)总的功率 P、Q、S;

(4)验证 $P_1+P_2=P$,$Q_1+Q_2=Q$,$S_1+S_2\neq S$。

3.29 如图 3-50 所示电路中,已知 $R=22(\Omega)$,$X_L=22(\Omega)$,$X_C=11(\Omega)$,$U=220(\mathrm{V})$。

(1)试求 $\dot{I}_R$、$\dot{I}_L$、$\dot{I}_C$ 和 $\dot{I}$,并绘出其相量图;

(2)计算电路的功率和功率因数。

3.30 如图 3-51 所示电路中各表读数如下:电压表 220(V),电流表 5(A),功率表 940(W)。已知电阻 $R_1=22(\Omega)$,试计算感性负载的电阻 R 和感抗 X_L。

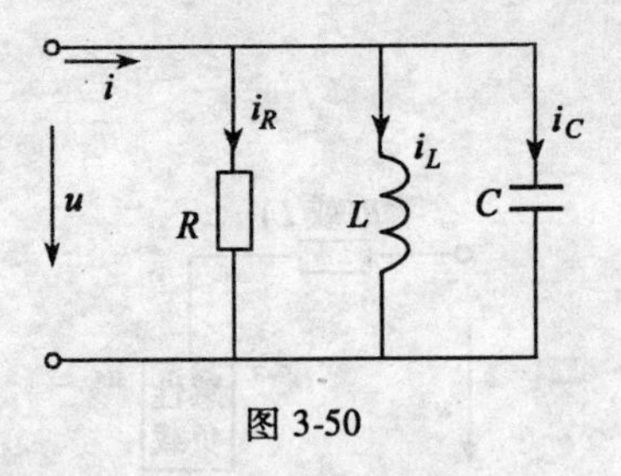

图 3-50

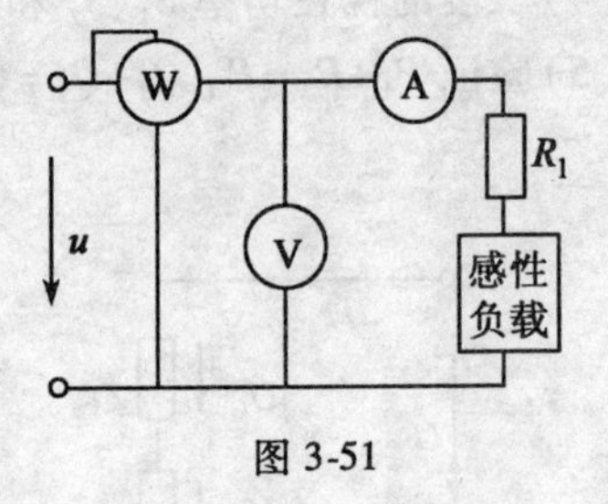

图 3-51

3.31 在图 3-52 所示电路中,V_1 读数为 100(V),A_1 读数为 10(A),试通过相量计算求电压表Ⓥ和电流表Ⓐ的读数。

3.32 如图 3-53 所示电路中各表读数如下:Ⓥ为 100(V),A_1为 2(A),A_2为 2(A),Ⓐ为 $2\sqrt{3}$(A)。试求 R_1、R_2 和 L 的值(提示:通过相量图求出第二支路阻抗的辐角 φ_2,则可求得 R_2 和 L 的值)。

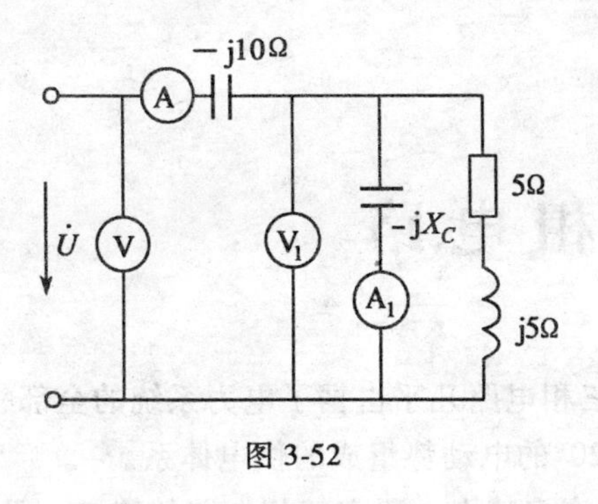

图 3-52

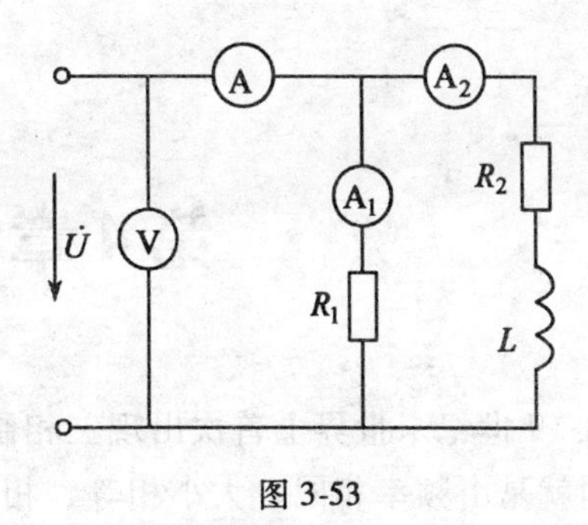

图 3-53

3.33　如图 3-54 所示的两个电路中，已知 $R=X_L=X_C$，V_1读数为 100(V)，A_1读数为 10(A)，试求其他各表读数。

3.34　如图 3-55 所示电路中，已知 $u=220\sqrt{2}\sin314t$(V)，$i_1=22\sin(314t-45°)$(A)，$i_2=11\sqrt{2}\sin(314t+90°)$(A)，试求各仪表读数及 R、L、C 的值。

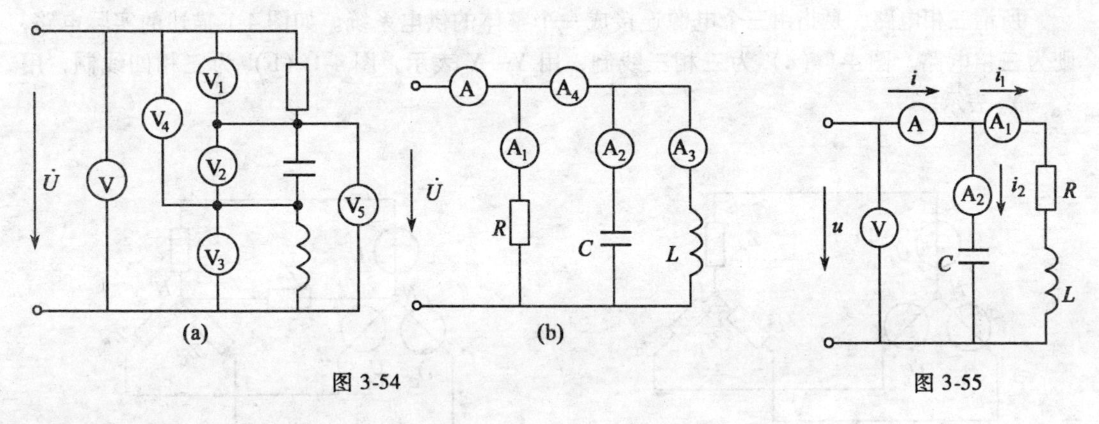

图 3-54　　　　　　　　图 3-55

3.35　如图 3-56 所示电路中，已知 $\dot{U}_C=1\angle0°$(V)，试求 $\dot{U}$。

3.36　图 3-57 中图(a)为 40(W)的日光灯接于 220(V)、50(Hz)的交流电源上。工作时灯管可看做纯电阻，镇流器可近似地看做纯电感，图 3-57 中图(b)为其等效电路。试求：

(1)若已知灯管两端电压等于 110(V)，试求镇流器的感抗和电感；

(2)这时电路的功率因数等于多少？若将功率因数提高到 0.8，应并联多大的电容？

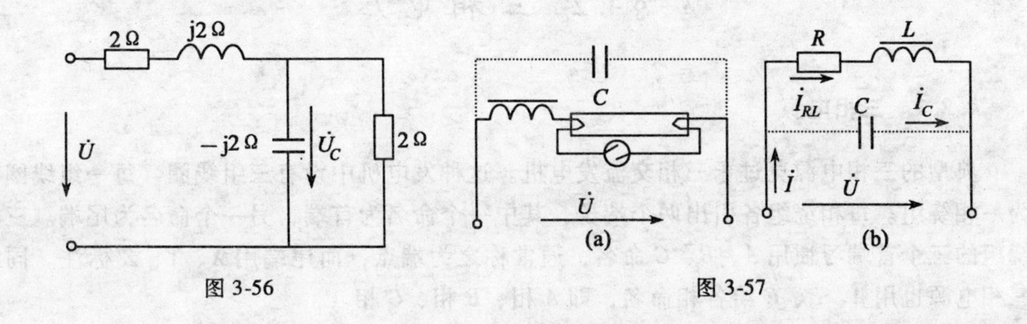

图 3-56　　　　图 3-57

第4章 三相电路

自19世纪末世界上首次出现三相制以来，三相电路几乎占据了电力系统的全部领域。三相制就是由频率相同、大小相等、相位互差120°的电动势组成的供电体系。

三相电路如此广泛应用，是因为三相电路有许多特点，研究三相电路的特点，无论从电路分析技巧方面（如利用对称性简化分析计算），还是实际工程应用乃至日常生活活动等方面，都无疑是有意义的。

§4.1 三相电路的概念

所谓三相电路，是指由三个电源连接成一个整体的供电系统。如图4-1描述的实际电路，则为三相电路。图4-1（a）为三相三线制，用Y—Y表示，图4-1（b）为三相四线制，用Y_0—Y_0表示。

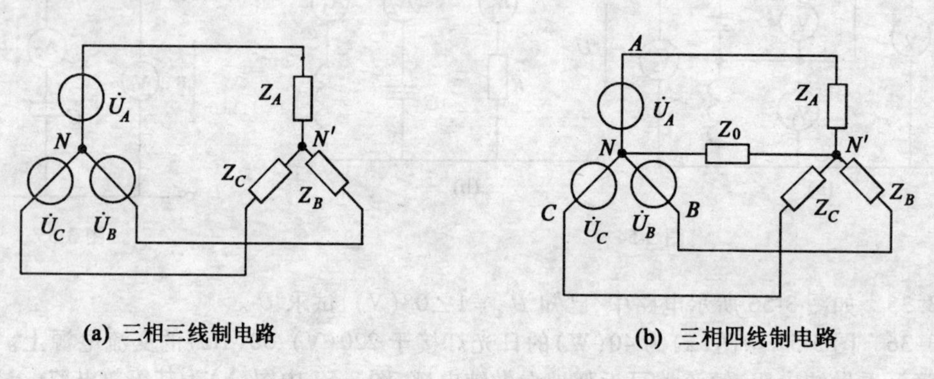

(a) 三相三线制电路 (b) 三相四线制电路

图4-1 三相电路

§4.2 三相电压

4.2.1 三相电源

典型的三相电源莫过于三相交流发电机。这种发电机中设有三组线圈，每一组线圈称为一相绕组。每相绕组各引出两个端子，其中一个命名为首端，另一个命名为尾端。三相绕组的三个首端习惯用A、B、C命名，通常称之为端点，而尾端用X、Y、Z标注。同时三相电源也用A、B、C给各相命名，即A相、B相、C相。

三相发电机运行时，发电机的三个绕组同时产生三个电动势。这三个电动势有相同的频率和有效值，并且当各电动势的正方向均为由尾端指向首端时，它们在相位上互差 120°。这样的三个电动势合称为对称三相电动势。若以 A 相电动势为参考量，则它们可以表示为

$$\begin{cases}\dot{E}_A = E \\ \dot{E}_B = E\mathrm{e}^{-\mathrm{j}120^\circ} \\ \dot{E}_C = E\mathrm{e}^{\mathrm{j}120^\circ}\end{cases} \tag{4-1}$$

用相量图和正弦波形来表示时，则如图 4-2 所示。

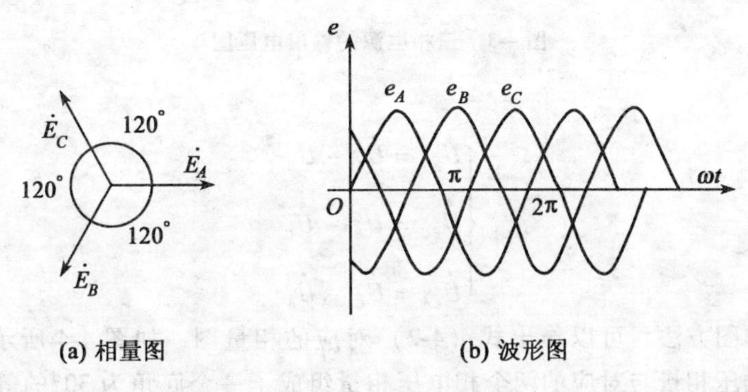

(a) 相量图　　(b) 波形图

图 4-2　三相电动势

三相交流电出现正幅值（或相应零值）的顺序称为相序，若相序为 $A—B—C$，我们称这个相序为正序。相应地，若相序为 $A—C—B$，则称为负序。

4.2.2　三相电压

1. 线电压与相电压

当三相发电机的绕组连接成星形时，即将三个尾端连接成一点 N，该点称为电源中性点。分别从端点和中性点各自引出一条线，如图 4-3 所示，便形成了三相四线制的交流电源。由端点引出的线称为端线；由中性点引出的线称为中线（或零线）。

电力工业中提供的低压交流电源，大多数采用三相四线的供电体制。日常生活中见到的只有两根导线的交流电源，则是这样三相电源中的一相，这类交流电源是由一根端线和中线所构成。

电源工作在星形连接时，可以输出两种不同电压等级的三相电压，一种是三条端线各自对中线的电压——U_A、U_B、U_C，它们称为相电压，用 U_P 作文字符号；另一种是三条端线相互之间的电压——U_{AB}、U_{BC}、U_{CA}，它们称为线电压，用 U_C 作文字符号，如图 4-3 所示。

2. 线电压与相电压的关系

由 KVL 有　$\dot{U}_A = \dot{E}_A$，$\dot{U}_B = \dot{E}_B$，$\dot{U}_C = \dot{E}_C$

结果表明，只要三相电势对称，三相相电压也对称。

线电压与相电压的关系由一组电压方程来确定，在图 4-3 中分别对回路 *ANBA*、*BNCB*、*CNAC* 列电压方程，则有

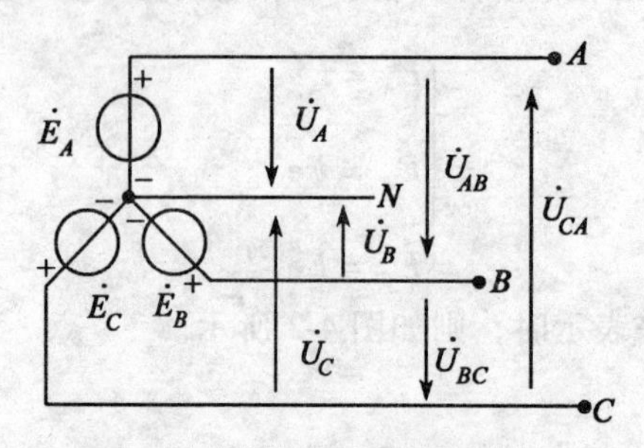

图 4-3 三相电源的输出电压图

$$\begin{cases}\dot{U}_{AB} = \dot{U}_A - \dot{U}_B \\ \dot{U}_{BC} = \dot{U}_B - \dot{U}_C \\ \dot{U}_{CA} = \dot{U}_C - \dot{U}_A\end{cases} \tag{4-2}$$

根据矢量作图方法，可以作出式（4-2）对应的相量图，如图 4-4 所示。由图 4-4 可以看出，各线电压相量与对应的两个相电压相量组成了一个底角为 30°的等腰三角形。由图 4-4 可以得到相电压与线电压的相位关系，同时由几何关系可以得到相电压与线电压的大小关系，以图 4-4 所示为例得

$$\frac{1}{2}U_{AB} = U_A\cos30° = \frac{\sqrt{3}}{2}U_A$$

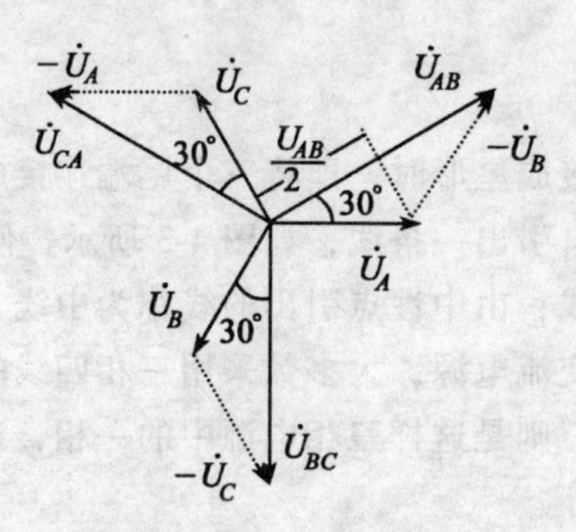

图 4-4 三相电压的相量图

由此可得相电压与线电压的关系为

$$\begin{cases}\dot{U}_{AB} = \sqrt{3}\,\dot{U}_A e^{j30°} \\ \dot{U}_{BC} = \sqrt{3}\,\dot{U}_B e^{j30°} \\ \dot{U}_{CA} = \sqrt{3}\,\dot{U}_C e^{j30°}\end{cases} \tag{4-3}$$

结果表明，对称三相电源输出的线电压也是对称的，线电压与相电压的关系为 $U_l=\sqrt{3}U_p$，而各线电压超前于相应相电压30°。

三相四线电源可以提供不同电压等级的两组对称三相电压，是这种电源的优点之一。

§4.3 对称三相电路及其计算

所谓对称三相电路，是指由对称三相电源给三相平衡负载（即 $Z_A=Z_B=Z_C=Z$ 或 $Z_{AB}=Z_{BC}=Z_{CA}=Z$）供电的系统。

三相电路中电压、电流的特点与负载的连接形式有关，以下分别讨论不同连接形式的电压、电流的特点和计算。

4.3.1 负载星形连接

若有三个负载，该组负载的复阻抗都等于 Z，且平均分配到三相电源的各相，则这样的一组负载称为三相平衡负载。

实现平均分配的方式之一，是将三相负载按Y形连接，并与三相四线电源相连接，如图4-5所示，这称为带中线的星形接法，或简称为 Y_0 接法。

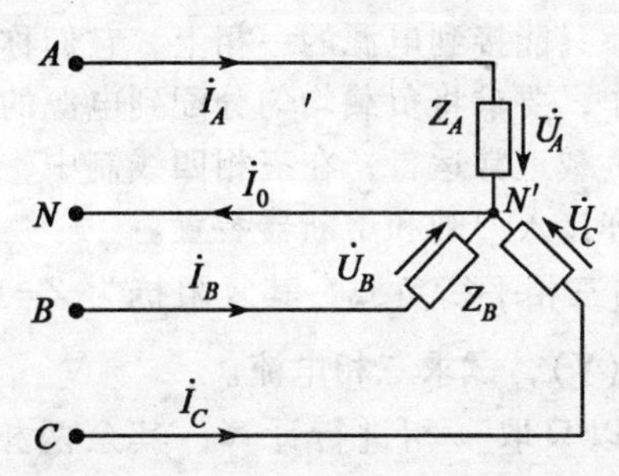

图4-5 负载星形连接时的三相电流图

三相电路中的电流也有相电流与线电流之分。流经每相负载的电流称为相电流，用 I_p 表示；流经端线（火线）中的电流称为线电流，用 I_l 表示；流经中线的电流称为中线电流，用 I_0 表示。在负载作星形连接时，相电流即为线电流，即

$$I_p=I_l \tag{4-4}$$

各相相电流分别为

$$\begin{cases}\dot{I}_A=\dfrac{\dot{U}_A}{Z}\\ \dot{I}_B=\dfrac{\dot{U}_B}{Z}\\ \dot{I}_C=\dfrac{\dot{U}_C}{Z}\end{cases} \tag{4-5}$$

因为相电压对称，而负载平衡，则相电流也是对称三相电流。若设 $\dot{I}_A=I$，则有

$$\begin{cases} \dot{I} = I \\ \dot{I}_B = I\mathrm{e}^{-\mathrm{j}120^\circ} = I\left(-\frac{1}{2} - \mathrm{j}\frac{\sqrt{3}}{2}\right) \\ \dot{I}_C = I\mathrm{e}^{\mathrm{j}120^\circ} = I\left(-\frac{1}{2} + \mathrm{j}\frac{\sqrt{3}}{2}\right) \end{cases} \tag{4-6}$$

中线电流为

$$\dot{I}_0 = \dot{I}_A + \dot{I}_B + \dot{I}_C = I + I\left(-\frac{1}{2} - \mathrm{j}\frac{\sqrt{3}}{2}\right) + I\left(-\frac{1}{2} + \mathrm{j}\frac{\sqrt{3}}{2}\right)$$

$$= I + I\left(-\frac{1}{2} - \frac{1}{2} + \mathrm{j}\frac{\sqrt{3}}{2} - \mathrm{j}\frac{\sqrt{3}}{2}\right) = I - I = 0$$

结果表明，对称三相电路，其中线电流为零。

中线电流为零，说明实际上可以去掉中线。即在电源和负载都对称的条件下，只要在电源与负载之间连接三条端线，便能保证各负载正常工作，这是三相对称电路的又一显著优点。

图 4-5 电路中去掉中线，便成为无中线的星形接法，即 Y 接法。

在某些常见的交流用电设备中，其内部结构为三个相等的电路，并要求向它们提供对称的三相电压。这样的设备称为三相负载。例如，三相交流电动机和三相电炉等。另外一些用电设备，例如白炽灯泡，只能接到电源的一相上，它们称为单相负载。为了使三相电源在接近平衡负载条件下工作，要求将负载均匀分配到电源的各相，即使如此，这类情况要求设置中线，以保证各相负载正常运行，在三相四线制中，中线一定要连接可靠，确保中线畅通。为此，中线不允许接入刀闸和熔断器装置。

例 4.1 有一星形连接的三相平衡负载，其复阻抗为 $Z=6+\mathrm{j}8$（Ω）。电源电压对称，设 $u_{AB}=380\sqrt{2}\sin(\omega t+30^\circ)$（V），试求三相电流。

解 因为负载平衡，可以只取一相进行计算，其余两相由对称关系可以直接写出(取 A 相，如图 4-6 所示)。

$$\dot{U}_A = \frac{\dot{U}_{AB}}{\sqrt{3}}\mathrm{e}^{-\mathrm{j}30^\circ} = \frac{380\mathrm{e}^{\mathrm{j}30^\circ}}{\sqrt{3}\,\mathrm{e}^{\mathrm{j}30^\circ}} = 220\mathrm{e}^{\mathrm{j}0^\circ}(\mathrm{V})$$

$$Z = 6 + \mathrm{j}8 = 10\mathrm{e}^{\mathrm{j}53.1^\circ}(\Omega)$$

$$\dot{I}_A = \frac{\dot{U}_A}{Z} = \frac{220}{10\mathrm{e}^{\mathrm{j}53.1^\circ}} = 22\mathrm{e}^{-\mathrm{j}53.1^\circ}(\mathrm{A})$$

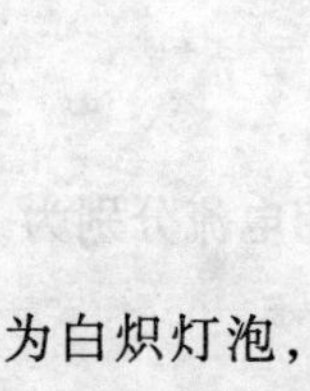

图 4-6

根据对称关系，B，C 两相的相电流为

$$\dot{I}_B = \dot{I}_A\mathrm{e}^{-\mathrm{j}120^\circ} = 22\mathrm{e}^{-\mathrm{j}173.1^\circ}(\mathrm{A})$$

$$\dot{I}_C = \dot{I}_A\mathrm{e}^{\mathrm{j}120^\circ} = 22\mathrm{e}^{\mathrm{j}66.9^\circ}(\mathrm{A})。$$

例 4.2 在图 4-7 中，电源电压对称，线电压 $U_l=380$（V），负载为白炽灯泡，三相电阻分别为 $R_A=5$（Ω），$R_B=10$（Ω），$R_C=20$（Ω），试求负载相电压、负载电流及中线电流。

解 负载的相电压等于电源的相电压

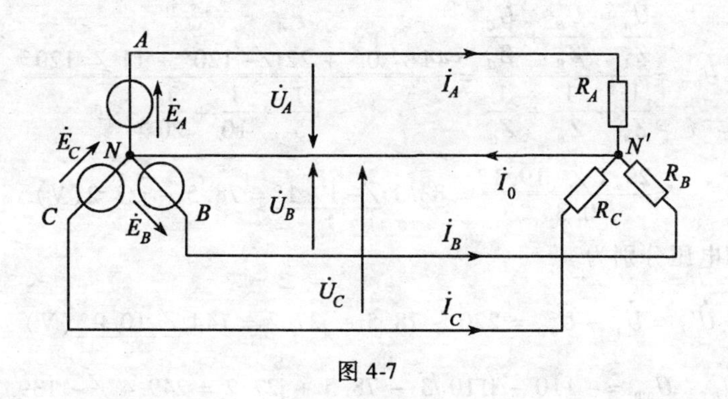

图 4-7

$$U_p = \frac{U_l}{\sqrt{3}} = \frac{380}{\sqrt{3}} = 220(\text{V})$$

若以 $\dot{U}_A$ 为参考相量，则

$$\dot{U}_A = 220(\text{V})$$

$$\dot{U}_B = \dot{U}_A e^{-j120°} = 220e^{-j120°}(\text{V})$$

$$\dot{U}_C = \dot{U}_A e^{j120°} = 220e^{j120°}(\text{V})$$

各相电流为

$$\dot{I}_A = \frac{\dot{U}_A}{Z_A} = \frac{220}{5} = 44(\text{A})$$

$$\dot{I}_B = \frac{\dot{U}_B}{Z_B} = \frac{220e^{-j120°}}{10} = 22e^{-j120°}(\text{A})$$

$$\dot{I}_C = \frac{\dot{U}_C}{Z_C} = \frac{220e^{j120°}}{20} = 11e^{j120°}(\text{A})$$

中线电流为

$$\dot{I}_0 = \dot{I}_A + \dot{I}_B + \dot{I}_C = 44e^{j0°} + 22e^{-j120°} + 11e^{j120°}$$

$$= 44 + 22\left(-\frac{1}{2} - j\frac{\sqrt{3}}{2}\right) + 11\left(-\frac{1}{2} + j\frac{\sqrt{3}}{2}\right)$$

$$= 44 - 11 - j11\sqrt{3} - 5.5 + j5.5\sqrt{3} = 27.5 - j5.5\sqrt{3} = 29.1e^{-j19.1°}(\text{A})。$$

例 4.3　在例 4.2 的电路中，电源和负载都不变，只是将中线去掉，试求各相负载上的相电压。

解　此时不同于例 4.2，则负载上相电压不对称，因此用节点电压法先求出两中性点间的电压。

设 $\dot{U}_A = 220\angle 0°$（V），则 $\dot{U}_B = 220\angle -120°$（V），$\dot{U}_C = 220\angle 120°$（V），根据弥尔曼定理

$$\dot{U}_{0'0}=\frac{\frac{\dot{U}_A}{Z_A}+\frac{\dot{U}_B}{Z_B}+\frac{\dot{U}_C}{Z_C}}{\frac{1}{Z_A}+\frac{1}{Z_B}+\frac{1}{Z_C}}=\frac{44\angle 0^\circ+22\angle -120^\circ+11\angle 120^\circ}{\frac{1}{5}+\frac{1}{10}+\frac{1}{20}}$$

$$=\frac{29.1\angle -19.1^\circ}{0.35}=83.1\angle -19.1^\circ=78.5-j27.2(\mathrm{V})$$

三相负载上的相电压分别为

$$\dot{U}'_A=\dot{U}_A-\dot{U}_{0'0}=220-78.5+j27.2=144\angle 10.9^\circ(\mathrm{V})$$

$$\dot{U}'_B=\dot{U}_B-\dot{U}_{0'0}=-110-j110\sqrt{3}-78.5+j27.2=249.4\angle -139.1^\circ(\mathrm{V})$$

$$\dot{U}'_C=\dot{U}_C-\dot{U}_{0'0}=-110+j110\sqrt{3}-78.5+j27.2=288\angle 130^\circ(\mathrm{V})。$$

可见没有中线时三相负载上的相电压不对称了，而且阻抗越小的相电压越低，阻抗越大的相电压越高。比较例 4.2 和例 4.3，在三相四线制的系统中，中线使得不对称星形负载得到基本对称的相电压，从而保证负载的正常工作。

4.3.2 负载三角形连接

若将三个负载分别跨接在电源的三条端线之间，如图 4-8 所示，则构成三角形接法，或称△接法。

三角形接法也能实现负载的平均分配。并且只要电源对称，无论负载是否平衡，负载相电压总是对称的。不过这时的负载相电压等于电源线电压，所以同样的三相电源和负载，采用星形接法或三角形接法时，负载电流和功率并不相同。

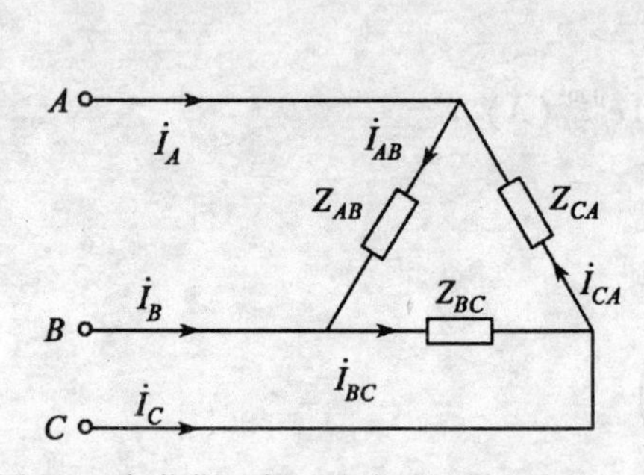

图 4-8 负载作三角形连接时三相电流图

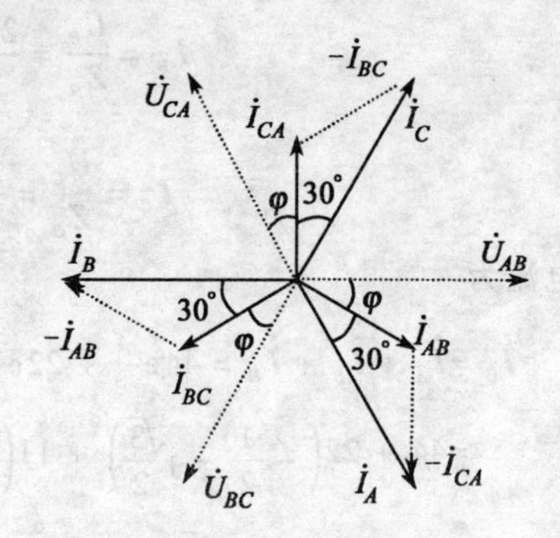

图 4-9 负载三角形连接时电流的相量图

负载作三角形连接后，各负载的相电流为

$$\dot{I}_{AB}=\frac{\dot{U}_{AB}}{Z},\quad \dot{I}_{BC}=\frac{\dot{U}_{BC}}{Z},\quad \dot{I}_{CA}=\frac{\dot{U}_{CA}}{Z} \tag{4-7}$$

电源端线中的电流分别为对应的两个相电流之差，即

$$\begin{cases} \dot{I}_A = \dot{I}_{AB} - \dot{I}_{CA} \\ \dot{I}_B = \dot{I}_{BC} - \dot{I}_{AB} \\ \dot{I}_C = \dot{I}_{CA} - \dot{I}_{BC} \end{cases} \tag{4-8}$$

在对称的条件下，以上关系可以表示成图4-9所示的相量图。不难看出，相电流和线电流都是三相对称电流，并且各线电流滞后对应的相电流30°，同时，由几何关系很容易得出，端线电流 I_l 与相电流 I_p 的大小关系，即

$$I_l = \sqrt{3} I_p \tag{4-9}$$

例4.4　有一三相电动机，每相绕组的等效复阻抗 $Z=29+j21.8$（Ω），试求下列两种情况下的相电流、线电流以及电源输入的功率，并比较所得结果。（1）绕组连接成星形接于380（V）的电源上；（2）绕组连接成的三角形接于220（V）的电源上。

解　（1）绕组连成Y　$U_l=\sqrt{3}U_p$，$U_p=\dfrac{380}{\sqrt{3}}=220$（V）

$Z=29+j21.8=36.3e^{j36.9°}$（Ω）

$\cos\varphi=0.8$

$I_p=\dfrac{U_p}{|Z|}=\dfrac{220}{36.3}=6.1$（A）

$I_l=I_p=6.1$（A）

$P=\sqrt{3}U_lI_l\cos\varphi=\sqrt{3}\times380\times6.1\times0.8=3200$（W）。

（2）绕组连成△　$U_l=U_p=220$（V）

$I_p=\dfrac{U_p}{|Z|}=6.1$（A）

$I_l=\sqrt{3}I_p=\sqrt{3}\times6.1=10.5$（A）

$P=\sqrt{3}U_lI_l\cos\varphi=\sqrt{3}\times220\times10.5\times0.8=3200$（W）。

计算结果表明：两种情况下相电压、相电流及功率都未改变，仅线电流在（2）的情况下增大为（1）情况下的$\sqrt{3}$倍。

§4.4　三相电路的功率

三相电路总的平均功率等于各相平均功率之和。在对称的情况下，各相的电压和电流的有效值相等，功率因数也一样，因而总平均功率为

$$P = 3U_pI_p\cos\varphi \tag{4-10}$$

在星形接法中，$U_l=\sqrt{3}U_p$，而 $I_l=I_p$；在三角形接法中，则 $U_l=U_p$，$I_l=\sqrt{3}I_p$。如果用线量来表示功率，则两种接法都有

$$P = \sqrt{3}U_lI_l\cos\varphi \tag{4-11}$$

式（4-11）在实际应用中比较方便，因为 U_l 和 I_l 都是端钮上的量，便于测量。但是必须注意式（4-11）中的 φ 仍是相电压与相电流的相位差角，或每相负载的阻抗角。另外，

式（4-11）也不能理解为同一电源和负载，按不同接法会得到相同的功率。

三相电路的总无功功率也等于各相无功功率之和，而总视在功率与有功功率和无功功率间仍应满足功率三角形的关系。在对称条件下则有

$$Q = 3U_pI_p\sin\varphi = \sqrt{3}\,U_lI_l\sin\varphi \tag{4-12}$$

$$S = \sqrt{3}\,U_lI_l \tag{4-13}$$

例 4.5 两组对称负载并联运行，负载 1 连接成三角形，吸收平均功率为 10kW，功率因数为 0.8，负载 2 连接成星形，功率为 7.5kW，功率因数为 0.88，电源电压为 380V，试求电源的线电流。

解 根据式（4-11）计算，首先求得 φ 角，因负载的功率和功率因数已知，故由功率三角形求 φ 比较方便。先分别求 P、Q。

$$S_1 = \frac{P_1}{\cos\varphi_1} = \frac{10\times10^3}{0.8} = 12.5(\text{kVA})$$

$$Q_1 = S_1\sin\varphi_1 = 7.5(\text{kvar})$$

$$S_2 = \frac{P_2}{\cos\varphi_2} = \frac{7.5\times10^3}{0.88} = 8.52(\text{kVA})$$

$$Q_2 = S_2\sin\varphi_2 = 4.05(\text{kvar})$$

$$P = P_1 + P_2 = (10 + 7.5)\times10^3 = 17.5(\text{kW})$$

$$Q = Q_1 + Q_2 = (7.5 + 4.05)\times10^3 = 11.55(\text{kvar})$$

$$\varphi = \arctan\frac{Q}{P} = \arctan\frac{11.55}{17.5} = 33.4°$$

$$\cos\varphi = 0.83$$

所以
$$I_l = \frac{P}{\sqrt{3}\times0.83\times380} = 32(\text{A})。$$

[思考与练习题]

4.4.1 何谓三相对称电路？

4.4.2 何谓相电压、相电流、线电压、线电流？

4.4.3 何谓单相负载、三相负载？

4.4.4 负载作三角形连接的对称三相电路中，关系式 $\dot{I}_l=\sqrt{3}\,\dot{I}$，是否正确？$\dot{I}_l$、$\dot{I}_p$ 的意义是什么？

4.4.5 三相负载与三相平衡负载有何区别？

4.4.6 $P=\sqrt{3}\,UI\cos\varphi$，式中各因子的意义是什么？

4.4.7 当发电机三相绕组连接成星形时，知道线电压 $u_{AB}=380\sqrt{2}\sin(\omega t-30°)$（V），试写出相电压 u_B 的三角函数表达式。

4.4.8 若三相电源的相序分别为 A-B-C，B-C-A，C-A-B，B-A-C，A-C-B，C-B-A 各是什么相序？为什么？

习 题 4

4.1 三相四线制供电线路的线电压为 380（V），设每相各装 220（V）、40（W）的

白炽灯 100 盏。

(1) 试求各线电流和中线电流；

(2) 若 A 相熔丝熔断，该相的电灯全部熄灭，试求各线电流和中线电流。

4.2　三相四线制电源的线电压为 380 (V)，星形联接的三相负载的阻抗为：$R_A=4$ (Ω)，$X_A=3$ (Ω)，$R_B=6$ (Ω)，$R_C=10$ (Ω)，$X_B=X_C=0$。试绘出其电路图，并求各相电流及中线电流。

4.3　若题 4.2 电路发生以下几种故障时，各相负载电流及各相负载上的电压为多少？试绘出其线路图。

(1) A 线断开；

(2) A 线和中线同时断开；

(3) 中线断开且 A 相短路。

4.4　如图 4-10 所示电路中，电源的线电压为 380 (V)。

(1) 如果各相负载的阻抗值都等于 10 (Ω) (即 $R=X_C=X_L=10$ (Ω))，是否可以说负载是对称的？

(2) 试求各相电流和中线电流，并绘出其相量图。

(3) 求三相功率。

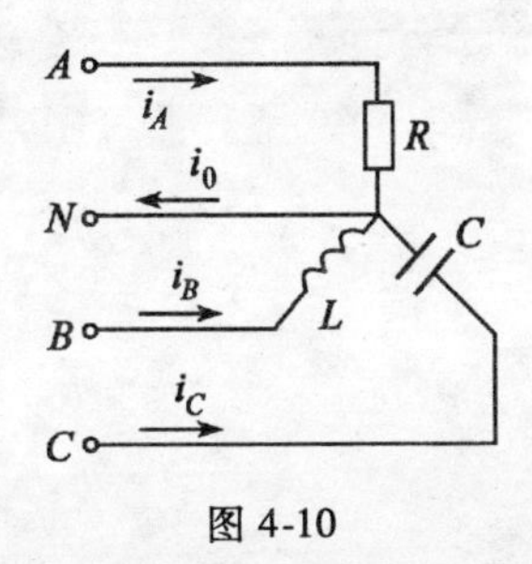

图 4-10

4.5　三相异步电动机作三角形连接，线电压为 220 (V)，线电流为 17.3 (A)。由电源取得的三相电功率 $P=4.5$ (kW)，试求异步电动机每相的等值电阻和感抗。

4.6　三相电阻炉负载的各相阻值 $R_A=R_B=R_C=10$ (Ω)，其每相的额定电压为 380 (V)，等于电源的线电压。试问：

(1) 当电阻丝为三角形连接时，相电流、线电流和有功功率各为多少？

(2) 为降低炉温断开 BC 相的电阻丝时各相电流和各线电流如何变化？功率等于多少？

(3) 如果把电阻丝改成星形连接，接于原来的电源，相电流、线电流和有功功率将各为多少？

4.7　有一个电源为星形接法而负载为三角形接法的对称三相电路，已知电源频率为 50 (Hz)，电源相电压为 220 (V)；每相负载的电阻为 6 (Ω)，电感为 25.5 (mH)。试求负载的相电流、线电流、有功功率、无功功率、视在功率及功率因数。

4.8　有一对称三相负载，试比较在下列两种情况下负载中的相电流、端线中电流及负载所消耗的功率：

(1) 连接成星形后接于线电压380 (V) 的三相电源;

(2) 连接成三角形后接于线电压为220 (V) 的三相电源。

4.9 有一单相电动机接于220 (V) 的交流电源上，电流为11 (A)，输入功率为1.21 (kW)，试计算电动机的功率因数。若把电路的功率因数提高到0.91，应并联多大电容?

4.10 有一单相交流发电机，其额定容量为10 (kVA)，额定电压为220 (V)，接一功率为8 (kW)、功率因数为0.6的感性负载。试问:

(1) 这时发电机输出电流是否超过其额定电流?

(2) 如果将电路的功率因数提高到0.95，应并多大电容? 这时发电机输出电流为多少?

(3) 当将功率因数提高到0.95后，这时发电机还可以多接几只220 (V)、40 (W) 的白炽灯泡?

第5章　非正弦交流电路

本章借助傅里叶(Fourier)级数和傅里叶积分变换,将正弦交流电路的分析方法推广到确定任意波形激励下的稳态响应。为此,首先应用数学结论,将任意的波形表示成一系列不同频率、幅值相异的正弦波。在此基础上,根据线性电路的叠加性,将求解非正弦交流电路的稳态响应问题,转化成求解一系列不同频率的正弦交流问题,与此对应,网络特性随频率变化的情况及其描述方法,便具有重要的理论和实用意义,本章将就此作扼要介绍。

§5.1　非正弦交流电路的计算

在电子技术中经常遇到非正弦周期性的电压、电流。例如数字电路中的脉冲电压,电子示波器中的锯齿波电压,整流器输出的直流电压等。这类电压的波形如图 5-1 所示。

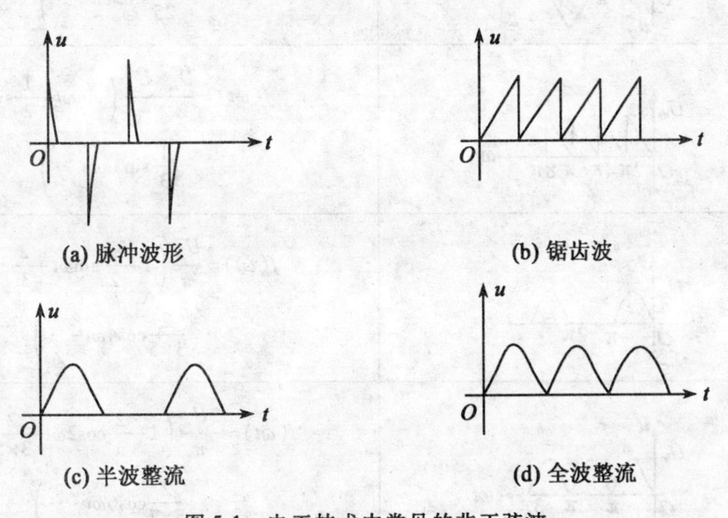

图 5-1　电工技术中常见的非正弦波

5.1.1　非正弦周期量的傅里叶级数

根据数学知识,一切满足狄利克莱(Dirichlet)条件的周期性函数(电工中遇到的非正弦周期信号都满足该条件)都可以展开为傅里叶(Fourier)三角级数。设非正弦周期量为 $f(\omega t)$,其角频率为 ω,则

$$f(\omega t)=A_0+A_{1m}\sin(\omega t+\psi_1)+A_{2m}\sin(2\omega t+\psi_2)+\cdots$$

$$= A_0 + \sum_{k=1}^{\infty} A_{km} \sin(k\omega t + \psi_k) \tag{5-1}$$

式(5-1)中 A_0 是不随时间变化的常数,称为非正弦周期电压、电流的直流分量,$A_{1m}\sin(\omega t+\psi_1)$ 是与非正弦周期量同频率的正弦波,称为基波或一次谐波;$A_{2m}\sin(2\omega t+\psi_2)$ 是频率为非正弦周期量频率二倍的正弦波,称为二次谐波;以后各项依次称为三次谐波、四次谐波等。除了直流分量和基波以外,其余各次谐波统称为高次谐波。由于傅里叶级数的收敛性,一般地说,谐波次数越高,其幅值越小,因此,次数较高的谐波常可以忽略不计。

为了便于应用,把常见的非正弦周期量的傅里叶级数列于表 5-1。

表 5-1　　常见波形的傅里叶级数

名称	波　形	傅里叶三角级数
矩形波	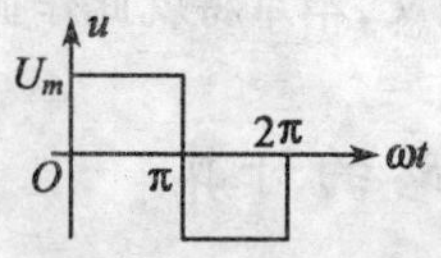	$f(\omega t)=\frac{4U_m}{\pi}\left(\sin\omega t+\frac{1}{3}\sin 3\omega t+\frac{1}{5}\sin 5\omega t+\cdots\right)$
三角波	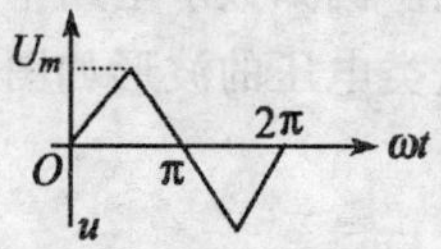	$f(\omega t)=\frac{8U_m}{\pi^2}\left(\sin\omega t-\frac{1}{9}\sin 3\omega t+\frac{1}{25}\sin 5\omega t-\cdots\right)$
锯齿波	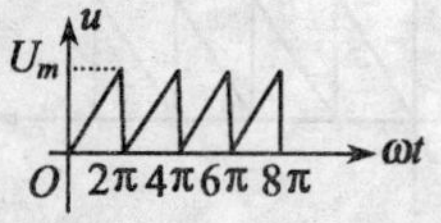	$f(\omega t)=\frac{U_m}{2}-\frac{U_m}{\pi}\left(\sin\omega t+\frac{1}{2}\sin 2\omega t+\frac{1}{3}\sin 3\omega t+\cdots\right)$
半波整流	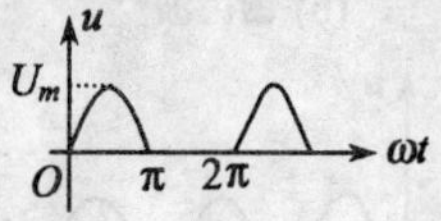	$f(\omega t)=\frac{U_m}{\pi}\left(1+\frac{\pi}{2}\sin\omega t-\frac{2}{3}\cos 2\omega t+\frac{2}{3\times 5}\cos 4\omega t-\cdots\right)$
全波整流	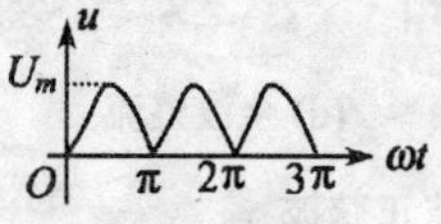	$f(\omega t)=\frac{2U_m}{\pi}\left(1-\frac{2}{3}\cos 2\omega t-\frac{2}{3\times 5}\cos 4\omega t-\frac{2}{5\times 7}\cos 6\omega t-\cdots\right)$

5.1.2　非正弦周期量的有效值

在讨论非正弦电路时,除了要知道非正弦周期量的各次分量之外,常常还需知道该量的有效值。周期量的有效值可以由式(3-7)计算。借助谐波分解,非正弦周期电流的有效值可以表示为

$$I=\sqrt{\frac{1}{T}\int_0^T i^2 \mathrm{d}t}=\sqrt{\frac{1}{T}\int_0^T \left[I_0+\sum_{k=1}^{\infty} I_{km}\sin(k\omega t+\psi_k)\right]^2 \mathrm{d}t} \tag{5-2}$$

根据三角函数的正交性,式(5-2)方括号内展开后其频率不同的两项相乘在一个周期内的积分为零,于是可得下面结果

$$I=\sqrt{\frac{1}{T}\int_0^T I_0^2\mathrm{d}t+\sum_{k=1}^{\infty}\frac{1}{T}\int_0^T I_{km}^2\sin^2(k\omega t+\psi_k)\mathrm{d}t}$$
$$=\sqrt{I_0^2+\sum I_k^2}=\sqrt{I_0^2+I_1^2+I_2^2+\cdots} \tag{5-3}$$

式(5-3)为非正弦周期电流的有效值,I 等于各次谐波分量的有效值以及直流分量的平方和的开方。这一结论同样适用于电路中其他变量。

顺便指出,用不同类型的仪表进行非正弦量的测量,得到的结果是不同的。以常用的三种仪表为例,说明如下:

(1)磁电系仪表(直流仪表)测量数值为电流(或电压)的直流分量,因为磁电系仪表的偏转角 $\alpha\propto\frac{1}{T}\int_0^T i\mathrm{d}t$。

(2)电磁系仪表测量的是有效值,因为电磁系仪表的偏转角 $\alpha\propto\frac{1}{T}\int_0^T i^2\mathrm{d}t=I^2$。

(3)全波整流磁电系仪表测得的是平均值,因为这种仪表的偏转角 $\alpha\propto\frac{1}{T}\int_0^T |i|\mathrm{d}t$。

5.1.3　非正弦电路的分析步骤

利用傅里叶级数把非正弦周期性的电压、电流分解为直流分量和各次谐波,其目的就是为了应用叠加原理来进行电路计算。即直流和一系列谐波激励下的线性电路,其各部分的响应为直流响应与一系列正弦稳态响应的叠加,而直流响应与各次谐波的正弦稳态响应可以用直流电路和正弦电路的方法进行计算。

非正弦周期电流电路的计算,通常可以遵循下列步骤进行:

(1)将给定的非正弦周期信号分解成傅里叶级数(即谐波分析)。对电工中常见的信号,其傅里叶级数可以通过查相关手册而获得。

(2)分别计算各分量单独激励时电路的响应。此时应特别注意的是:正确做出相应的谐波电路。之所以强调正确,就是强调电路中的电抗要用相应的谐波电抗代替。同一电感或电容对不同频率谐波的电抗是不同的,若已知基波电抗(一般已知的电抗为基波电抗),则各次谐波电抗可以由下列公式计算

$$\begin{cases}X_{Lk}=kX_{L1}\\[4pt] X_{Ck}=\dfrac{X_{C1}}{k}\end{cases} \tag{5-4}$$

(3)根据叠加原理将上述响应进行叠加。但应注意,总的响应要用各次谐波响应的正弦函数表达式叠加,而不是相量叠加。不同频率的正弦量的相量叠加是没有意义的。

例 5.1　如图 5-2 所示为全波整流的滤波电路,已知 $L=5(\mathrm{H})$,$C=10(\mu\mathrm{F})$,负载电阻 $R=2000(\Omega)$,设滤波电路输入电压 u 的波形如图 5-2(b)所示,其中 $U_m=157(\mathrm{V})$。求负载电阻两端电压 u_R 各次谐波的幅值。设 $\omega=314$ (rad/s)。

解　参照表 5-1 把给定的电压 u 分解为傅里叶级数

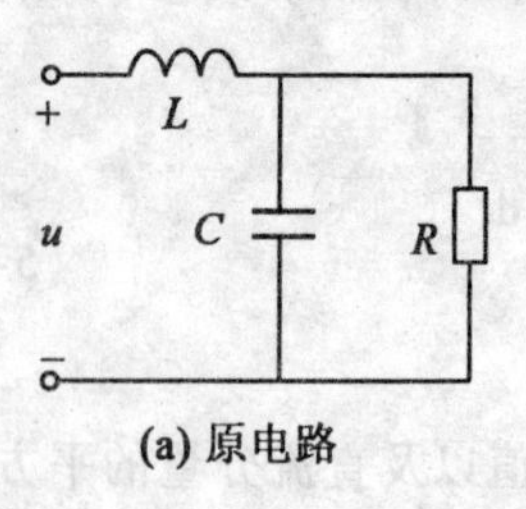

(a) 原电路

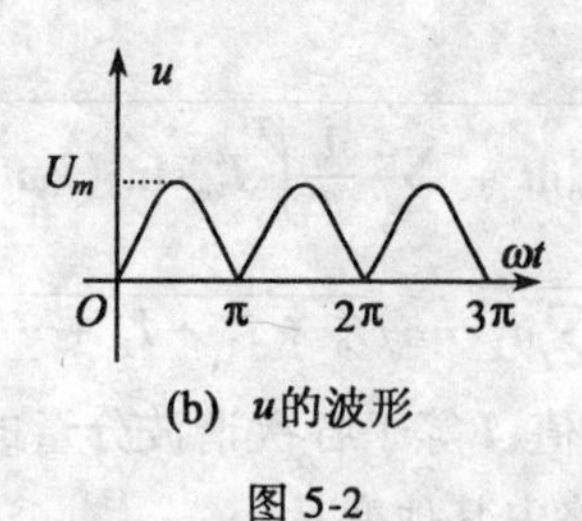

(b) u的波形

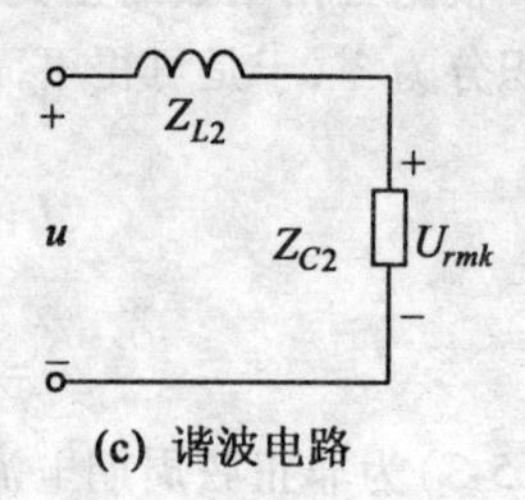

(c) 谐波电路

图 5-2

$$u=\frac{4}{\pi}U_m\left(\frac{1}{2}-\frac{1}{3}\cos 2\omega t-\frac{1}{15}\cos 4\omega t-\cdots\right)$$

取到四次谐波，代入数字得

$$u=100-66.7\cos 2\omega t-13.33\cos 4\omega t(\mathrm{V})$$

对直流分量电感相当于短路，电容相当于开路，故负载端电压的直流分量为

$$U_{R0}=100(\mathrm{V})$$

对2次、4次谐波分量，可以用图5-2(c)所示相量模型来计算，但应注意不同谐波的阻抗是不同的。对2次谐波

$$Z_{L2}=\mathrm{j}2\omega L=\mathrm{j}2\times 314\times 5=3140\angle 90^\circ(\Omega)$$

$$Z_{C2}=\frac{R\left(-\mathrm{j}\frac{1}{2\omega C}\right)}{R-\mathrm{j}\frac{1}{2\omega C}}=\frac{2000\left(-\mathrm{j}\frac{10^6}{2\times 314\times 10}\right)}{2000-\mathrm{j}\frac{10^6}{2\times 314\times 10}}$$

$$=158.5\angle -85.4^\circ(\Omega)$$

$$Z_{L2}+Z_{C2}=\mathrm{j}3140+12.7-\mathrm{j}158=12.7+\mathrm{j}2982=2982\angle 89.8^\circ(\Omega)$$

所以

$$U_{Rm2}=\frac{158.5}{2982}\times 66.7=3.55(\mathrm{V})$$

对4次谐波

$$Z_{L4}=\mathrm{j}4\omega L=\mathrm{j}6280=6280\angle 90^\circ(\Omega)$$

$$Z_{C4}=\frac{2000(-\mathrm{j}79.6)}{2000-\mathrm{j}79.6}=79.5\angle -87.7^\circ(\Omega)$$

$$Z_{L4}+Z_{C4}=\mathrm{j}6280+3.19-\mathrm{j}79.6=6200\angle 89.97^\circ(\Omega)$$

所以

$$U_{Rm4}=\frac{79.5}{6200}\times 13.33=0.17(\mathrm{V})。$$

可见滤波后，2次谐波幅值仅为直流分量的3.55%，比滤波前大为减小，4次谐波就更小了。

5.1.4 非正弦交流电路的功率

1. 瞬时功率

设如图5-3所示无源二端网络的电压和电流分别为

$$u = U_0 + \sum_{k=1}^{\infty} U_{km}\sin(k\omega t + \Psi_{ku})$$

$$i = I_0 + \sum_{k=1}^{\infty} I_{km}\sin(k\omega t + \Psi_{ki})$$

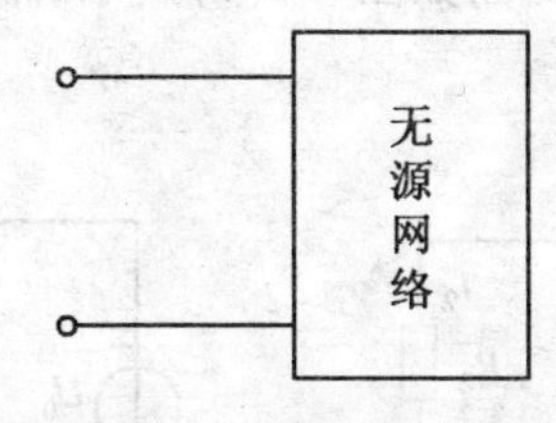

图 5-3　二端网络示意图

则瞬时功率

$$\begin{aligned} p &= ui \\ &= \left[U_0 + \sum_{k=1}^{\infty} U_{km}\sin(k\omega t + \Psi_{ku})\right]\cdot\left[I_0 + \sum_{k=1}^{\infty} I_{km}\sin(k\omega t + \Psi_{ki})\right] \\ &= U_0I_0 + U_0\sum_{k=1}^{\infty} I_{km}\sin(k\omega t + \Psi_{ki}) + I_0\sum_{k=1}^{\infty} U_{km}\sin(k\omega t + \Psi_{ku})] + \\ &\quad \sum_{k=1}^{\infty}\sum_{q=1}^{\infty} U_{km}I_{qm}\sin(k\omega t + \Psi_{ku})\sin(q\omega t + \Psi_{qi}) + \\ &\quad \sum_{k=1}^{\infty} U_{km}I_{km}\sin(k\omega t + \Psi_{ku})\sin(k\omega t + \Psi_{ki})(q \neq k) \end{aligned} \tag{5-5}$$

2. 平均功率

非正弦周期电流电路的平均功率为瞬时功率在一周期内的平均值,也称为有功功率,即

$$P = \frac{1}{T}\int_0^T p\mathrm{d}t$$

把式(5-5) 代入上式,由于三角函数的正交性,只有第一项和第五项积分不为零,其余积分均为零,即

$$\begin{aligned} P &= \frac{1}{T}\int_0^T \left[U_0I_0 + \sum_{k=1}^{\infty} U_{km}I_{km}\sin(k\omega t + \Psi_{ku})\cdot\sin(k\omega t + \Psi_{ki})\right]\mathrm{d}t \\ &= U_0I_0 + \sum_{k=1}^{\infty} U_kI_k\cos\varphi_k = U_0I_0 + U_1I_1\cos\varphi_1 + U_2I_2\cos\varphi_2 + \cdots \end{aligned} \tag{5-6}$$

由式(5-6) 可知,非正弦周期电流电路的有功功率为直流分量构成的功率和各次谐波构成的功率之和,且只有同频率(同一次谐波) 的电压和电流才能构成有功功率。

例 5.2　如图 5-4(a) 所示电路中的电压 $u = 10 + 141.4\sin\varphi t + 70.7\sin(3\omega t + 30°)$ (V),且已知 $X_{L1} = \omega L = 2(\Omega)$,$X_{C1} = \dfrac{1}{\omega C} = 15(\Omega)$,$R_1 = 5(\Omega)$,$R_2 = 10(\Omega)$。试求各支路电流及 R_1 支路吸收的平均功率。

解　由于题目已给定非正弦周期电压的傅里叶级数展开式,因此可以直接进入第二步计算。

直流分量单独作用时的电路如图 5-4(b) 所示,按该电路计算各支路电流的直流分量为

$$I_{10}=\frac{U_0}{R_1}=\frac{10}{5}=2(\text{A})$$

$$I_{20}=0$$

$$I_{30}=I_{10}=2(\text{A})$$

基波 u_1 单独作用时的相量电路图如图 5-4(c)所示，用相量法计算各支路电流基波分量的相量

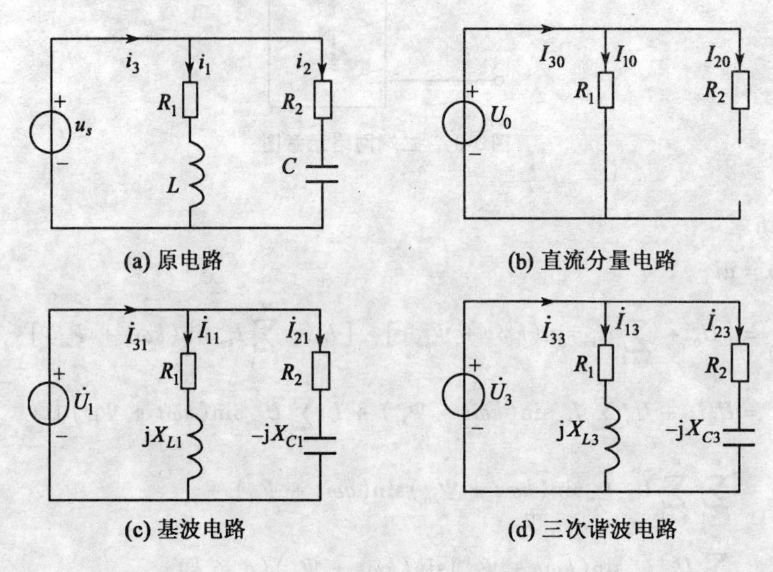

图 5-4

$$\dot{U}_1=\frac{141.4}{\sqrt{2}}\angle 0°=100\angle 0°(\text{V})$$

$$\dot{I}_{11}=\frac{\dot{U}_1}{R_1+\mathrm{j}X_{L1}}=\frac{100\angle 0°}{5+\mathrm{j}2}=\frac{100\angle 0°}{5.39\angle 21.8°}$$

$$=18.55\angle -21.8°=17.22-\mathrm{j}6.29(\text{A})$$

$$\dot{I}_{21}=\frac{\dot{U}_1}{R_2-\mathrm{j}X_{C1}}=\frac{100\angle 0°}{10-\mathrm{j}15}=\frac{100\angle 0°}{18.03\angle -56.3°}$$

$$=5.55\angle 56.3°=3.08+\mathrm{j}4.62(\text{A})$$

$$\dot{I}_{31}=\dot{I}_{11}+\dot{I}_{21}=17.22-\mathrm{j}6.89+3.08+\mathrm{j}4.62$$

$$=20.3-\mathrm{j}2.27=20.43\angle -6.38°(\text{A})$$

3 次谐波 u_3 单独作用时的相量模型如图 5-4(d)所示，用相量法计算

$$\dot{U}_3=\frac{70.7\angle 30°}{\sqrt{2}}=50\angle 30°(\text{V})$$

$$\dot{I}_{13}=\frac{\dot{U}_3}{R_1+\mathrm{j}X_{L3}}=\frac{50\angle 30°}{5+\mathrm{j}6}=\frac{50\angle 30°}{7.81\angle 50.19°}=6.4\angle -20.19°=6.01-\mathrm{j}2.21(\text{A})$$

$$\dot{I}_{23}=\frac{\dot{U}_3}{R_2 1 \mathrm{j}X_{C3}}=\frac{50\angle 30°}{10-\mathrm{j}5}=\frac{50\angle 30°}{11.18\angle -26.57°}=4.47\angle 56.57°=2.46+\mathrm{j}3.73(\mathrm{A})$$

$$\dot{I}_{33}=\dot{I}_{13}+\dot{I}_{23}=6.01-\mathrm{j}2.21+2.46+\mathrm{j}3.73=8.47+\mathrm{j}1.52=8.6\angle 10.19°(\mathrm{A})$$

把各支路电流的各次谐波的瞬时值叠加得最后结果

$$i_1=2+18.55\sqrt{2}\sin(\omega t-21.8°)+6.4\sqrt{2}\sin(3\omega t-20.19°)(\mathrm{A})$$

$$i_2=5.55\sqrt{2}\sin(\omega t+56.3°)+4.47\sqrt{2}\sin(3\omega t+56.57°)(\mathrm{A})$$

$$i_3=2+20.4\sqrt{2}\sin(\omega t-6.38°)+8.6\sqrt{2}\sin(3\omega t+10.19°)(\mathrm{A})$$

R_1 支路吸收的功率

$$\begin{aligned}P_1&=U_{10}I_{10}+U_1I_1\cos\varphi_1+U_3I_3\cos\varphi_3\\&=10\times 2+100\times 18.55\cos 21.8°+50\times 6.4\cos 50.19°\\&=20+1722+205=1947(\mathrm{W})\end{aligned}$$

因为该支路的平均功率实际上就是 R_1 上吸收的功率，故 R_1 支路吸收的平均功率还可以这样计算

$$P_1=I_1^2R$$

$$I_1^2=I_{10}^2+I_{11}^2+I_{13}^2=2^2+18.55^2+6.4^2=385.06$$

$$P_1=385.06\times 5=1925(\mathrm{W})$$

计算结果与上面基本一致，出现的差值由舍入误差引起，是允许的。

例 5.3　如图 5-5(a)所示电路，已知 $R=12(\Omega)$，$\omega L=2(\Omega)$，$\frac{1}{\omega C}=18(\Omega)$，$u(t)=10+80\sqrt{2}\sin(\omega t+30°)+18\sqrt{2}\sin 3\omega t(\mathrm{V})$。

试求：$i(t)$ 的表达式和电磁式电压表、电流表及电动式功率表的读数。

解　分析题意可知，这是一个 RLC 串联电路，要求计算 i 及其有效值（即电流表的读数）、RL 串联部分电压 u_1 的有效值（即电压表的读数）及电路所消耗的有功功率。

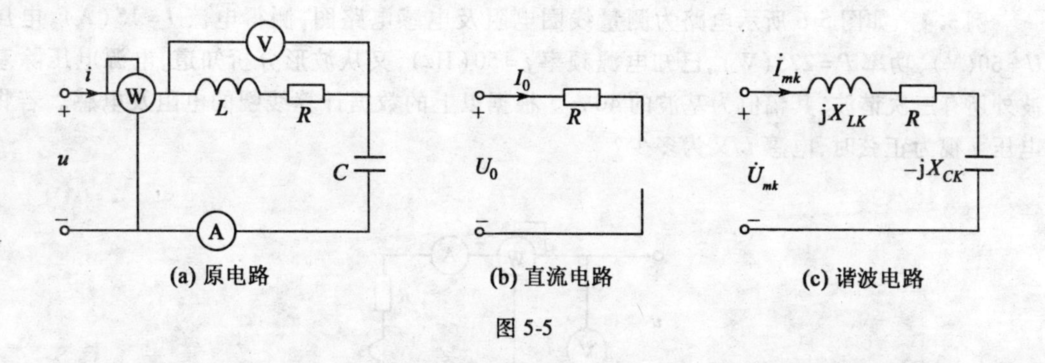

图 5-5

直流分量单独作用时的计算电路如图 5-5(b)所示，所以 i 和 u 的直流分量

$$I_0=0,\quad U_{10}=0$$

基波和 3 次谐波作用时的相量模型如图 5-5(c)所示，这里使用最大值相量。

基波单独作用时

$$X_{C1}=\frac{1}{\omega C}=18(\Omega),\quad X_{L1}=\omega L=2(\Omega)$$

$$\dot{U}_{m1}=80\sqrt{2}\angle 30°(\text{V})$$

$$\dot{I}_{m1}=\frac{\dot{U}_{m1}}{R+\text{j}(X_{L1}-X_{C1})}=\frac{80\sqrt{2}\angle 30°}{12+\text{j}(2-18)}=\frac{80\sqrt{2}\angle 30°}{20\angle -53.1°}=4\sqrt{2}\angle 83.1°(\text{A})$$

$$\dot{U}_{Lm1}=\dot{I}_{m1}(R+\text{j}X_{L1})=4\sqrt{2}\angle 83.1°\times 12.2\angle 9.5°=48.8\sqrt{2}\angle 92.6°(\text{V})$$

3 次谐波单独作用时

$$X_{L3}=3X_{L1}=6(\Omega),X_{C3}=\frac{X_{C1}}{3}=6(\Omega)$$

$$\dot{U}_{m3}=18\sqrt{2}\angle 0°(\text{V})$$

$$\dot{I}_{m3}=\frac{\dot{U}_{m3}}{R+\text{j}(X_{L3}-X_{C3})}=\frac{18\sqrt{2}}{12+0}=1.5\sqrt{2}\angle 0°(\text{A})$$

$$\dot{U}_{Lm3}=\dot{I}_{m3}(R+\text{j}X_{L3})=1.5\sqrt{2}\angle 0°\times(12+\text{j}6)$$

$$=1.5\sqrt{2}\angle 0°\times 13.4\angle 26.6°=20.1\sqrt{2}\angle 26.6°(\text{V})$$

将电流的各次谐波瞬时值相加即得电流 $i(t)$ 的表达式为

$$i(t)=I_0+i_1+i_3=4\sqrt{2}\sin(\omega t+83.1°)+1.5\sqrt{2}\sin 3\omega t(\text{A})$$

i 的有效值为

$$I=\sqrt{I_1^2+I_3^2}=\sqrt{4^2+1.5^2}=4.27(\text{A})$$

U_1 的有效值为 $U_1=\sqrt{U_{L1}^2+U_{L3}^2}=\sqrt{48.8^2+20.1^2}=52.8(\text{V})$

功率表的读数为 $P=U_1I_1\cos\varphi_1+U_3I_3\cos\varphi_3=80\times 4\cos(-53.1°)+18\times 1.5\cos 0°$

$=192+27=219(\text{W})$

或 $P=I^2R=4.27^2\times 12=219(\text{W})$。

即电流表读数为 4.27(A),电压表读数为 52.8(V),功率表读数为 219(W)。

例 5.4 如图 5-6 所示电路为测量线圈电阻及电感电路图,测得电流 $I=15(\text{A})$,电压 $U=60(\text{V})$,功率 $P=225(\text{W})$,已知电源频率 $f=50(\text{Hz})$,又从波形分析知道,电源电压除基波外还有三次谐波,其幅值为基波的40%。根据以上的数据计算线圈的电阻及电感。若将电压 u 视为正弦时,电感 L 又为多少?

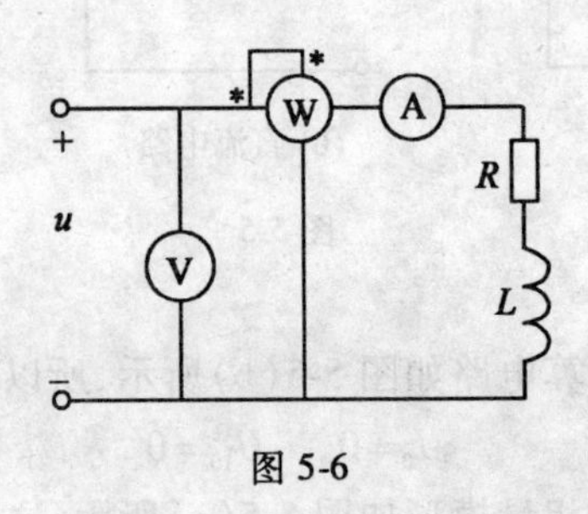

图 5-6

解 由题意可知,u 为非正弦电压,其表达式可以写成

$$u=\sqrt{2}U_1\sin(\omega t+\Psi_1)+\sqrt{2}U_3\sin(3\omega t+\Psi_3)$$
$$=\sqrt{2}U_1\sin(\omega t+\Psi_1)+0.4U_1\sqrt{2}\sin(3\omega t+\Psi_2)$$

式中 $U_3=0.4U_1$。

由于这段电路的平均功率就是耗能元件电阻 R 消耗的功率,即

$$P=I^2R$$

线圈电阻为
$$R=\frac{P}{I^2}=\frac{225}{15^2}=1(\Omega)$$

电压表读数为电压有效值,据公式(5-3)有

$$U=\sqrt{U_1^2+U_3^2}=\sqrt{U_1^2+(0.4U_1)^2}=\sqrt{(1+0.16)U_1^2}=1.077U_1=60(\mathrm{V})$$

$$U_1=\frac{60}{1.077}=55.71(\mathrm{V})$$

电感的基波感抗为
$$X_{L1}=\omega L=2\pi fL$$

当基波单独作用时,可得基波电流相量计算式为

$$\dot{I}_1=\frac{\dot{U}_1}{R+\mathrm{j}X_{L1}}$$

其有效值为

$$I_1=\frac{U_1}{|Z_1|}=\frac{U_1}{\sqrt{R^2+X_{L1}^2}}$$

同理可得3次谐波电流有效值为

$$I_3=\frac{U_3}{|Z_3|}=\frac{U_3}{\sqrt{R^2+X_{L3}^2}}=\frac{U_3}{\sqrt{R^2+(3X_{L1})^2}}=\frac{0.4U_1}{\sqrt{R^2+9X_{L1}^2}}$$

电流的有效值为

$$I_1=\sqrt{I_1^2+I_3^2}=\sqrt{\frac{U_1^2}{R^2+X_{L1}^2}+\frac{(0.4U_1)^2}{R^2+9X_{L1}^2}}=15(\mathrm{A})$$

上式中 U_1 及 R 前面已求出,故从该式中可以解出 X_{L1},即将上式两边平方

$$\frac{U_1^2}{R^2+X_{L1}^2}+\frac{0.16U_1^2}{R^2+9X_{L1}^2}=225$$

代入数字,整理得

$$0.653X_{L1}^4-8.44X_{L1}^2-1.09=0$$

$$X_{L1}^2=\frac{8.44+\sqrt{8.44^2+4\times0.653\times1.09}}{2\times0.653}=13.1$$

$$X_{L1}=\sqrt{13.1}=3.62=2\pi fL$$

$$L=\frac{X_{L1}}{2\pi f}=\frac{3.62}{2\times3.14\times50}=11.5(\mathrm{mH})$$

若将电压 u 视为正弦波,则

$$I=\frac{U}{\sqrt{R^2+X_{L1}^2}}=\frac{60}{\sqrt{1+X_{L1}^2}}=15(\mathrm{A})$$

解该式得

$$X_L=\sqrt{\left(\frac{60}{15}\right)^2-1}=\sqrt{15}=3.87=2\pi fL$$

所以
$$L=\frac{X_L}{2\pi f}=\frac{3.87}{314}=12.3(\text{mH})。$$

由上题计算可知,用实验方法测量线圈电感时,由于电源电压的非正弦情况将会引起误差。当然实际上未必这样严重,可以根据具体情况予以考虑。

§5.2 非正弦波的频谱

5.2.1 频谱的意义

由上节可知,非正弦周期波形的各次谐波的幅值和初相的相对关系决定着波形的特征。换句话说,谐波分解所得到的各次谐波的幅值 A_{1m} 和相位 Ψ_k 与频率 $\omega_k(\omega_k=k\omega)$ 的关系,对波形的描述有着决定性的意义。这两个关系称为频谱,前者称为幅值频谱,后者称为相位频谱。

与正弦电路相仿,对于由大小和相位两个关系确定的量,可以用一个复数关系来表示,即复数的模表示大小,其辐角描述相位。于是式(5-1)可以表示成复数形式,称为傅里叶级数的复数形式,或称频谱函数。除此之外,还可以用图形的方法表示谐波成分的分布状况及其各次谐波所占的比重。这样的图,习惯上称为幅值频谱图。同理可以作出相位关系的图形,该图形称之为相位频谱图,二者统称为频谱图,但实际应用中幅值频谱图用得较多,故常简称为频谱图。频谱图对非正弦谐波成分及其各次谐波所占的比重给予直观几何的描述,使之看起来一目了然。

5.2.2 复数频谱

如果将式(5-1)展开,傅里叶级数就可以写成另外一种形式

$$\begin{aligned}f(\omega t)&=A_0+A_{1m}\cos\Psi_1\sin\omega t+A_{1m}\sin\Psi_1\cos\omega t+\\&\quad A_{2m}\cos\Psi_2\sin2\omega t+A_{2m}\sin\Psi_2\cos2\omega t+\cdots\\&=A_0+\sum_{k=1}^{\infty}[(A_{km}\cos\Psi_k)\sin k\omega t+(A_{km}\sin\Psi_k)\cos k\omega t]\\&=A_0+\sum_{k=1}^{\infty}(B_{km}\sin k\omega t+C_{km}\cos k\omega t)\end{aligned}\tag{5-7}$$

式中

$$\begin{cases}B_{km}=A_{km}\cos\Psi_k\\C_{km}=A_{km}\sin\Psi_k\end{cases}\tag{5-8}$$

上述系数之间的关系还可以用图 5-7 所示三角形描述,并由此得出

$$\begin{cases}A_{km}=\sqrt{B_{km}^2+C_{km}^2}\\\Psi_k=\arctan\dfrac{C_{km}}{B_{km}}\end{cases}\tag{5-9}$$

根据数学中的结论，式(5-7)中的系数 A_0、B_{km} 和 C_{km} 可以用下列公式确定

$$\begin{cases} A_0 = \dfrac{1}{T}\displaystyle\int_0^T f(t)\,\mathrm{d}t \\ B_{km} = \dfrac{2}{T}\displaystyle\int_0^T f(t)\sin k\omega t\,\mathrm{d}t \\ C_{km} = \dfrac{2}{T}\displaystyle\int_0^T f(t)\cos k\omega t\,\mathrm{d}t \end{cases} \tag{5-10}$$

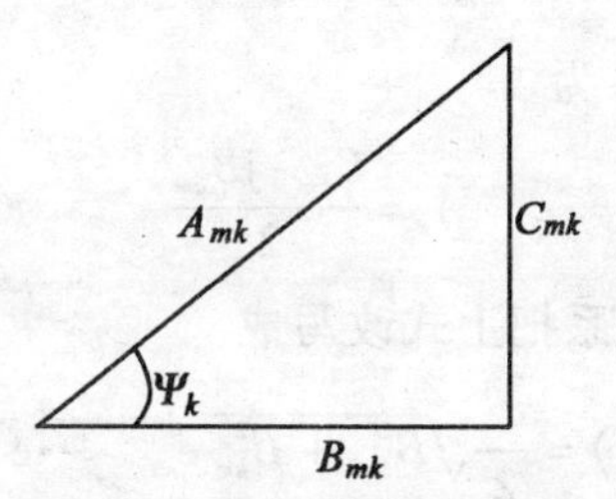

图 5-7　复系数的几何关系

根据欧拉(Euler)公式，有

$$\sin k\omega t=\frac{1}{2\mathrm{j}}(\mathrm{e}^{\mathrm{j}k\omega t}-\mathrm{e}^{-\mathrm{j}k\omega t})$$

$$\cos k\omega t=\frac{1}{2}(\mathrm{e}^{\mathrm{j}k\omega t}+\mathrm{e}^{-\mathrm{j}k\omega t})$$

故式(5-7)可以改写成

$$f(t)=A_0+\sum_{k=1}^{\infty}\left(B_{km}\frac{\mathrm{e}^{\mathrm{j}k\omega t}-\mathrm{e}^{-\mathrm{j}k\omega t}}{2\mathrm{j}}+C_{km}\frac{\mathrm{e}^{\mathrm{j}k\omega t}+\mathrm{e}^{-\mathrm{j}k\omega t}}{2}\right)=A_0+\sum_{k=1}^{\infty}[\dot{A}_k\mathrm{e}^{\mathrm{j}k\omega t}+\hat{A}_k\mathrm{e}^{-\mathrm{j}k\omega t}] \tag{5-11}$$

式(5-11)中 $\dot{A}_k$ 为复数 $\hat{A}_k$ 的共轭复数，它们可以用 C_{km} 和 B_{km} 表示

$$\dot{A}_k=\frac{C_{km}-\mathrm{j}B_{km}}{2};$$

$$\hat{A}_k=\frac{C_{km}+\mathrm{j}B_{km}}{2}$$

还可以由傅里叶积分计算

$$\dot{A}_k=\frac{1}{T}\int_0^T f(t)\,\mathrm{e}^{-\mathrm{j}k\omega t}\mathrm{d}t \tag{5-12}$$

$$\hat{A}_k=\frac{1}{T}\int_0^T f(t)\,\mathrm{e}^{\mathrm{j}k\omega t}\mathrm{d}t \tag{5-13}$$

比较 $\dot{A}_k$ 与 $\hat{A}_k$ 的表达式，$\dot{A}_k$ 可以由 $\hat{A}_k$ 表达式中的 k 用 $-k$ 代替而得到，于是式(5-11)可以改写为

$$f(t)=A_0+\sum_{k=1}^{\infty}\dot{A}_k\mathrm{e}^{\mathrm{j}k\omega t}+\sum_{k=1}^{\infty}\hat{A}_k\mathrm{e}^{\mathrm{j}k\omega t} \tag{5-14}$$

式(5-14)可以进一步改写为

$$f(t) = \sum_{k=-\infty}^{\infty} \dot{A}_k \mathrm{e}^{\mathrm{j}k\omega t} \tag{5-15}$$

其中,当 $k=0$ 时,则 $f(t)=A_0$,而

$$\dot{A}_k = \frac{1}{T}\int_{\frac{T}{2}}^{\frac{T}{2}} f(t)\,\mathrm{e}^{-\mathrm{j}k\omega t}\mathrm{d}t \tag{5-16}$$

$\dot{A}_k$ 是一个复系数,因此可以把 $\dot{A}_k$ 写成模和辐角的形式,即

$$\dot{A}_k = A_k \mathrm{e}^{\mathrm{j}\theta_k} \tag{5-17}$$

由前述可知,$\dot{A}_k$ 与 C_{km}、B_{km}的关系为

$$\dot{A}_k = \frac{C_{km} - \mathrm{j}B_{km}}{2}$$

为了便于比较,应用式(5-9)的关系把上式改写成

$$\dot{A}_k = \frac{-\mathrm{j}}{2}(B_{km} + \mathrm{j}C_{km}) = \frac{1}{2}\sqrt{B_{km}^2 + C_{km}^2}\,\mathrm{e}^{\mathrm{j}\arctan\frac{C_{km}}{B_{km}}}\mathrm{e}^{-\mathrm{j}\frac{\pi}{2}} = \frac{A_{km}}{2} \cdot \mathrm{e}^{\mathrm{j}\left(\Psi_k - \frac{\pi}{2}\right)} \tag{5-18}$$

比较式(5-17)和式(5-18)则有

$$\begin{cases} A_k = \dfrac{A_{km}}{2} \\ \theta_k = \Psi_k - \dfrac{\pi}{2} \end{cases} \tag{5-19}$$

式(5-19)中的 A_k 和 θ_k 分别称为幅度频谱和相位频谱。结果表明,各次谐波就是由傅里叶级数中某一频率下的一对正、负复指数项所组成,而谐波的幅值为相应每一指数项模的两倍。

例 5.5 试把如图 5-8 所示矩形波展开为指数形式的傅里叶级数,并绘制出幅值频谱和相位频谱。

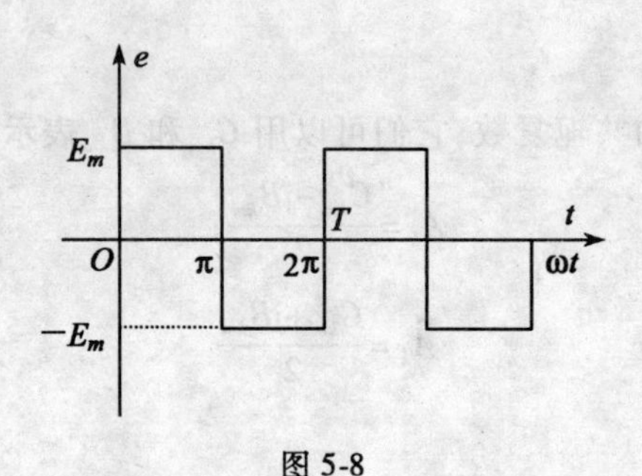

图 5-8

解 函数在一个周期内的表达式为

$$f(t) = \begin{cases} E_m, 0 \leqslant t \leqslant \dfrac{T}{2} \\ -E_m, \dfrac{T}{2} \leqslant t \leqslant T \end{cases}$$

$$\dot{A}_k = \frac{1}{T}\int_0^{\frac{T}{2}} E_m \mathrm{e}^{-\mathrm{j}k\omega t}\mathrm{d}t - \frac{1}{T}\int_{\frac{T}{2}}^{T} E_m \mathrm{e}^{-\mathrm{j}k\omega t}\mathrm{d}t = \frac{E_m}{\mathrm{j}k\omega T}\left(1 - 2\mathrm{e}^{\mathrm{j}k\omega\frac{T}{2}} + \mathrm{e}^{\mathrm{j}k\omega T}\right)$$

由于 $k\omega T = 2k\pi$,故

$$\dot{A}_k=\frac{E_m}{\mathrm{j}k\omega T}(1-2\mathrm{e}^{\mathrm{j}k\pi}+\mathrm{e}^{-\mathrm{j}2k\pi})$$

$$\dot{A}_k=\begin{cases}\dfrac{1}{T}\cdot\dfrac{4E_m}{\mathrm{j}k\omega}=\dfrac{2E_m}{\mathrm{j}k\pi},\text{当 } k \text{ 为奇数时}\\ 0,\qquad\qquad\qquad\quad \text{当 } k \text{ 为偶数时}\end{cases}$$

于是可以得到指数形式的傅里叶级数为

$$f(t)=\frac{2E_m}{\mathrm{j}\pi}\mathrm{e}^{\mathrm{j}\omega t}+\frac{2E_m}{\mathrm{j}3\pi}\mathrm{e}^{\mathrm{j}3\omega t}+\frac{2E_m}{\mathrm{j}5\pi}\mathrm{e}^{\mathrm{j}5\omega t}+\cdots-\frac{2E_m}{\mathrm{j}\pi}\mathrm{e}^{-\mathrm{j}\omega t}-\frac{2E_m}{\mathrm{j}3\pi}\mathrm{e}^{-\mathrm{j}3\omega t}-\frac{2E_m}{\mathrm{j}5\pi}\mathrm{e}^{-\mathrm{j}5\omega t}-\cdots。$$

图 5-9(a)为幅值频谱，图 5-9(b)为相位频谱。由图 5-9(a)可知，频谱图是由长短不同，相距整数倍频率的线条组成，这样的频谱称为离散频谱。

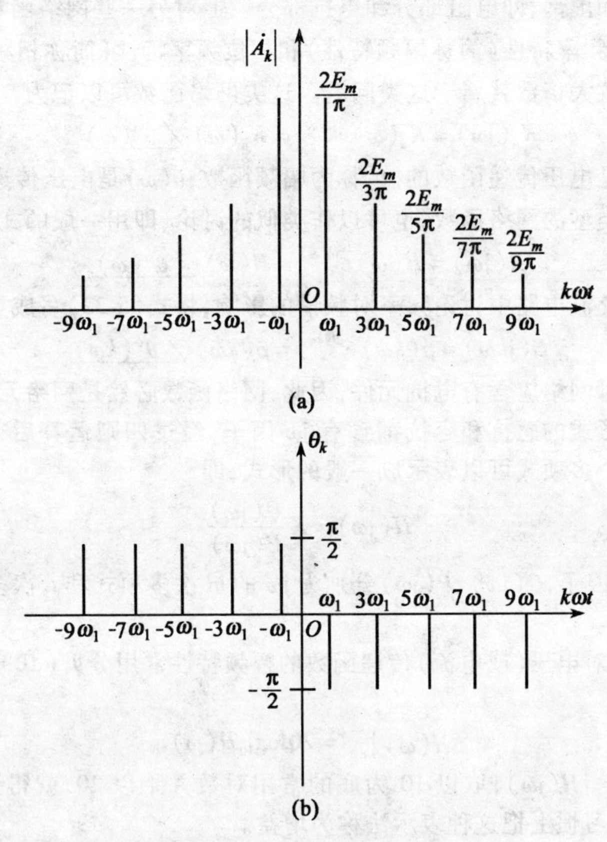

图 5-9　幅度与相位频谱图

§5.3　网 络 函 数

5.3.1　网络函数的概念

在交流电路中，为了更进一步讨论和研究响应与激励之间的关系，我们引进网络函数的概念。对于一个给定的线性无源网络，其响应与激励之间的关系可以用网络函数来描述。

当激励和响应都是频率(ω 或 jω)的函数时,可以定义

$$\text{网络函数 } H(\mathrm{j}\omega)=\frac{\text{响应函数 } R(\mathrm{j}\omega)}{\text{激励函数 } E(\mathrm{j}\omega)} \tag{5-20}$$

根据激励和响应是否属于同一端口,网络函数可以分为两大类:即策动点函数和转移函数(或传递函数)。所谓策动点函数,是指激励和响应属于同一个端口的(激励所在的点称策动点)。如激励为电流相量,响应为电压相量,二者同属于一个端口时,其网络函数就是策动点的复阻抗函数。所谓传递函数,是指激励和响应各属不同的端口时的网络函数。

5.3.2 网络函数的几种表示法

一般来讲,网络函数是一个复数。对于某些网络函数,如输入复阻抗、输出复阻抗等,常常需要研究其实部和虚部,即电阻部分和电抗部分。但对另一些网络函数,则常常需要研究其模和辐角,即振幅频率特性(简称幅频特性)和相位频率特性(简称相频特性)。如电子技术中常常讨论电压放大倍数就属于这类问题。这类网络函数可以记为

$$K_u(\mathrm{j}\omega)=K_u(\omega)\mathrm{e}^{\mathrm{j}\theta(\omega)}=K_u(\omega)\angle\theta^\circ(\omega) \tag{5-21}$$

式(5-21)中 $K_u(\omega)$ 是电压传递函数的模,称为幅频函数;$\theta(\omega)$ 是电压传递函数的辐角,即相频函数。对于其他类型的网络函数,也可以作类似的讨论,即用一般的式子表示为

$$H(\mathrm{j}\omega)=H(\omega)\mathrm{e}^{\mathrm{j}\theta(\omega)}=H(\omega)\angle\theta^\circ(\omega) \tag{5-22}$$

为了在非正弦交流电路中讨论频率对频谱的影响,将式(5-22)写成更一般的形式

$$C(\mathrm{j}k\omega)=\rho(k\omega)\mathrm{e}^{\mathrm{j}\theta(k\omega)}=\rho(k\omega)\angle\theta^\circ(k\omega) \tag{5-23}$$

讨论频率响应时网络应含有电抗元件,因此,网络函数必然是网络元件参数的四则运算的结果。由于复数形式的感抗和容抗都含有 jω 因子,经过四则运算后得到的将是关于 jω 的有理多项式。这个多项式可以表示成一般的形式,即

$$H(\mathrm{j}\omega)=K\frac{Q(\mathrm{j}\omega)}{P(\mathrm{j}\omega)} \tag{5-24}$$

式中,K 为比例因子,$Q(\mathrm{j}\omega)$、$P(\mathrm{j}\omega)$ 分别为 jω 的 m 次多项式和 n 次多项式,且次数最高的项系数为 1,$m\leqslant n$。

在实际应用中,对电压(或电流)传递函数的幅频特性常用分贝(dB)作单位表示。其定义为

$$H(\omega)\big|_{\mathrm{dB}}=20\log_{10}H(\omega) \tag{5-25}$$

亦即,对 $H(\omega)=|H(\mathrm{j}\omega)|$ 取以 10 为底的常用对数并乘以 20,就得到传递函数的分贝数。在电子技术中,习惯上把这种表示法称为增益。

除上述解析函数的表示方法外,频率响应还常用以频率为横坐标的曲线表示。为了在同一尺度内包含更宽的频带范围,绘制频率响应曲线时,横坐标常用对数标度。

§5.4 RC 电路的频率特性

5.4.1 一阶 RC 电路的频率特性

由电阻和一个电容(或能等效化简成一个电容)组成的电路,其微分方程是一阶的,而网络函数分母多项式 $P(\mathrm{j}\omega)$ 中心的最高次数 $n=1$。这种电路称为一阶 RC 电路。一阶 RC

电路有两种基本形式,即 RC 低通网络和 RC 高通网络。以下分别讨论它们的特性。

1. 低通电路

在如图 5-10 所示电路中,若取转移电压比作为所讨论的网络函数,则由分压关系可以写出

$$H(\mathrm{j}\omega)=\frac{\dot{U}_2}{\dot{U}_1}=\frac{\dfrac{1}{\mathrm{j}\omega C}}{R+\dfrac{1}{\mathrm{j}\omega C}}=\frac{1}{1+\mathrm{j}\omega RC}$$

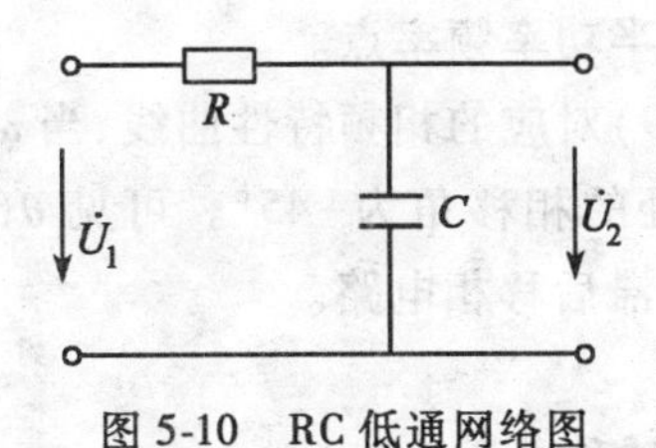

图 5-10　RC 低通网络图

令 $\omega_0=\dfrac{1}{RC}$,则上式可以写成

$$H(\mathrm{j}\omega)=\frac{1}{1+\mathrm{j}\left(\dfrac{\omega}{\omega_0}\right)}=H(\omega)\angle\theta^{\circ}(\omega) \tag{5-26}$$

其中

$$H(\omega)=\frac{1}{\sqrt{1+\left(\dfrac{\omega}{\omega_0}\right)^2}} \tag{5-27}$$

$$\theta(\omega)=-\arctan\frac{\omega}{\omega_0} \tag{5-28}$$

由式(5-27)可知,频率越高,网络的输出电压与输入电压的有效值之比越小。并且,当 ω 趋于 0 时,$H(\omega)$趋于 1,即 U_2 趋于 U_1;当 ω 趋于无穷大时,$H(\omega)$趋于 0,因而 U_2 也趋于 0。网络的幅频特性,即 $H(\omega)$随 ω 变化的关系,如图 5-11(a)所示。这种类型的特性称为低通特性,具有这类特性的网络称为低通网络。

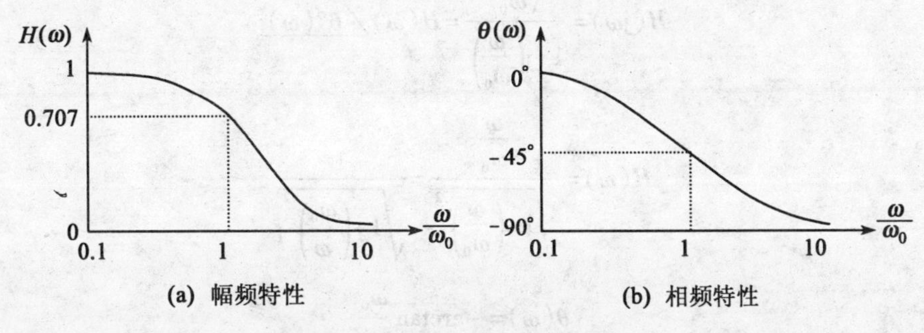

图 5-11　RC 网络的低通特性图

低通特性可以理解为,低频信号容易通过网络,而高频信号将受到阻截。为了定量地说明网络允许通过或阻截的频率范围,实际工程中常用截止频率来表示。所谓截止频率是指

幅频特性下降到最大值的 0.707 倍时的频率。电路的截止频率是一个重要的概念,在无线电技术中经常用到。对上述电路截止频率恰好等于电路的自然频率 ω_0,凡小于 ω_0 的频率信号都能通过该网络。于是 $\omega \leqslant \omega_0$ 的频率范围称为通频带,通频带的宽度称为带宽,用 BW 表示,即

$$BW=\omega_0-0=\omega_0 \tag{5-29}$$

如果以分贝为单位表示电路的增益,当 $\omega=\omega_0$ 时,$20\log_{10}(0.707)=-3\text{dB}$,所以又称 ω_0 为 3 分贝频率。在无线电技术中约定,当输出下降到它的最大值 3 分贝以下时,就可以认为该频率成分对输出的贡献可以忽略不计。从功率的角度看,此时,输出的功率只是最大功率的一半,因此,3 分贝频率也称为半功率频率点。

图 5-11(b)给出了与式(5-29)对应的相频特性曲线,当 ω 由 0 向 $+\infty$ 增加时,$\theta(\omega)$ 将由 0°趋向 -90°,而在截止频率 ω_0 处的相移角为 -45°。可见 $\theta(\omega)\leqslant 0$,说明输出总是滞后输入,因此图 5-10 所示网络也称为滞后移相电路。

2. 高通电路

如图 5-12 所示 RC 电路中,转移电压比为

$$H(\mathrm{j}\omega)=\frac{\dot{U}_2}{\dot{U}_1}=\frac{R}{R+\dfrac{1}{\mathrm{j}\omega C}}=\frac{\mathrm{j}\omega RC}{1+\mathrm{j}\omega RC}$$

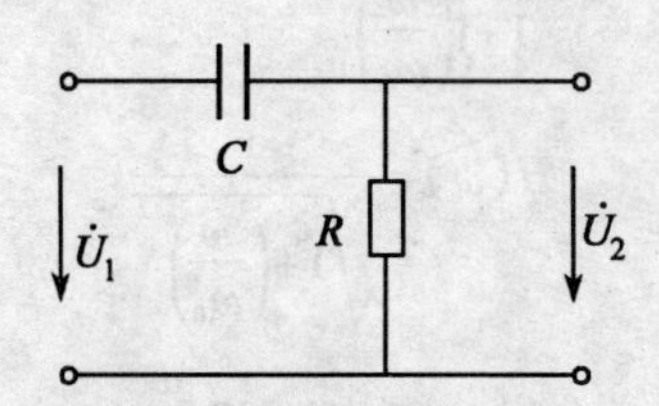

图 5-12 RC 高通网络图

令 $\omega_0=\dfrac{1}{RC}$,则相应的频率特性可以写成

$$H(\mathrm{j}\omega)=\frac{\mathrm{j}\left(\dfrac{\omega}{\omega_0}\right)}{1+\mathrm{j}\left(\dfrac{\omega}{\omega_0}\right)}=H(\omega)\underline{/\theta^\circ(\omega)} \tag{5-30}$$

其中

$$H(\omega)=\frac{\dfrac{\omega}{\omega_0}}{\sqrt{1+\left(\dfrac{\omega}{\omega_0}\right)^2}}=\frac{1}{\sqrt{1+\left(\dfrac{\omega_0}{\omega}\right)^2}} \tag{5-31}$$

$$\theta(\omega)=-\arctan\frac{\omega_0}{\omega} \tag{5-32}$$

由式(5-31)可知,频率越低,则图 5-12 所示网络的输出电压与输入电压的有效值之比越小。并且当 ω 趋于 0 时,$H(\omega)$ 也趋于 0;当 ω 趋于无穷大时,$H(\omega)$ 趋于 1。$H(\omega)$ 随 ω 的变化情况如图 5-13(a)所示,这是一种高通型的幅频特性。即只有高频信号容易通过而低

频信号将受到阻截，特别是若输入含有直流分量，由于电容的隔直作用，输出端将完全没有直流分量。

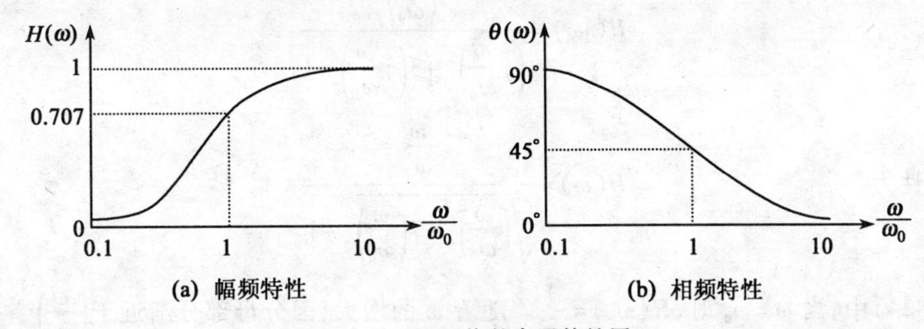

(a) 幅频特性　(b) 相频特性

图 5-13　RC 网络的高通特性图

图 5-13(b)给出了与式(5-32)对应的相频率特性曲线。当 ω 由 θ 向+∞ 增加时，$\theta(\omega)$ 是由 90°趋向于 0°，而在截止频率 ω_0 处的相移角为 45°。$\theta(\omega)\geqslant 0$，这说明输出总是超前于输入，因此这种电路称为超前移相电路。

5.4.2　二阶带通电路

传递函数中含有$(\mathrm{j}\omega)^2$ 项的电路称为二阶电路。二阶电路的形式很多，二阶电路可以由电阻与两个不成串、并联关系的电容组成，也可以由 RLC 串联组成，这里仍以 RC 电路为例来介绍二阶 RC 电路的频率特性。

如图 5-14 所示电路是一种典型的二阶 RC 电路。频率很低时，$X_C \gg R$，并联部分接近于纯电阻，且阻抗远小于串联部分，电压比很小。频率很高时，$X_C \ll R$，并联部分接近于纯容抗，且阻抗也远小于串联部分，电压比仍然很小。只有在中间的一些频率，串、并联两部分的阻抗值比较接近，才有较高的转移电压比。由此可见，图 5-14 所示网络只能通过某一频率范围的信号，对过高或过低的频率都有阻截作用。这种类型的频率特性，称为带通特性，允许通过的频率范围，称为通频带。

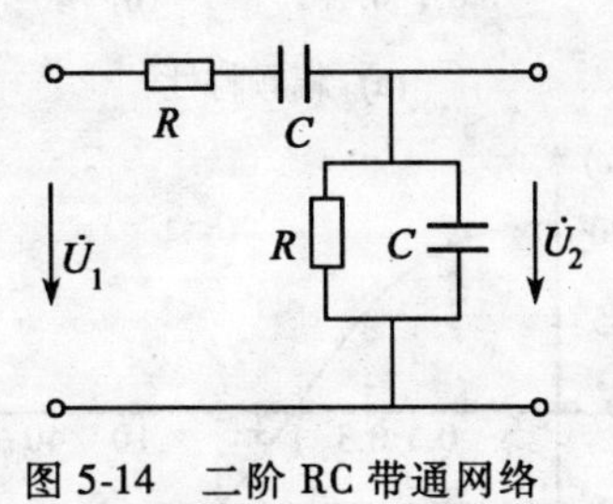

图 5-14　二阶 RC 带通网络

图 5-14 所示电路的转移电压比为

$$H(\mathrm{j}\omega)=\frac{\dot{U}_2}{\dot{U}_1}=\frac{\dfrac{R}{1+\mathrm{j}\omega RC}}{R+\dfrac{1}{\mathrm{j}\omega C}+\dfrac{R}{1+\mathrm{j}\omega RC}}=\frac{\mathrm{j}\omega RC}{(\mathrm{j}\omega RC)^2+3(\mathrm{j}\omega RC)+1}$$

令 $\omega_0=\dfrac{1}{RC}$，则相应的频率响应可以写成

$$H(\mathrm{j}\omega)=\frac{\mathrm{j}\left(\dfrac{\omega}{\omega_0}\right)}{\left(\mathrm{j}\dfrac{\omega}{\omega_0}\right)^2+3\left(\mathrm{j}\dfrac{\omega}{\omega_0}\right)+1} \tag{5-33}$$

幅频特性为

$$H(\omega)=\frac{\dfrac{\omega}{\omega_0}}{\sqrt{\left(\dfrac{\omega}{\omega_0}\right)^4+7\left(\dfrac{\omega}{\omega_0}\right)^2+1}} \tag{5-34}$$

在式(5-34)中，当 $\omega=\omega_0$ 时，$H(\omega_0)=\dfrac{1}{3}$。随着 ω 的增大，因分母部分渐近于$\left(\dfrac{\omega}{\omega_0}\right)^2$，整个分式近似于$\dfrac{\omega_0}{\omega}$，所以 $H(\omega)$ 趋于 0。若 ω 从 ω_0 开始下降，则分母部分渐近于 1，分式近似于$\left(\dfrac{\omega}{\omega_0}\right)$，$H(\omega)$ 也趋于 0。于是幅频特性在 $\omega=\omega_0$ 处出现极值，而形成如图 5-15(a)所示的尖峰曲线，$\omega_0=\dfrac{1}{RC}$称为中心频率。当 $\omega<\omega_0$ 或 $\omega>\omega_0$ 时，曲线急剧下降，在中心频率两侧，当 $H(\omega)=\dfrac{1}{3\sqrt{2}}$时，对应着 ω_L 或 ω_H，ω_L 为下限截止频率，ω_H 为上限截止频率。上、下限截止频率之差称为通频带宽度，用 BW 表示。即

$$BW=\omega_H-\omega_L \tag{5-35}$$

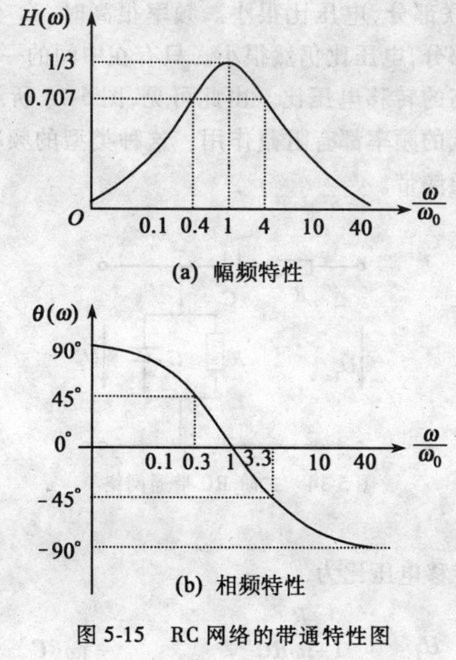

图 5-15　RC 网络的带通特性图

两个界限频率的确定，仍按一阶电路中的原则。对于图 5-14 所示网络，可以按 $H(\omega)=\frac{1}{3\sqrt{2}}$来计算。即 $\omega_H=3.3\omega_0$，$\omega_L=0.3\omega_0$。

图 5-14 所示网络的相频特性为

$$\theta(\omega)=-\arctan\frac{\frac{\omega}{\omega_0}-\frac{\omega_0}{\omega}}{3} \tag{5-36}$$

在中心频率处，相位移为 0°；低频段相位移趋于 90°；高频段相位移趋于 -90°，如图 5-15(b)所示。

推广到一般的情况，二阶 RC 带通网络的频率响应具有如下形式

$$H(j\omega)=KQ\frac{1}{1+jQ\left(\frac{\omega}{\omega_0}-\frac{\omega_0}{\omega}\right)} \tag{5-37}$$

$$H(\omega)=\frac{KQ}{\sqrt{1+Q^2\left(\frac{\omega}{\omega_0}-\frac{\omega_0}{\omega}\right)^2}} \tag{5-38}$$

$$\theta(\omega)=-\arctan Q\left(\frac{\omega}{\omega_0}-\frac{\omega_0}{\omega}\right) \tag{5-39}$$

式中 Q 称为品质因数，Q 反映网络的衰减情况，K 是反映电路结构的系数。

由式(5-38)可以看出，在中心频率 ω_0 处，$H(\omega)$ 达到最大值 KQ。当 $H(\omega)$ 下降到$\frac{KQ}{\sqrt{2}}$时，其频率应满足下列方程

$$Q\left(\frac{\omega}{\omega_0}-\frac{\omega_0}{\omega}\right)=\pm1 \tag{5-40}$$

由此可以导出，带通特性的上限频率 ω_H 和下限频率 ω_L 应满足方程式

$$\omega^2\pm\frac{\omega_0}{Q}\omega-\omega_0^2=0 \tag{5-41}$$

因 ω_H 和 ω_L 均应为正值，故分别取这两个二次方程式的正根，即得

$$\begin{cases}\frac{\omega_H}{\omega_0}=\sqrt{\frac{1}{(2Q)^2}+1}+\frac{1}{2Q}\\ \frac{\omega_L}{\omega_0}=\sqrt{\frac{1}{(2Q)^2}+1}-\frac{1}{2Q}\end{cases} \tag{5-42}$$

同时还可以求得带宽

$$BW=\omega_H-\omega_L=\frac{\omega_0}{Q} \tag{5-43}$$

§5.5　LC 电路的频率特性

同时含有一个电容和一个电感的网络，其频率响应也是二阶的。与 RC 二阶电路相比较，这种电路有一个明显的特点，在某个特定的频率时网络端口上的电压和电流同相，即端

口阻抗呈现电阻性。并且，当电阻作用相对较小时，可能出现电感元件或电容元件上的电压或电流远大于输入端的电压或电流。电路分析中，将 LC 电路呈现电阻性的现象称为谐振，对于 LC 电路的频率特性，常重视谐振点附近的特性。

描述其特性时常用到一些特性参数，而这些特性参数都取决于电路参数，与电路的工作状态无关。所以下面先介绍 LC 电路的特性参数，然后再讨论频率特性及其应用。

5.5.1 LC 电路的特性参数

1. 固有频率

在 RC 电路中已经引进了电路的固有频率 ω_0 和品质因数 Q 等特性参数的概念，对于 LC 电路也有这些特性参数，即 LC 电路的固有频率为

$$\omega_0=\frac{1}{\sqrt{LC}} \quad 或 \quad f_0=\frac{1}{2\pi\sqrt{LC}} \tag{5-44}$$

2. 特性阻抗

如果对式(5-44)两边同乘以 L 则得

$$\omega_0 L=\frac{L}{\sqrt{LC}}=\sqrt{\frac{L}{C}} \tag{5-45}$$

如果对式(5-44)两边同乘以 C 则得

$$\omega_0 C=\frac{C}{\sqrt{LC}}=\sqrt{\frac{C}{L}} \quad 即 \quad \frac{1}{\omega_0 C}=\sqrt{\frac{L}{C}} \tag{5-46}$$

由此可见

$$\omega_0 L=\frac{1}{\omega_0 C} \tag{5-47}$$

式(5-47)反映了 LC 电路的固有特性，$\sqrt{\frac{L}{C}}$称为特性阻抗，记做 ρ，即

$$\sqrt{\frac{L}{C}}=\rho。 \tag{5-48}$$

3. 品质因数

LC 电路的品质因数用特性阻抗与回路的电阻的比值来定义，即

$$Q=\frac{\rho}{R}=\frac{\omega_0 L}{R}=\frac{1}{\omega_0 CR} \tag{5-49}$$

5.5.2 串联谐振

1. 谐振的概念及条件

如图 5-16(a)所示为非正弦电压 u 作用的 RLC 串联电路，电路的工作状况将随频率的变动而变动，这是由于感抗和容抗随频率而变动造成的。根据非正弦电路的分析原理，各次谐波可以用相量法分析，而 k 次谐波网络如图 5-16(b)所示。对图 5-16(b)所示电路的输入阻抗为

$$Z(\mathrm{j}\omega)=R+\mathrm{j}\left(k\omega L-\frac{1}{k\omega C}\right)$$

当电源 u 中第 k 次谐波的频率等于电路的固有频率，即 $k\omega=\omega_0$时，输入阻抗为

$$Z(\mathrm{j}\omega_0)=R+\mathrm{j}\left(\omega_0 L-\frac{1}{\omega_0 C}\right)$$

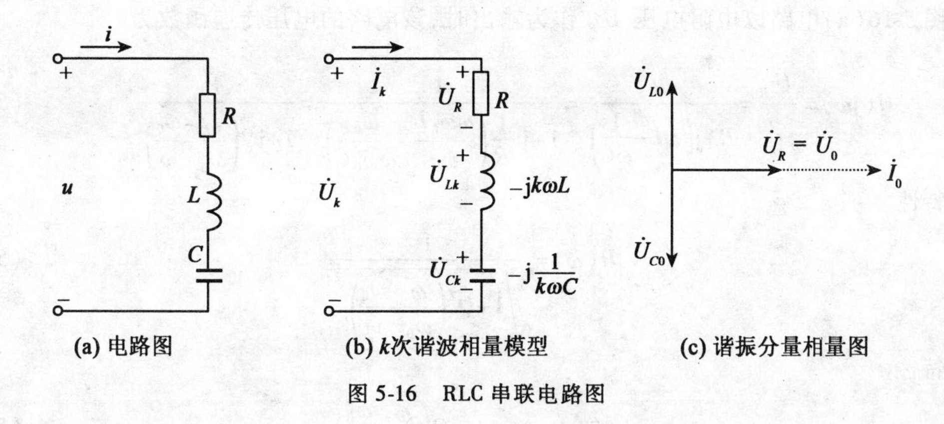

图 5-16　RLC 串联电路图

由式(5-47)可得

$$Z(\mathrm{j}\omega_0)=R \tag{5-50}$$

以上分析表明,图 5-16(b)所示电路在频率等于 ω_0 的分量激励下,电路呈现电阻性,即电压 $\dot{U}_o$ 与电流 $\dot{I}_o$ 同相,其相量图如图 5-16(c)所示。电路的这种工作状态,称为(对 ω_0 谐波)谐振。由于发生在串联电路中,故称为串联谐振。由前面分析可知串联谐振的条件为

$$k\omega=\omega_0 \tag{5-51}$$

当电源(信号源)的频率等于电路的固有频率 ω_0 时,电路将发生谐振,该频率称为谐振频率。谐振条件也等价为 $\mathrm{Im}[Z(\mathrm{j}\omega_0)]=0$,即

$$k\omega L-\frac{1}{k\omega C}=0 \tag{5-52}$$

由以上讨论可知,串联谐振时电路的阻抗 $Z=\sqrt{R^2+(X_{LK}-X_{CK})^2}=R$,其值最小。在同样的外施电压作用下的电流最大,电容的电压与电感的电压大小相等且相位相反,电阻上电压等于外施电压。若谐振回路的电阻值 $R\ll X_L=X_C$,这时会出现 $U\ll U_L=U_C$ 这种现象称为过电压,过电压的程度可以用品质因数来衡量,即

$$\frac{U_L}{U}=\frac{U_C}{U}=Q \tag{5-53}$$

这一特点在电子电路中得到广泛运用,而在电力系统中,则应设法避免谐振的产生,因为电压谐振引起的高压有可能损坏电气设备。

从能量的角度考察发生串联谐振的原因是:在谐振时,稳态的瞬时功率满足以下关系

$$p_L=u_Li=-u_Ci=-p_c$$

上式表示在任何时间内,储入电感中的能量恰好等于电容放出的能量,或电感放出的能量恰好等于储入电容的能量。因此,外施激励只需供给电阻的能量消耗,便能维持电路中的电压和电流。交替地建立电感中的磁场和电容器中的电场所需要的能量,不再取自外界,而是在电路内部自行平衡。

2. 谐振曲线

对于谐振电路,讨论频率响应时着重在谐振频率 ω_0 附近的情况,得到的频率特性曲线常称为谐振曲线。

图 5-16(a)电路以电阻电压 $\dot{U}_R$ 作为输出时,该电路的电压传递函数为

$$H(\mathrm{j}\omega)=\frac{\dot{U}_R}{\dot{U}}=\frac{R}{R+\mathrm{j}\left(\omega L-\frac{1}{\omega C}\right)}=\frac{1}{1+\mathrm{j}\frac{1}{R}\left(\frac{\omega\omega_0 L}{\omega_0}-\frac{\omega_0}{\omega\omega_0 C}\right)}=\frac{1}{1+\mathrm{j}Q\left(\frac{\omega}{\omega_0}-\frac{\omega_0}{\omega}\right)} \tag{5-54}$$

幅频特性

$$H(\omega)=\frac{1}{\sqrt{1+Q^2\left(\frac{\omega}{\omega_0}-\frac{\omega_0}{\omega}\right)^2}} \tag{5-55}$$

相频特性

$$\theta(\omega)=-\arctan Q\left(\frac{\omega}{\omega_0}-\frac{\omega_0}{\omega}\right) \tag{5-56}$$

当 Q 取不同的值时,其幅频特性曲线与相频特性曲线分别如图 5-17(a)、(b)所示。

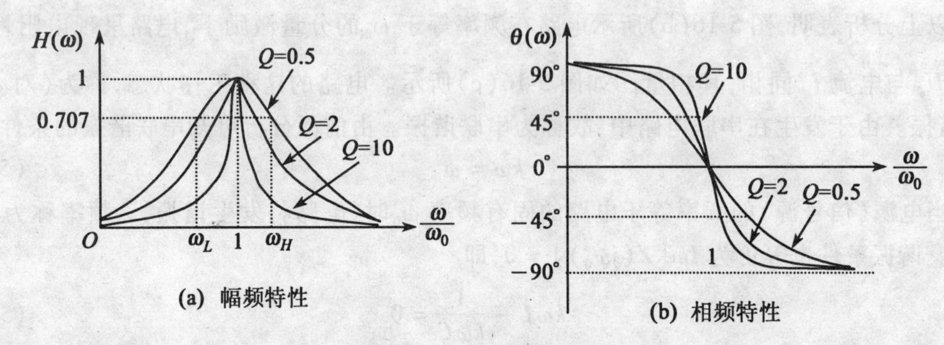

图 5-17　LC 串联谐振特性图

由图 5-17(a)可知,$\frac{U_R}{U}$的谐振曲线也具有带通特性,但串联谐振电路 BW 很窄。在信号电路中,常利用这一点,从含有许多不同频率的输入信号中选取某一特定频率的信号作为输出,电路的这一特性称为选择性。对带通电路来说,希望电路能顺利通过频带以内的信号,同时能有效地抑制通带以外的信号。从特性曲线来看,Q 值越大,则曲线越尖,选择性越好。

5.5.3　并联谐振

串联谐振电路作为调谐选频用时,只宜联接到低内阻的信号源,而不宜作高内阻信号源的负载。那么对于高内阻信号源,则应采用并联谐振电路才能实现选频的目的。

如图 5-18 所示为 RLC 并联电路,与串联谐振定义相同,即端口上的电压 $\dot{U}$ 与输入电流 $\dot{I}$ 同相时的工作状况称为谐振。由于发生在并联电路中,故称为并联谐振,并联谐振的条件为 $\mathrm{Im}[Y(\mathrm{j}\omega)]=0$,对图 5-18 所示电路的输入导纳为

$$Y(\mathrm{j}\omega)=G+\mathrm{j}\left(k\omega C-\frac{1}{k\omega L}\right) \tag{5-57}$$

由式(5-57)可知,只有当 $k\omega=\omega_0$时,虚部才会为零,即

$$Y(j\omega_0) = G + j\left(\omega_0 C - \frac{1}{\omega_0 L}\right) = G \tag{5-58}$$

所以并联谐振频率等于电路的固有频率，即

$$\begin{cases} \omega_0 = \sqrt{\dfrac{1}{LC}} \\ f_0 = \dfrac{1}{2\pi\sqrt{LC}} \end{cases} \tag{5-59}$$

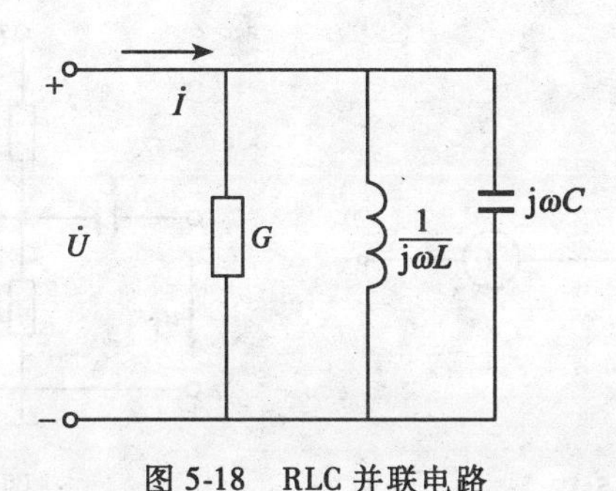

图 5-18　RLC 并联电路

可见，并联谐振频率与串联谐振频率相同。在该频率条件下，并联谐振电路具有导纳 $|Y| = \sqrt{G^2 + B^2} = G$，其值最小，即电路的阻抗最大，因此在电源电压一定的情况下，电路中的电流将在谐振时达到最小，即

$$I_0 = UG \tag{5-60}$$

谐振时各并联支路的电流为

$$\begin{cases} I_G = UG \\ I_L = \dfrac{U}{2\pi f_0 L} \\ I_C = U(2\pi f_0 C) \end{cases} \tag{5-61}$$

当 $\dfrac{1}{2\pi f_0 L} = 2\pi f_0 C \gg G$ 时可得：$I_L = I_C \gg I_0$，即谐振时，电感和电容支路的电流大小相等，且可能比总电流大许多倍。因此，并联谐振也称为电流谐振。I_C或 I_L比 I_0大的程度同样用品质因数来定量描述，即

$$\frac{I_C}{I_0} = \frac{I_L}{I_0} = Q \tag{5-62}$$

讨论并联谐振电路的频率响应时，常采用转移阻抗，即电路由电流源激励，而输出量为电压。这时，在谐振频率下电路两端的电压 $U = \dfrac{1}{|Y|}$ 达到最大值。因此可以观察到与串联谐振时相似的带通特性。反之，若电路仍用电压源激励，则观察到的将是电路的总电流在谐振频率出现最小值。

以上分别介绍了 LC 电路的串联和并联谐振。但是还需要说明一点，电路中的谐振现象，是可能发生在电路的任何部分，可能是整个电路，也可能是电路的局部。

习 题 5

5.1 图 5-19 所示电路中 $i_1=2\sqrt{2}\sin(314t+30°)$(A),$i_2=4\sqrt{2}\sin(628t+60°)$(A)。试求电流表的读数。

5.2 图 5-20 所示电路中,已知 $U_S=1$(V),$u_1=\sin 314t$(V),$R_1=20$(kΩ),$R_2=4$(kΩ),$R_3=1.5$(kΩ),$C=5$(μF),试求输出电压 u_2。

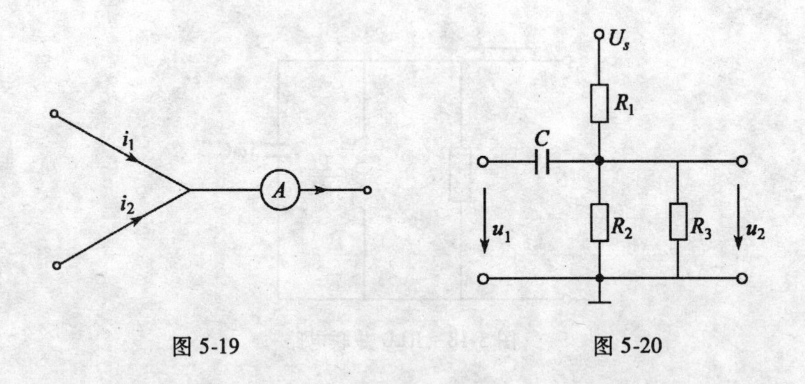

图 5-19　　图 5-20

5.3 已知二端网络的电压和电流分别为

$$u=\left[100\sqrt{2}\sin\left(\omega t-\frac{\pi}{4}\right)+60\sqrt{2}\sin 2\omega t+40\sqrt{2}\sin\left(3\omega t+\frac{\pi}{4}\right)\right]\text{(V)},$$

$$i=\left[10+40\sqrt{2}\sin\left(\omega t+\frac{\pi}{4}\right)+20\sqrt{2}\sin\left(3\omega t+\frac{\pi}{4}\right)\right]\text{(A)}。$$

试求:(1)电压、电流的有效值;(2)网络消耗的有功功率。

5.4 设某非正弦电压源供出的电压和电流分别为

$$u=30+150\sin\omega t+20\sin 3\omega t\text{(V)},$$

$$i=20+7.65\sin(\omega t-33.6°)+1.04\sin(3\omega t+8.9°)\text{(A)}。$$

试求电源发出的功率。

5.5 如图 5-21 所示电路,已知 $R=100$(Ω),$\omega L=5$(Ω),$\frac{1}{\omega C}=45$(Ω),$u=40+30\sqrt{2}\sin(3\omega t+45°)$(V),试求电流 i 及各电磁式电压表、电流表的读数。

5.6 如图 5-22 所示电路,已知 $R=20$(Ω),$\omega L=30$(Ω),$\frac{1}{\omega C}=120$(Ω),$i_S=50+15\sin(\omega t+30°)+5\sin(3\omega t-30°)$(A),试求电阻两端的电压 u_R 及有效值。

5.7 图 5-23 所示电路中,$u=U_{m1}\sin(1000t+\Psi_1)+U_{m3}\sin(3000t+\Psi_3)$(V),$C=0.125$(μF),要使基波畅通至负载 Z,而三次谐波不能达到负载,试求 L_1 和 C_1 的值。

5.8 如图 5-24 所示 RLC 串联电路,电压 u 和电流 i 的高次谐波分别为

$$u=566\sin(3t+40°)+120\sin(9t-15°)\text{(V)},$$

$$i=I_{m3}\sin(3t+85°)+15\sin(9t-15°)\text{(A)}。$$

试求 (1)R、L 与 C 值;(2)I_{m3} 值;(3)这些高次谐波在电路中产生的平均功率。

5.9 有一 RLC 串联电路,$R=500$(Ω),$L=60$(mH),$C=0.053$(μF),试计算电路的谐

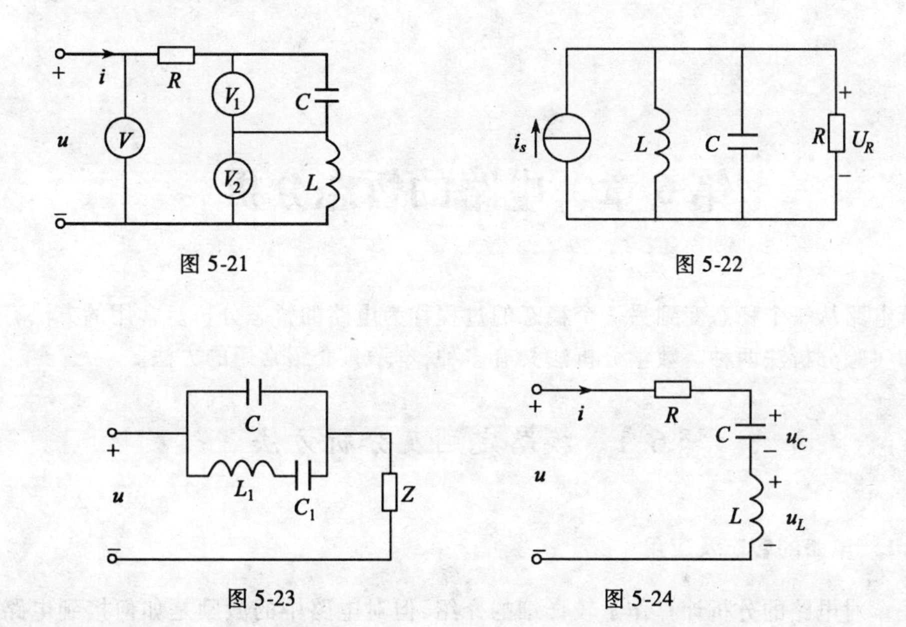

图 5-21　图 5-22

图 5-23　图 5-24

振频率、通频带宽 BW 及谐振时的阻抗。

5.10　图 5-25 所示电路中，输入电压 u_1 含有直流分量 6(V)，还有 1000(Hz) 的交流分量，其有效值为 6(V)。试求 R_2 两端输出电压 u_2 的直流分量和交流分量的有效值。

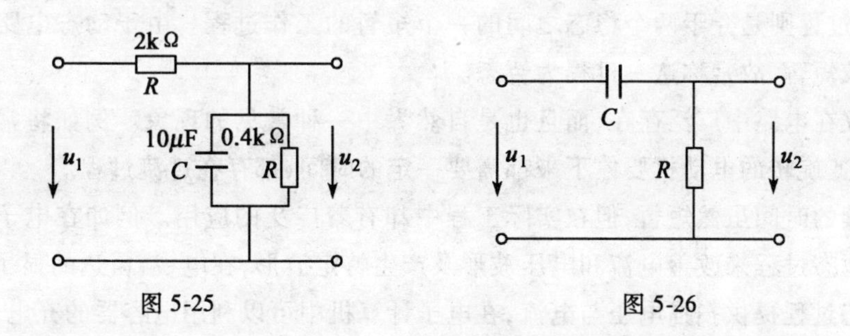

图 5-25　图 5-26

5.11　如图 5-26 所示电路中，已知 $u_1 = 6+\sqrt{2}\sin 6280t$(V)，若 $R \gg X_C$(对交流分量)，试求：(1)输出电压 u_2；(2)电容两端电压，并标出极性。

5.12　某一收音机输入电路的电感约为 0.3(mH)，可变电容器的调节范围为 25～360(pF)。试问能否满足收听中波段 535～1605(kHz) 的要求。

5.13　有一 RLC 串联电路，接于频率可调的电源上，电源电压保持在 10(V)。当频率增加时，电流从 10(mA)(500Hz) 增加到最大值 60(mA)(1000Hz)。试求：(1)电阻 R、电感 L 和电容 C 的值；(2)在谐振时电容器两端的电压 U_C；(3)谐振时磁场中或电场中所储存的最大能量。

5.14　一个电感为 0.25(mH)、电阻为 13.7(Ω) 的线圈与 85(pF) 的电容器并联，试求该并联电路的谐振频率及谐振时的阻抗值。

第6章 电路的暂态分析

分析电路从一个稳态变到另一个稳态的过程称为电路的暂态分析。常用的方法有数学分析法和实验分析法两种。数学分析法又有多种,本章只介绍常用的方法。

§6.1 换路定则及分析方法

6.1.1 电路的暂态及应用

前几章对电路的分析计算作了较详细的介绍,但对电路中的激励是如何接到电路中去的,或电路是何时开始工作的并未说明。其实,在前几章中我们是假定电路已经长期处于那种工作状态,即不随时间发生变化或周而复始按一定规律重复同样的变化。这种工作状态称为电路的稳定工作状态,简称稳态。一般地讲,电路接通电源后,并不是立即就进入稳定的工作状态,而是经过一段过渡才能达到稳态。若把电路未接通电源前的状态也看成是一种稳态,过渡过程则是介于两个稳态之间的一个短暂的工作过程。由于动态电路出现的过渡过程时间较短暂,故常称这一过程为暂态。

暂态不仅在电路中广泛存在,而且也是自然界中一种常见的现象。例如将常温的水加热到沸点,高速旋转的电动机要停下来都需要一定的时间,都存在过渡过程。

暂态持续的时间虽然短暂,但在实际工程中却有着广泛的应用。例如在电子技术中常利用电路的暂态过程来改善电流和电压波形及产生特定波形;在电视、雷达的显示器中常利用电路的暂态过程提供扫描电压与电流;在电子计算机中可以利用电容器的充电、放电暂态过程而实现运算功能,如此等等。另一方面由于电路的暂态,例如在某些电路的接通与断开的暂态过程中则可能出现远远超过电路元件的额定值的过高电压或过大电流的现象,以致使电气设备受到损害,因此,研究电路的暂态过程,不仅具有理论意义,而且具有重要的实用价值。

6.1.2 暂态产生的原因

电路产生过渡过程的内因是电路中具有储能元件(电感元件及电容元件),而能量储蓄和释放都需要一定的时间来完成,即能量不能突变。当电路中有电流 i 时,电感元件中的磁场能量为

$$W_L = \int_0^t ui\mathrm{d}t = \frac{1}{2}Li_L^2 \tag{6-1}$$

当电容两端有电压 u 时,其电场能量为

$$W_C = \int_0^t ui\mathrm{d}t = \frac{1}{2}Cu_C^2 \tag{6-2}$$

在具有储能元件的电路中，开关的闭合与断开将引起过渡过程，但实际上电源电压大小、波形、频率的改变，电路参数及结构形式的改变等，都将引起过渡过程，这些统称为换路，换路是引起过渡过程的外因。

6.1.3　换路定则及LC的暂态模型

所谓换路定则，是指换路时，电容上的电压和电感中的电流所遵循的规则，换句话说，换路定则描述换路时电容上的电压和电感中电流的变化规律。换路定则可以直接由能量不能突变导出，由式(6-1)和式(6-2)可知，能量不能突变则电感中的电流和电容上的电压不能突变。换路定则揭示了电容上的电压和电感中的电流的连续性。由数学知识可知，函数连续的充分必要条件是左极限等于右极限，于是有

$$\begin{cases} i_L(0_+) = i_L(0_-) \\ u_C(0_+) = u_C(0_-) \end{cases} \tag{6-3}$$

设 $t=0$ 时刻换路，$t=0_+$ 表示换路后的状态的起始时刻，其数学意义表示 t 由正值趋近于0，$t=0_-$ 表示换路前的状态终了时刻，其数学意义表示 t 由负值趋近于0。换路前与换路后时间概念的划分如图6-1所示。式(6-3)称为换路定则。

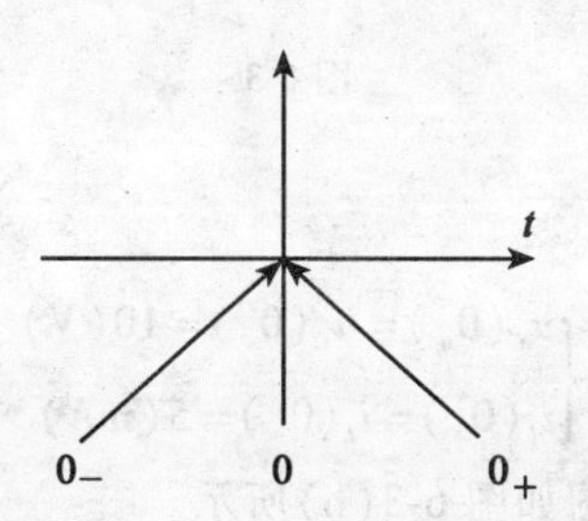

图6-1　0时刻前后概念示意图

为了便于分析理解，这里引进电容和电感的暂态模型，即电容用初始电压等于 $u_C(0_+)$ 而随时间逐渐衰减的电势源 u_{Cs} 与电容串联的有源支路表示，电感用初始电流等于 $i_L(0_+)$，且随时间逐渐衰减的电激流源 i_{Ls} 与电感并联的有源支路表示，如图6-2所示。要强调的是，这里的电势源和电激流源的性质是随时间逐渐衰减到零的。

显然在 $t=0_+$ 时刻，电容电压 $u_C=u_C(0_+)$，电感中的电流 $i_L=i_L(0_+)$，于是在 $t=0_+$ 时刻电容等效一个电压等于 $u_C(0_+)$ 的电势源；电感等效一个电流等于 $i_L(0_+)$ 的电激流源。可见 $t=0_+$ 时刻，电容模型中的 $u'=0$、电感模型中的 $i'=0$。

由式(6-3)可以确定 u_C 和 i_L 的初始值，而且式(6-3)只能用于确定 u_C 和 i_L 的初始值。对于除 $u_C(0_+)$ 和 $i_L(0_+)$ 外其他电压，电流的初始值，由解 $t=0_+$ 瞬间的等效电路得到，即用电压等于 $u_C(0_+)$ 的电势源替代电容，用电流等于 $i_L(0_+)$ 的电激流源替代电感而得到 $t=0_+$ 瞬间的等效电路，然后由KVL、KCL、VCR就可以求出任意元件上的电压、电流的初始值，它们属于导出初始条件。下面我们举例说明导出初始条件的确定。

例6.1　如图6-3(a)所示电路中，试确定在开关闭合后电压 u_C、u_L 和电流 i_L、i_C、i_R 及 i_k

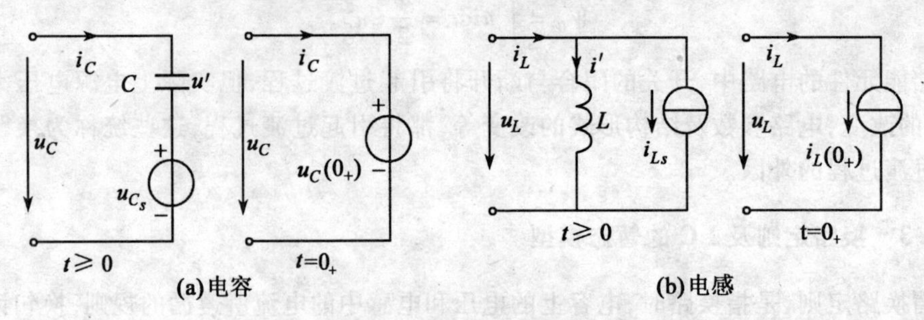

图 6-2 LC 的暂态模型

的初始值。设开关闭合前电路已处于稳态。

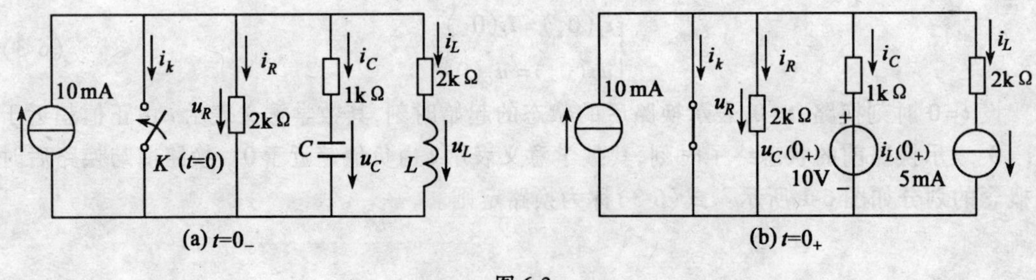

图 6-3

解 由换路定则

$$\begin{cases}u_C(0_+)=u_C(0_-)=10(\mathrm{V})\\ i_L(0_+)=i_L(0_-)=5(\mathrm{mA})\end{cases}$$

于是可以作出 $t=0_+$瞬时的电路图如图 6-3(b)所示。

$$\left.\begin{array}{ll}\text{由 KCL 有} & i_k+i_R+i_C+i_L=0\\ \text{由 KVL 有} & i_C\times10^3+u_C(0_+)-u_L-2i_L\times10^3=0\\ & 2i_R\times10^3-u_C(0_+)-i_C\times10^3=0\\ & 2i_R\times10^3=0\end{array}\right\}$$

联立求解可得数据如表 6-1 所示。

表 6-1

	i_L	u_C	i_C	i_R	i_k	u_L	u_R
$t=0_+$	5mA	10V	−10mA	0	15mA	−10V	0

例 6.2 图 6-4(a)所示电路在 $t=0$ 时换路,换路前电路已经稳定。试求换路后初始瞬间 $u_C(0_+)$、$i_C(0_+)$、$u_R(0_+)$。

解 根据换路定则有

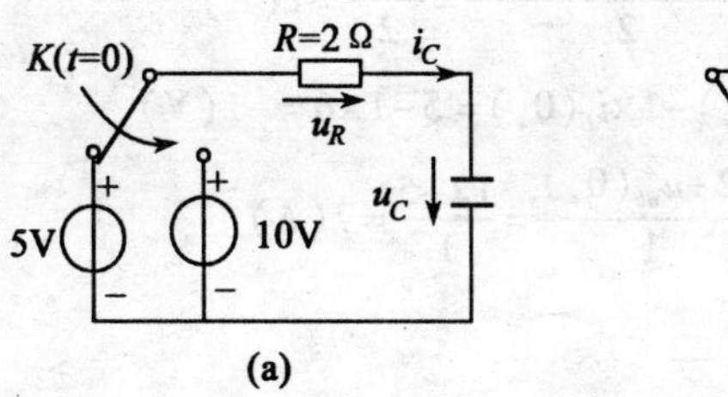

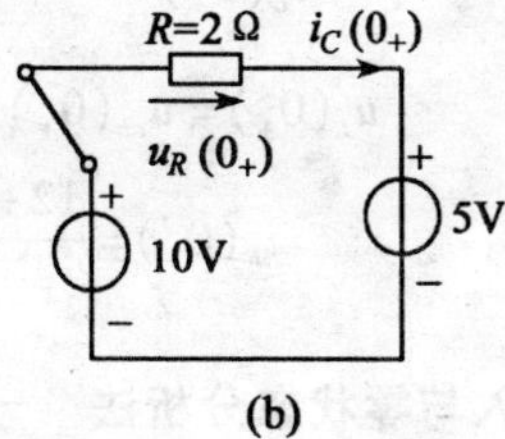

图 6-4

$$u_C(0_+)=u_C(0_-)$$

而 $u_C(0_-)$ 换路前稳态时电容电压，即 5V 电压源的开路电压，故有

$$u_C(0_+)=u_C(0_-)=5(\text{V})$$

电容 C 用 $t=0_+$ 时的等效电路替代，作出 0_+ 时刻等效电路，如图 6-4(b)所示。求解该电路可得

$$u_R(0_+)+u_C(0_+)=10(\text{V})$$

$$u_R(0_+)=10-u_C(0_+)=10-5=5(\text{V})$$

$$i_C(0_+)=\frac{u_R(0_+)}{R}=\frac{5}{2}=2.5(\text{A})。$$

例 6.3　图 6-5(a)所示电路在换路前电路已经稳定，$t=0$ 时换路，试求 $u_C(0_+)$、$i_C(0_+)$、$u_L(0_+)$ 及 $i_R(0_+)$。

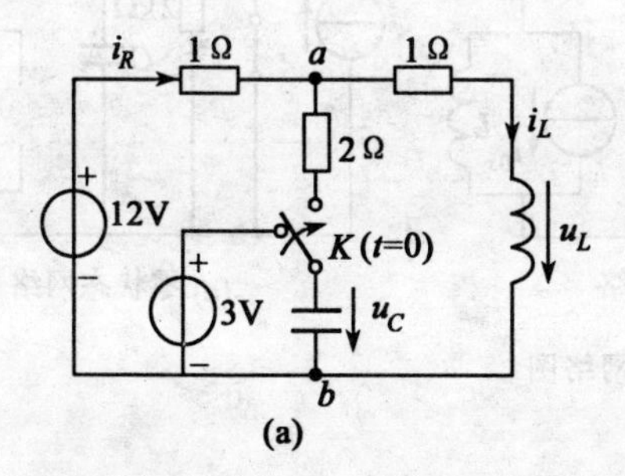

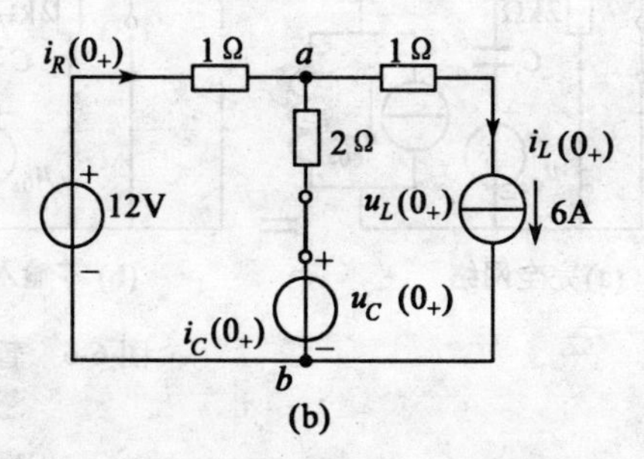

图 6-5

解　由换路定则得

$$u_C(0_+)=u_C(0_-)=3(\text{V})$$

$$i_L(0_+)=i_L(0_-)=\frac{12}{1+1}=6(\text{A})$$

根据 0_+ 时刻等效电路再求 $i_C(0_+)$、$u_L(0_+)$ 及 $i_R(0_+)$。其等效电路如图 6-5(b)所示。用弥尔曼定理求解该电路，得

$$u_{ab}(0_+)=\frac{12+\frac{3}{2}-6}{1+\frac{1}{2}}=\frac{15}{2}\times\frac{2}{3}=5(\text{V})$$

于是
$$i_C(0_+)=\frac{u_{ab}(0_+)-u_C(0_+)}{2}=\frac{5-3}{2}=1(\mathrm{A})$$
$$u_L(0_+)=u_{ab}(0_+)-1\times i_L(0_+)=5-1\times 6=-1(\mathrm{V})$$
$$i_R(0_+)=\frac{12-u_{ab}(0_+)}{1}=\frac{12-5}{1}=7(\mathrm{A})。$$

6.1.4 零输入与零状态分析法

利用 L 和 C 的暂态模型，图 6-3(a)所示电路换路后的电路可表示成图 6-6(a)所示电路。

由 L 和 C 的暂态模型可知，i_{LS}和 u_{CS}代表了电路中储能元件原始储存的能量，作为电路的激励，在激励电路时它们是得不到补充的，i_{LS}和 u_{CS}将逐渐衰减，最后耗尽。而 I_S是从外电路向网络输入能量，它始终能维持输入一个 I_s的电流；可见 i_{LS}、u_{CS}和 I_S虽然都属激励，但特性截然不同，为此给它们予以不同的称谓，即 I_S称为输入，i_{LS}、u_{CS}称为初始状态，简称状态。

根据线性电路的叠加原理，图 6-6(a)可以分解为图 6-6(b)、(c)的叠加，图 6-6(b)称为零输入网络，其响应称为零输入响应，图 6-6(c)称为零状态网络，其响应称为零状态响应，而图 6-6(a)是输入和状态共同作用的网络，称为完全网络，其响应称为全响应。

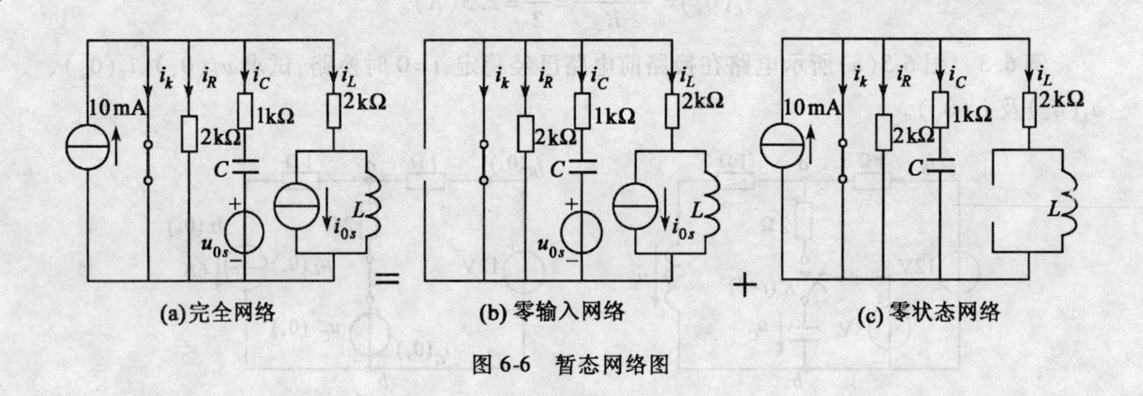

图 6-6 暂态网络图

根据线性电路的叠加原理有

全响应=零输入响应+零状态响应

这种求全响应的方法，反映了线性电路的叠加性，而且更突出地反映了原因与结果间的关系，故成为近代网络分析中的一种重要暂态分析方法。后面将用这种方法介绍暂态电路分析的有关知识。

[思考与练习题]

6.1.1 图 6-7、图 6-8 所示电路原已稳定。$t=0$ 时换路，试求 $t=0_+$时各电流和电压的初始值。

6.1.2 图 6-9 所示电路原已稳定，开关在 $t=0$ 时动作，试求 $t=0_+$时刻各支路电流。

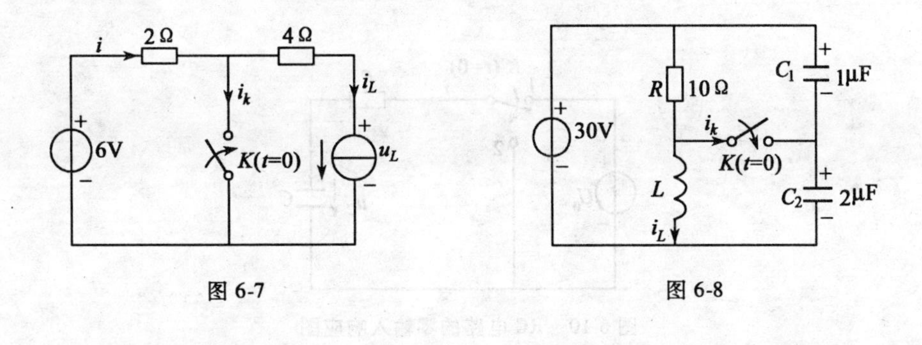

图 6-7　　　　　　　　　　　　　　图 6-8

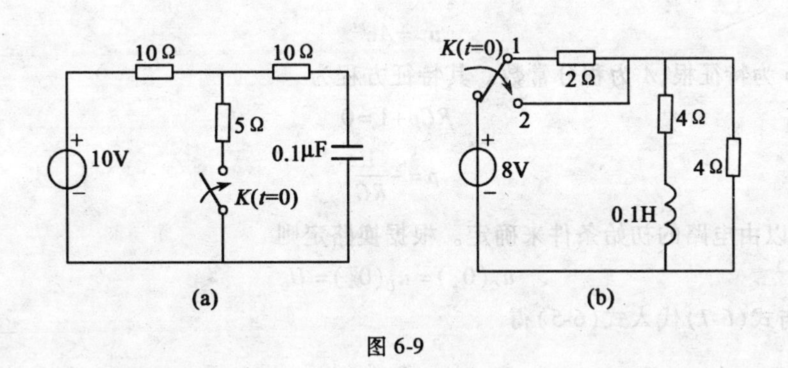

图 6-9

§6.2　RC 一阶电路的零输入响应

只含一个储能元件或经化简可以等效一个储能元件的电路，其电路方程为一阶微分方程，故称为一阶电路。一阶电路是最简单、最常见的动态电路。分析一阶电路的依据仍然是基尔霍夫定律。

6.2.1　RC 电路的零输入响应

由上述可知，零输入响应是在没有外施激励下，靠内部储能的作用所产生的响应。RC 电路的零输入响应的物理意义是，已充电的电容器经过电阻放电的过程。在这个过程中，储存在电容器中的能量，在电路中形成电流，经过电阻逐渐将电场能量变为热能并消耗掉。下面讨论电压及电流的变化规律。

如图 6-10 所示的 RC 电路，换路前电容器已充电，其电压为 U_0。当 $t=0$ 时换路，则电容元件将通过电阻 R 放电。在放电的过程中，电路中的电流、电压将随时间而变化。在 $t=0_-$ 时，$u_C(0_-)=U_0$，根据 KVL 可得电路方程为

$$u_C-iR=0$$

因为

$$i=-C\frac{\mathrm{d}u_C}{\mathrm{d}t}$$

故得

$$RC\frac{\mathrm{d}u_C}{\mathrm{d}t}+u_C=0 \tag{6-4}$$

式(6-4)为线性常系数齐次微分方程，由数学知识可知其通解应为

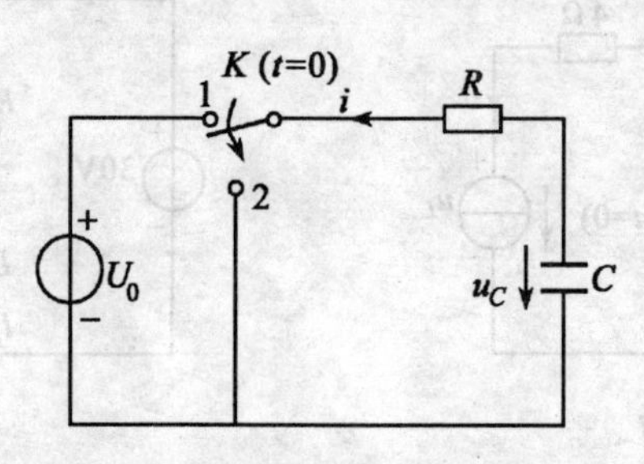

图 6-10 RC 电路的零输入响应图

$$u_C = Ae^{pt} \tag{6-5}$$

式(6-5)中 p 为特征根,A 为积分常数。其特征方程为

$$RCp+1=0$$

故特征根为

$$p=-\frac{1}{RC} \tag{6-6}$$

积分常数可以由电路的初始条件来确定。根据换路定则

$$u_C(0_+)=u_C(0_-)=U_0 \tag{6-7}$$

将式(6-6)与式(6-7)代入式(6-5)得

$$U_0=Ae^{\frac{0}{RC}}=A$$

最后可得电容电压为

$$u_C=U_0e^{-\frac{1}{RC}t} \tag{6-8}$$

而电流为

$$i=-C\frac{\mathrm{d}u_C}{\mathrm{d}t}=\frac{U_0}{R}e^{-\frac{1}{RC}t} \tag{6-9}$$

根据式(6-8)与式(6-9)可以绘制出 u_C 与 i 随时间变化的关系曲线,如图 6-11(a)、(b)所示。

由式(6-8)与式(6-9)或图 6-11 均可以看出,u_C 与 i 均按指数规律变化。由于是负指数,因此是按指数规律衰减而最后趋于零。因为换路时,电容电压不能跃变,所以 u_C 是从 U_0 开始,按指数规律衰减于零。这就是电容通过电阻的放电过程。

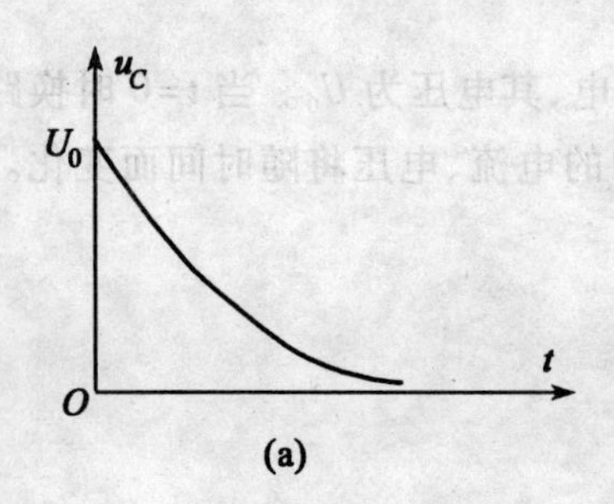

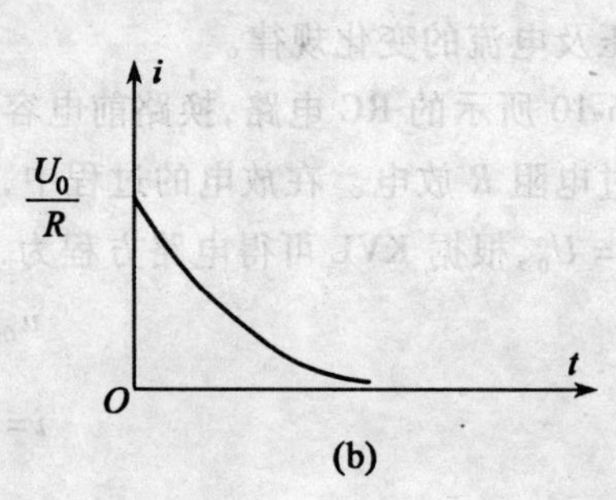

图 6-11 零输入响应的变化曲线

6.2.2 时间常数

电容电压 u_C 与放电电流 i 衰减的快慢，取决于式(6-8)及式(6-9)中的衰减系数$\frac{1}{RC}$，若令 $RC=\tau$，则 τ 具有时间量纲，即

$$[\tau]=[R][C]=\text{欧}\cdot\frac{\text{库}}{\text{伏}}=\text{欧}\cdot\frac{\text{安}\cdot\text{秒}}{\text{伏}}=\frac{\text{欧}}{\text{欧}}\cdot\text{秒}=\text{秒} \tag{6-10}$$

故称 $\tau=RC$ 为电路的时间常数。τ 是表征一阶电路过渡特性的物理量。

另一方面，τ 是这样一种特定时间：当换路后经过 τ 长的时间之后，电容器上的电压将下降到初始值的37%。这是因为 $u_C(\tau)=U_0e^{-\frac{\tau}{\tau}}=U_0e^{-1}=0.37U_0$。或者说 τ 是这样一段时间：如果 u_C 按照 $t=0$ 时刻的变化率衰减，经过 $t=\tau$ 就衰减完毕。也就是说，如果经过曲线的起始点 $u_C(0)=U_0$ 作曲线的切线，该切线所截时间轴的长度，就是时间常数 τ（如图6-12所示）。不仅如此，从曲线上任何一点作切线，都符合这一规律。

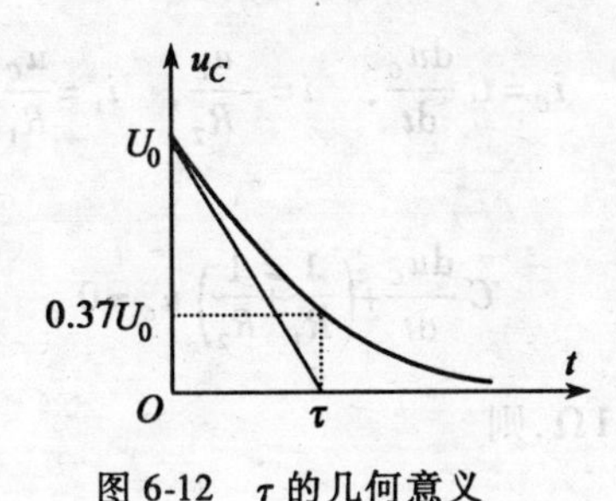

图 6-12　τ 的几何意义

时间常数越大，过渡过程越长，反之则过渡过程越短。在 RC 电路中，R 或 C 越大，则 τ 越大，过渡过程就越长。因为 U_0 一定时，C 越大，则电容储存的电场能量越多，放电时间就会越长；而 R 越大，则放电电流越小，也将延长放电时间。

换路后物理量幅值随 τ 的衰减情况如表6-2所示。

表 6-2

t	0	τ	2τ	3τ	4τ	5τ	…	$+\infty$
$Ae^{-\frac{t}{\tau}}$	A	$0.368A$	$0.135A$	$0.05A$	$0.018A$	$0.007A$	…	0

由表6-2可以看出，虽然从理论上讲，只有当 $t=+\infty$ 时，指数函数才衰减到零，过渡过程才会结束，电路才达到稳态。实际上指数函数开始衰减较快，以后越来越慢。在工程实际应用中，一般认为函数衰减到5%以下就算稳定了，因此，过渡过程的时间一般取 $4\sim5\tau$。

例 6.4　如图6-13(a)所示电路，开关在位置1时已稳定。在 $t=0$ 时 K 由1倒向2，试求 $t\geqslant0$ 时的电流 $i(t)$。

解　由图6-13(a)可得

$$u_C(0_-)=10\times\frac{2}{6+2+2}=2(\text{V})$$

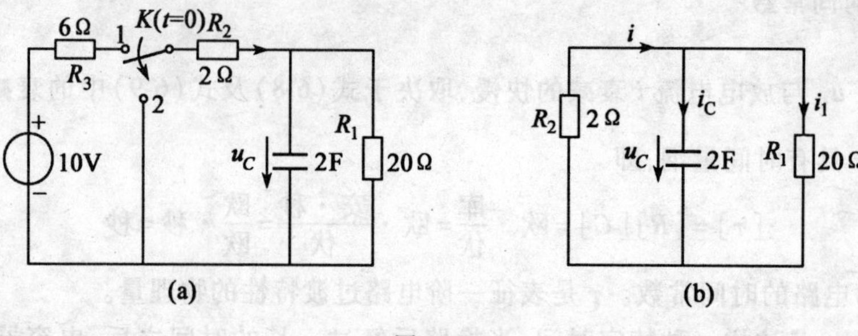

图 6-13

$t\geqslant 0$ 时的电路如图 6-13(b)所示,为了求 i 可以先求 $u_C(t)$,即建立关于 u_C 的微分方程,根据 KCL,有

$$-i+i_C+i_1=0$$

由元件的伏安关系有

$$i_C=C\frac{\mathrm{d}u_C}{\mathrm{d}t},\quad i=-\frac{u_C}{R_2},\quad i_1=\frac{u_C}{R_1}$$

代入 KCL 方程,并整理得

$$C\frac{\mathrm{d}u_C}{\mathrm{d}t}+\left(\frac{1}{R_1}+\frac{1}{R_2}\right)u_C=0$$

令 $\frac{1}{R}=\frac{1}{R_1}+\frac{1}{R_2}$,即 $R=R_1/\!/R_2=1\Omega$,则

$$C\frac{\mathrm{d}u_C}{\mathrm{d}t}+\frac{1}{R}u_C=0$$

根据换路定则,$u_C(0_+)=u_C(0_-)=2(\mathrm{V})$。所以可以用下述方程组描述 $t\geqslant 0$ 时 u_C 的变化规律,即

$$\begin{cases}C\dfrac{\mathrm{d}u_C}{\mathrm{d}t}+\dfrac{1}{R}u_C=0\\ u_C(0_+)=2\end{cases}$$

解方程得

$$u_C=2\mathrm{e}^{-\frac{1}{2}t}\quad(t\geqslant 0)$$

于是

$$i=-\frac{u_C}{R_2}=-\frac{u_C}{2}=-\mathrm{e}^{-\frac{1}{2}t}\quad(t\geqslant 0)。$$

例 6.5 如图 6-14(a)所示电路,开关闭合前电路已达稳态。当 $t=0$ 时将开关闭合,试求 $t\geqslant 0$ 时的 u_C 与 i。

解

$$u_C(0_-)=\frac{60}{60+(20+20)}\times\frac{1}{6}\times 20=2(\mathrm{V})$$

根据换路定则

$$u_C(0_+)=u_C(0_-)=2(\mathrm{V})$$

$t\geqslant 0_+$ 时的等效电路如图 6-14(b)所示,电容器放电回路的等效电阻 R 为两个 $20(\Omega)$ 的

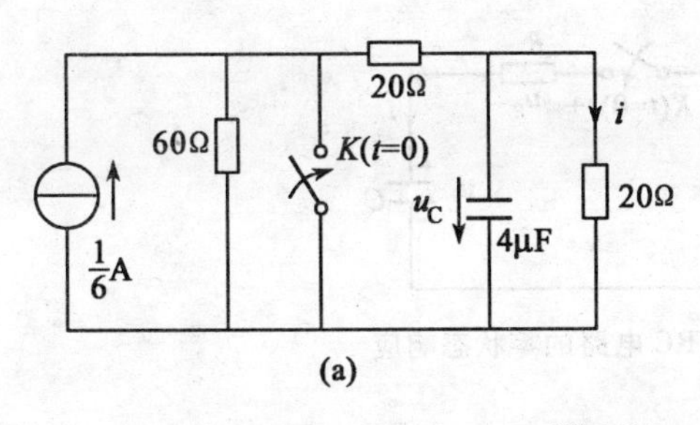

(a)

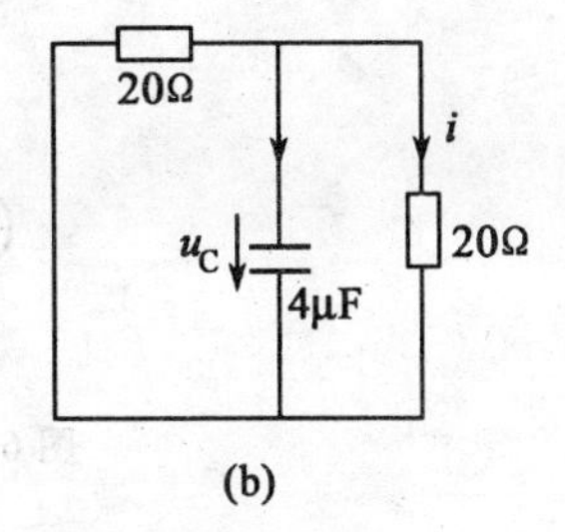

(b)

图 6-14

电阻并联,即 $R=10(\Omega)$,故电路的时间常数为

$$\tau=RC=10\times4\times10^{-6}=4\times10^{-5}(\mathrm{s})$$

由式(6-8)和式(6-9)可得

$$u_C=u_C(0_+)\mathrm{e}^{-\frac{t}{\tau}}=2\mathrm{e}^{-2.5\times10^{3}t}(\mathrm{V})$$

$$i=\frac{u_C}{20}=0.1\mathrm{e}^{-2.5\times10^{3}t}(\mathrm{A})。$$

[思考与练习题]

6.2.1　试求例 6.5 中流经开关的电流。

6.2.2　在例 6.5 中,当电容电压下降到 1(V)时,试问经历的时间是多少?

§6.3　RC 一阶电路的零状态响应

RC 电路的零状态响应是指电容的初始值为零的情况下(即 $u_C(0_+)=0$),RC 电路对输入(外加电源)所引起的响应。显然,零状态响应的形式取决于输入函数。常见的输入有恒定输入、阶跃输入、冲激输入、正弦输入等。本节只讨论恒定输入的 RC 一阶电路的零状态响应。

如图 6-15 所示的 RC 电路,在 $t=0$ 时电容器经过电阻接入直流电源充电,这时的物理过程是:当开关 K 闭合时,$u_C(0_+)=u_C(0_-)=0$,电源电压在 $t=0_+$瞬间全部降落在电阻上,因而这时电路的电流 $i(0_+)=\dfrac{U}{R}$,但随着电流注入,电容器上的电荷逐渐堆积,电容器上的电压逐渐升高,电阻两端电压 u_R 逐渐减小,电流逐渐减小。这种情况一直持续到 $u_R=U_S$ 时才告终止。这时,$u_R=0$, $i=0$。

下面讨论电压及电流的变化规律。当 K 闭合后,根据 KVL 得电路方程

$$u_R+u_C=U_S$$

因为

$$u_R=Ri,i_C=C\frac{\mathrm{d}u_C}{\mathrm{d}t}$$

代入上式后得

$$RC\frac{\mathrm{d}u_C}{\mathrm{d}t}+u_C=U_S \tag{6-11}$$

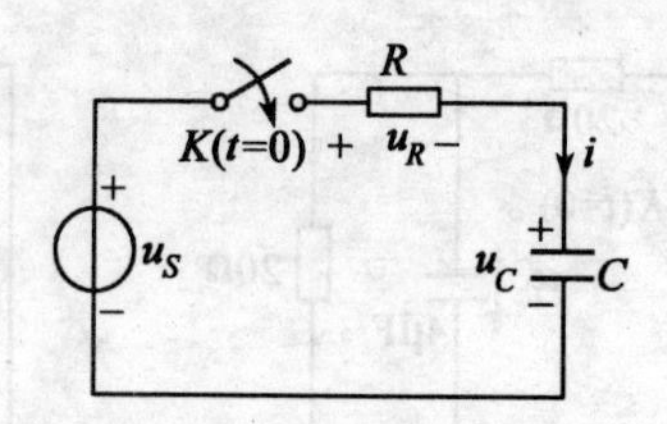

图 6-15 RC 电路的零状态响应

式(6-11)为线性常系数非齐次微分方程。其方程的解由对应齐次方程的通解 $u_{Ch}=Ae^{pt}$和满足非齐次方程的一个特解 u_{Cp}两部分组成,即

$$u_C=u_{Cp}+u_{Ch}$$

由数学知识及上节讨论结果可知

$$u_{Ch}=Ae^{-\frac{1}{RC}t}\quad(t\geqslant 0)$$

显然 u_{Ch}是一个随时间增长而衰减的过渡分量,因此常称为电容电压的暂态分量或暂态解。又由于 u_{Ch}与输入无关,故有时也称为自由分量。

u_{Cp}是方程(6-11)的特解,与输入函数有关,被认为是输入函数强制建立的,故称为强制分量。实际上满足非齐次微分方程的任何一个解都可以充当特解,而一般情况下,常取电路达到稳态时的解作为特解。因此特解又为稳态或稳态分量,在图 6-15 所示电路中,当达到稳态时,充电已终止,电容相当于开路,故电容电压的稳态解为

$$u_{Cp}=u_C(\infty)=U_S$$

于是式(6-11)的解为

$$u_C=U_S+Ae^{-\frac{t}{RC}}$$

由初始条件确定积分常数 A。当 $t=0_+$时,$u_C(0_+)=u_C(0_-)=0$,故有

$$u_C(0_-)=U_S+Ae^{-\frac{0}{RC}}$$

$$0=U_S+A$$

则

$$A=-U_S$$

最后可得电容的零状态响应 u_C 为

$$u_C=U_s-U_Se^{-\frac{t}{RC}}=U_S\left(1-e^{-\frac{t}{RC}}\right)\tag{6-12}$$

而电流则为

$$i=C\frac{du_C}{dt}=\frac{U_S}{R}e^{-\frac{t}{\tau}}\tag{6-13}$$

对应不同时间 t,电容电压 u_C 和充电电流 i 的值如表 6-3 所示。相应的 u_C 与 i 的变化曲线如图 6-16(a)、(b)所示。

由表 6-3 或图 6-16 可以看出,当电容器在零状态下的充电过程中,其电容电压 u_C 是由零开始按指数规律逐步增大到稳态值 U_S,而充电电流却是在换路瞬间由零跃变到$\frac{U_S}{R}$值,然后按指数规律衰减到零。造成二者变化不同的原因在于电容元件系由一开始相当于短路元件逐渐演变到开路元件。

表 6-3

t	0	τ	2τ	3τ	…	$+\infty$
u_{Cp}	U_S	U_S	U_S	U_S	…	U_S
u_{Ck}	$-U_k$	$-0.368U_S$	$-0.135U_S$	$-0.05U_S$	…	0
u_C	0	$0.632U_S$	$0.865U_S$	$0.95U_S$	…	U_S
i	$\frac{U_S}{R}$	$0.368\frac{U_S}{R}$	$0.135\frac{U_S}{R}$	$0.05\frac{U_S}{R}$	…	0

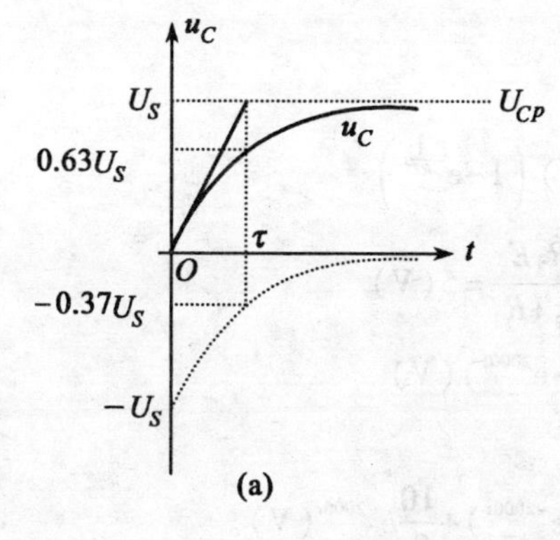

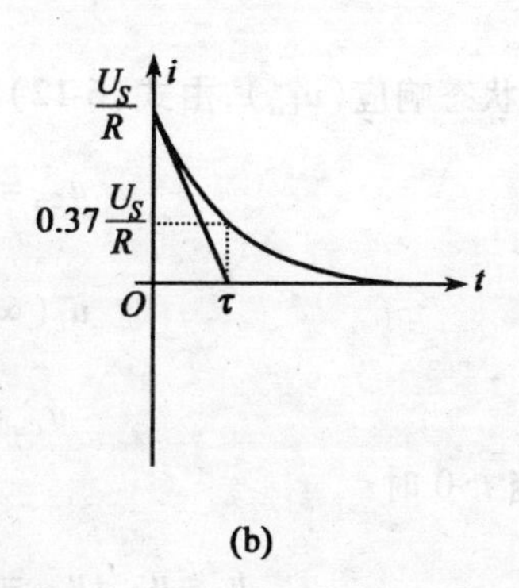

图 6-16　u_C、i 的变化曲线

与放电过程相似，充电过程的快慢也取决于时间常数 $\tau=RC$。τ 值较小则充电达到稳态值就越快；相反，τ 值越大则充电就越慢。通常认为当 $t=3\tau$ 时，u_{Ck} 衰减到其初值的 5%，u_C 达到 95% 的稳态值，电路就已进入稳态，充电过程视为结束。同样，充电时间常数 τ 也可以由图解法求得。

充电过程中，由电源提供的能量，一部分转换为电场能量储存于电容器中，另一部分则被电阻转换成热能而消耗掉。可以证明，在零状态下充电，电源提供的能量只有一半储存于电容器，而另一半消耗在电阻上，即效率为 50%，且与电阻大小无关。

例 6.6　在图 6-17 中，若 $R_1=R_2=R_3=10(\Omega)$，$C=100(\mu F)$，$E=10(V)$，换路前电路已达到稳态，在 $t=0$ 时换路，试求 $t>0$ 时 u_C 的变化规律。

解　根据换路定则

$$u_C(0_+)=u_C(0_-)=\frac{R_3E}{R_1+R_2+R_3}=\frac{10}{3}(V)$$

按零状态和零输入分解，并分别作出 $t=0_+$ 时刻的等效电路如图 6-17(b)、(c) 所示。

(1) 零输入响应(u_{Czi})，由式(6-8)可知

$$u_{Czi}=u_C(0_+)e^{-\frac{t}{RC}}=\frac{10}{3}e^{-\frac{t}{RC}}$$

$$\tau=RC=5\times100\times10^{-6}=500\times10^{-6}(s)$$

$$u_{Czi}=\frac{1}{10}e^{-2000t}$$

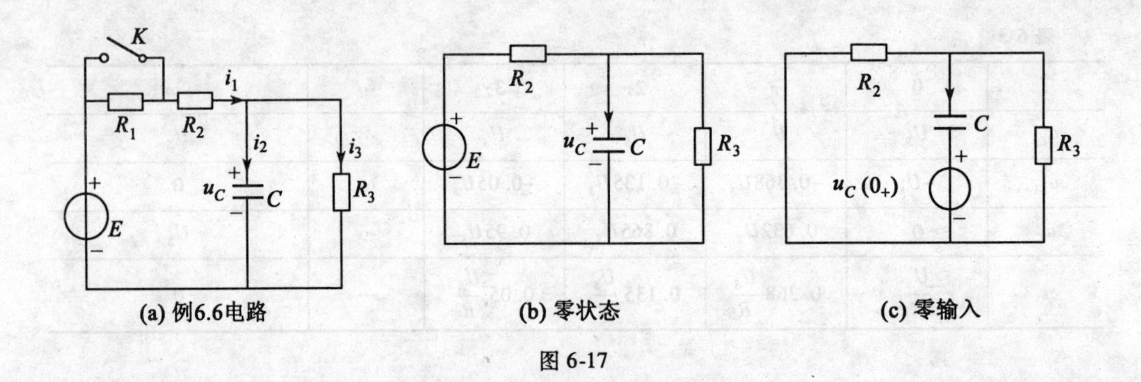

(a) 例6.6电路 (b) 零状态 (c) 零输入

图 6-17

(2)零状态响应(u_{Czs}),由式(6-12)可知

$$u_{Czs}=u_C(\infty)\left(1-e^{-\frac{1}{RC}t}\right)$$

$$u_C(\infty)=\frac{R_3E}{R_2+R_3}=5(\text{V})$$

$$u_{Czs}=5(1-e^{2000t})(\text{V})$$

所以当 $t>0$ 时

$$u_C=u_{Czs}+u_{Czi}=5(1-e^{-2000t})+\frac{10}{3}e^{-2000t}(\text{V})。$$

对于比较复杂的电路,分析其暂态过程时,还可以利用第 2 章中介绍的戴维南定理,将电路简化为一个 RC 串联电路后再计算。

需要说明的是,求取时间常数时应从换路后的电路中去寻求,且 $\tau=RC$,其 R 应理解为从纯电容网络两端看无源电阻网络的等效电阻。而 C 也应理解为纯电容网络等效电容。

例 6.7 在图 6-18(a)中,$R_1=3(\text{k}\Omega)$,$R_2=6(\text{k}\Omega)$,$C_1=C_2=20(\mu\text{F})$,$C_3=40(\mu\text{F})$,阶跃电压 $U=12(\text{V})$(其波形如图 1-2 所示),试求输出电压 u_c。

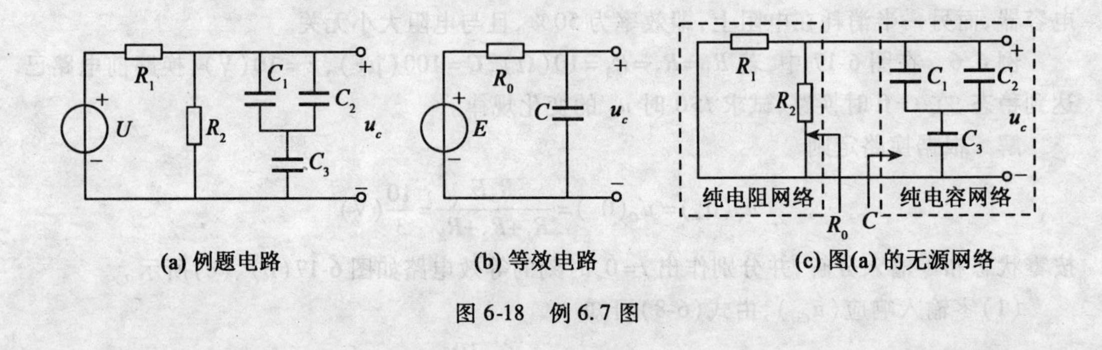

(a) 例题电路 (b) 等效电路 (c) 图(a) 的无源网络

图 6-18 例 6.7 图

解 该题激励为阶跃电压,相当于 12V 的直流电源通过一个开关 K 在 $t=0$ 时刻与电路接通,由于阶跃电压 $t=0_-$ 时等于零,即 $u_c(0_-)=0$,于是所讨论问题是一个零状态响应问题。

下面应用戴维南定理化简为 RC 串联电路来计算,即电路除开电容元件外,其余部分用戴维南定理化简为等效电压源，如图 6-18(b)所示。其中 R_0 和 C 需根据原电路对应的无源网络求解，如图 6-18(c)所示。其等效电容为

$$C=\frac{C_3(C_1+C_2)}{C_3+(C_1+C_2)}=\frac{40\times(20+20)\times10^{-12}}{[40+(20+20)]\times10^{-6}}=20\times10^{-6}(F)$$

等效电源的内阻为

$$R_0=\frac{R_1R_2}{R_1+R_2}=\frac{3\times6\times10^6}{(3+6)\times10^3}=2(\text{k}\Omega)$$

其等效电源的电动势为

$$E=\frac{R_2U}{R_1+R_2}=\frac{6\times10^3\times12}{(3+6)\times10^3}=8(\text{V})$$

E 是幅值为 8V 的阶跃电压，其波形与图 1-2 所示曲线相似。由等效电路可得电路的时间常数为

$$\tau=R_0C=2\times10^3\times20\times10^{-6}=40(\text{ms})$$

参照式(6-12)得出输出电压为

$$u_c=E(1-e^{-\frac{t}{\tau}})=8(1-e^{-\frac{t}{40\times10^{-3}}})=8(1-e^{-25t})(\text{V})。$$

[思考与练习题]

6.3.1　图 6-19 中，当开关 K 闭合时电容器充电，K 再断开时电容器放电，试分别求出充电与放电时电路的时间常数。

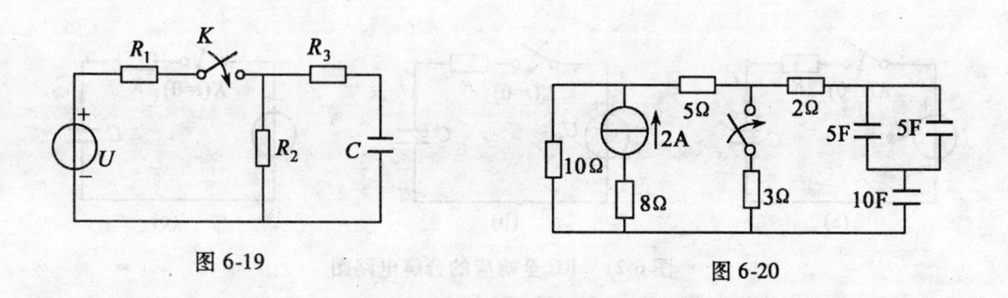

图 6-19　　图 6-20

6.3.2　如图 6-20 所示电路，试求当开关闭合后电路的时间常数。

6.3.3　采用万用表的“R×1000”档来检查电容量较大的电容器质量的好坏。如果在检查时发现如下情况，试判断电容器的好坏并解释发现的现象。

(1)指针满偏转；

(2)指针不动；

(3)指针很快偏转后又回原刻度(∞)处；

(4)指针偏转后不能返回刻度处；

(5)指针偏转后返回速度很慢。

§6.4 RC 一阶电路的全响应及三要素法

6.4.1 全响应

前述我们分别讨论了 RC 一阶线性电路的零输入响应和零状态响应，本节将讨论这种电路的全响应。所谓全响应是指电路中储能元件的初始值不为零($u_C(0_+)\neq 0$)，而输入也不为零，两者同时共同作用于电路时所引起的响应。如图 6-21(a)所示电路，电容器已有初始电压 U_0，而当 $t=0$ 时电路与直流电源接通，在 $t\geqslant 0$ 时间里，电路中的电压 u_C 和电流 i 则是全响应。

6.4.2 全响应的求解

求解这种电路的方法很多，本节主要介绍利用叠加原理求解这类电路。如图 6-21 所示电路，对图 6-21(a)电路，根据线性电路的叠加性，先把该电路分解成图 6-21(b)和图 6-21(c)的叠加，其分解原则是按输入和初始状态分解，即分解为零状态和零输入两种情况，再按上两节介绍的方法分别求出零输入响应和零状态响应，然后叠加即得全响应。简要地说，则为

全响应=零状态响应+零输入响应

对图 6-21(b)，设 u_{C1} 为电路的零状态响应，由式(6-12)得

$$u_{C1}=U_S(1-e^{-\frac{t}{RC}})=U_S(1-e^{-\frac{t}{\tau}})$$

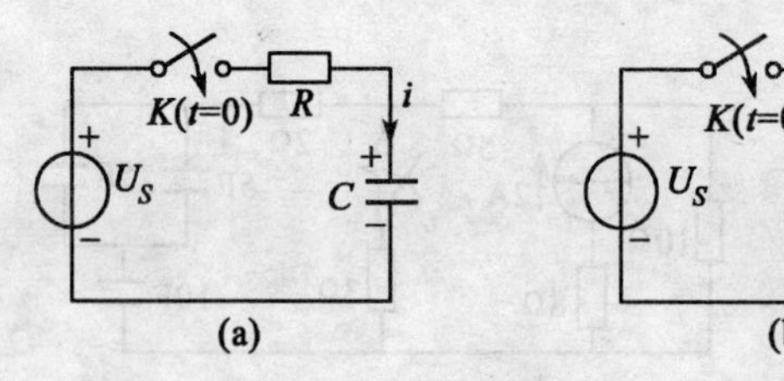

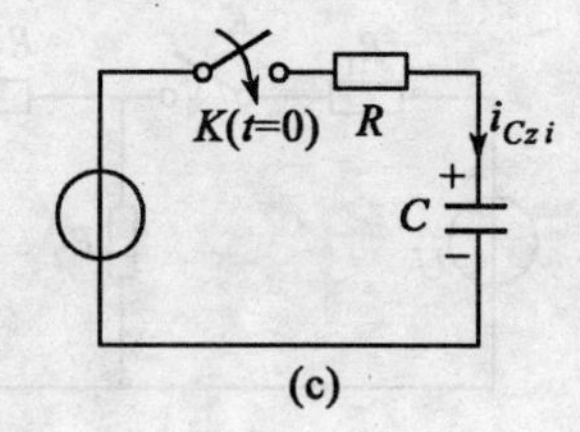

图 6-21 RC 全响应的分解电路图

对图 6-21(c)，设 u_{C2} 为电路的零输入响应，由式(6-8)得

$$u_{C2}=U_0e^{-\frac{t}{\tau}}$$

因此，图 6-21(a)所示电路 u_C 的全响应为

$$u_C=u_{C1}+u_{C2}=U_S\left(1-e^{\frac{t}{RC}}\right)+U_0e^{-\frac{t}{RC}}=U_S\left(1-e^{\frac{t}{\tau}}\right)+U_0e^{-\frac{t}{\tau}} \tag{6-14}$$

其曲线如图 6-22 所示。

而电流 i 为

$$i=C\frac{du_C}{dt}=\frac{U_S}{R}e^{-\frac{t}{\tau}}-\frac{U_0}{R}e^{-\frac{t}{\tau}} \tag{6-15}$$

式(6-15)中第一项为 i 的零状态响应，第二项为 i 的零输入响应。

由式(6-15)可见，当 $U_S>U_0$ 时，$i>0$，表明整个过渡过程中电容一直处于充电状态，电容电压将由 U_0 上升到 U_S 为止；而当 $U_S<U_0$ 时，$i<0$，表明电流实际方向与参考方向相反，即电

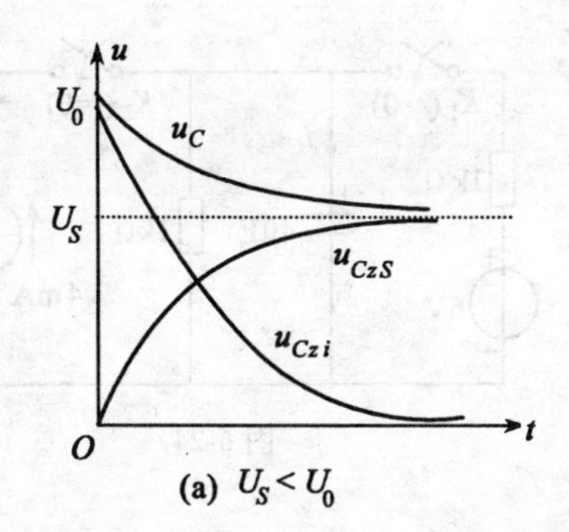

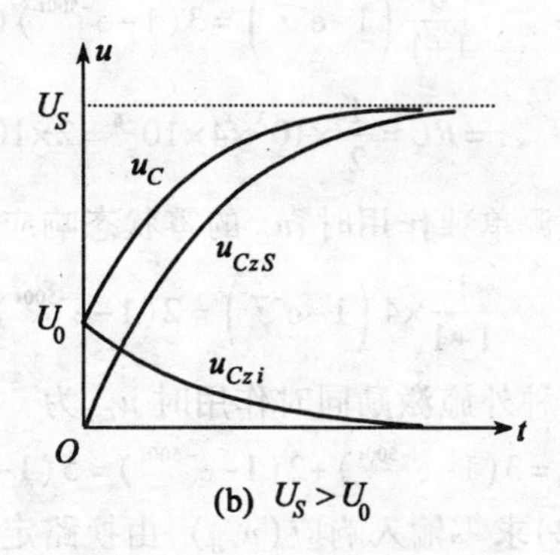

图 6-22　零输入与零状态分量

容处于放电状态，电容电压将由 U_0 下降到 U_S 为止；当 $U_S=U_0$ 时接通开关 K，则在 $t\geqslant 0$ 过程中，$i=0$，$u_C=U_S$，说明此时电路换路后并不产生过渡过程，其原因在于换路前后电容中的电场能量并未发生变化。由此可见，含有储能元件的动态电路在换路后是否产生过渡过程，取决于换路时初始状态与稳态分量在该瞬时的数值是否有差值而定。如果有差值就会出现过渡过程，否则就没有，图 6-23(a)、(b)绘出了上述三种情况下电压 u_C 与电流 i 的变化曲线。

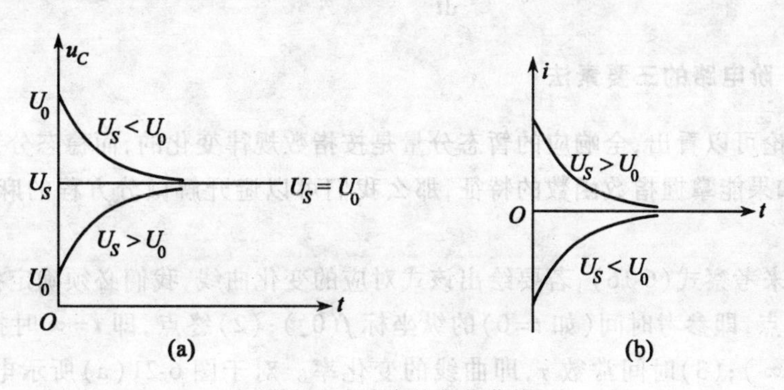

图 6-23　响应的变化曲线

式(6-14)也可以重新组合如下

$$u_C=U_S+(U_0-U_S)\mathrm{e}^{-\frac{1}{RC}t} \tag{6-16}$$

比较式(6-14)和(6-16)可知，可以用不同的方法来分解全响应，在式(6-16)所示分解方法中，第一项称为稳态分量，又因它与输入密切相关而称之为强制分量，即如果输入是常数，稳态分量也是常量，如果输入为正弦，则稳态也为同频率的正弦量。第二项为衰减指数项，它随着时间 t 增大而逐渐衰减为零，因此称它为暂态分量，又因它与输入无关，而称之为自由分量。

例 6.8　如图 6-24 所示电路，$t=0$ 时开关 K_1 与 K_2 同时闭合，且 $u_C(0_-)=2(\mathrm{V})$，试求 $t\geqslant 0$ 时的 u_C 及 i_C。

解　(1)求电路的零状态响应。应用叠加原理先求电压源单独作用时，u_C 的零状态响应为

$$\frac{6}{1+1}\left(1-e^{-\frac{t}{\tau}}\right)=3(1-e^{-500t})(V)$$

其中 $\tau=RC=\frac{1}{2}\times10^3\times4\times10^{-6}=2\times10^{-3}(s)$

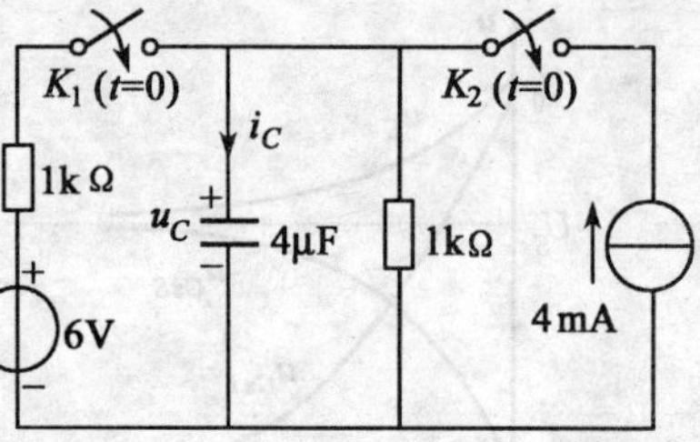

当电流源单独作用时，u_C 的零状态响应为

$$\frac{1}{1+1}\times4\left(1-e^{-\frac{t}{\tau}}\right)=2(1-e^{-500t})(V)$$

因此两种外施激励同时作用时 u_{CzS} 为

$$u_{CzS}=3(1-e^{-500t})+2(1-e^{-500t})=5(1-e^{-500t})(V)。$$

图 6-24

(2)求零输入响应(u_{Czi})，由换路定则

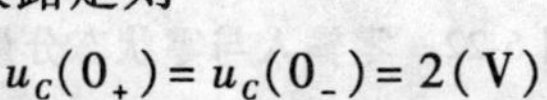

$$u_C(0_+)=u_C(0_-)=2(V)$$

而时间常数不变，因此 u_{Czi} 为

$$u_{Czi}=u_C(0_+)e^{-\frac{t}{\tau}}=2e^{-\frac{t}{\tau}}$$

(3)求电路的全响应 u_C

$$u_C=u_{Czs}+u_{Czi}=5\left(1-e^{-\frac{t}{\tau}}\right)+2e^{-500t}=5-3e^{-500t}(V)$$

故 $$i_C=C\frac{du_C}{dt}=6e^{-500t}(mA)$$

6.4.3 一阶电路的三要素法

从前述讨论可以看出，全响应的暂态分量是按指数规律变化的，而稳态分量取决于输入函数的形式，如果能掌握指数函数的特征，那么我们可以避开解微分方程的麻烦，而简单地写出全响应。

让我们再来考察式(6-16)，若要绘出该式对应的变化曲线，我们必须确定指数曲线的三个要素：(1)起点，即参考时间(如 $t=0$)的纵坐标 $f(0_+)$；(2)终点，即 $t=\infty$ 时指数曲线最终将渐近的值 $f(\infty)$；(3)时间常数 τ，即曲线的变化率。对于图 6-21(a)所示电路的电压 u_C 的三个要素可由图6-23(a)看出，即 $f(0_+)=u_C(0_+)=U_0$，$f(\infty)=u_C(\infty)=U_S$，$\tau=RC$，于是式(6-16)又可以写成

$$u_C=u_C(\infty)+[u_C(0_+)-u_C(\infty)]e^{-\frac{t}{\tau}} \tag{6-17}$$

结果告诉我们，只要得知稳态值 $u_C(\infty)$、初始值 $u_C(0_+)$和时间常数 τ，就能写出一阶电路的过渡过程的解答。故把 $u_C(0_+)$、$u_C(\infty)$和 τ 称为解的三要素。它们都可以用稳态的方法来求得。为此，通常将这种求一阶电路的方法称为一阶电路的三要素法。这种方法在实际工程中是非常实用。

上述我们以电压为例介绍了三要素法的内容，实际上一阶电路各部分的电压、电流都可以用三要素法求得，于是式(6-17)可以写成更一般的形式

$$f(t)=f(\infty)+[f(0_+)-f(\infty)]e^{-\frac{t}{\tau}} \tag{6-18}$$

$f(0_+)$、$f(\infty)$、τ 视具体内容不同用前述方法计算。

需要指出的是，三要素法虽是一种简单易行的方法，但该方法所适应的条件必须是一阶线性定常电路。三要素法用于分析阶跃和恒定输入时特别方便。

例 6.9　如图 6-25 所示电路，设换路前电路已稳定，试求开关在 $t=0$ 接通后的电容电压 u_C。

解　第一步确定三要素：

(1)初始值　　$u_C(0_+)=u_C(0_-)=U_S$

(2)稳态值　　$u_C(\infty)=\dfrac{R_2}{R_1+R_2}U_S$

(3)时间常数 τ　　$\tau=RC=\left(R_3+\dfrac{R_1R_2}{R_1+R_2}\right)C$

第二步按三要素公式(6-18)得

$$u_C=\frac{R_2}{R_2+R_1}U_S+\left(U_S-\frac{R_2}{R_1+R_2}U_S\right)e^{-\frac{t}{\tau}}=\frac{U_S}{R_1+R_2}\left(R_2+R_1e^{-\frac{t}{\tau}}\right)。$$

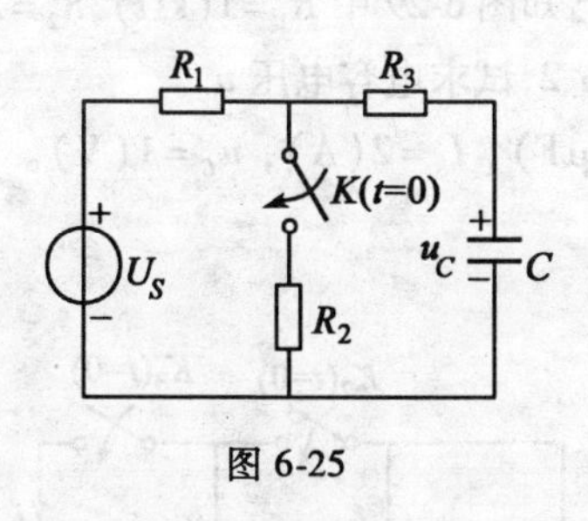

图 6-25

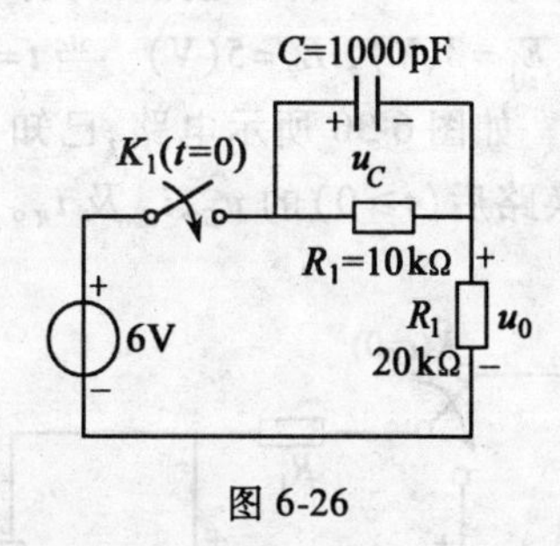

图 6-26

例 6.10　如图 6-26 所示电路，设 $u_C(0_-)=0$，开关在 $t=0$ 时闭合，试求 $t\geqslant0$ 时的 u_C 与 u_0。

解　(1)求初始值

$$u_C(0_+)=u_C(0_-)=0$$
$$u_0(0_+)=U=6(\mathrm{V})。$$

(2)求稳态值

$$u_C(\infty)=\frac{R_1}{R_1+R_2}U=\frac{10\times6}{30}=2(\mathrm{V})$$
$$u_0(\infty)=6-2=4(\mathrm{V})。$$

(3)求时间常数 τ

$$\tau=\left(\frac{R_1R_2}{R_1+R_2}\right)C=\frac{20}{3}\times10^3\times1\ 000\times10^{-12}=\frac{2}{3}\times10^{-5}(\mathrm{s})$$

最后按三要素法公式计算

$$u_C(t)=2(1-e^{-1.5\times10^5t})(\mathrm{V})$$
$$u_0(t)=4+2e^{-1.5\times10^5t})(\mathrm{V})。$$

[思考与练习题]

6.4.1　如图 6-27 所示电路，换路前电路已稳定。当 $t=0$ 时将开关闭合，试问换路后电路是否发生过渡过程？为什么？

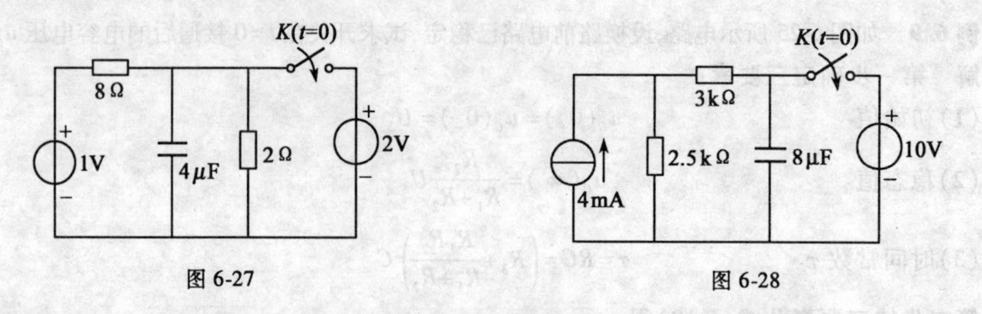

图 6-27　　图 6-28

6.4.2　如图 6-28 所示电路,换路前电路已稳定。当 $t=0$ 时将开关闭合,试问换路后电路是否发生过渡过程?为什么?

6.4.3　如图 6-29 所示电路,开关在位置 1 已稳定。已知图 6-29 中 $R_1=1(\mathrm{k\Omega})$,$R_2=2(\mathrm{k\Omega})$,$C=3(\mu\mathrm{F})$,$E_1=3(\mathrm{V})$,$E_2=5(\mathrm{V})$。当 $t=0$ 时将其合于位置 2,试求电容电压 u_C。

6.4.4　如图 6-30 所示电路,已知 $R=2(\Omega)$,$C=1(\mu\mathrm{F})$,$I_S=2(\mathrm{A})$,$u_C=1(\mathrm{V})$。试用三要素法求换路后($t\geqslant0$)的 u_C,i_C 及 i_R。

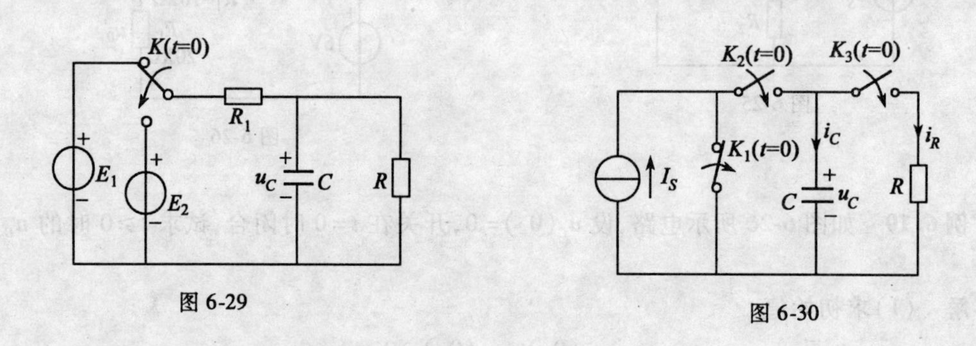

图 6-29　　图 6-30

§6.5　微分电路与积分电路

一阶电路在实际工程中应用很广泛,特别是在电子技术中,其 RC 一阶电路就处于重要地位。例如 RC 微分电路、积分电路、耦合电路以及加速电路等,都是具有特殊功能的电路,本节将重点介绍前两种电路的工作原理。在此之前,首先讨论 RC 电路对矩形波的响应。

6.5.1　RC 电路对矩形波的响应

对于 RC 串联电路,当输入电压波形为图 6-31(a)所示的矩形波时,响应 u_R 及 u_C 随时间 t 如何变化呢?这是我们关心的问题。

对于幅度为 U,宽度为 t_p 的矩形波电压的产生,可以由图 6-31(b)的开关定时接通①和②来得到,即 $t<0$ 时开关 K 处于位置①,RC 串联电路处于短路状态,如果电容原已充电,则电容处于放电状态,达到稳态时,$u_C=0$。当 $t=0$ 时,将开关合到位置②,电路与电压源接通,则电容开始充电。而当 $t=t_1$ 时,又将开关与②断开而与①接通,这样,在 RC 串联电路的输入端,就可以得到一个矩形波电压。

图 6-31(a)所示波形又称为分段常量波形。对于分段常量信号作用的电路,可以分成

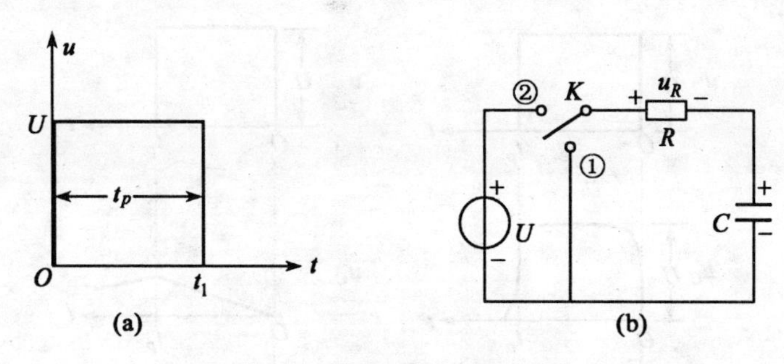

图 6-31　RC 电路的矩形波响应

若干常量在不同时段作用的电路，而各段间看作换路。对一阶电路可用三要素法按时间分段求解。

在 $0 \leqslant t \leqslant t_1$ 区间：

初始值　$$u_C(0_+) = u_C(0_-) = 0$$

稳态值　$$u_C(\infty) = U$$

时间常数　$$\tau = RC$$

因此有　$$u_C = U\left(1-e^{-\frac{t}{\tau}}\right) \tag{6-19}$$

$$u_R = iR = RC\frac{du_C}{dt} = Ue^{-\frac{t}{\tau}} \tag{6-20}$$

在 $t \geqslant t_1$ 区间：

初始值，此时，初值应由前时段的表达式确定，此次换路前一状态的终了时刻为 t_p，则

$$u_C(0_+) = u_C(0_-) = u_C(t_p) = U\left(1-e^{-\frac{t_p}{\tau}}\right)$$

稳态值　$$u_C(\infty) = 0$$

时间常数　$$\tau = RC$$

故此时　$$u_C = U\left(1-e^{-\frac{t_p}{\tau}}\right)e^{-\frac{t-t_p}{\tau}} \tag{6-21}$$

$$u_R = -U\left(1-e^{-\frac{t_p}{\tau}}\right)e^{-\frac{t-t_p}{\tau}} \tag{6-22}$$

显然电路响应 u_C 与 u_R 的波形不仅与时间常数 τ 有关，而且还与输入的矩形波持续时间 t_p 有关。图 6-32 绘出了 $\tau \ll t_p$ 和 $\tau \gg t_p$ 两种情况下输出电压 u_R 与 u_C 的波形。

从波形图可以看出，当 $\tau \ll t_p$ 时，$u_C \approx u$，当 $\tau \gg t_p$ 时，$u_R \approx u$。

6.5.2　微分电路

微分电路的结构如图 6-33(b)所示，当输入为图 6-33(a)所示的矩形波时，由前述分析可知 u_C 为

$$\begin{cases} u_C = U\left(1-e^{-\frac{t-t_p}{\tau}}\right) & (0<t<t_1) \\ u_C = U\left(1-e^{-\frac{t_p}{\tau}}\right)e^{-\frac{t-t_p}{\tau}} & (t>t_1) \end{cases}$$

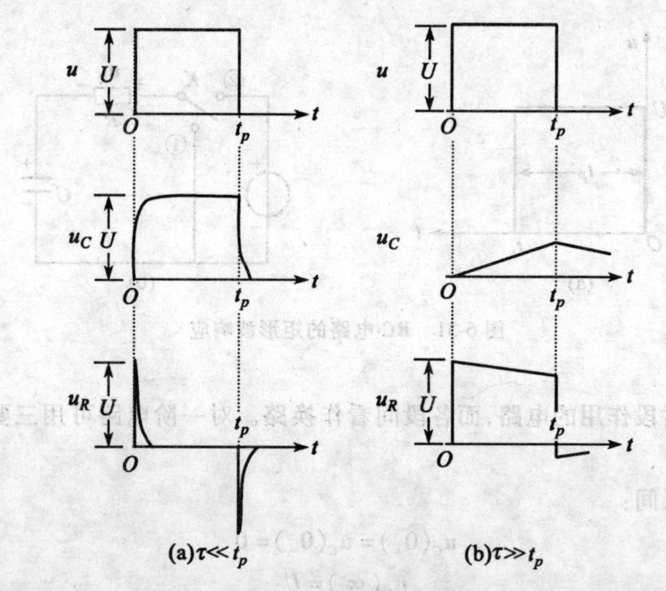

图 6-32　矩形波响应曲线

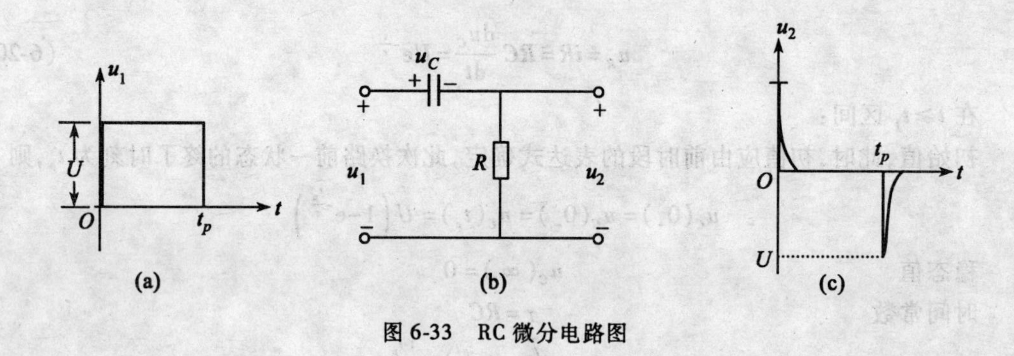

图 6-33　RC 微分电路图

当电路参数满足 $RC=\tau \ll t_p$ 时，电容充、放电完成得很快，使 u_C 的波形近似于输入电压 u 的波形，此时

$$u_R = Ri = RC\frac{\mathrm{d}u_C}{\mathrm{d}t} \approx RC\frac{\mathrm{d}u_1}{\mathrm{d}t} \tag{6-23}$$

可见 u_R 与输入电压 u_1 近似成微分关系，所以常称这种由 R 上输出的 RC 电路为微分电路，其 u_R 的波形如图 6-33(c)所示。将 u_R 的波形与 u_1 的波形比较可知，当 $t=0$ 时，输入信号的"前沿"被 RC 电路进行了微分，出现一个正向尖脉冲；输入信号的后沿也被微分，使得输出成为负的尖脉冲。可以说，微分电路突出了输入信号的变化特性，抑制了输入信号的恒定部分，这正是微分电路的物理实质。一般地讲，时间常数 $\tau=\frac{1}{5}t_p \sim \frac{1}{4}t_p$ 时，就可以认为输出信号与输入信号之间具有"微分"关系。

6.5.3　积分电路

积分电路如图 6-34(b)所示，当输入为图 6-34(a)的矩形波时，由前述分析可知，u_R 为

$$u_R=\begin{cases}Ue^{-\frac{t_p}{\tau}} & (0<t<t_1)\\ -U\left(1-e^{-\frac{t_p}{\tau}}\right)e^{-\frac{t-t_p}{\tau}} & (t>t_1)\end{cases}$$

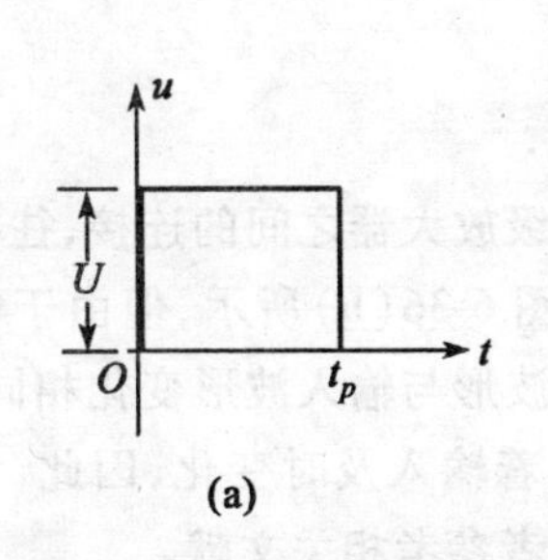

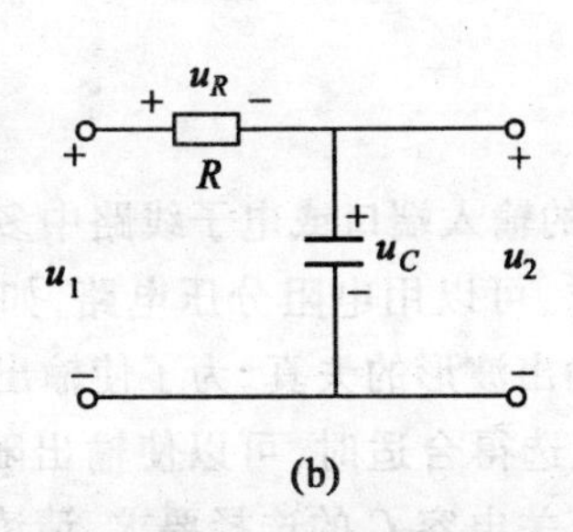

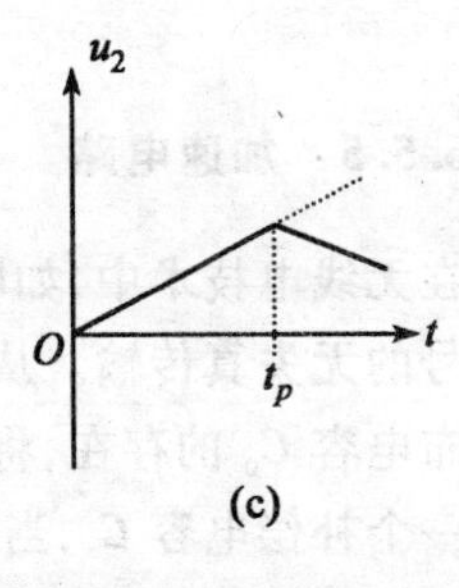

图 6-34　RC 积分电路图

当电路参数满足 $RC=\tau\gg t_p$ 时，此时电容放电完成得很慢，在 $0\leqslant\tau<t_p$ 期间，输入电压几乎全部降在电阻上，即 $u_R\approx u_1$，又由于

$$u_R=Ri=RC\frac{\mathrm{d}u_C}{\mathrm{d}t}$$

$$u_1\approx RC\frac{\mathrm{d}u_C}{\mathrm{d}t}$$

若这时从电容两端取输出电压，则上式可以改写成

$$u_C\approx\frac{1}{RC}\int u_1\,\mathrm{d}t \tag{6-24}$$

式(6-24)表明，u_C 与输入电压 u_1 近似成积分关系，故称这种从电容端输出的 RC 电路为积分电路。其输出波形如图 6-34(c)所示。可以看出，积分电路使输出信号的突变受到了抑制，与输入信号比较，输出信号变得平缓了。一般地讲，如果电路时间常数 $\tau=4t_p\sim5t_p$，就可以认为电路具有积分功能。

值得注意的是：RC 微分、RC 积分电路形式虽然相似，但二者成立的条件和输出电压取自的元件是不同的，即前者条件为 $\tau\ll t_p$，且在电阻上输出；而后者 $\tau\gg t_p$，且在电容上输出。

6.5.4　耦合电路

我们分析 RC 积分电路时指出，若 R 很大，C 也很大，使得 $\tau=RC\gg t_p$ 时，在电容 C 上输出的电压与输入电压近似积分关系，此时如果由电阻上的电压作为输出，那么将会以比较接近于输入电压的波形传递，如图 6-35 所示，在电子线路中常用这种电路作为两级放大电路间的耦合电路，这种电路常称为阻容耦合电路。

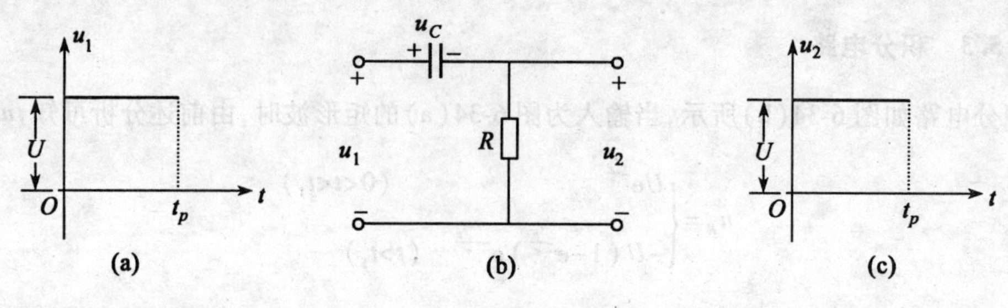

图 6-35 RC 耦合电路图

6.5.5 加速电路

在无线电技术中，如电子仪器的输入端口或电子线路中多级放大器之间的连接，往往需要信号的无失真传输。从理论上讲，可以用电阻分压电路，如图 6-36(b)所示，但由于电路的分布电容 C_0 的存在，将会造成输出波形的失真，为了使输出波形与输入波形变化相同，常并联一个补偿电容 C，当 C 的数值选得合适时，可以使输出随着输入及时变化，因此，该电路称为加速电路或脉冲分压器。有关电容 C 的选择要求，请读者参考相关文献。

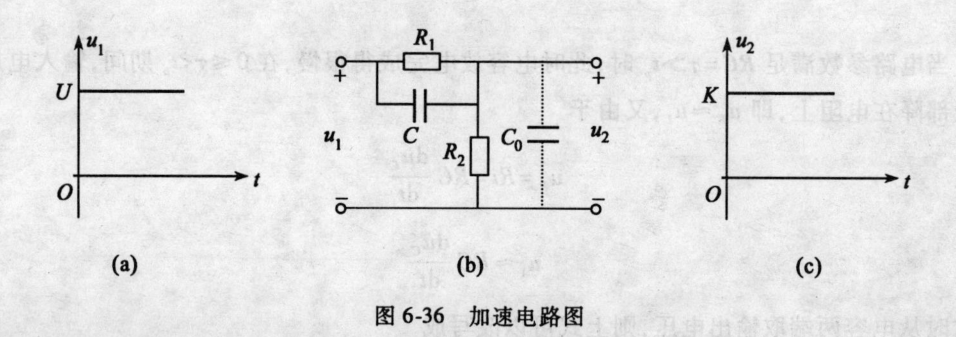

图 6-36 加速电路图

[思考与练习题]

6.5.1 图 6-37(a)所示电路，$u_C(0_-)=0$。设输入电压波形如图 6-37(b)所示，试绘出电压 u_R 的波形，并判断电路的性质是微分电路还是积分电路？

6.5.2 在题 6.5.1 中，将电容增大为 1(μF)并从电容两端取输出电压，试绘出输出电压 u_C 的波形，并判断电路的功能。

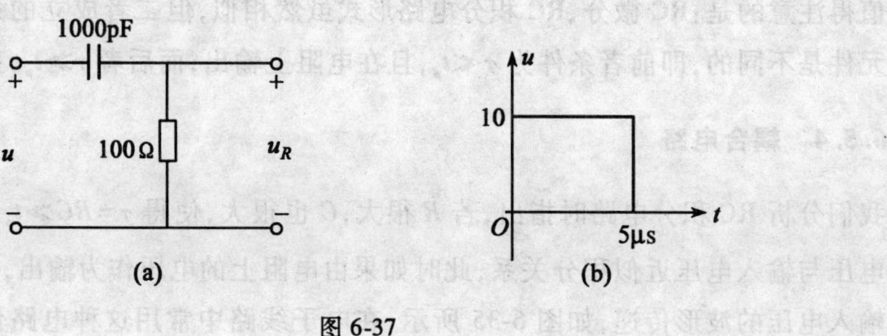

图 6-37

§6.6　RL 一阶电路的暂态分析

RL 电路在自动控制系统中也是常用的一种电路,对工程技术人员来说,熟悉其性能,是非常必要的。

RL 电路的暂态分析与 RC 电路相似,即根据基尔霍夫定律建立换路后的电路微分方程,然后求解方程得电路的响应,对一阶电路,同样可以用三要素法求解。这里仍然根据叠加原理分解,分别讨论零输入响应、零状态响应。

6.6.1　零输入响应

如图 6-38 所示电路中,在开关 K 打开之前电路已达到稳态,此时电感相当于短路,则

$$i_L(0)=\frac{U}{R_2}=I_0$$

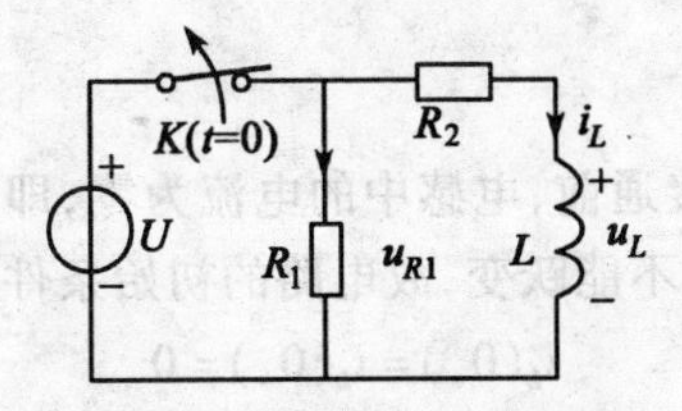

图 6-38　RL 电路的零输入响应

当 $t=0$ 时,断开开关 K,则电感元件将通过电阻(R_1+R_2)放电。当 $t\geqslant 0$ 时,即电路换路后,据 KVL 可以列出电路方程

$$u_L+R_1 i_L+R_2 i_L=0$$

因为
$$u_L=L\frac{\mathrm{d}i_L}{\mathrm{d}t}$$

故得
$$L\frac{\mathrm{d}i_L}{\mathrm{d}i}+Ri_L=0 \tag{6-25}$$

式中 $R=R_1+R_2$,式(6-25)的通解为

$$i_L=A\mathrm{e}^{pt} \tag{6-26}$$

特征方程为
$$Lp+R=0$$

特征根为
$$p=-\frac{R}{L}$$

$$i_L=A\mathrm{e}^{-\frac{R}{L}t}$$

确定积分常数

$$i_L(0_+)=i_L(0_-)=\frac{U}{R_2}=I_0$$

$$i_L(0_+)=A\mathrm{e}^{-\frac{R}{L}0}=I_0$$

代入式(6-26)得 i_L 为

$$i_L=I_0\mathrm{e}^{-\frac{R}{L}t} \tag{6-27}$$

电感电压为

$$u_L = L\frac{\mathrm{d}i_L}{\mathrm{d}t} = -RI_0\mathrm{e}^{-\frac{R}{L}t} \tag{6-28}$$

RL 电路的时间常数为

$$\tau = \frac{L}{R} \tag{6-29}$$

其物理意义与 RC 电路时间常数的意义相同。τ 也具有时间的量纲，即

$$[\tau] = \frac{[L]}{[R]} = \frac{欧 \cdot 秒}{欧} = 秒$$

RL 电路的时间常数与 L 成正比，与 R 成反比。L 越大，R 越小，则 τ 越大。因为 L 越大，在一定的电流 I_0 下，磁场能量越大；而 R 越小，则在一定的电流 I_0 下，电阻消耗的功率越小，所以电流衰减得越慢，过渡过程越长。

RL 电路中电流的衰减过程，实质上就是磁场能量逐渐消失的物理过程，到过渡过程结束，电感中储存的磁场能量将全部转换成电阻所消耗的热能。

6.6.2 零状态响应

如图 6-39 所示电路，开关接通前，电感中的电流为零，即电路处于零初始状态。当 $t=0$ 时接通开关，由于电感中的电流不能跃变，故电路的初始条件为

$$i_L(0_+) = i_L(0_-) = 0$$

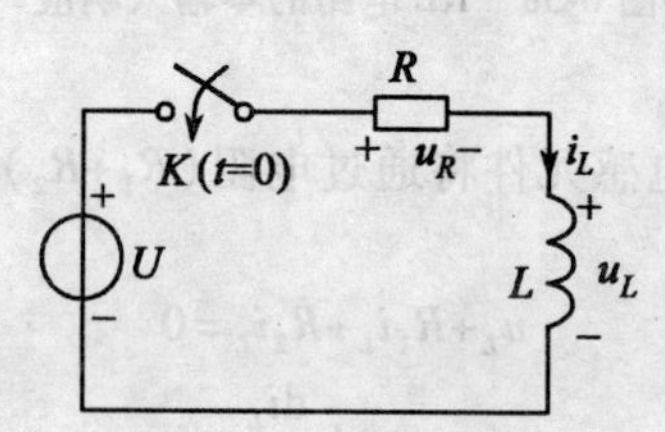

图 6-39 RL 电路的零状态响应

当 $t>0$ 后，电流由零逐渐增大，当电路达到稳态时，电感相当于短路，故电流的稳态值为

$$i_L(\infty) = \frac{U}{R}$$

电路换路后，据 KVL 列出电路方程为

$$u_R + u_L = U$$

因 $u_R = Ri_L$，$u_L = L\frac{\mathrm{d}i_L}{\mathrm{d}t}$ 代入上式后得

$$L\frac{\mathrm{d}i_L}{\mathrm{d}t} + Ri_L = U \tag{6-30}$$

式(6-30)为线性常系数非齐次微分方程。该方程的解由对应齐次方程的通解 $i_{Lh} = A\mathrm{e}^{pt}$ 和满足非齐次方程的一个特解 i_{Lp} 两部分组成，即

$$i_L = i_{Lp} + i_{Lh} \tag{6-31}$$

实际上满足非齐次微分方程的任何一个解都可以充当特解，而一般情况下，常取电路达

到稳态时的解作为特解，即

$$i_{Lp}=\frac{U}{R}$$

所以解的形式为

$$i_L=Ae^{-\frac{R}{L}t}+\frac{U}{R} \tag{6-32}$$

将电流的初始条件代入便可以确定积分常数 A，即

$$i_L(0_+)=\frac{U}{R}+Ae^{-\frac{R}{L}\cdot 0}=0$$

$$\frac{U}{R}+A=0$$

$$A=-\frac{U}{R}$$

所以电感中的电流为

$$i_L=\frac{U}{R}-\frac{U}{R}e^{-\frac{R}{L}t}=\frac{U}{R}\left(1-e^{-\frac{t}{\tau}}\right) \tag{6-33}$$

电感上电压为

$$u_L=L\frac{di_L}{dt}=Ue^{-\frac{t}{\tau}} \tag{6-34}$$

电阻上电压为

$$u_R=i_LR=U\left(1-e^{-\frac{t}{\tau}}\right) \tag{6-35}$$

i_L、u_L 与 u_R 随时间变化的规律如图 6-40 所示。由图 6-40 可见，电流 i_L 是由零逐渐按指数规律增长最后趋于稳态值 $\frac{U}{R}$；u_L 则由零跃变到 U 后，立即按相同指数规律逐渐衰减而最后趋于零。换言之，电感 L 相当于由开路逐渐演变成短路。

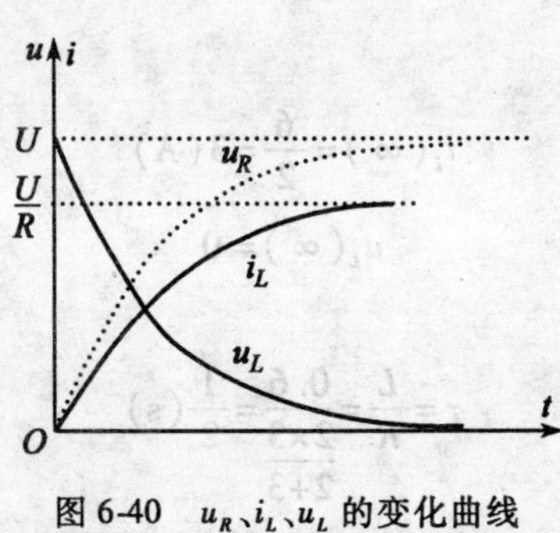

图 6-40　u_R、i_L、u_L 的变化曲线

RL 电路中电流的增长过程，实质上就是磁场能量逐渐储存的物理过程。但在过渡过程中，电阻还将消耗一部分能量。与电容充电过程相似，可以证明在电阻中消耗的能量与电感最终储存的能量是相等的，各为电源供给能量的一半。

6.6.3　全响应

与求 RC 电路的全响应相似，RL 电路的全响应也等于零输入响应与零状态响应的叠加，这里不再重述。当然也可以把全响应分解成稳态响应与暂态响应之和，因此同样可以用三要素法求解 RL 一阶电路的全响应。

例 6.11 如图 6-41 所示电路，换路前电路已处于稳态，$t=0$ 时换路（开关与①断开而与②接通），试求 $t\geqslant 0$ 时的 i_L。

解 求电流的初始值，根据换路定则

$$i_L(0_+)=i_L(0_-)=\frac{3}{3+2}\times 10=6(\mathrm{A})$$

时间常数为
$$\tau=\frac{L}{R}=\frac{100\times 10^{-3}}{2}=0.05(\mathrm{s})$$

代入式(6-27)得
$$i_L=6\mathrm{e}^{-20t}(\mathrm{A})。$$

例 6.12 如图 6-42 所示电路，当 $t=0$ 时将开关闭合。试求电路的零状态响应 i_L 与 u_L。

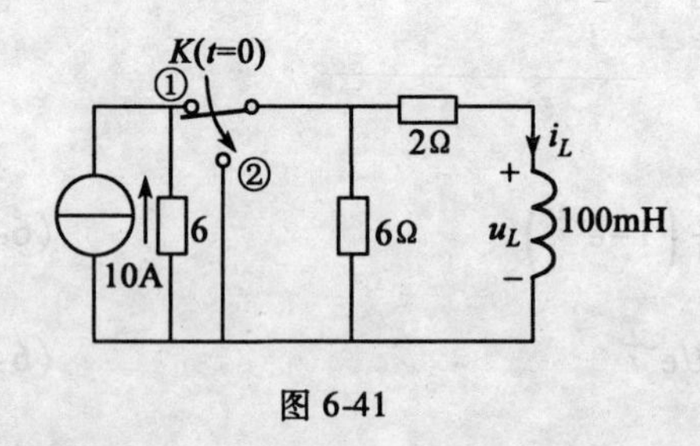

图 6-41

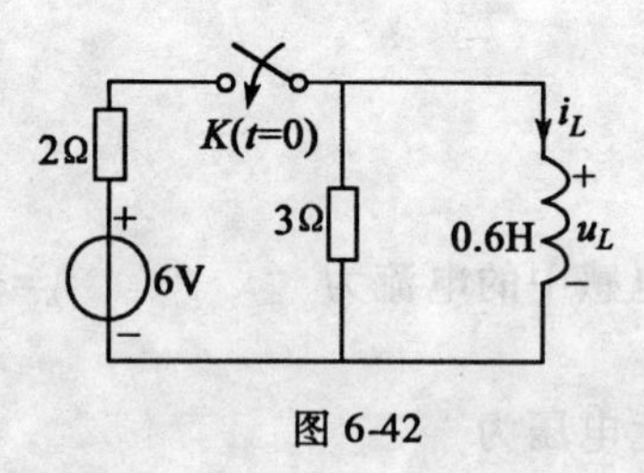

图 6-42

解 用三要素法求解

初始值

$$i_L(0_+)=i_L(0_-)=0$$

$$u_L(0_+)=\frac{3}{3+2}\times 6=3.6(\mathrm{V})$$

稳态值

$$i_L(\infty)=\frac{6}{2}=3(\mathrm{A})$$

$$u_L(\infty)=0$$

时间常数

$$\tau=\frac{L}{R}=\frac{0.6}{\frac{2\times 3}{2+3}}=\frac{1}{2}(\mathrm{s})$$

故
$$i_L=3(1-\mathrm{e}^{-2t})(\mathrm{A})$$

$$u_L=3.6\mathrm{e}^{-2t}(\mathrm{V})。$$

例 6.13 如图 6-43 所示电路，为用做输电线继电保护的电路。其中虚线框内为继电器的等效电路，当其通过电流达 30(A) 时，继电器动作，使输电线脱离电源，从而起到保护作用。如果负载电阻 $R_L=20(\Omega)$，输电线电阻 $R_1=1(\Omega)$，继电器电阻 $R=3(\Omega)$，电感 $L=0.2(\mathrm{H})$，电源电压 $U_S=220(\mathrm{V})$，试求负载短路时，需经多长时间继电器才会动作？

解 求初始值

$$i_L(0_+)=i_L(0_-)=\frac{220}{3+1+20}=9.17(\mathrm{A})$$

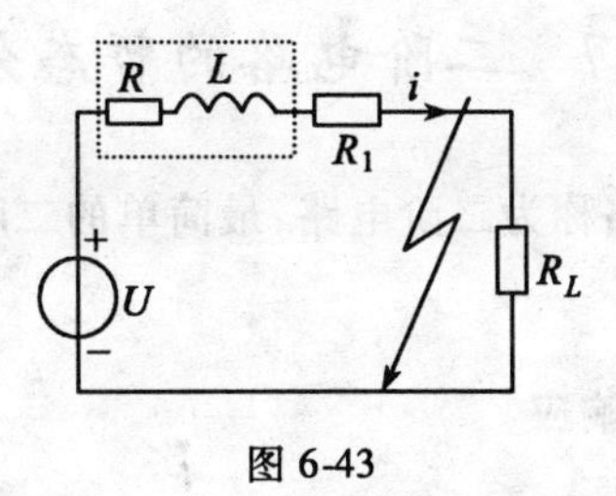

图 6-43

负载被短路后,其稳态值为

$$i_L(\infty)=\frac{U}{R+R_1}=\frac{220}{4}=55(\mathrm{A})$$

电路时间常数为

$$\tau=\frac{L}{R+R_1}=\frac{0.2}{4}=0.05(\mathrm{s})$$

因此,当负载被短路后电流的表达式为

$$i_L=55+(9.17-55)\mathrm{e}^{-20t}=55-45.83\mathrm{e}^{-20t}$$

令 $t=t_1$ 时刻继电器动作,此时电流 $i=30\mathrm{A}$,代入上式

$$30=55-45.83\mathrm{e}^{-20t_1}$$

即

$$45.83\mathrm{e}^{-20t_1}=25$$

等式两边取对数

$$20t_1=0.606$$

故

$$t_1=0.03(\mathrm{s})。$$

可见负载短路后,经过 0.03s 继电器就会动作,从而起到保护输电线路的作用。

[思考与练习题]

6.6.1　试用三要素法求解例 6.11。

6.6.2　在例 6.13 中,如果减小继电器中的电感量,试问继电器动作的时间是提前还是推迟?为什么?

6.6.3　图 6-44 所示电路图中,R、L 分别是一个线圈的电阻和电感;D 是二极管。设二极管的正向电阻为零,反向电阻为无穷大,试问该二极管的作用是什么?

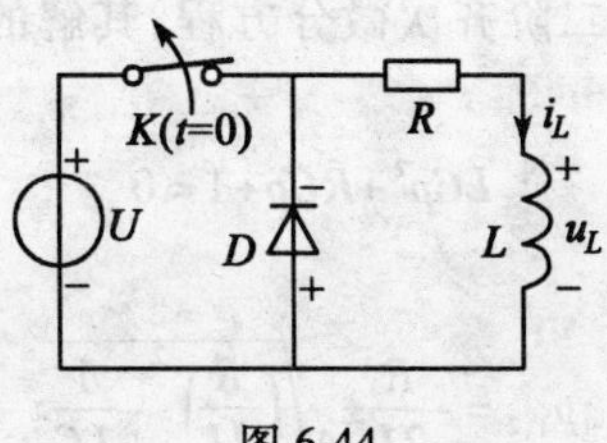

图 6-44

§6.7 二阶电路的暂态分析

用二阶微分方程描述的电路称为二阶电路，最简单的二阶电路是 RLC 元件的串联和并联电路。

6.7.1 二阶电路的零输入响应

1. 电路方程及其解

如图 6-45 所示电路，换路前电路已经达到稳态，$t=0$ 时刻开关动作，即把 1 点断开，并把 2 点接通。$t\geqslant 0$ 时电路工作在零输入状态，其零输入响应可以通过解二阶微分方程得到。

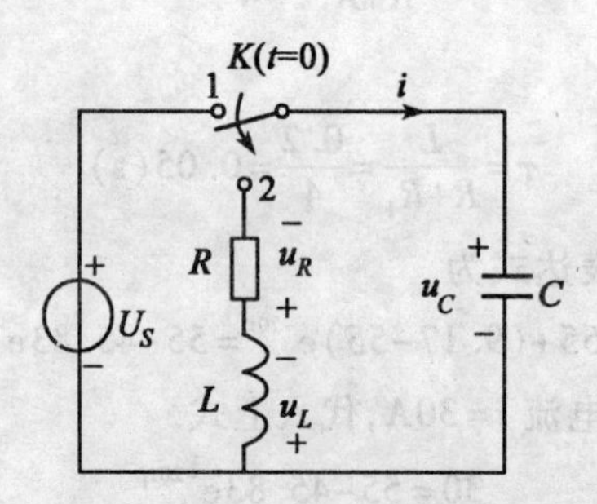

图 6-45 RLC 放电电路图

在图示电压、电流参考方向下，由 KVL 可得

$$L\frac{\mathrm{d}i}{\mathrm{d}t}+Ri+u_C=0$$

而 $i=C\dfrac{\mathrm{d}u_C}{\mathrm{d}t}$ 代入上式，则得

$$LC\frac{\mathrm{d}^2u_C}{\mathrm{d}t^2}+RC\frac{\mathrm{d}u_C}{\mathrm{d}t}+u_C=0 \quad (t\geqslant 0) \tag{6-36}$$

式(6-36)是以 u_C 为未知量的二阶微分方程，求解该方程需要两个初始条件，一般为 $u_C(0_+)$ 和 $i_L(0_+)$，它们可以由换路定则确定，即

$$u_C(0_+)=u_C(0_-)$$
$$i_L(0_+)=i_L(0_-)$$

以上电路方程是一个常系数二阶齐次微分方程，其解的形式为 $u_C=A\mathrm{e}^{pt}$，该方程的特征方程为

$$LCp^2+RCp+1=0$$

解该方程得特征根为

$$p_{1,2}=-\frac{R}{2L}\pm\sqrt{\left(\frac{R}{2L}\right)^2-\frac{1}{LC}} \tag{6-37}$$

所以

$$u_C=A_1\mathrm{e}^{p_1t}+A_2\mathrm{e}^{p_2t} \tag{6-38}$$

由初始条件确定积分常数 A_1、A_2

因为 $$i=C\frac{du_C}{dt}=CA_1p_1e^{p_1t}+CA_2p_2e^{p_2t}$$

令 $i_L(0_+)=I_0$ 有 $$p_1A_1+p_2A_2=\frac{I_0}{C} \tag{6-39}$$

令 $u_c(0_+)=U_0$ 有 $$A_1+A_2=U_0$$

联立求解得

$$\left.\begin{aligned} A_1&=\frac{p_2U_0}{p_2-p_1}\\ A_2&=\frac{p_1U_0}{p_2-p_1}\end{aligned}\right\} \tag{6-40}$$

把 A_1、A_2 代入式(6-38),就可以得到 RLC 串联电路的零输入响应的表达式。

2. 零输入响应的特性

令 $\delta=\frac{R}{2L}$, $\omega_0=\frac{1}{\sqrt{LC}}$则特征根表示为

$$p_1=-\delta+\sqrt{\delta^2-\omega_0^2},\quad p_2=-\delta-\sqrt{\delta^2-\omega_0^2}$$

式中,δ 为衰减常数,ω_0 为 RLC 串联电路的谐振角频率,p_1、p_2 为电路的固有频率,它们只与电路结构及元件参数有关,它们是反映二阶电路属性的重要参数。其中 p_1、p_2 可能是两个不等或相等的负实数、或一对实部为负的共轭复数或纯虚数。p_1、p_2 形式的不同,则解的变化规律也不一样,即解的形式亦不同。根据微分方程的理论,其零输入响应可能出现如下几种情况:

(1)$\delta>\omega_0$ 或 $R>2\sqrt{\frac{L}{C}}$ 称为过阻尼情况,固有频率 p_1、p_2 为两个不等的负实数,其响应为

$$u_C=A_1e^{p_1t}+A_2e^{p_2t} \tag{6-41}$$

(2)$\delta=\omega_0$ 或 $R=2\sqrt{\frac{L}{C}}$ 称为临界阻尼情况,固有频率 p_1、p_2 为两个相等的负实数,即 $p_1=p_2=-\delta$,其响应为

$$u_C=(A_1+A_2t)e^{-\delta t} \tag{6-42}$$

(3)$\delta<\omega_0$ 或 $R<2\sqrt{\frac{L}{C}}$ 称为欠阻尼情况,固有频率 p_1、p_2 为一对实部为负的共轭复数,即

$$p_1=-\delta+j\omega,\quad p_2=-\delta-j\omega$$

式中 $\omega=\sqrt{\omega_0^2-\delta^2}$ 称为阻尼振荡角频率。电路的响应为

$$u_C=(A_1\cos\omega t+A_2\sin\omega t)e^{-\delta t} \tag{6-43}$$

(4)当 $R=0$ 时,称为无阻尼情况,固有频率为纯虚数,$p_1=+j\omega$,$p_2=-j\omega$,电路的响应为

$$u_C=A_1\cos\omega_0t+A_2\sin\omega_0t \tag{6-44}$$

3. 零输入响应分析

(1)$R>2\sqrt{\frac{L}{C}}$,非振荡放电过程。在这种情况下,特征根 p_1、p_2 为两个不等的负实数,电容上的电压为

$$u_C=\frac{U_0}{p_2-p_1}\left(p_2\mathrm{e}^{p_1t}-p_1\mathrm{e}^{p_2t}\right) \tag{6-45}$$

电流为
$$i=C\frac{\mathrm{d}u_C}{\mathrm{d}t}=\frac{CU_0p_2p_1}{p_2-p_1}(\mathrm{e}^{p_1t}-\mathrm{e}^{p_2t})=\frac{U_0}{L(p_2-p_1)}(\mathrm{e}^{p_1t}-\mathrm{e}^{p_2t}) \tag{6-46}$$

电感上的电压为
$$u_L=\frac{U_0}{p_2-p_1}(p_1\mathrm{e}^{p_1t}-p_2\mathrm{e}^{p_2t}) \tag{6-47}$$

u_C、i、u_L 随时间变化的曲线如图 6-46 所示。从图中可以看出,u_C、i 始终不改变方向,而且有 $u_C\geqslant 0$,$i\geqslant 0$,表明电容在整个过程中一直释放储存的电能,因此称为非振荡放电,又称为过阻尼放电。当 $t=0_+$ 时,$i(0_+)=0$,当 $t=\infty$ 时,放电过程结束,$i(\infty)=0$,所以在放电过程中电流出现最大值。电流达到最大值的时刻 t_m 可以由电流的变化率决定

$$t_m=\frac{\ln\frac{p_2}{p_1}}{p_1-p_2} \tag{6-48}$$

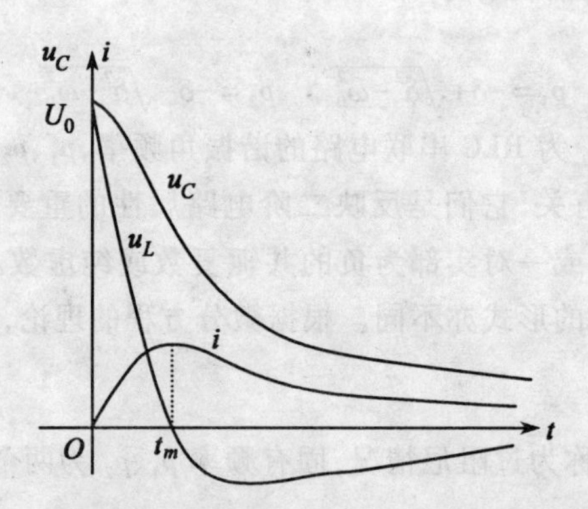

图 6-46 非振荡放电过程中 u_C、i、u_L 随时间变化的曲线

当 $t<t_m$ 时,电感吸收能量,建立磁场;当 $t>t_m$ 时,电感释放能量,磁场逐渐衰减,趋向消失。当 $t=t_m$ 时,正是电感电压过零点。

例 6.14 在图 6-45 所示电路中,已知 $U_S=10(\mathrm{V})$,$R=4(\mathrm{k\Omega})$,$L=1(\mathrm{H})$,$C=1(\mathrm{\mu F})$,$t<0$ 时电路已达到稳态,$t=0$ 时换路,试求:u_C、i、u_L 及 $i_{\max}$。

解 (1)先判断暂态过程的性质已知 $R=4(\mathrm{k\Omega})$,$2\sqrt{\frac{L}{C}}=2\sqrt{\frac{1}{10^{-6}}}=2(\mathrm{k\Omega})$

所以 $R>2\sqrt{\frac{L}{C}}$,放电过程是非振荡的。且 $u_C(0_+)=U_0=U_S$。特征根

$$p_1=-\frac{R}{2L}+\sqrt{\left(\frac{R}{2L}\right)^2-\frac{1}{LC}}=-268,\quad p_2=-\frac{R}{2L}-\sqrt{\left(\frac{R}{2L}\right)^2-\frac{1}{LC}}=-3732。$$

(2)根据式(6-45)、式(6-46)、式(6-47)可得 u_C、i、u_L

$$u_C=10.77\mathrm{e}^{-268t}-0.773\mathrm{e}^{-3\,732t}(\mathrm{V})$$
$$i=2.89(\mathrm{e}^{-268t}-\mathrm{e}^{-3\,732t})(\mathrm{mA})$$
$$u_R=iR=11.56(\mathrm{e}^{-268t}-\mathrm{e}^{-3\,732t})(\mathrm{V})$$

$$u_L=L\frac{\mathrm{d}i}{\mathrm{d}t}=(10.77\mathrm{e}^{-3\,732t}-0.773\mathrm{e}^{-268t})(\mathrm{V})。$$

(3)电流最大值发生在 t_m 时刻,即

$$t_m=\frac{\ln\left(\frac{p_2}{p_1}\right)}{p_1-p_2}=7.60\times10^{-4}(\mathrm{s})=760(\mu\mathrm{s})$$

$$i_{\max}=2.89(\mathrm{e}^{-268\times7.60\times10^{-4}}-\mathrm{e}^{-3\,732\times7.60\times10^{-4}})=21.9\times10^{-4}(\mathrm{A})=2.19(\mathrm{mA})。$$

(2)$R<2\sqrt{\frac{L}{C}}$,振荡放电过程。因为 $\omega=\sqrt{\omega_0^2-\delta^2}$,三者的关系可用图 6-47 所示的三角形表示,由图 6-47 可得

$$\delta=\omega_0\cos\Psi,\quad \omega=\omega_0\sin\Psi$$

根据 $\mathrm{e}^{\mathrm{j}\Psi}=\cos\Psi+\mathrm{j}\sin\Psi$, $\mathrm{e}^{-\mathrm{j}\Psi}=\cos\Psi-\mathrm{j}\sin\Psi$ 可求得

$$p_1=-\omega_0\mathrm{e}^{-\mathrm{j}\Psi},\qquad p_2=-\omega_0\mathrm{e}^{\mathrm{j}\Psi}$$

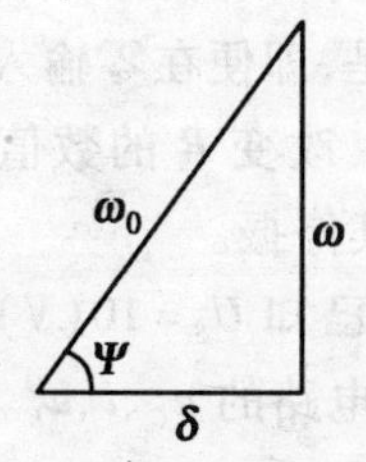

图 6-47　ω、ω₀、δ 三者关系

于是振荡放电时,电容上的电压为

$$\begin{aligned}u_C&=\frac{U_0}{p_2-p_1}(p_2\mathrm{e}^{p_1t}-p_1\mathrm{e}^{p_2t})\\&=\frac{U_0}{-\mathrm{j}2\omega}[-\omega_0\mathrm{e}^{\mathrm{j}\Psi}\mathrm{e}^{(-\delta+\mathrm{j}\omega)t}+\omega_0\mathrm{e}^{-\mathrm{j}\Psi}\mathrm{e}^{(-\delta-\mathrm{j}\omega)t}]\\&=\frac{U_0\omega_0}{\omega}\mathrm{e}^{-\delta t}\left[\frac{\mathrm{e}^{\mathrm{j}(\omega t+\Psi)}-\mathrm{e}^{-\mathrm{j}(\omega t+\Psi)}}{\mathrm{j}2}\right]\\&=\frac{U_0\omega_0}{\omega}\mathrm{e}^{-\delta t}\sin(\omega t+\Psi)\end{aligned}\tag{6-49}$$

电流为

$$i=C\frac{\mathrm{d}u_C}{\mathrm{d}t}=-\frac{U_0}{\omega L}\mathrm{e}^{-\delta t}\sin\omega t\tag{6-50}$$

而电感上的电压为

$$u_L=-\frac{U_0\omega_0}{\omega}\mathrm{e}^{-\delta t}\sin(\omega t-\Psi)\tag{6-51}$$

u_C、i、u_L 随时间变化的曲线如图 6-48 所示。它们的波形呈现衰减振荡的状态,在整个过程中,它们周期性地改变方向,储能元件也周期性地交换能量。

在欠阻尼的情况下,若电阻小至 $R=0$ 时,电路无损耗,$\delta=0$,此时固有频率为一对共轭

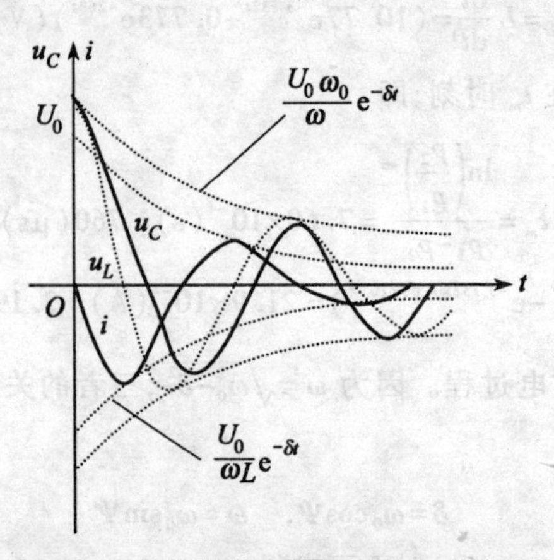

图 6-48 振荡放电过程中 u_C、i、u_L 的波形

虚数，电路出现等幅振荡，即无阻尼振荡，振荡会无限制地持续下去。

可见，RLC 电路的最突出的特点是，即便在零输入状态下也具有振荡，且振荡的形式是正弦波，振荡的频率决定于电路参数。改变 R 的数值可以得到所需要的振荡器，若振荡对电路产生不良影响，可以加大阻尼使其停振。

例 6.15 在图 6-45 所示电路中，已知 $U_S=10(\text{V})$，$R=4(\Omega)$，$L=2(\text{H})$，$C=0.1(\text{F})$，$t<0$ 时电路已达到稳态，$t=0$ 时换路，试求电路的 u_C、i、u_L。

解 (1)首先判断暂态过程的性质

$$2\sqrt{\frac{L}{C}}=2\sqrt{\frac{2}{0.1}}=8.9(\Omega)$$

所以 $R<2\sqrt{\frac{L}{C}}$，放电过程是欠阻尼振荡情况。且 $u_C(0_+)=U_0=U_S$。

(2)根据式(6-49)、式(6-50)、式(6-51)可得 u_C、i、u_L

$$\delta=\frac{R}{2L}=1,\omega_0=\frac{1}{\sqrt{LC}}=\sqrt{\frac{1}{2\times 0.1}}=\sqrt{5},\omega=\sqrt{5-1}=2,\Psi=\arctan\frac{\omega}{\delta}=63.43°$$

$$\begin{aligned}u_C&=\frac{U_0\omega_0}{\omega}e^{-t}\sin(\omega t+\Psi)\\&=\frac{10\sqrt{5}}{2}e^{-t}\sin(2t+63.43°)=5\sqrt{5}\,e^{-t}\sin(2t+63.43°)\\&=5\sqrt{5}\,e^{-t}\sin(2t+63.43°)(\text{V})\end{aligned}$$

$$i=C\frac{\mathrm{d}u_C}{\mathrm{d}t}=-\frac{U_0}{\omega L}e^{-\delta t}\sin\omega t=-\frac{10}{2\times 2}e^{-t}\sin 2t=-2.5e^{-t}\sin 2t(\text{mA})$$

$$u_L=-5\sqrt{5}\,e^{-t}\sin(2t-63.43°)(\text{V})。$$

(3) $R=2\sqrt{\frac{L}{C}}$，临界情况。在 $R=2\sqrt{\frac{L}{C}}$ 的条件下，这时特征方程具有重根

$$p_1=p_2=-\frac{R}{2L}=-\delta$$

式(6-36)所示微分方程的通解为

$$u_C=(A_1+A_2t)\mathrm{e}^{-\delta t}$$

根据初始条件可得

$$A_1=U_0$$

$$A_2=\delta U_0$$

$$u_C=U_0(1+\delta t)\mathrm{e}^{-\delta t} \tag{6-52}$$

$$i=C\frac{\mathrm{d}u_C}{\mathrm{d}t}=-\frac{U_0}{L}t\mathrm{e}^{-\delta t} \tag{6-53}$$

$$u_L=L\frac{\mathrm{d}i}{\mathrm{d}t}=U_0\mathrm{e}^{-\delta t}(1-\delta t) \tag{6-54}$$

其波形与图6-46所示相似。这种过程是振荡与非振荡过程的分界线,以 $R=2\sqrt{\frac{L}{C}}$ 时的过渡过程称为临界非振荡过程,这时的电阻称为临界电阻。

6.7.2 二阶电路的零状态响应

二阶电路的零状态响应根据外施激励的不同,有阶跃响应和冲击响应,以下仅介绍阶跃响应。

图6-49所示电路,换路前电路已经达到稳态,$t=0$ 时刻开关动作,$t\geqslant 0$ 时电路工作在零状态情况,其零状态响应可以解二阶微分方程求得。

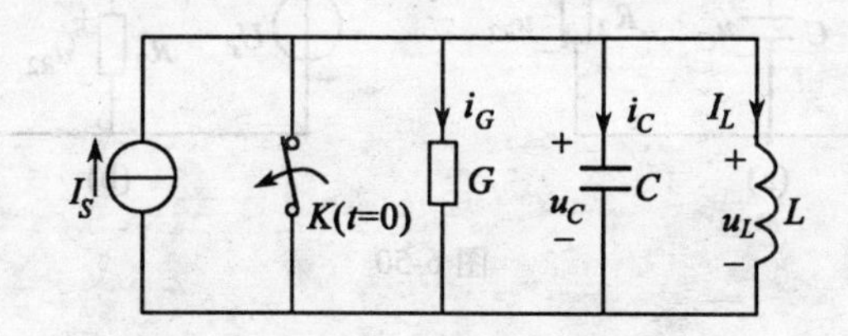

图6-49 二阶电路的零状态响应

在图6-49所示电压、电流参考方向下,由KCL可得

$$i_C+i_G+i_L=i_S$$

因为GCL是并联,故 $u_C=u_G=u_L$,若以 i_L 为待求变量,即各元件上的电压用 u_L 表示,且 $u_L=L\frac{\mathrm{d}i}{\mathrm{d}t}$,于是各电流为

$$i_G=Gu_L=GL\frac{\mathrm{d}i_L}{\mathrm{d}t},\quad i_C=C\frac{\mathrm{d}u_L}{\mathrm{d}t}=LC\frac{\mathrm{d}^2u_L}{\mathrm{d}t^2}$$

$$\begin{cases}LC\dfrac{\mathrm{d}^2i_L}{\mathrm{d}t^2}+GL\dfrac{\mathrm{d}i_L}{\mathrm{d}t}+i_L=i_S\\ i_L(0_+)=i_L(0_-)=0\\ \left(\dfrac{\mathrm{d}i_L}{\mathrm{d}t}\right)_{0_+}=\dfrac{1}{L}u_L(0_+)=\dfrac{1}{L}u_C(0_+)=\dfrac{1}{L}u_C(0_-)=0\end{cases} \tag{6-55}$$

这是一个二阶非齐次线性方程,该方程的解由对应齐次方程的通解 $i''_L=A_1\mathrm{e}^{p_1t}+A_2\mathrm{e}^{p_2t}$ 和

满足非齐次方程的一个特解 i'_L 两部分组成，其特解常取稳态解 i_S，所以方程的解为

$$i_L = I_S + A_1 e^{p_1 t} + A_2 e^{p_2 t} \tag{6-56}$$

由初始条件

$$A_1 + A_2 = -I_S$$

$$p_1 A_1 + p_2 A_2 = 0$$

$$A_2 = \frac{p_2 I_S}{p_2 - p_1}$$

$$A_1 = \frac{-p_2 I_S}{p_2 - p_1}$$

把 A_1、A_2 代入式(6-56)，就可以得到 RLC 并联电路的零状态响应的表达式。如果二阶电路具有初始储能，又接入外施激励，则电路的响应称为全响应。全响应是零输入响应和零状态响应的叠加。

习 题 6

6.1 如图 6-50 所示各电路原已稳定，试求：

(1)开关闭合瞬间($t=0_+$)时，各支路电流及各元件电压的表达式；

(2)开关闭合电路达到新的稳态($t=\infty$)后，各支路电流各元件电压的表达式。

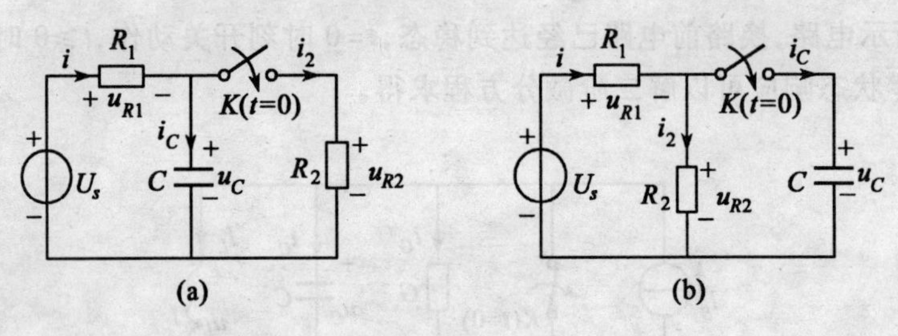

图 6-50

6.2 如图 6-51 所示，电路原已稳定，试求：

(1)开关断开瞬间($t=0_+$)时，电路总电流和各元件电压的表达式；

(2)开关断开电路达到新的稳态($t=\infty$)后，电路电流和各元件电压的表达式。

6.3 图 6-52 所示电路，开关未闭合前各储能元件均不带电，试求：

(1)开关闭合瞬间各元件的电流和电压值；

(2)开关闭合电路达到新稳态后各元件的电流和电压值。

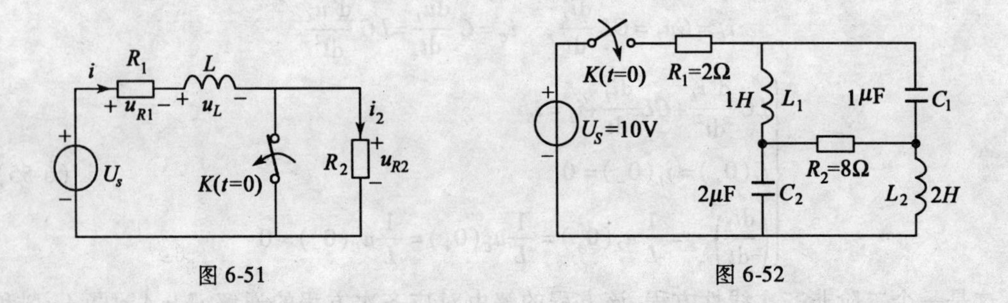

图 6-51　　　　图 6-52

6.4　100(μF)的电容器其初始电压为 220(V),现将其通过电阻 R 放电,当放电 0.06(s)时测得电容电压 $u_C=10$(V),试求电阻 R 的值。

6.5　如图 6-53 所示电路原已稳定。当 $t=0$ 时将开关闭合,试求 $t\geqslant 0$ 时的 u_C 与 i_C。

6.6　如图 6-54 所示电路原已稳定。已知 $U=100$(V),$R=10$(kΩ),$C=4$(μF),试求开关由位置①倒向位置②($t=0$ 时)后 100(ms)时的 u_C 与放电电流 i 的值。

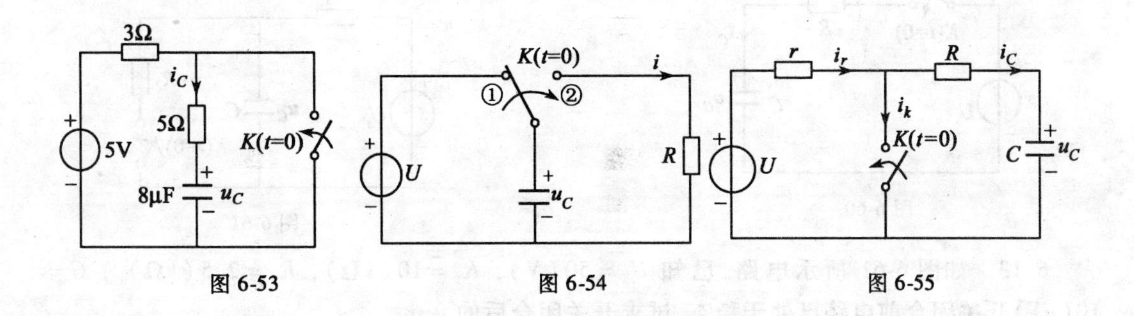

图 6-53　　图 6-54　　图 6-55

6.7　如图 6-55 所示电路原已稳定。开关 K 在 $t=0$ 时闭合,试求开关闭合后的电容电压 u_C 及流经开关的电流 i_k 的表达式。

6.8　如图 6-56 所示电路中,已知 $U=100$(V),$R=1$(MΩ),$C=10$(μF),开关在 $t=0$ 时闭合,且 $u_C(0_-)=0$。试求开关闭合后 5(s)、10(s)、15(s)、20(s)、30(s)时的电容电压 u_C 与电流 i,并作出其变化曲线。

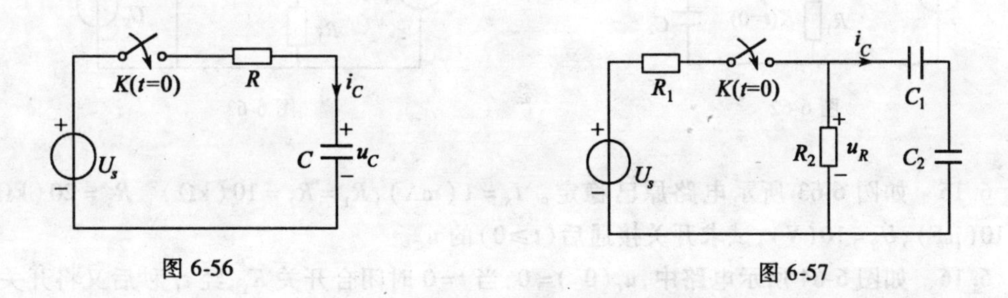

图 6-56　　图 6-57

6.9　在如图 6-57 所示电路中各电容 $u_C(0_-)=0$。已知 $U_S=36$(V),$R_1=12$(Ω),$R_2=4$(Ω),$C_1=6$(μF),$C_2=3$(μF),当 $t=0$ 时开关 K 闭合,试求 $t>0$ 时的 u_R 与电流 i_C。

6.10　如图 6-58 所示电路中各电容 $u_C(0_-)=0$。已知 $U=20$(V),$R_1=12$(kΩ),$R_2=6$(kΩ),$C_1=10$(μF),$C_2=20$(μF),试求开关闭合后各电容两端电压 u_C。

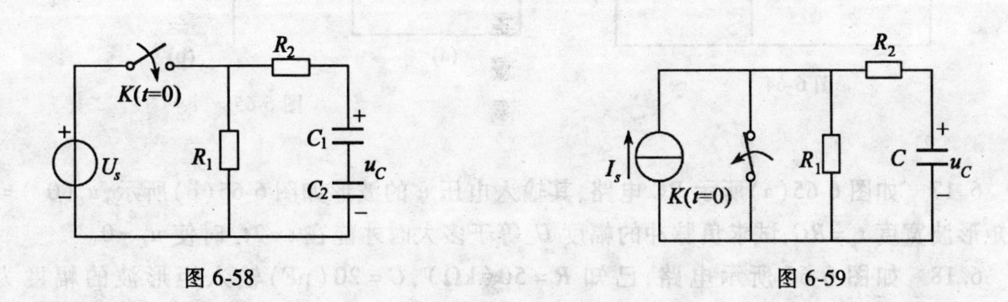

图 6-58　　图 6-59

6.11 如图 6-59 所示电路，开关闭合前 $u_C(0_-)=5(\mathrm{V})$，且 $I_S=1(\mathrm{A})$，$R_1=20(\Omega)$，$R_2=30(\Omega)$，$C=0.5(\mathrm{F})$，试求开关断开后电路的全响应 u_C。

6.12 如图 6-60 所示电路，已知 $U_S=150(\mathrm{V})$，$R=2(\mathrm{M\Omega})$，$C=15(\mu\mathrm{F})$，电容原已充电，其 $q_0=750(\mu\mathrm{C})$，试求电容电压 u_C 和充电电流 i，并作出 u_C 与 i 的变化曲线。

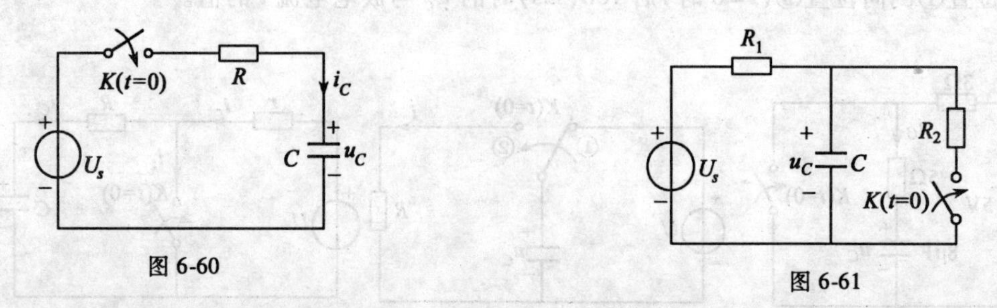

图 6-60　　图 6-61

6.13 如图 6-61 所示电路，已知 $U_S=50(\mathrm{V})$，$R_1=10(\mathrm{k\Omega})$，$R_2=2.5(\mathrm{k\Omega})$，$C=10(\mu\mathrm{F})$ 开关闭合前电路已处于稳态，试求开关闭合后的 u_C。

6.14 如图 6-62 所示电路原已稳定，已知 $U_S=30(\mathrm{V})$，$C_1=2(\mu\mathrm{F})$，$R_1=10(\Omega)$，$C_2=1(\mu\mathrm{F})$，$R_2=20(\Omega)$，试求开关断开后流经电源支路的电流。

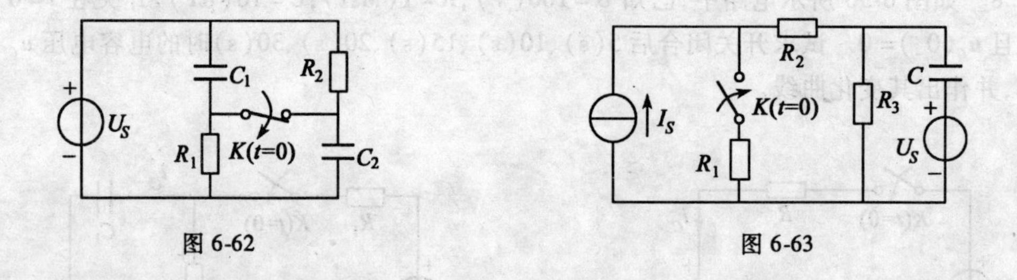

图 6-62　　图 6-63

6.15 如图 6-63 所示电路原已稳定。$I_S=1(\mathrm{mA})$，$R_1=R_2=10(\mathrm{k\Omega})$，$R_3=20(\mathrm{k\Omega})$，$C=10(\mu\mathrm{F})$，$U_S=10(\mathrm{V})$，试求开关接通后 $(t\geqslant 0)$ 的 u_C。

6.16 如图 6-64 所示电路中，$u_C(0_-)=0$，当 $t=0$ 时闭合开关 K_1，经 t_1 秒后又将开关 K_2 闭合，试求 u_C 的表达式。

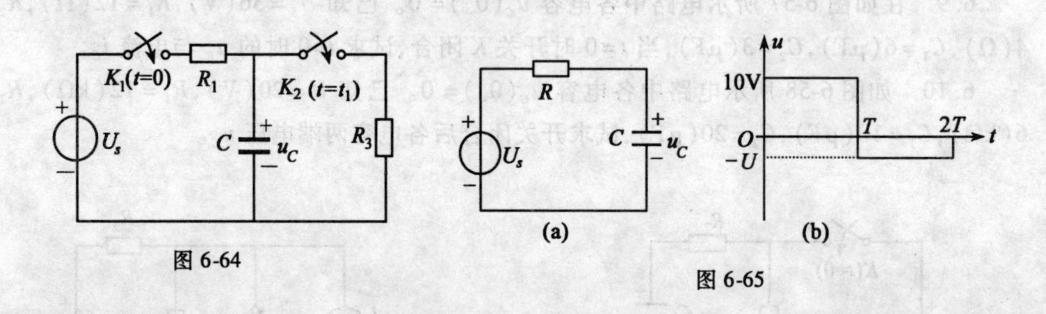

图 6-64　　图 6-65

6.17 如图 6-65(a) 所示 RC 电路，其输入电压 u 的波形如图 6-65(b) 所示，$u_C(0_-)=0$。设矩形波宽度 $t_p=RC$，试求负脉冲的幅度 U_- 等于多大时才能在 $t=2t_p$ 时使 $u_C=0$。

6.18 如图 6-66 所示电路，已知 $R=50(\mathrm{k\Omega})$，$C=20(\mathrm{pF})$ 输入矩形波的幅度为 1

(V)，$u_C(0_-)=0$，试求：(1)矩形波宽度 $t_p=2(\mu s)$ 时的电容电压 u_C 和电阻电压 u_R；(2) $t_p=20(\mu s)$ 时的 u_C 和 u_R。

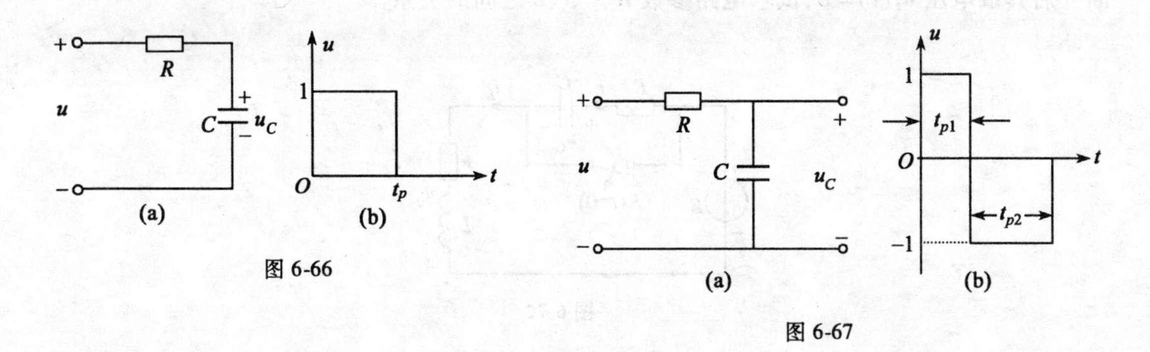

图 6-66　　图 6-67

6.19　如图 6-67(a)所示电路中电容 $u_C(0_-)=0$，输入电压波形如图 6-67(b)所示，$t_{p1}=0.2(s)$，$t_{p2}=0.4(s)$，$RC=0.2(s)$，试求输出电压 u_C 及电阻电压 u_R。

6.20　如图 6-68 所示电路中，已知 $U_S=120(V)$，$R_1=10(\Omega)$，$R_2=30(\Omega)$，$L=0.1(H)$。当电路稳定后将开关闭合，试求电路电流 i 并作出其变化曲线。

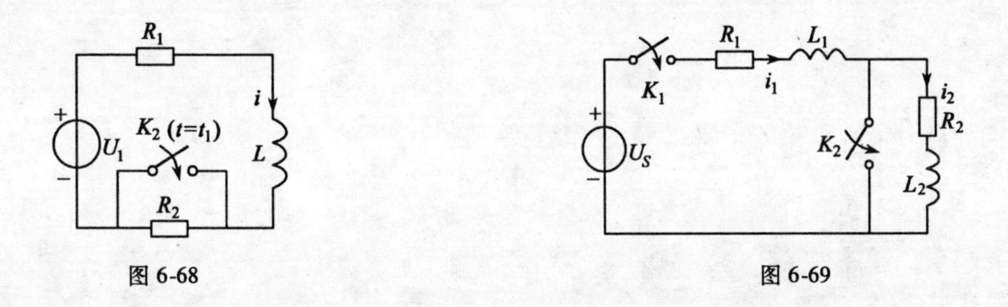

图 6-68　　图 6-69

6.21　如图 6-69 所示电路，已知 $R_1=2(\Omega)$，$R_2=1(\Omega)$，$L_1=0.01(H)$，$L_2=0.02(H)$，$U_S=6(V)$。试求：(1)当 K_1 闭合后电路中的电流；(2)当 K_1 闭合后电路达到稳态时再闭合 K_2，求 K_2 闭合后的 i_1 与 i_2。

6.22　如图 6-70 所示电路，已知 $U_1=12(V)$，$R_1=6(\Omega)$，$R_2=3(\Omega)$，$L=1(H)$，$U_2=9(V)$，换路前已稳定，试求开关闭合后的 i_1，i_2 和 i_L。

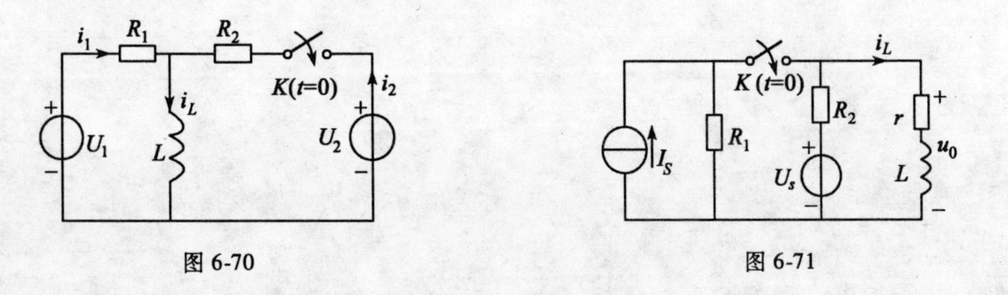

图 6-70　　图 6-71

6.23　如图 6-71 所示电路原已稳定，且已知 $I_S=5/3(A)$，$U_S=20(V)$，$R_1=12(\Omega)$，$R_2=$

$6(\Omega)$，$r=4(\Omega)$，$L=0.1(\mathrm{H})$。当 $t=0$ 时闭合开关，试求 $t\geqslant0$ 时的 u_C。

6.24　如图 6-72 所示电路中，RC 支路是用来避免 K 断开时产生电弧的。令欲使开关断开后其端电压 $u_k(t)=E$，试求电路参数 R、C、r、L 之间的关系。

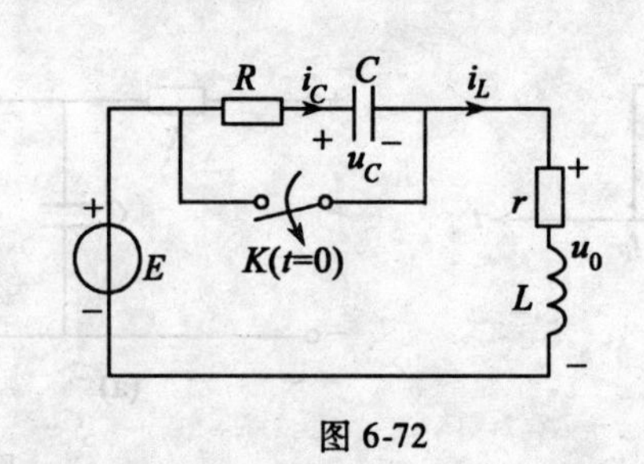

图 6-72

第7章　二端口网络

随着大规模和超大规模集成电路的发展,研究电路的端口特性显得越来越重要。前几章从网络的观点出发,介绍了描述和研究网络的一般方法,这类问题是在网络结构和元件参数及其激励已给定的条件下,去计算所要求的响应(如电压、电流)。如果给出的网络其内部结构及元件细节都不知道,而整个网络相当于一个“黑匣子”,只引出若干端子与其他网络相连接。这样的网络,人们对其内部情况往往不感兴趣,而只关心它的外部特性。作为电路分析的一类问题,如何去描述这种网络呢?这是本章要解决的问题。

§7.1　二端口网络

前面所述已经反复应用二端网络的概念,如戴维南等效电路、等效电阻等。实际上这类网络端子上的电流是从一个端子流入,而从另一个端子流出的,即流入电流等于流出电流,这样的一对端子称为网络的一个端口,故二端网络也称为一端口网络。另有一类网络具有两个端口。通常其中一个是输入端口——引入激励;另一个是输出端口——产生响应,如图 7-1 所示。这种网络称为二端口网络。方框内的电路可以是很复杂的网络,也可以是很简单的网络或结构性元件。例如理想变压器、受控源和晶体管等都是二端口网络。这类网络对外共有四个端子,属于四端网络。但是四端网络却不一定是二端口网络,只有四端网络满足端口条件时才称为二端口网络。二端口网络的任一个端口(如图 7-1 中的 1—1′)上,由一端子(如 1)流入的电流,应等于该端口的另一端子(如 1′)流出的电流。四端网络的四个端子间就没有这种约束。上述概念可以推广到一般情况。如果一个网络对外有 n 对端子,且每对端子都符合端口条件,构成 n 个端口,则该网络称为 n 端口网络。从实际电子工程的角度看,多端网络和多端口网络都是存在的,但相对来说,一端口和二端口网络的应用最为广泛。

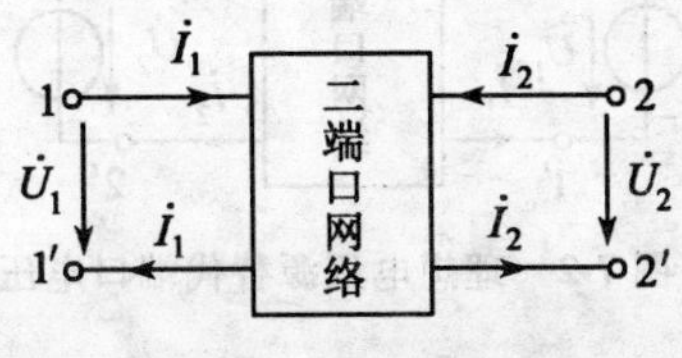

图 7-1　二端口网络

本章只讨论线性无独立电源的二端口网络,即其中含有线性电阻、电容、电感和线性受控源;同时还假设其中所有的电感电流和电容电压的初始值都是零,即在暂态分析时仅须计算零状态响应。

二端口网络的端口特性可以用端口的电流 i_1 和 i_2 与相应的端口电压 u_1 和 u_2 的集合完整地加以描述。

作为一种科学的思维方法,这里的许多概念和结论乃是在研究一端口时所建立的概念和结论基础上的直接推广。我们知道一端口的描述变量有两个,即电压、电流,在二维空间 $u—i$ 平面内研究这些变量;对这些变量来说,有一个约束方程 $f(u,i)=0$。按逻辑的推广,二端口描述的变量有四个,这四个变量受到两个方程的约束,即

$$\begin{cases} F_1(u_1,u_2,i_1,i_2)=0 \\ F_2(u_1,u_2,i_1,i_2)=0 \end{cases} \tag{7-1}$$

式(7-1)表明:四个变量中有两个是独立的,另外两个是非独立的。我们可以在四个变量中任意选定两个作为独立变量,而其余的两个变量则必须按约束方程来决定,不能随便确定。我们把描述二端口四个变量的相互关系及其规律性的方程称为二端口的参数方程(或二端口方程),从四个元素中选取两个元素的组合方法共有六种,所以二端口网络有六种不同的参数,即所谓的 Y、Z、A、H、B、G 参数。它们各自以不同的方式揭示了二端口的四个变量间的规律性。在研究问题时我们不必逐个地依次研究六种形式的方程,只需按照问题的性质选择其中某些方程加以研究,下面我们只介绍常用的四种参数。

§7.2 二端口网络的参数

分析线性无独立电源的二端口网络时,如果作正弦稳态分析,可采用相量法。如果作零状态下的暂态分析,则可应用拉普拉斯变换。两者的基本步骤在形式上是完全一致的。我们将针对稳态讨论,所得相量形式的结论,不难推广到分析暂态过程的复频域形式中去。

7.2.1 二端口网络的 Y 参数

对图 7-1 所示二端口网络,假设电压 $\dot{U}_1$ 和 $\dot{U}_2$ 已知(这可以应用替代定理把两个端口电压 $\dot{U}_1$ 和 $\dot{U}_2$ 都看成是外施理想电压源来实现,如图 7-2 所示),讨论 $\dot{I}_1$、$\dot{I}_2$ 与 $\dot{U}_1$,$\dot{U}_2$ 的关系。

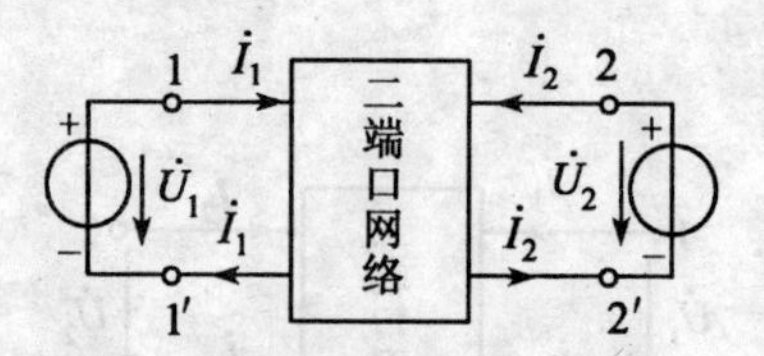

图 7-2 理想电压源替代端口电压

根据叠加原理 $\dot{I}_1$ 和 $\dot{I}_2$,应分别等于 $\dot{U}_1$ 和 $\dot{U}_2$ 单独作用时所产生的电流分量之和,各电压源单独作用时的电路如图 7-3(a)、(b)所示。

根据线性电路的叠加原理

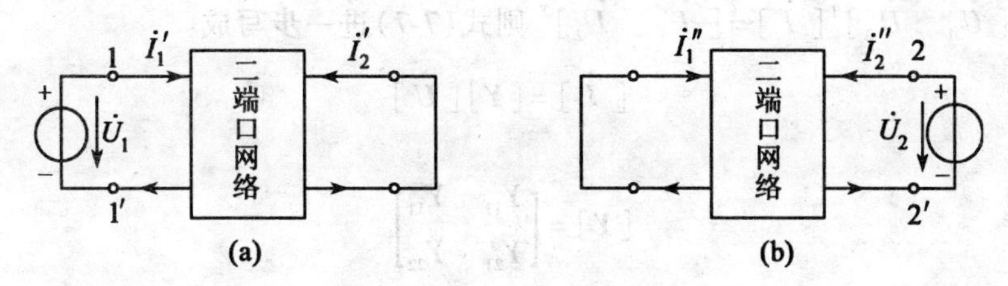

图 7-3　各电压单独作用分量

$$\begin{cases}\dot{I}_1=\dot{I}_1'+\dot{I}_1'' \\ \dot{I}_2=\dot{I}_2'+\dot{I}_2''\end{cases} \tag{7-2}$$

由线性电路的性质，图 7-3(a)所示的 $\dot{I}_1'$和 $\dot{I}_2'$都应与 $\dot{U}_1$ 成比例，分别记为

$$\begin{cases}\dot{I}_1'=Y_{11}\dot{U}_1 \\ \dot{I}_2'=Y_{21}\dot{U}_1\end{cases} \tag{7-3}$$

同理图 7-3(b)中所示的 $\dot{I}_1''$和 $\dot{I}_2''$都应与 $\dot{U}_2$ 成比例，分别记作

$$\begin{cases}\dot{I}_1''=Y_{12}\dot{U}_2 \\ \dot{I}_2''=Y_{22}\dot{U}_2\end{cases} \tag{7-4}$$

将式(7-3)、式(7-4)代入式(7-2)得

$$\begin{cases}\dot{I}_1=Y_{11}\dot{U}_1+Y_{12}\dot{U}_2 \\ \dot{I}_2=Y_{21}\dot{U}_1+Y_{22}\dot{U}_2\end{cases} \tag{7-5}$$

式(7-5)称为二端口网络的 Y 参数方程。式中 Y_{11}、Y_{12}、Y_{21}、Y_{22} 称为 Y 参数，它们都具有复导纳的性质，所以也称为导纳参数。Y 参数的意义可分别令式(7-5)中 $\dot{U}_1$ 或 $\dot{U}_2$ 为零时定义，即

$$\begin{cases}Y_{11}=\left.\dfrac{\dot{I}_1}{\dot{U}_1}\right|_{\dot{U}_2} & Y_{12}=\left.\dfrac{\dot{I}_1}{\dot{U}_2}\right|_{\dot{U}_1=0} \\ Y_{21}=\left.\dfrac{\dot{I}_2}{\dot{U}_1}\right|_{\dot{U}_2} & Y_{22}=\left.\dfrac{\dot{I}_2}{\dot{U}_2}\right|_{\dot{U}_1=0}\end{cases} \tag{7-6}$$

可见 Y_{11}、Y_{12}、Y_{21}、Y_{22} 四个参数是分别从两个端口短路情况下求得的，所以 Y 参数又称为短路导纳参数。这四个参数既可以根据上述物理意义求得，也可以用对两个端口分别做短路实验来测出。

式(7-5)可以写成矩阵形式

$$\begin{bmatrix}\dot{I}_1 \\ \dot{I}_2\end{bmatrix}=\begin{bmatrix}Y_{11} & Y_{12} \\ Y_{21} & Y_{22}\end{bmatrix}\begin{bmatrix}\dot{U}_1 \\ \dot{U}_2\end{bmatrix} \tag{7-7}$$

若令$[\dot{U}]=[\dot{U}_1 \quad \dot{U}_2]^{\mathrm{T}}[\dot{I}]=[\dot{I}_1 \quad \dot{I}_2]^{\mathrm{T}}$则式(7-7)进一步写成

$$[\dot{\boldsymbol{I}}]=[\boldsymbol{Y}][\dot{\boldsymbol{U}}] \tag{7-8}$$

式中

$$[\boldsymbol{Y}]=\begin{bmatrix} Y_{11} & Y_{11} \\ Y_{21} & Y_{22} \end{bmatrix} \tag{7-9}$$

式(7-9)称为二端口网络的短路导纳矩阵。

例 7.1 如图 7-4 所示电路为 π 型电路,试求其短路导纳参数。

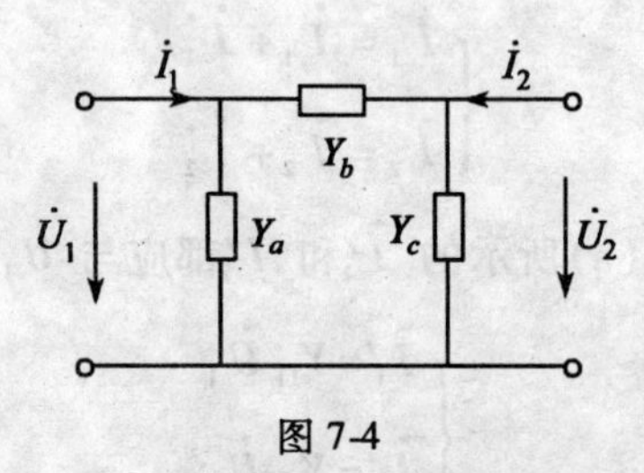

图 7-4

解 根据式(7-6),得

$$Y_{11}=\left.\frac{\dot{I}_1}{\dot{U}_1}\right|_{\dot{U}_2=0}=Y_a+Y_b,\quad Y_{21}=\left.\frac{\dot{I}_2}{\dot{U}_1}\right|_{\dot{U}_2=0}=-Y_b$$

$$Y_{22}=\left.\frac{\dot{I}_2}{\dot{U}_2}\right|_{\dot{U}_1=0}=Y_b+Y_c,\quad Y_{12}=\left.\frac{\dot{I}_1}{\dot{U}_2}\right|_{\dot{U}_1=0}=-Y_b$$

$Y_{12}=Y_{21}$,这表明 π 型网络具有互易特性。

7.2.2 二端口网络的 Z 参数

设图 7-1 所示二端口网络的 $\dot{I}_1$ 及 $\dot{I}_2$ 为自变量,讨论 $\dot{U}_1$、$\dot{U}_2$与 $\dot{I}_1$、$\dot{I}_2$的关系。我们可以把它们看成是由两个理想电流源来激励的。根据与前述同样的分析方法可以得到以下方程组

$$\begin{cases} \dot{U}_1=Z_{11}\dot{I}_1+Z_{12}\dot{I}_2 \\ \dot{U}_2=Z_{21}\dot{I}_1+Z_{22}\dot{I}_2 \end{cases} \tag{7-10}$$

式(7-10)称为二端口网络的 **Z** 参数方程,式中 Z_{11}、Z_{12}、Z_{21}、Z_{22}称为 **Z** 参数。它们具有阻抗的性质,因此亦称为阻抗参数,它们的意义可由式(7-10)中分别令 $\dot{I}_1$ 及 $\dot{I}_2$ 为零来定义

$$\begin{cases} Z_{11}=\left.\dfrac{\dot{U}_1}{\dot{I}_1}\right|_{\dot{I}_2=0} & Z_{12}=\left.\dfrac{\dot{U}_1}{\dot{I}_2}\right|_{\dot{I}_1=0} \\ Z_{21}=\left.\dfrac{\dot{U}_2}{\dot{I}_1}\right|_{\dot{I}_2=0} & Z_{22}=\left.\dfrac{\dot{U}_2}{\dot{I}_2}\right|_{\dot{I}_1=0} \end{cases} \tag{7-11}$$

可见 **Z** 参数都是在一个端口开路情况下计算或测试求得的，因此也称为开路阻抗参数。

式(7-10)可以用矩阵形式表示为

$$\begin{bmatrix}\dot{U}_1\\ \dot{U}_2\end{bmatrix}=\begin{bmatrix}Z_{11} & Z_{12}\\ Z_{21} & Z_{22}\end{bmatrix}\begin{bmatrix}\dot{I}_1\\ \dot{I}_2\end{bmatrix} \tag{7-12}$$

把电压、电流用矢量表示后，式(7-12)进一步写成

$$[\dot{\boldsymbol{U}}]=[\boldsymbol{Z}][\dot{\boldsymbol{I}}] \tag{7-13}$$

式中

$$[\boldsymbol{Z}]=\begin{bmatrix}Z_{11} & Z_{12}\\ Z_{21} & Z_{22}\end{bmatrix} \tag{7-14}$$

式(7-14)称为二端口网络的开路阻抗矩阵。

比较式(7-8)、式(7-13)两式可以看出，同一二端口网络的开路阻抗矩阵[**Z**]与短路导纳矩阵[**Y**]之间存在着互为逆矩阵的关系，即

$$[\boldsymbol{Z}]=[\boldsymbol{Y}]^{-1} \quad 或 \quad [\boldsymbol{Y}]=[\boldsymbol{Z}]^{-1}$$

用元素表示则为

$$\begin{bmatrix}Z_{11} & Z_{12}\\ Z_{21} & Z_{22}\end{bmatrix}=\frac{1}{\Delta Y}\begin{bmatrix}Y_{22} & -Y_{12}\\ -Y_{21} & Y_{11}\end{bmatrix} \tag{7-15}$$

式中 $\Delta Y=Y_{11}Y_{22}-Y_{12}Y_{21}$。

式(7-15)揭示了两种参数之间的换算关系。

例 7.2 如图 7-5 所示为 T 型电路，试求其开路阻抗参数。

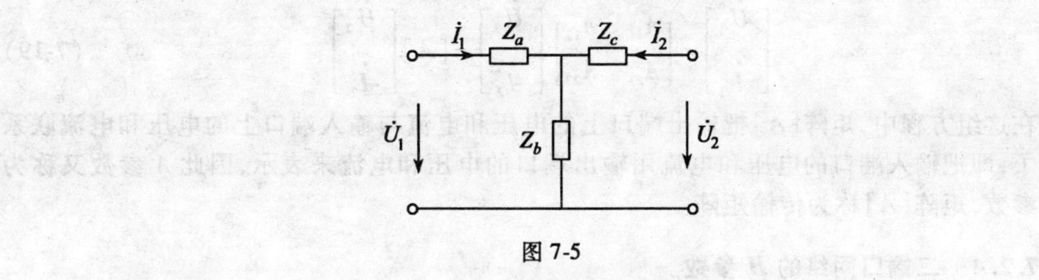

图 7-5

解 根据式(7-11)则有

$$Z_{11}=\left.\frac{\dot{U}_1}{\dot{I}_1}\right|_{\dot{I}_2=0}=Z_a+Z_b$$

$$Z_{22}=\left.\frac{\dot{U}_2}{\dot{I}_2}\right|_{\dot{I}_1=0}=Z_b+Z_c$$

$$Z_{12}=\left.\frac{\dot{U}_1}{\dot{I}_2}\right|_{\dot{I}_1=0}=Z_b$$

$$Z_{21}=\left.\frac{\dot{U}_2}{\dot{I}_1}\right|_{\dot{I}_2=0}=Z_b。$$

7.2.3 二端口网络的 A 参数

在二端口网络的四个端口变量中，若以 $\dot{U}_2$、$-\dot{I}_2$ 为自变量，$\dot{U}_1$、$\dot{I}_1$ 为因变量，那么表示这些变量之间关系的一组方程称为 A 参数方程，有如下形式

$$\begin{cases}\dot{U}_1=A_{11}\dot{U}_2+A_{12}(-\dot{I}_2)\\ \dot{I}_1=A_{21}\dot{U}_2+A_{22}(-\dot{I}_2)\end{cases}\tag{7-16}$$

这一结论可由式(7-10)中解出 $\dot{U}_1$、$\dot{I}_1$ 为

$$\begin{cases}\dot{U}_1=\dfrac{Z_{11}}{Z_{21}}\dot{U}_2+\dfrac{Z_{11}Z_{22}-Z_{12}Z_{21}}{Z_{21}}(-\dot{I}_2)\\ \dot{I}_1=\dfrac{1}{Z_{21}}\dot{U}_2+\dfrac{Z_{22}}{Z_{21}}(-\dot{I}_2)\end{cases}\tag{7-17}$$

比较式(7-16)与式(7-17)则有

$$\begin{cases}A_{11}=\dfrac{Z_{11}}{Z_{21}},\quad A_{12}=\dfrac{Z_{11}Z_{22}-Z_{12}Z_{21}}{Z_{21}}\\ A_{21}=\dfrac{1}{Z_{21}},\quad A_{22}=\dfrac{Z_{22}}{Z_{21}}\end{cases}\tag{7-18}$$

式(7-18)揭示了 A 参数与 Z 参数的关系。

A 参数方程的矩阵形式为

$$\begin{bmatrix}\dot{U}_1\\ \dot{I}_1\end{bmatrix}=\begin{bmatrix}A_{11}&A_{12}\\ A_{21}&A_{22}\end{bmatrix}\begin{bmatrix}\dot{U}_2\\ -\dot{I}_2\end{bmatrix}=[\boldsymbol{A}]\begin{bmatrix}\dot{U}_2\\ -\dot{I}_2\end{bmatrix}\tag{7-19}$$

在这组方程中，矩阵[$\boldsymbol{A}$]把输出端口上的电压和电流与输入端口上的电压和电流联系起来了，即把输入端口的电压和电流用输出端口的电压和电流来表示，因此 A 参数又称为传输参数，矩阵[$\boldsymbol{A}$]称为传输矩阵。

7.2.4 二端口网络的 H 参数

在晶体管电路中，常用一个端口的电压和另一个端口的电流作为已知量，这时就要用混合参数来描述一个二端口网络。在正弦稳态下，如果已知量是 $\dot{I}_1$ 和 $\dot{U}_2$，待求量是 $\dot{U}_1$ 和 $\dot{I}_2$。由式(7-5)Y 参数方程中解出 $\dot{U}_1$ 和 $\dot{I}_2$，即得

$$\dot{U}_1=\frac{1}{Y_{11}}\dot{I}_1-\frac{Y_{12}}{Y_{11}}\dot{U}_2$$

$$\dot{I}_2=\frac{Y_{21}}{Y_{11}}\dot{I}_1+\frac{Y_{11}Y_{22}-Y_{21}Y_{12}}{Y_{11}}\dot{U}_2$$

令

$$\begin{cases}H_{11}=\dfrac{1}{Y_{11}},\quad H_{12}=-\dfrac{Y_{12}}{Y_{11}}\\ H_{21}=\dfrac{Y_{21}}{Y_{11}},\quad H_{22}=\dfrac{Y_{11}Y_{22}-Y_{21}Y_{12}}{Y_{11}}\end{cases}\tag{7-20}$$

于是可以写成下列形式

$$\begin{cases}\dot{U}_1=H_{11}\dot{I}_1+H_{12}\dot{U}_2\\ \dot{I}_2=H_{21}\dot{I}_1+H_{22}\dot{U}_2\end{cases} \tag{7-21}$$

式(7-21)称为H参数方程,式中H_{11}、H_{12}、H_{21}、H_{22}称为H参数,其中H_{11}具有阻抗的性质,单位为欧姆(Ω);H_{22}具有导纳的性质,单位为西门子(S);H_{12}、H_{21}分别为电压、电流的比值,没有量纲。由于H参数各有不同的单位,故称为混合参数。

H参数方程也可以写成矩阵形式

$$\begin{bmatrix}\dot{U}_1\\ \dot{I}_2\end{bmatrix}=[\boldsymbol{H}]\begin{bmatrix}\dot{I}_1\\ \dot{U}_2\end{bmatrix} \tag{7-22}$$

式中

$$[\boldsymbol{H}]=\begin{bmatrix}H_{11} & H_{12}\\ H_{21} & H_{22}\end{bmatrix} \tag{7-23}$$

式(7-23)称为混合参数矩阵。

例 7.3　如图7-6所示电路为晶体管电路,试求其H参数。

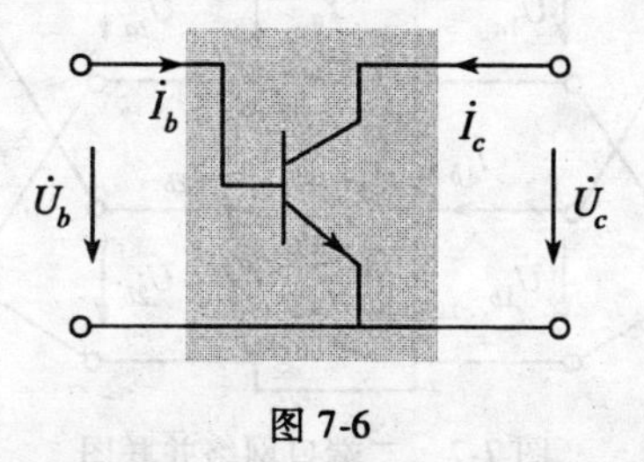

图 7-6

解　晶体管称为二端口网络,其H参数方程为

$$\dot{U}_b=H_{11}\dot{I}_b+H_{12}\dot{U}_c$$

$$\dot{I}_c=H_{21}\dot{I}_b+H_{22}\dot{U}_c$$

其短路参数(当$\dot{U}_c=0$时)

$$H_{11}=\frac{\dot{U}_b}{\dot{I}_b}=r_{be}$$

$$H_{21}=\frac{\dot{I}_c}{\dot{I}_b}=\frac{\beta\dot{I}_b}{\dot{I}_b}=\beta$$

其开路参数(当$\dot{I}_b=0$)

$$H_{12}=\frac{\dot{U}_b}{\dot{U}_c}=\frac{\dot{I}_b r_{be}}{\dot{U}_c}=0$$

$$H_{22}=\frac{\dot{I}_c}{\dot{U}_c}=0$$

r_{be}为晶体管的输入电阻,β为电流放大系数。

§7.3 二端口网络的连接及等效电路

有些复杂网络往往可以用简单的二端口网络的某种连接描述,使得二端口网络的分析方法得到更广泛的应用。本节主要介绍两个二端口网络的基本连接方式及其复合二端口的参数与相连接的各个二端口参数之间的关系。

7.3.1 并—并式连接

如果两个二端口网络的输入端口和输出端口都以并联的方式连接在一起,就称为并—并式连接,或简称并联,如图 7-7 所示。

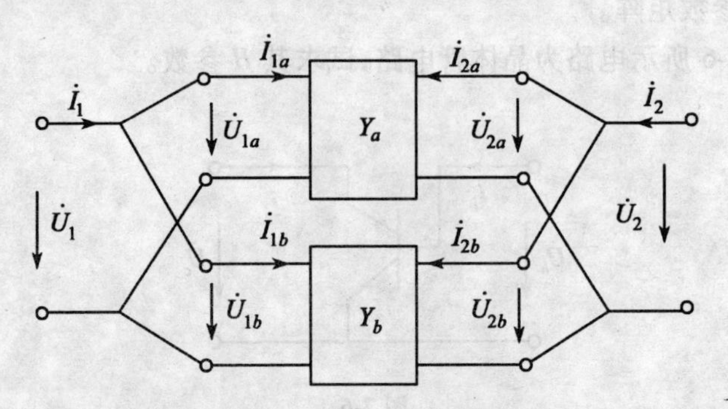

图 7-7 二端口网络并联图

对于这种连接方式采用 Y 参数矩阵分析,可以得到简明的结果。这种连接的特点是:使复合二端口网络的电压、电流与各二端口网络的电压、电流的关系分别为

$$\begin{cases}\dot{I}_1=\dot{I}_{1a}+\dot{I}_{1b},\dot{U}_1=\dot{U}_{1a}=\dot{U}_{1b}\\ \dot{I}_2=\dot{I}_{2a}+\dot{I}_{2b},\dot{U}_2=\dot{U}_{2a}=\dot{U}_{2b}\end{cases}\tag{7-24}$$

其矩阵形式为

$$\begin{cases}\begin{bmatrix}\dot{I}_1\\ \dot{I}_2\end{bmatrix}=\begin{bmatrix}\dot{I}_{1a}\\ \dot{I}_{2a}\end{bmatrix}+\begin{bmatrix}\dot{I}_{1b}\\ \dot{I}_{2b}\end{bmatrix}\\ \begin{bmatrix}\dot{U}_1\\ \dot{U}_2\end{bmatrix}=\begin{bmatrix}\dot{U}_{1a}\\ \dot{U}_{2a}\end{bmatrix}+\begin{bmatrix}\dot{U}_{1b}\\ \dot{U}_{2b}\end{bmatrix}\end{cases}\tag{7-25}$$

若用 Y 参数表示各二端口网络,则

$$\begin{bmatrix} \dot{I}_{1a} \\ \dot{I}_{2a} \end{bmatrix} = [\boldsymbol{Y}_A] \begin{bmatrix} \dot{U}_{1a} \\ \dot{U}_{2a} \end{bmatrix}$$

$$\begin{bmatrix} \dot{I}_{1b} \\ \dot{I}_{2b} \end{bmatrix} = [\boldsymbol{Y}_B] \begin{bmatrix} \dot{U}_{1b} \\ \dot{U}_{2b} \end{bmatrix}$$

将以上两个矩阵方程组左右边分别相加,并考虑到式(7-25)的关系,即得

$$\begin{bmatrix} \dot{I}_1 \\ \dot{I}_2 \end{bmatrix} = \{[\boldsymbol{Y}_A] + [\boldsymbol{Y}_B]\} \begin{bmatrix} \dot{U}_1 \\ \dot{U}_2 \end{bmatrix} = [\boldsymbol{Y}] \begin{bmatrix} \dot{U}_1 \\ \dot{U}_2 \end{bmatrix} \tag{7-26}$$

式中

$$[\boldsymbol{Y}] = [\boldsymbol{Y}_A] + [\boldsymbol{Y}_B]$$

$$[\boldsymbol{Y}] = \begin{bmatrix} Y_{11a}+Y_{11b} & Y_{12a}+Y_{12b} \\ Y_{21a}+Y_{21b} & Y_{22a}+Y_{22b} \end{bmatrix} \tag{7-27}$$

结果表明,如果有若干个二端口以并-并方式连接,复合二端口(等效二端口)网络的 Y 参数矩阵等于各个二端口网络的 Y 参数矩阵的和。

例 7.4 试求图 7-8 所示二端口网络的导纳参数矩阵。

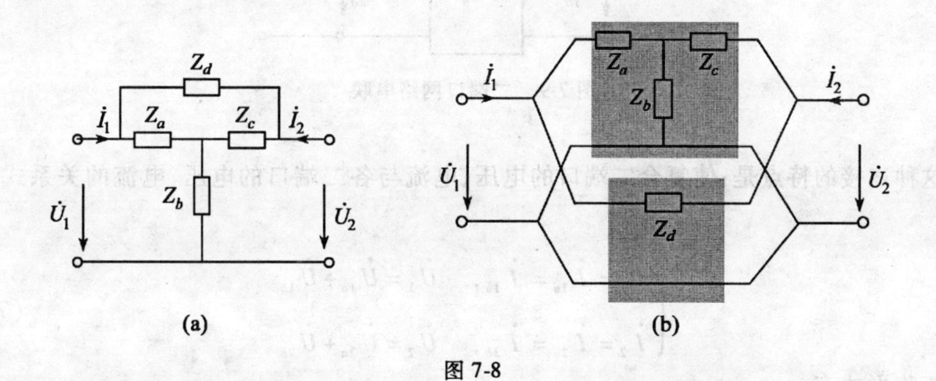

图 7-8

解 如图 7-8(a)所示的二端口网络,可以看成是由 Z_a、Z_b、Z_c 组成的二端口网络和 Z_d 组成的二端口网络的并联,如图 7-8(b)所示,第一个二端口的 Y 参数矩阵为

$$[\boldsymbol{Y}_A] = \begin{bmatrix} \dfrac{Z_b+Z_c}{Z_aZ_b+Z_bZ_c+Z_aZ_c} & -\dfrac{Z_b}{Z_aZ_b+Z_bZ_c+Z_cZ_a} \\ -\dfrac{Z_b}{Z_aZ_b+Z_bZ_c+Z_cZ_a} & \dfrac{Z_a+Z_c}{Z_aZ_b+Z_bZ_c+Z_aZ_c} \end{bmatrix}$$

第二个端口的 Y 参数矩阵为

$$[\boldsymbol{Y}_B] = \begin{bmatrix} \dfrac{1}{Z_d} & -\dfrac{1}{Z_d} \\ -\dfrac{1}{Z_d} & \dfrac{1}{Z_d} \end{bmatrix}$$

图 7-8(a)所示二端口网络的 Y 参数矩阵为

$$[\boldsymbol{Y}]=[\boldsymbol{Y}_A]+[\boldsymbol{Y}_B]$$

$$=\begin{bmatrix}\dfrac{Z_b+Z_c}{Z_aZ_b+Z_bZ_c+Z_cZ_a}+\dfrac{1}{Z_d} & -\dfrac{Z_b}{Z_aZ_b+Z_bZ_c+Z_cZ_a}-\dfrac{1}{Z_d}\\ -\dfrac{Z_b}{Z_aZ_b+Z_bZ_c+Z_cZ_a}-\dfrac{1}{Z_d} & \dfrac{Z_a+Z_c}{Z_aZ_b+Z_bZ_c+Z_aZ_c}+\dfrac{1}{Z_d}\end{bmatrix}。$$

7.3.2 串—串式连接

如果两个二端口网络的输入端口和输出端口分别以串联方式连接,则称为串—串式连接,简称串联,如图 7-9 所示。

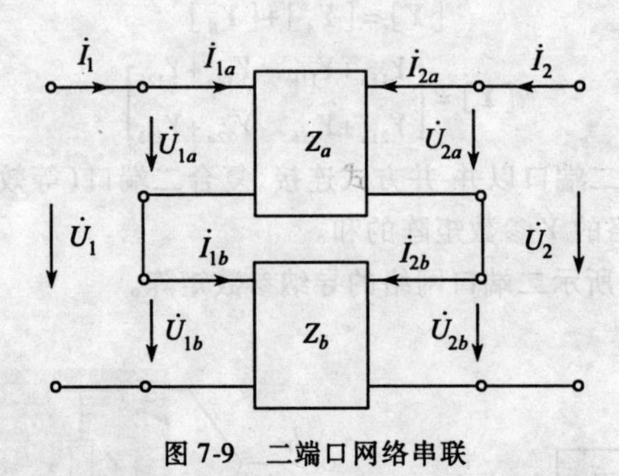

图 7-9 二端口网络串联

这种连接的特点是:使复合二端口的电压、电流与各二端口的电压、电流的关系式分别为

$$\begin{cases}\dot{I}_1=\dot{I}_{1a}=\dot{I}_{1b}, & \dot{U}_1=\dot{U}_{1a}+\dot{U}_{1b}\\ \dot{I}_2=\dot{I}_{2a}=\dot{I}_{2b}, & \dot{U}_2=\dot{U}_{2a}+\dot{U}_{2b}\end{cases} \tag{7-28}$$

写成矩阵形式有

$$\begin{cases}\begin{bmatrix}\dot{I}_1\\ \dot{I}_2\end{bmatrix}=\begin{bmatrix}\dot{I}_{1a}\\ \dot{I}_{2a}\end{bmatrix}=\begin{bmatrix}\dot{I}_{1b}\\ \dot{I}_{2b}\end{bmatrix}\\ \begin{bmatrix}\dot{U}_1\\ \dot{U}_2\end{bmatrix}=\begin{bmatrix}\dot{U}_{1a}\\ \dot{U}_{2a}\end{bmatrix}+\begin{bmatrix}\dot{U}_{1b}\\ \dot{U}_{2b}\end{bmatrix}\end{cases} \tag{7-29}$$

若用 Z 参数表示各二端口,则

$$[\dot{U}_{1a}]=[\boldsymbol{Z}_A]\begin{bmatrix}\dot{I}_{1a}\\ \dot{I}_{2a}\end{bmatrix}$$

$$[\dot{U}_{1b}]=[\boldsymbol{Z}_B]\begin{bmatrix}\dot{I}_{1b}\\ \dot{I}_{2b}\end{bmatrix}$$

将以上两个矩阵方程的左右两边分别相加，并考虑到式(7-29)，可得

$$\begin{bmatrix}\dot{U}_1\\ \dot{U}_2\end{bmatrix}=\{[\boldsymbol{Z}_A]+[\boldsymbol{Z}_B]\}\begin{bmatrix}\dot{I}_1\\ \dot{I}_2\end{bmatrix}=[\boldsymbol{Z}]\begin{bmatrix}\dot{I}_1\\ \dot{I}_2\end{bmatrix} \tag{7-30}$$

$$[\boldsymbol{Z}]=[\boldsymbol{Z}_A]+[\boldsymbol{Z}_B]=\begin{bmatrix}Z_{11a}+Z_{11b} & Z_{12a}+Z_{12b}\\ Z_{21a}+Z_{21b} & Z_{22a}+Z_{22b}\end{bmatrix} \tag{7-31}$$

由上述分析可以得出这样的结论：当多个二端口网络串联时，复合二端口的 Z 参数矩阵等于各串联二端口网络的 Z 参数矩阵之和。

例 7.5 试求图 7-8(a) 所示二端口网络的 Z 参数。

解 如图 7-8(a)所示网络，可以看成是由 Z_a、Z_c、Z_d 组成的二端口网络与由 Z_b 组成的二端口网络的串联，如图 7-10 所示。

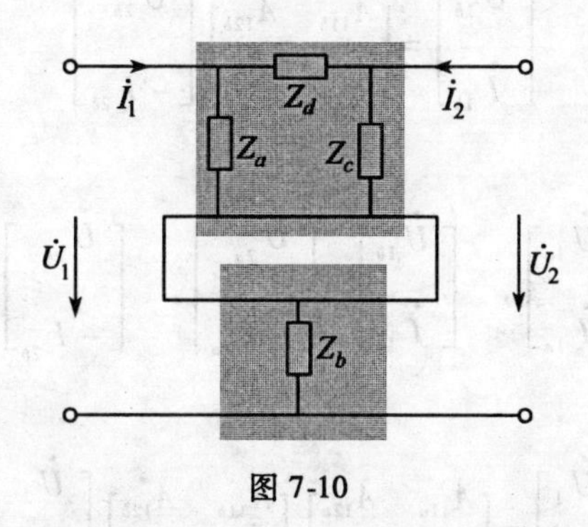

图 7-10

各二端口的 Z 参数矩阵为

$$[\boldsymbol{Z}_A]=\begin{bmatrix}\dfrac{Z_a(Z_c+Z_d)}{Z_a+Z_c+Z_d} & \dfrac{Z_aZ_c}{Z_a+Z_c+Z_d}\\ \dfrac{Z_aZ_c}{Z_a+Z_c+Z_d} & \dfrac{Z_c(Z_a+Z_d)}{Z_a+Z_c+Z_d}\end{bmatrix}$$

$$[\boldsymbol{Z}_B]=\begin{bmatrix}Z_b & Z_b\\ Z_b & Z_b\end{bmatrix}$$

$$[\boldsymbol{Z}]=[\boldsymbol{Z}_A]+[\boldsymbol{Z}_B]$$

$$[\boldsymbol{Z}]=\begin{bmatrix}\dfrac{Z_a(Z_c+Z_d)}{Z_a+Z_c+Z_d}+Z_b & \dfrac{Z_aZ_c}{Z_a+Z_c+Z_d}+Z_b\\ \dfrac{Z_aZ_c}{Z_a+Z_c+Z_d}+Z_b & \dfrac{Z_c(Z_a+Z_d)}{Z_a+Z_c+Z_d}+Z_b\end{bmatrix}。$$

7.3.3 级联

如图 7-11 所示，前一个二端口网络的输出端口与后一个二端口网络的输入端口连接起

来，这种连接方式称为级联。

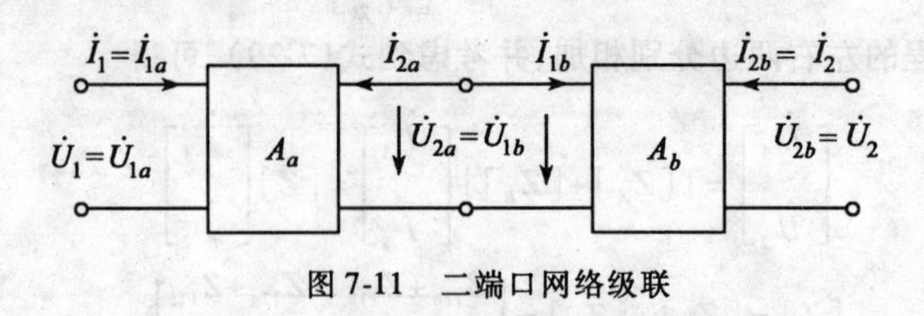

图 7-11 二端口网络级联

二端口网络级联用 A 参数矩阵进行分析，可以得到简明的结果，设两个二端口网络的 A 参数方程分别为

$$\begin{bmatrix}\dot{U}_{1a}\\ \dot{I}_{1a}\end{bmatrix}=\begin{bmatrix}A_{11a} & A_{12a}\\ A_{21a} & A_{22a}\end{bmatrix}\begin{bmatrix}\dot{U}_{2a}\\ -\dot{I}_{2a}\end{bmatrix}$$

$$\begin{bmatrix}\dot{U}_{1b}\\ \dot{I}_{1b}\end{bmatrix}=\begin{bmatrix}A_{11b} & A_{12b}\\ A_{21b} & A_{22b}\end{bmatrix}\begin{bmatrix}\dot{U}_{2b}\\ -\dot{I}_{2b}\end{bmatrix}$$

这种连接的特点是

$$\begin{bmatrix}\dot{U}_1\\ \dot{I}_1\end{bmatrix}=\begin{bmatrix}\dot{U}_{1a}\\ \dot{I}_{1a}\end{bmatrix},\quad \begin{bmatrix}\dot{U}_{1b}\\ \dot{I}_{1b}\end{bmatrix}=\begin{bmatrix}\dot{U}_{2a}\\ -\dot{I}_{2a}\end{bmatrix},\quad \begin{bmatrix}\dot{U}_{2b}\\ -\dot{I}_{2b}\end{bmatrix}=\begin{bmatrix}\dot{U}_2\\ -\dot{I}_2\end{bmatrix}$$

考虑上述关系后可得

$$\begin{bmatrix}\dot{U}_1\\ \dot{I}_1\end{bmatrix}=\begin{bmatrix}A_{11a} & A_{12a}\\ A_{21a} & A_{22a}\end{bmatrix}\begin{bmatrix}A_{11b} & A_{12b}\\ A_{21b} & A_{22b}\end{bmatrix}\begin{bmatrix}\dot{U}_2\\ -\dot{I}_2\end{bmatrix}$$

$$=[\boldsymbol{A}_a][\boldsymbol{A}_b]\begin{bmatrix}\dot{U}_2\\ -\dot{I}_2\end{bmatrix}=[\boldsymbol{A}]\begin{bmatrix}\dot{U}_2\\ -\dot{I}_2\end{bmatrix} \tag{7-32}$$

式中

$$[\boldsymbol{A}]=[\boldsymbol{A}_a][\boldsymbol{A}_b] \tag{7-33}$$

两二端口网络级联，复合二端口网络的 A 参数矩阵是各级联的二端口网络的 A 参数矩阵之积。值得注意的是，因为矩阵相乘不满足交换律，所以上列矩阵次序不可颠倒。

二端口网络的连接方式，除前述介绍的几种外，还有串-并式和并-串式等，前者用 H 参数分析较为方便，其复合二端口的 $[\boldsymbol{H}]=[\boldsymbol{H}_A]+[\boldsymbol{H}_B]$。而后者用 G 参数分析较为方便。可有 $[\boldsymbol{G}_A]+[\boldsymbol{G}_B]$ 的简明结果。详细内容请读者参考相关文献。

§7.4 二端口网络的等效电路

任何一个无源一端口网络，无论内部如何复杂，从外部特性来看，总可以用一个阻抗

(或导纳)等效代替。同理一个复杂的二端口网络,也可以寻找一个最简单的二端口网络等效代替,使在一定频率正弦稳态下,完全不改变二端口网络对外的特性。对于线性无源二端口网络,其四个参数中只有三个是相互独立的,因此其等效网络最少要有三个独立的阻抗(或导纳),例7.1、例7.2介绍的两种电路是最常用的。重绘于图7-12(a)、(b),前者称为π型电路,后者称为T型电路。

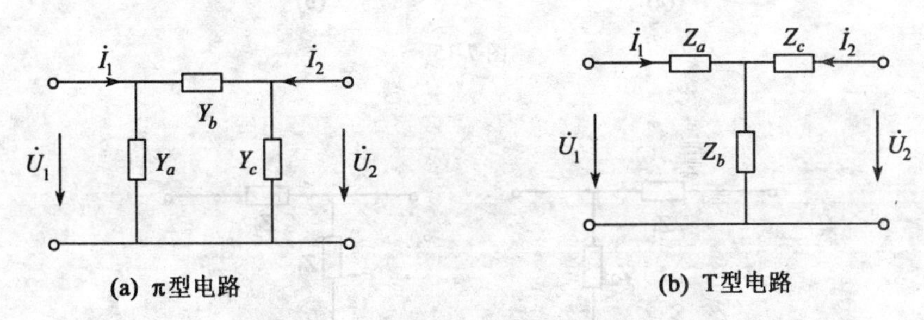

图7-12　二端口网络等效电路

由例7.1可知

$$Y_{11}=Y_a+Y_b,\quad Y_{22}=Y_b+Y_c,\quad Y_{12}=Y_{21}=-Y_b \tag{7-34}$$

如果二端口网络的Y参数给定(或通过方程确定),则π型等效电路(图7-12(a))中的Y_a、Y_b、Y_c的量值分别为

$$Y_a=Y_{11}+Y_{12},\quad Y_b=-Y_{12}=-Y_{21},\quad Y_c=Y_{22}+Y_{21} \tag{7-35}$$

如果二端口网络的Z参数给定,则T型等效电路(图7-12(b))中的Z_a、Z_b、Z_c的值为

$$Z_a=Z_{11}-Z_{12},\quad Z_b=Z_{12}=Z_{21},\quad Z_c=Z_{22}-Z_{21} \tag{7-36}$$

以上分析表明,如果已知二端口网络的Y参数,求其π型等值电路比较方便,而已知二端口网络的Z参数,求其T型等值电路比较方便。

习　题　7

7.1　试求如图7-13所示二端口网络的T型等效电路(图中电阻均为600Ω)。

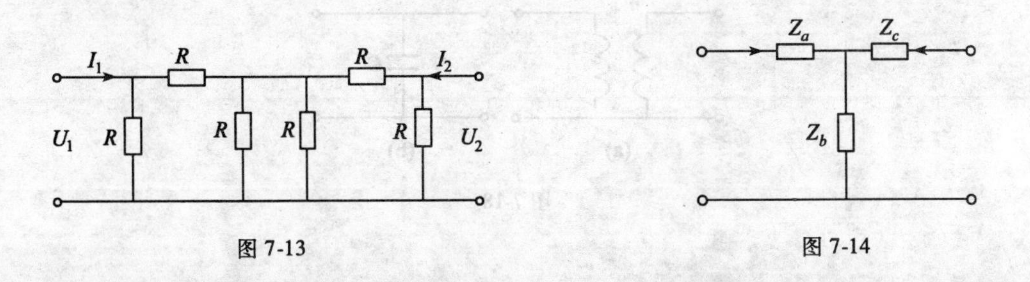

图7-13　　图7-14

7.2　如图7-14所示二端口网络的阻抗参数分别为$Z_{11}=6(\Omega)$,$Z_{12}=Z_{21}=4(\Omega)$,$Z_{22}=8(\Omega)$,试求T型等效电路参数Z_a、Z_b、Z_c。

7.3　试求如图7-15所示二端口网络的Y参数。

7.4　试求如图7-16所示二端口网络的A参数。

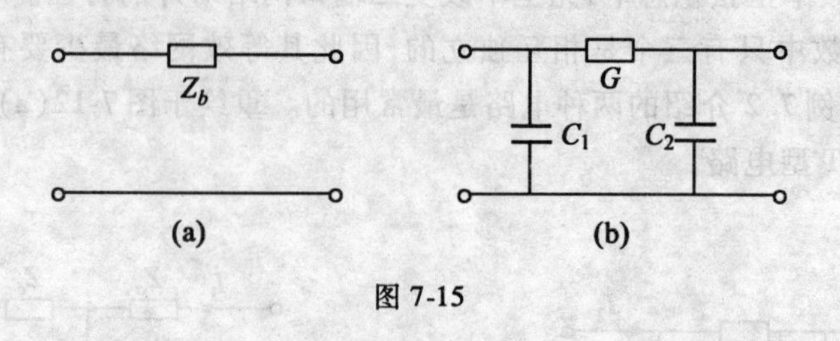

图 7-15

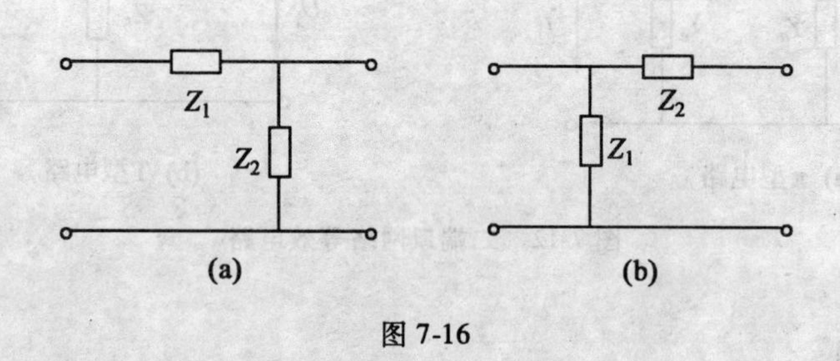

图 7-16

7.5 试求如图 7-17 所示网络的 Y、Z 参数。

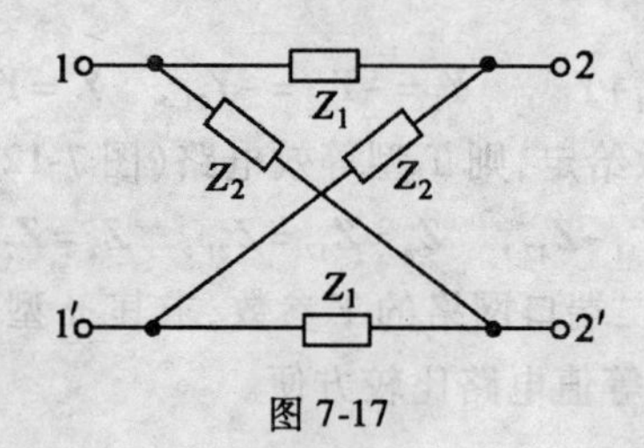

图 7-17

7.6 试求如图 7-18 所示各电路的传输参数矩阵[A]。

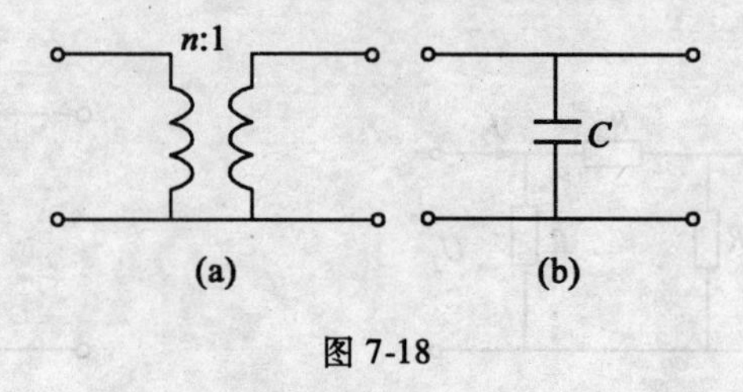

图 7-18

技术应用篇

第 8 章　磁路与电器

磁路是用来将磁场聚集在空间一定范围内的总体，是电机与电器的重要组成部分。各类电机在进行电能与其他形式能量之间的相互转换，各种变压器在进行不同电压与电流的电能传输，以及电磁继电器、接触器在切换电路时，磁路都起着重要作用。本章针对磁路和铁芯线圈电路，主要以变压器和一些常用电器作为应用实例来进行讨论。

§8.1　磁路及其计算

8.1.1　磁路的基本知识

1. 磁路的基本物理量

磁路问题实质上是局限在一定路径内的磁场问题，磁路的基本物理量仍沿用磁场的基本物理量。这里物理量的单位都采用国际单位制。下面首先复习磁场的基本物理量。

磁感应强度 B　磁感应强度是表示磁场内某点的磁场强弱和方向的物理量，该物理量是一个矢量，其单位为特斯拉（T）。1T = 1 韦/平方米（Wb/m^2）。

磁通 Φ　穿过某一截面 A 的磁感应强度 B 的通量称为磁通，其定义为

$$\Phi = \oint_A B \cdot dA \tag{8-1}$$

磁通的单位为韦伯（Wb）。

磁场强度 H　磁场强度是为了方便磁场的计算而引进的一个辅助量，该辅助量也是一个矢量。磁场强度 H 与磁感应强度 B 之间满足下列关系式

$$B = \mu H \tag{8-2}$$

式（8-2）中 μ 是反映物质导磁能力的物理量，称为磁导率。

在法定单位中，μ 的单位是亨利/米（H/m）。H 的单位是安培/米（A/m）。

真空的磁导率用 μ_0 表示，μ_0 是一个常数，即

$$\mu_0 = 4\pi \times 10^{-7}\,(\mathrm{H/m}) \tag{8-3}$$

任意一种物质的磁导率 μ 和真空的磁导率 μ_0 的比值称为该物质的相对磁导率，用 μ_r 表示，其表达式为

$$\mu_r = \frac{\mu}{\mu_0} \tag{8-4}$$

自然界的物质按磁导率的大小，大体上可以分成两大类。凡是 $\mu_r \approx 1$ 的物质称为非铁磁材料，而 $\mu_r \gg 1$ 的物质称为铁磁性材料，通常称为铁磁材料。

2. 铁磁材料的磁性能

铁磁材料有铁、镍、钴及其合金材料，其磁导率 $\mu_r \gg 1$，可达数百、数千乃至数万，表明铁磁材料具有高导磁性。这是由于铁磁材料所特有的磁畴结构在外磁场作用下，由杂乱无章的状态转向为与外磁场同向排列而形成一个很强的磁化磁场，致使铁磁材料中的磁场大大增强，即铁磁材料在外磁场中具有被强烈地磁化（呈现磁性）的特性。但是当磁畴全部转向与外磁场方向一致后，即使外磁场再加强，磁化磁场也不会再增强了，这表明磁化已经达到饱和。

铁磁材料的磁状态一般由磁化曲线 $B—H$ 曲线来表示。磁化曲线可以由实验获得，如图 8-1 所示。由图 8-1 可见，开始时，随 H 值的增加 B 值增加较快，如 Oa 段；后来随 H 值增加 B 值增加缓慢，如 ab 段；最后 B 值随 H 值增加得很少，如 b 点以后的一段，这种性质称为磁饱和性。

由于铁磁材料的磁化曲线是非线性的，所以磁导率 μ 不是常数，μ 随 H 而变化。根据磁化曲线可以绘出 $\mu—H$ 曲线，如图 8-1 所示。

当铁芯线圈通有交流电流时，在交变磁场作用下，铁芯就受到交变磁化。在电流交变一次时，磁感应强度 B 随磁场强度 H 的变化关系如图 8-2 所示。

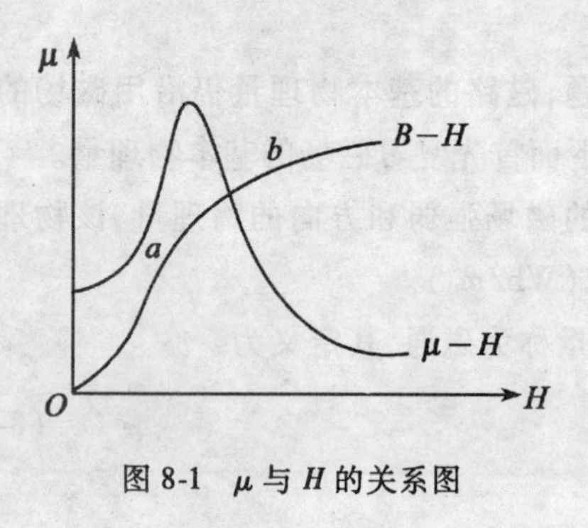

图 8-1 μ 与 H 的关系图

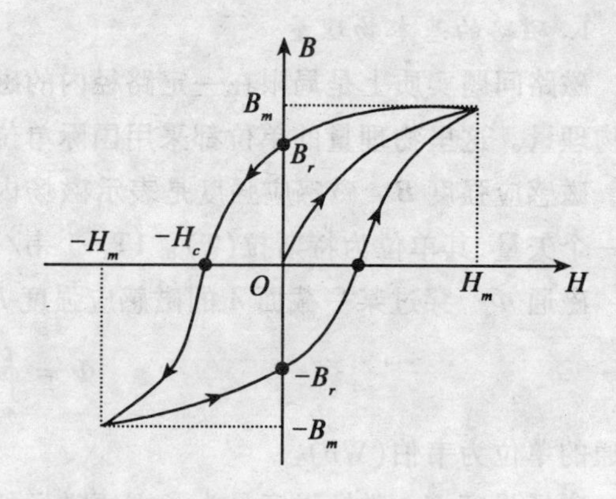

图 8-2 磁滞回线

由图 8-2 可见，当 H 减小时，B 减小总是落后于 H 的减小，当 H 已经减小到零时，B 并未减小到零。这种磁感应强度滞后于磁场强度变化的性质称为磁滞性。当 $H=0$ 时，$B=B_r$，B_r 称为剩磁感应强度，简称剩磁。若要去掉剩磁，需施加一反向磁场强度（$-H_c$），H_c 称为矫顽磁力。图 8-2 所示的闭合曲线称为磁滞回线。不同的铁磁材料，因其各自的性能不同，其磁滞回线和磁化曲线亦不同。磁化曲线提供了 B 和 H 的数据，是磁路计算的重要资料，可以从相关电工手册查得。如图 8-3 所示为几种常用铁磁材料的磁化曲线。

铁磁材料按其磁性能，可以分成两种类型，一类是软磁性材料，这类材料的磁滞回线形状较窄，磁导率高，剩磁和矫顽磁力较小，如纯铁、硅钢、坡莫合金等，可以用来做电机、变压器的铁芯；另一类是硬磁性材料，这类材料的磁滞回线形状较宽，剩磁和矫顽磁力较大，如碳钢、钴钢及铁镍铝钴合金等，通常用来制造永久磁铁。

常用的几种铁磁材料的最大相对磁导率、剩磁及矫顽磁力列于表 8-1 中，以供参考。

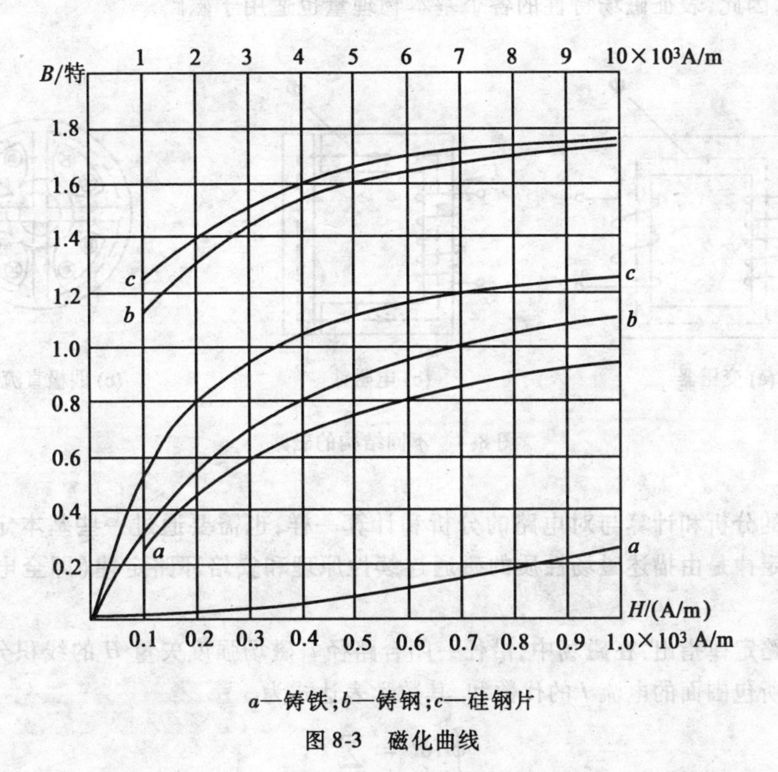

a—铸铁；b—铸钢；c—硅钢片

图 8-3　磁化曲线

表 8-1　常用磁性材料的最大相对磁导率、剩磁及矫顽磁力

材料名称	μ_{max}	B_r/T	H_C/(A/m)
铸　铁	200	0.475 ~ 0.500	880 ~ 1040
硅钢片	8000 ~ 10000	0.800 ~ 1.200	32 ~ 64
坡莫合金(78.5% Ni)	20000 ~ 200000	1.100 ~ 1.400	4 ~ 24
碳钢(0.45%C)		0.800 ~ 1.100	2400 ~ 3200
钴　钢		0.750 ~ 0.950	7200 ~ 20000
铁镍铝钴合金		1.100 ~ 1.350	40000 ~ 52000
稀土钴		0.600 ~ 1.000	320000 ~ 690000
稀土钕铁硼		1.100 ~ 1.300	600000 ~ 900000

8.1.2　磁路及其基本定律

在变压器、电机和电磁铁等许多电器中，为了把磁场聚集在一定的空间范围之内，并且用尽可能小的励磁电流来获得所需要的足够强的磁场，通常把线圈绕在由铁磁材料制成一定形状的铁芯上。由于铁芯的磁导率比周围空气或其他非铁磁物质的磁导率高得多，所以当电流通过线圈时，电流所产生的磁通绝大部分经过铁芯而形成一个闭合的通路，这个磁通集中通过的路径称为磁路。如图 8-4(a)、(b)、(c)所示分别为变压器、电磁铁和四极直流电机的磁路。可见，磁通的路径由铁芯的形状决定。磁路的问题也就是局限于一定路径内

的磁场问题，因此，表征磁场特性的各个基本物理量也适用于磁路。

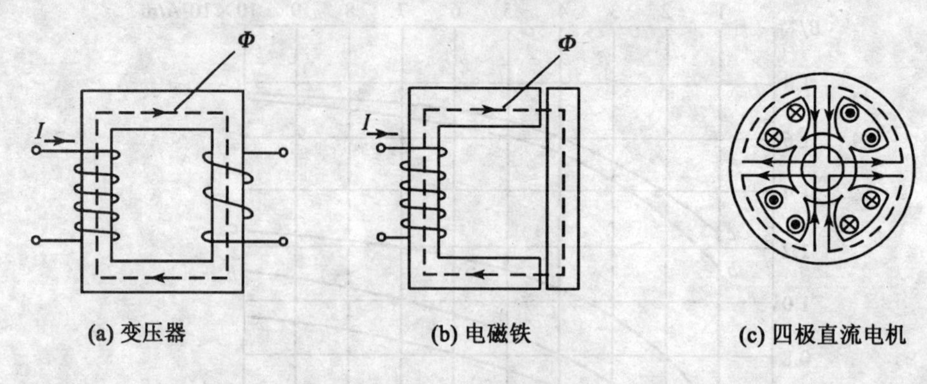

图 8-4　不同结构的磁路

对磁路的分析和计算与对电路的分析和计算一样，也需要通过一些基本定律来进行。磁路的基本定律是由描述磁场性质的磁通连续性原理和安培环路定律（即全电流定律）推导出来的。

安培环路定律指出：在磁场中，沿任一闭合路径 l，磁场强度矢量 H 的线积分，等于穿过该闭合路径所包围面的电流 I 的代数和，其数学表达式为

$$\oint H\mathrm{d}l = \sum I \tag{8-5}$$

式(8-5)中电流的正、负是这样规定的，当电流的方向与积分的循行方向符合右手螺旋定则时，电流为正，反之为负。

如图 8-5 所示的环形线圈的磁路是由某一种铁磁材料构成的，其截面积为 A，平均磁路长度为 l，线圈的匝数为 N。今取其中心线（即平均磁路长度）的闭合路径为积分路径，且以其磁力线的方向作为积分的循行方向。由于中心线上各点的磁场强度矢量大小相等，其方向又与 $\mathrm{d}l$ 的方向一致，所以

$$\oint H\mathrm{d}l = H\oint \mathrm{d}l = Hl$$

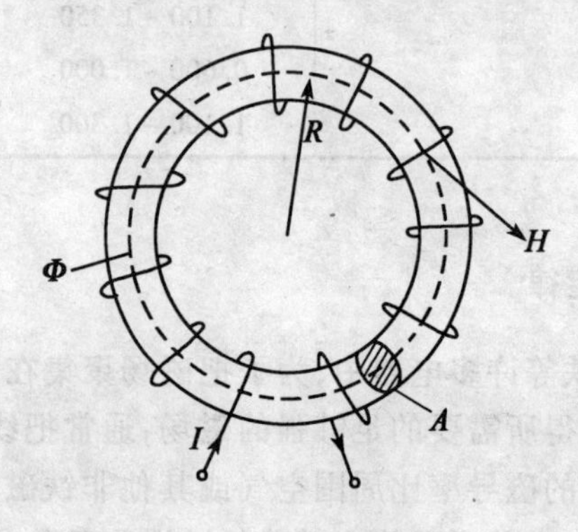

图 8-5　环形线圈磁路

而电流的代数和则等于线圈的匝数 N 与电流 I 的乘积，因此

$$Hl = IN \tag{8-6}$$

如果磁路的平均长度远大于截面积的线性尺寸，则可以认为磁通在截面内是均匀分布的，故可由式(8-1)和式(8-2)得

$$IN = Hl = \frac{B}{\mu}l = \frac{\Phi}{\mu A}l$$

或

$$\Phi = \frac{IN}{\dfrac{l}{\mu A}}$$

若令

$$F = IN, R_m = \frac{l}{\mu A}$$

则有

$$\Phi = \frac{F}{R_m} \tag{8-7}$$

式(8-7)在形式上与电路的欧姆定律相似。磁路中的磁通 Φ 与电路中的电流 I 相对应；磁路中的 F 与电路中的电动势 E 相对应，因而 F 称为磁动势，F 的单位是安培(A)；磁路中的 R_m 与电路中的电阻 R 相对应，因而 R_m 称为磁阻，表示磁路对磁通具有阻碍作用的物理量。R_m 的单位是每亨(H^{-1})；所以式(8-7)称为磁路欧姆定律。$F = IN$ 说明磁通势是由电流 I 产生的，故习惯上称 I 为励磁电流，I 通过的线圈称为励磁线圈。

应当指出，由于铁磁材料的磁导率 μ 随磁场强度的大小而变化，不是一个常数，所以磁阻 R_m 也不是一个常数。因此难以用磁路欧姆定律对磁路进行定量的计算，但磁路欧姆定律对磁路作定性分析是重要的。

实际工程中遇到的磁路并不是用同一种铁磁材料构成的，各处的截面积也不完全相同。例如图 8-6 所示的磁路，是由磁导率分别为 μ_1 和 μ_2 两种不同的铁磁材料以及中间夹有不大的空气隙所组成。设它们的截面积分别为 A_1、A_2 和 A_0。如果把具有相同磁导率和相同截面的部分作为一段，则整个磁路可以分成三段。设每段磁路的平均长度分别为 l_1、l_2 和 l_0。在这种由数段磁路串联的情况下，与串联电阻电路相似，磁路的总磁阻应等于各段磁路的磁阻之和。即

$$R_m = R_{m1} + R_{m2} + R_{m0} = \frac{l_1}{\mu_1 A_1} + \frac{l_2}{\mu_2 A_2} + \frac{l_0}{\mu_0 A_0} \tag{8-8}$$

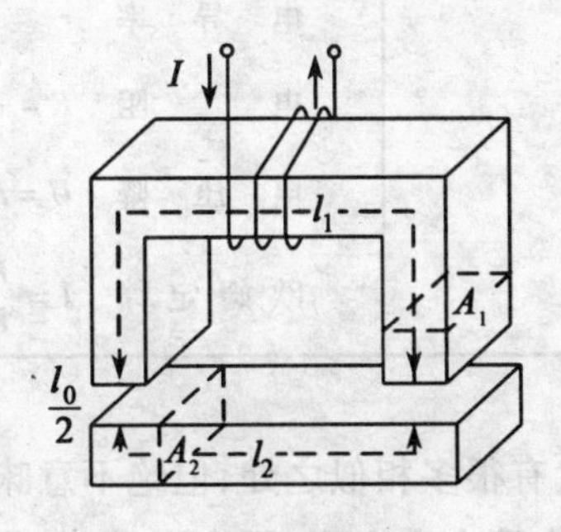

图 8-6　磁路图

根据磁通连续性原理,通过各截面的磁通是相同的。故据磁路欧姆定律可得

$$F = \Phi R_m = \Phi\left(\frac{l_1}{\mu_1 A_1} + \frac{l_2}{\mu_2 A_2} + \frac{l_0}{\mu_0 A_0}\right) = H_1 l_1 + H_2 l_2 + H_0 l_0 \tag{8-9}$$

式中

$$H_1 = \frac{B_1}{\mu_1} = \frac{\Phi}{\mu_1 A_1},\quad H_2 = \frac{B_2}{\mu_2} = \frac{\Phi}{\mu_2 A_2},\quad H_0 = \frac{B_0}{\mu_0} = \frac{\Phi}{\mu_0 A_0}$$

如果磁路中有多个励磁绕组,则其通式可以写成

$$\sum F = \sum Hl \quad 或 \quad \sum IN = \sum Hl \tag{8-10}$$

从式(8-6)可知 $H = \frac{IN}{l}$,即在磁场中,某一点的磁场强度只与电流的大小、线圈的匝数及其几何位置有关,而与磁场介质的磁导率无关,因此在计算磁路时,使用磁场强度这个物理量是方便的。所以式(8-9)和式(8-10)是计算磁路的主要公式。

由式(8-6)和式(8-7)可以得到 $Hl = \Phi R_m$,这与电路中的 $U = IR$ 在形式上是相似的。故 Hl 称为磁压降。式(8-10)表明:在一个闭合磁路中,各段磁路的磁压降之和等于作用在该磁路的磁动势之和。

磁路和电路有许多相似之处,为便于比较,一一对应地列入表 8-2。

表 8-2 磁路与电路的对照表

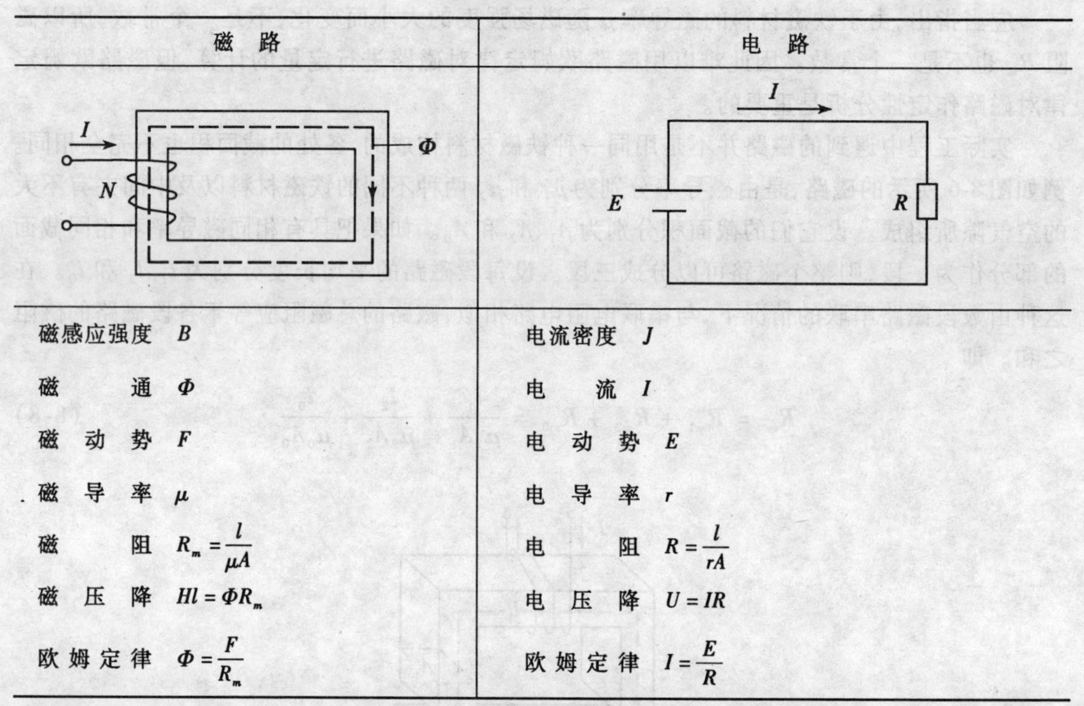

磁 路	电 路
磁感应强度 B	电流密度 J
磁 通 Φ	电 流 I
磁 动 势 F	电 动 势 E
磁 导 率 μ	电 导 率 r
磁 阻 $R_m = \frac{l}{\mu A}$	电 阻 $R = \frac{l}{rA}$
磁 压 降 $Hl = \Phi R_m$	电 压 降 $U = IR$
欧姆定律 $\Phi = \frac{F}{R_m}$	欧姆定律 $I = \frac{E}{R}$

应该指出,磁路和电路虽然有很多相似之处,但绝不意味着两者的物理本质相同,例如,电路如果开路,虽然有电动势,也不会有电流;而在磁路中,即使存在着空气隙,只要有磁通势,就必有磁通存在。在电路中,直流电流通过电阻时要有功率损失,而在磁路中,恒定磁通通过磁阻时并无功率损失。

8.1.3　磁路的计算

关于磁路计算的任务是已知磁路的几何尺寸、铁磁材料的磁化曲线，根据工作磁通求所需的磁动势；或者相反，即给出磁动势，求工作磁通。这是两类问题，这里仅就前者并通过例题说明简单磁路的计算方法。

例 8.1　如图8-6所示磁路，已知铁芯是由硅钢片叠制成的，衔铁是铸铁制成的。各部分尺寸为 $l_0/2=0.1(\text{cm})$，$l_1=78(\text{cm})$，$l_2=32(\text{cm})$，$A_0=A_1=30(\text{cm}^2)$，$A_2=40(\text{cm}^2)$。若要求在空气隙处的磁通为 $\Phi=3\times10^{-3}(\text{Wb})$，试求需要多大的磁动势？

解　(1)按照材料相同和截面相同的原则，该磁路应分成三段，即铁芯、衔铁和气隙各为一段。

(2)计算出各段的磁感应强度

$$B_1=\frac{\Phi}{A_1}=\frac{3\times10^{-3}}{30\times10^{-4}}=1(\text{T})$$

$$B_2=\frac{\Phi}{A_2}=\frac{3\times10^{-3}}{40\times10^{-4}}=0.75(\text{T})$$

$$B_0=\frac{\Phi}{A_0}=\frac{3\times10^{-3}}{30\times10^{-4}}=1(\text{T})$$

(3) 求各段磁路的磁场强度，由图 8-3 中的磁化曲线查得

$$H_1=0.35\times10^3(\text{A/m})$$

$$H_2=5\times10^3(\text{A/m})$$

计算气隙磁场强度

$$H_0=\frac{B_0}{\mu_0}=\frac{1}{4\pi\times10^{-7}}=8\times10^5(\text{A/m})。$$

(4) 计算各段磁压降

$$H_1l_1=0.35\times10^3\times78\times10^{-2}=273(\text{安匝})$$

$$H_2l_2=5\times10^3\times32\times10^{-2}=1\ 600(\text{安匝})$$

$$H_0l_0=8\times10^5\times0.1\times10^{-2}\times2=1\ 600(\text{安匝})。$$

(5) 计算磁动势

$$F=IN=H_1l_1+H_2l_2+H_0l_0=273+1\ 600+1\ 600=3\ 473(\text{安匝})。$$

从以上计算结果可以看出空气隙虽然只占磁路总长的 0.18%，但磁压降却占了磁动势的 79%，即磁动势主要用来克服空气隙的磁阻。因此在磁路中应设法减小非必要的气隙，以减小励磁电流。而且在磁路中气隙较大时，也可以根据气隙的磁阻来估算磁路的磁动势。

例 8.2　一个具有闭合的均匀铁芯的线圈，其匝数 $N=405$，铁芯中的磁感应强度 $B=0.9(\text{T})$，磁路的平均长度 $l=45(\text{cm})$，试求：

(1) 铁芯材料为铸铁时线圈中的电流 I_{Fe}；

(2) 铁芯材料为硅钢片时线圈中的电流 I_{Si}；

(3) 如果在铁芯材料为铸铁和硅钢片两种情况时，线圈均通入 0.29(A)的电流，试问铁芯中的磁感应强度 B_{Fe}、B_{Si} 各是多少？

解 (1) 根据图 8-3 所示 B-H 曲线和 $B=0.9(\mathrm{T})$,可查得

$$H_{Fe}=9\times10^{3}(\mathrm{A/m})$$

$$H_{Si}=0.26\times10^{3}(\mathrm{A/m})$$

故

$$I_{Fe}=\frac{H_{Fe}l}{N}=\frac{9\times10^{3}\times45\times10^{-2}}{405}=10(\mathrm{A})$$

$$I_{Si}=\frac{H_{Si}l}{N}=\frac{0.26\times10^{3}\times45\times10^{-2}}{405}=0.29(\mathrm{A})。$$

(2) 由于通入线圈的电流相同,磁路长度、线圈匝数也相同,则磁场强度 $H=IN/l$ 必相等。在 $I=0.29(\mathrm{A})$ 时,$H=0.26\times10^{3}(\mathrm{A/m})$,由 B-H 曲线可以查得

$$B_{Fe}=0.05(\mathrm{T}),\quad B_{Si}=0.9(\mathrm{T})。$$

由上述计算结果可见:

(1)若铁心材料不同,而要得到相同的磁感应强度,则所需要的磁动势或励磁电流的大小将不同。故采用磁导率高的铁芯材料,可以使励磁电流减小很多,从而使线圈的用铜量大为降低。

(2)若励磁电流相同(即磁动势相同)、磁路尺寸相同,而采用不同磁导率的铁心材料,磁路中的磁通 Φ 或 B 不同,由 $A=\Phi/B$ 可知,要在铁芯中得到同样的磁通,采用磁导率高的铁芯材料,可以使铁芯截面积减小,从而降低铁芯用铁量。

[思考与练习题]

8.1.1 空心线圈的电感是常数,而铁芯线圈的电感不是常数,为什么?如果线圈的大小、形状和匝数相同,有铁芯和没有铁芯时,哪个电感大?铁心线圈的铁心在达到磁饱和状态及未达到磁饱和状态时,哪个状态电感大?

8.1.2 有两个如图 8-5 所示的环形磁路,大小完全相同,一个用铸铁,一个用硅钢片。当它们的安匝数相同时,试问:

(1) 两环中的 B、H 是否一样?

(2) 若分别在两个环上开一个相同的缺口(气隙),两环中 B、H 的大小有何变化?

§8.2 交流铁芯线圈

铁芯线圈分为两种,直流铁芯线圈和交流铁芯线圈。直流铁芯线圈通过直流来励磁,其励磁电流的大小由线圈两端的电压与线圈的电阻来决定。线圈的电感只在电路的暂态过程中起作用。所以分析直流铁芯线圈的电路很简单,在一定的电压 U 下,线圈中的电流 I 只和线圈本身的电阻 R 有关,即 $I=U/R$ 功率是 I^2R。而交流铁芯线圈是用交流励磁的,其线圈的电感在稳定状态下也起作用,又因铁芯的非线性和磁饱和的影响,交流铁芯线圈的电感不是常数,随励磁电流与相应的磁感应强度的不同而变化。于是对交流铁芯线圈电路的分析则不能用分析线性电感的方法处理。所以在这里我们仅讨论交流铁芯线圈电路中外加电压与磁通的关系,以及交流铁芯线圈的等效电路,以便进一步了解交流铁心线圈电路的特点。

8.2.1　铁芯线圈中的物理过程

如图 8-7 所示为交流铁芯线圈。线圈的匝数为 N,电阻为 R。当施加正弦交流电压后,线圈中将出现交变电流 i。在交变磁动势 iN 的作用下产生交变的磁通,其绝大部分通过铁芯而闭合,这部分磁通称为主磁通或工作磁通,用 Φ 表示。此外,还有很少部分磁通主要通过空气或其他非铁磁物质而闭合,这部分磁通称为漏磁通,用 Φ_σ 表示,这两种磁通都将在线圈中产生感应电动势,分别称为主磁电动势 e 和漏磁电动势 e_σ。

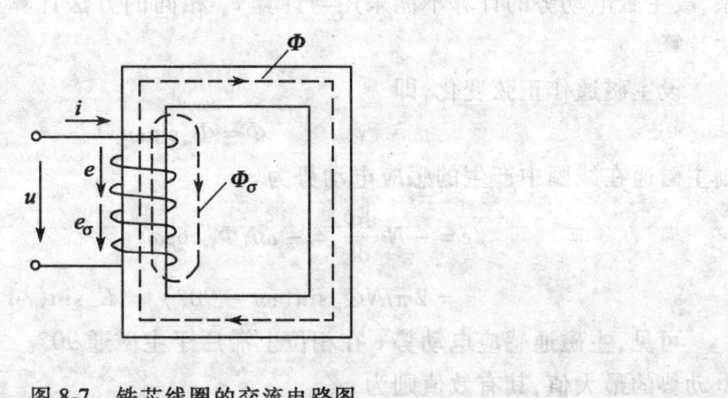

图 8-7　铁芯线圈的交流电路图

由于主磁通 Φ 是通过铁芯而闭合的,其磁导率 μ 不是常数,所以 Φ 与 i 之间是非线性关系,即主磁电感 L 不是常数。Φ、L 随 i 变化的关系和 B-H 磁化曲线及 μ-H 曲线的变化关系相似,如图 8-8 所示。即铁芯线圈是一个非线性电感元件。

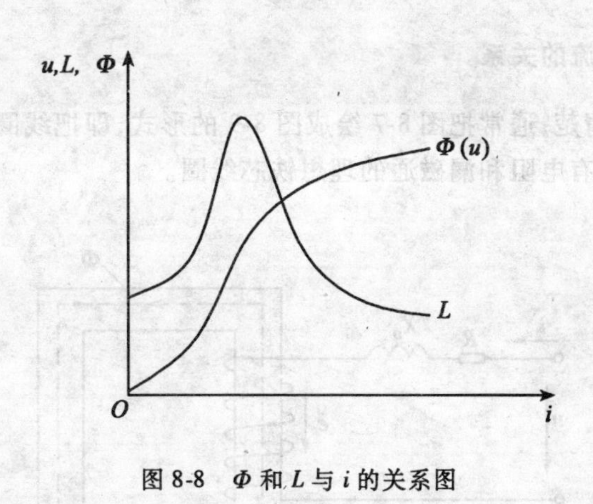

图 8-8　Φ 和 L 与 i 的关系图

8.2.2　感应电动势的计算

由法拉第(Michael Faraday)电磁感应定律可知感应电动势为

$$e = \frac{\mathrm{d}\Psi}{\mathrm{d}t} = -N\frac{\mathrm{d}\Phi}{\mathrm{d}t} \tag{8-11}$$

由于漏磁通主要经过空气而闭合,空气的磁导率 μ_0 为常数。所以 Φ_σ 与 i 之间为线性

关系,故可以用线性电路的方法解决,即

$$e_{\sigma} = -N\frac{\mathrm{d}\Phi_{\sigma}}{\mathrm{d}t} = -N\frac{\mathrm{d}\Phi_{\sigma}}{\mathrm{d}i}\frac{\mathrm{d}i}{\mathrm{d}t} = -L_{\sigma}\frac{\mathrm{d}i}{\mathrm{d}t} \tag{8-12}$$

式(8-12)中 L_{σ} 为常数。若用一个等效正弦电流代替 i,则上式可以写成相量形式

$$\dot{E}_{\sigma} = -\mathrm{j}\omega L_{\sigma}\dot{I} = -\mathrm{j}X_{\sigma}\dot{I} \tag{8-13}$$

式(8-13)中 $X_{\sigma}=\omega L_{\sigma}=2\pi fL_{\sigma}$,称做铁芯线圈的漏磁感抗。

主磁通是经过铁芯而闭合的,由于铁磁材料的饱和特性,致使 Φ 与 i 之间成非线性关系,故主磁电动势的计算不能采用与计算 e_{σ} 相同的方法计算,对主磁电动势可以按下列方法计算。

设主磁通作正弦变化,即

$$\Phi = \Phi_m \sin\omega t$$

则主磁通在线圈中产生的感应电动势为

$$\begin{aligned} e &= -N\frac{\mathrm{d}\Phi}{\mathrm{d}t} = -\omega N\Phi_m\cos\omega t \\ &= 2\pi fN\Phi_m\sin(\omega t - 90°) = E_m\sin(\omega t - 90°) \end{aligned} \tag{8-14}$$

可见,主磁通感应电动势 e 在相位上滞后于主磁通 90°。式中 $E_m=2\pi fN\Phi_m$ 是主磁感应电动势的最大值,其有效值则为

$$E = \frac{E_m}{\sqrt{2}} = \frac{2\pi fN\Phi_m}{\sqrt{2}} = 4.44fN\Phi_m \tag{8-15}$$

其相量关系则为

$$\dot{E} = -\mathrm{j}4.44fN\dot{\Phi}_m \tag{8-16}$$

8.2.3 电压和电流的关系

为了分析时比较清楚,通常把图 8-7 绘成图 8-9 的形式,即把线圈的电阻和漏磁感抗划出,剩下的就是一个没有电阻和漏磁通的理想铁芯线圈。

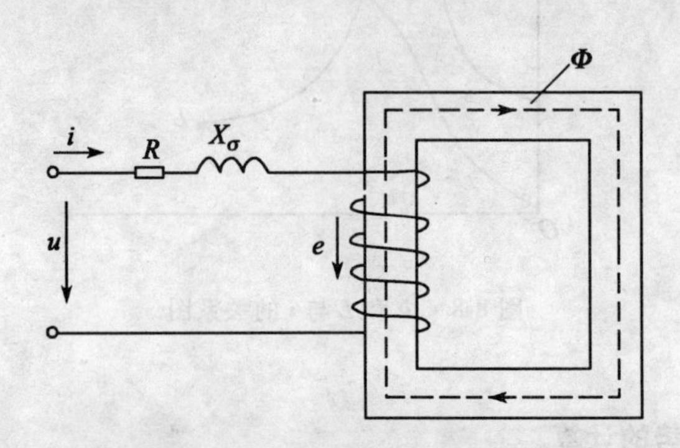

图 8-9 理想铁心线圈

铁芯线圈电路的电压和电流之间的关系在图 8-9 所示参考方向条件下,根据 KVL 可得

$$u = Ri - e_{\sigma} - e \tag{8-17}$$

若用一个等效正弦电流来代替 i,则式(8-17)可以用相量表示

$$\dot{U} = R\dot{I} - \dot{E}_{\sigma} - \dot{E} = R\dot{I} + jX_{\sigma}\dot{I} - \dot{E} \tag{8-18}$$

可见,在交流铁芯线圈电路中,要保证励磁电流通过线圈,电源电压必须与主磁电动势、漏磁电动势和线圈电阻上的电压降三个分量相平衡。

通常由于线圈电阻 R 和漏磁感抗 X_{σ} 的数值较小,其上的电压降也较小,与主磁电动势相比可以忽略不计。因此,由式(8-18)可得

$$\dot{U} \approx -\dot{E}$$

在数值上由式(8-15)可得

$$U \approx E = 4.44fN\Phi_m \tag{8-19}$$

式(8-19)表明交流铁心磁路中主磁通最大值 Φ_m 与外施电源电压有效值的直接数量关系,是一个非常有用的基本公式。

由式(8-19)可见,在电源频率 f、线圈匝数 N 一定的条件下,磁通最大值 Φ_m 与电压有效值成正比,由于 Φ 与 i 的变化关系满足 B-H 曲线关系,所以 u 与 i 的变化关系也必满足 B-H 曲线关系,如图 8-8 所示。又由于一般交流电气设备的铁芯都运行在接近饱和状态。由图 8-8 可见,在磁路饱和时,电压虽增加很少,但电流将增加很多,会使设备因过热而损坏,必须引起注意。

8.2.4　铁芯线圈中的功率

在交流铁芯线圈电路中,除了在线圈电阻上有功率损耗(通常称为铜损,用 ΔP_{cu} 表示)外,处于交变磁化下的铁芯发热,会有功率损耗,并称其为铁损,用 ΔP_{Fe} 表示。铁损是因磁滞和涡流产生的。

铁磁材料交变磁化的磁滞现象所产生的铁损称为磁滞损耗,该损耗是铁磁物质内磁畴反复取向所产生的功率损耗。交变磁化一周在铁芯的单位体积内所产生的磁滞损耗与磁滞回线所包围的面积成正比。磁滞损耗是引起铁芯发热的原因之一。为了减少磁滞损耗,交流铁芯大多采用软磁性材料(如硅钢片等)制成。

铁芯材料不仅是导磁材料,同时又是导电材料。因此,在交变磁通的作用下,铁芯内也要产生感应电动势和感应电流,这种感应电流在垂直于磁通的铁芯平面内围绕磁力线呈旋涡状流动,如图 8-10(a)所示,常称为涡流。涡流在铁芯内所产生的功率损耗称为涡流损耗,涡流损耗也会使铁芯发热。为了减少涡流损耗,一方面可以采用电阻率较大的铁磁材料(如硅钢)做铁芯,同时还可以把整块的铁心改换成如图 8-10(b)所示的在顺着磁场方向由彼此绝缘的薄钢片叠成,以使涡流限制在较小的截面内流动。因此,交流励磁的铁芯一般都采用 0.35～0.5mm 厚的彼此绝缘的硅钢片叠成。

在交流磁通作用下,铁芯内的铁损几乎与铁芯内磁感应强度的最大值 B_m 的平方成正比,所以 B_m 不宜选得太大。

综上所述,交流铁芯线圈电路的有功功率为

$$P = UI\cos\varphi = I^2R + \Delta P_{Fe} = \Delta P_{cu} + \Delta P_{Fe} \tag{8-20}$$

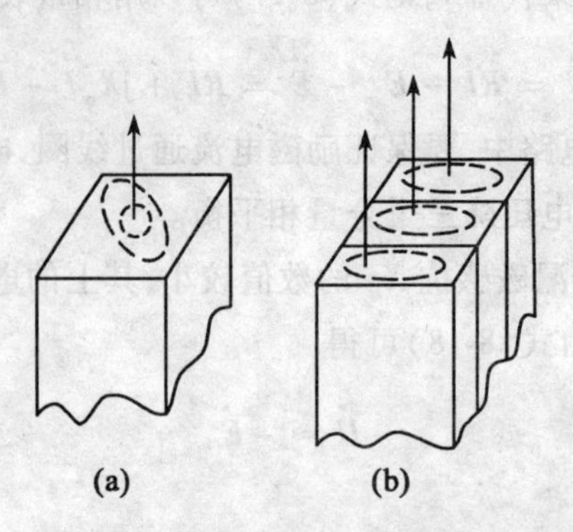

图 8-10 涡流

例 8.3 有一交流铁芯线圈,电源电压 $U=220(\mathrm{V})$,电路中电流 $I=4(\mathrm{A})$,功率计的读数 $P=100(\mathrm{W})$,频率 $f=50(\mathrm{Hz})$,漏感抗和线圈电阻上的电压降可以忽略不计。试求:(1)铁芯线圈的功率因数;(2)铁芯线圈的等效电阻和感抗。

解 (1)
$$\cos\varphi=\frac{P}{UI}=\frac{100}{220\times 4}=0.114$$

(2) 由于忽略了漏感抗和线圈电阻上的电压降,故 $E\approx U=220(\mathrm{V})$。铁芯线圈的等效阻抗为

$$|Z'|=\frac{U}{I}=\frac{220}{4}=55\ (\Omega)$$

等效电阻

$$R'=R+R_0=\frac{P}{I^2}=\frac{100}{4^2}=6.25(\Omega)\approx R_0$$

式中,R 是线圈电阻,R_0 是和铁芯中能量损耗相应的等效电阻。

等效感抗

$$X'=X_\sigma+X_0=\sqrt{|Z'|^2-R'^2}=\sqrt{(55)^2-(6.25)^2}=54.6(\Omega)\approx X_0$$

X_σ 是漏磁感抗,X_0 是和铁芯中能量储放(与电源发生能量互换相应)的等效感抗。

可见,一个理想的铁芯线圈交流电路可以用具有电阻 R_0 和感抗 X_0 的支路来等效代替。因此,交流铁芯线圈电路的等效电路如图 8-11 所示。

8.2.5 互感及端钮极性

1. 互感现象

由前述可知,励磁电流变动则引起磁通变动,从而在励磁线圈中感应电动势,该电动势称为自感电动势。然而磁通变动不仅在励磁线圈中感应电动势,且同时在磁通交链的其他线圈中都将感应电动势,这种现象称为互感效应,其感应的电动势称为互感电动势。互感现象的存在导致两线圈所属电路的相互影响,这样的两个线圈称为具有互感耦合(或磁耦合)的线圈,如图 8-12(a)所示 N_1、N_2 两线圈就是具有磁耦合的。当 i_1 变动引起 Φ 变动时,在 N_1、N_2 中将分别感应电动势 e_1 和 e_2,e_1 称为自感电动势,e_2 称为互感电动势。

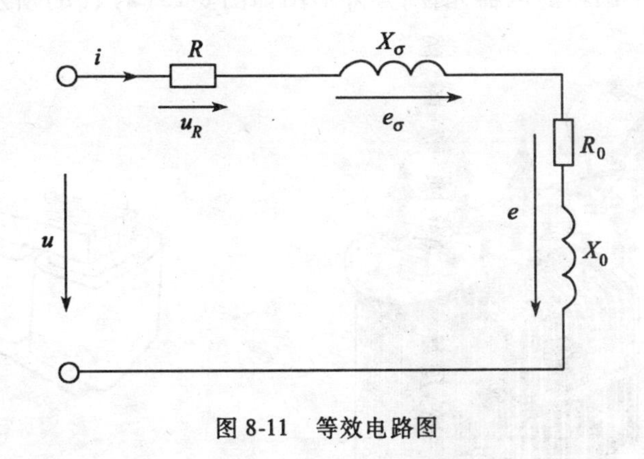

图 8-11　等效电路图

2. 同极性端

具有互感的线圈,同一瞬间极性相同的端子,叫做同极性端。由于线圈被同一磁通交链,故同极性端是确定的。同极性端在理论分析和实际工程应用中都具有十分重要的地位。

对于相对位置和线圈绕向确定的互感线圈的同极性端,可以借助右手螺旋法则来判断,即假定给互感线圈同时通以电流。且电流与磁通的方向符合右手螺旋定则,当各电流产生的磁通是相互加强时(方向相同),则电流流进或流出的端子为同极性端,在绘电路图时,为了简便起见,常常不是绘出线圈的绕向以示同极性端,而是用一种标记来表示,即在极性相同的端子上标以相同的记号,常以 ·、△、* 等作记号,如图 8-12(b)所示。

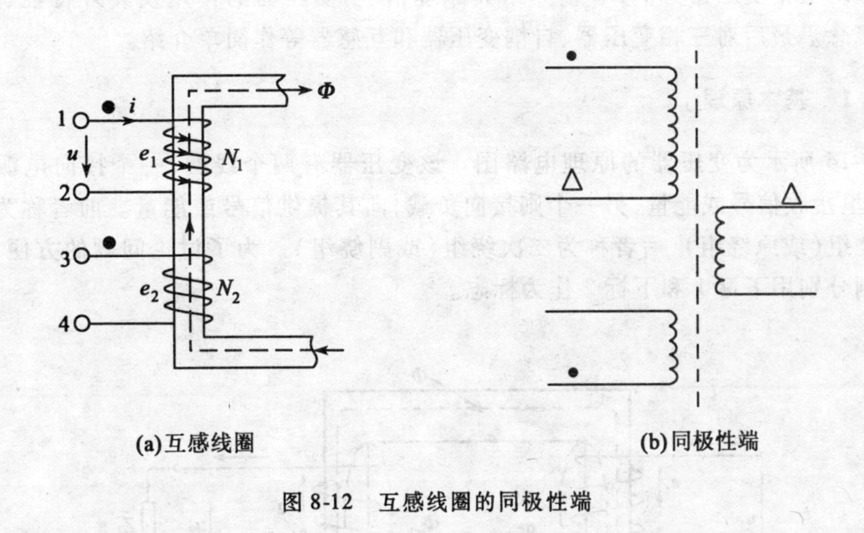

图 8-12　互感线圈的同极性端

§8.3　变　压　器

变压器是以互感现象为基础而制成的电器。该电器主要用于交流激励下实现不同回路间的能量或信号的传递。电力系统中的变压器是一台庞大的静止电器,信号电路中的变压器则可能是一个细巧的电器元件,其外形图如图 8-13(a)、(b)所示。

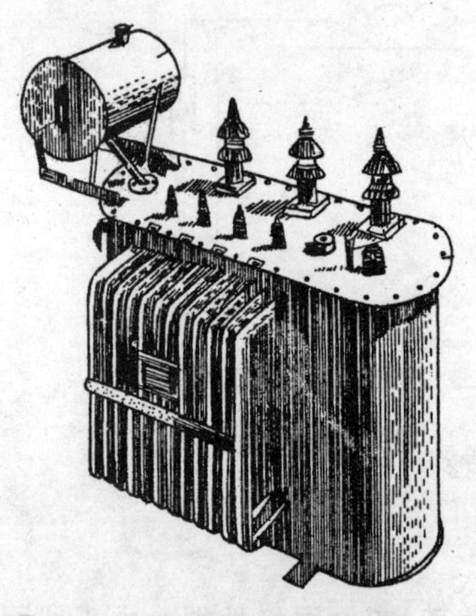

(a) 电力系统中的变压器外形

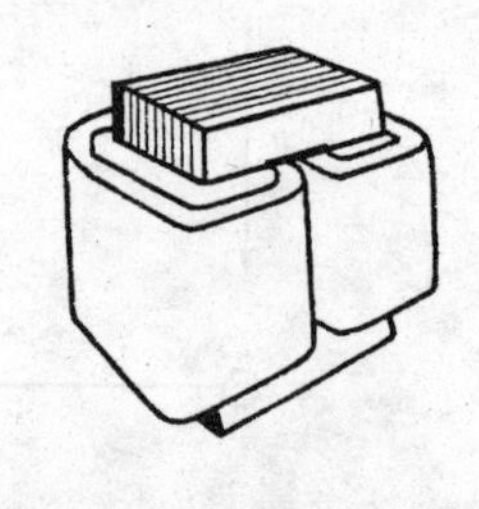

(b) 信号电路中的变压器外形

图 8-13 变压器外形图

变压器的种类很多,根据其用途和结构特点可以分为:电力变压器、互感器、调压器等;按其相数可以分为单相、三相和多相变压器。尽管变压器的种类很多,但它们的基本结构和工作原理是相同的。基本结构主要由铁芯和绕组两部分组成,工作原理都是基于电磁感应原理。

本节以单相变压器为例,着重介绍其原理,说明变压器的作用及其外特性、效率、额定值等概念。最后对三相变压器、自耦变压器和互感器等作简单介绍。

8.3.1 基本原理

图 8-14 所示为变压器的原理电路图。该变压器有两个线圈,一个接向电源或信号源,从那里接收信号或能量,另一个则接向负载,向其提供信号或能量。前者称为变压器的一次绕组(或原绕组),后者称为二次绕组(或副绕组)。为了讨论问题的方便,一次侧和二次侧分别用下标 1 和下标 2 作为标志。

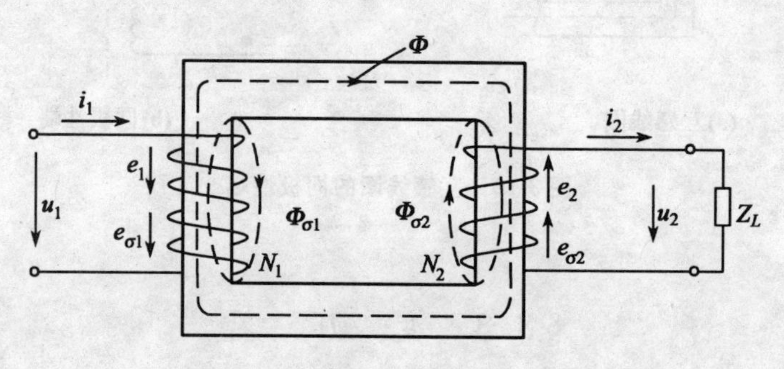

图 8-14 变压器原理电路示意图

在一次绕组的两端加上交流电压 u_1，一次绕组中便有电流 i_1 通过，形成磁动势 i_1N_1，磁动势产生的磁通绝大部分通过铁芯而闭合，从而在二次绕组中感应出电动势。如果二次绕组接有负载，那么二次绕组中就有感应电流 i_2 通过。二次绕组的磁动势 i_2N_2 也产生磁通，其绝大部分也通过铁芯闭合。因此，铁心中的磁通是一个由一、二次绕组的磁动势共同产生的合成磁通，该磁通称为主磁通，用 Φ 表示。主磁通穿过一、二次绕组而在其中感应出的电动势分别为 e_1 和 e_2。此外，一、二次绕组的磁动势还分别产生漏磁通 $\Phi_{\sigma1}$ 和 $\Phi_{\sigma2}$（仅与本绕组相链），从而在各自的绕组中分别产生漏磁电动势 $e_{\sigma1}$ 和 $e_{\sigma2}$。

上述的电磁关系如图 8-15 所示：

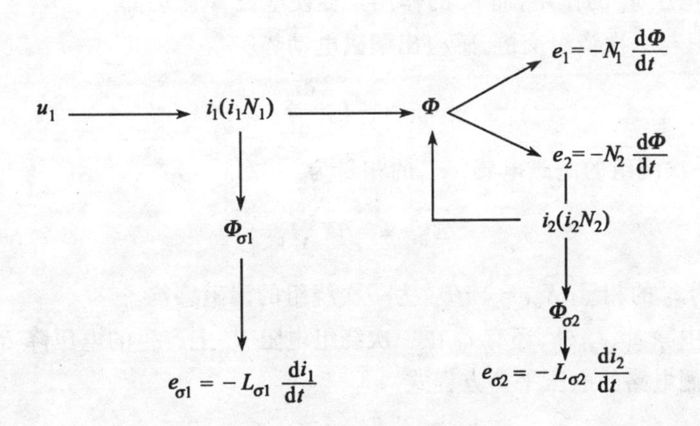

图 8-15　变压器的电磁关系图

8.3.2　变压器的功能

变压器有三个作用，即变压、变流及阻抗变换。

1. 空载运行和变压比

变压器的空载运行就是在变压器的一次绕组加正弦交流电压 u_1，二次绕组开路（不接负载），如图 8-16 所示。此时变压器二次绕组中的电流 $i_2=0$，端电压为空载电压 u_{20}。变压器一次绕组电路和交流铁芯线圈一样，通过的空载电流 i_0 就是励磁电流，形成磁动势 i_0N_1，产生主磁通 Φ，也产生漏磁通 $\Phi_{\sigma1}$。

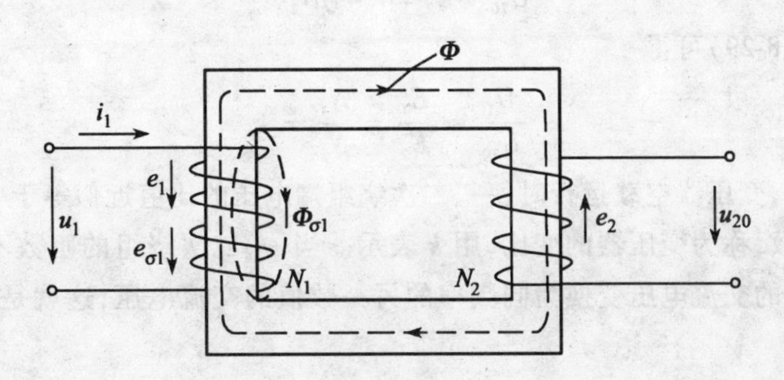

图 8-16　变压器空载运行示意图

主磁通必在一次绕组中感应出电动势 e_1，在二次绕组中感应出电动势 e_2。当 e_1、e_2 与 Φ 的参考方向之间符合右手螺旋定则（如图 8-16 所示）时，由法拉第电磁感应定律可得

$$e_1 = -N_1 \frac{\mathrm{d}\Phi}{\mathrm{d}t}, e_2 = -N_2 \frac{\mathrm{d}\Phi}{\mathrm{d}t}$$

根据式(8-15)可得的 e_1、e_2 的有效值

$$E_1 = 4.44fN_1\Phi_m \quad (8\text{-}21)$$

$$E_2 = 4.44fN_2\Phi_m \quad (8\text{-}22)$$

式中，Φ_m 为主磁通 Φ 的最大值，f 为 Φ 亦即交流电源的频率。应注意 e_1、e_2 的性质不同，e_1 主要起平衡电源电压 u_1 的作用，而 e_2 的作用是促使电流 i_2 流动。

漏磁通 $\Phi_{\sigma1}$ 只与一次绕组交链，感应出漏磁电动势

$$e_{\sigma1} = -L_{\sigma1}\frac{\mathrm{d}i_0}{\mathrm{d}t}$$

上式中的 $L_{\sigma1}$ 为一次绕组的漏磁电感，$e_{\sigma1}$ 的相量为

$$\dot{E}_{\sigma1} = -\mathrm{j}X_{\sigma1}\dot{I}_0 \quad (8\text{-}23)$$

式(8-23)中 $\dot{I}_0$ 为 i_0 的相量，$X_{\sigma1} = 2\pi fL_{\sigma1}$ 为一次绕组的漏磁感抗。

在一次绕组中除 e_1、$e_{\sigma1}$ 外，还有 i_0 在一次绕组电阻 R_1 上产生的电压降 R_1i_0。根据 KVL 可得变压器一次侧电路的电压平衡方程式

$$u_1 = R_1i_0 - e_{\sigma1} - e_1 \quad (8\text{-}24)$$

其相量形式为

$$\dot{U}_1 = R_1\dot{I}_0 - \dot{E}_{\sigma1} - \dot{E}_1 \quad (8\text{-}25)$$

由于 R_1、$X_{\sigma1}$、I_0 都较小，R_1I_0、$X_{\sigma1}I_0$ 与 E_1 相比可以忽略不计，故

$$\dot{U}_1 \approx -\dot{E}_1$$

其有效值

$$U_1 \approx E_1 = 4.44fN_1\Phi_m \quad (8\text{-}26)$$

二次侧电路的空载电压

$$u_{20} = e_2 \quad (8\text{-}27)$$

其相量为

$$\dot{U}_{20} = \dot{E}_2 \quad (8\text{-}28)$$

其有效值为

$$U_{20} = E_2 = 4.44fN_2\Phi_m \quad (8\text{-}29)$$

由式(8-26)、式(8-29)可得

$$\frac{U_1}{U_{20}} \approx \frac{E_1}{E_2} = \frac{N_1}{N_2} = k \quad (8\text{-}30)$$

由式(8-30)可见，变压器空载运行时，一、二次绕组端电压的比值近似等于一、二次绕组的匝数比，是一个常数，称为变压器的变比，用 k 表示。当一、二次绕组的匝数不同时，变压器就可以把某一数值的交流电压变换为同频率的另一数值的交流电压，这就是变压器的电压变换作用。

一般规定一次绕组加额定电压 U_{1N} 时，二次绕组的空载电压 U_{20} 即为二次绕组的额定电压 U_{2N}。变压器的额定电压是根据变压器绝缘材料的绝缘强度和允许温度规定的。一次绕

组的额定电压是一次绕组应加的电压值。变压器铭牌上以分数形式标出的电压值,通常是指变压器高、低压绕组的额定电压,也表示变压器作降压用时的变比。

例 8.4　有一台6000/230(V)的单相变压器,其铁芯截面积 $A = 150(\text{cm}^2)$,若取铁芯中磁感应强度的最大值 $B_m = 1.2(\text{T})$,当高压绕组接在 $f = 50(\text{Hz})$ 的交流电源上时,试求该变压器的变比和高、低压绕组的匝数。

解　变压器的变比为

$$k = \frac{6000}{230} \approx 26$$

铁芯中磁通的最大值

$$\Phi_m = B_m A = 1.2 \times 150 \times 10^{-4} = 0.018(\text{Wb})$$

高压绕组的匝数

$$N_1 = \frac{U_1}{4.44 f \Phi_m} = \frac{6000}{4.44 \times 50 \times 0.018} \approx 1502$$

低压绕组的匝数

$$N_2 = \frac{N_1}{k} = \frac{1502}{26} \approx 58$$

使用变压器时,一次绕组所接电源电压不允许超过额定电压,否则当一次绕组外加电压超过额定电压较多时,主磁通会相应增大,导致铁芯过饱和,励磁电流和铁损将剧烈增加,造成变压器过热而被损坏。

2. 变压器的负载运行与变流比

如图 8-14 所示,变压器二次侧接负载 Z_L,二次绕组电路中就会产生电流 i_2,电压为 u_2。i_2 形成的磁动势 $i_2 N_2$ 对磁路产生影响,使一次绕组电路中的电流变为 i_1。此时,铁芯中的主磁通是由 $i_1 N_1$、$i_2 N_2$共同产生的。由于 i_1、i_2 和 Φ 的参考方向之间都符合右手螺旋定则,所以合成磁动势为$i_1 N_1 + i_2 N_2$。

参照式(8-25)可得变压器负载运行时,原边电路电压平衡方程式的相量形式为

$$\dot{U}_1 = R_1 \dot{I}_1 + \text{j} X_{\sigma 1} \dot{I}_1 - \dot{E}_1 \tag{8-31}$$

当变压器正常工作时,$R_1 I_1$、$X_{\sigma 1} I_1$ 仍可以忽略不计,故仍有

$$U_1 \approx E_1 = 4.44 f N_1 \Phi_m \tag{8-32}$$

由式(8-32)可见,Φ_m 决定于 U_1、f 和 N_1,而与负载基本无关。当 N_1 一定,U_1、f 不变时,负载时与空载时的 Φ_m 也基本不变。

同一变压器的铁芯(磁路)中,由于在负载与空载时主磁通的最大值 Φ_m 基本不变,故负载时的磁动势 $i_1 N_1 + i_2 N_2$和空载时的磁通势 $i_0 N_1$ 可以认为相等,即

$$i_1 N_1 + i_2 N_2 = i_0 N_1 \tag{8-33}$$

其相量形式为

$$\dot{I}_1 N_1 + \dot{I}_2 N_2 = \dot{I}_0 N_1 \tag{8-34}$$

或

$$\dot{I}_1 N_1 = \dot{I}_0 N_1 - \dot{I}_2 N_2 \tag{8-35}$$

式(8-35)为变压器磁路的磁动势平衡方程式。由式(8-35)可见,$\dot{I}_1N_1$ 较空载时增加了一个与 $\dot{I}_2N_2$ 大小相等、相位相反的分量 $-\dot{I}_2N_2$,以抵消、补偿 $\dot{I}_2N_2$ 的影响,保持 Φ_m 基本不变。

由于变压器空载电流 I_0 很小,约为额定电流的3%~8%,故当变压器额定运行时,I_0N_1 可以忽略不计,因此

$$\dot{I}_1N_1 \approx -\dot{I}_2N_2 \tag{8-36}$$

其有效值

$$I_1N_1 \approx I_2N_2 \tag{8-37}$$

或

$$\frac{I_1}{I_2} \approx \frac{N_2}{N_1} = \frac{1}{k} \tag{8-38}$$

式(8-36)中的负号表示按选定的参考方向,$\dot{I}_1N_1$ 与 $\dot{I}_2N_2$ 近似反相位(实际方向相反),因而 $\dot{I}_2N_2$ 对 $\dot{I}_1N_1$ 起去磁作用。由式(8-38)可见,当变压器额定运行时,一、二次绕组中的电流近似与一、二次绕组的匝数成反比,这就是变压器的电流变换作用。由式(8-38)还可知,当负载电流 I_2 增加时,I_1 亦必随之增加。

变压器的额定电流也是根据变压器绝缘材料的允许温度规定的,也常以分数形式标在铭牌上,其中小电流值为高压绕组的额定电流 I_{1N},大电流值为低压绕组的额定电流 I_{2N}。

对于单相变压器,二次绕组的额定电压 U_{2N}与额定电流 I_{2N}的乘积,称为变压器的额定容量,以 S_N 表示,其单位为伏安(VA)

$$S_N = U_{2N}I_{2N} \approx U_{1N}I_{1N}$$

选用变压器时,除要注意变压器一次绕组的额定电压要等于电源电压,二次绕组额定电压要等于负载的额定电压外,还要注意变压器的额定容量要大于负载所需的视在功率。否则,变压器会因其绕组中的电流超过额定值导致过热而被损坏。

例 8.5 用一台容量为300(VA)、电压为220/36(V)的单相变压器,向10盏36(V)、25(W)的白炽灯供电,已知电源电压为220(V)。试求:(1)变压器一、二次侧的电流;(2)变压器一、二次绕组的额定电流。

解 10盏白炽灯应并联在变压器的二次侧,因白炽灯的功率因数为1,故二次侧电流

$$I_2 = 10 \times \frac{P_{灯}}{U_2} = 10 \times \frac{25}{36} = 6.94(\mathrm{A})$$

一次侧电流

$$I_1 = \frac{N_2}{N_1}I_2 = \frac{U_{2N}}{U_{1N}}I_2 = \frac{36}{220} \times 6.94 = 1.14(\mathrm{A})$$

二次绕组额定电流

$$I_{2N} = \frac{S_N}{U_{2N}} = \frac{300}{36} = 8.33(\mathrm{A})$$

一次绕组额定电流

$$I_{1N} \approx \frac{S_N}{U_{1N}} = \frac{300}{220} = 1.36(\mathrm{A})。$$

和变压器一次侧电路相似,变压器二次侧电流 i_2(i_2N_2)除与 i_1(i_1N_1)共同产生主磁通

Φ 外，也产生只与二次绕组交链的漏磁通 $\Phi_{\sigma2}$，$\Phi_{\sigma2}$ 在二次绕组中感应出漏磁电动势

$$e_{\sigma2} = -L_{\sigma2}\frac{\mathrm{d}i_2}{\mathrm{d}t}$$

上式中的 $L_{\sigma2} = \frac{N_2\Phi_{\sigma2}}{i_2}$，为二次绕组的漏磁电感，$e_{\sigma2}$ 的相量为

$$\dot{E}_{\sigma2} = -\mathrm{j}X_{\sigma2}\dot{I}_2 \tag{8-39}$$

式(8-39)中 $\dot{I}_2$ 为 i_2 的相量，$X_{\sigma2} = 2\pi fL_{\sigma2}$ 为二次绕组的漏磁感抗。i_2 在二次绕组电阻 R_2 上也产生电压降 R_2i_2。根据 KVL 可以得变压器二次侧电路的电压平衡方程式

$$e_2 = R_2i_2 - e_{\sigma2} + u_2 \tag{8-40}$$

其相量形式为

$$\dot{E}_2 = R_2\dot{I}_2 + \mathrm{j}X_{\sigma2}\dot{I}_2 + \dot{U}_2 \tag{8-41}$$

或

$$\dot{U}_2 = \dot{E}_2 - R_2\dot{I}_2 - \mathrm{j}X_{\sigma2}\dot{I}_2 \tag{8-42}$$

根据式(8-31)和式(8-41)可以把变压器负载运行时的一、二次侧电路绘成如图 8-17 的形式。

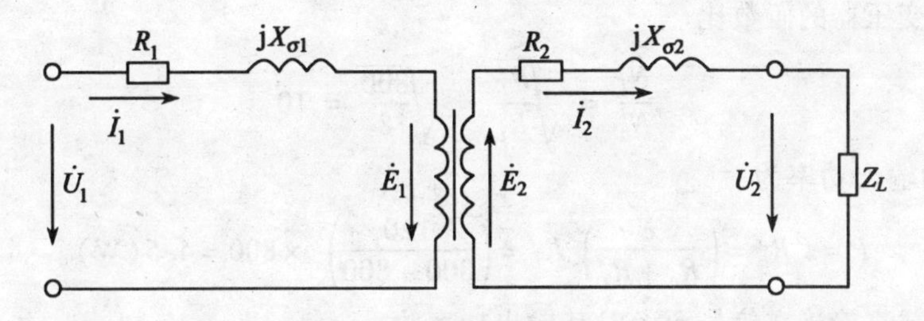

图 8-17　等效电路图

通过这个电路可以较清楚地了解变压器负载运行时，一、二次侧电路的电压平衡关系。

3. 阻抗变换作用

变压器不仅能变换电压和电流，还有变换阻抗的作用。如图 8-18 所示(图中变压器用符号表示)，在变压器二次侧接负载阻抗 $|Z_L|$。当忽略一、二次绕组的阻抗、励磁电流和损耗，即把变压器看做是 R_1、$X_{\sigma1}$、R_2、$X_{\sigma2}$、ΔP 都等于零的理想变压器时，则由

$$|Z_L| = \frac{U_2}{I_2}$$

以及式(8-30)与式(8-38)可以得从变压器一次侧看上去的等效阻抗

$$|Z_L'| = \frac{U_1}{I_1} = \frac{\frac{N_1}{N_2}U_2}{\frac{N_2}{N_1}I_2} = \left(\frac{N_1}{N_2}\right)^2|Z_L| = k^2|Z_L|$$

$|Z_L'|$ 称为 $|Z_L|$ 折算到变压器一次侧的等效阻抗，即在变压器的二次侧接阻抗为 $|Z_L|$ 的负载，相当于在一次侧接阻抗 $|Z_L'| = k^2|Z_L|$，亦即对电源来说相当于变压器把负载阻抗 $|Z_L|$ 变换成 $|Z_L'|$，这就是变压器的阻抗变换作用。通过选择合适变比 k 可以把 $|Z_L|$ 变换成所需要的数值。

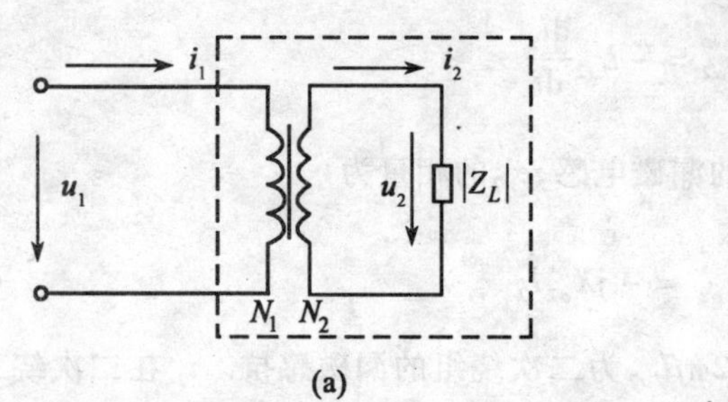

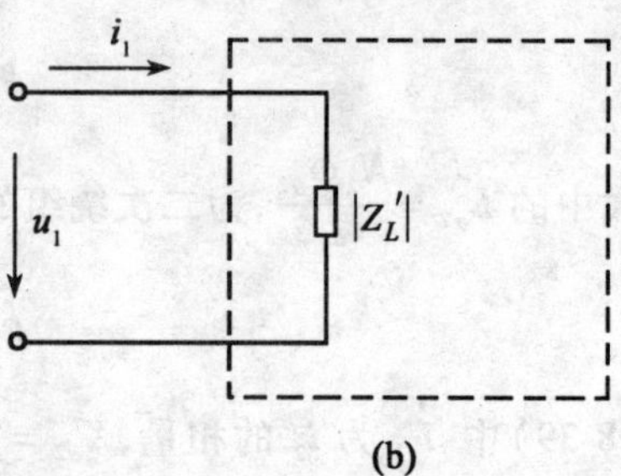

图 8-18 变压器的阻抗变换

在电子线路中常用变压器变换阻抗，使信号源和负载间达到阻抗匹配（即使两者阻抗相等），以获得最大的传输功率。

例 8.6 在图 8-19 中，交流信号源的电动势 $E=120(\text{V})$，内阻 $R_0=800(\Omega)$，负载电阻 $R_L=8(\Omega)$。(1)当 R_L 折算到一次侧的等效电阻 $R_L'=R_0$ 时，试求变压器的匝数比和信号源输出的功率；(2)当将负载直接与信号源相连接时，试问信号源输出多大功率？

解 (1)变压器的匝数比

$$\frac{N_1}{N_2}=\sqrt{\frac{R_L'}{R_L}}=\sqrt{\frac{800}{8}}=10$$

信号源的输出功率为

$$P=I^2R_L'=\left(\frac{E}{R_0+R_L'}\right)^2R_L'=\left(\frac{120}{800+800}\right)^2\times 800=4.5(\text{W})。$$

(2)当负载直接接在信号源上时其输出功率为

$$P=I^2R_L=\left(\frac{E}{R_0+R_L}\right)^2R_L=\left(\frac{120}{800+8}\right)^2\times 8=0.176(\text{W})。$$

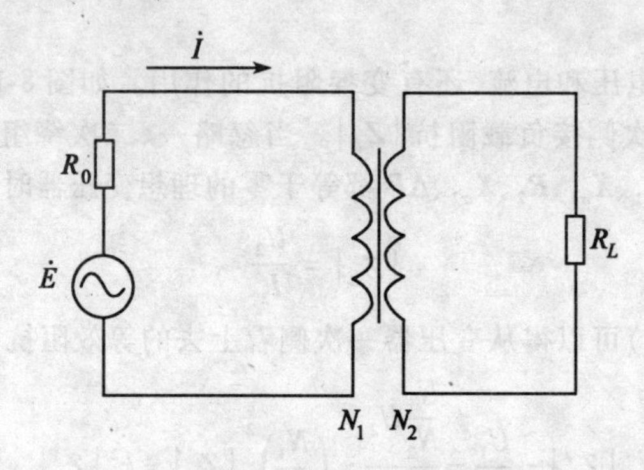

图 8-19 例 8.6 图

8.3.3 变压器的外特性和效率

电力变压器是传输电能的设备，对负载来说相当于电源，因而变压器的外特性和效率是我们关心的问题。

1. 变压器的外特性与电压变化率

由式(8-42)和式(8-31)可知,当电源电压 U_1 不变,负载电流 I_2 变化时,一、二次绕组阻抗上的电压降随之变化,因而使二次侧端电压 U_2 发生变化。U_2 随 I_2 的变化情况还与负载的功率因数 $\cos\varphi_2$ 有关。当 U_1、$\cos\varphi_2$ 一定时,U_2 与 I_2 的关系为 $U_2=f(I_2)$,称为变压器的外特性。

电阻和电感性负载的外特性曲线,是一条稍微向下倾斜的曲线,如图 8-20 所示。$\cos\varphi_2$ 愈低,曲线倾斜愈大。

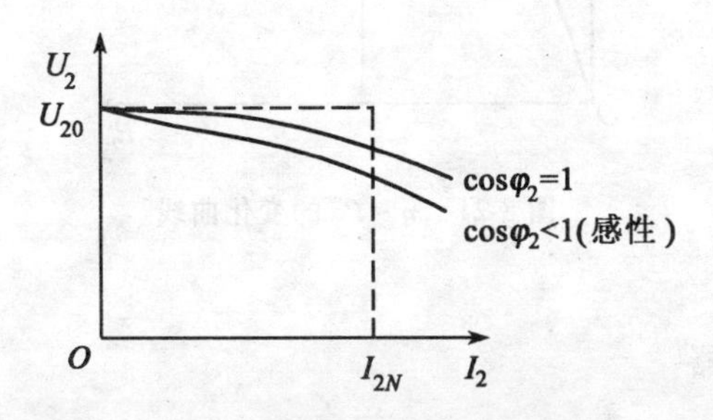

图 8-20　变压器的外特性曲线

由外特性曲线可知,对电阻和电感性负载,U_2 随 I_2 的增加而降低。变压器从空载到额定负载($I_2=I_{2N}$)时,二次侧端电压变化量 ΔU 和空载时二次侧端电压 U_{20} 比值的百分数称为变压器的电压变化率,以 $\Delta U\%$ 表示,即

$$\Delta U\% = \frac{\Delta U}{U_{20}} \times 100\% = \frac{U_{20}-U_2}{U_{20}} \times 100\%$$

通常希望 $\Delta U\%$ 小,电力变压器的 $\Delta U\%$ 为 2%~3%。

2. 变压器的损耗与效率

变压器的损耗有两种,即铜损和铁损。铜损 ΔP_{cu} 是由一、二次绕组中的电流 I_1、I_2 在该绕组的电阻 R_1、R_2 上产生的损耗,即

$$\Delta P_{cu} = I_1^2R_1 + I_2^2R_2$$

铁损是由交变磁通在铁芯内产生的磁滞损耗 ΔP_h 和涡流损耗 ΔP_e,即

$$\Delta P_{Fe} = \Delta P_h + \Delta P_e$$

变压器的铜损和铁损都可以通过实验测出。变压器的总损耗为

$$\Delta P = \Delta P_{cu} + \Delta P_{Fe}$$

若变压器输出给负载的功率为

$$P_2 = U_2I_2\cos\varphi_2$$

从电源输入给变压器的功率为

$$P_1 = P_2 + \Delta P$$

变压器的效率为输出功率 P_2 与输入功率 P_1 比值的百分数,以 η 表示,即

$$\eta = \frac{P_2}{P_1} \times 100\% = \frac{P_2}{P_2+\Delta P} \times 100\%$$

由上式可见,变压器的效率 η 与输出功率 P_2 有关,η 随 P_2 的变化曲线如图 8-21 所示。通常变压器效率的最大值出现在 50%~60% 额定负载,故变压器不宜负载过轻,长期空载应断

开电源。变压器的损耗很小,故效率很高,大容量变压器额定负载时的效率可达98%~99%。

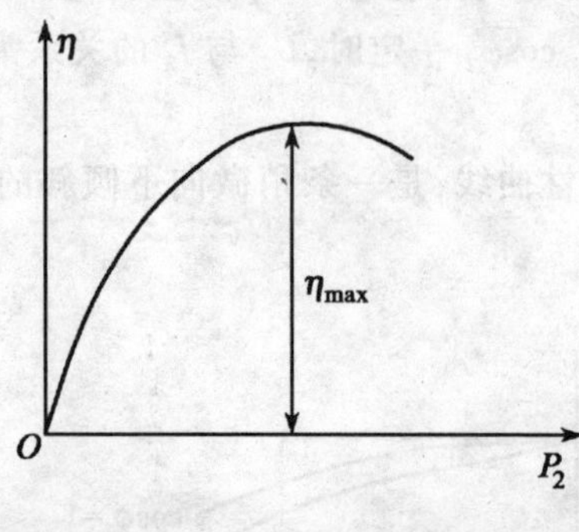

图 8-21 $\eta \sim P_2$ 的变化曲线

*8.3.4 三相变压器

三相交流电压的变换,可以用三台单相变压器组成三相变压器或用一台三相变压器来进行。通常大容量采用三相变压器组,中小容量采用三相变压器。

三相变压器的基本结构如图 8-22 所示。三对相同高、低压绕组,分别套装在三个铁芯柱上。三相高压绕组的始、末端分别标以大写字母 U_1、U_2、V_1、V_2、W_1、W_2;三相低压绕组的始、末端分别标以小写字母 u_1、u_2、v_1、v_2、w_1、w_2。

三相变压器每一相的工作原理和电压、电流的变换关系与单相变压器相同,因而当三相原绕组所接的三相电源相电压对称时,三相副绕组的相电压亦必对称。

三相变压器的高压绕组和低压绕组都可以接成星形(Y 形)或三角形(△形)。因此,三相变压器绕组的连接方式可以有四种组合:Y /Y ,Y/△、△/△和△/Y,其中分子表示高压绕组的接法,分母表示低压绕组的接法,星形连接有中线引出时,用 Y_0 表示。三相变压器绕组最常见的连接方式是 Y/Y_0 与 Y/△,分别如图 8-23(a)、(b)所示。

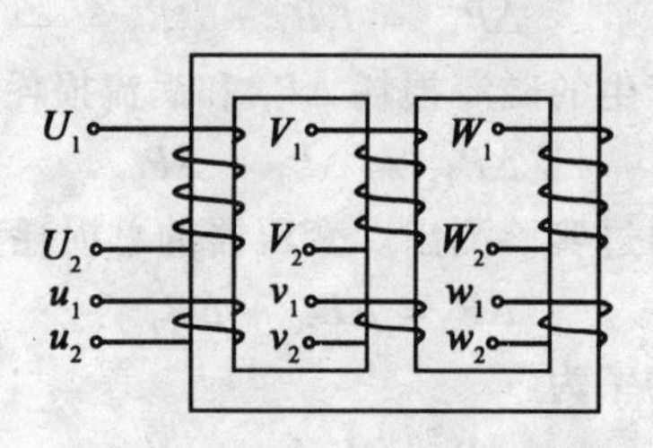

图 8-22 三相变压器基本结构图

三相变压器一、二次侧线电压的比值,不仅与一、二次绕组的匝数比有关,而且与一、二次绕组的接法有关。

当一、二次绕组均为星形连接,如图 8-23(a)所示时

$$\frac{U_{l1}}{U_{l2}} = \frac{\sqrt{3}U_{p1}}{\sqrt{3}U_{p2}} = \frac{N_1}{N_2} = k$$

当一次绕组为星形连接，二次绕组为三角形连接，如图 8-23(b)所示时

$$\frac{U_{l1}}{U_{l2}}=\frac{\sqrt{3}U_{p1}}{U_{p2}}=\sqrt{3}\frac{N_1}{N_2}=\sqrt{3}k$$

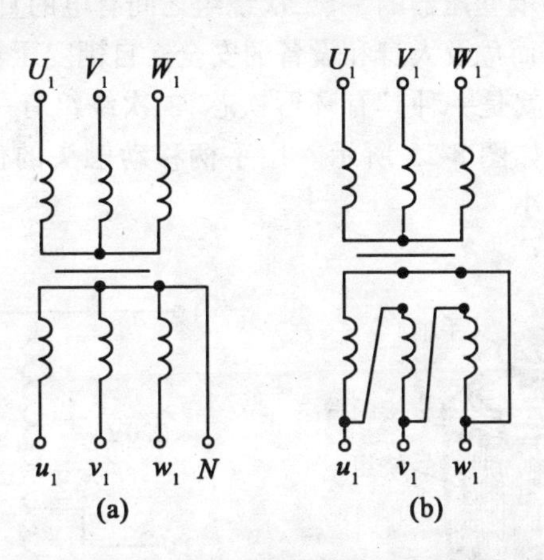

图 8-23　连接法

在上述两式中 U_{l1}、U_{l2}分别为一、二次侧的线电压，U_{p1}、U_{p2}分别为一、二次侧的相电压，N_1、N_2分别为一次绕组、二次绕组的匝数。

三相变压器的额定电压、额定电流均指线电压、线电流。三相变压器的额定容量为

$$S_N=\sqrt{3}U_{2N}I_{2N}\approx\sqrt{3}U_{1N}I_{1N}$$

上式中 U_{2N}、I_{2N}为三相变压器二次侧的额定电压、额定电流，U_{1N}、I_{1N}为一次侧的额定电压，额定电流。

*8.3.5　自耦变压器

前面介绍的变压器，其高、低压绕组都是互相绝缘的套装在同一个铁芯上，称为双绕组变压器。如果把两个绕组合成一个，使低压绕组为高压绕组的一部分，则成为只具有一个绕组的变压器，这种变压器称为自耦变压器，其电路如图 8-24 所示。图中 N_1、N_2 分别为高压绕组和低压绕组的匝数。

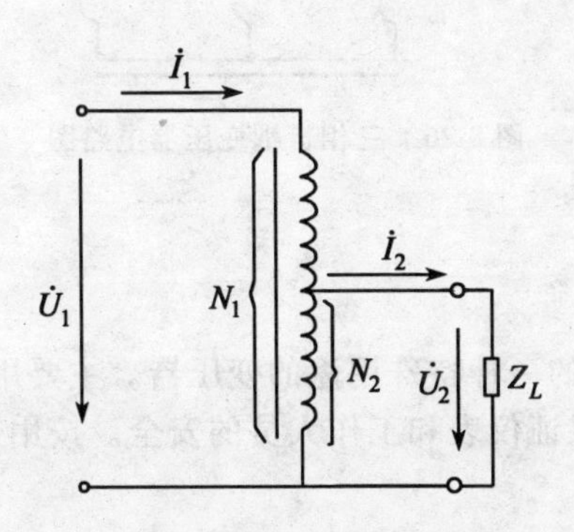

图 8-24　自耦变压器电路图

自耦变压器的工作原理和电压、电流的变换关系与双绕组变压器相同,也具有

$$\frac{U_1}{U_2} \approx \frac{N_1}{N_2} = k, \quad \frac{I_1}{I_2} \approx \frac{N_1}{N_2} = \frac{1}{k}$$

与双绕组变压器不同的是自耦变压器的一、二次绕组之间有电的直接联系,当绕组的公共部分断线时,高压会进入低压端,而危及人身和设备的安全。自耦变压器的变比一般不大于2.5。

实验中常用的调压器,就是一种具有环形铁芯、二次绕组有一端是通过滑动触头引出的自耦变压器,其外形和电路如图8-25所示。用手柄移动触头的位置,就可以改变输出绕组的匝数,调节输出电压的大小。

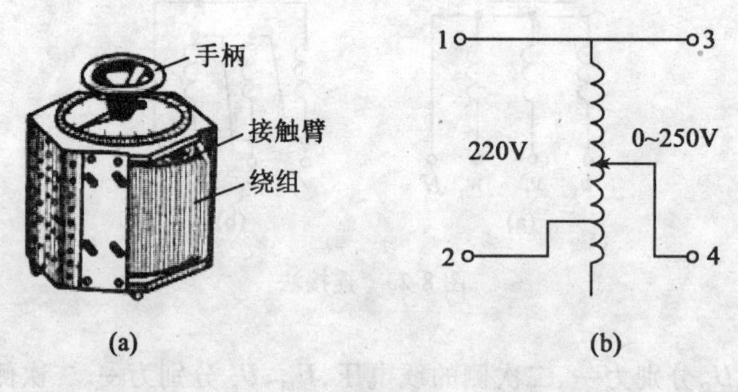

图8-25 调压器的外形和电路图

使用调压器时,首先应把手柄旋至输出电压为零的位置,然后再旋动手柄使输出电压达到所需要的数值。此外,还要注意调压器的输入、输出端不能对换使用。并且将其公共端和电源中性线相连接。

用三台单相自耦变压器可以连接成三相自耦变压器,也有专门制造的三相自耦变压器。通常都连接成星形,如图8-26所示。

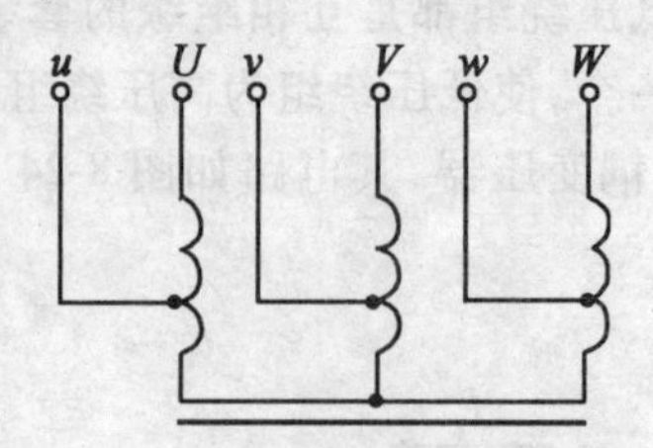

图8-26 三相自耦变压器电路图

*8.3.6 仪用互感器

互感器是专供测量等用的一种特殊用途的变压器。主要用于扩大测量仪表的量程以及使仪表与高压电路隔离,以保证仪表和工作人员的安全。按用途的不同,可以分为电压互感器和电流互感器。

电压互感器可以将高压变换为低压,因而它可以扩大仪表测量交流电压的量程。由于电压互感器的工作原理及使用注意事项(除应特别注意防止二次侧短路外)均与普通降压变压器相同,故不再赘述。下面仅对电流互感器作简单介绍。

电流互感器主要用于扩大仪表测量交流电流的量程。使用电流互感器的接线及其符号如图 8-27 所示。电流互感器一次绕组的匝数很少，有的只有一匝，串联在被测电路中。二次绕组的匝数较多，与电流表、功率表的电流线圈等串联成闭合回路。根据变压器的电流变换作用

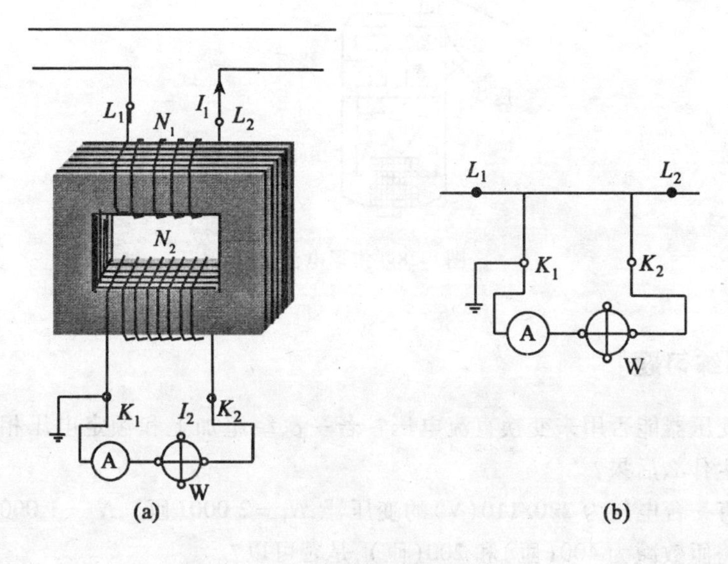

图 8-27　电流互感器

$$\frac{I_1}{I_2} \approx \frac{N_2}{N_1} = k_i$$

$$I_1 = \frac{N_2}{N_1} I_2 = k_i I_2$$

式中的 k_i 称为电流互感器的变流比。

由此可见，因 $N_2 \gg N_1$，故 $I_2 \ll I_1$，电流互感器将被测大电流 I_1 变换为小电流 I_2。I_2 可由安培计测出，I_2 乘上变流比 k_i 即为被测电流 I_1。在配好电流互感器的安培计刻度上可以直接标出被测电流值。电流互感器二次绕组的额定电流通常为 5A。

使用电流互感器时二次绕组不允许断开，因为电流互感器一次绕组中的电流 I_1 决定于被测电路，被测电路不变则 I_1 不变，所形成的磁通势 I_1N_1 不变。当二次侧接通时，I_1 在二次绕组中感应出电流 I_2，形成的磁动势 I_2N_2 与 I_1N_1 的方向几乎相反，故对 I_1N_1 起去磁作用，因而铁芯中的磁通 Φ 不大，铁芯损耗不大。但当二次绕组断开时，因 $I_2=0$，$I_2N_2=0$，而 I_1N_1 不变，故 Φ 将显著增大。这将使铁损大大增加，铁芯急剧发热。又由于二次绕组匝数多，可以感应出上千伏的高压，对工作人员和设备都带来危险。故电流互感器运行时二次侧不得开路。此外，为了安全，电压互感器与电流互感器的铁芯及二次绕组的一端都必须接地。

如图 8-28 所示的钳形电流表，是一种配有特殊形式电流互感器的电流表，电流互感器的铁芯为钳形。测量电流时先按下压块，使可动铁芯张开，将欲测电流的导线套在铁芯中间，这样该导线就是电流互感器的一次绕组，其匝数 $N_1=1$。绕在铁芯上的二次绕组与电流表串联成闭合回路，于是可以从电流表上读出被测电流值。用钳形电流表测量电流时，不用

断开电路,甚为方便。

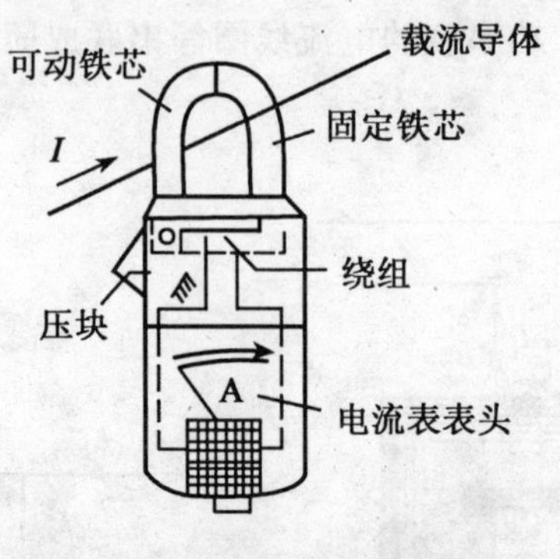

图 8-28 钳形电流表

[思考与练习题]

8.3.1 变压器能否用来变换直流电压?若一次绕组加上和额定电压相同数值的直流电压时,会产生什么后果?

8.3.2 有一台电压为220/110(V)的变压器,N_1 = 2 000(匝),N_2 = 1 000(匝)。有人为节省铜线,想将匝数减为400(匝)和200(匝),是否可以?

8.3.3 如图8-29所示是一台多绕组的电源变压器。1~2和3~4为一次绕组,额定电压均为110(V)。5~6、7~8、9~10为二次绕组,额定电压均为12(V)。试问:

(1) 当电源电压是220(V)和110(V)时,一次绕组各应如何连接?

(2) 当负载需要12(V),24(V),36(V)电压时,二次绕组各应如何连接?

(3) 能否将一次绕组的2,4两端连在一起,将1,3两端接入220(V)的电源?为什么?

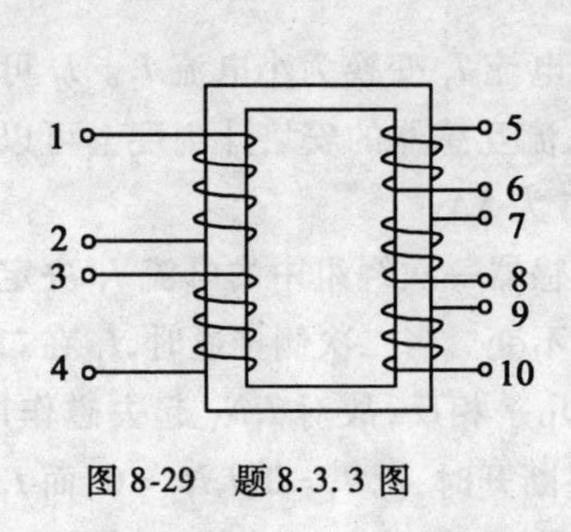

图 8-29 题 8.3.3 图

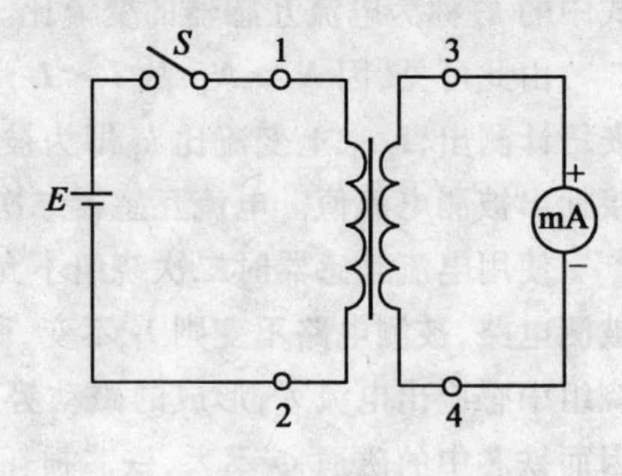

图 8-30 题 8.3.4 图

8.3.4 如图8-30所示是测定变压器绕组相对极性的一种电路。变压器的一个绕组1~2通过开关 S 和电池相连接,另一个绕组3~4与直流毫安表相连接。当开关 S 接通瞬间,如果毫安表的指针正向偏转,则1,3是同极性端,如果指针反向偏转,则1,4是同极性端,试说明其理由。

8.3.5 为了用实验方法测出变压器的损耗,通常做以下两个实验:

(1) 空载实验。将低压端加上额定电压,高压端开路,这时低压端测得的功率称为空载损耗,可以近似认为该损耗等于变压器的铁损。

(2) 短路实验。将低压端短路,高压端电压由零逐渐增加,直到低压端电流达到额定值为止,这时从高压端测得的功率,称为短路损耗,可以近似认为该损耗等于变压器的铜损。

试说明这两个实验的道理。

8.3.6　如果将自耦调压器具有滑动触头的输出端错接在电源上,会产生什么后果?

8.3.7　应如何使用大量程的钳形电流表测量导线中较小的电流?

§8.4　常用电器

8.4.1　电磁铁

电磁铁是接触器、电磁继电器的重要组成部分。电磁铁是利用电磁力操纵或牵引机械装置或零件实现某一机械动作的一种电磁器件。电磁铁在生产中的应用也极为广泛,例如可以用电磁铁对机床和起重机等的电动机进行制动(即电磁抱闸);可以在机械加工和生产中用电磁铁夹持和固定工件(如电磁卡盘),或控制变速机构(如电磁离合器),或提放钢铁材料(如电磁吸盘);也可以用于气动或液压系统中操纵各种阀门(如电磁阀)等等。

电磁铁的结构型式是多种多样的,如图 8-31 所示是常见的几种。但它们的基本结构是相同的,都是由线圈、铁芯和衔铁三个主要部分组成。工作时,线圈通入电流以产生磁场,因而线圈称为励磁线圈,通入的电流称为励磁电流。铁芯通常是固定不动的,而衔铁则是可动的。线圈通电以后,衔铁即被铁芯吸引,从而可以带动某一机构产生相应的动作,执行特定的任务。当断电时,电磁铁的吸引随即消失,衔铁即被释放。

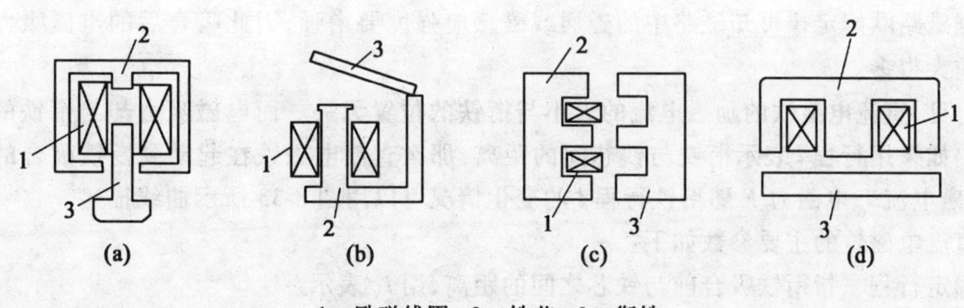

1—励磁线圈; 2—铁芯; 3—衔铁

图 8-31　常用电磁铁结构

电磁铁按励磁电流种类的不同,可以分为直流电磁铁和交流电磁铁两种。直流电磁铁和交流电磁铁的结构与工作特性各具特点,现分别介绍如下。

1. 直流电磁铁

直流电磁铁的励磁电流是恒定直流,因此,在一定的空气隙下,电流所产生的磁通也是大小和方向都不随时间变化的恒定磁通。为此,直流电磁铁的铁芯可以用整块的铸钢、软钢或工程纯铁等制成。为了加工方便,套有线圈部分的铁芯常做成圆柱形,线圈绕成圆筒形。这就是直流电磁铁的结构特点。

如图 8-32 所示为一直流电磁铁。当励磁线圈通电后,衔铁将受到电磁吸力而动作,这一电磁吸力的大小可以根据能量的转换原理求得,这里我们略去推导的过程直接写出结果。直流电磁铁电磁力的基本计算公式为

$$F = \frac{1}{2}\frac{B_0^2 A_0}{\mu_0} = \frac{10^7}{8\pi}B_0^2 A_0 \tag{8-43}$$

式中:B_0——空气隙中的磁感应强度,单位:T;

A_0——电磁铁的空气隙的总面积,单位:m^2;

F——电磁力,单位:N。

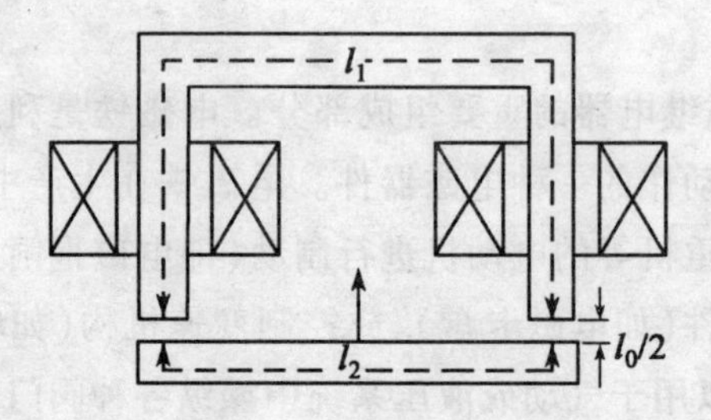

图 8-32 直流电磁铁

直流电磁铁由于是直流励磁,磁通恒定不变,因此在线圈中不会产生感应电动势,其励磁电流的大小只决定于励磁线圈上所加的直流电压 U 和励磁线圈的电阻 R 的大小,即 $I = U/R$。若不考虑过渡过程,在衔铁吸合前后,电流是不会发生变化的,所以磁动势 IN 也不会变化。但是,随着衔铁吸合,空气隙要变小,吸合后空气隙将消失,磁路的磁阻要显著减小。据磁路欧姆定律可知磁路中的磁通或磁感应强度要增强,因此吸合后的电磁吸力应比吸合前大得多。

可见,直流电磁铁的励磁电流的大小与衔铁的位置无关。而电磁吸力却与衔铁的位置有关。如果用行程 l 表示衔铁与铁芯间的距离,那么直流电磁铁在起动到衔铁吸合的过程中,励磁电流 I、电磁力 F 随衔铁行程 l 的变化情况可以用图 8-33 所示曲线描述。

直流电磁铁的主要参数如下:

额定行程　指衔铁吸合前与铁芯之间的距离,用 l_N 表示。

额定吸力　指衔铁处于额定行程时的电磁吸力,用 F_N 表示。

额定电压　指额定状态下励磁线圈的供电电压,用 U_N 表示。

2. 交流电磁铁

交流电磁铁的励磁电流是交变电流,交变电流所产生的磁场也是交变的,即磁路中的磁通 Φ 或磁感应强度 B 是随时间而交变的。因此,电磁吸力的大小也随时间而变化。设电磁铁空气隙处的磁感应强度为

$$B = B_m \sin\omega t$$

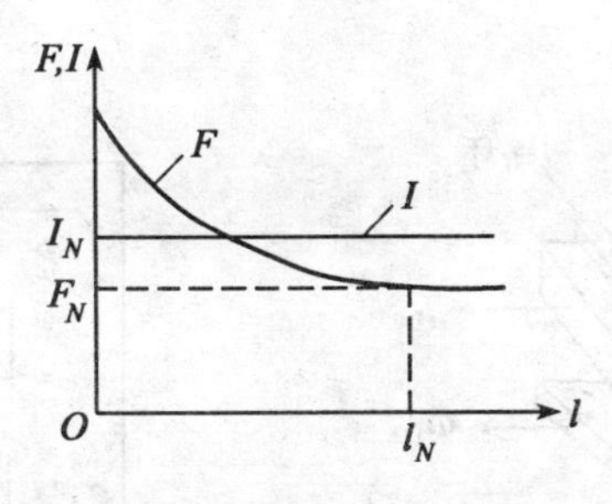

图 8-33　$I—l, F—l$ 曲线

则电磁吸力由式(8-43)可得

$$\begin{aligned} f &= \frac{10^7}{8\pi}B_m^2 A_0 \sin^2 \omega t = \frac{10^7}{8\pi}B_m^2 A_0 \left(\frac{1-\cos 2\omega t}{2}\right) \\ &= F_m\left(\frac{1-\cos 2\omega t}{2}\right) = \frac{1}{2}F_m - \frac{1}{2}F_m \cos 2\omega t \end{aligned} \tag{8-44}$$

式中，$F_m = \frac{10^7}{8\pi}B_m^2 A_0$ 为电磁吸力的最大值。

由式(8-44)可见，电磁吸力在零与最大值 F_m 之间脉动，其随时间变化的波形如图 8-34 所示。通常计算时需要的是在一个周期内的平均值，即

$$F = \frac{1}{T}\int_0^T f \mathrm{d}t = \frac{1}{2}F_m = \frac{10^7}{16\pi}B_m^2 A_0 \tag{8-45}$$

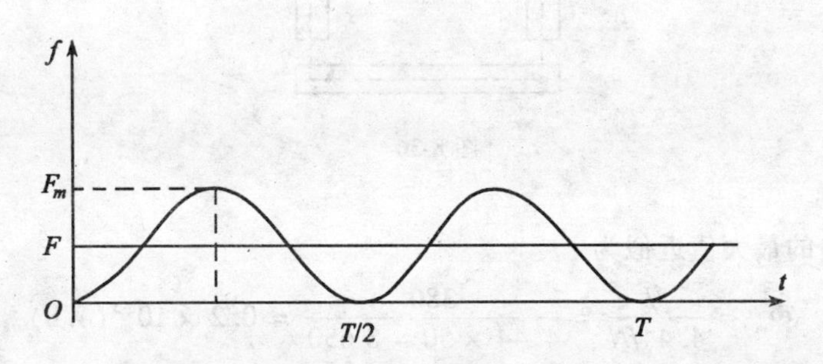

图 8-34　f-t 关系曲线

因为交流电磁铁的磁路中的磁通只与线圈的外加电压、频率及线圈匝数有关，与衔铁的位置没有什么关系。所以，在衔铁吸合过程中，电磁吸力基本上不变，这是与直流电磁铁不同的地方。

由于交流电磁吸力是脉动的，对于工频电流而言，其电磁吸力每秒钟就有 100 次为零，100 次为最大值。这样就要使衔铁振动，产生噪声，并造成机械磨损，从而降低电磁铁的使用寿命。为了消除这种现象，可以在磁极的部分端面上嵌套一个短路铜环（称为磁环），如图 8-35 所示。当交变磁通穿过短路环时，便在环中产生感应电流，以阻碍磁通的变化，使在磁极两部分磁通 Φ_1 与 Φ_2 之间产生一相位差，这样 Φ_1 和 Φ_2 就不会同时过零，所以磁极间也就不会出现吸力为零的瞬间。这就消除了衔铁的振动与噪音。

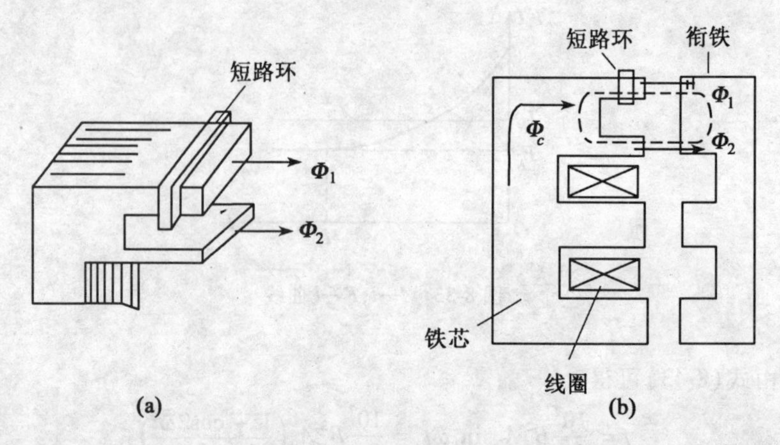

图 8-35 交流接触器的短路环

例 8.7 一交流电磁铁如图 8-36 所示。励磁线圈的额定电压 $U=380(\mathrm{V})$，频率 $f=50(\mathrm{Hz})$，匝数 $N=8\ 650$，铁芯截面积 $A=2.5(\mathrm{cm}^2)$，试求电磁铁的平均吸力。

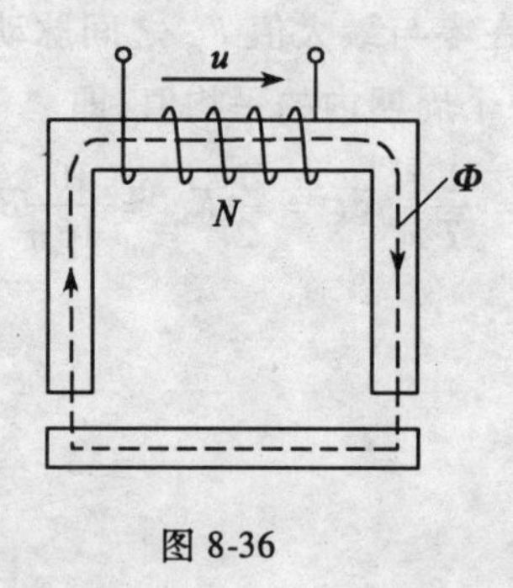

图 8-36

解 主磁通的最大值近似为

$$\Phi_m=\frac{U}{4.44fN}=\frac{380}{4.44\times 50\times 8\ 650}=0.2\times 10^{-3}(\mathrm{Wb})$$

空气隙处磁感应强度的最大值

$$B_m=\frac{\Phi_m}{A}=\frac{2\times 10^{-4}}{2.5\times 10^{-4}}=0.8(\mathrm{T})$$

电磁吸力

$$F=\frac{10^7}{16\pi}B_m^2A_0=\frac{10^7}{16\pi}\times 0.8^2\times 2.5\times 10^{-4}\times 2=63.7(\mathrm{N})。$$

8.4.2 主令电器

1. 手动控制电器

任何自动控制的生产设备，无论其自动化程度如何，都必须由生产者给予一定的指令（手动操作信号）才能进行工作，以完成规定的工艺过程。这一指令通常是通过手动控制电器来发出的，所以手动控制电器在自动控制设备中也是不可少的器件。常用的手动电器有刀开关、组合开关与按钮等。

(1)闸刀开关

闸刀开关种类很多，有单极、二极、三极三种，其中以二极和三极的闸刀开关使用最多。按接线形式分，有板前接线、板后接线等。闸刀开关适用于交流额定电压220～380V、直流电压440V、额定电流1500A及以下的低压配电装置中，作为不频繁地手动接通和分断交、直流电路或作隔离开关用。不带灭弧罩的闸刀开关只作隔离开关与接通或切断小电流的交直流电路用；带灭弧罩的闸刀开关则可以切断额定电流以下的负荷电路。闸刀开关是一种最简单和最常用的电器。一个三极闸刀开关图形符号如图8-37所示，闸刀开关的文字符号为QS。

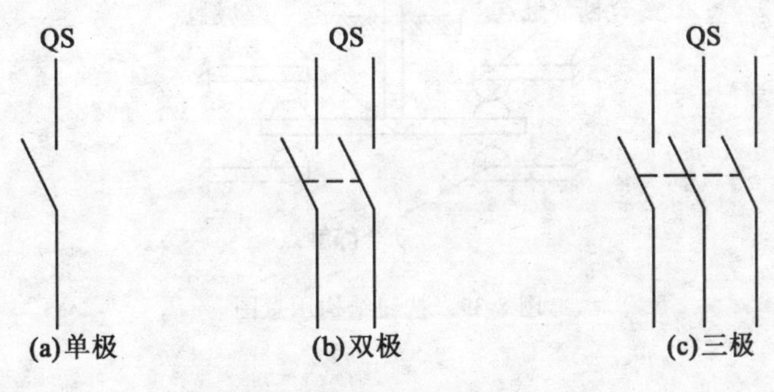

图8-37 闸刀开关示意图

(2)组合开关(转换开关)

组合开关用以接通与切断控制电器的用电，组合开关的结构紧凑，体积小，操作方便。如图8-38所示为Hz_{10}系列组合开关的结构图与接线图。

Hz_{10}系列组合开关有若干对动触片与静触片。静触片与静触片之间均隔以绝缘材料，装在胶木盒内。其结构由若干单线旋转开关叠成，用公共轴的转动使各对静、动触点闭合或断开。

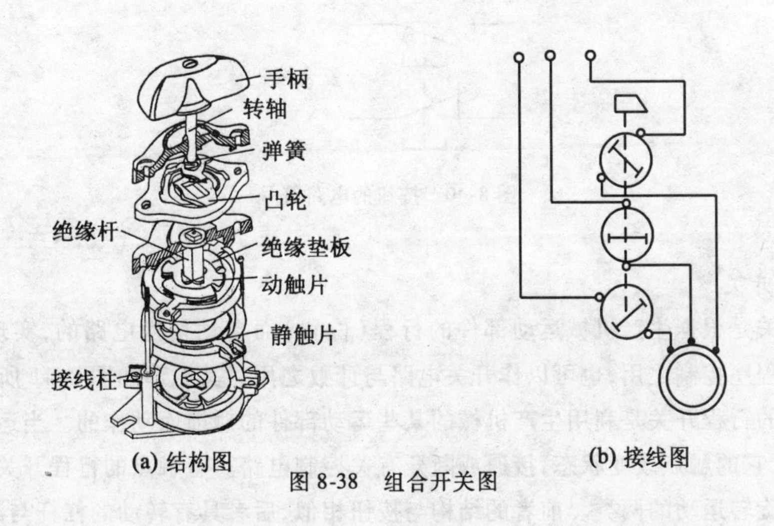

图8-38 组合开关图

Hz_{10}系列组合开关有单极、双极、三极与四极几种，通过的额定电流有 13A、25A、60A、130A 几种。

Hz_{10}系列组合开关可用于电动机主电路、控制电路及电磁阀的接通与断开。

(3)按钮

按钮也是一种手动控制电器，用于远距离操作接触器、继电器或用于控制电路发布指令及电气连锁。图 8-39 是按钮的结构示意图。

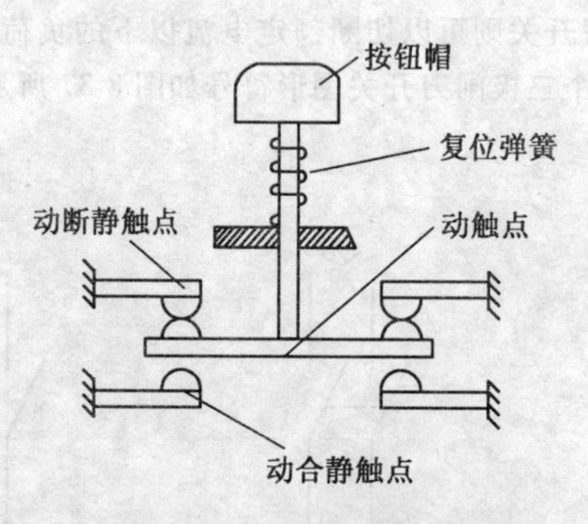

图 8-39　按钮结构示意图

按钮有两类触点，即动合触点和动断触点。按钮的文字符号为 SB，其电路图形符号见图 8-40，按钮的选择主要根据使用场合、触点的数目、种类以及按钮的颜色。一般地说，停止按钮用红色，看起来醒目，以免误操作。

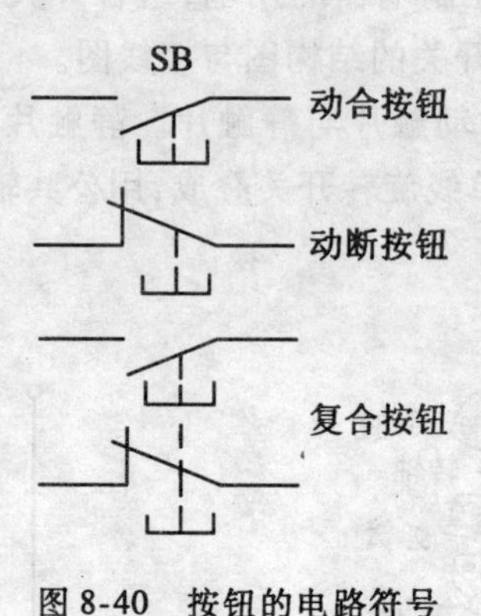

图 8-40　按钮的电路符号

2. 行程开关

行程开关是根据生产机械运动部件的行程(位置)而自动切换电路的，实现行程控制、限位保护或程序控制之用，也可以作开关电路与计数之用。其原理如图 8-41 所示。

有触点的行程开关是利用生产机械的某些运动部件的碰撞而动作的。当运动部件撞到行程开关时，它的触点改变状态，接通或断开有关控制电路。有触点的行程开关可以分为直线运动的与旋转运动的两类。前者的结构与按钮相似，后者具有转动的杠杆与滚轮。

行程开关的触点有动合触点与动断触点两种。其文字符号为ST,电路图形符号如图8-42所示。通常一个行程开关同时具有这两种触点,当运动部件撞到行程开关时,动合触点闭合,动断触点断开。

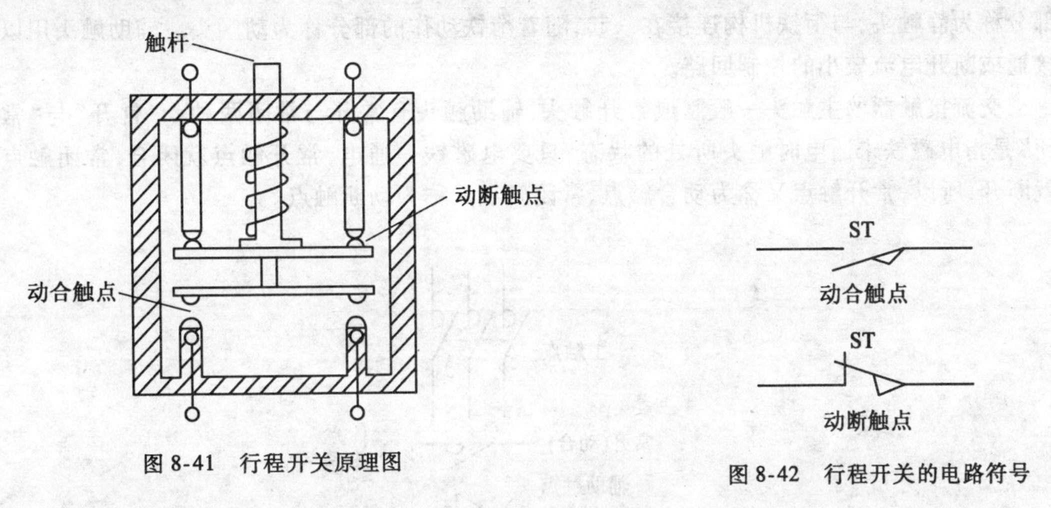

图8-41 行程开关原理图

图8-42 行程开关的电路符号

除了机械型的行程开关以外,近年来无触点接近开关在工业中也得到大量的应用。接近开关又称为无触点行程开关,是以不直接接触方式进行控制的一种位置开关。该开关不仅能代替有触点行程开关来完成行程控制和限位保护,还可以用于高速计数、测速、检测零件尺寸等。而且具有工作稳定可靠、寿命长、重复定位精度高以及能适应恶劣工作环境等优点。

8.4.3 交流接触器

交流接触器是利用电磁吸力的原理工作的,是用以接通或切断交流电动机或大容量控制电路的自动化电器。交流接触器主要由电磁机构与触点(头)系统组成,其结构原理如图8-43所示。

交流接触器的电磁机构包括线圈、铁芯与衔铁。当线圈接上交流电源时,铁芯磁化,吸合衔铁,与衔铁连接在一起的触点系统动作。

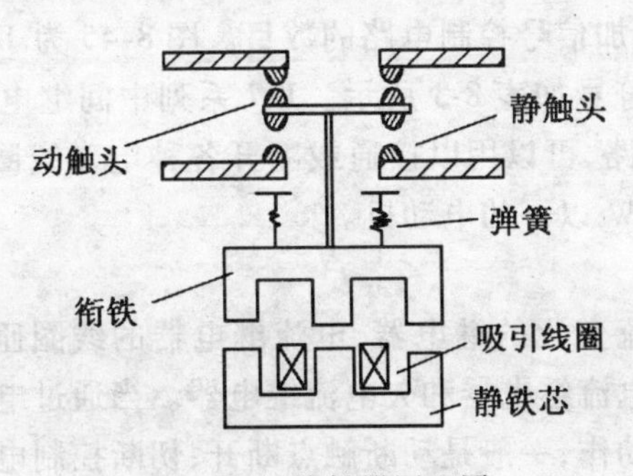

图8-43 接触器原理图

触点又称触头,触点是接触器用以分断与闭合电路用的执行部分。接触器的触头分主触头和辅助触头两种。其文字符号为KM,电路图形符号如图8-44所示。主触头用以接通或断开电动机、电炉等设备所在的主回路。交流接触器的主触头一般三对,触点固定不动的部分称为静触头,与衔铁机构连接在一起,随着衔铁动作的部分称为动触头。辅助触头用以接通或断开电流较小的控制回路。

交流接触器的主触头一般制成常开触头,辅助触头有常开与常闭两种。"常开"与"常闭"是指电磁铁未通电时触头所处的状态,只要电磁铁一通电,常开触点就闭合,常闭触点就断开,所以,常开触点又称为动合触点,常闭触点又称为动断触点。

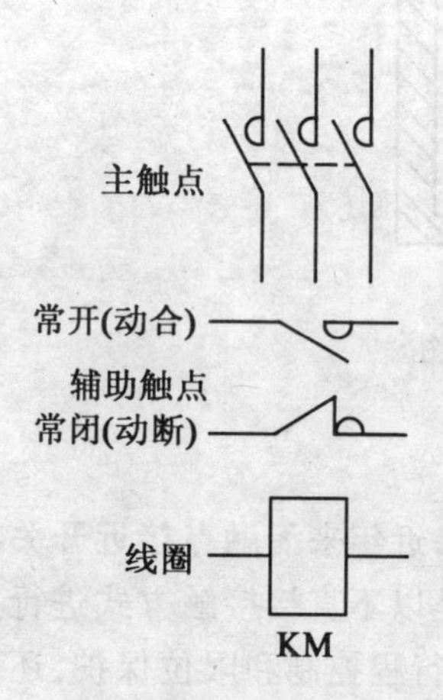

图8-44 接触器的电路符号

8.4.4 继电器

继电器是一种根据电量(如电压、电流)或非电量(如时间、转速、温度、压力等)的变化,接通或断开控制电路,用以自动控制与保护电气传动装置的电器。控制继电器动作的参量称为信号。继电器的种类很多,本书只介绍电气传动自动控制系统中常用的几种继电器的构造、动作原理与特性。

1. 中间继电器

中间继电器是一种中间传递信号的电磁继电器,可以用于信号放大元件或将一个信号变成多个输出信号,从而增加信号控制电路的数目。图8-45为JZ7型中间继电器的外形与原理结构图,其电路、文字符号如表8-3所示。JZ7系列中间继电器适用于交流50Hz,电压500V,电流为5A的控制电路,可以用以接通或断开各种电磁线圈(如接触器、继电器、电磁阀的线圈),也可以控制1kW以下的电动机。

2. 电流继电器

电流继电器是反映电流变化的继电器,电流继电器的线圈匝数少而线径粗,与负载串联。电流继电器主要有过电流继电器和欠电流继电器。当通过电流继电器的负载电流超过整定值时,衔铁吸合,触点动作,一般是动断触点断开,切断控制电路,用做电机、变压器与输电线路的过载及短路保护,这种电流继电器称为过电流继电器。当通过电流继电器的电流为正常值时,衔铁吸合,当电流低于整定值时,衔铁便释放的继电器称为欠电流继电器。

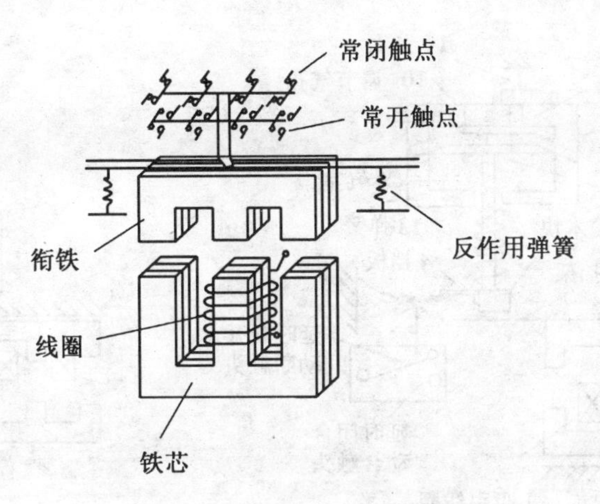

图8-45 中间继电器原理图

3. 时间继电器

在自动控制电路中,时间继电器用来建立所需要的延迟时间。时间继电器的种类很多,如空气式、电磁式、电动机式与电子式等。在由继电器、接触器组成的继电接触控制电路中,以空气式时间继电器用得较多,有些设备也用到电磁式、电动机式与电子式的时间继电器,其中电动机式时间继电器的延时可达很长(由数分钟到数小时),但价格较贵;电磁式时间继电器的结构简单,价格也较便宜,但延时较短,体积和重量较大。这里,我们只介绍空气式时间继电器。

空气阻尼式时间继电器是利用空气阻尼来获得延时动作的,可分为通电延时型和断电延时型两种。

通电延时型继电器的原理结构图如图8-46(a)所示。它由一个中间继电器加上由气室和伞形活塞等构成的延时结构组成,伞形活塞将气室分成上下两气室。当吸引线圈1通电后,衔铁2被铁芯5吸住,这时胶木块11和挡架12脱开(平时弹簧3将挡架12拉住,使挡架12和胶木块11紧贴着)。挡架脱离后,伞形活塞7在弹簧13的作用下往下移动。活塞下移,造成活塞下面的气室6里的空气受压缩,使橡皮膜8鼓起,活塞受到下面空气的压力不能迅速下移。待空气自进气孔10进入上气室后,使活塞上下气压压力差逐渐减小,活塞才能逐渐下移,当活塞下移到一定位置,挡板4将动断触点断开,使动合触点闭合。

活塞从线圈通电到从上面移到下面所需要的时间称为时间继电器的延时,通过调节螺钉调节气孔10的大小,就可以调节延时的时间。这种类型的时间继电器叫做通电延时型时间继电器。

当吸引线圈1断电以后,在弹簧3的作用下,活塞上移,活塞上部空气的压力加大致使出气孔9被冲开,空气逸出,活塞回到原位。

如果将图8-46(a)中的电磁系统旋转180°,就可得到断电延时型时间继电器,如图8-46(b)所示。

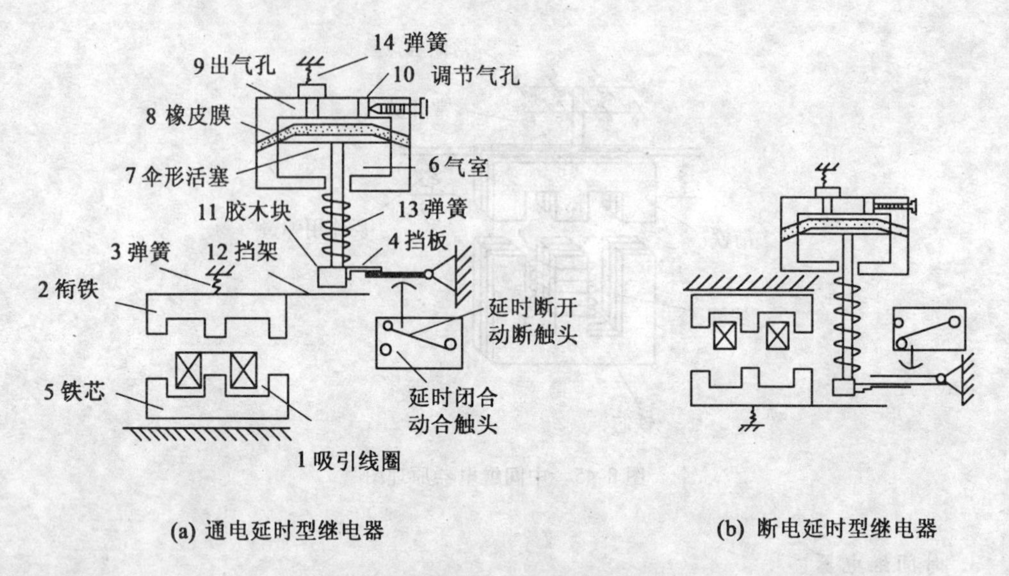

(a) 通电延时型继电器

(b) 断电延时型继电器

图 8-46 时间继电器的原理结构图

延时闭合的动合触点是指时间继电器线圈通电后，经一段时间才闭合的触点；延时断开的动断触点是指时间继电器线圈通电后，经一段时间才断开的触点；延时断开的动合触点是指时间继电器线圈通电后，立即闭合，而线圈断电后要延时一段时间才断开的触点；延时闭合的动断触点是指时间继电器线圈通电后，立即断开，而线圈断电后要延时一段时间才闭合的触点。

时间继电器的文字符号为 KT，电路图形符号如图 8-47 所示。

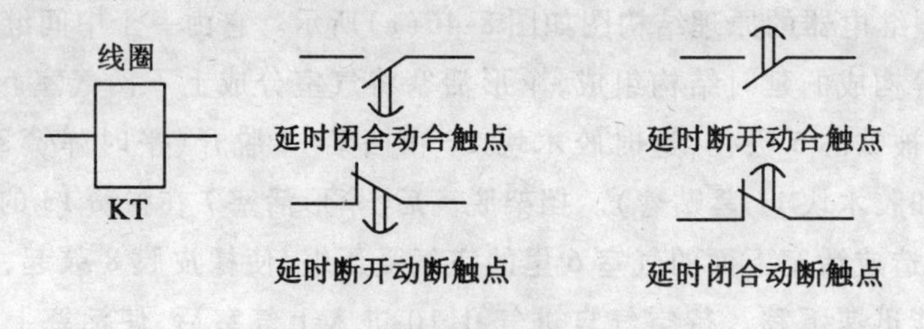

图 8-47 时间继电器的电路符号

4. 热继电器

热过载继电器是一种过电流继电器，具有动作时间随电流的增加而减小的反时限保护特性，广泛用于电动机及其电气设备的过载保护。热继电器常用双金属片式，其工作原理如图 8-48 所示，文字符号为 FR，电路符号如图 8-49 所示。

双金属片是用两种不同线膨胀系数的金属片以机械辗压方式，使之紧密粘合在一起的材料制成的，一端被固定，另一端为自由端。热元件串联于被保护的负载电路中，其中通过负载电流而发热，双金属片被热元件加热而弯曲。当热元件中流过的电流为过载电流时，经过一定时间，双金属片温度逐渐升高，弯曲加大，其自由端推动导致离开动触点，则动触点在弹簧力作用下,迅速断开控制电路,再经其他电器断开负载电路,使电动机等电气设备得到过载保护。

热继电器的主要技术数据是整定电流。所谓整定电流,就是热元件通过的电流超过该值的20%时,热继电器应当在20min内动作。整定电流与电动机的额定电流一致。

固态继电器的输入端只需较小的电压和电流(几伏电压和十几毫安电流)就可以切换几安培甚至上百安培的电流。而且与晶体管、TTL、CMOS电子电路有较好的兼容性,可以直接与弱电控制系统如计算机接口电路连接。

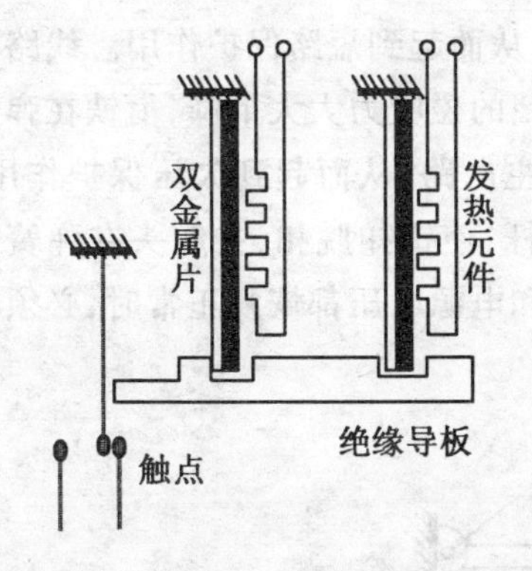

图 8-48　双金属片热过载继电器工作原理图

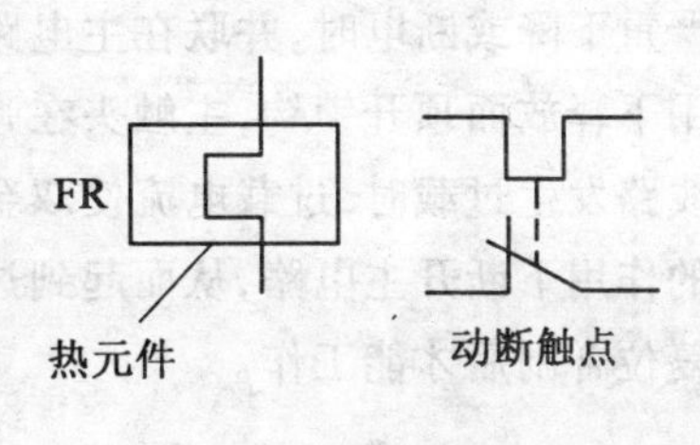

图 8-49　热继电器电路符号

8.4.5　熔断器和断路器

1. 熔断器

熔断器是最简单且有效的电路短路保护装置。主要由熔丝或熔片(俗称保险丝)和固定熔丝的绝缘管或绝缘座所组成。熔断器中的熔丝或熔片用电阻率较高的低熔点合金组成,如铅锡合金等。熔断器在使用时串联在被保护的电路中,电路正常工作时,熔丝不熔断。当电路发生短路故障时,熔丝(片)立即熔断,起到对电路的保护作用。

应当注意,熔断器只对电路短路故障有保护作用,而对电路过载无保护作用。这是因为短路电流非常大,瞬时即将熔丝熔断。对于电路过载情况,熔断器的保护作用就不可靠了。因为在电路过载时,虽然电流比正常工作时的电流要大一些,但熔丝熔断所花的时间也要长一些,如果熔丝额定电流选得较大,过载电流可能根本就不能令熔丝熔断,其后果往往使得电器烧毁而得不到保护,所以一般只用熔断器作短路保护。

常用的熔断器种类很多,在工业上应用的主要有陶瓷插拔式熔断器、陶瓷螺旋式熔断器和有填料管式熔断器,熔断器的电路符号如表8-3所示,其文字符号为FU。

为使熔断器真正起到保险的作用,必须正确选择熔丝的额定电流。一般来讲,在照明、电热设备电路中,熔丝的额定电流 I_{RN} 必须等于或稍大于全部用电器的额定电流之和 I_N,即

$$I_{RN} \geqslant I_N$$

对于一台电动机,可按下式估算

$$I_{RN} \geqslant \frac{I_{st}}{1.5 \sim 2.5}$$

这里的 I_{st} 为电动机的起动电流。

2. 低压断路器

低压断路器也称为自动空气开关，简称空气开关，是低压开关中性能最完善的电器，低压断路器不仅可以接通、切断负荷电流，也能在电路出现短路、过载和欠电压与失电压时自动跳闸实现保护。低压断路器的原理结构如图 8-50 所示。主触头通常是由手动的操作机构来闭合的。在正常情况下，欠电压脱扣器的衔铁是吸住的，主触头才得以闭合。电路发生短路故障时，串接在主电路中的电流继电器的过电流脱扣器线圈产生较强的磁力，把衔铁往上吸而顶开锁钩；主触头在弹簧拉力的作用下断开主电路，从而起到短路保护作用。线路电压严重下降或断电时，并联在主电路上的欠电压脱扣器线圈的磁吸力大大下降，衔铁在弹簧作用下释放而顶开锁钩，主触头在弹簧拉力的作用下断开主电路，从而起到欠压保护作用。当线路发生过载时，过载电流使双金属片受热弯曲撞击杠杆，使锁扣脱扣，主触头在弹簧拉力的作用下断开主电路，从而起到过载保护作用。当电路和电源电压都恢复正常时，必须重新复位合闸后才能工作。

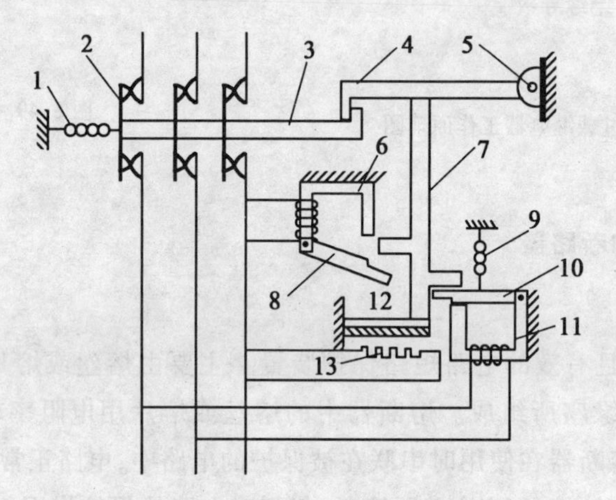

1,9—弹簧；2—触点；3—锁键；4—搭钩；5—轴；
6—过电流脱扣器；7—杠杆；8,10—衔铁；
11—欠电压脱扣器；12—双金属片；13—发热元件

图 8-50 低压断路器的原理结构图

断路器应用广泛，与刀开关和熔断器的组合相比，具有结构紧凑，安装方便，操作安全等特点。脱扣器可以重复使用，不必更换。现在工业和民用工程领域，断路器正逐渐取代刀开关和熔断器组合结构。

以上所介绍的各种常用电器将在继电接触器系统中得到广泛使用，虽然控制电器的种类很多，但按照操作方式可以分为手动和自动两大类。手动控制电器是由操作者直接操作的，如刀开关、组合开关以及按钮等。自动控制电器不是由操作者直接操作，而是按照电压、电流或其他物理量的变化情况自动动作的，如各种继电器、接触器、断路器、行程开关等。

表 8-3给出了我们前面学到过的常用电动机、电器的电路图形符号。

表8-3　　常用电机、电器的图形

名　称	符　号	名　称		符　号
三相鼠笼式异步电动机	M 3~	按钮接触点（SB）	常　开	
			常　闭	
三相绕线式异步电动机	M 3~	接触器吸引线圈 继电器吸引线圈		
直流电动机	$\underline{M}$	接触器触点（KM）	常　开	
			常　闭	
单相变压器		时间继电器触点（KT）	常开延时闭合	
			常闭延时断开	
三级开关			常开延时断开	
			常闭延时闭合	
熔断器（FU）		行程开关触点（ST）	常　开	
			常　闭	
信号灯		热继电器（FR）	常闭触点	
			热元件	

习　题　8

8.1　如图 8-51 所示磁路，已知铁芯的平均长度 $l=100$(cm)，铁芯各处截面积相等且 $A=10(\mathrm{cm}^2)$，空气隙长度 $l_0=1$(cm)。当磁路中磁通 $\Phi=0.0012$(Wb)时，铁芯中磁场强度 $H=0.6\times10^3$(A/m)，试求铁芯和空气隙部分的磁阻、磁压降及励磁线圈的磁动势。

8.2　有一线圈，其匝数 $N=1\ 500$(匝)，绕在铸钢制成的闭合铁芯上，铁芯的截面积 $A=10(\mathrm{cm}^2)$，铁芯的平均长度 $l=75$(cm)。

(1)如果要在铁芯中产生磁通 $\Phi=0.001(\mathrm{Wb})$,试计算线圈中应通入多大的直流电流。

(2)若线圈中通入的电流为 2.5(A),试问铁芯中的磁通 Φ 为多少?

8.3 由硅钢片叠成的铁芯,铸钢做的衔铁和空气隙三部分组成磁路的直流电磁铁如图 8-52 所示,各部分尺寸(以厘米计)见图 8-52。今需要在空气隙中产生磁通 $\Phi_0=0.06(\mathrm{Wb})$,若线圈匝数 $N=1\ 625$(匝),试求线圈中需要的电流 I 及电磁吸力 F。

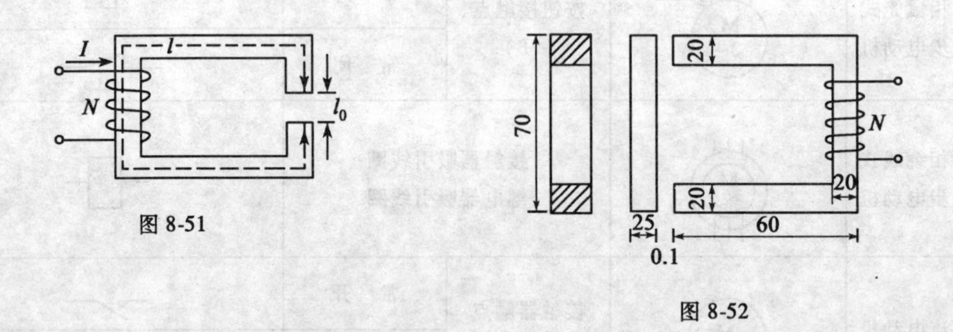

图 8-51

图 8-52

8.4 如图 8-53 所示的直流电磁铁由半圆形铁芯、励磁绕组和衔铁构成,铁芯和衔铁都由铸钢制成。铁芯和衔铁的平均长度 $l_1=36(\mathrm{cm})$,$l_2=26(\mathrm{cm})$,铁芯和衔铁的截面积 $A_1=10(\mathrm{cm}^2)$,$A_2=12(\mathrm{cm}^2)$,若在绕组中通入电流后要求产生磁通 $\Phi=1\times10^{-3}(\mathrm{Wb})$。试求:

(1)当空气隙 $l_0=0$,励磁电流 $I=2(\mathrm{A})$时,励磁绕组的匝数 N 为多少?

(2)保持 $I=2(\mathrm{A})$,当 $l_0=0.1(\mathrm{mm})$和 10(mm)时,为了使磁通维持原值,绕组匝数各应为多少?

(3)当 $l_0=0.1(\mathrm{mm})$和 10(mm)时,若绕组匝数不变,磁通维持为原值,则励磁电流应各为多少?

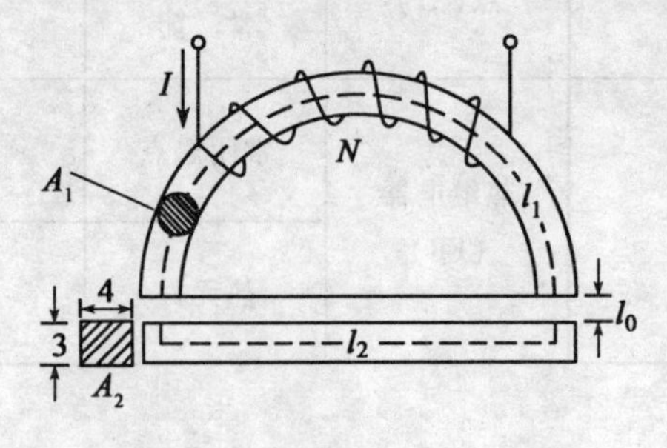

图 8-53

8.5 为了求出铁芯线圈的铁损,先将该线圈接在直流电源上,从而测得线圈的电阻为 1.75(Ω),然后接在交流电源上,测得电压 $U=120(\mathrm{V})$,功率 $P=70(\mathrm{W})$,电流 $I=2(\mathrm{A})$,试求铁损和线圈功率因数。

8.6 有一交流铁芯线圈接在电压 $U=220(\mathrm{V})$,$f=50(\mathrm{Hz})$的正弦交流电源上,线圈的匝数 $N=733$(匝),铁芯截面积 $A=13(\mathrm{cm}^2)$。试求:

(1)铁芯中磁感应强度最大值 B_m。

(2)若在该铁芯上再绕一个线圈,其匝数为60(匝),当该线圈开路时,其两端电压为多少?

8.7　一台单相小容量变压器一次绕组匝数为733(匝),二次绕组匝数为60(匝),铁芯截面积为13(cm^2),输入端电压为220(V),频率为50(Hz)。试求:

(1)变比 k 及输出端电压 U_2。

(2)铁芯中磁感应强度的最大值 B_m。

8.8　如图8-54所示是测定变压器绕组极性的一种电路,将两个绕组的2和4端连接在一起,在绕组1、2两端加交流电压 U_1。今用交流电压表测得1、2之间的电压 $U_1=220$(V),3、4之间的电压 $U_2=110$(V),1、3之间的电压 $U_3=110$(V),试根据这三个电压之间的数值关系确定绕组的同极性端。

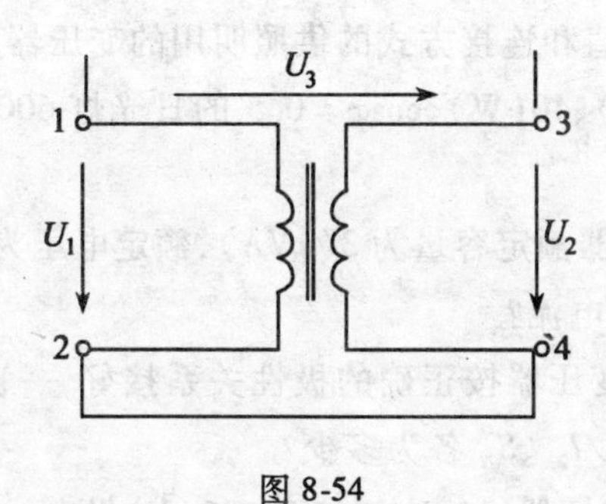

图 8-54

8.9　一台单相变压器一次绕组匝数 $N_1=460$(匝),接于220(V)电源上,空载电流略去不计。现二次侧需要三个电压,$U_{21}=110$(V),$U_{23}=36$(V),$U_{23}=6.3$(V),电流分别为 $I_{21}=0.2$(A),$I_{22}=0.5$(A),$I_{23}=1$(A),负载均为电阻性。试求:

(1)二次绕组匝数 N_{21}、N_{22}、N_{23}各为多少?

(2)变压器一次侧电流是多少?其容量至少应为多少?

8.10　有一台单相照明变压器,容量为10(kVA),电压为3300/220(V),要求变压器在额定情况下运行。试问:

(1)在二次侧可以接多少盏40(W),220(V)的白炽灯。

(2)可以接40(W),220(V),$\cos\varphi=0.5$ 的日光灯多少盏(每盏灯附带的镇流器功率损耗为8W)?

8.11 一台单相变压器额定容量为1(kVA),一次绕组额定电压为220(V),二次绕组额定电压为110(V),额定效率为0.94,当二次侧接11.7(Ω)的负载电阻时,二次侧电流为额定值。试求:

(1)变比及一、二次绕组的额定电流。

(2)额定负载时二次侧输出功率、一次侧输入功率和电压变化率。

8.12　一扩音机的输出变压器,一次绕组匝数 $N_1=300$(匝),二次绕组匝数 $N_2=90$(匝),二次侧接阻抗为16(Ω)的扬声器。今二次侧改接阻抗为8(Ω)的扬声器,要求一次侧的等效阻抗保持不变，试问这时二次绕组匝数 N_2 应为多少？

8.13 设图 8-55 中的输出变压器为理想变压器，其变比 $k=5$，一次侧电流 $i_1=105+100\sin\omega t(\mathrm{mA})$，负载电阻 $R_L=10(\Omega)$，试求负载所获得的功率。

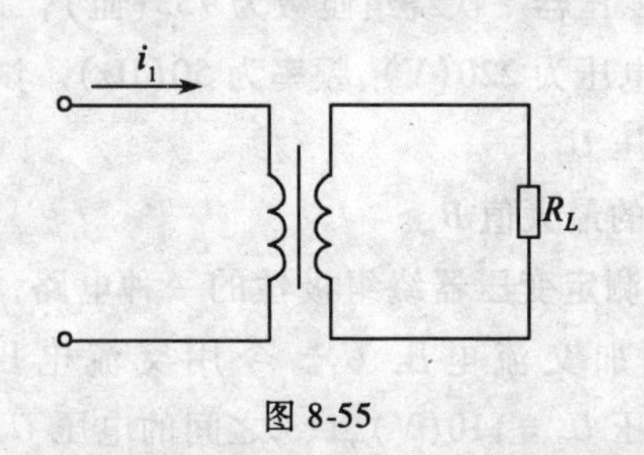

图 8-55

8.14 某建筑物原设计安装 220(V)、100(W) 的白炽灯 300(盏)，高压供电线为 10(kV)，应选用什么样额定值和连接方式的供照明用的变压器？

若设计改为安装 220(V)、40(W)、$\cos\varphi=0.5$ 的日光灯 600(盏)，又应选用何种规格供照明用的变压器？

8.15 一台试验用变压器额定容量为 3(kVA)，额定电压为 220/110(V)。试求：

(1)一、二次绕组的额定电流？

(2)如果把两台这样的变压器按正确的极性关系接好，一次侧串联，二次侧并联，该变压器组的额定值 U_{1N}/U_{2N}、I_{1N}/I_{2N}、S_N 各为多少？

8.16 若将题 8.15 的变压器组一次侧接到 380(V)供电线上，空载时二次侧电压 U_{20} 各为多少？此时允许输出的最大视在功率是多少？

第 9 章　交流电动机

把电能转换成机械能的电机，称为电动机。电动机是现代工农业生产机械的重要动力设备，而异步电动机又几乎占整个动力设备的 80%。可见，异步电动机的应用极为广泛。为此，本章将重点对三相异步电动机的工作原理及其使用作详细介绍。

§9.1　异步电动机的构造

异步电动机主要由静止部分和转动部分组成，静止部分称为定子，转动部分称为转子，这两部分之间由空气隙隔开。如图 9-1 所示。

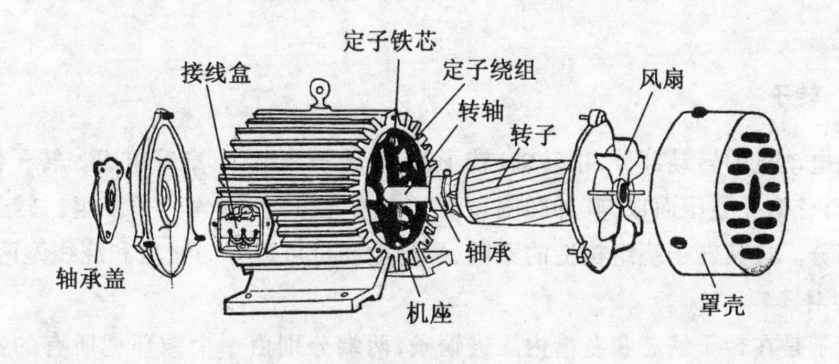

图 9-1　三相异步电动机的构造图

9.1.1　定子

定子由机座、铁芯和绕组三部分组成，机座是电动机的支架，一般用铸铁或铸钢制成。定子是电动机磁路的一部分，为了减少铁损，定子铁芯一般由厚 0.5mm 且彼此绝缘的硅钢片叠压而成。铁芯内圆周表面冲有槽孔，用以嵌置定子绕组。定子电路部分由若干线圈连接而成，习惯上称之为绕组，线圈按照要求连成三组，每组称为一相，三相绕组在空间对称分布。每相有两个出线端，三相绕组共有六个出线端，通常将它们接在机座上的接线盒内。根据我国相关标准规定，用符号 U_1、V_1 和 W_1 表示三个首端，用 U_2、V_2 和 W_2 表示三个尾（末）端，且 U_1 与 U_2、V_1 与 V_2、W_1 与 W_2 分别为一相绕组的两个端子。出线端在接线盒上的布置如图 9-2(b) 所示。根据电源电压和电动机的额定电压可以把三相绕组接成星形或三角形。如图 9-2(c) 所示。

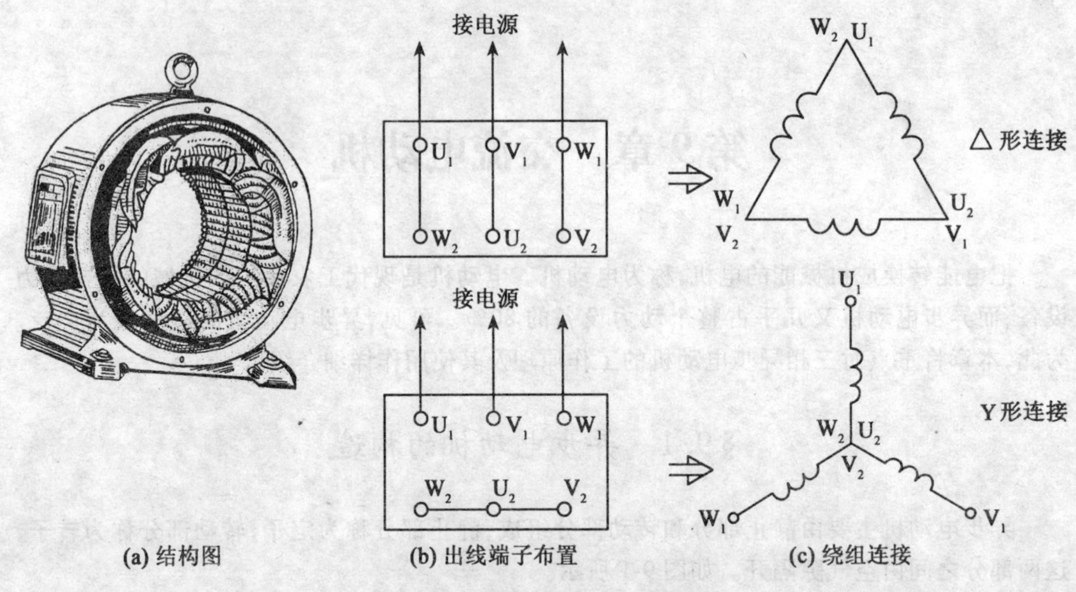

(a) 结构图 (b) 出线端子布置 (c) 绕组连接

图 9-2 定子及其绕组接线图

9.1.2 转子

转子是电动机的转动部分,由转轴、转子铁芯、转子绕组、风扇等组成。转子铁芯是一个圆柱体,也由硅钢片叠压而成,其外圆围表面冲有槽孔,以便嵌置转子绕组。转子绕组是转子的电路部分。按其转子绕组构造的不同,异步电动机可以分为笼型和绕线型两种。

1. 笼型转子

笼型转子是在转子铁芯和各槽内压进铜条,两端分别由一个铜环把所有的铜条全部接在一起,形成一个短路回路。假想去掉铁芯,绕组的形状就像一个鼠笼,故笼型电动机因此得名,如图 9-3(a)所示。

为了节省铜材,简化制造工艺,中、小型电动机一般采用铸铝转子,如图 9-3(c)所示。

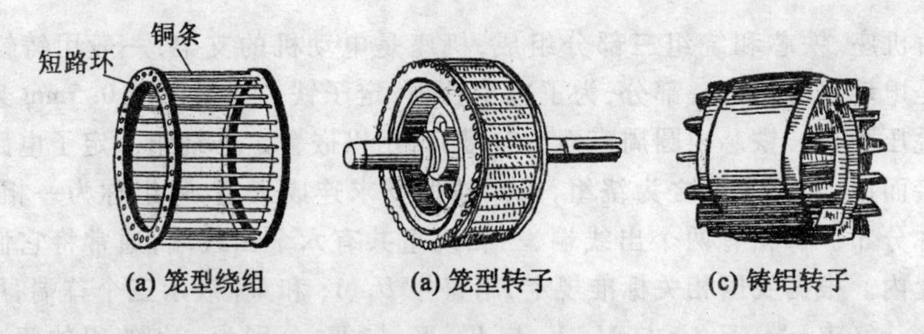

(a) 笼型绕组 (a) 笼型转子 (c) 铸铝转子

图 9-3 笼型电动机的转子

2. 绕线型转子

绕线型转子绕组的构造与定子绕组类似,也是先用绝缘导体制成线圈,再一个一个地嵌入转子槽中,然后按一定规律连成三相绕组。将三相绕组接成星形,其三个首端接到固定在转轴上的三个互相绝缘的集电环上,再经一套电刷引出,以便在转子电路中接入附加电阻,而改善电动机的性能。图 9-4 为绕线型异步电动机转子结构,这些集电环又称滑环,它们和轴之间互相绝缘。绕线型电动机结构比较复杂,成本比笼型电动机高,但这类电动机具有较好的性能,所以一般在有特殊要求的场合多采用绕线型电动机。

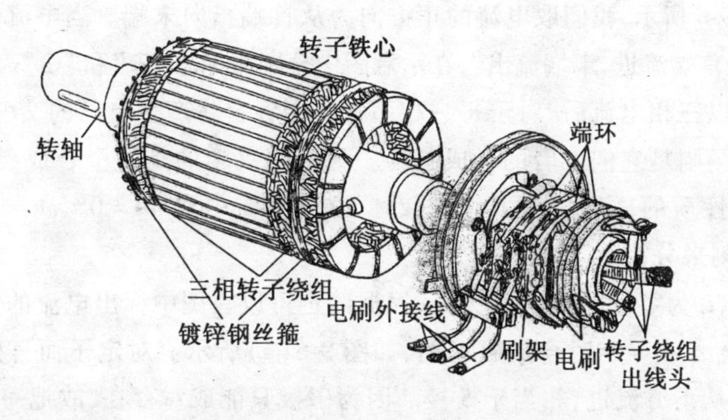

图 9-4　绕线型异步电动机转子结构

§9.2　三相异步电动机的工作原理

三相异步电动机是根据三相电流的旋转磁场和电磁感应原理而工作的,故也常称之为感应电动机。因此,我们先介绍三相交流电的旋转磁场。

9.2.1　旋转磁场

1. 旋转磁场的产生

为了便于分析,我们把分布在定子内圆周上的三相绕组用三个相同的单匝线圈来代替,如图 9-5 所示。

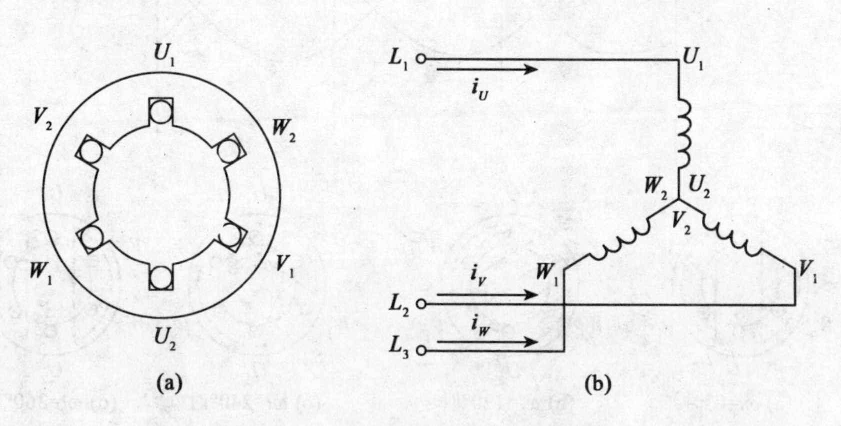

图 9-5　定子绕组示意图和接线图

三相绕组 U_1U_2、V_1V_2、W_1W_2 在空间互差 120°。若将 U_2、V_2、W_2 接于一点，U_1、V_1、W_1 分别接到三相电源上，于是在三相绕组中便有三相交流电流通入，即

$$i_U = I_m \sin\omega t$$

$$i_V = I_m \sin(\omega t - 120°)$$

$$i_W = I_m \sin(\omega t - 240°) = I_m \sin(\omega t + 120°)$$

它们的波形如图 9-6 所示，我们取电流的正方向为从首端指向末端。当电流为正时电流从首端流向末端，即从首端流进，末端流出。在示意图中分别用标志"⊕"和"⊙"表示流进和流出。

三相绕组通以三相电流后，对于每一相而言它们各自将产生自己的交变磁场，但对于整个定子空间的磁场则是它们三者的合成磁场。我们感兴趣的是这个合成磁场，且关心的是该磁场是个怎样性质的磁场。为了便于叙述，在图 9-6 中取 $\omega t = 0°$、$\omega t = 120°$、$\omega t = 240°$、$\omega t = 360°$几个时刻来分析。

当 $\omega t = 0°$时，i_U为零，i_V 为负，i_W 为正，根据约定可以在图中标出电流的方向。根据右手螺旋定则，可以绘出 $\omega t = 0°$时合成磁场图，如图 9-6(a)所示。对定子而言磁力线从上方流出，相当于 N 极，从下方流进，相当于 S 极。因为磁极只能成对存在，故把一个 N 极和一个 S 极叫做一对极，常用 p 来表示磁极对数。可见上述这种绕组的布置方式产生的是两极磁场，即磁极对数 $p = 1$。

当 $\omega t = 120°$时，i_U 为正，i_V 为零，i_W 为负，于是可以标出电流的方向，且绘出 $\omega t = 120°$时的合成磁场图。如图 9-6(b)所示，与图 9-6(a)比较，磁场轴线在空间按顺时针方向转过了 120°。同理可以绘出 $\omega t = 240°$和 $\omega t = 360°$时的合成磁场，如图 9-6(c)、(d)所示。

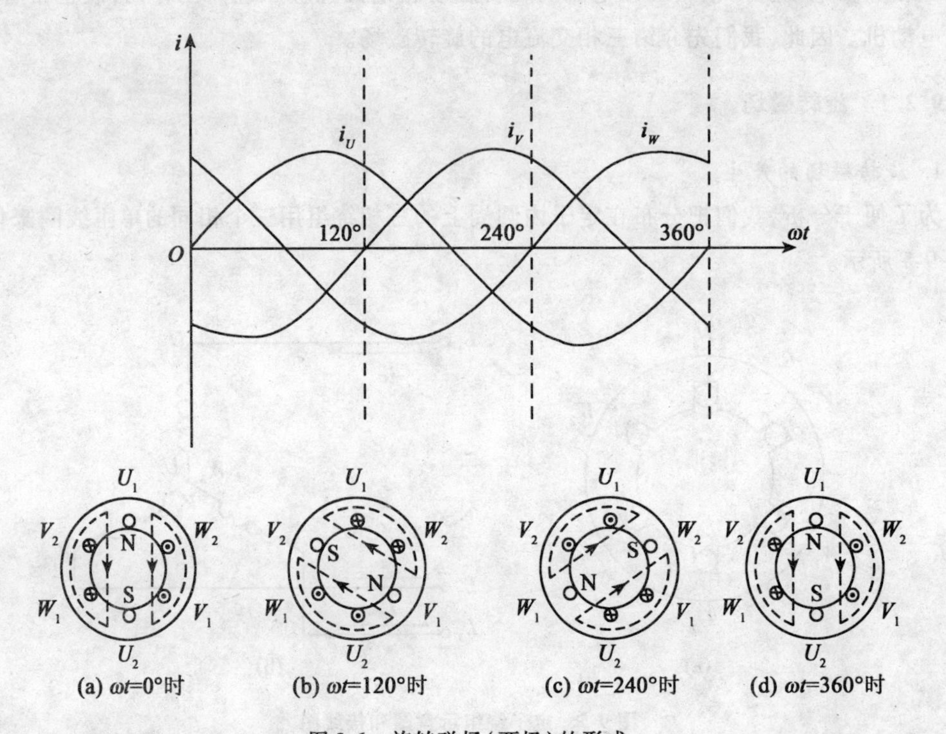

图 9-6 旋转磁场(两极)的形成

由上述可知,当定子绕组中通入三相电流后,它们共同产生的合成磁场是随电流的交变而在空间不断旋转的,这就是旋转磁场。

以上介绍的是 $p=1$ 的旋转磁场,旋转磁场的极对数和三相绕组的安排有关。$p=1$ 的线圈安排情况是每相绕组只有一个线圈,绕组的首端之间互差120°空间角。如果将定子每相绕组安排成由两个线圈串联而成,且绕组的首端之间互差60°的空间角,则将产生的旋转具有两对极,即 $p=2$,如图9-7所示。

同理,如果要产生三对极(或更多对极),则每相绕组必须均匀安放 p 个相串联的线圈,且相邻首端之间差 $\alpha=\frac{120°}{p}$ 空间角。

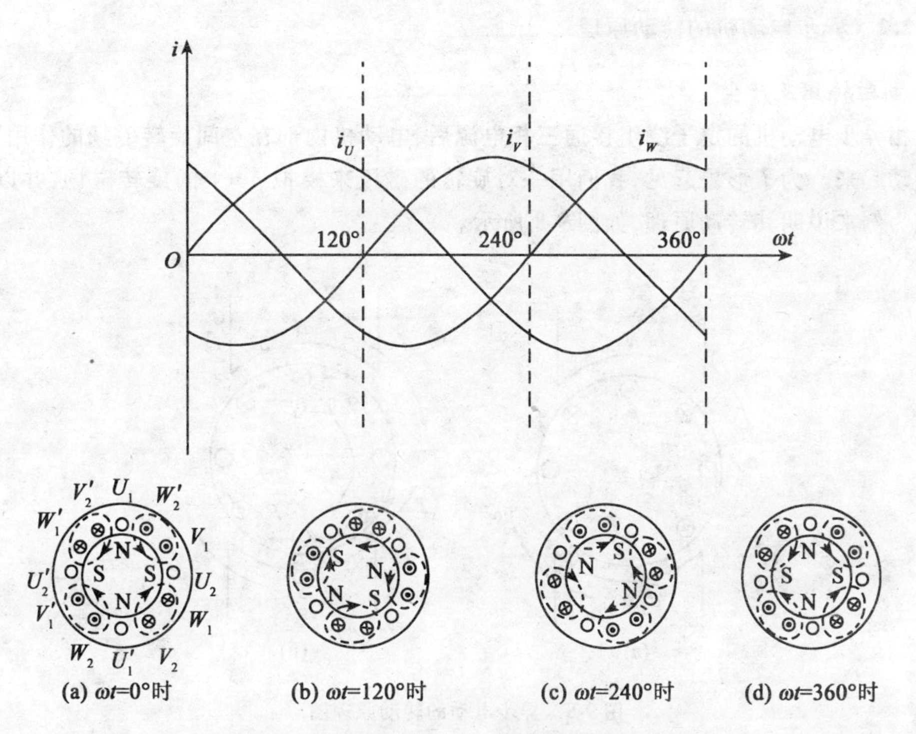

图9-7 $p=2$ 的旋转磁场图

2. *旋转磁场的转速及方向*

根据上述分析,电流变化一周时,对于 $p=1$ 的旋转磁场在空间旋转一周,对于 $p=2$ 的旋转磁场在空间转过180°,比前者慢一半,可见旋转磁场的转速与极对数 p 有关。设 f_1 为电流的频率,n_0 为磁场的旋转速度,它们与 p 有下列关系式

$$n_0=\frac{60f_1}{p} \tag{9-1}$$

n_0 的单位为转/分钟(r/min,rpm)。

对于某一异步电动机而言 f_1 和 p 通常是一定的。所以,磁场转速是个常数。在我国,工频 $f_1=50\text{Hz}$,于是由式(9-1)可以得出对应于不同极对数 p 的旋转磁场转速 n_0,如表9-1所示。

表 9-1 不同极对数对应的旋转磁场转速

p	1	2	3	4	5	6
n_0/(r/min)	3 000	1 500	1 000	750	600	500

旋转磁场的旋转方向,从图 9-6 中可以看出为顺时针方向旋转,即与通入各相绕组相的电流相序是一致的。如果改变电流的相序(即任意互换两根电源接线),则旋转磁场的旋转方向也随之改变,三相异步电动机的正、反转正是利用这一原理来实现的。

9.2.2 异步电动机的转动原理

1. 电磁转矩及产生

三相异步电动机的定子绕组接通三相电源后,电动机内部在空间旋转磁场的作用下,转子会转动起来。为了形象起见,我们用一对旋转的磁极来模拟 $p=1$ 的旋转磁场,并以笼型电动机为例来说明其转动原理,如图 9-8 所示。

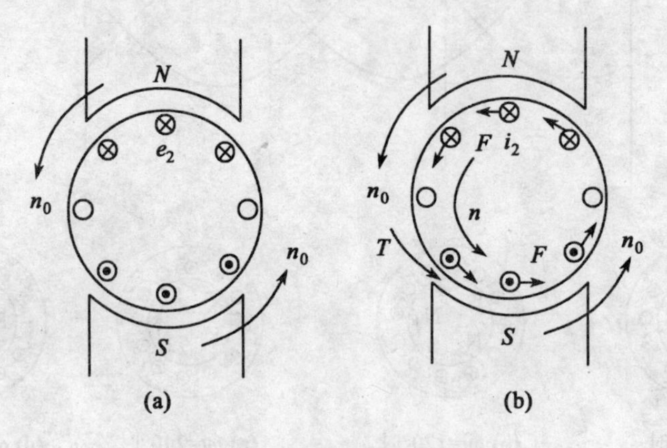

图 9-8 异步电动的转动原理图

设磁极按逆时针方向以恒速 n_0 旋转,转子导体与磁场有相对运动,根据电磁感应原理,在转子导体内要感应电势。同时由于转子导体接成短路,于是在感应电势的作用下,转子导体中就产生了电流。载流导体处于旋转磁场中要受到电磁力的作用,该电磁力形成了力矩,用 T 表示,转子在此力矩的作用下而转动。这里,我们所关心的是下面两个问题:

2. 旋转方向

转子导体感应电势、电流的方向如图 9-8 所示。分析时,可以假定磁极不动,转子则顺时针转动,此时导体运动的方向和感应电势的方向应满足右手螺旋定则。再根据磁力线和电流的方向,用左手螺旋定则即可确定转子的转动方向,如图 9-8(b)所示,可见转子的转向与旋转磁场方向相同。若要改变电动机原来的转向,则只要改变旋转磁场的旋转方向,即改变定子绕组中电流的相序就能实现。

3. 转速和转差率

由电动机转动原理可知,转子导体必须与磁场有相对运动。所以,由于转子的转向与旋转磁场的转向一致,故可以断定二者转速不能相等,且 $n < n_0$ 否则就没有相对运动了,转子导体将不切割磁场,不产生感应电势,也就不可能有感应电流和电磁力的产生。于是电动机就不能继续运转下去了。所以,异步电动机的转速不可能达到旋转磁场的转速,这正是异步电动机名称由来的根据。为了与电动机的转速区别,称磁场旋转速度为同步转速用 n_0 表示。而电动机的转速用 n 表示。

为了描述 n 与 n_0 的相差程度我们引进转差率的概念,用 s 表示,定义为

$$s = \frac{n_0 - n}{n_0} \quad 或 \quad s\% = \frac{n_0 - n}{n_0} \times 100\% \tag{9-2}$$

转差率 s 是描述异步电动机运行情况的一个重要物理量。在电动机起动瞬间,$n = 0$,$s = 1$。电动机在额定情况下运行时,一般额定转差率 $s_N = 0.01 \sim 0.06$,用百分数表示则为 $s_N = 1\% \sim 6\%$。

[思考与练习题]

9.2.1　试绘出 $p = 3$ 的旋转磁场图。

9.2.2　有一台异步电动机,额定转速 $n_N = 1\ 930$(r/min),电源频率 $f = 50$(Hz),试问电动机的额定转差率 s_N 为多少?极对数 p 为多少?

9.2.3　试绘出三相异步电动机定子绕组通以电流 $i_U = I_m \sin\omega t$,$i_V = I_m \sin(\omega t + 120°)$,$i_W = I_m \sin(\omega t - 120°)$的旋转磁场。

§9.3　三相异步电动机的电路

三相异步电动机中的电磁关系与变压器类似,定子绕组相当于变压器的一次绕组,转子绕组(一般是短接的)相当于二次绕组。当定子绕组接上三相电源电压时,则有三相电流通过。定子的三相电流产生旋转磁场,其磁力线通过定子和转子铁芯而闭合,该磁场不仅在转子每相绕组中感应电动势 e_2,而且在定子每相绕组中也要感应出电动势 e_1。设定子和转子每相绕组的等效匝数分别为 N'_1 和 N'_2,则三相异步电动机的每相电路如图 9-9 所示。

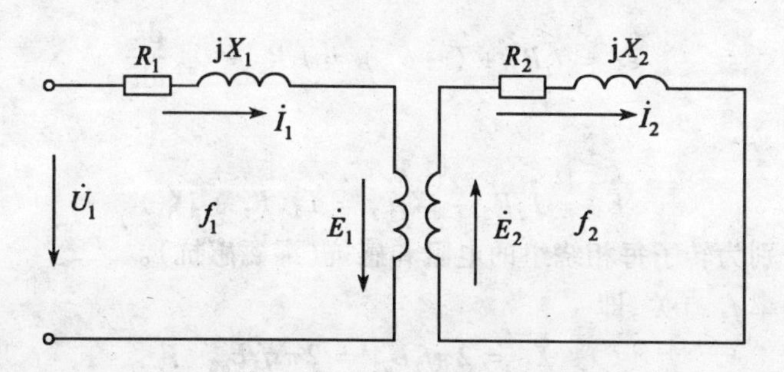

图 9-9　三相异步电动机每相电路图

9.3.1 定子电路

与变压器一次绕组的情况一样，加在定子每相绕组上的电压也分成三个分量，即

$$u_1 = iR_1 + (-e_{\sigma1}) + (-e_1) \tag{9-3}$$

式中，$e_{\sigma1} = -L_{\sigma1}\dfrac{\mathrm{d}i}{\mathrm{d}t}$为定子绕组的漏磁电动势。若用相量表示，则

$$\dot{U}_1 = \dot{I}_1R_1 + (-\dot{E}_{\sigma1}) + (-\dot{E}_1) = \dot{I}_1(R_1 + \mathrm{j}X_1) + (-\dot{E}_1) \tag{9-4}$$

式中，R_1 和 $X_1 = 2\pi f_1 L_{\sigma1}$分别为定子每相绕组的电阻和感抗（漏磁感抗）。

实际上，R_1 和 X_1 较小，其电压降与电动势 E_1 比较起来常可以忽略，于是

$$\dot{U}_1 \approx -\dot{E}_1;\quad U_1 \approx E_1$$

参照式(8-15)可得

$$U_1 \approx E_1 = 4.44f_1N_1\Phi \tag{9-5}$$

式中 Φ 为旋转磁场的每极磁通，其值为空气隙中磁感应强度的平均值与每极面积的乘积。

由式(9-5)可见，异步电动机的定子相电压 U_1 和频率 f_1 一定时，其旋转磁场每极磁通量基本上不变。

9.3.2 转子电路

分析转子电路时不能照搬变压器的方法，这是因为异步电动机转子电路的各物理量的变化频率 f_2 不同于定子电路中物理量的频率，或电源的频率。转子频率与转差率有关，所以，转子回路的各物理量都与转差率有关。

因为旋转磁场和转子间的相对转速为$(n_0 - n)$，所以，转子频率为

$$f_2 = \frac{p(n_0 - n)}{60}$$

上式可以写成

$$f_2 = \frac{n_0 - n}{n_0}\frac{pn_0}{60} = sf_1 \tag{9-6}$$

可见转子频率 f_2 与转差率 s 有关，也就是与转速 n 有关。

由图 9-9 可以列出转子每相回路的电压方程

$$e_2 = i_2R_2 + (-e_{\sigma2}) = i_2R_2 + L_{\sigma2}\frac{\mathrm{d}i_2}{\mathrm{d}t}$$

若用相量表示，则为

$$\dot{E}_2 = \dot{I}_2R_2 + \mathrm{j}X_2\dot{I}_2 = \dot{I}_2(R_2 + \mathrm{j}X_2) \tag{9-7}$$

式中，R_2 和 X_2 分别为转子每相绕组的电阻和感抗（漏磁感抗）。

X_2 与转子频率 f_2 有关，即

$$X_2 = 2\pi f_2L_{\sigma2} = 2\pi sf_1L_{\sigma2} \tag{9-8}$$

当 $n=0$，即 $s=1$（静止的情况）时，转子感抗记做

$$X_{20} = 2\pi f_1L_{\sigma2} \tag{9-9}$$

此时转子的感抗最大。

由式(9-8)与式(9-9)可得

$$X_2 = sX_{20} \tag{9-10}$$

可见转子感抗 X_2 与转差率 s 有关。

转子电路每相电流可用式(9-7)得出，即

$$I_2 = \frac{E_2}{\sqrt{R_2^2 + X_2^2}} = \frac{sE_{20}}{\sqrt{R_2^2 + (sX_{20})^2}} \tag{9-11}$$

式中 E_{20} 为 $s=1$ 时的转子电动势，可见转子电流 I_2 也与转差率有关。

由式(9-7)可以看出，$\dot{I}_2$ 比 $\dot{E}_2$ 滞后 Ψ_2 角。因而转子的功率因数为

$$\cos\Psi_2 = \frac{R_2}{\sqrt{R_2^2 + X_2^2}} = \frac{R_2}{\sqrt{R_2^2 + (sX_{20})^2}} \tag{9-12}$$

该功率因数也与转差率 s 有关。

转子电流和转子功率因数与转差率的关系曲线如图 9-10 所示。

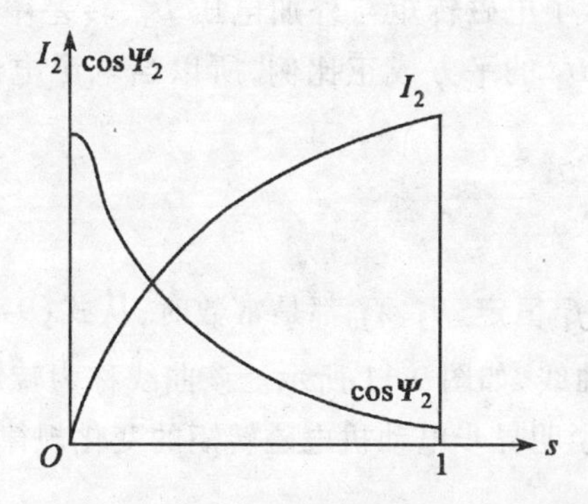

图 9-10　转子电流和转子功率因数与转差率的关系曲线

由上述可知，转子电路的各物理量，如电动势、电流、频率、感抗及功率因数等都与转差率 s 有关，亦即与转速 n 有关。这是我们学习三相异步电动机应注意的一个特点。

§9.4　三相异步电动机的转矩与机械特性

从前面的介绍知道，电动机是将电磁能转换为机械能的机械。电动机工作时，既有电磁作用，又有机械运动。电磁作用表现在电压(电势)、电流及旋转磁场上，机械运动表现在转子的转速 n 和轴上的电磁转矩 T 上。n 和 T 的关系，就是电动机的机械特性，表现机械特性的两个物理量 n 和 T 又与电压、电流和旋转磁场有密切的关系。

9.4.1　电源电压对电磁转矩的影响

由异步电动机的工作原理可知，异步电动机的电磁转矩是因为转子导体中的感应电流在旋转磁场中受到的电磁力的作用而形成的。电机学的相关理论证明，电磁转矩 T 不仅与转子电流 I_2 和定子旋转磁场的磁通 Φ 有关，而且还与转子的功率因数 $\cos\Psi_2$ 有关，其关系可以表示为

$$T = K_T \Phi I_2 \cos\Psi_2 \tag{9-13}$$

式中 K_T 为与电机结构有关的常数，叫做转矩结构常数；电磁转矩 T 的单位为牛顿·米(N/m)。

再根据式(9-5)、式(9-11)及式(9-12)可得

$$\Phi = \frac{E_1}{4.44 f_1 N'_1} \approx \frac{U_1}{4.44 f_1 N'_1} \propto U_1$$

$$I_2 = \frac{sE_{20}}{\sqrt{R_2^2 + (sX_{20})^2}} = \frac{s(4.44 f_1 N'_2 \Phi)}{\sqrt{R_2^2 + (sX_{20})^2}}$$

$$\cos\Psi_2 = \frac{R_2}{\sqrt{R_2^2 + (sX_{20})^2}}$$

将以上三式代入式(9-13)，亦可近似地写成

$$T = K'_T \frac{sR_2 U_1^2}{R_2^2 + (sX_{20})^2} \tag{9-14}$$

式中 K'_T 是一个常数。

式(9-14)更具体地揭示了电磁转矩与外加电压 U_1、转差率 s 以及转子电路参数 R_2 和 X_{20}之间的关系。由于 T 与 U_1 的平方成正比例，所以当电源电压波动时，对转矩的影响很大。

9.4.2 转矩特性

当电源电压 U_1 和频率 f_1 恒定，R_2、X_{20}都是常数时，从式(9-14)可见，电磁转矩 T 只随 s 而变化，于是可作 $T=f(s)$ 曲线，如图 9-11 所示。该曲线称为转矩—转差率特性曲线。我们利用图 9-11 和式(9-14)来说明异步电动机电磁转矩的变化规律。

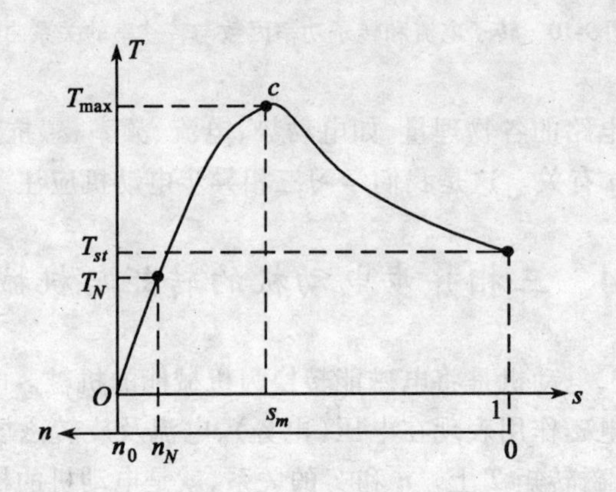

图 9-11 转矩—转差率特性曲线($T=f(s)$)

当电动机空载运行时，转速 n 很高(可以认为 $n \approx n_0$)，因此 $s \approx 0, T \approx 0$。当 s 值尚小时($s=0\sim0.2$)，分母中 $s^2X_{20}^2$很小，可以忽略不计，故此时 $T \propto s$，当 s 值很大时，$s^2X_{20}^2 \gg R_2^2$，R_2 可以忽略，此时 $T \propto \frac{1}{sX_{20}^2}$，即 T 随 s 的增大而下降。转矩特性曲线由上升转变为下降的过程中，必然出现最大值。该最大值称为最大转矩或临界转矩，用 T_{max}表示。对应于最大转矩的转

差率称为临界转差率,用 s_m 表示,可由 $\frac{dT}{ds}=0$ 求得,即

$$s_m = \frac{R_2}{X_{20}} \tag{9-15}$$

再将 s_m 代入式(9-14),则得

$$T_{\max} = K'_T \frac{U_1^2}{2X_{20}} \tag{9-16}$$

由上述可见,$T_{\max}$ 与 U_1^2 成正比,而与转子电阻 R_2 无关;s_m 与 R_2 有关,R_2 愈大,s_m 也愈大。所述关系表示于图 9-12 和图 9-13 中。

从转矩特性上还可以看到这样一个特殊转矩,即对应于 $s=1$ 的转矩,称该转矩为起动转矩,用 T_{st} 表示,将 $s=1$ 代入式(9-14),即得

$$T_{st} = K'_T \frac{R_2 U_1^2}{R_2^2 + X_{20}^2} \tag{9-17}$$

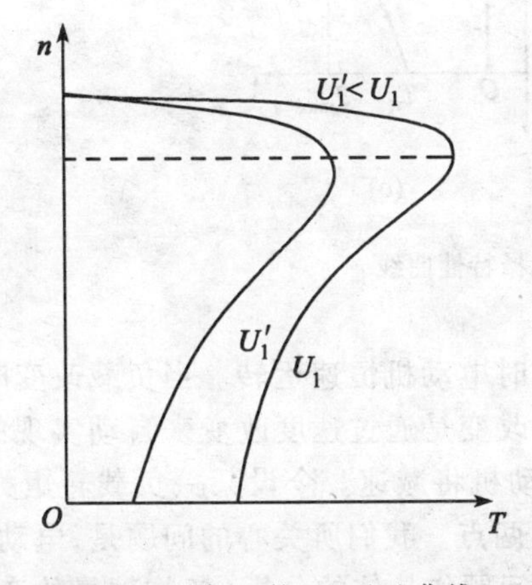

图 9-12　不同 U_1 的 $n=f(T)$ 曲线

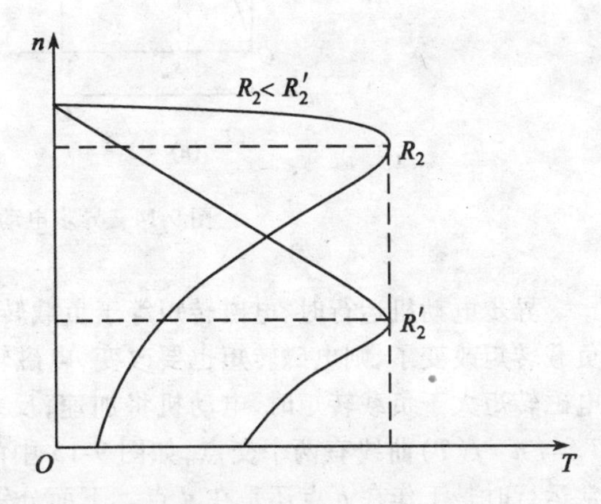

图 9-13　不同 R_2 的 $n=f(T)$ 曲线

可见,T_{st} 与 U_1^2 及 R_2 有关,即当电源电压降低时,起动转矩会减小(如图 9-12),当转子电阻适当增大时,起动转矩会增大(如图 9-13)。

除上述几个特殊的转矩外,还有电动机工作在额定负载时的电磁转矩,称为额定转矩,用 T_N 表示。额定转矩可以从电动机铭牌上读得额定功率(输出机械功率)和额定转速后,再应用下列公式计算得到,即

$$T_N = \frac{P_{2N}}{\frac{2\pi n_N}{60}} = 9\,550\,\frac{P_{2N}}{n_N} \tag{9-18}$$

式中 P_{2N} 的单位为 kW,n_N 的单位为 r/min,而 T_N 的单位为牛顿·米(N·m)。

电动机正常运行时,电动机的额定转矩 T_N 应低于最大转矩,两者之比 λ 称为过载系数,即

$$\lambda = \frac{T_{\max}}{T_N} \tag{9-19}$$

一般三相异步电动机的过载系数为 1.8～2.2。

在选用电动机时，必须考虑可能出现的最大负载转矩，而后根据所选电动机的过载系数计算出电动机的最大转矩，最大转矩必须大于最大负载转矩，否则，就要重选电动机。

9.4.3 机械特性

异步电动机的特性也可以用 $n=f(T)$ 曲线来描述，这个曲线叫做电动机的机械特性曲线，如图 9-14 所示。因为 $n=f(T)$ 曲线可以直接说明当电动机转矩变化时，电动机的转速变化情况，因此，用这条曲线来分析异步电动机的工作更为方便。

下面对 $n=f(T)$ 曲线作一些讨论。

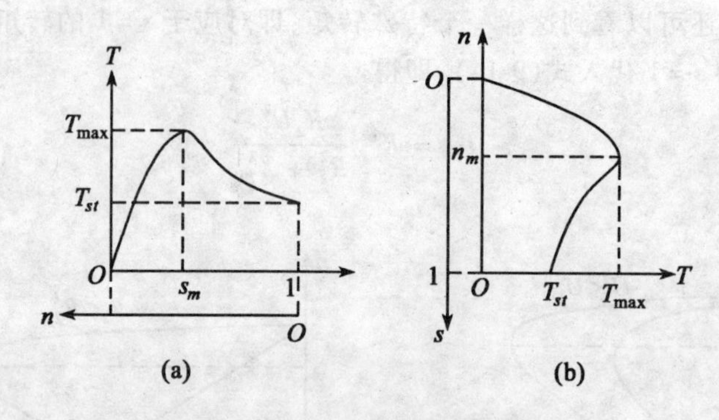

图 9-14 异步电动机的机械特性曲线

异步电动机运行时，电磁转矩等于负载转矩，此时电动机恒速运转。当负载改变时，即负载转矩改变了，则电磁转矩也要改变，电磁转矩的改变是通过速度改变来自动实现的，当电磁转矩大于负载转矩时，电动机将加速，反之，电动机将减速。今设某一负载转矩为 T_L，T_L 与 $n=f(T)$ 曲线有两个交点，如图 9-15 中的 b、d 两点。我们所关心的问题是，电动机正常运行时是工作在 b 点还是在 d 点。下面分别对该问题作具体的分析（各物理量的变化用符号↑表示增加，↓表示减小或降低，→表示引起）。

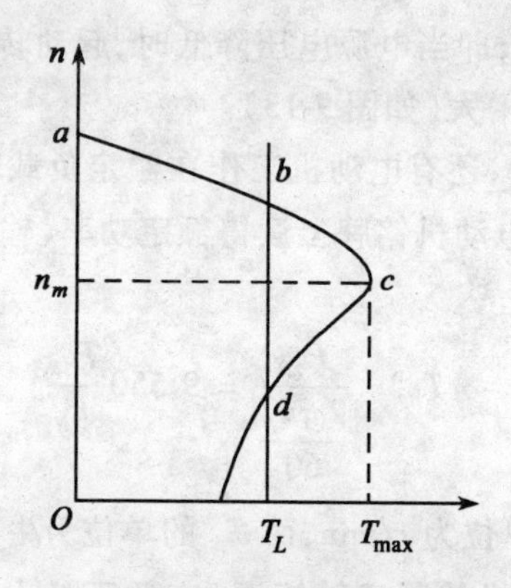

图 9-15 运行的稳定分析图

若运行在 b 点：

如果因某种原因引起负载转矩增加了一些，转速将下降。转速下降后其电磁转矩将增

加，可以自动适应负载转矩的增加，使之达到平衡。这一过程，可用箭头表示如下

$$T_L\uparrow \rightarrow n\downarrow \rightarrow T\uparrow \rightarrow T = T_L$$

最后稳定在较原来稍低的转速。

若负载转矩由于某种原因减小了一些，这时

$$T_L\downarrow \rightarrow n\uparrow \rightarrow T\downarrow \rightarrow T = T_L$$

则电动机重新稳定在较原来稍高的转速。

可见，运行在 b 点，电动机具有适应负载变化的能力，故称电动机的工作是稳定的。对于从 a 点到 c 点这一区间同样可以得到这一结论。

若运行在 d 点：

当负载转矩有增加时，则

$$T_L\uparrow \rightarrow n\downarrow \rightarrow T\downarrow \rightarrow n\downarrow\downarrow \rightarrow T\downarrow\downarrow \rightarrow n\downarrow\downarrow\downarrow\cdots$$

最终使 $n=0$，电动机停转。反之，当负载转矩偶尔减小时，则

$$T_L\downarrow \rightarrow n\uparrow \rightarrow T\uparrow \rightarrow n\uparrow\uparrow \rightarrow T\uparrow\uparrow \rightarrow n\ \uparrow\uparrow\uparrow\cdots$$

当 T 上升到 T_{max} 后，不可能再上升了。但由于速度还在继续上升，最后只好绕过 c 点，而稳定在 a、c 区间上的某一点上。

可见，曲线的 ac 部分是稳定的区域，而 cd 部分为不稳定区域，二者的分界点 c 点称为临界点，对应于 c 点的转差率、转速分别叫做临界转差率和临界转速。可见电动机不可能在低于临界转速以下稳定运行。

这里以机械特性结束了对这一节的讨论，对于电动机的使用者来说，重要的是电动机的电磁转矩和机械特性。

例 9.1　有两台异步电动机，额定功率均为 55(kW)，前者额定转速为 980(r/min)，后者的额定转速为 2 960(r/min)，试求在额定运行情况下的转矩。

解　由式(9-18)可得

$$T_{N1} = 9\,550 \times \frac{55}{980} = 536(\text{N} \cdot \text{m})$$

$$T_{N2} = 9\,550 \times \frac{55}{2\,960} = 177(\text{N} \cdot \text{m})$$

由此可见，输出功率相同的电动机，极数多的转速低，转矩大；极数少的转速高但转矩小。

例 9.2　某三相异步电动机的额定输出功率 $P_2 = 10(\text{kW})$，额定转速 $n_N = 2\,920(\text{r/min})$，$T_{st}/T_N = 1.4$，$T_{max}/T_N = 2.2$，额定效率 $\eta_N = 87.5\%$，试求额定转矩 T_N、起动转矩 T_{st}，最大转矩 T_{max} 及额定输入功率 P_1。

解

$$T_N = 9\,550 \times \frac{10}{2\,920} = 32.7(\text{N} \cdot \text{m})$$

$$T_{st} = 1.4 \times 32.7 = 45.8(\text{N} \cdot \text{m})$$

$$T_{max} = 2.2 \times 32.7 = 71.9(\text{N} \cdot \text{m})$$

$$P_1 = \frac{P_2}{\eta_N} = \frac{10}{0.875} = 11.4(\text{kW})。$$

[思考与练习题]

9.4.1　当电动机轴上的负载增加时，转子电流、定子电流怎样变化，为什么？

9.4.2　三相异步电动机在正常工作时，如果转子突然卡住而不能转动，将会产生什么

现象，为什么？

9.4.3 三相异步电动机在一定负载转矩下运行时，如果电源电压下降，电动机的转矩、电流及转速有无变化？

§9.5 异步电动机的使用

9.5.1 异步电动机的铭牌

正确的使用方法是电动机安全可靠运行的保障，电动机铭牌上的数据是额定数据，是正确使用电动机的依据。现以某异步电动机铭牌为例，来说明各数据的意义。

三 相 异 步 电 动 机					
型号	Y160M—4	功率	11kW	频率	50Hz
电压	380V	电流	22.6A	接法	△
转速	1460r/min	温升	75℃	绝缘等级	E
功率因素	0.84	重量	150kg	工作方式	连续

1. 型号意义

电动机的型号是电机类型、规格等的代号，由汉语拼音大写字母、国际通用符号和阿拉伯数字组成。其意义如下：

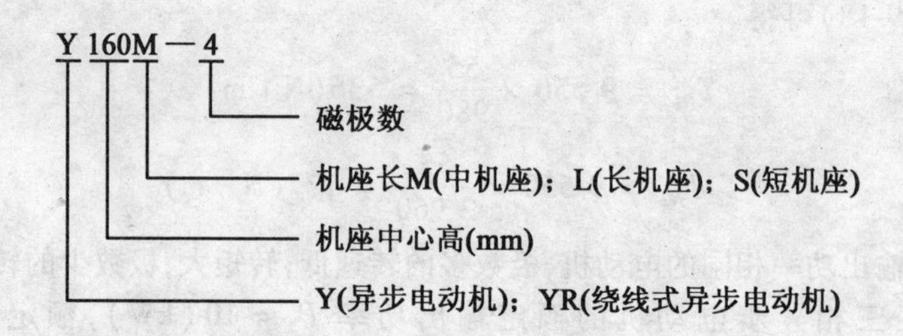

2. 三相异步电动机的额定值

(1)额定功率 P_N：在额定运行情况下，电动机轴上输出的机械功率，单位为瓦特(W)或千瓦(kW)。

(2)额定电压 U_N：电动机在额定运行时定子绕组上应加的线电压值。如有些铭牌上常标为220/380V电压。表示电源电压的线电压为220V和380V都可以用于该电动机，但是电压不同，则电动机定子绕组的连接方式是不同的，即220V接成三角形，380V接成星形。

(3)额定电流 I_N：电动机在额定运行时定子绕组的线电流，单位为安(A)。若三相定子绕组有两种接法，就有两个相对应的额定电流值，大的数值对应于定子绕组采用三角形连接时的线电流值，小的数值为星形连接时的线电流值。

(4)额定频率 f_N：电动机在额定运行时交流电源的频率。

(5)额定转速 n_N：是指在额定频率，额定电压和额定输出功率时，电动机每分钟的转数，单位为 r/min。

(6)额定功率因数 $\cos\varphi_N$:电动机在额定运行时定子电路的功率因数,通常在 0.70~0.90之间。

(7)额定效率 η_N:电动机在额定运行时的效率,可以根据下式计算

$$\eta_N = \frac{P_N}{\sqrt{3}U_N I_N \cos\varphi_N} \times 100\% \tag{9-20}$$

异步电动机的 η_N 为 75%~92%。

(8)工作方式:电动机运行情况,可以分为三种基本方式:连续运行、短时运行和断续运行。

除上述铭牌上所标的数据外,还有一些说明电动机性能的技术数据记在产品目录中,如起动电流与额定电流的比值 I_{st}/I_N、起动转矩与额定转矩的比值 T_{st}/T_N、最大转矩与额定转矩的比值 T_{max}/T_N 等。需要时在产品目录中查取。

9.5.2 三相异步电动机的起动

电动机从接通电源开始转动,转速逐渐增高,一直达到稳定转速为止,这一过程称为起动过程。在实际生产过程中,电动机的起动和停车是常见的操作,然而电动机的起动性能的优劣对生产有很大的影响。所以对于使用者来说,在选择电动机时,根据具体的使用条件考虑电动机的起动性能,并选择适当的启动方法以改善电动机起动性能。

反映电动机起动性能的指标主要有:起动转矩、起动电流。选择电动机时,根据所带机械负载的性质,应选择具有足够起动转矩的电动机。

异步电动机起动时,起动电流一般为电动机额定电流的 4~7 倍。电动机的起动电流虽然很大,但转子一经转动后,电流就迅速减小,所以起动电流对电动机本身不会产生危害。但过大的起动电流会引起电网电压的显著下降,这可能严重影响其他用电设备的正常工作。

1. 笼型异步电动机的起动

笼型异步电动机的起动方法有两种:直接起动和降压起动。

(1)直接起动。

直接起动就是用刀开关和交流接触器将电动机直接接到具有额定电压的电源上。直接起动法的优点是操作简单,无需很多的附属设备;主要缺点是起动电流较大。笼型异步电动机能否直接起动,根据三相电源的容量而定。通常在一般情况下,10kW 以上的异步电动机,就不允许直接起动了,必须采用能够减小起动电流的其他起动方法。

(2)降压起动。

降压起动是采用降低异步电动机端电压的方法来减小起动电流。由于异步电动机的起动转矩与端电压的平方成正比,所以采用该方法时,起动转矩同时减小,所以该方法只适用于对起动转矩要求不高的场合,即空载或轻载的场合。

①Y—△转换起动。

Y—△转换起动适用于定子绕组在正常运行时要求三角形接线的笼型电动机,起动时先将定子绕组接成星形,待转速接近额定转速时再换成三角形,故这种起动方法称为 Y—△转换起动。

图 9-16 为采用三刀双投开关进行 Y—△转换的起动接线图。启动时将 Q_2 放在 Y(启动)位置上,再合上电源开关 Q_1,于是电动机在星形接法下起动,待转速接近额定转速后,迅速将 Q_2 从“起动”位置倒向“运行”位置,于是就完成了电动机的起动,电动机运行于三角形接法。

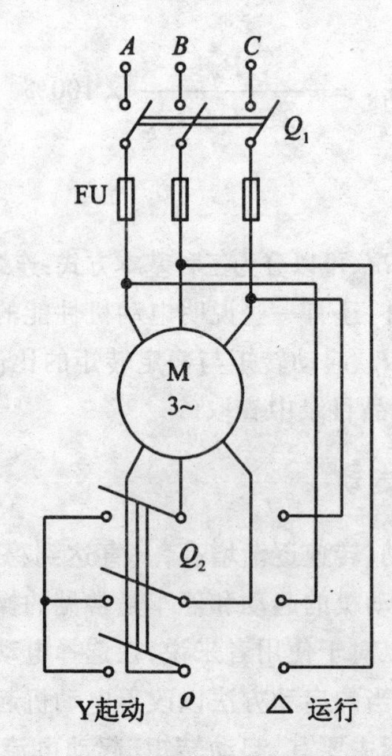

图 9-16 Y—△转换的起动接线图

起动时,电动机定子绕组星形连接,电动机每相定子绕组上的电压是电源线电压 U_l 的$\frac{1}{\sqrt{3}}$,此时电路的线电流等于相电流,即流过每个绕组的电流(这里的$|Z|$是起动时每相绕组的等效阻抗)为

$$I_{lY}=\frac{\frac{U_l}{\sqrt{3}}}{|Z|}$$

当电动机接近额定转速时,电动机定子绕组改为三角形连接,这时电动机每相绕组的电压为电源线电压 U_l。此时电路的线电流为

$$I_{l\Delta}=\sqrt{3}\frac{U_l}{|Z|}$$

比较以上两个电流

$$\frac{I_{lY}}{I_{l\Delta}}=\frac{\frac{\frac{U_l}{\sqrt{3}}}{|Z|}}{\sqrt{3}\frac{U_l}{|Z|}}=\frac{1}{3}$$

即定子绕组星形连接时,由电源提供的起动电流仅为定子绕组三角形连接时的$\frac{1}{3}$。

由于起动转矩与每相绕组电压的平方成正比，星形连接时的绕组电压降低了$\frac{1}{\sqrt{3}}$，所以起动转矩将降到三角形连接的$\frac{1}{3}$，即

$$T_{stY} = \frac{1}{3}T_{st\Delta}$$

Y—△启动限制了启动电流，但同时也减小了起动转矩，这是降压起动的缺点。常用的Y—△起动器有 *QX*2 系列手动启动器和 QX3、QX10 系列自动起动器。这些设备结构简单、成本低、寿命长、性能可靠，因此广泛应用于 4～100kW 的笼型异步电动机的启动中。

②自耦降压起动。

利用三相自耦变压器将电动机在起动瞬间的端电压降低，其接线如图 9-17 所示。起动时，先把开关 Q_2 扳到“起动”位置，合上 Q_1 起动。当转速接近额定值时，将 Q_2 扳向“工作”位置，切除自耦变压器，进入全压运转。

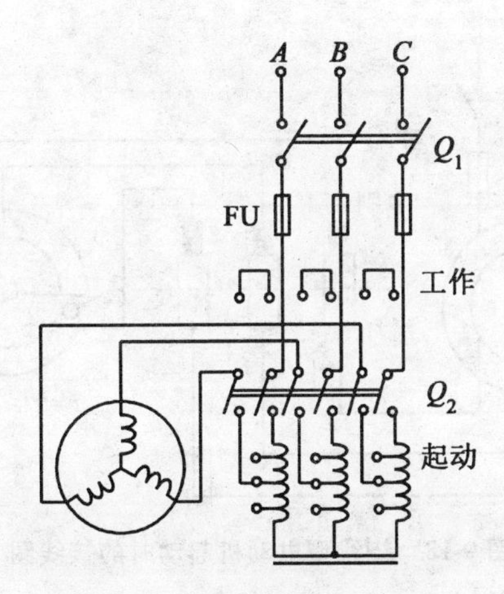

图 9-17　自耦降压起动接线图

设自耦变压器的电压比为 k_a，经过自耦变压器降压后，加在电动机上的电压为$\frac{U_l}{k_a}$。此时电动机的起动电流 I'_{st}便与电压成相同比例地减小，是原来在额定电压下直接起动电流 I_{stN}的$\frac{1}{k_a}$，即 $I'_{st} = \frac{1}{k_a}I_{stN}$。又由于电动机接在自耦变压器的二次侧，自耦变压器的一次侧接在三相电源侧，故电源所供给的起动电流为

$$I'_{st} = \frac{1}{k_a}I'_{st} = \frac{1}{k_a^2}I_{stN}$$

由此可见，利用自耦变压器降压起动笼型异步电动机，电网电流是直接起动电流的$\frac{1}{k_a^2}$。由于加到电动机上的电压为直接起动的$\frac{1}{k_a}$，因此，与直接起动相比较，起动转矩也同样为直接启动的$\frac{1}{k_a^2}$。

通常自耦变压器备有抽头，以便得到不同的电压（例如有为电源电压的 70%、64%、55%），根据对起动转矩的要求而选用。

2. 绕线型异步电动机的起动

笼型异步电动机为了限制起动电流而采用降压起动的方法，虽然起动电流变小了，但起动转矩也随之变小。电动机理想的起动特性应当是起动电流小，起动转矩要大。而降压起动法只满足了其中的一个方面。因此对于不仅要求起动电流小，而且要求有相当大的起动转矩的场合，往往不得不采用起动性能较好而价格昂贵、构造复杂的绕线转子异步电动机。

对于绕线型电动机的起动，通常在转子电路中串接大小适当的起动电阻 R_{st}（如图 9-18 所示），就可以达到减小起动电流的目的。同时，转子电路中接入起动电阻后，可以提高转子电路的功率因数 $\cos\Psi_2$，由式(9-13)可见，起动转矩也就提高了（参见图 9-13），所以绕线型电动机常用于要求起动转矩较大的生产机械上（例如卷扬机、锻压机、起重机等）。起动后，随着转速的上升将起动电阻逐段切除。

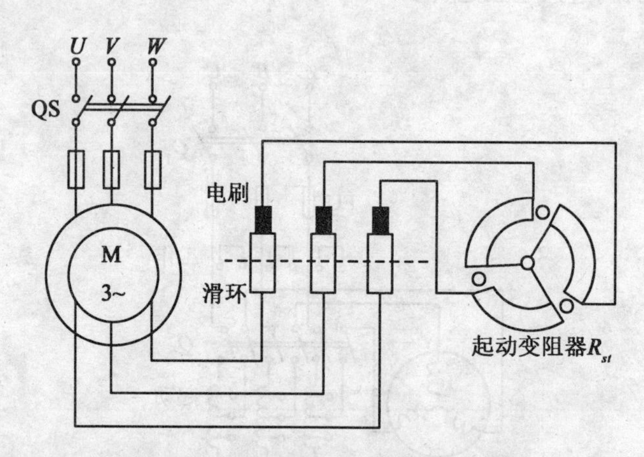

图 9-18 绕线型电动机起动时的接线图

应当指出的是，随着电力电子技术和控制技术的进步，各种针对笼型异步电动机发展起来的电子型降压起动器、变频调速器等装置的推广和使用，使得结构复杂、价格昂贵、维护困难的绕线转子异步电动机的活动舞台变得越来越窄。

9.5.3 三相异步电动机的调速

调速就是电动机在同一负载下得到不同的转速，以满足生产过程的需要。有些生产机械，为了加工精度的要求，例如一些机床，需要精确调整转速。另外，诸如鼓风机、水泵等流体机械，根据所需流量调节其速度，可以节省大量电能。所以三相异步电动机的速度调节是这类电动机的一个非常重要的应用方面。

从转差率公式 $s=\frac{n_0-n}{n_0}$ 得

$$n=(1-s)n_0=\frac{60f_1}{p}(1-s) \tag{9-21}$$

由式(9-21)可知，改变 f_1、p、s 三者中任意一个量，都可以改变电动机的转速。下面分别介绍这几种调速方法。

1. 变极调速

变极调速就是改变电动机旋转磁场的磁极对数 p，从而使电动机的同步转速发生变化而实现电动机的调速。通常通过改变电动机定子绕组的连接实现，这种方法的优点是操作设备简单（转换开关）；缺点是只能有极调速，不能无极均匀调速，因此只适用于不要求平滑调速的场合。

改变定子磁极对数的方法有三种：在定子上装置两组具有不同极数而彼此独立的绕组；在定子上装置一组绕组，用改变绕组的连接方式来改变磁极对数；在定子上装置两组绕组，而两组绕组又都可以改变接法来改变磁极对数。

应当指出的是，变极调速只适用于笼型异步电动机，因为笼型转子的磁极对数能自动随定子绕组磁极对数的变化而变化。

现在以一相绕组为例来说明改变定子绕组的连接方式调速的原理。

如图 9-19 所示是定子绕组的两种接法。把 A 相绕组分成两半：A_1X_1 和 A_2X_2。图(a)是两个线圈的串联，得出 $p=2$。图(b)中是两个线圈反并联（头尾相连），得出 $p=1$。由此可见，定子线圈的不同连接方式，可以改变转速。

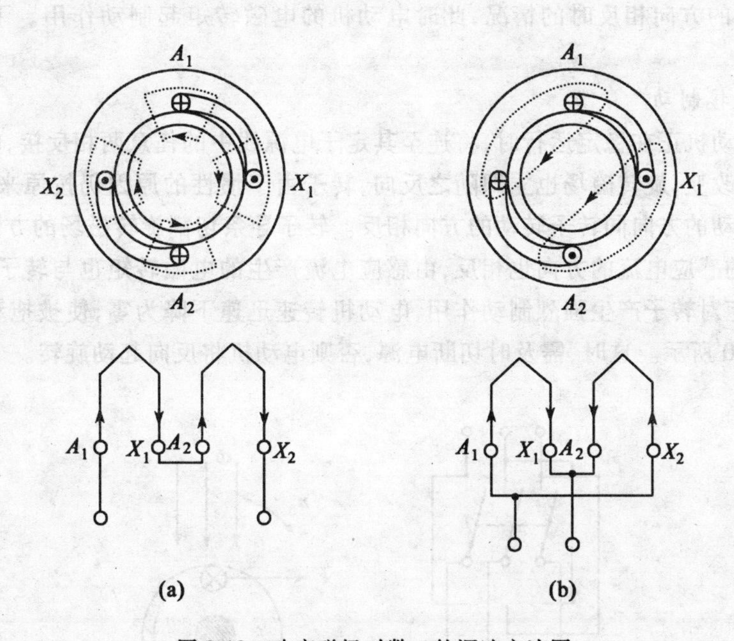

图 9-19　改变磁极对数 p 的调速方法图

2. 变频调速

异步电动机的变频调速是一种很好的调速方法。异步电动机的转速正比于电源的频率 f_1，若连续调节电动机供电电源的频率，即可连续改变电动机的转速。

3. 变转差率调速

分析电磁转矩公式

$$T = K'_T \frac{sR_2U_1^2}{R_2^2 + (sX_{20})^2}$$

可以看出，若保持转矩不变，当分别改变电源电压 U_1 和转子回路电阻 R_2 时，转差率 s 将改变，转差率的改变将引起电动机转速的改变。所以通过改变转差率可以达到调速的目的。

转子电路串电阻调速就是一种变转差率调速方法，这种方法只适用于绕线转子异步电动机。对于恒转矩负载，只要在转子电路中接入一个调速电阻（和起动电阻一样接入），改变电阻的大小，就可以得到平滑的调速。该方法的调速过程可以表示为（T_L 不变）：

改变 $R_2 \rightarrow I_2$ 改变 $\rightarrow T$ 改变，由机械特性可知，此时要使 T 与 T_L 平衡，只有 n 改变使 T 重新等于 T_L，即工作在新的稳定转速。

绕线型电动机的调速性能比笼型电动机好，所以，对有要求平滑调速的生产机械（如起重机械），一般选用绕线型电动机拖动。但这种方法转子回路消耗功率较大，对节能不利。

由于变频器装置的广泛应用，以上有些调速方法将被逐渐淘汰。

9.5.4 三相异步电动机的制动

电动机在使用过程中，除上述的起动和调速外，有时需要很快地使运行完全停止，有时需要在运动中加以一定的均匀制动力矩，而并不是要运动完全停止（如起重机重物下降时，电气机车下坡时），这类问题称为电动机的制动。所谓制动是指电动机的转矩 T 与电动机转速 n 的方向相反时的情况，此时电动机的电磁转矩起制动作用。下面介绍两种制动方法。

1. *电源反接制动*

若异步电动机正在稳定运行时，将连至其定子电源线中的任意两相反接，电动机三相电源的相序突然改变，旋转磁场也立即随之反向，转子由于惯性的原因仍按原来方向旋转，此时旋转磁场转动的方向同转子转动的方向相反。转子导条切割旋转磁场的方向也与原来相反，所以产生的感应电流的方向也相反，由感应电流产生的电磁转矩也与转子的转向相反，这样，电磁转矩对转子产生强烈制动作用，电动机转速迅速下降为零，使被拖动的负载快速刹车，如图 9-20 所示。这时，需及时切断电源，否则电动机将反向起动旋转。

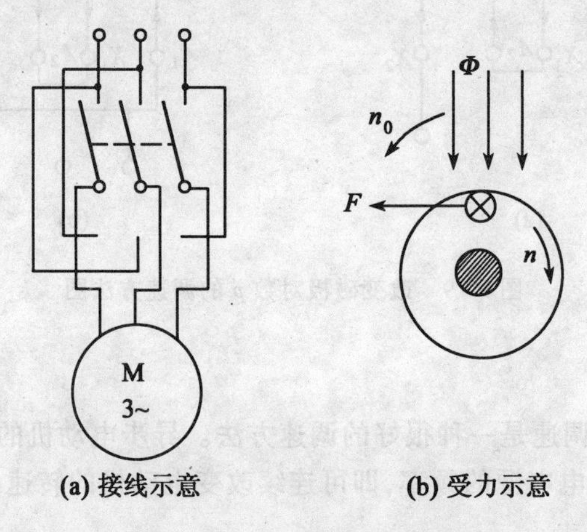

图 9-20 反接制动示意图

电源反接制动的特点是制动时在转子回路产生很大的冲击电流，从而也对电源产生冲击。为了限制电流,在制动时,常在笼型电动机定子电路中串接电阻限流。在电源反接制动下,电动机不仅从电源吸取能量,而且还从机械轴上吸收机械能(由机械系统降速时释放的动能转换而来)并转换为电能,这两部分能量都消耗在转子电阻上。

电源反接制动方法的优点是制动强度大,制动速度快。缺点是能量损耗大,对电动机和电源产生的冲击大,也不易实现准确停车。

2. 能耗制动

使用异步电动机电源反接制动的方法来准确停车有一定困难,因为该方法容易造成反转,能耗制动则能较好地解决这个问题。

能耗制动方法就是在电动机切断三相电源的同时,将一直流电源接到电动机三相绕组中的任意两相上,如图9-21所示,使电动机内产生一恒定磁场。由于异步电动机及所带负载有一定的转动惯量,电动机仍在旋转,转子导条切割恒定磁场产生感应电动势和电流,与磁场作用产生电磁转矩,其方向与转子旋转方向相反,对转子起制动作用。在这种制动的作用下,电动机转速迅速下降,此时机械系统存储的机械能被转换成电能后消耗在转子电路的电阻上,所以称为能耗制动。

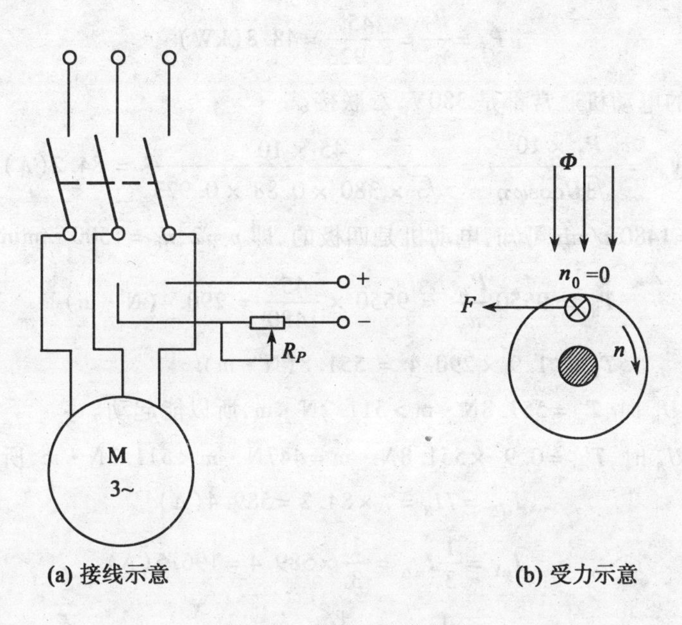

(a) 接线示意　　(b) 受力示意

图9-21　能耗制动示意图

调节励磁直流电流的大小,可以调节制动转矩的大小。这种制动的特点是可以实现准确停车,当转速等于零时,转子不再切割磁场,制动转矩也随之为零。

9.5.5 电动机继电保护

为了确保电动机的正常运行,避免由于过载、短路、单相运行或电压过低等故障而烧毁电动机,必须装设各种保护装置。

不同的保护装置对电动机起不同的保护作用,最常见的有熔断器和各种保护继电器。

也有些把保护装置和控制电器适当地组合在一起,制成具有某种保护作用的单元控制设备,如具有过载保护的磁力起动器,具有过流或短路保护的油开关和自动空气开关等。

电动机的过载保护通常用热继电器来承担,电动机长时间过载使电动机发热,当温度过高时,热继电器将动作,作用电源开关断电而停机(其控制过程在第10章介绍)。热继电器作过载保护是恰当的,但不能用做短路保护。

电动机的短路保护由熔断器FU(又称保险丝)来完成,也是照明和动力线路常用的保护设备,短路保护能保证在设备或线路发生短路故障时,迅速将电源切断,保护线路和设备不受损坏。

例9.3 型号为Y225M-4的三相异步电动机,其技术数据如下:$P_N=45\text{kW}$,$U_N=380V$,$n_N=1480\text{r/min}$,$\eta_N=92.3\%$,$\cos\varphi_N=0.88$,$\frac{I_{st}}{I_N}=7.0$,$\frac{T_{st}}{T_N}=1.9$,$\frac{T_{max}}{T_N}=2.2$,$f=50\text{Hz}$,试求:(1)如果负载转矩为511.2N·m,试问在$U=U_N$和$U'=0.9U_N$两种情况下电动机能否起动?(2)采用Y—△换接启动时,试求起动电流和起动转矩。又当负载转矩为额定转矩T_N的80%和50%时,电动机能否起动?

解(1)

$$P_1=\frac{P_2}{\eta_N}=\frac{45}{0.923}=48.8(\text{kW})$$

4~100kW的电动机通常都是380V,△联接。

$$I_N=\frac{P_2\times10^3}{\sqrt{3}U\cos\varphi\eta}=\frac{45\times10^3}{\sqrt{3}\times380\times0.88\times0.923}=84.2(\text{A})$$

由已知$n_N=1480\text{ r/min}$可知,电动机是四极的,即$p=2$,$n_0=1500\text{ r/min}$,所以

$$T_N=9550\frac{P_{2N}}{n_N}=9550\times\frac{45}{1480}=290.4(\text{N}\cdot\text{m})$$

$$T_{st}=1.9\times290.4=551.8(\text{N}\cdot\text{m})$$

当$U=U_N$时,$T_{st}=551.8\text{N}\cdot\text{m}>511.2\text{N}\cdot\text{m}$,所以能起动。

当$U'=0.9U_N$时,$T'_{st}=0.9^2\times551.8\text{N}\cdot\text{m}=447\text{N}\cdot\text{m}<511.2\text{N}\cdot\text{m}$,所以不能起动。

(2)

$$I_{st\triangle}=7I_N=7\times84.2=589.4(\text{A})$$

$$I_{stY}=\frac{1}{3}I_{st\triangle}=\frac{1}{3}\times589.4=196.5(\text{A})$$

$$T_{stY}=\frac{1}{3}T_{st\triangle}=\frac{1}{3}\times551.8=183.9(\text{N}\cdot\text{m})$$

当负载转矩为额定转矩的80%时

$$\frac{T_{stY}}{T_N80\%}=\frac{183.9}{290.4\times80\%}=\frac{183.9}{232.3}<1$$

故不能起动;当负载转矩为额定转矩的50%时

$$\frac{T_{stY}}{T_N50\%}=\frac{183.9}{290.4\times50\%}=\frac{183.9}{145.2}>1$$

故可以起动。

例9.4 某三相异步电动机的技术数据如下：$P_N = 4.5(\mathrm{kW})$，$U_N = 220/380(\mathrm{V})$，$n_N = 1\,440(\mathrm{r/min})$，$\eta_N = 85\%$，$\cos\varphi_N = 0.85$，$I_{st}/I_N = 6.5$，$T_{st}/T_N = 1.4$，$T_{\max}/T_N = 2$，$f = 50(\mathrm{Hz})$，试求：

(1)磁极对数 p；

(2)额定转差率 s_N；

(3)定子绕组Y连接和△连接时的额定电流 I_N；

(4)定子绕组Y连接和△连接时的起动电流 I_{st}；

(5)额定转矩 T_N；

(6)起动转矩 T_{st}；

(7)最大转矩 $T_{\max}$。

解 (1)因为 $n_N = 1\,440(\mathrm{r/min})$，故 $n_0 = 1\,500(\mathrm{r/min})$。

$$p = \frac{60f_1}{n_0} = 2$$

(2)额定转差率

$$s_N = \frac{n_0 - n_N}{n_0} = 0.04$$

(3)额定电流

Y接法时，线电压应为380V，则

$$I_N = \frac{P_N \times 10^3}{\sqrt{3}U_N\cos\varphi_N\eta_N} = \frac{4.5 \times 10^3}{\sqrt{3} \times 380 \times 0.85 \times 0.85} = 9.5(\mathrm{A})$$

△接法时，线电压应为

$$I_N = \frac{4.5 \times 10^3}{\sqrt{3} \times 220 \times 0.85 \times 0.85} = 16.4(\mathrm{A})$$

(4)起动电流

Y接法 $I_{st} = 6.5I_N = 6.5 \times 9.5 = 61.75(\mathrm{A})$

△接法 $I_{st} = 6.5I_N = 6.5 \times 16.4 = 106.6(\mathrm{A})$

(5)额定转矩

$$T_N = 9\,550\frac{P_N}{n_N} = 9\,550 \times \frac{4.5}{1\,440} = 29.8(\mathrm{N \cdot m})$$

(6)起动转矩

$$T_{st} = 1.4T_N = 1.4 \times 29.8 = 41.7(\mathrm{N \cdot m})$$

(7)最大转矩

$$T_{\max} = 2T_N = 2 \times 29.8 = 59.6(\mathrm{N \cdot m})。$$

[思考与练习题]

9.5.1 试用物理概念解释异步电动机起动电流为什么大，而起动转矩为什么小。

9.5.2 试述三相异步电动机的起动方法。

9.5.3 试述三相异步电动机的调速原理和方法。

§9.6 单相异步电动机*

在工农业生产和日常生活中，广泛采用了三相异步电动机。但是在只有单相电源或所需功率较小时，采用单相电动机很方便，如电钻、电扇、电唱机、洗衣机等就是常见的例子。

单相异步电动机是如何工作的呢？首先讨论这类电动机的工作原理。

9.6.1 单相异步电动机的工作原理

单相异步电动机的定子绕组是单相的，而转子多半为笼型，如图 9-22 所示。

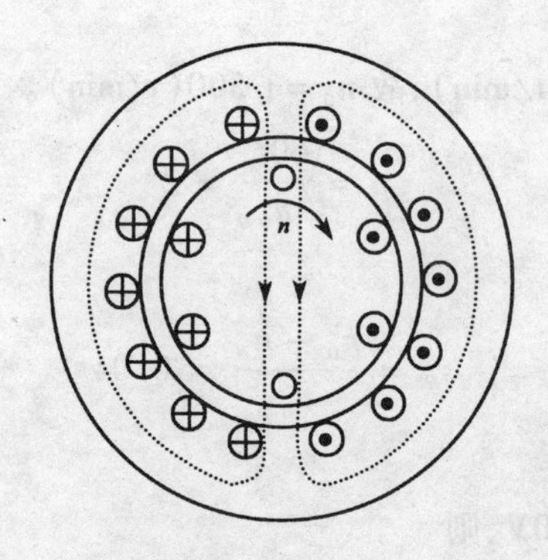

图 9-22 单相异步电动机的脉动磁场示意图

当单相电流（见图 9-23(a)）通过定子绕组时，产生交变的脉动磁场。这个磁场的轴线即为定子绕组的轴线，在空间保持固定位置。每一瞬间空气中的磁感应强度沿定子圆周按正弦规律分布，且在轴线位置出现幅值，同时磁感应强度又随电流在时间上作正弦交变。如图 9-23(b)所示。若将线圈轴线位置的磁感应强度随时间展开，则得图 9-24 所示磁感应强度的波形图。

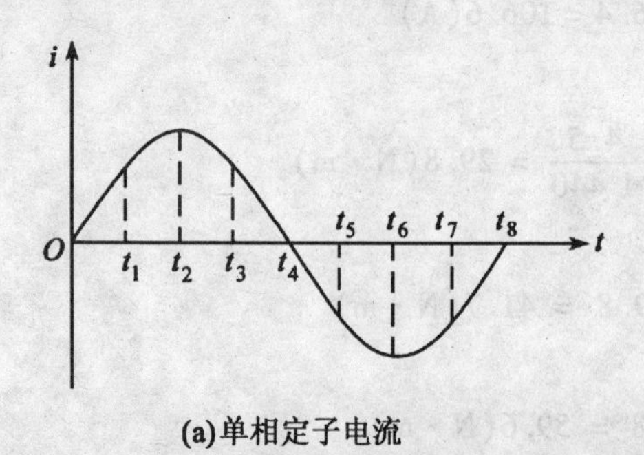

(a)单相定子电流

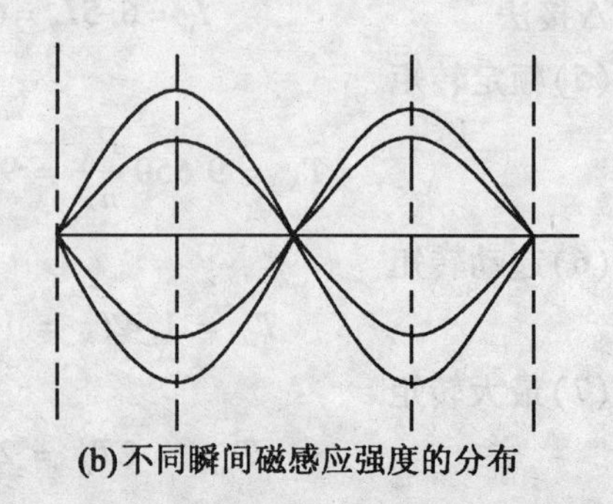

(b)不同瞬间磁感应强度的分布

图 9-23

用三角函数式表示为

$$B = B_m \sin\omega t \tag{9-22}$$

定子里的脉动磁场能不能在笼型转子上产生转矩使转子旋转呢？为了回答这个问题我

们先来分析脉动磁场的特点。由欧拉(Euler)公式

$$\sin\omega t = \frac{e^{j\omega t} - e^{-j\omega t}}{2j} = j\left(\frac{1}{2}e^{-j\omega t} - \frac{1}{2}e^{j\omega t}\right)$$

$$= \frac{1}{2}e^{-j\omega t} \cdot e^{j90°} + \frac{1}{2}e^{j\omega t} \cdot e^{-j90°} = \frac{1}{2}e^{-j(\omega t - 90°)} + \frac{1}{2}e^{j(\omega t - 90°)} \tag{9-23}$$

式(9-23)右边可以看成是大小(模为正弦量幅值的一半)相等,旋转方向相反,且转速相同的两个旋转矢量,该结果代入式(9-22)则有

$$B = B_m \sin\omega t = \frac{B_m}{2}e^{-j(\omega t - 90°)} + \frac{B_m}{2}e^{j(\omega t - 90°)} \tag{9-24}$$

结果表明,一个脉动磁场可以分解为大小相等、方向相反、并以相同转速旋转的两个旋转磁场,它们的振幅为脉动磁场最大振幅的一半。

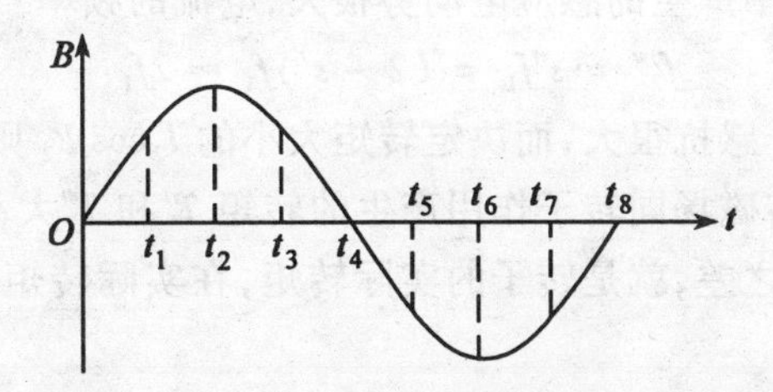

图 9-24　B 随时间变化波形

两个旋转磁场的转速为

$$n_0 = \pm \frac{60f_1}{p} \tag{9-25}$$

上述结论还可以用图解法来说明:如图 9-25 所示,图中表明了在不同瞬间时刻两转向相反的旋转磁场的磁感应强度幅值在空间的位置(对应于图 9-24 的波形)。

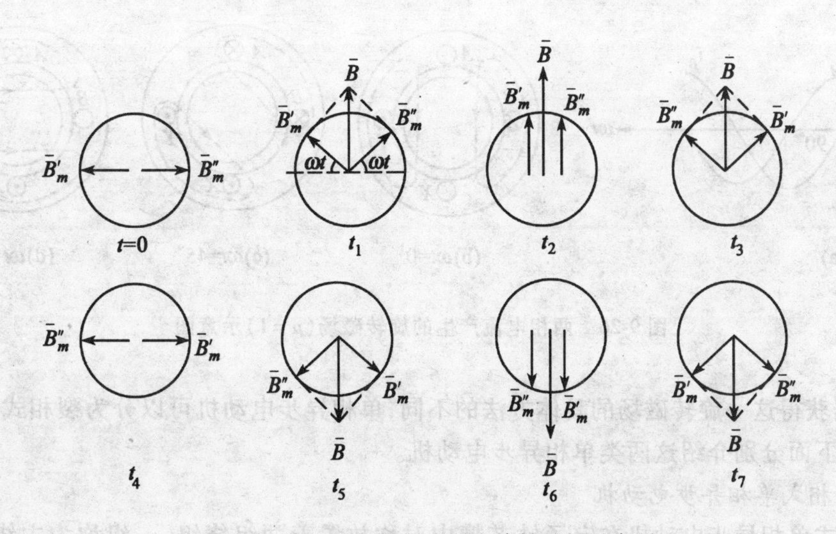

图 9-25　脉动磁场分解成两个旋转磁场示意图

由前面所学的知识可知,这两个旋转磁场将分别对转子产生转矩,分别用 T' 与 T'' 表示。当转子静止时,T' 与 T'' 大小相等,方向相反,因此,二者同时作用的结果是电动机的总转矩等于零。亦即无起动转矩,转子不转动。但是若有外力(即使很小)使转子旋转一下,于是转子就可以持续转下去。其原理如下:

设与转子转向相同的旋转磁场与转子的转差率为

$$s' = \frac{n_0 - n}{n_0} \tag{9-26}$$

则

$$f'_2 = s'f_1 \tag{9-27}$$

而反向旋转磁场与转子间的相对转速很大,转差率为

$$s'' = \frac{-n_0 - n}{-n_0} = \frac{n_0 + n}{n_0} = \frac{n_0 + n_0(1 - s')}{n_0} = 2 - s' \tag{9-28}$$

因此反向旋转磁场在转子中产生的感应电动势很大,电流的频率

$$f_2'' = s''f_1 = (2 - s')f_1 \approx 2f_1 \tag{9-29}$$

也很大。在此频率下,转子感抗很大,而决定转矩大小的 $I_2\cos\Psi_2$ 则很小。

因此,正向和反向旋转磁场同转子作用产生的转矩 T' 和 T'' 大小不等($T'' \ll T'$),方向相反。这两个不同方向转矩之差,就是转子的实际转矩,在实际转矩的作用下,转子得以继续转动。

9.6.2 单相异步电动机的类型与起动方法

从电动机的工作原理可知,电动机需要借助于某一外力才能转动起来,而实际中如何获得这一外力,亦即电动机的起动问题。解决这一问题的基本思想是设法使定子中有两相交流电通过,这是因为两相交流电也可以产生旋转磁场。如图 9-26 所示。而单相异步电动机在该旋转磁场的作用下,转子按旋转磁场的方向转动。

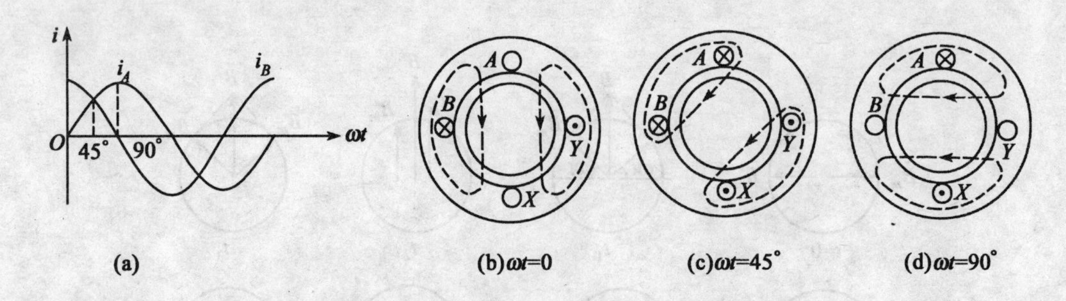

图 9-26 两相电流产生的旋转磁场($p = 1$)示意图

根据获得这一旋转磁场的具体方法的不同,单相异步电动机可以分为裂相式和罩极式两大类。下面分别介绍这两类单相异步电动机。

1. 裂相式单相异步电动机

裂相式单相异步电动机在定子铁芯槽中对称放置着两组绕组,一组称为主绕组(或工作绕组),另一组称为副绕组(或起动绕组),当然副绕组主要是为解决起动问题而设置的。

在启动时主绕组和副绕组并连接到电源上，为了使两绕组中的电流有一个相位差，一般副绕组的匝数比主绕组少，且导线截面比主绕组的小，这样就可以使电抗比主绕组的小，电阻比主绕组的大。于是就可以使两绕组中的电流有一个相位差。

裂相又分为电阻裂相和电容裂相。图9-27分别为电阻裂相和电容裂相电动机的接线电路图。电动机起动完毕后，则由一个起动开关把副绕组与电源切断，即工作时只有主绕组通有电流。但也有在工作时主绕组、副绕组仍然都通有电流，在这种情况下实质上是一个两相电动机，其接线图如图9-28所示。工作在这种情况下的电动机又称为电容电动机。

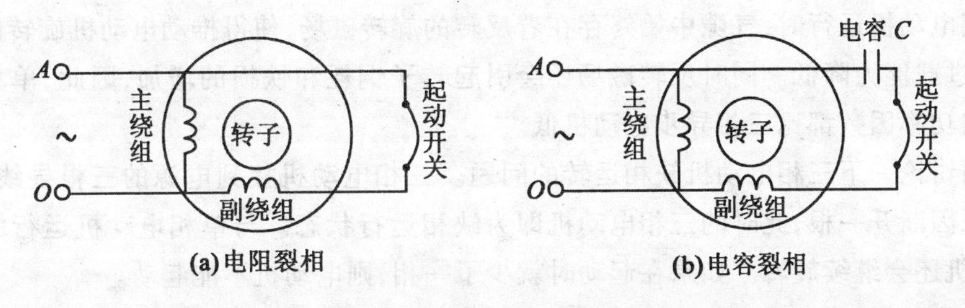

图9-27 裂相式电动机接线图

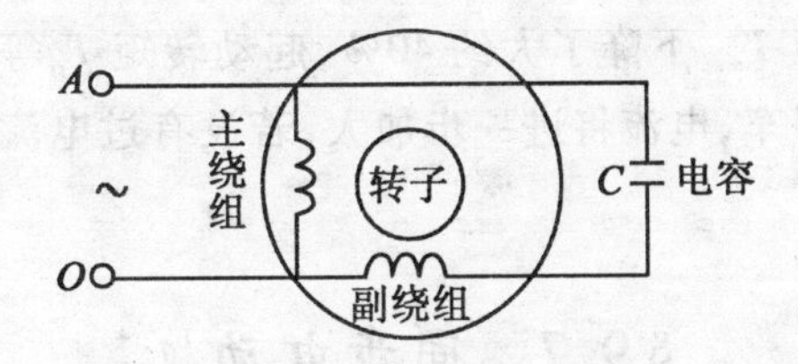

图9-28 电容电动机的结构示意图

若将裂相式电动机改变其转向，也是通过改变旋转磁场的方向来实现的。即把两绕组中任何一个的两端换接即可。

2. 罩极式单相异步电动机

以上介绍的几种电动机其定子绕组的结构都是相同的，仅是在起动时采取的措施不同而已。而罩极式单相异步电动机在定子结构上与上述几种有相当的差异。如图9-29所示为罩极式单相异步电动机的结构示意图。

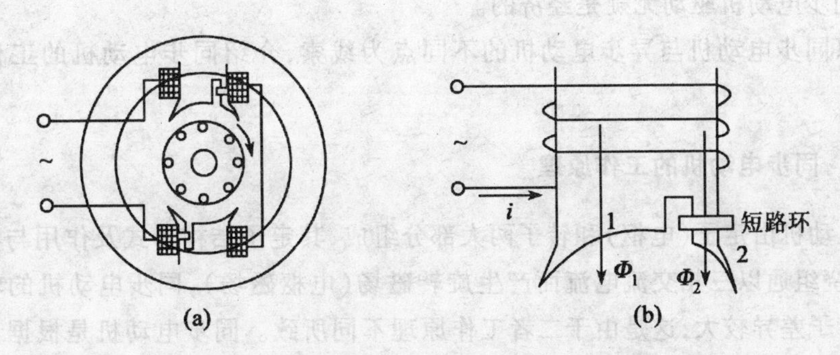

图9-29 罩极式单相异步电动机示意图

罩极式单相异步电动机的结构特点是定子上有凸出的磁极，主绕组就绕在这个磁极上，在磁极表面$\frac{1}{4}\sim\frac{1}{3}$的部分，有一个凹槽，将磁极分成大、小两部分，在磁极小的部分套着一个短路铜环，每个磁极的定子绕组串联后接单相电源。当将电源接通时，磁极下的磁通分为两部分：即 Φ_1 与 Φ_2。由于短路铜环的作用，罩极下的 Φ_1 与在短路环下的 Φ_2 之间产生了相位差，于是在电机中就产生一个旋转磁场，以解决单相异步电动机的起动问题。

罩极式单相异步电动机，构造简单，制造方便，但要改变转向非常麻烦。这种电动机起动转矩很小，故常用于小容量的设备，如风扇、电唱机及自动装置中。

单相电动机运行时，气隙中始终存在着反转的旋转磁场，使得推动电动机旋转的电磁转矩减小，过载能力降低。同时反转磁场还会引起转子铜耗和铁损的增加，因此，单相电动机的效率和功率因数都比三相异步电动机低。

下面讨论一下三相电动机缺相运转的问题。三相电动机接到电源的三根导线中，若由于某种原因断开一根，此时的三相电动机即为缺相运行状态。与单相电动机运行的原理一样，电动机还会继续旋转。如果在起动时就少了一相，则电动机不能起动。

电动机处于缺相运行状态时，如果电动机满负荷运行，这时其余两根线的电流将成倍增加，从而引起电动机过热，长时间运行将使电动机烧毁。异步电动机缺相运行对机械特性也将产生严重影响，最大转矩 T_{max} 下降了大约 40%，起动转矩 T_{st} 等于零。如果电动机满负荷运行，此时电动机有可能停车，电流将进一步加大，若没有过电流继电器和过热继电器的保护，将加快电动机的损毁。

§9.7 同步电动机*

在实际生产中，对于那些低速大功率，且长期工作的生产机械，用同步电动机驱动，具有比异步电动机更明显的优点。所谓同步电动机，就是电动机的转速与电枢的旋转磁场转速相同，这类电动机称为同步电动机。

在大功率同容量的情况下，同步电动机较异步电动机显著的优点是：同步电动机的功率因数较高，同步电动机不仅不使电网的功率因数 $\cos\varphi$ 降低，相反的能够改善电网的功率因数。其次体积较异步电动机要小。同步电动机有运行效率高，过载能力强，转速恒定等特点。所以对不要调速而又是低速大功率负载（如大型空压机、粉碎机、离心水泵、送风机等），采用同步电动机驱动无疑是经济的。

本节以同步电动机与异步电动机的不同点为线索，介绍同步电动机的工作原理及特性。

9.7.1 同步电动机的工作原理

同步电动机由定子（电枢）和转子两大部分组成，其定子结构形式及作用与异步电动机一样，电枢绕组通以三相交流电流而产生旋转磁场（电枢磁场），同步电动机的转子与异步电动机的转子差异较大，这是由于二者工作原理不同所致。同步电动机是根据异性磁极相吸的原理而制造的。换言之，如果把异步电动机的转子制成一个与旋转磁场极对数相同的磁极,那么旋转磁场就会牵着转子转动,这时转子的转速就和旋转磁场的转速相同,也就是一个同步电动机了。同步电动机的工作原理如图 9-30 所示。

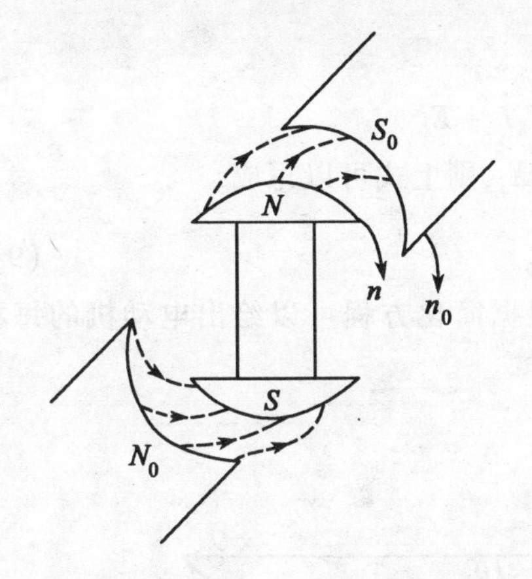

图 9-30　同步电动机工作原理示意图

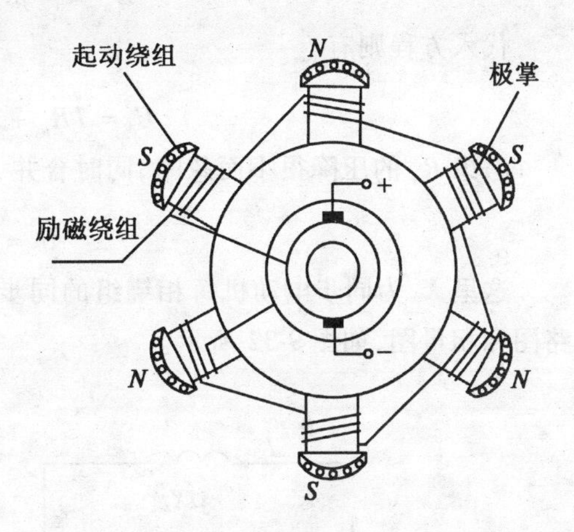

图 9-31　同步电动机转子结构示意图

9.7.2　转子结构及励磁

1. 结构

同步电动机的转子是一个直流电磁铁,其磁极对数与电枢磁场极对数相同,其结构制成凸极式,如图 9-31 所示。该转子主要由极掌、励磁绕组、滑环及起动绕组组成。

2. 励磁

转子磁极(简称磁极)要用直流电流来激磁,直流电流经过电刷和滑环送到励磁绕组,其直流电流一般由直流发电机(励磁机)或硅整流装置提供。

9.7.3　电磁关系及电压平衡方程

1. 电磁关系

与变压器、异步电动机一样,同步电动机的磁通也分为主(工作)磁通 Φ 和漏磁通 Φ_σ,而且 Φ 可以看成是电枢磁通 Φ_a 与磁极磁通 Φ_0 的合成。所以电动机中实际存着 Φ_a、Φ_0、Φ_σ 三个分量的磁通,它们分别在电枢每相绕组中感应电动势 $\dot{E}_a$、$\dot{E}_0$、$\dot{E}_\sigma$。

2. 电压平衡方程

同步电动机与变压器和异步电动机一样,其平衡方程与式(8-25)和式(9-4)有相似的形式,即

$$\dot{U} = \dot{I}R_a + (-\dot{E}_\sigma) + (-\dot{E}) \tag{9-30}$$

其中 $\dot{E}$ 是合成磁通 Φ 在电枢绕组中感应的电动势,而 Φ 是 Φ_a、Φ_0 合成的,那么 $\dot{E}$ 可以看成是 $\dot{E}_a$ 和 $\dot{E}_0$ 合成的,即

$$\dot{E} = \dot{E}_a + \dot{E}_0 \tag{9-31}$$

由于 $\dot{E}_a$、$\dot{E}_\sigma$ 是反电势,起电压降的作用,故可以表示成电压降的形式,即

$$\dot{E}_a = -\mathrm{j}X_a\dot{I}, \dot{E}_\sigma = -\mathrm{j}X_\sigma\dot{I} \tag{9-32}$$

代入方程则有

$$\dot{U} = \dot{I}R_a + \mathrm{j}X_\sigma\dot{I} + \mathrm{j}X_a\dot{I} - \dot{E}_0$$

考虑 R_a 的压降很小而忽略,同时合并 $X_a + X_\sigma = X_t$,则上式可以写成

$$\dot{U} = \mathrm{j}\dot{I}X_t - \dot{E}_0 \tag{9-33}$$

这里 X_t 为同步电动机每相绕组的同步电抗。根据简化方程可以绘出电动机的每相电路图和相量图,如图 9-32 所示。

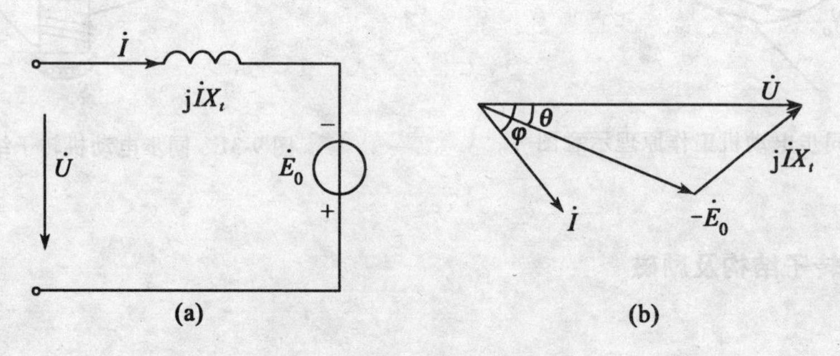

图 9-32 每相电路图和相量图

由相量图可以看出,电压 $\dot{U}$ 与电流 $\dot{I}$ 的相位差用 φ 表示,称为功率因数角,而 $\dot{U}$ 与 $-\dot{E}_0$的相位差角用 θ 表示,称为功角。如果从 $-\dot{E}_0$ 端点向 $\dot{U}$ 作垂线,该端点到垂足的距离联系了角 φ 与 θ,即

$$IX_t\cos\varphi = E_0\sin\theta \tag{9-34}$$

3. 功角的特点

功角 θ 不仅表示 $\dot{U}$ 和 $\dot{E}_0$ 的相位差,同时也是 Φ 与 Φ_0 的相位差,而且 θ 随负载的改变而改变。前者可由图 9-33 的相量图来说明,而后者则解释为:同步电动机运行时(包括空载)其电枢磁极轴线和转子磁极轴线并不是重合的,有一个夹角,这是由转子和转轴上的负载转矩的作用所致。由于轴线有一个夹角,从而导致了 Φ_a 与 Φ_0 有一个相位差。负载轻重不同,则两磁极轴线的夹角也不尽相同,而 θ 也就不一样,所以 θ 是随负载改变而改变的。

9.7.4 同步电动机的特性

1. 机械特性

当电源频率 f 一定时,同步电动机的转速 n 是恒定的,不随负载而变,所以同步电动机的机械特性 $n=f(T)$ 是一条与横轴平行的直线,如图 9-34 所示。

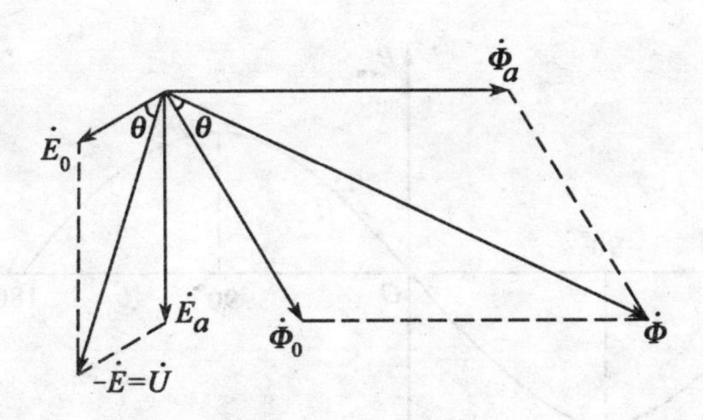

图 9-33　相量图

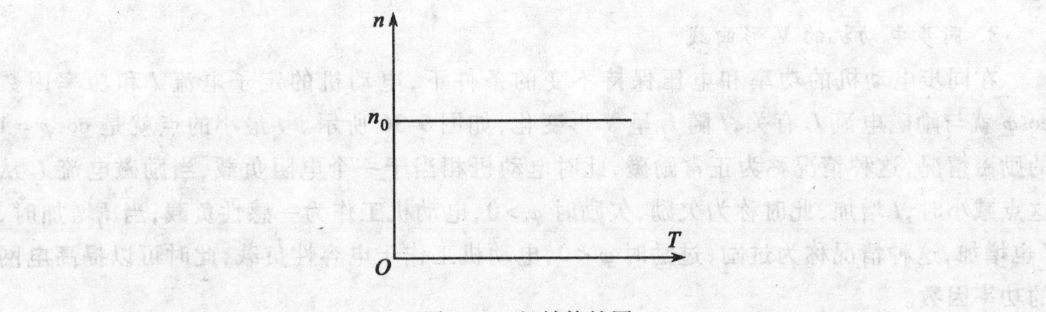

图 9-34　机械特性图

2. 功角特性

同步电动机的电磁转矩虽与转速 n 无关,但该转矩与功角 θ 有关。当负载改变时 θ 作相应改变,使电磁转矩改变以便达到新的平衡状态,由于篇幅限制,这里直接引用电机学中的结果,电磁转矩为

$$Tem = \frac{mUE_0}{\Omega X_t}\sin\theta \tag{9-35}$$

式中:m——相数;U——电网电压;Ω——同步角速度;X_t——同步电抗;E_0——Φ_0 在电枢绕组中感应的电势;θ——功角。

同步电动机的输出功率为

$$P_{em} = M\Omega = \frac{3UE_0}{X_t}\sin\theta \tag{9-36}$$

当 U、E_0 及励磁电流不变时,可以绘出 P_{em}—θ 曲线,如图 9-35 所示。

同步电动机运行时 θ 总是负值,即 Φ_0 滞后 Φ,所以电动机仅运行在曲线的左半部分。其右半部分为同步电动机的发电机运行状态。电动机在额定负载下,θ 在 $-30°$ 左右,此时对应的转矩称为额定转矩 T_N,最大转矩与额定转矩之比表示电动机的过载能力。同步电动机的过载能力不应低于 1.8 倍。

$$\lambda = \frac{T_{max}}{T_N} \tag{9-37}$$

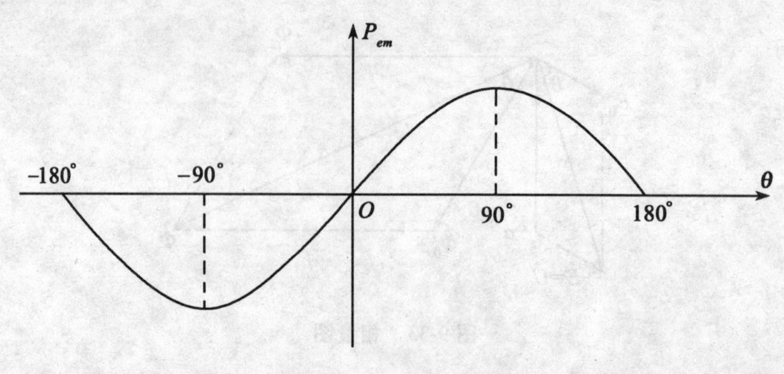

图 9-35 功角特性图

3. 同步电动机的 V 形曲线

在同步电动机的功率和电压保持不变的条件下,电动机的定子电流 I 和功率因数 $\cos\varphi$ 就与励磁电流 I_f 有关,I 随 I_f 呈 V 形变化,如图 9-36 所示。I 最小的点就是 $\cos\varphi=1$ 的励磁情况,这种情况称为正常励磁,此时电动机相当于一个电阻负载,当励磁电流 I_f 从这点减小时,I 增加,此时称为欠励,欠励时 $\varphi>0$,电动机工作为一感性负载;当 I_f增加时,I 也增加,这种情况称为过励,过励时 $\varphi<0$,电动机工作于电容性负载,此时可以提高电网的功率因数。

当励磁电流减小时,电动机的过载能力也要降低,当小到一定数值时,电动机就会失去同步,出现不稳定现象,图中虚线标出了电动机不稳定区的界限。

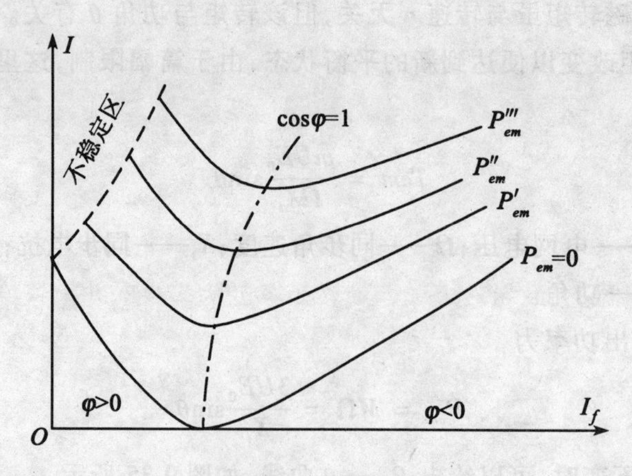

图 9-36 V 形曲线

9.7.5 同步电动机的起动

已激磁的静止转子,在电枢磁场中是不会自行转动起来的,这是因为转子和转轴上的生产机械具有惯性,而电枢磁场转得快;当 S_0 极作用转子受到吸力,而转子还未转动 N_0 极又过来给予斥力,于是转子受到的平均力矩为零,故不能自己起动。解决的办法是在转子的极掌上装上和笼型绕组相似的起动绕组，如图 9-31 所示。让同步电动机像异步电动机那样先起动转起来，当转速接近于同步转速时，再给转子激磁，于是转子便被牵入同步，这就是同步电动机的异步起动法。

[思考与练习题]

9.7.1 同步电动机的转速取决于什么？同步电动机的机械特性的参数条件是什么？

9.7.2 同步电动机为什么能改善电网的功率因数？

9.7.3 同步电动机正常运行时，其起动绕组是否有电流？若有电流则说明什么问题？

9.7.4 当同步电动机带动额定负载时，其功率因数 $\cos\varphi=1$。如果保持励磁电流不变，而使负载减至零，功率因数是否会改变？

习 题 9

9.1 试绘图说明，在空间相隔 90°的两相绕组中，通过相位差 90°的两相交流电流时，能够产生的空间旋转磁场。

9.2 一台八极异步电动机，额定频率 $f_N=50(\text{Hz})$，额定转速 $n_N=720(\text{r/min})$。试求：

(1)该电动机的额定转差率 s_N；

(2)若有外力使转子转速上升到 1 000(r/min)，此时的转差率是多少？

(3)若外力使转子反转，转速为 300(r/min)，此时转差率是多少？

9.3 有一台二极三相异步电动机，电源频率为 50(Hz)，带负载运行时的转差率为 4%，试求这台电动机的实际转速与同步转速。

9.4 有一台三相异步电动机，电源频率为 50(Hz)，带负载运行时转速为 415(r/min)。试求：

(1)电动机的极数；

(2)转差率；

(3)转子电流频率。

9.5 已知一台笼型电动机，当定子绕组三角形连接并接于 380(V)电源上时，最大转矩 $T_{\max}=60(\text{N}\cdot\text{m})$，临界转差率 $s_m=0.18$，起动转矩 $T_{st}=36(\text{N}\cdot\text{m})$。如果把定子绕组改成星形连接，再接到同一电源上，最大转矩和起动转矩各变为多少？并大致绘制出两种情况下的 $T_{\max}=f(s)$ 曲线。

9.6 Y112M-4 型电动机的额定功率为 4(kW)，额定转速为 1 440(r/min)，过载系数 $\lambda=2.2$。试求该电动机的额定转矩和最大转矩。

9.7 已知一台异步电动机的额定转速为 1 470(r/min)、额定功率为 30(kW)，起动转矩和最大转矩分别为额定转矩的 2.0 倍和 2.2 倍。试大致绘出这台电动机的机械特性曲线。

9.8 若题 9.7 所给电动机的额定电压为 380(V)，当电动机带额定负载转矩运行时，电源电压短时间降低，最低允许降到多少伏？

9.9 有 Y112M-2 型和 Y160M-8 型异步电动机各一台，额定功率都是 4(kW)，但前者额定转速为 2 890(r/min)，后者为 720(r/min)。试比较它们的额定转矩。

9.10 表9-2由产品样本中查得的一台笼型三相异步电动机的技术数据：

表9-2 某笼型三相异步电动机的技术数据

型号	额定功率/kW	额定电压/V	满载时				堵转电流与额定电流之比	堵转转矩与额定转矩之比	最大转矩与额定转矩之比
			转速/(r/min)	电流/A	效率/%	功率因数 $\cos\varphi$			
Y225S-8	18.5	380	730	41.3	89.5	0.76	6.0	1.7	2.0

(1)试求这台电动机直接起动时的起动电流、起动转矩和最大转矩。

(2)如果电源电压降为额定电压的80%，试问该电动机的起动电流、起动转矩和最大转矩各变为多大？

(3)如果负载转矩 $T_2=150(\mathrm{N\cdot m})$，该电动机能否用Y—△换接起动？

9.11 当三相笼型电动机的启动方式为：(1)直接起动；(2)Y—△起动；(3)自耦变压器在40%外加电压处抽头接上电动机。试求以相对值表示的起动转矩和起动电流。

9.12 某车间三相供电变压器容量为180(kVA)，输出电压为380(V)，该车间装设的电动机中有一台为Y280M-6型，从电工手册中查得其技术数据为

$$P_N=55(\mathrm{kW}),U_N=380(\mathrm{V}),n_N=980(\mathrm{r/min}),$$
$$I_N=104.9(\mathrm{A}),\eta_N=91.6\%,\cos\varphi_N=0.87,$$
$$\frac{T_{st}}{T_N}=1.8,\frac{T_{\max}}{T_N}=2.0,\frac{I_{st}}{I_N}=6.5。$$

试问：

(1)这台电动机可以采用哪几种起动方法？说明其理由。

(2)若要求起动转矩不小于额定转矩的0.6倍，应该采取哪种方法起动？起动电流是多少安？

(3)这台电动机在额定电压下运行时所能输出的最大转矩是多少？

9.13 某一台电动机的铭牌数据如下：

2.8(kW)	△/Y	220/380(V)
10.9/6.3(A)	1 370(r/min)	50(Hz)
$\cos\varphi=0.84$	转子84(V)	Y22.5(A)

试说明上述数据的意义，并求：

(1)额定负载时的效率；

(2)额定转矩；

(3)额定转差率。

9.14 已知Y100L1-4型异步电动机的某些额定数据如下：

2.2(kW)	220/380(V)	△/Y接法
1 430(r/min)	$\cos\varphi=0.82$	$\eta=81\%$

试计算：

(1)定子绕组星形连接和三角形连接时，相电流和线电流的额定值及额定负载时的转矩。

(2)额定转差率及额定负载时的转子电流频率。电源频率为50(Hz)。

9.15 某三相异步电动机，在电压 $U=380(\mathrm{V})$、频率 $f=50(\mathrm{Hz})$ 的电网下运行，电动机的输入功率 $P_1=44.6(\mathrm{kW})$，电流 $I_1=78(\mathrm{A})$，转差率 $s=0.04$，轴上输出有效转矩 $T_2=380(\mathrm{N\cdot m})$，试求电动机的转速、功率因数 $\cos\varphi$ 和效率。

9.16 Y200L-4 型三相异步电动机的额定功率为30(kW)，额定电压为380(V)，三角形接法，频率为50(Hz)。在额定负载下运行时，其转差率为0.02，效率为92.2%，线电流为56.8(A)。试求：

(1)额定转矩；

(2)电动机的功率因数。

9.17 题9.16中电动机的 $\frac{T_{st}}{T_N}=2$，$\frac{I_{st}}{I_N}=7$。

试求：

(1)用Y—△换接起动时的起动电流和起动转矩；

(2)当负载转矩为额定转矩的60%和80%时，电动机能否起动？

9.18 题9.16中，如果采用自耦变压器降压起动，而使电动机的起动转矩为额定转矩的85%。试求：

(1)自耦变压器的变比；

(2)电动机的起动电流和线路上的起动电流各为多少？

9.19 已知一台绕线型异步电动机的技术数据如表9-3所示。

表9-3　某绕线型异步电动机的技术参数

功率 /kW	电压 /V	转速 /(r/min)	电流 /A	效率 /%	功率因数 $\cos\varphi$	最大转矩与额定转矩之比	转子*	
							电压 /V	电流 /A
115	380	1 480	215	91.0	0.89	2.0	162	433

*给出的电压值系定子接额定电压、转子开路时呈现于任意两个滑环间的电压(即 $\sqrt{3}E_{20}$)，电流值系额定运行状态下的转子电流。

试求：

(1) 电动机额定运行状态下的转子每相电动势 E_{2N} 及其频率；

(2) 转子绕组每相电阻 R_2 的近似值；

(3) 设转子静止时 $X_{20}=4R_2$，求该电动机的最大转矩和临界转速；

(4) 按比例绘出该电动机的机械特性的近似直线段。

(提示：异步电动机额定运行状态下，转子绕组中的漏电抗 X_2 比电阻 R_2 远小得多。)

9.20 就题9.19所给的绕线型异步电动机的数据，近似计算欲使起动转矩等于最大转矩，需在转子电路的每一相串接多大电阻？

9.21 一水电站供应一远距离用户，为改善功率因数添置一台同步补偿机，试问该机应装在电站内呢？还是装在用户附近的变电站内？为什么？

9.22 某车间原有功率 30(kW)，平均功率因数为 0.6，现在新添一台设备，需用 40(kW)的电动机，车间采用三相同步电动机，并将全车间的功率因数提高到 0.96，试问这时同步电动机运行于电容性还是电感性状态？无功功率多大？

9.23 有一台三相同步电动机，星形连接，运行时的功率因数为 0.8(越前)，已知其每相数据为 $U=220(\mathrm{V})$，$I=20(\mathrm{A})$，$X_t=2.9(\Omega)$，$R_a\approx0$，试求 E_0 和 θ。

第 10 章　异步电动机的控制

异步电动机的控制属于电气控制技术，是自动控制技术的一个重要组成部分，该技术采用各种电气、电子等器件对各种控制对象按生产和工艺的要求进行有效的控制。

在学习了常用控制电器的基础上，本章首先介绍一些基本控制电路，并讨论三相异步电动机典型的继电接触控制电路。然后介绍可编程序控制器的基础知识以及异步电动机的电子控制。

§10.1　基本控制电路

目前在生产上广泛采用电动机作为机械的动力设备。为了使生产机械各部件的动作按照生产过程和加工工艺的要求顺序进行，必须对电动机施行自动控制。这一自动控制通常采用继电器、接触器及按钮等控制电器来实现。实现自动控制的系统称为继电接触器控制系统。

任何复杂的控制线路，都是由一些基本的单元电路组成的，本节以三相异步电动机的继电接触控制为例，介绍一些基本控制电路。

10.1.1　点动控制

如图 10-1 所示，为点动控制的实际接线图，点动控制结构由按钮和接触器组成。这种实际接线图对初学者来说，一目了然。但是，当控制线路中的元器件较多时，将每个元件的实际图形都绘出来，既麻烦，又不便读图。为了设计与读图的方便，一般绘出控制线路的电气原理图，并将电动机或其他用电设备的主电路与含有控制电器的控制电路分开绘。电器元件的线圈、触点均用符号表示，每个电器的触点则按该电器的线圈未接通电源时的状态绘出。控制电路中各个电器线圈在图中的位置按所控制机构的动作先后次序排列。图 10-2 为与图 10-1 相对应的电气原理图。

当电动机需要点动时，先合上开关 QS，此时电动机尚未接通电源，按下按钮 SB_2，接触器 KM 线圈通电，衔铁吸合，带动它的三对动触点 KM 闭合，电动机接通电源运转。松开按钮后，接触器线圈断电，衔铁靠弹簧力释放，动合触头 KM 断开，电动机断电停转。因此，只有按下 SB_2 时，电动机才能运转，松手后就停转，所以叫做点动。点动控制常用于快速行程控制和地面控制行车等场合。

10.1.2　自锁控制

自锁控制又称为自保持控制，是继电接触器控制系统中用得最多的一种控制方式。

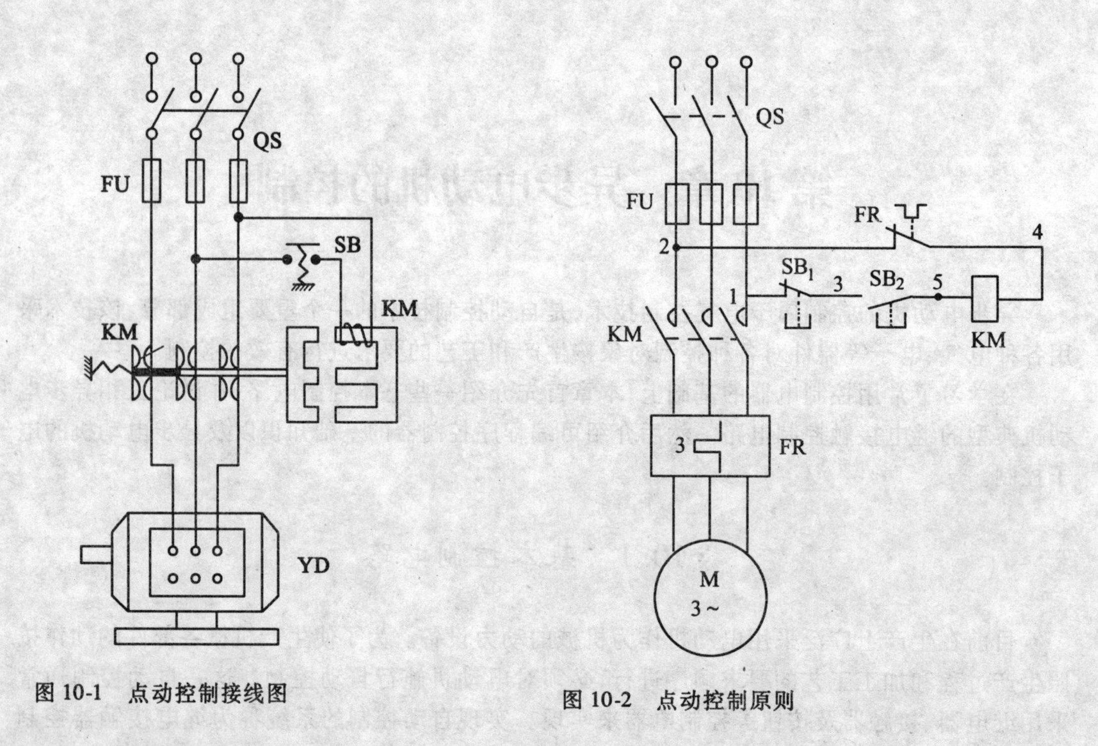

图 10-1　点动控制接线图　　　图 10-2　点动控制原则

带有自锁控制功能的三相异步电动机直接起动电路的控制原理图如图 10-3 所示。

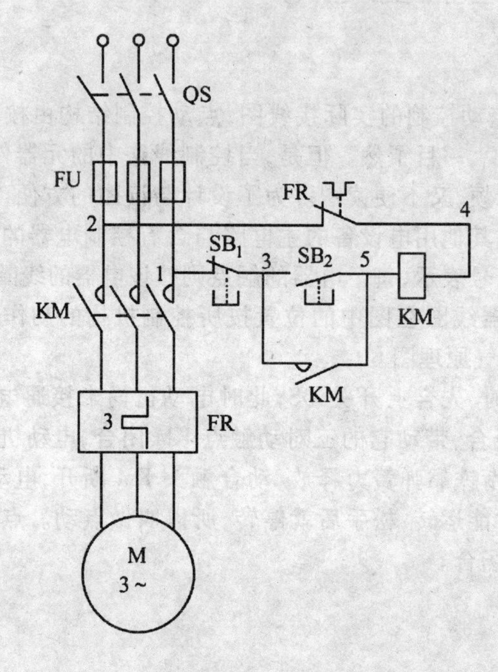

图 10-3　三相异步电动机自锁控制电路图

为了借助按钮起动后电动机长期运转，如果像点动控制那样，那么操作人员的手便始终不能离开按钮,这显然是不现实的。解决这个问题的关键在于设法保证接触器线圈长期处于通电状态。其方法是在按钮的常开触点两端并联交流接触器 KM 的一对动合辅助触点,这样就使该电路有了“自锁”功能。

当电动机起动时,按下 SB_2,交流接触器线圈通电,交流接触器 KM 串在主电路中的和并在 SB_2 的触点闭合,电动机通电起动旋转。由于并在 SB_2 两端辅助触点 KM 的作用,即使松开按钮 SB_2,交流接触器线圈仍然能够保持接通状态,从而保持电动机一直运行。这种依靠接触器自身辅助触点而使其线圈一直保持通电的控制方式称为自锁控制。这一对起自锁作用的触点称为自锁触点。

要使电动机 M 停转,只要按下按钮 SB_1,将控制电路断开即可。这时接触器 KM 断电释放,KM 的主触点将电动机从主电路上断开,电动机停止旋转。当手松开按钮 SB_1 后,它的常闭触点在弹簧的作用下又恢复到原来的常闭状态,但这时 SB_2 和接触器辅助动合触点均已呈常开状态,接触器线圈仍处于断电状态。

上述控制电路还具有短路保护、过载保护和欠压保护等功能。

在短路保护环节中,熔断器 FU 作为电路的短路保护,但不能起过载保护的作用。这是因为一方面熔断器的规格必须根据电动机起动电流大小作适当选择,另一方面还要考虑到熔断器保护特性的反时特性与分散性。

在过载保护环节中,热继电器 FR 具有过载保护的功能。由于热继电器的热惯性比较大,即使短时间内热元件流过几倍额定电流,热继电器也不会动作。因此在电动机起动时间不长的情况下,热继电器是经得起电动机起动电流冲击而不动作的。只有电动机较长时间过载的情况下 FR 才会动作,断开控制电路,接触器断电释放,电动机停止转动,实现电动机过载保护。

在欠电压保护和失电压保护中,欠电压保护是指当电源电压下降到一定值时,控制电路自动切断主电路,以免电动机在低压下运行而实施的一种保护措施。失电压保护(又称零电压保护)是指当供电电源突然停电,再次来电后,电动机不能随之通电转动的一种保护措施,从而防止电源电压恢复时,电动机突然起动运转造成设备和人身事故的发生。

欠电压保护和失电压保护是依靠接触器本身的电磁结构来实现的。当电源电压由于某种原因而严重欠电压或失电压时,交流接触器由于吸力不足衔铁自行释放,电动机停止旋转。当电源电压恢复正常时,接触器也不能自动通电,只有再次按下起动按钮 SB_2 后电动机才能起动。

10.1.3 互锁控制

在继电接触器控制电路中,常常涉及互锁控制。所谓互锁控制是指利用两个继电器的动断触点起互相控制的作用。即一个继电器接通时,利用其自身的动断触点的断开来封锁另一个继电器线圈的通电。

如图 10-4 所示的三相异步电动机正、反转电路的控制就是使用互锁控制的例子。

在生产过程中,往往需要电动机能够实现正、反转运行。如机床工作台的前进与后退、主轴的正转与反转、行车起重吊钩的上升与下降等都要求电动机能够正、反转运行。从前面学习三相异步电动机的工作原理可知,只要将接到三相电源三根导线中的任意两根对调就

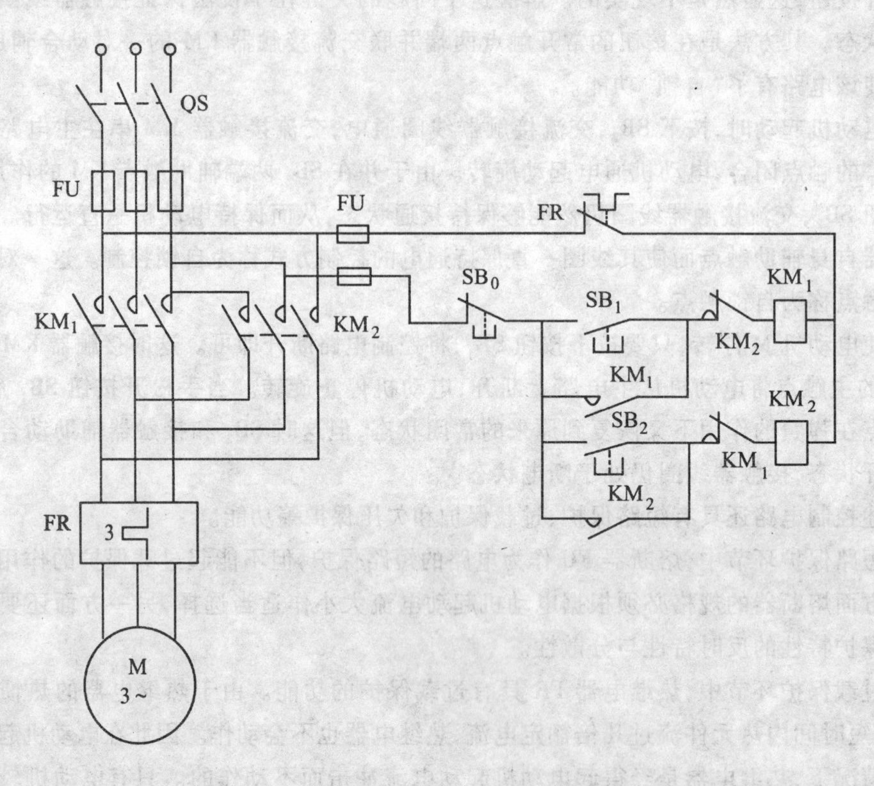

图 10-4 三相异步电动机正、反转控制电路图

可以实现三相异步电动机的正、反转运行的要求。在图 10-4 的电路中使用了两个交流接触器 KM_1 与 KM_2,这两个交流接触器分别用做正转运行和反转运行的主电路开关。但必须注意,这两个接触器不能同时接通,若同时接通,将有两根电源线通过闭合的主电路触点而将电源短路。所以三相异步电动机正、反转控制电路必须采用互锁控制。

在图 10-4 的控制电路中,利用接触器的动断辅助触点 KM_1 与 KM_2 起互相控制的作用。如果 KM_1 接触器通电,利用其串在 KM_2 接触器线圈回路中的动断触点 KM_1 的断开封锁了 KM_2 接触器线圈的通电,即使误操作按 KM_2 接触器的起动按钮 SB_2,接触器 KM_2 也不能动作,反过来也是如此。

图 10-4 中的三相异步电动机正、反转控制电路有个缺点,就是在正转过程中若要改为反转运行,必须先按 SB_0 按钮,释放正转工作接触器的触点,给反转接触器线圈的通电创造条件。再按反转起动按钮,电动机起动反转运行。因此该电路是“正-停-反”控制电路。这样的操作在实际工作中是非常不方便的。直接实现正、反转的变换控制是按下正转起动按钮电动机就做正转运行,按下反转按钮电动机就做反转运行,不必先把电动机停下来再作变换。直接用正、反转按钮进行正、反转变换控制的电路如图 10-5 所示(略去主电路)。

在这个控制电路中,正转起动按钮 SB_1 的动合触点用来起动接通正转接触器 KM_1 的通电,其动断触点则串在反转接触器 KM_2 的线圈电路中。也就是说当按下 SB_1 的同时,将反转接触器 KM_2 的线圈电路同时断开。若此时电动机正在反转运行,则反转接触器线圈断

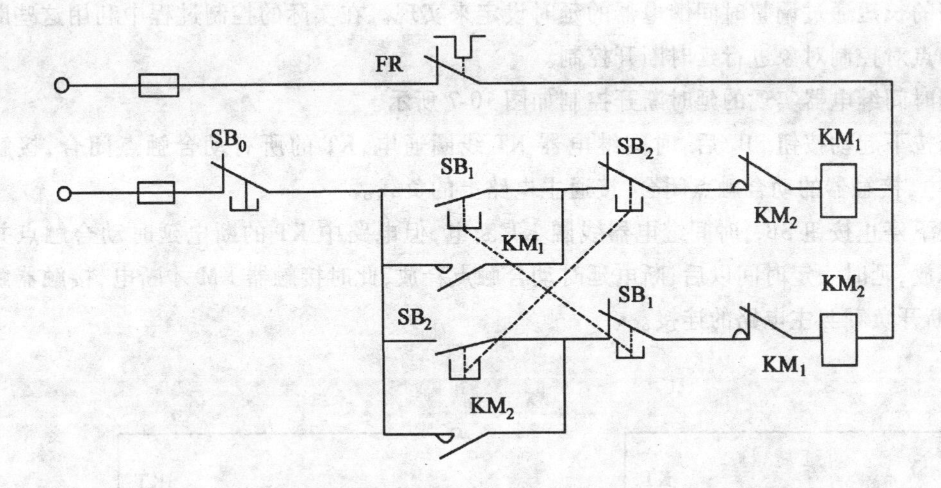

图 10-5　带按钮互锁的三相异步电动机正、反转控制电路图

开。在断开的同时，串在正转接触器线圈电路中的动断触点 KM_2 接通，正转接触器线圈 KM_1 通电，正转接触器动作，电动机起动做正转运行，反之亦然。这样在需要改变电动机转动方向时，就不必先按停止按钮了，直接操作正、反转按钮即可实现电动机的正、反转运行的变换。但这种电路最后停机需按停止按钮。

如图 10-5 所示的三相异步电动机正、反转控制电路既有接触器的互锁，又有按钮的互锁，保证了电路方便可靠地工作，这种方式在继电接触器控制系统中常常被采用。

10.1.4　时间控制

在生产过程中，往往需要对时间进行控制，在继电接触器控制系统中的时间控制通常是利用时间继电器进行的延时控制。经常使用的有延时闭合与延时断开两种延时控制方法。

1. 延时闭合控制

延时闭合控制是通电延时控制，即时间继电器线圈通电后，动合触点并不立刻闭合，而是延迟一定的时间后再闭合。延迟时间的长短可以通过调整时间继电器的延时设定来实现，在实际的控制过程中利用这些延时触点对控制对象进行延时闭合控制。当然，不难推断，利用同一个继电器上的动断触点可以得到与动合触点完全相反的效果。

用时间继电器实现的延时闭合控制如图 10-6 所示。

当按下起动按钮 SB_2 后，时间继电器 KT 线圈通电，KT 的动合触点闭合自锁。KT 的延时动合触点要延迟一定时间后才闭合，当延时常开触点 KT 闭合后，接触器 KM 通电，接触器的动合触点闭合，接通主电路上的负载。

按下停止按钮 SB_1，时间继电器线圈 KT 断电，电路中 KT 的所有动合触点释放，接触器 KM 断电，接触器触点释放，断开负载与主电路的连接。

2. 延时断开控制

延时断开控制是断电延时控制，即时间继电器线圈通电后，时间继电器的动合触点立刻闭合。但是继电器线圈断电后,继电器的动合触点却要延迟一定的时间后再断开。断电延迟时间的长短通过调整时间继电器的延时设定来实现。在实际的控制过程中利用这些断电延时触点对控制对象进行延时断开控制。

用时间继电器实现的延时断开控制如图 10-7 所示。

当按下起动按钮 SB_2 后,时间继电器 KT 线圈通电,KT 的所有动合触点闭合,接触器 KM 通电,接触器的动合触点闭合,接通主电路上的负载。

按下停止按钮 SB_1,时间继电器线圈 KT 断电,但电路中 KT 的断电延时动合触点并不立即释放,延时一定时间以后,断电延时动合触点释放,此时接触器 KM 才断电,接触器触点释放,断开负载与主电路的连接。

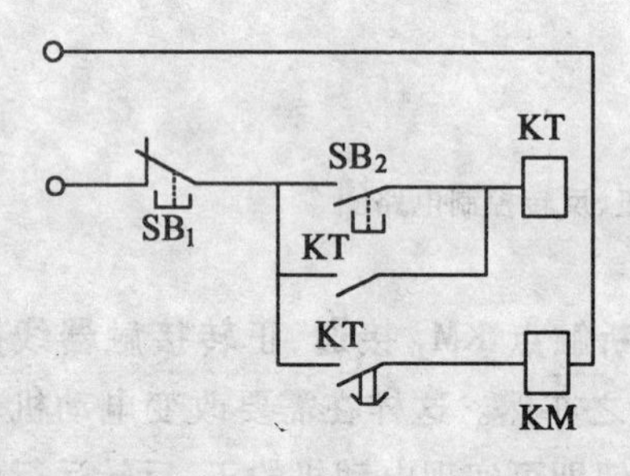

图10-6 延时闭合控制

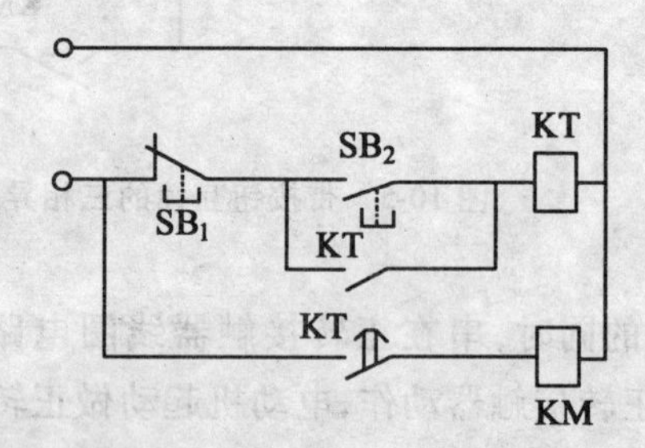

图10-7 延时断开控制

10.1.5 行程控制

龙门刨床、导轨磨床等设备中的工作部件往往需要作自动往复运动,具有行程开关的电路可以实现这种功能。因此行程控制就是利用行程开关进行某些与生产机械运动位置相关的控制。

图 10-8 给出了在机床空载自停自动控制中使用行程开关的例子。

在机床空载自停自动控制电路中,当按下起动按钮 SB_2 后,接触器线圈 KM 通电,触点 KM 接通主电路,电动机转动运行。如果离合器手柄处于空挡位置时,则限位开关 ST 被压合,时间继电器线圈 KT 通电,经一定的延迟时间(一般为 15~25s)后,离合器手柄若仍在空挡位置,则动断延时断开触点动作,使交流接触器线圈断电,接触器触点释放,电动机停止转动,这样节省了机床空载运行所消耗的电能。

用行程开关作自动限位停止的可逆运行的控制电路如图 10-9 所示。

工作平台在起始位置时,行程开关动断触点 ST_2 被压开,所以只有接触器线圈 KM_1 可以通电。按下正向起动按钮 SB_1,交流接触器触点 KM_1 动作,电动机正转,工作平台由左向右方向运动,同时被压开的动断触点 ST_2 释放而闭合。当工作平台运动至 ST_1 位置时,行程开关动断触点 ST_1 被压开,KM_1 断电,电动机停止转动,工作平台停止运动。此时只有接触器线圈 KM_2 支路可以通电。按下反向起动按钮 SB_2,交流接触器触点 KM_2 动作,电动机反转,工作平台由右向左方向运动,被压开的动断触点 ST_1 释放而闭合。当工作平台运动至

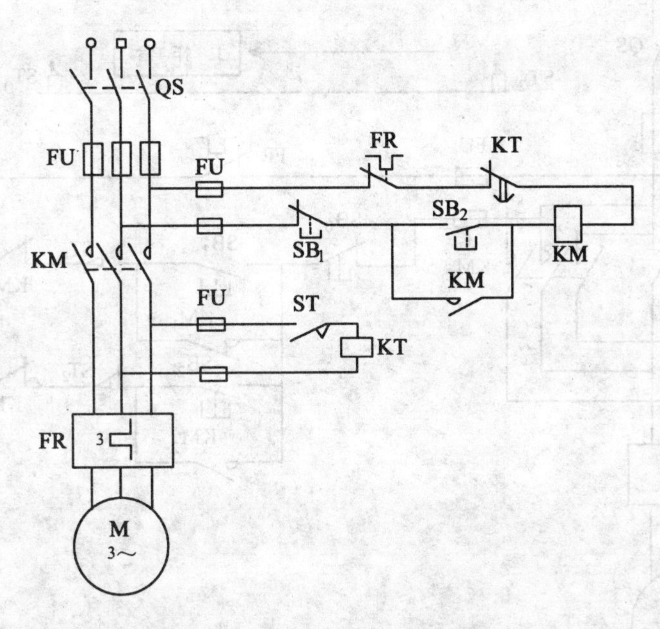

图 10-8　机床空载自停自动控制电路图

ST_2 位置时，行程开关动断触点 ST_2 被压开，KM_2 断电，电动机停止转动，工作平台停止运动。工作平台正好工作了一个循环。

该电路的控制特点是使机械设备每次能够停在规定的地点，这种电路适用于各种上下、左右、进退移动能够自动停止的生产机械设备的位置控制，是一种半自动的行程控制电路。

10.1.6　顺序控制

在电气传动控制系统中，常常要求各种运动部件之间或生产机械之间能够按一定的顺序进行工作。例如，龙门刨床在工作台移动前，导轨润滑泵要先起动；铣床的主轴旋转后，工作台方可移动，等等。在继电接触器控制系统中有多种顺序起、停控制线路，如顺序起动，同时停止控制线路；顺序起动，顺序停止控制线路；顺序起动、逆序停止控制线路等。

图 10-10(a)为一顺序起动、同时停止的顺序控制电路。接触器 KM_1、KM_2 分别控制电动机 M_1 和 M_2。在该线路中，只有接触器 KM_1 先通电吸合后，接触器 KM_2 才能够通电，即 M_1 先起动，M_2 才能够起动。按停止按钮 SB_0，交流接触器 KM_1 和 KM_2 同时断电，即 M_1 和 M_2 同时停转。

图 10-10(b)(略去主电路)为一顺序起动、顺序停止的顺序控制电路。在该线路中，只有接触器 KM_1 先通电吸合后，接触器 KM_2 才能够通电，即 M_1 先起动，M_2 才能够起动。断电时，得先断开 KM_1，而后才能断开 KM_2，即先停 M_1，才能停 M_2。

图 10-10(c)为一顺序起动、逆序停止的顺序控制电路。起动时，只有接触器 KM_1 先通电吸合后，接触器 KM_2 才能够通电，即 M_1 先起动，M_2 才能够起动。断电时，得先断开 KM_2，

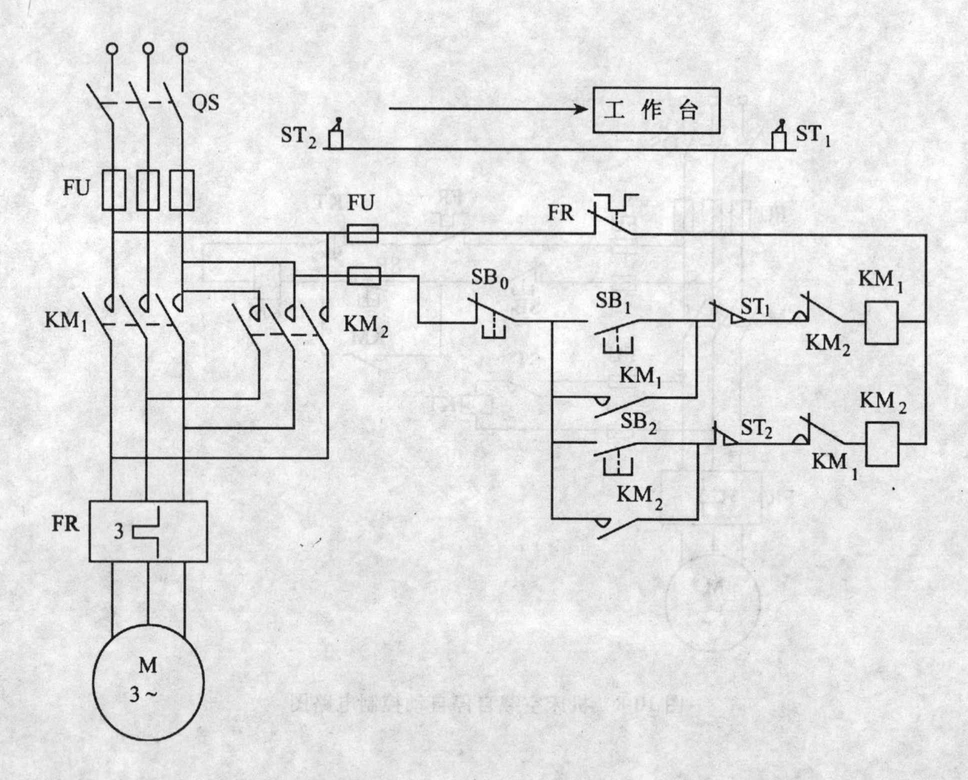

图 10-9 用行程开关作自动限位停止的可逆运行的控制电路图

而后才能断开 KM_1,即按先 M_2 后 M_1 的顺序停机。

从上面给出的几个顺序控制电路,我们可以总结出顺序起、停控制电路的控制规律:通常把控制先起动电动机接触器的动合触点串联在控制后起动电动机接触器的线圈电路中。用两个(或多个)停止按钮控制电动机的停机顺序,或将欲先停机的电动机的接触器动合触点与后停机电动机的停止按钮并联即可。如果掌握了规律,设计继电接触器顺序控制电路就比较容易了。

[思考与练习题]

10.1.1 什么是失电压、欠电压保护?在继电接触器控制电路中,是采用什么简便的方法来完成失电压和欠电压保护的?

10.1.2 在图 10-4 所示的三相异步电动机正、反转控制电路中采取了哪些保护措施?

10.1.3 设计一个既能点动运行,又能连续运行的三相异步电动机直接起动控制电路。

10.1.4 通电延时和断电延时有何不同?时间继电器的四种延时触点是如何工作的?

10.1.5 设计一个满足下列要求的继电接触器控制电路:按下起动按钮后,KM_1 线圈通电,经 10s 后 KM_2 通电,经 5s 后 KM_2 释放,同时线圈 KM_3 通电,再经 15s 以后,KM_1、KM_3 均释放。

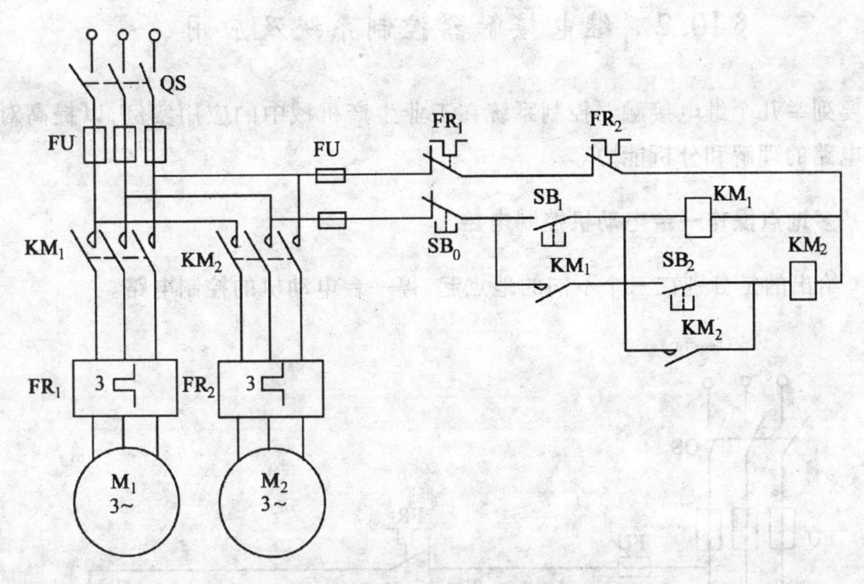

(a) 顺序起动、同时停止的顺序控制电路图

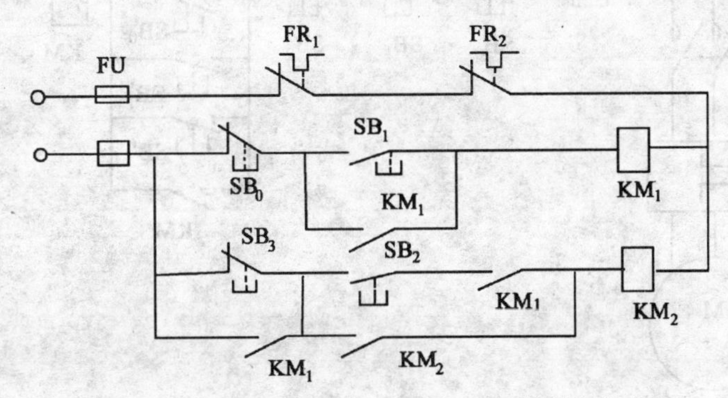

(b) 顺序起动、顺序停止的顺序控制电路图

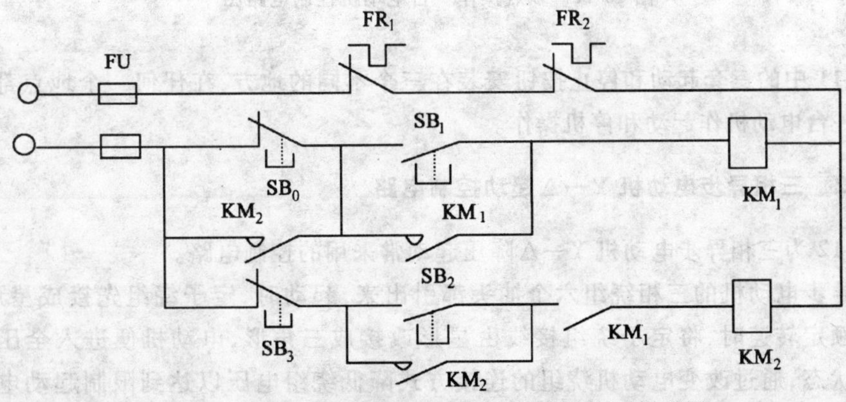

(c) 顺序起动、逆序停止的顺序控制电路图

图 10-10 顺序控制电路图

§10.2 继电接触器控制系统及应用

这里主要列举几个继电接触器控制系统在工业生产机械中的应用实例,以提高对继电接触器控制电路的理解和分析能力。

10.2.1 多地点操作一台电动机控制电路

图10-11给出的是分别在三个不同的地点起、停一台电动机的控制电路。

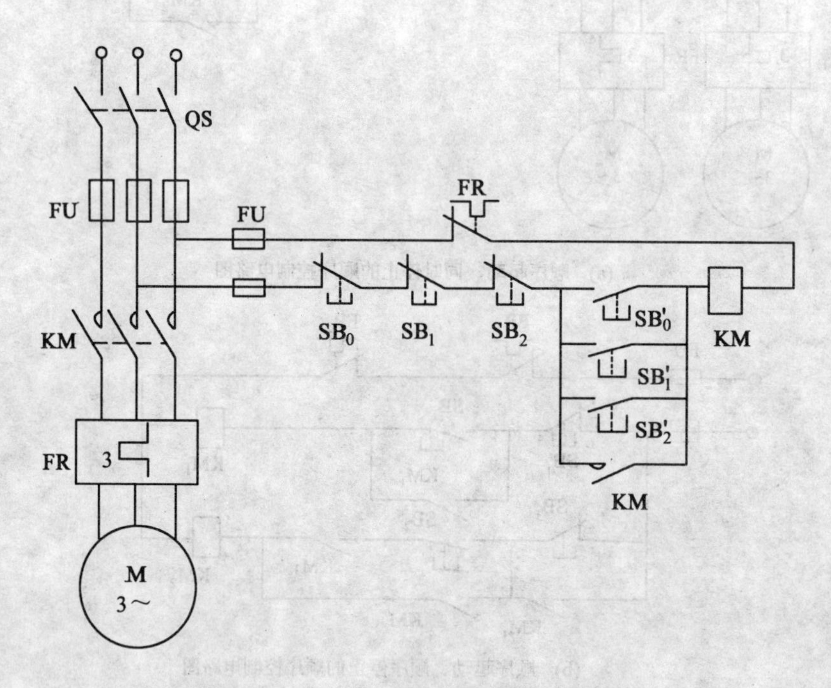

图10-11 多点操作一台电动机控制电路图

图10-11中的三套起动和停止按钮安装在三个不同的地方,在任何一个地点都可以方便地对同一台电动机作起动和停机操作。

10.2.2 三相异步电动机Y—△起动控制电路

图10-12为三相异步电动机Y—△降压起动常采用的控制电路。

笼型异步电动机的三相绕组六个抽头都引出来,起动时,定子绕组先接成星形,待转速上升至额定转速时,将定子绕组接线由星形改接成三角形,电动机便进入全压运行的正常运行状态,通过改变电动机绕组的连接方式降低绕组电压以达到限制起动电流的目的。因功率在4kW以上的异步电动机正常运行时均为三角形连接,故都可以采用Y—△起动方法。

如图10-12所示电路的工作原理如下:合上总开关QS,按下启动按钮SB_2,KT、KM_3、KM_1通电吸合,KM_3动断联锁触点动作使KM_2线圈断开不能通电,另外使KM_1也通电吸合并自锁，电动机接成星形降压起动。当电动机的转速接近额定转速，时间继电器 KT 延时到所设定的时间时，其动断触点断开，因而 KM_3 和时间继电器断电释放，KM_2 通电吸合，电动机定子绕组连接成三角形正常持续运行。

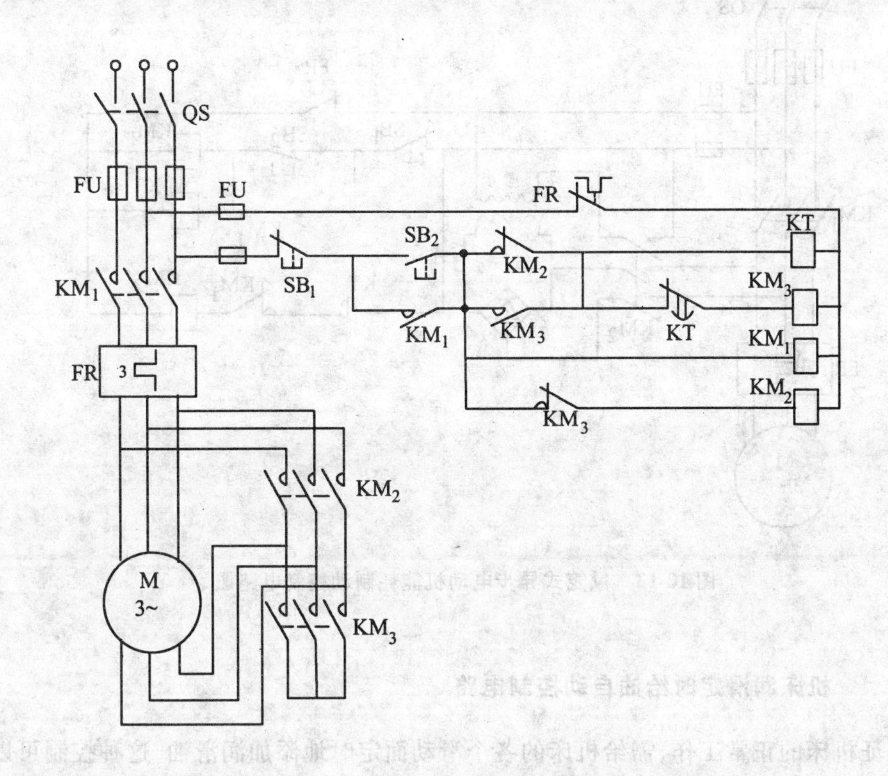

图 10-12　Y—△降压起动控制电路图

10.2.3　三相异步电动机能耗制动控制电路

能耗制动的方法本书前文已经介绍过，这种制动方法是在断开三相电源的同时，在电动机两相定子绕组中通以直流电流，产生制动转矩，使电动机迅速停转。笼型异步电动机能耗制动控制电路图如图 10-13 所示。

图 10-13 能耗制动控制电路使用的直流电由一个桥式整流器供给。在电动机正常通电运行时，断电延时继电器线圈 KT 通电，其延时断开的动合触点闭合，但由于动断触点 KM_1 此时是打开的，接触器 KM_2 处于断电状态，直流电不能加到电动机绕组上。

当按下停止按钮 SB_1 后，接触器 KM_1 和时间继电器 KT 同时断电，接触器 KM_1 的触点释放，电动机脱离交流电源。由于在电路中使用了断电延时继电器，所以电路中的时间继电器延时断开的动合触点仍然处于闭合状态，因而交流接触器 KM_2 线圈通电，其触点动作，电动机绕组与直流电源接通，产生制动转矩，电动机迅速停转。在到达时间继电器设定的时间后，断电延时动合触点释放断开，KM_2 线圈断电，触点释放断开，直流电源断开与电动机绕组的连接，制动过程结束。

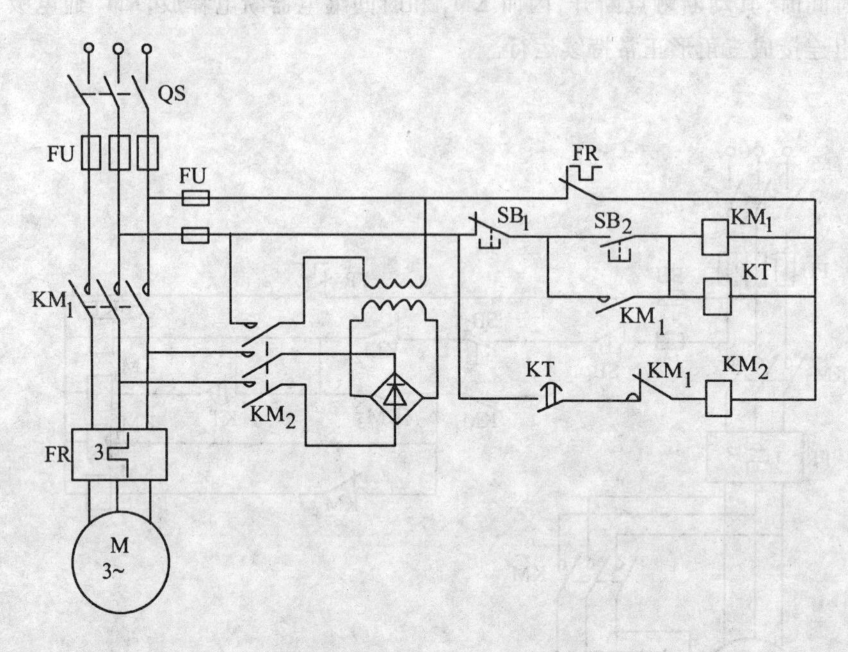

图 10-13 鼠笼式异步电动机能耗制动控制电路图

10.2.4 机床润滑定时给油自动控制电路

为保证机床的正常工作，需给机床的各个滑动面定时地添加润滑油，这种控制可以通过时间继电器来实现。图 10-14 中带动液压泵给油的电动机 M 由接触器 KM 控制，而接触器的吸合与释放时间分别由通电延时型继电器 KT_1 和 KT_2 决定。中间继电器 KA 起着传递信号的作用。当外部给油信号触头 ST 闭合时，接触器 KM 通电吸合，电动机 M 运转，给油开始。与此同时，继电器 KT_1 通电，开始给油计时。经过 t_1 延时后，KT_1 常开触头闭合，中间继电器 KA 线圈通电。一方面 KA 的常闭触头断开，切断接触器 KM 的线圈电路，接触器 KM 释放，电动机停转，给油停止。另一方面，继电器 KT_2 线圈通电，开始停止给油的计时。经过 t_2 延时后，KT_2 常闭触头断开，中间继电器 KA 线圈断电，于是接触器 KM 又重新通电闭合，开始了第二次给油。如此不断循环。KT_1 设定的时间 t_1 是给油时间，也是液压泵电动机转动的时间。KT_2 设定的时间 t_2 是液压泵停止转动的时间，也就是停止供油的时间。按钮 SB 用于手动控制给油操作。

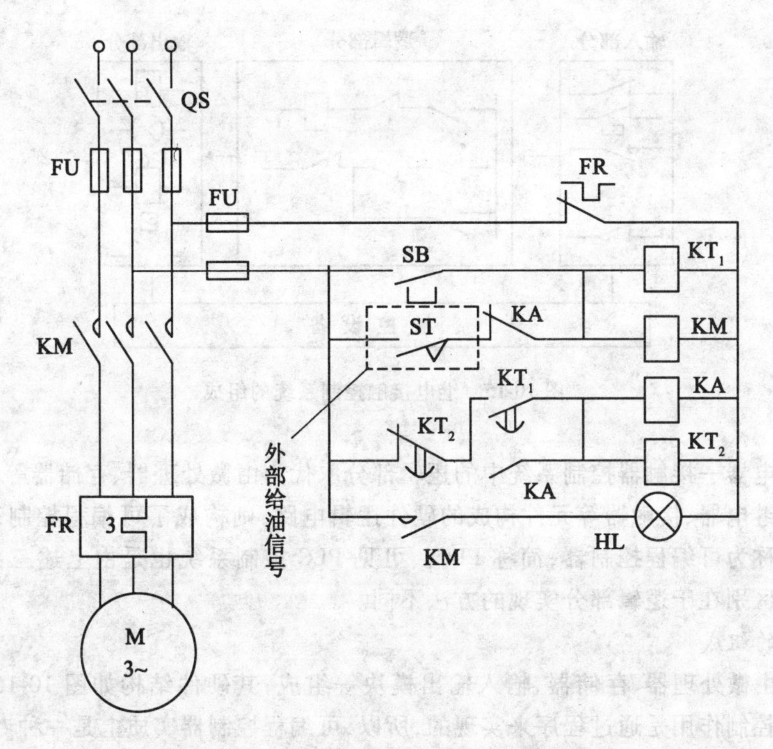

图 10-14　机床润滑定时给油自动控制电路图

§10.3　PLC 控制系统

继电接触器控制系统长期在生产上得到广泛应用,但由于该系统的机械触点多、接线复杂、可靠性低、功耗高、通用性和灵活性较差等不足,因此日益满足不了现代化生产过程复杂多变的控制要求。

PLC——可编程控制器,英文名称 Programmable Logic Controller 的缩写。可编程控制器是一种数字运算的电子系统装置,专为在工业环境下应用而设计的。

PLC 是以微处理技术、电子技术和可靠的工艺为基础的,综合了计算机、通信、自动化控制理论,并结合工业生产的特定要求而发展起来的,用于生产过程自动化和电气传动自动化操作的工业装置。目前,PLC 控制技术已在世界范围内广为流行,已成为当前和今后电机控制的主要手段和重要的基础设备之一。

10.3.1　可编程控制系统及 PLC

1. 可编程控制系统

传统的继电器—接触器控制系统由输入、输出和逻辑部分三部分组成,其中输入部分是指按钮、开关等输入设备;输出部分是指继电器、电磁阀、指示灯等各种执行器件;逻辑部分是指由各种继电器—接触器用导线连接而成并具有一定逻辑功能的控制线路。由此可见,传统的继电接触控制系统是一种由物理器件连接而成的控制系统,如图 10-15 所示。

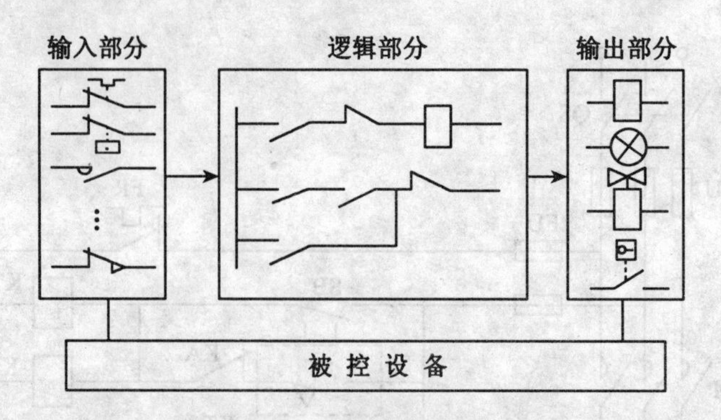

图 10-15 继电接触控制系统的组成

若将继电器—接触器控制系统中的逻辑部分取代为由微处理器、存储器等硬件支持，而由软件代替继电器、接触器等元件构成的硬件逻辑电路，则构成了可编程控制系统，该系统的逻辑部分称为可编程控制器，简称 PLC。可见 PLC 控制系统也是由上述三部分组成，两者最主要的区别在于逻辑部分实现的方法不同。

2. PLC 的组成

PLC 是由微处理器、存储器、输入输出模块等组成，其硬件结构如图 10-16 所示。PLC 控制系统的控制作用是通过程序来实现的，所以，可编程控制器实质上是一种专门为工业控制而设计的专用计算机，因此该控制器的硬件结构同计算机十分类似。

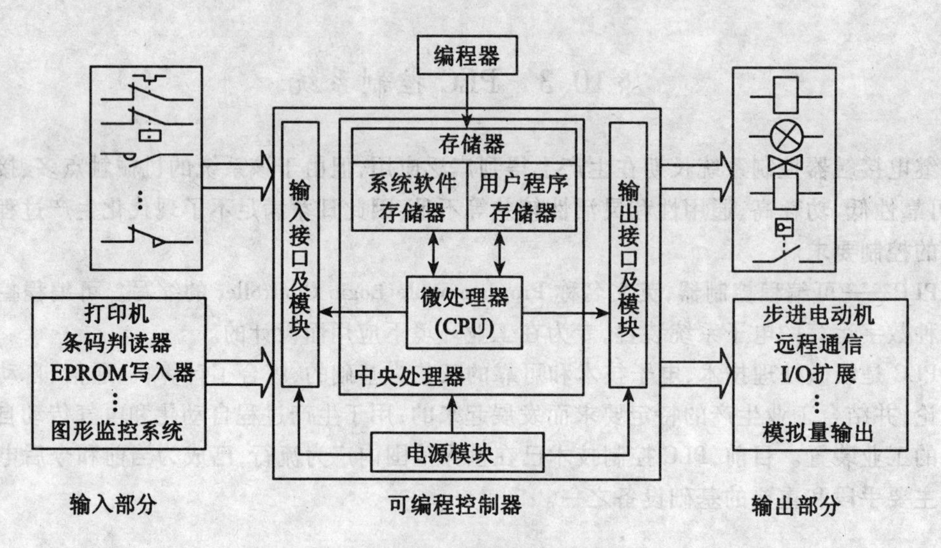

图 10-16 PLC 的硬件组成部分

(1)微处理器(CPU)。

微处理器的主要作用是处理并运行用户程序，监控输入、输出电路的工作状态，并作出逻辑判断，协调各部分的工作，必要时作出应急处理。

(2)存储器部分。

PLC的存储器有两种类型三个区域。两种类型是只读存储器ROM和随机存储器RAM;三个区域是系统软件存储器区、用户软件存储器区和数据存储器区。

只读存储器ROM中的内容是由PLC制造厂家写入的系统程序,并固化在ROM中。系统程序存储器主要存放系统管理和监控程序以及对用户程序进行编译处理的程序。

随机存储器RAM是可读可写存储器,RAM一般存放用户程序、运算数据、逻辑变量和输入输出数据等内容。

用户程序存储器用来存放用户根据生产过程和工艺要求编制的程序,该程序可以通过编程器进行编程或修改。

系统程序是用来控制和完成PLC各种功能的程序,主要包括检查程序、翻译程序、监控程序等。该程序用户不能修改。

编程器是PLC不可缺少的外部设备,编程器不仅能对程序进行输入、检查、修改、调试,还能对PLC的工作状态进行监控。

(3)输入、输出(I/O)接口部分。

PLC的输入、输出接口部分是与被控制设备相连接的部件。为实现对工业设备或生产过程的检测与控制,要求PLC能直接与现场相连,这是PLC的重要特点之一。然而与PLC输入部分和输出部分相连器件的电压都很高,一般在DC24V至AC240V之间,电流达几安培。所以,输入、输出接口部分必须具有电平转换和隔离功能,以便PLC能直接与传感器或执行器件相连。

输入接口接受现场设备(如按纽、行程开关、传感器等)的控制信号。并将这些信号转换成CPU能接受和处理的数字信号。

输出接口接受经CPU处理过的数字信号,并把这类信号转换成输出设备能接受的电压或电流信号,去驱动输出设备(如接触器、电磁阀、指示灯等)。可编程控制器的输出接口有继电器输出、晶体管输出、固态继电器输出、晶闸管输出等多种形式。

(4)电源部分。

PLC的电源部分是将交流电源转换为供PLC的中央处理器、存储器等电子电路工作所需要的直流电源。电源的质量直接影响PLC的功能和可靠性,因此目前大部分PLC采用开关电源,对于外部交流电源有很宽的电压调节适应范围。

10.3.2 可编程控制器的工作原理

可编程控制器是采用“顺序扫描、不断循环”的工作方式。即PLC的CPU按先后从第一条指令开始执行用户程序,直至遇到结束符后又返回执行第一条指令,如此周而复始地不断循环。这个过程可以分为如图10-17所示的输入采样、程序执行和输出刷新三个阶段。

(1)输入采样阶段。在输入采样阶段,PLC以扫描方式顺序读入所有输入端子的状态(触点接通还是断开),并将该状态存入输入锁存器,在把输入各端子的状态全部扫描完毕后,将输入锁存器的内容(即反映当前各输入端子的状态)存入输入映像存储器,即输入采样。随即关闭输入端子,转入程序执行阶段。在程序执行和输出刷新期间,即使输入端子状态变化,输入锁存器的内容也不会改变,若改变,也只能在下一个扫描周期开始的输入采样阶段被读入。

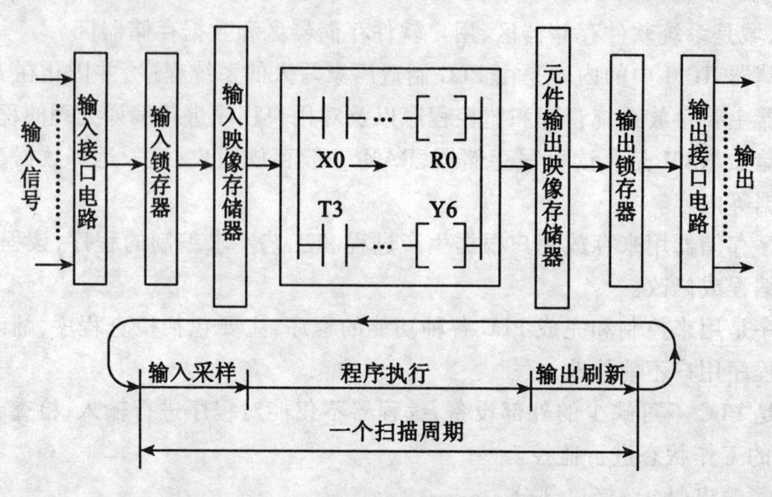

图 10-17 PLC 工作过程示意图

(2)程序执行阶段。在用户的程序执行阶段,PLC 总是按先左后右,先上后下的顺序对每条指令进行扫描,并从输入映像存储器中读入输入端子的状态。与此同时,若程序运行中需要读入某输出状态或中间结果状态,则也在此时从元件输出映像存储器读入,然后进行逻辑运算,运算结果再存入输出映像存储器中。所以,对于每个元件来说,元件输出映像存储器所存储的内容,会随着程序执行的进程而变化。

(3)输出刷新阶段。待所有指令执行完毕后,PLC 进入输出刷新阶段。把元件输出映像存储器的内容送至输出锁存器,由输出接口电路驱动相应输出设备工作,这才是 PLC 的实际输出。

PLC 经历的这三个工作过程,称为一个扫描周期。然后又周而复始地重复上述过程。因此,其输入和输出存储器不断被刷新(I/O 刷新)。一个扫描周期内输入采样之前,若外部输入信号状态没有变化,则此次的输入采样就没有变化,经运算处理后,相应的输出刷新也无变化,输出的控制信号也没有变化,只是重新被刷新一次。若在一个扫描周期内,输入采样之前,外部输入信号状态发生了变化,则此次输入采样就有了变化,经运算处理后,其输出刷新亦可能有变化,输出的控制信号亦可能有变化。无论输出控制信号有无变化,一个扫描周期内对输出只刷新一次,这是 PLC 的一个特点。

前一次和后一次输出状态的变化,要经历一个扫描周期的时间,这就使得可编程控制器的控制响应速度显得有些“迟缓”,即存在“输入/输出滞后”的现象,但 PLC 几毫秒至几十毫秒的响应延迟对一般工业系统的控制来说,其速度能满足相关要求。从另外一个角度看,PLC 的这种扫描工作方式却大大提高了系统的抗干扰能力,使其可靠性增强。

10.3.3 可编程控制器的编程语言及编程原则

对于一个可编程控制器而言,指令是最基础的编程语言,各种型号的可编程控制器的指令都大同小异,使用符号不完全相同,但编程原理和方法是一致的。所以,掌握了一种型号可编程控制器的指令系统,触类旁通,再理解其他型号可编程控制器的指令系统就不难了。

现以 FP1—C24 系列的 PLC 为例介绍可编程控制器的编程语言及编程原则。

1. PLC 的编程元件

与继电器—接触控制系统的逻辑部分相似，PLC 内部也有相应的继电器，PLC 内部等效继电器以及存储单元称为编程元件，简称元件。不过这都是“软”元件。其元件的种类和数量的多少关系到编程是否方便灵活，也是衡量 PLC 硬件功能强弱的一个指标。

PLC 内部应有“软”继电器，就是 PLC 存储器的存储单元。它们也用“线圈”和“触点”表示，当写入该单元的逻辑状态为“1”时，则表示相应继电器线圈通电，其动合触点闭合，动断触点断开。各种编程元件的代表字母、数字编号及点数因机型不同而有差异。其常用编程元件的编号范围与功能说明如表 10-1 所示。

表 10-1　　FP1 – C24 编程元件的编号范围与功能说明

元件名称	代表字母	编号范围	功能说明
输入继电器	X	X0 ~ XF 共 16 点	接收外部输入设备的信号。
输出继电器	Y	Y0 ~ Y7 共 8 点	输出程序执行结果给外部输出设备。
辅助继电器	R	R0 ~ R62F 共 1008 点	在程序内部使用，其触点在程序内部使用。
定时器	T	T0 ~ T99 共 100 点	延时定时继电器，其触点在程序内部使用。
计数器	C	C100 ~ C143 共 44 点	减法计数继电器，其触点在程序内部使用。
通用“字”寄存器	WR	WR0 ~ WR62 共 63 个	每个 WR 由相应的 16 个辅助继电器 R 构成。

PLC 内部的“软”继电器也有“线圈”和“触点”，通常用┤├、┤/├图形符号分别表示编程元件的动合和动断触点，用┤ ├(或─○─)表示线圈。

2. 可编程控制器的编程语言

可编程控制器是按顺序的规定逐步进行工作的，因此，了解其编程语言和编程方式对于理解可编程控制器的工作原理是十分重要的。

PLC 常用的编程语言有四种：梯形图、指令助记符(指令语句表)、流程图(SFC)及高级语言(汇编语言、BASIC、C 语言)。梯形图和助记符是 PLC 最主要、最基本的编程方法，并且两者常常联合使用。

(1)梯形图编程语言。

梯形图是从继电器—接触器控制系统的电路图演变而来的，具有形象、直观、实用的特点，并为广大电气工程技术人员所熟悉，是中小型 PLC 的主要编程语言。

用梯形图进行编程时，只要按梯形图前后顺序把逻辑行输入到计算机中去，计算机就可以自动将梯形图转换成 PLC 能接受的机器语言，存储并执行。

图 10-18 是笼型电动机直接起动(其继电接触器控制电路见图 10-2)的梯形图。图中 X1 和 X0 分别表示 PLC 继电器的动断触点和动合触点，它们分别与图 10-2 中的停止按钮

SB_1和起动按钮 SB_2相对应。Y0 表示输出继电器的线圈和动合触点,Y0 与图 10-2 中的接触器 KM 相对应。两边的直线分别称为左母线、右母线。

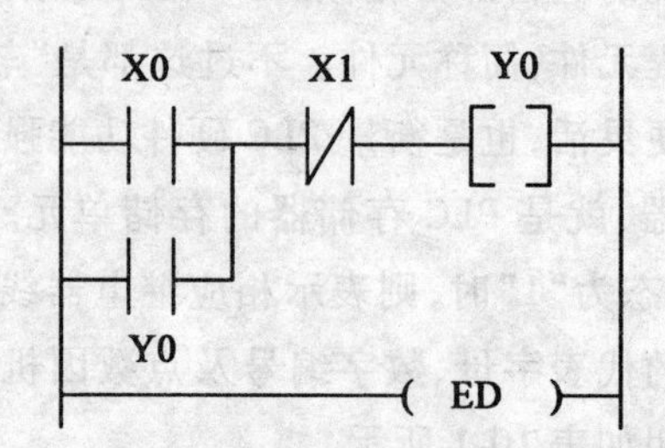

图 10-18 笼型电动机直接起动控制的梯形图语言程序

梯形图语言有如下几个主要特点:

①梯形图两侧的垂直公共线称为公共母线。梯形图按从左到右,自上而下的顺序排列,每一逻辑行(或称梯级)起始于左母线,然后是触点的串联、并联,最后是线圈与右母线相联。

②在分析梯形图逻辑关系时,为了借助继电接触器控制电路图的分析方法,可以想象左、右两侧母线是电源的两根线,一个假想的"概念电流"从左母线通过两根母线之间编程元件的触点和线圈等流向右母线。这个"概念电流"只是用来形象地描述用户程序执行中满足线圈接通的条件,不是梯形图中每个梯级流过的物理电流。"概念电流"沿母线从上到下,从左到右的方向流动。

③根据梯形图中各触点的状态和逻辑关系,求出与图中各线圈对应的编程元件的导通或关断,称为梯形图的逻辑解算。梯形图上的逻辑解算是按从上到下,从左到右的顺序进行的。前面的逻辑解算结果,马上可以被后面的逻辑解算所利用。在逻辑解算过程中,是利用输入映像存储器中的值,而不是根据解算瞬时外部输入触点的状态来进行的。

④梯形图中各编程元件的动合触点和动断触点均可无限次地使用。

⑤PLC 内部的辅助继电器、定时器、计数器等的线圈不能直接驱动输出。

(2)指令助记符语言。

指令助记符语言或称为指令语句表语言,这类语言类似于计算机的汇编语言,但比汇编语言容易理解。助记符语言比较直观易懂,编程也简单,便于工程技术人员掌握,但其中的逻辑关系很难一眼看出,不如梯形图语言那样直观。

3. 可编程控制器的编程原则

梯形图语言编程的基本原则是:

(1)程序的编写应按自上而下、从左至右的方式编写。

(2)编程的顺序应体现"左重右轻、上重下轻"的原则。即串联多的电路尽量置于上部,并联多的电路尽量靠近左母线。

图 10-19(a)、(b)所示为两个逻辑功能完全相同,而梯形图(b)体现了"左重右轻、上重下轻"的编程原则,所以程序简化了。

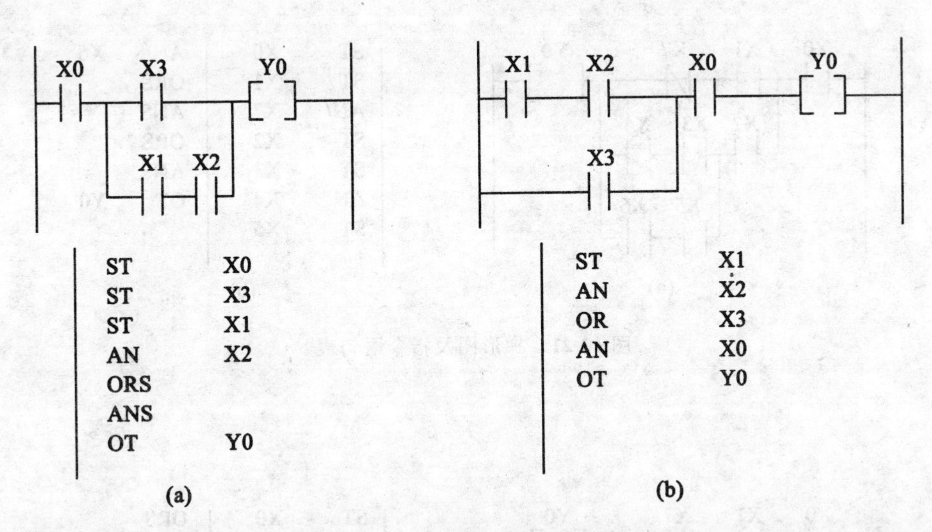

图 10-19　梯形图及指令语句表

(3)梯形图的一个逻辑行只能有一个线圈,不允许有两个线圈在一个逻辑行内串联。线圈右边与右母线直接相连,不得插入其他元件。线圈不得直接与左母线相连。

(4)避免画出无法编程的梯形图。触点应绘制在水平线上,不能绘制在垂直分支上,对于无法编程的梯形图必须重新安排。像图 10-20(a)中触点 X3 被画在垂直分支线上,就难以正确识别该触点与其他触点之间的关系,也难以判断通过触点 X3 对输出继电器线圈的控制方向。因此应根据自上而下,从左至右的原则对输出继电器线圈 Y0 的控制路径改画成图 10-20(b)所示的形式。

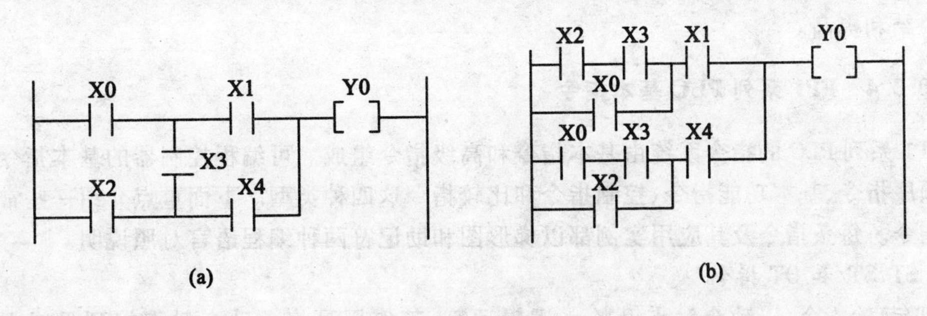

图 10-20　梯形图

(5)梯形图的逻辑关系简单、清楚。梯形图中的控制触点都是软触点,无数量上的限制,所以不必考虑触点的数量,编号相同的触点也可以在梯形图中多处出现。绘制出的梯形图的逻辑关系应尽量清楚,便于阅读检查和输入编程。

例如,如图 10-21(a)所示的梯形图中的逻辑关系就不够清楚,给编程带来不便。

改画后的梯形图如图 10-22(a)所示。对应程序如图 10-22(b)所示。

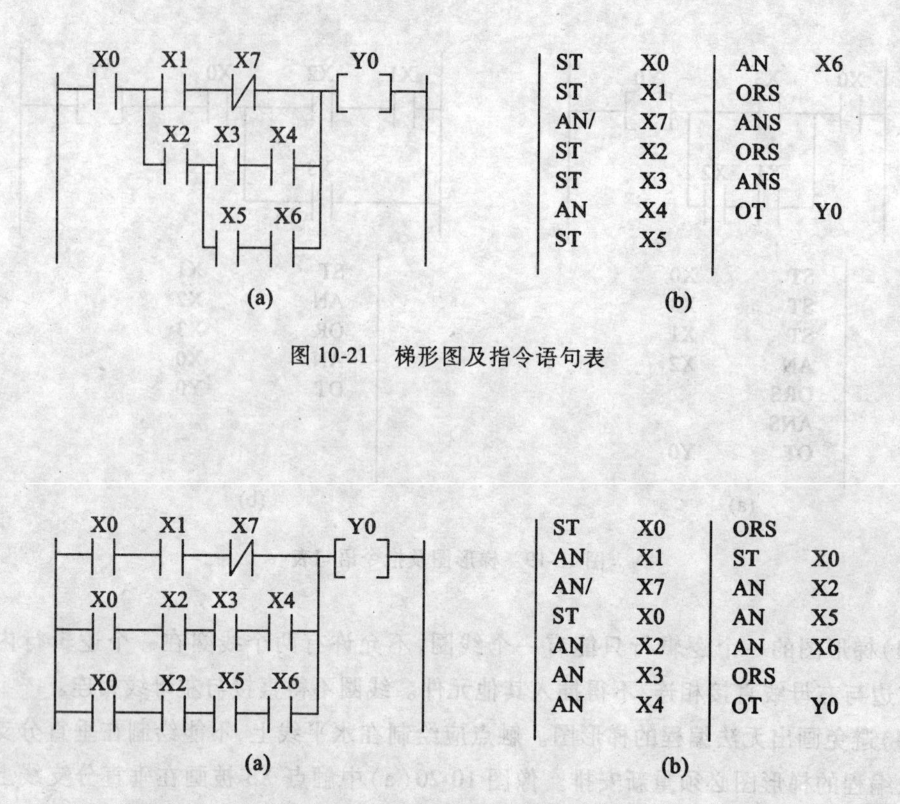

图 10-21 梯形图及指令语句表

图 10-22 梯形图及指令语句表

改画后的程序虽然指令的条数增多,但逻辑关系清楚,便于编程。

以上是梯形图语言编程的基本要求,要想编出合理、清楚、简洁的程序,还要在实践中不断地总结和提高。

10.3.4 FP1 系列 PLC 基本指令

FP1 系列 PLC 的指令系统由基本指令和高级指令组成。可编程控制器的基本指令分为基本顺序指令、基本功能指令、控制指令和比较指令这四种类型。下面重点介绍一些常用的基本指令。每条指令及其应用实例都以梯形图和助记符两种编程语言对照说明。

1. ST、ST/和 OT 指令

ST:起始指令,以动合触点开始一逻辑运算,其作用是将一动合触点接到母线上。另外,在分支接点处也可以使用。

ST/:起始反指令,以动断触点开始一逻辑运算,其作用是将一动断触点接到母线上,其他同上。

ST 和 ST/指令能够操作的元件为继电器触点 X、Y、R,定时器/计数器触点 T/C。

OT:输出指令,将运算结果输出到指定的继电器,是继电器线圈的驱动指令。这条指令能够操作的元件为 Y 继电器和 R 继电器。

ST、ST/和 OT 指令应用示例如表 10-2 所示。

表 10-2　　ST、ST/和 OT 指令应用示例

梯形图	助记符
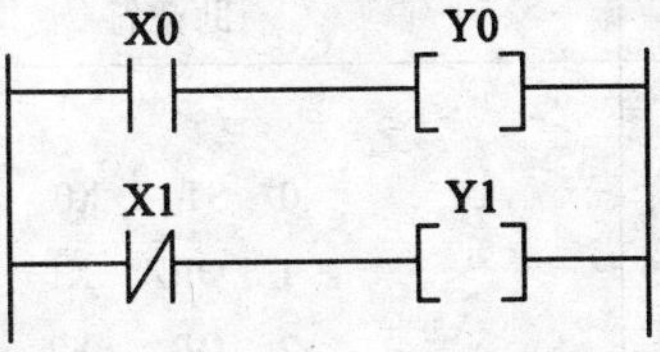 X0 — Y0 X1 — Y1	0 ST X0 1 OT Y0 2 ST/ X1 3 OT Y1

使用 OT 指令应注意以下几点：

(1)该指令不能直接从母线开始(应用步进指令时除外)。

(2)该指令不能串联使用,在梯形图中位于一个逻辑行的末尾,紧靠右母线。

(3)该指令连续使用时相当于输出继电器(Y 或 R)并联在一起。

(4)可编程控制器若未进行输出重复使用的特别设置,对于某个输出继电器只能用一次 OT 指令,否则,可编程控制器按出错对待。

上面梯形图的逻辑功能是当触点 X0 闭合时,继电器 Y0 接通。当触点 X1 断开时,继电器 Y1 接通。继电器 Y 可以驱动无数个与其同名的动断触点和动合触点。

2. AN 和 AN/指令

AN:"与"指令,用于一个动合触点同另一个触点的串联。

AN/:"与非"指令,用于一个动断触点同另一个触点的串联。

AN 和 AN/指令能够操作的元件为继电器触点 X、Y、R,定时器/计数器触点 T/C。在编程中,AN 和 AN/指令能够连续使用,即几个触点串联在一起。

AN 和 AN/指令应用示例如表 10-3 所示。

表 10-3　　AN 和 AN/指令应用示例

梯形图	助记符
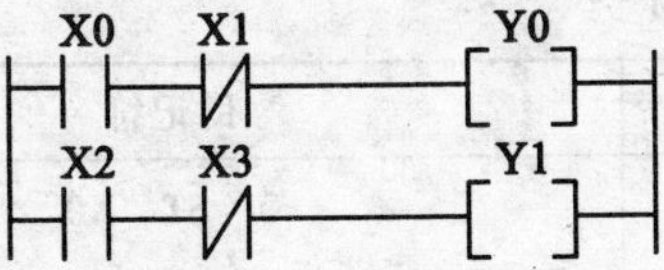 X0 X1 — Y0 X2 X3 — Y1	0 ST X0 1 AN X1 2 OT Y0 3 ST X2 4 AN/ X3 5 OT Y1

3. OR 和 OR/指令

OR:"或"指令,用于一个动合触点同另一个触点的并联。

OR/:"或非"指令,用于一个动断触点同另一个触点的并联。

OR 和 OR/指令能够操作的元件为继电器触点 X、Y、R,定时器/计数器触点 T/C。OR 和 OR/指令能够连续使用,即几个触点并联在一起。

OR 和 OR/指令应用示例如表 10-4 所示。

表 10-4　OR 和 OR/指令应用示例

梯形图	助记符
X0 Y0 X1 X2	0 ST X0 1 OR/ X1 2 OR X2 3 OT Y0

4. ANS 和 ORS 指令

ANS:组“与”指令,用于触点组和触点组之间的串联。

ORS:组“或”指令,用于触点组和触点组之间的并联。

在一些逻辑关系复杂的梯形图中,触点之间的连接并不是简单的串联、并联关系,要完成这样复杂逻辑关系的编程,必须使用 ANS 和 ORS 指令。

ANS 和 ORS 指令应用示例如表 10-5、表 10-6 所示。

表 10-5　ANS 指令应用示例

梯形图	助记符
X0 X2 Y0 X1 X3	0 ST X0 1 OR X1 2 ST X2 3 OR X3 4 ANS 5 OT Y0

表 10-6　ORS 指令应用示例

梯形图	助记符
X0 X1 Y0 X1 X3	0 ST X0 1 AN X1 2 ST X2 3 AN X3 4 ORS 5 OT Y0

使用 ANS 和 ORS 指令,应注意以下几点:

(1)每一指令块均以 ST(或 ST/)开始;

（2）当两个以上指令块串联或并联时，可以将前面块的并联或串联结果作为新的“块”参与运算；

（3）指令块中各支路的元件个数没有限制；

（4）ANS 和 ORS 指令不带使用元件。

5. PSHS、RDS 和 POPS 指令

PSHS：推入堆栈指令，即将在该指令处以前的运算结果存储起来。

RDS：读出堆栈指令，读出由 PSHS 指令存储的运算结果。

POPS：弹出堆栈指令，读出并清除由 PSHS 指令存储的结果。

PSHS、RDS 和 POPS 指令实际上是用来解决如何对具有分支的梯形图进行编程的一组指令，不能单独使用。PSHS 指令和 POPS 指令在堆栈程序中各出现一次（开始和结束时），而 RDS 指令在程序中视连接在同一点的支路数目的多少可以多次使用。PSHS、RDS 和 POPS 指令应用示例如表 10-7 所示。

表 10-7　　PSHS、RDS 和 POPS 指令应用示例

梯形图	助记符
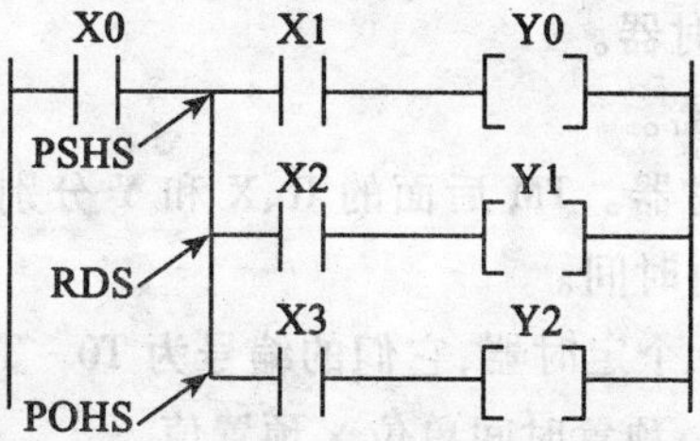 X0　X1　Y0 PSHS X2　Y1 RDS X3　Y2 POHS	0　ST　X0 1　PSHS 2　AN　X1 3　OT　Y0 4　RDS 5　AN　X2 6　OT　Y1 7　POPS 8　AN　X3 9　OT　Y2

PSHS 指令用在梯形图分支点处最上面的支路，其功能是将在左母线到分支点之间的运算结果存储起来，以备下面的支路使用。

RDS 指令用在 PSHS 指令支路以下，POPS 指令以上的所有支路，其功能是读出由 PSHS 指令存储的运算结果，实际上是将左母线到分支点之间的梯形图同当前使用 POPS 指令的支路连接起来的一种编程方式。

POPS 指令用在梯形图分支点处最下面的支路，也就是最后一次使用由 PSHS 指令存储的运算结果，其功能是先读出由 PSHS 指令存储的运算结果，同当前支路进行逻辑运算，最后将 PSHS 指令存储的内容清除，结束分支点处所有支路的编程。

6. DF 和 DF/指令

DF：上升沿微分指令，当检测到控制触点闭合的一瞬间，输出继电器的触点仅接通一个扫描周期。

DF/：下降沿微分指令，当检测到控制触点断开的一瞬间，输出继电器的触点仅接通一个扫描周期。

DF 和 DF/指令应用示例如表 10-8 所示。

表 10-8　　DF 和 DF/指令应用示例

梯形图	助记符
X0 —(DF)— Y0 ; X1 —(DF/)—	0 ST X0 1 DF 2 ST X1 3 DF/ 4 ORS 5 OT Y0

注意 DF 和 DF/指令只有在检测到触点的状态发生变化时才有效,如果触点一直是闭合或断开的,则 DF 和 DF/指令是无效的。即指令只对触发信号的上升沿和下降沿有效。

在实际编程中,利用微分指令可以模拟按钮的动作。DF 和 DF/指令无使用次数限制。

7. TMR、TMX、TMY 指令

TMR:以 0.01s 为单位设置延时闭合的定时器。

TMX:以 0.1s 为单位设置延时闭合的定时器。

TMY:以 1s 为单位设置延时闭合的定时器。

TM 指令的功能是一减法计数型预置定时器。TM 后面的 R、X 和 Y 分别表示预置时间单位,使用预置时间单位和预置值来设定延时时间。

例如 FPl—C24 型可编程控制器共有 100 个定时器,它们的编号为 T0 ~ T99。

定时器的预置时间(也就是延时时间)为:预置时间单位 × 预置值。

预置时间单位分别为

$$R = 0.01s$$

$$X = 0.1s$$

$$Y = 1s$$

预置值只能用十进制数给出,编程格式是在十进制数的前面加一大写英文字母"K",其取值范围为 K0 ~ K32767。

TMR、TMX、TMY 指令应用示例如表 10-9 所示。

表 10-9　　TMR、TMX、TMY 指令应用示例

梯形图	助记符
预置值; X0 — [TMX 3 50]; 定时器编号; T3 — Y0	0 ST X0 1 TM X3 K 50 4 ST T3 5 OT Y0

在上例中：定时器编程格式 TMX3K50

这里 TM 为定时器，X 表示预置时间单位取 0.1s，3 表示使用了 100 个定时器中的第 3 号定时器，K50 表示预置值为十进制数 50，则定时器的预置时间（也就是延时时间）为

$$0.1s \times 50 = 5s$$

当然如果取定时器编程格式分别为：TMR3K500 和 TMY3K5，其预置时间同样是 5s。至于取哪一种编程格式，完全看编程方便的需要。

对于上例中所给出的梯形图，当控制触点 X0 闭合，3 号定时器启动，延时 5s 后，3 号定时器的触点 T3 闭合，输出继电器 Y0 接通。

注意在定时器被启动后但并未到达延时时间的期间内，断开定时器的控制继电器触点（X0），则其运行中断，且已经过的时间被复位为 0，定时器的触点不动作，一切必须从头开始。

8. CT 指令

CT：计数器指令，减计数型预置计数方式。

CT 指令应用示例如表 10-10 所示。

表 10-10　CT 指令应用示例

梯形图	助记符
计数器触发信号　预置值 X0　CT　10 X1　计数器复位信号　100 C100　计数器编号　Y0	0　ST　X0 1　ST　X1 2　CT　100 　K　10 5　ST　C100 6　OT　Y0

例如 FP1 - C24 型可编程控制器共有 44 个计数器，它们的编号为 C100 ~ C143。

和定时器一样，对应每个计数器编号，都有一组编号相同的 16 位 SV 和 EV 存储单元，有多少个计数器，就有多少个同计数器编号一一对应的 SV 和 EV 存储单元。

对于这个例子，当控制触点 X0 闭合到第十次时（PLC 每检测到一次上升沿时，经过值存储单元“EV100”减 1），计数器触点 C100 闭合，随后输出继电器 Y0 接通。当计数器复位触点闭合时，经过值存储单元“EV100 复位，计数器触点 C100 释放，输出继电器 Y0 断电。

和定时器一样，计数器也可以用预置值存储器单元“SV100”对预置值进行十进制常数设定，其原理和过程与定时器相同，这里就不再赘述了。

9. ED 和 CNDE 指令

ED：结束指令，表示主程序结束。

CNDE：条件结束指令，当控制触点闭合时，可编程控制器不再继续执行程序，返回起始地址。ED 和 CNDE 指令的使用方法如图 10-23 所示。

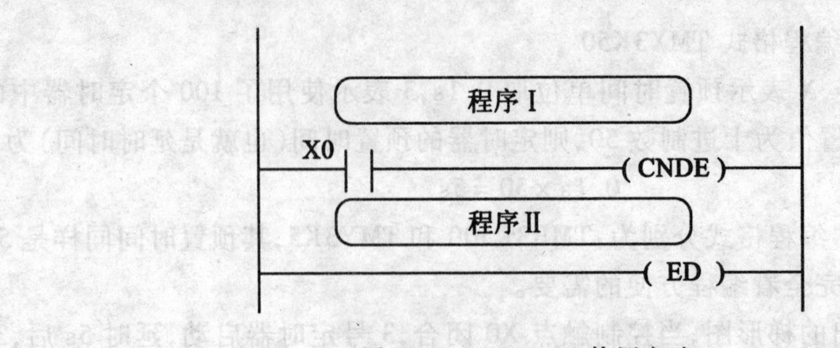

图 10-23 ED/CND 使用方法

程序运行的顺序是:

当 XO 断开时,PLC 执行完程序 I 后并不结束,直到程序 II 被执行完之后才结束全部程序,并返回起始地址。在这次程序的执行中,CNDE 不起作用,只有 ED 起作用。

当 XO 接通时,PLC 执行完程序 I 后遇到 CNDE 指令不再继续执行 CNDE 以下的程序,而是返回起始地址,重新执行程序 I。

FP1C24 型 PLC 的基本指令有 42 条,以上介绍的是其中的部分指令。对于高级指令以及与指令有关的其他内容可以参见产品的技术和编程手册。

10.3.5 编程举例

1. 基本应用程序

许多在实际工程中应用的程序都是由一些简单、典型的基本程序组成的,因此,掌握一些基本程序的设计原理和编程技巧,对编写一些大型的、复杂的应用程序是十分有利的。

自锁和联锁控制也是可编程控制系统最基本的环节,常用于内部继电器、输出继电器的控制电路。

(1)自锁控制。

自锁控制梯形图如图 10-24(a)所示,闭合触点 X1,输出继电器 Y0 通电,继电器所带的自锁触点 Y0 闭合,这时即使将 X1 断开,继电器 Y0 仍保持通电状态。断开 X0,继电器 Y0 断电,触点 Y0 释放。再想启动继电器 Y0,只有重新闭合 X1。

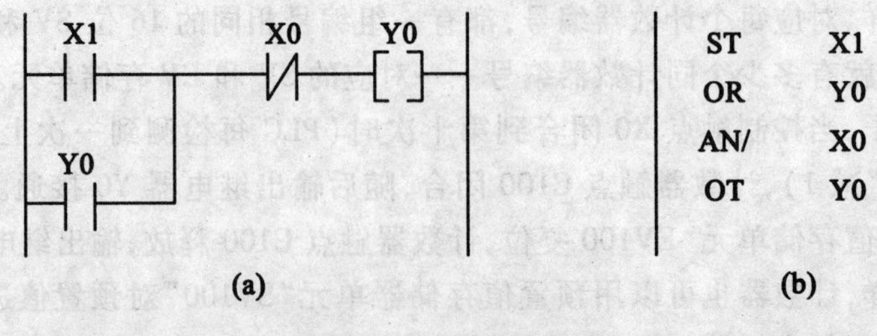

图 10-24 自锁控制

(2)联锁控制。

不能同时动作的联锁控制如图 10-25 所示。在这个控制线路中,无论先接通哪一个继电器后,另外一个继电器都不能通电。也就是说两者之中任何一个起动之后都会把另一个的起动控制回路断开,从而保证任何时候两者都不能同时启动。

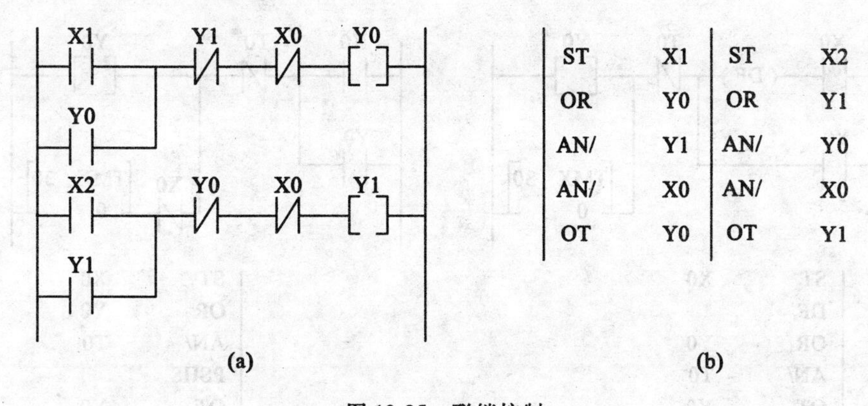

图 10-25　联锁控制

以一方的动作与否为条件的联锁控制如图 10-26 所示。继电器 Y1 能否通电是以继电器 Y0 是否接通为条件的。将 Y0 作为联锁信号串在继电器 Y1 的控制线路中,只有继电器 Y0 通电后,才允许继电器 Y1 动作。继电器 Y0 断电后,继电器 Y1 也随之断电。在 Y0 闭合的条件下,继电器 Y1 可以自行启动和停止。

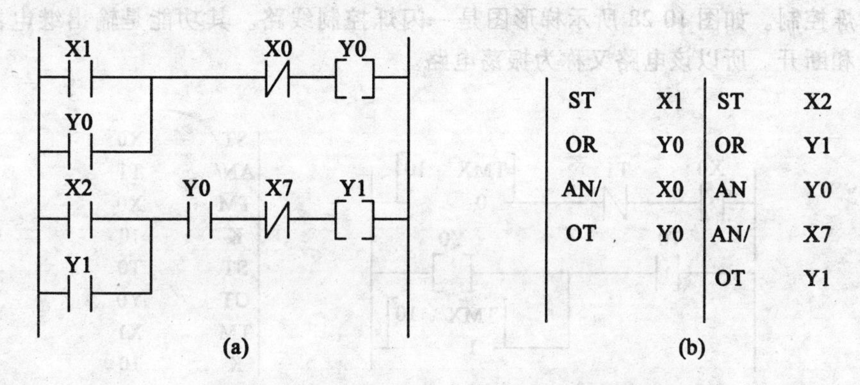

图 10-26　以一方的动作与否为条件的联锁控制

在可编程控制器的应用编程中,自锁、联锁控制得到了广泛的应用。尤其是联锁控制在应用编程中起到连接程序的作用。联锁控制能够将若干段程序通过控制触点勾连起来。下面给出的是总操作和分别操作控制程序。

(3)时间控制。

在可编程控制器的工程应用编程中,时间控制是非常重要的一个方面。

①延时断开控制。在可编程控制器中提供的定时器都是延时闭合定时器,如图 10-27 所示是两个延时断开的定时器控制线路。

图 10-27(a)、(b)两个梯形图表示的时间控制线路虽然都是延时断开控制,但还是有些不同的。对于图 10-27(a),当 X0 闭合后,立即起动定时器,接通输出继电器 Y0。延时 3s 以后,延时继电器 T0 动作,动断触点断开,无论 X0 是否断开,输出继电器 Y0 都断电。对于图 10-27(b),当 X0 闭合后,输出继电器 Y0 立即接通,但定时器不能起动,只有将 X0 断开,才

能起动定时器。从 X0 断开后算起,延时 3s 后输出继电器 Y0 断电。

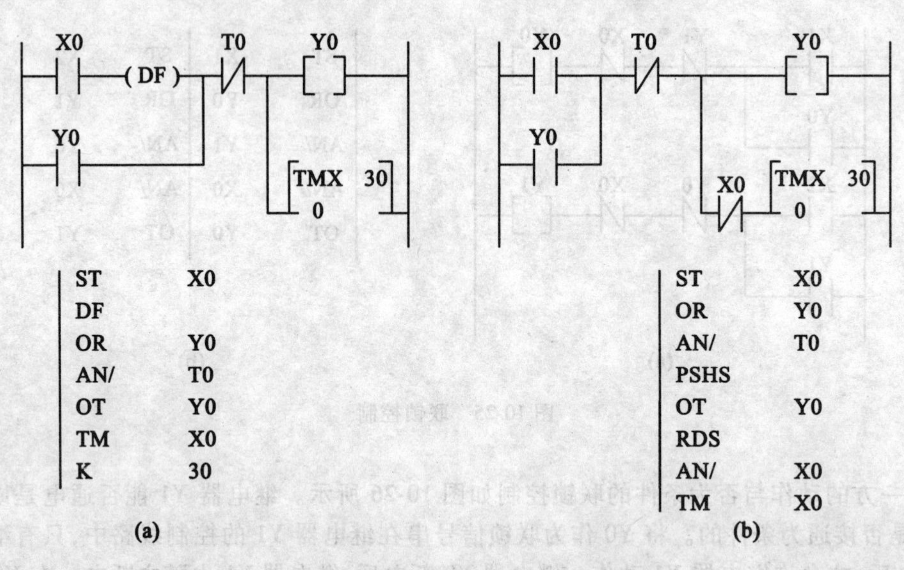

图 10-27 两个延时断开的定时器控制梯形图

②闪烁控制。如图 10-28 所示梯形图是一闪烁控制线路。其功能是输出继电器 Y0 周期性接通和断开。所以该电路又称为振荡电路。

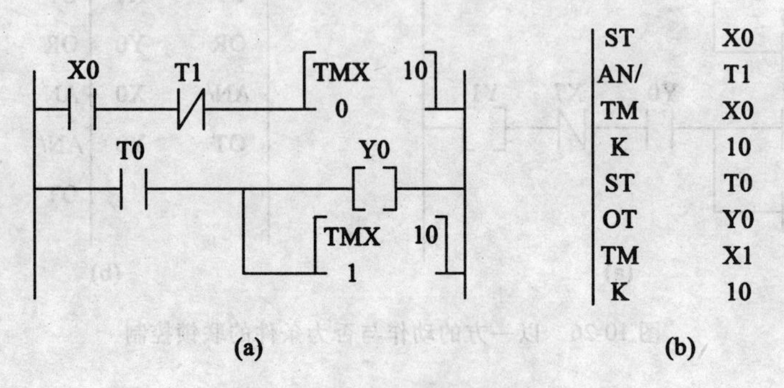

图 10-28 闪烁控制梯形图

当 X0 闭合后,输出继电器 Y0 闪烁,接通和断开交替进行,接通时间 1s 由定时器 T1 决定,断开时间 1s 由定时器 T0 决定。

2. *编程方法举例*

现以笼型电动机正转、反转控制电路为例来介绍采用 PLC 控制的编程方法。

(1)确定 I/O 点数及其分配。

停止按钮 SB_0、正转启动按钮 SB_1、反转启动按钮 SB_2这三个外部按钮必须接在 PLC 的三个输入端子上,可以分别分配 X0、X1、X2 来接收输入信号;正转接触器线圈 KM_1和反转接触器线圈 KM_2必须接在两个输出端子上,可以分别分配为 Y1 和 Y2。共需用 5 个 I/O 点,即外部接线如图 10-29(b)所示。按下 SB_1 电动机正转;按下 SB_2 电动机反转。在正转时若要求电动机反转,必须先按下 SB_0。自锁和互锁触点是内部的“软”触点,不占用 I/O 点。

在图 10-29 的外部接线图中,输入边的直流电源 E 通常是由 PLC 内部提供的,输出边的交流电源是外接的。“COM”是两边各自的公共端子。

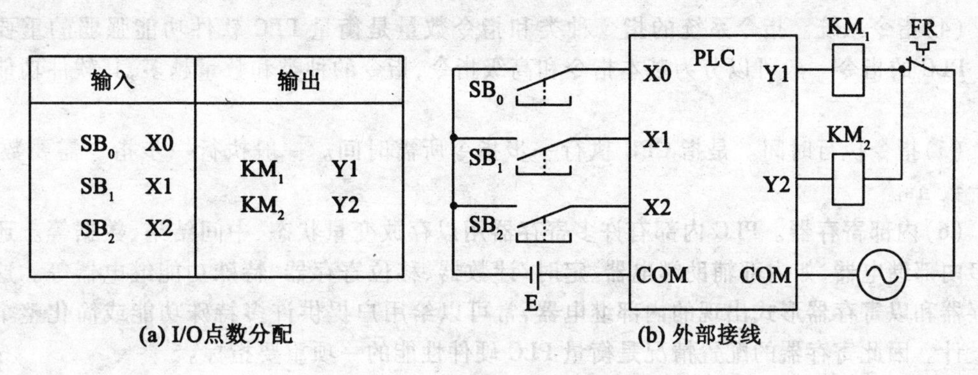

输入		输出	
SB_0	X0	KM_1	Y1
SB_1	X1	KM_2	Y2
SB_2	X2		

(a) I/O点数分配　　(b) 外部接线

图 10-29　电动机正反转控制图

(2)编制梯形图和指令助记符。

电动机正转、反转的梯形图和指令如图 10-30 所示。

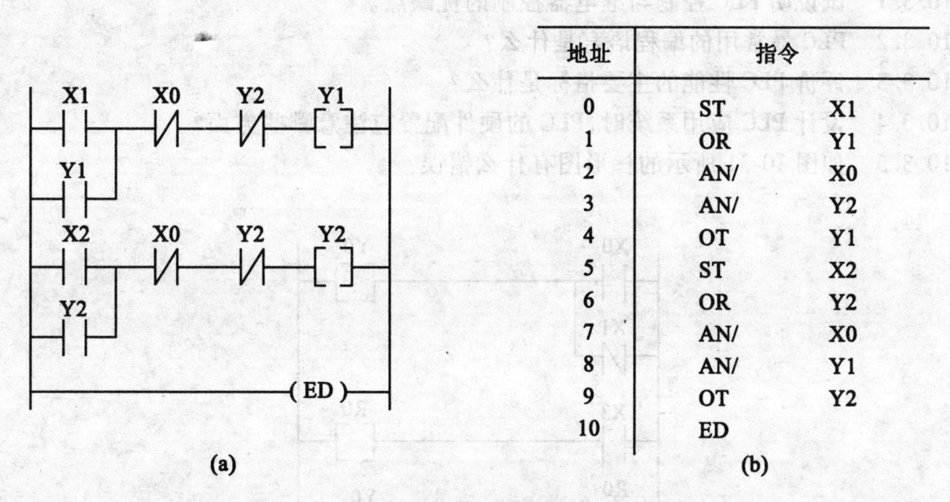

地址	指令	
0	ST	X1
1	OR	Y1
2	AN/	X0
3	AN/	Y2
4	OT	Y1
5	ST	X2
6	OR	Y2
7	AN/	X0
8	AN/	Y1
9	OT	Y2
10	ED	

(a)　　(b)

图 10-30　电动机正转、反转的梯形图和指令语句

10.3.6　可编程控制器的主要技术指标

PLC 性能指标可以分硬件性能指标和软件性能指标两大类。下面介绍一些基本的、常见的技术性能指标。

(1)输入/输出点数(I/O 点数)。是指 PLC 外部输入和输出端子数。这是一项重要的技术指标。通常小型机有数十个点,中型机有数百个点,大型机超过千点。

(2)扫描速度。是指 1K 字指令所需的时间(ms/K)。例如 20ms/K 字,表示扫描 1K 字指令需要的时间是 20ms。有时也可以用执行一步指令所需时间来衡量。

(3)内存容量。一般是指用户程序存储容量。内存容量越大,说明 PLC 可运行的程序越多,越复杂。通常 16 位机的 PLC 的内存容量以字或 K 字为单位。约定 16 位二进制为一个字(即两个8位字节),每1024个字为1K字。生产厂家在生产可编程控制器时,已按照机器型号的不同,设置了不同容量的存储器,小型机从1K至数K字,大型机1M至数M字。用户可以根据控制对象不同的复杂程度,预估所需容量,进而选择机型。

(4)指令系统。指令系统的指令种类和指令数量是衡量PLC软件功能强弱的重要指标。PLC的指令一般可以分为基本指令和高级指令,指令的种类和数量越多,其软件功能越强。

(5)指令执行时间。是指CPU执行一步指令所需时间。一般执行一步指令需要数μs至十数μs。

(6)内部寄存器。PLC内部有许多寄存器用以存放变量状态、中间结果、数据等。还有许多内部继电器,如内部辅助继电器、定时/计数器、移位寄存器、特殊功能继电器等。这些寄存器和以寄存器形式出现的内部继电器,常可以给用户提供许多特殊功能或简化整个系统设计。因此寄存器的配置情况是衡量PLC硬件性能的一项重要指标。

此外,不同的PLC还有一些其他指标,如输入/输出方式、软件支持、高功能模块、网络功能、通信功能、远程I/O、工作环境和电源等级等。

[思考与练习题]

10.3.1 试说明PLC控制与继电器控制的优缺点。

10.3.2 PLC最常用的编程语言是什么?

10.3.3 评价PLC性能的主要指标是什么?

10.3.4 设计PLC应用系统时,PLC的硬件配置应注意哪些方面?

10.3.5 如图10-31所示的梯形图有什么错误?

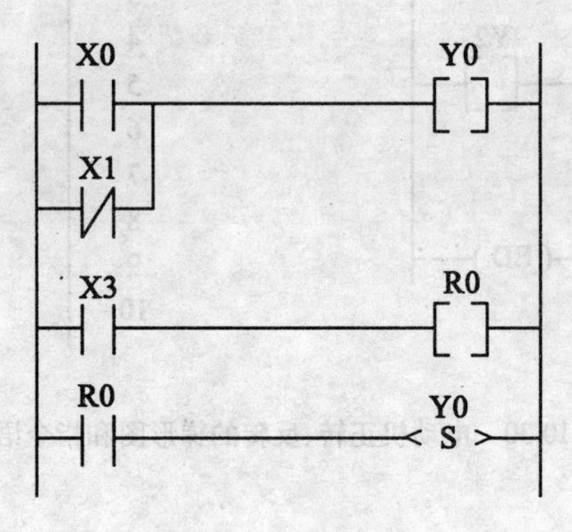

图10-31 梯形图

§10.4 异步电动机的电子控制*

异步电动机是现代化生产中广泛应用的一种动力设备。为了满足生产工艺和自动化的要求,必须配备控制装置对电动机的运行状态进行控制。

采用接触器和继电器等控制电器可以实现电动机的起动、停车及有级调速等控制,但这类控制是断续控制,控制速度慢,控制精度低,许多场合难以适应生产工艺的要求。随着晶闸管和功率晶体管等功率半导体器件及计算机技术的迅速发展,目前已广泛采用电子技术来实现对电动机的起动、停车及速度的控制。由于电动机的电子控制装置具有反应快、控制特性好、可靠性高、体积小和重量轻等特点,已逐渐成为异步电动机控制系统中的重要设备。

本节对异步电动机的软起动、软停车及变频调速作简要介绍。

10.4.1　异步电动机的软起动

在第 9 章介绍的几种异步电动机的起动方法,尽管降低了起动电压、减小了起动电流,但是电动机在起动时还都将受到不同程度的冲击,且对电网的影响不能完全克服。目前,一种性能优良的软起动控制器已经问世,并得到迅速推广。该控制器采用了现代电力电子技术及先进的微机控制技术,利用晶闸管或变频器,使其平滑可靠地完成起动过程。软起动器与电动机的接线图如图 10-32 所示。

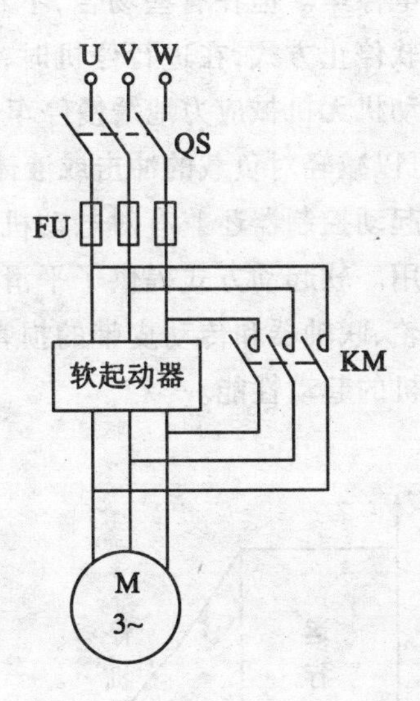

图 10-32　软起动器与电动机的接线图

软起动控制器通常有限流起动和限压起动两种起动模式。

限流起动模式的起动过程如图 10-33 所示。电动机在限流起动模式下起动时,软起动控制器的输出电流从零迅速增加,直到输出电流达到设定的电流限幅值 I_m,然后在保证输出电流不大于该值的情况下,电压逐渐升高。

电动机逐渐加速,最后达到稳定工作状态,输出电流为电动机负载工作电流 I_L。电流限幅值可以根据实际负载情况设定为 0.5~4 倍的额定电流。

限压起动模式的起动过程如图 10-34 所示。电动机在限压起动模式下启动时,软起动控制器的输出电压从 U_0 开始逐渐升高直至额定电压 U_N。其初始电压 U_0 及起动时间 t_1 可以根据负载情况和工艺要求进行设定,以获得满意的电压上升率。在该模式下,电动机可以平滑地起动,避免电机转速冲击,做到起动时对电网电压的冲击最小。

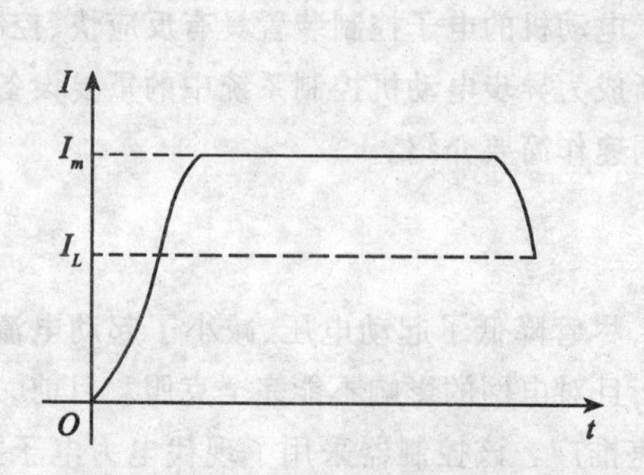

图 10-33 限流起动模式的启动过程

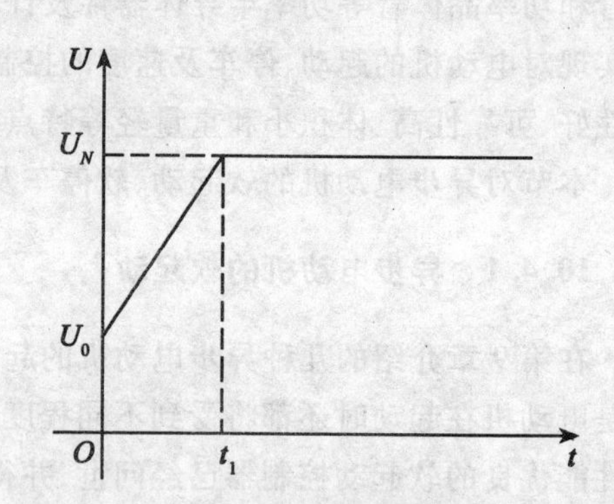

图 10-34 限压起动模式的启动过程

电动机停车时,可以直接断电停车。但在有些场合,不希望电动机突然停止,如皮带传输机、升降机等。此时可以采用软停止方式,在进行停机时,可以利用软起动控制器使输出电压逐渐平滑地减小至零,使电动机无机械应力地缓慢停车,如图 10-35 所示。停机的时间 t_P 可以预先设定。软停止方式可以减轻对负载的冲击或液体的溢出。

目前,性能优良的电子式软起动控制器还兼有对电动机的过流、过压、过载和缺相等保护功能,因此得到日益广泛地应用。软起动方式提供了平滑的、无级的加速过程,减小了转矩的波动,减轻了负载装置中齿轮、联轴器和传动皮带的损害,也减少了起动电流对配电网的冲击,有效地改善了异步电动机的起动性能。

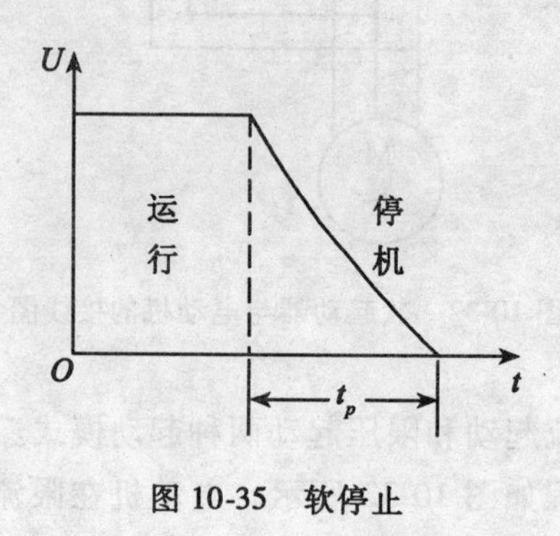

图 10-35 软停止

10.4.2 异步电动机的变频调速

变频调速是通过变频技术把 50Hz 的工频电源变换成频率可以改变的交流电源,从而调节异步电动机转速的一种方法,是目前交流电动机一种较好的调速方法。该方法既能在宽广的范围内实现无级调速,又可以获得良好的运行特性,已成为现代电气传动的一个重要发展方向。

1. 变频调速的一般原理

从第 9 章讨论过的异步电动机的定子绕组电压方程式

$$U_1 \approx E_1 = 4.44 f_1 N_1 \Phi$$

可知，若变频调速时电动机的定子绕组电压 U_1 不变，则随着频率 f_1 的升高，气隙磁通 Φ 将减小。又从异步电动机的转矩公式

$$T = K_T \Phi I_2 \cos\varphi_2$$

可以看出，磁通 Φ 的减小，势必导致电动机允许输出转矩的减小，同时电动机的最大转矩也将降低，影响过载能力，严重时会使电动机堵转。若维持电压 U_1 不变，减小频率 f_1，气隙磁通 Φ 将增加，这可能会使磁路饱和，励磁电流增加，电动机定子绕组烧毁。因此，变频调速仅仅改变频率 f_1 是不够的，在调频时必须同时调节定子绕组电压 U_1，以维持气隙磁通 Φ 不变。这就存在调频和调压协调控制的问题，就是要求 $\frac{U_1}{f_1}=$ 常数。

在 $\frac{U_1}{f_1}=$ 常数控制方式下的机械特性如图 10-36 所示。

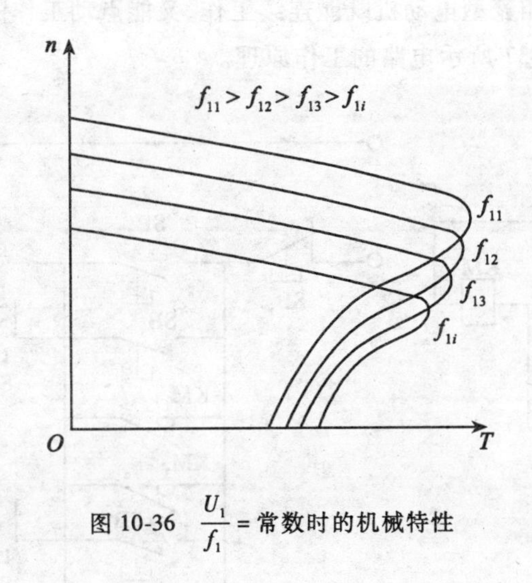

图 10-36　$\frac{U_1}{f_1}=$ 常数时的机械特性

2. 变频调速的基本调节方式

(1)工频(额定频率 f_N)以下调速。

在工频以下调速降低 f_1 时，为了维持气隙磁通 Φ 不变，需将定子绕组电压同时按比例调低，使 $\frac{U_1}{f_1}=$ 常数，采用这种调速方式一般称为恒定电压频率比控制方式。这样的调速方式保持了气隙磁通 Φ 不变，从而使电动机的转矩近似不变，因此为恒转矩调速。

(2)工频(额定频率 f_N)以上调速。

在工频以上调速，由于受到额定电压的限制，也按比例升高电压是不可能的。因此只好保持电压不变，即 $U_1=$ 常数(U_N)，这时频率升高，磁通 Φ 越低，转矩减小，转速增大，将使功率近似于不变，属于恒功率调速。

变频调速系统中的最主要部件是变频器。变频器的主要功能是将电压幅值和频率均固定不变的交流电源电压变换成二者均可调节的交流电压，实现所谓的 VVVF(Variable Voltage Variable Freqency)调速控制。变频器分为交—交和交—直—交两种基本形式。交—交

变频器可以将工频交流直接变换成频率、电压均可控制的交流输出，又称为直接式变频器。交—直—交变频器是先把工频交流电通过整流器变成直流电，然后再将直流电逆变成频率、电压均可控制的交流电，又称为间接式变频器。

变频调速器自20世纪80年代进入实际应用以来，主要以交流电动机节能应用为主。但进入20世纪90年代后，随着计算机技术和电力电子技术的进步，变频器也得到了迅猛发展。由于交流异步电动机结构简单、坚固耐用、无需换向装置，可以适应各种环境，所以以通用变频器为核心的变频交流调速系统得到广泛应用。特别是近年来，大规模集成电路32位数据处理器（DSP）和矢量控制理论的应用，使得变频器的性能得到很大提高，正逐步取代直流调速系统，而成为传动系统的主流。

习 题 10

10.1 试绘制出三相笼型电动机既能连续工作、又能点动工作的继电接触器控制电路。

10.2 试分析图10-37所示电路的工作原理。

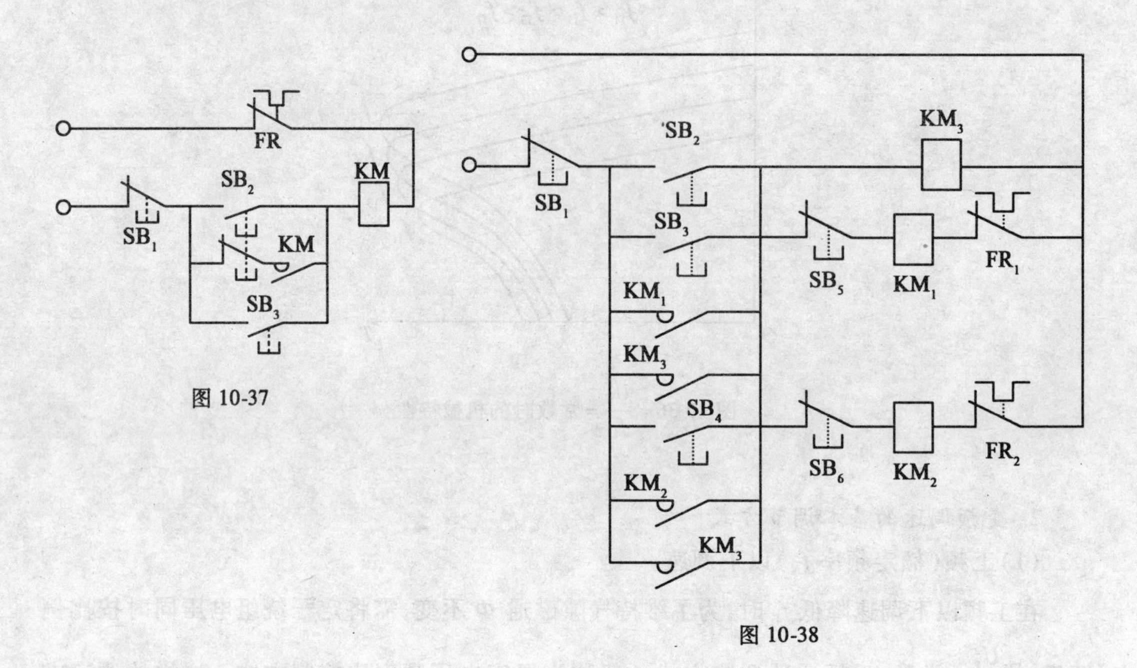

图 10-37

图 10-38

10.3 如图10-38所示控制电路是两台电动机集中起动、停车和单独起动、停车的继电接触器控制电路，试分析其工作原理。

10.4 若要求三台笼型电动机 M_1、M_2、M_3 按照一定顺序起动，即 M_1 起动后 M_2 才可启动，M_2 起动后 M_3 才可起动。试绘制出控制电路。

10.5 试绘制出对三相笼型异步电动机进行两地起动、停车控制的继电接触器控制电路图，要求有过载和短路保护功能。

10.6 有两台三相笼型异步电动机，由一组起动、停车按钮操作，但要求第一台电动机起动后第二台电动机才能延时起动。试绘制出符合上述要求的控制电路，并简述其工作过程。

10.7　有一个生产机构，可以在 A、B 两处往返运行。现要求在 A 处起动后，当运行到 B 处时停一段时间，再自动返回 A 处；在 A 处停一段时间后，再返回 B 处。试绘制出满足上述要求的继电接触器控制电路图。

10.8　有两台三相笼型异步电动机，一台为主轴电动机，一台为液压泵电动机。要求：

(1)主轴电动机必须在液压泵电动机起动后才能起动；

(2)若液压泵电动机停车，主轴电动机应同时停车；

(3)主轴电动机可以单独停车；

(4)有短路和过载保护。

试绘制出满足上述要求的继电接触器控制电路图。

10.9　有两台三相笼型异步电动机，分别为 M_1 和 M_2。试根据下列五个要求，分别绘制出控制电路图。

(1)电动机 M_1 先起动后，M_2 才能起动，M_2 并能单独停车。

(2)电动机 M_1 先起动后，M_2 才能起动，M_2 并能点动。

(3)电动机 M_1 先起动，经过一定延时后 M_2 能自行起动。

(4)电动机 M_1 先起动，经过一定延时后 M_2 能自行起动，M_2 起动后，M_1 立即停车。

(5)起动时，M_1 起动后 M_2 才能起动；停止时，M_2 停止后 M_1 才能停止。

10.10　试写出图10-39所示梯形图的指令程序。

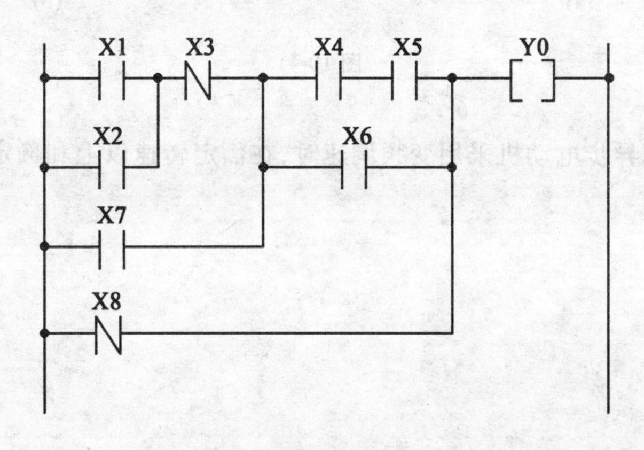

图10-39

10.11　利用编程技巧，试将如图10-40所示梯形图变成指令最少的形式。

10.12　试写出如图10-41所示两个梯形图的指令语句表，然后说明各梯形图的功能。

10.13　有两台三相笼型异步电动机 M_1 和 M_2，要求 M_1 先起动，经过5s以后 M_2 自行起动；M_2 起动后，M_1 立即停车。试用PLC实现上述控制要求，绘制出梯形图，并写出指令语句表(助记符)。

10.14　有8个彩灯排成一行，自左至右依次每秒有一个灯点亮(只有一个灯点亮)，循环三次后，全部灯同时点亮，3s后全部灯熄灭。如此不断重复进行，试用PLC实现上述控制要求。

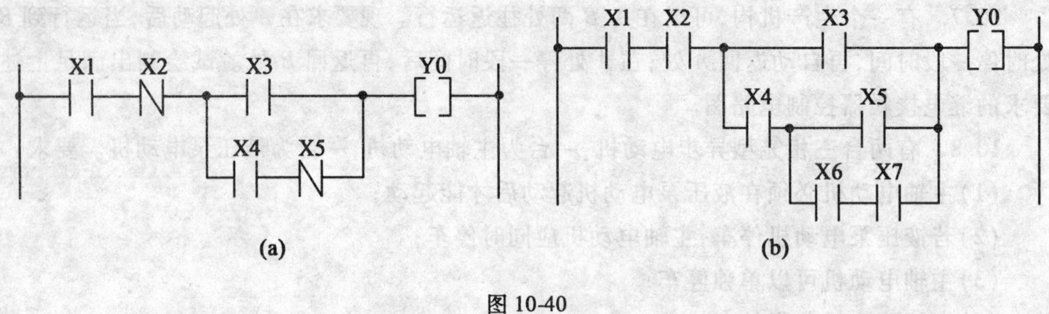

图 10-40

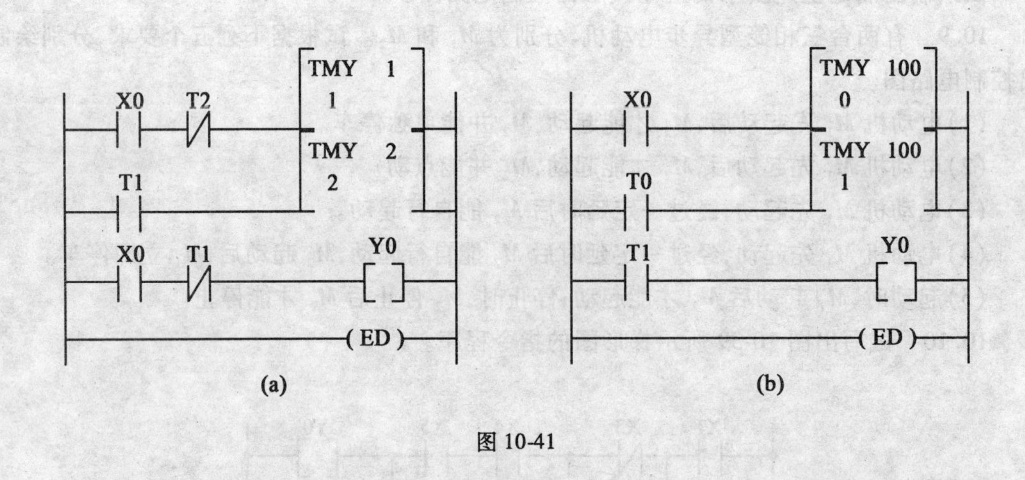

图 10-41

10.15 当三相异步电动机采用变频调速时，在额定转速以上和额定转速以下分别采用何种调速方式？

第 11 章　直流电动机

直流电动机是机械能和直流电能互相转换的旋转机械装置。直流电动机与交流电动机相比,虽然存在结构复杂、价格较高、维修麻烦等缺点,但由于直流电动机的调速性能好以及起动转矩较大,因此,对调速要求较高的生产机械(如龙门刨床、轧钢机等)或需要较大起动转矩的生产机械(如起重机械、电力牵引设备等)往往采用直流电动机来驱动。

但需要指出的是,近年来,交流电动机调速传动系统有了长足的发展,尤其是变频调速器的运用,使得一直在电气传动系统中占统治地位的直流电动机受到猛烈的冲击。

本章讨论直流电动机的机械特性、起动、调速和制动的基本原理与基本方法。

§11.1　直流电动机的构造

同交流电动机类似,一台直流电动机可以分为静止和转动两大部分。静止部分称为定子;转动部分称为转子。定子、转子之间由空气隙分开,其结构如图 11-1 所示。

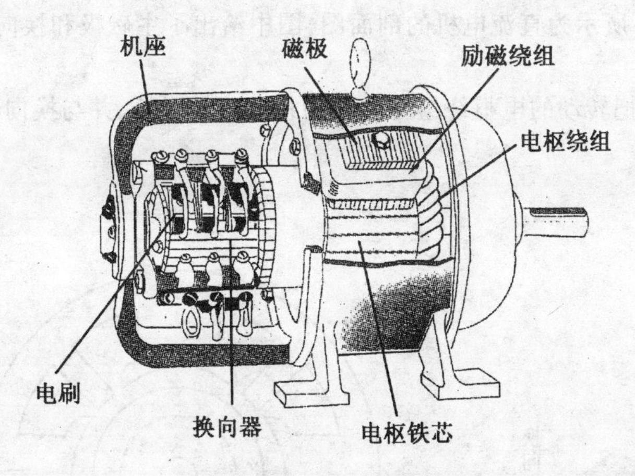

图 11-1　直流电动机结构图

11.1.1　直流电动机的定子部分

定子由主磁极、机座、换向极、端盖和电刷装置等组成。

1. 主磁极

主磁极简称主极,用于在定子与转子之间的气隙中建立磁场,使电枢绕组在该磁场的作用下产生感应电动势和电磁转矩。主极由主磁极铁芯和套在铁芯上的励磁绕组构成,如图 11-2 所示。铁芯由电工钢冲片叠压而成,并用铆钉紧固成整体,套上励磁绕组后,用螺栓固定在机座上。励磁绕组是由导线绕制而成的集中绕组，该绕组通入直流励磁电流后产生恒定磁场。

由于电机中磁极的N极和S极只能成对出现，故主磁极的极数一定是偶数，并且要以交替极性方式沿机座内圆周均匀排列。

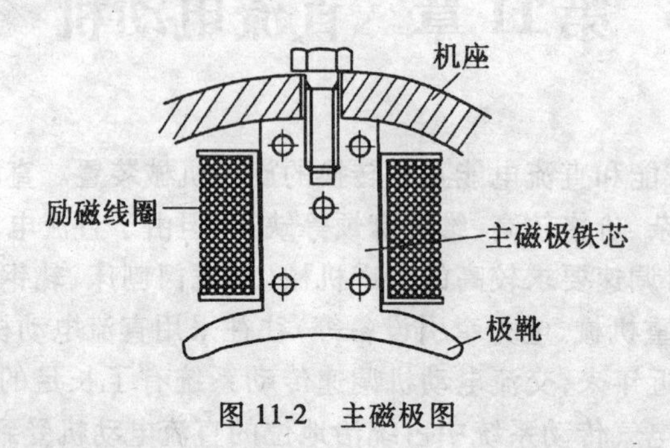

图 11-2 主磁极图

2. 机座

机座有两个作用：一是作为电机磁路系统中的一部分；二是用来固定主磁极、换向极及端盖等，起机械支承的作用。因此要求机座应有较好的导磁性能及足够的机械强度与刚度，机座通常用铸钢或厚钢板焊制而成。

3. 换向极

换向极装在两个主磁极之间，以改善电机换向。换向极通常由铁芯和绕组组成，如图11-3所示。图11-4所示为直流电机的剖面图，图中给出了主磁极和换向极的位置。

4. 电刷装置

电刷的作用是把转动的电枢绕组与静止的外电路相联接，并与换向器相配合，起到整流或逆变器的作用。

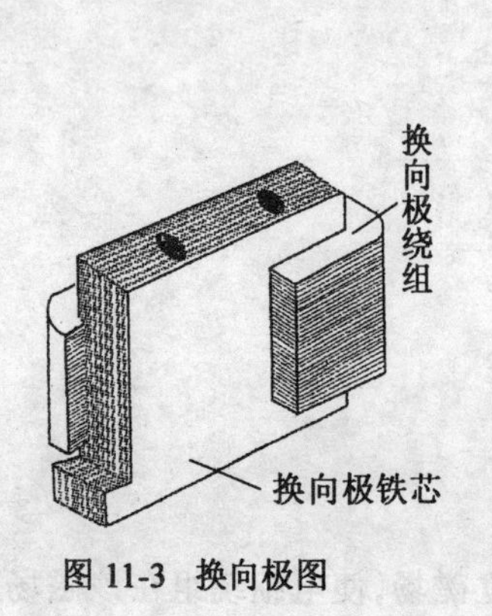

图 11-3 换向极图

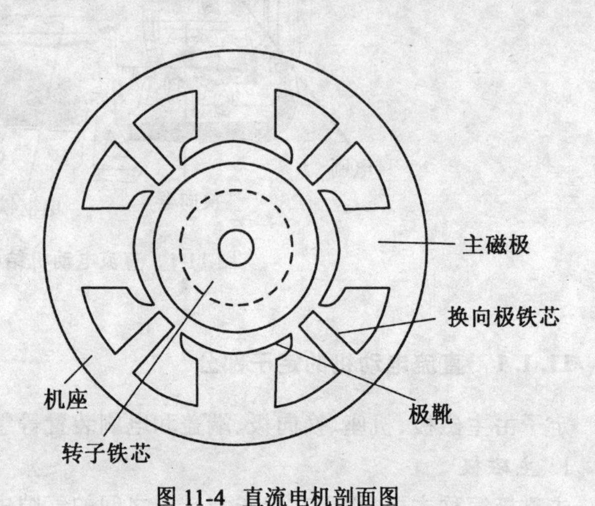

图 11-4 直流电机剖面图

11.1.2　直流电动机的转子部分

直流电机的转子称为电枢,如图 11-5 所示,下面分别介绍电枢的各组成部分。

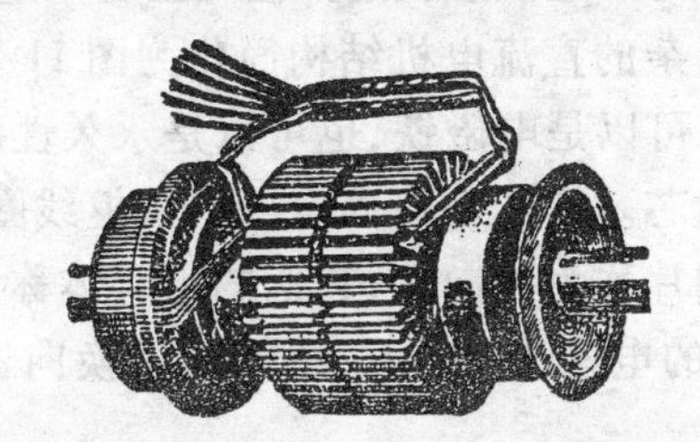

(a) 直流电机的电枢

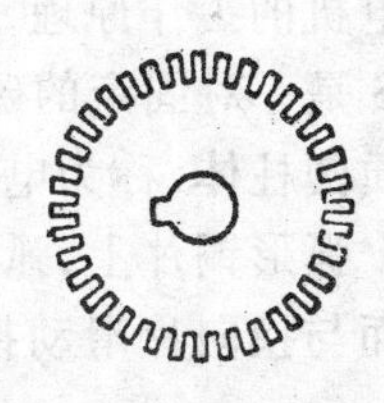

(b) 电枢铁芯冲片

图 11-5

1. 电枢铁芯

电枢铁芯主要用来嵌放绕组和构成电机的磁路。电枢旋转时,电枢铁芯上的磁场是交变的,为了减少铁损耗,用两面涂有绝缘漆、厚度 0.35 ~0.5mm 的硅钢冲片叠压制成。其外圆上开槽,中间有轴向通风孔,以改善铁芯冷却条件。

2. 电枢绕组

电枢绕组由许多绝缘导线绕制成线圈并按一定规律与换向器联接构成。通常小型电机用圆导线制成线圈,嵌放在梨形槽中。较大容量的电机则用矩形截面导线预做出成型线圈,嵌放在转子铁芯矩形槽中。

3. 换向器

换向器的作用是把电枢绕组内的交流电动势用机械换接的方法转换为电刷间的直流电动势。简单地说,即在直流电机中起整流和逆变作用。换向器由楔形截面的换向片拼装而成,构成圆柱体。每个电枢线圈首端和尾端的引线,分别焊在相应的换向片上。换向器如图 11-6 所示。

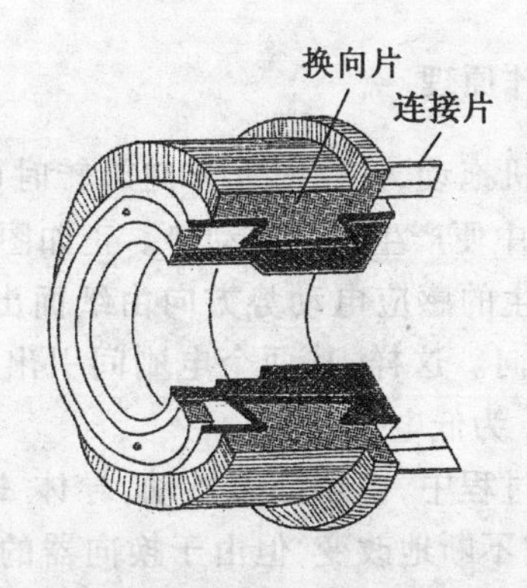

图 11-6　换向器

§11.2 直流电机的工作原理

任何电机的工作原理都是建立在电磁力和电磁感应这个基础上的,对直流电机也是如此。

为了讨论直流电机的工作原理,把复杂的直流电机结构简化为图 11-7 和图 11-8 所示的工作原理图。N 和 S 是一对固定的磁极,可以是电磁铁,也可以是永久性磁铁。磁极之间有一个可以转动的铁质圆柱体,称为电枢铁芯。铁芯表面固定一个电枢线圈,线圈的两端分别接到相互绝缘的两个弧形铜片上,弧形铜片称为换向片,它们的组合体称为换向器。在换向器上放置固定不动而与换向片滑动接触的电刷 B_1 和 B_2,线圈通过换向器和电刷接通外电路。

从图 11-7 和图 11-8 可以看出,无论是直流发电机还是直流电动机,其结构是相同的。如果使用一台原动机拖动电机运转,在直流电机的电刷两端,接一负载电阻,此时的直流电机作发电机运行;将原动机去掉,而在直流电机的电刷两端接一直流电源,这时电机将产生转矩,使电机旋转,此时的直流电机作电动机运行。所以一个直流电机既可以作发电机运行,又可以作电动机运行。

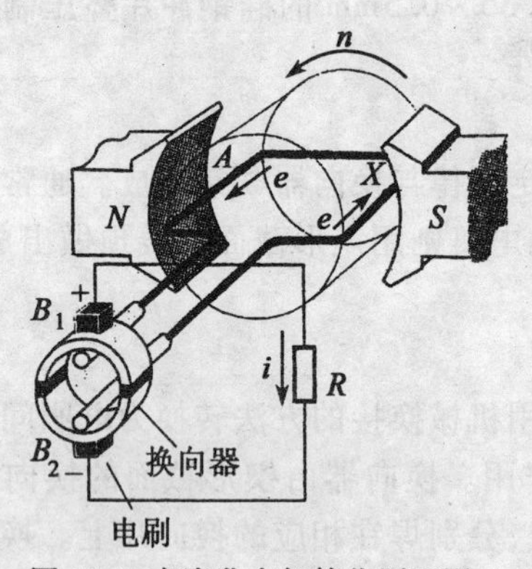

图 11-7 直流发电机简化原理图

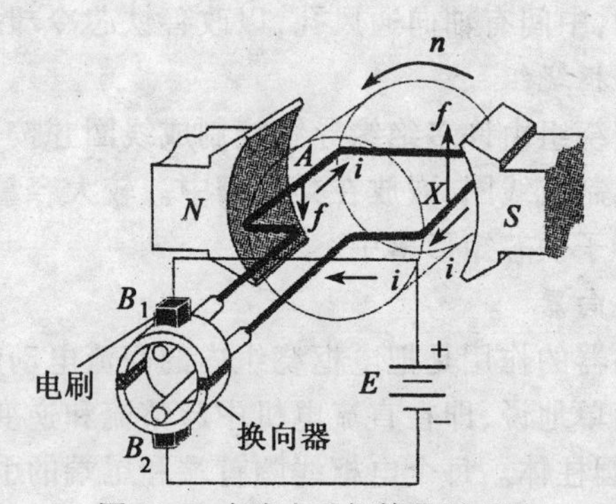

图 11-8 直流电动机简化原理图

11.2.1 直流发电机的工作原理

当直流电机转子由一原动机拖动,按逆时针方向旋转时(见图 11-7),电枢线圈的两根有效边(切割磁通的部分导体)中便产生感应电动势。正如图 11-7 所示瞬间,导体 A 处于 N 极下,根据右手定则,导体内产生的感应电动势方向由纸面出来;导体 X 处于 S 极下,其感应电动势的方向为进入纸面方向。这样,从两个电刷间引出的线圈的电动势是两者之和。电刷 B_1 为高电位(+),电刷 B_2 为低电位(−)。

在原动机拖动转子旋转的过程中,电刷固定不动,导体 A 和导体 X 交替处在 N 极和 S 极下,线圈中感应电动势的方向不断地改变,但由于换向器的整流作用,由两个电刷引出的电动势的方向却是不变的,这样就构成了一台直流发电机。当电刷之间接上负载时,就会有直流电流输出,这就是直流发电机的工作原理。

直流电机电刷间的电动势常用表达式为

$$E = K_E \Phi n \tag{11-1}$$

式中：K_E——电机结构系数；Φ——每个磁极下的磁通（Wb）；n——电枢转速（r/min）；E 的单位是伏（V）。

11.2.2　直流电动机的工作原理

如果去掉原动机，并在两个电刷加上直流电源，其极性如图 11-8 所示，直流电流从电刷 B_1 流入，自电刷 B_2 流出。根据电磁力定律，载流导体在磁场中要受到电磁力的作用，其方向可由左手定则判定。对于在图 11-8 中所示时刻，线圈导体 A 和导体 X 所受力的方向正好相反，从而产生使转子按逆时针方向转动的转矩，这就是直流电动机的工作原理。

在直流电动机中，外加电压并不是直接加在线圈两端，而是通过电刷 B_1、B_2 和换向器再加到线圈上。由于电刷固定不动，对于图 11-8 中的情况，电流 i 总是从电刷 B_1 流入，从电刷 B_2 流出。所以当转子旋转时，A、X 两个导体轮流交替地处于 N 极和 S 极下时，导体中的电流将随其所处磁极极性的改变而同时改变方向，从而使电磁转矩的方向始终保持不变，使电动机持续旋转。此时换向器起到将外电路的直流改变为线圈内交流的"逆变"作用。

另外，当电枢在磁场中转动时，线圈中也要产生感应电动势。这个电动势的方向（由右手定则确定）与电流或外加电压的方向总是相反，所以称为反电动势。反电动势与发电机的电动势作用不同，后者是电源电动势，由此而产生电流。

直流电机电枢绕组电流 I_a 与磁通 Φ 相互作用，产生电磁力和电磁转矩。电磁转矩常用表达式为

$$T = K_T \Phi I_a \tag{11-2}$$

式中：K_T——电动机结构系数；Φ——每个磁极下的磁通（Wb）；I_a——电枢电流（A）；T 的单位是牛·米（N·m）。

值得一提的是，直流发电机和直流电动机两者的电磁转矩的作用是不同的。发电机的电磁转矩是阻转矩，阻转矩与电枢转动的方向或原动机的驱动转矩的方向相反。因此，在等速转动时，原动机的转矩 T_1 必须与发电机的电磁转矩 T 及空载损耗转矩 T_0 相平衡。电动机的电磁转矩是驱动转矩，驱动转矩使电枢转动。因此，电动机的电磁转矩 T 必须与机械负载转矩 T_2 及空载损耗转矩 T_0 相平衡。

由上述可知，直流电机作发电机运行和作电动机运行，虽然都产生电动势和电磁转矩，但两者的作用截然相反：

发电机运行	电动机运行
E 和 I_a 方向相同	E 和 I_a 方向相反
E 是电源电动势	E 是反电动势
T 阻转矩	T 驱动转矩
$T_1 = T + T_0$	$T = T_2 + T_0$

11.2.3　直流电机的励磁方式

直流电机的主磁场由励磁线圈通入直流电流产生，只有微型直流电机才采用永久性磁铁。励磁方式是指励磁线圈的供电方式。直流电机的运行性能与励磁方式有着密切的关系。按励磁供电方式的不同可以分为四类，下面分别介绍。

1. 他励直流电机

他励电机的励磁电流由独立的直流电源供电，其大小与电枢两端电压无关，如图 11-9

(a)所示,有较好的运行性能。

2. 并励直流电机

并励电机的励磁绕组与电枢绕组并联,因其励磁电流受电机端电压波动的影响,故其运行性能略次于其他励式电机。如图 11-9(b)所示。

3. 串励直流电机

串励电机的励磁绕组与电枢绕组串联,励磁电流与电枢电流相等。其主磁场的强弱与负载电流大小有直接关系,所以仅对电机有特殊性能要求时才采用。如图 11-9(c)所示。

4. 复励直流电机

复励电机的同一磁极有两套励磁绕组,一套绕组与电枢绕组并联(或其他电源供给),另一套绕组与电枢绕组串联。如图 11-9(d)所示。

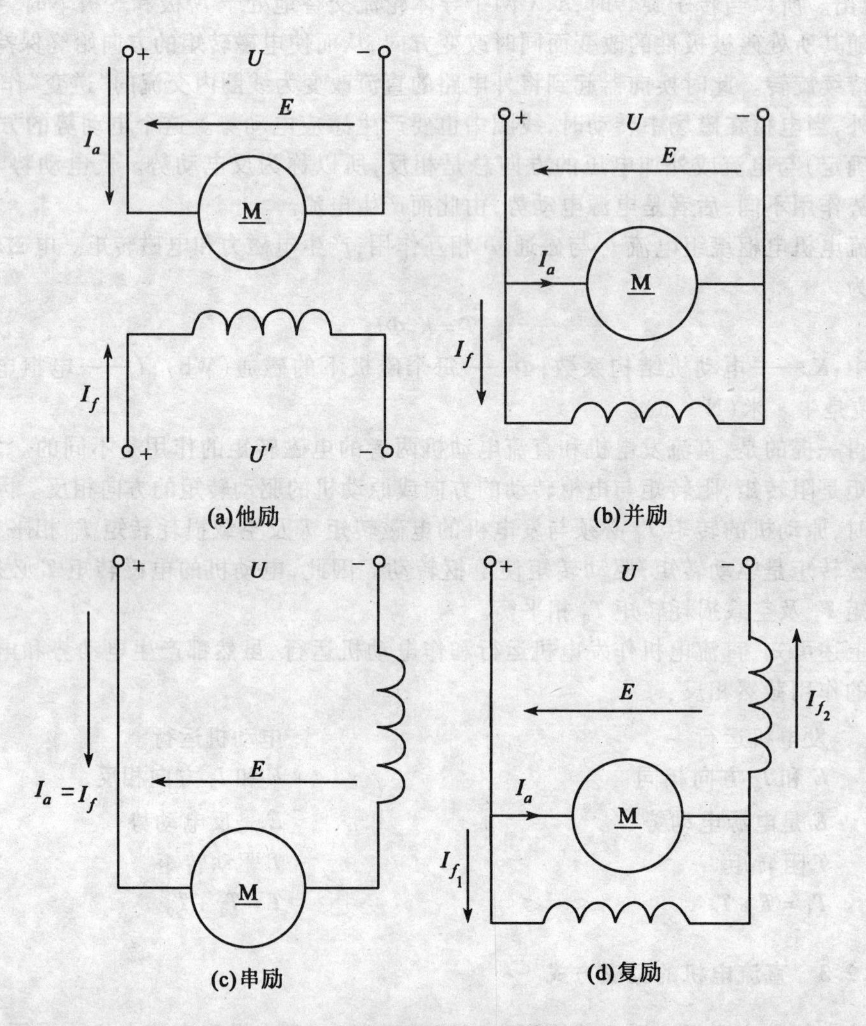

图 11-9 直流电动机的励磁方式

本节叙述和讨论了直流发电机和直流电动机的工作原理以及它们的励磁方式,直流发电机主要用做各种直流电源,但由于近年来电力电子技术迅速发展,目前,在很多领域,直流发电机正逐步被静止的直流电源设备所取代。因此,下面我们把讨论的重点放在直流电动机的运行特性和应用上。

[思考与练习题]

11.2.1 当直流电机作发电运行，在输出电刷端接有负载电阻时，试问此时直流发电机的转子上有无电磁转矩？如果有，这是一个什么性质的转矩？该转矩同转子旋转的方向关系如何？

11.2.2 当直流电机作电动机运行时，电枢线圈同样切割磁场，试问是否在电枢线圈上产生感应电动势？若产生感应电动势，这个电动势同外加电压的方向关系如何？

11.2.3 试分别说明换向器在直流发电机和直流电动机中的作用。

11.2.4 直流电机有哪几种励磁方式？各有什么特点？

§11.3 直流电动机的基本特性

从上一节的叙述可知，直流电动机按照励磁方式的不同，可以分为他励、并励、串励和复励四种类型。当供电电源比较稳定时，他励励磁和并励励磁的效果基本是相同的，也是使用最多的一种形式。所以，下面只以常用的并励直流电动机为例进行讨论。

对于并励直流电动机，当电源电压 U 和励磁回路的电阻 R_f（包括励磁绕组的电阻和励磁回路串入的励磁调节电阻）不变时，励磁电流以及由该电流产生的磁通 Φ 也保持不变，即 Φ 为常数，这也是并励直流电动机的特点之一。

直流电动机的特性是指其转速特性、转矩特性和机械特性。这些特性对直流电动机的工作产生了重要的影响。

11.3.1 转速特性

并励直流电动机的转速特性是指当电动机外加电压等于电动机的额定电压，即 $U=U_N$，及励磁电流等于额定励磁电流，即 $I_f=I_{fN}$ 时，电动机转速 n 与电枢电流 I_a 的关系，即 $n=f(I_a)$。

当直流电动机旋转时，电枢线圈切割磁场，与发电机一样，产生感应电动势 E，同样用式(11-1)表示为

$$E=K_E\Phi n$$

但此时的直流电机作电动机运行，这个感应电动势为直流电动机的反电动势，如图11-10所示。

根据图11-10，可以写出直流电动机电压与电流的关系

$$U=E+I_aR_a \tag{11-3}$$

式(11-3)中的 R_a 是电枢电阻，式(11-3)称为直流电动机的电压平衡方程式。

将 $E=K_E\Phi n$ 代入式(11-3)，整理后得并励直流电动机转速特性公式

$$n=\frac{U-I_aR_a}{K_E\Phi} \tag{11-4}$$

由式(11-4)可以看出，当机械负载增加使电枢电流增大时，转速趋于下降，如图11-11所示。从空载增加到额定负载，与空载转速相比，n_N 的转速一般降低了5%～10%。图11-11中这条曲线称为并励直流电动机的转速特性曲线。

11.3.2 转矩特性

并励直流电动机的转矩特性是指当电动机外加电压等于电动机的额定电压，即 $U=U_N$，

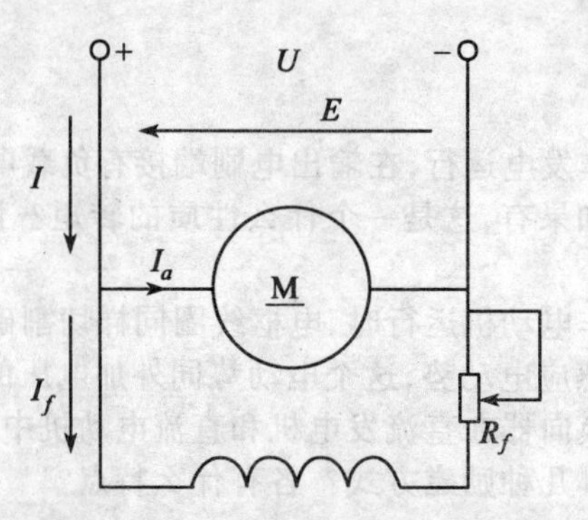

图 11-10 并励直流电动机原理图

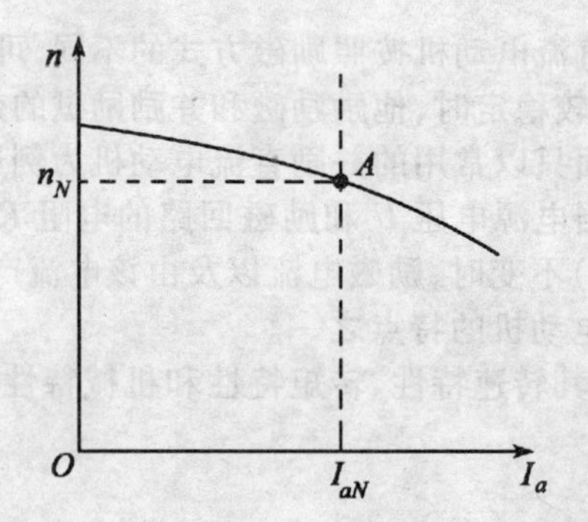

图 11-11 并励直流电动机的转速特性曲线

及励磁电流等于额定励磁电流，即 $I_f = I_{fN}$ 时，电动机的电磁转矩 T 和电枢电流 I_a 的关系，即 $T = f(I_a)$。

从直流电动机转矩公式 $T = K_T \Phi I_a$ 可知，电磁转矩基本随电枢电流成正比变化，所以并励直流电动机的转矩特性是一条通过原点的直线，如图 11-12 所示。

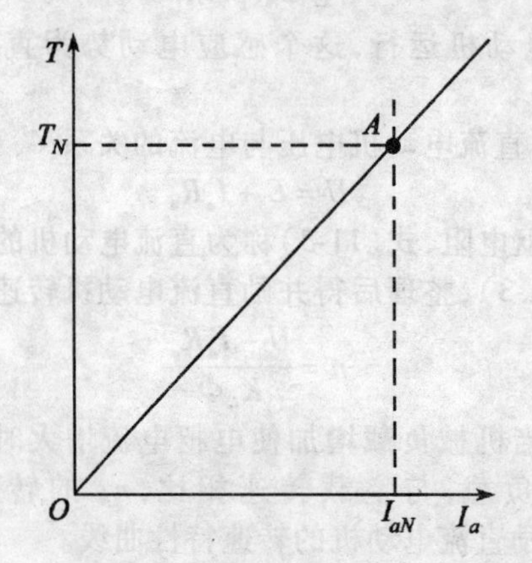

图 11-12 并励直流电动机的转矩特性曲性线

从图 11-12 中可以看出，当电动机的输出转矩增大时，电枢电流也成比例地增加。也就是说，当电动机轴上输出的机械功率增大时，电动机消耗的电功率也随之增大。

11.3.3　机械特性

并励直流电动机的机械特性是指当 $U=U_N$ 及 $I_f=I_{fN}$ 时，转速 n 和转矩 T 的关系，即 $n=f(T)$。

将 $I_a=\dfrac{T}{K_T\Phi}$ 代入式(11-4)可得并励直流电动机的机械特性为

$$n=\frac{U}{K_E\Phi}-\frac{R_a}{K_EK_T\Phi^2}T=n_0-\Delta n \tag{11-5}$$

式中

$$n_0=\frac{U}{K_E\Phi} \tag{11-6}$$

是并励直流电动机的空载转速($T=0$)。实际上这个转速是不存在的，因为即使电动机轴上没有加机械负载，电动机的转矩也不可能为零，该转矩还要平衡电动机中存在着的一些空载损耗转矩(如轴承的摩擦等)。所以，通常称 n_0 为理想空载转速。

式(11-5)中的

$$\Delta n=\frac{R_a}{K_EK_T\Phi^2}T \tag{11-7}$$

为转速降。Δn 表示当负载转矩增加时，电动机的转速会下降。转速降是由电枢电阻 R_α 引起的。由式(11-4)可知，当负载转矩 T 增加时，I_a 随着增大，于是使 I_aR_a 增加。由于电源电压 U 是一定的，这使反电动势 E 减小，也就是转速 n 降低了。

并励直流电动机的机械特性曲线如图 11-13 所示。由于电枢电阻 R_a 比较小(绕组导线电阻和电刷接触电阻等)，所以在负载变化时，电动机的转速变化不大。因此，并励直流电动机具有较"硬"的机械特性，这也是并励直流电动机的特点之一。

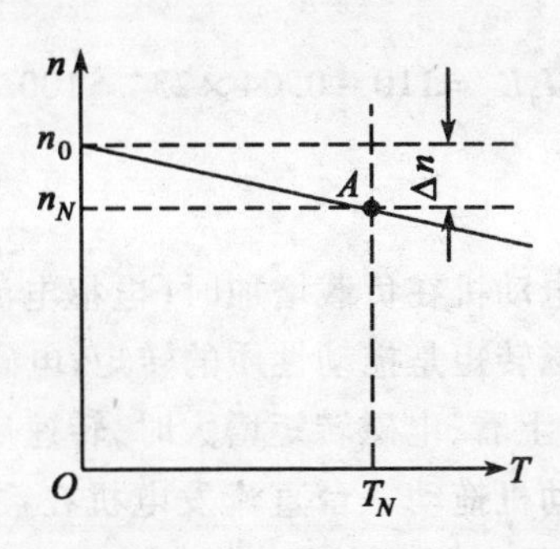

图 11-13　并励直流电动机的机械特性曲线

例 11.1　一台并励直流电动机，其额定数据如下：额定功率 $P_N=22(\text{kW})$，额定电压 $U_N=110(\text{V})$，额定转速 $n_N=1\ 000(\text{r/min})$，额定效率 $\eta_N=0.84$；并已知 $R_a=0.04(\Omega)$，$R_f=27.5(\Omega)$。试求：

(1)额定电流 I_N，额定电枢电流 I_{aN} 及额定励磁电流 I_{fN}；

(2)损耗功率 ΔP_{acu}，ΔP_{fcu} 及 ΔP_0；

(3)额定转矩 T_N；

(4)反电动势 E。

解 (1)P_N 是输出(机械)功率,额定输入(电)功率为

$$P_1=\frac{P_N}{\eta_N}=\frac{22}{0.84}=26.19(\mathrm{kW})$$

额定电流

$$I_N=\frac{P_1}{U_N}=\frac{26.19\times 10^3}{110}=238(\mathrm{A})$$

额定励磁电流

$$I_{fN}=\frac{U_N}{R_f}=\frac{110}{27.5}=4(\mathrm{A})$$

额定电枢电流

$$I_{aN}=I_N-I_{fN}=238-4=234(\mathrm{A})。$$

(2)电枢电路铜损耗

$$\Delta P_{acu}=R_aI_a^2=0.04\times 234^2=2\ 190(\mathrm{W})$$

励磁电路铜损耗

$$\Delta P_{fcu}=R_fI_f^2=27.5\times 4^2=440(\mathrm{W})$$

总损失功率

$$\sum\Delta P=P_1-P_2=26\ 190-22\ 000=4\ 190(\mathrm{W})$$

空载损耗功率

$$\Delta P_0=\sum\Delta P-\Delta P_{acu}=4\ 190-2\ 190=2\ 000(\mathrm{W})。$$

(3)额定转矩

$$T_N=9\ 550\frac{P_N}{n_N}=9\ 550\times\frac{22}{1\ 000}=210(\mathrm{N\cdot m})。$$

(4)反电动势

$$E=U-I_aR_a=110-0.04\times 234=100.6(\mathrm{V})。$$

[思考与练习题]

11.3.1 为什么他励直流电动机在负载增加时(电枢电流增大),转速下降?

11.3.2 直流电动机的电磁转矩是拖动性质的转矩,电磁转矩增大时,转速似乎应该上升,但从直流电动机的机械特性上看,电磁转矩增大时,转速反而减小,这是什么原因?

11.3.3 一台他励直流电动机拖动一台直流发电机在额定转速下运行,改变发电机的负载使其电枢电流增加时,电动机电枢电流有什么变化?试分析其原因。

§11.4 直流电动机的起动、调速和制动

下面主要以并励(他励)直流电动机为例来分析其起动、调速和制动。

11.4.1 直流电动机的起动

直流电动机接通电源以后,电动机的转速从零达到稳态的过程称为起动过程。对于电动机而言,我们总希望电动机的起动转矩大,起动电流小,起动设备简单、经济、可靠。

直流电动机开始起动时，转速 $n=0$，此时直流电动机的反电动势 $E=K_E\Phi n$ 还没有建立起来，由于电枢电阻 R_a 较小，$I_a=\frac{U}{R_a}$，所以此时电枢电流最大。另外，根据转矩公式 $T=K_T\Phi I_a$ 可知，由于电枢电流非常大，此时的起动转矩也非常大。这样大的起动电流和起动转矩，分别将对供电电源和机械装置形成强大的冲击。因此，在保证足够的起动转矩下必须限制起动电流。

直流电动机经常使用的起动方法有电枢回路串电阻起动和降压起动两种。

1. 电枢回路串电阻起动

为了限制起动电流，起动时可以在电枢回路中串入起动电阻 R_{st}，待电动机转速上升后逐步将起动电阻切除。接入起动电阻后的起动电流为

$$I_{ast}=\frac{U}{R_a+R_{st}}$$

可见若 R_{st} 选择合适，能将起动电流限制在允许的范围内。一般规定起动电流不应超过额定电流的 1.5 ~ 2.5 倍。

必须注意，直流电动机在起动或工作时，励磁电路一定要接通，不能断开（起动时将励磁电流调到额定值）。否则，由于磁路中只有很小的剩磁就可能发生下述事故：(1) 如果电动机是静止的，由于转矩太小而不能起动，而此时电枢电流很大，电枢绕组有可能被烧坏；(2) 如果电动机在空载运行，其转速可能上升到很高的值（这种事故称为“飞车”），使电机遭受严重的机械损伤，而且因电枢电流过大而将绕组烧坏；(3) 如果电动机在有载运行时断开励磁回路，反电动势立即减小而使电枢电流增大，同时由于所产生的转矩不能满足负载的需要，电动机必须减速而停转，更促使电枢电流的增大，以致烧毁电枢绕组和换向器。

2. 降压起动

降压起动时，开始加在电动机电枢的端电压很低，随着转速的上升，逐步增大电枢电压，并使电枢电流限制在一定的范围内。为使励磁不受电枢电压的影响，电动机应采用他励方式。

采用降压起动时，需要一套专用电源作为电动机的电源。现在一般采用脉宽可调制的由大功率电子器件构成的开关直流电源。

降压起动的优点是起动电流小，起动过程平滑、能量损耗小，因此，这种起动方法有着越来越多的应用，尤其是大容量直流电动机和各类直流电力电子传动系统。

11.4.2　直流电动机的调速

调速是电力拖动机组在运行过程中的最基本要求，直流电动机具有在宽广范围内平滑经济调速的优良性能。

从直流电动机的转速特性

$$n=\frac{U-I_aR_a}{K_E\Phi}$$

可知，直流电动机有电枢回路串电阻、改变励磁电流和改变端电压三种调速方式。

1. 电枢回路串电阻调速

在电枢回路串入调节电阻 R_j，并励直流电动机的机械特性为

$$n=\frac{U}{K_E\Phi}-\frac{R_a+R_j}{K_EK_T\Phi^2}=n_0-\Delta n$$

可知，机械特性的斜率将随之增大，即 n_0 不变，改变的只是 Δn，所以机械特性和负载特性的交点随着 R_j 的变大而逐步下移，如图 11-14 所示。

这种调速方法的优点是简单易行，缺点是接入电阻后电动机的效率降低，机械特性变软，当负载发生变化时，转速变化较大。

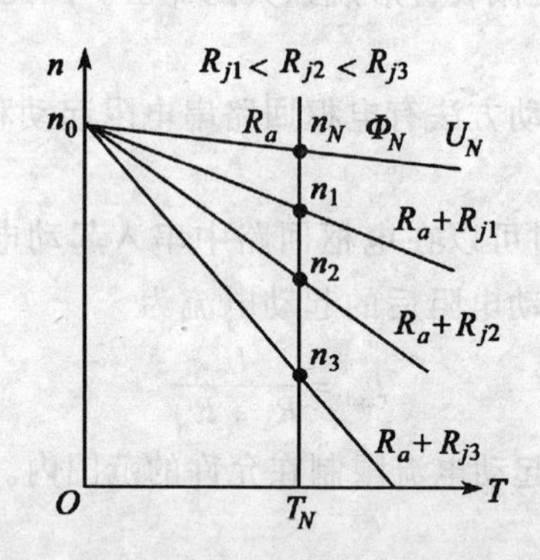

图 11-14 并励电动机改变电枢电阻调速曲线图

2. 改变电枢电压调速

改变电枢电压是一种比较灵活的调速方式。当保持他励直流电动机磁通为额定值和电枢回路电阻不变时，降低电枢电压可以调节电动机的转速。

由直流电动机的机械特性为

$$n=\frac{U}{K_E\Phi}-\frac{R_a}{K_E K_T \Phi^2}T=n_0-\Delta n$$

可知，当负载为恒转矩负载（负载转矩不变）时，改变 U 可得到一簇平行的机械特性曲线，如图 11-15 所示，调压调速的方向是从额定速度向下调。这种调速方式有下面三个优点：

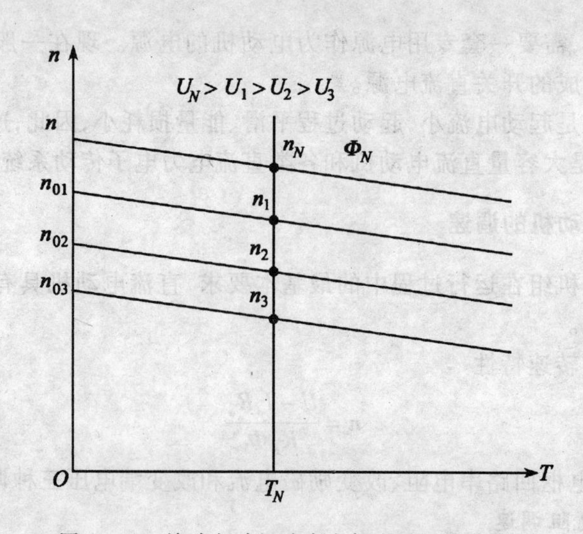

图 11-15 并励电动机改变电枢电压调速曲线图

（1）对于恒转矩负载，调速时电枢电流不变。这是因为恒转矩负载保持不变，电动机的

电磁转矩 $T=K_T\Phi I_a$ 与负载转矩要保持平衡，故电磁转矩不变，所以当电动机运行于不同的速度上时，电枢电流不变。

(2)调压调速时，机械特性的硬度不变。这是因为降低电压 U 时，只是 n_0 在变，而 Δn 则保持不变。因此改变 U 后各电压下的机械特性曲线是平行的，斜率不变。所以即使在速度比较低的情况下，当机械负载改变时，电动机速度变化仍然很小，这说明转速的稳定性是比较好的。

(3)可以实现平滑无级调速。当电枢电压连续变化时，电动机的转速变化也是连续的，这种调速称为无级调速。因此降低电枢电压从额定速度向下调速的方法，在直流电力拖动系统中被广泛采用。

为了保持磁通不变，当采用调压调速方法时，通常电动机采用他励方式励磁。

3. 改变励磁电流调速

从直流电动机的转速特性

$$n=\frac{U}{K_E\Phi}-\frac{R_a}{K_EK_T\Phi^2}T=n_0-\Delta n$$

可知，调节励磁电流时，改变主磁通 Φ，可以平滑地较大范围地改变电动机的速度。图 11-16 所示即为并励电动机改变励磁电流的调速情况。若将励磁电流 I_f 减小，主磁通 Φ 减小，n_0 升高了，转速降 Δn 也增大了，但后者与 Φ^2 成反比，所以 I_f 越小，机械特性曲线也就越陡，但仍具有一定硬度。在一定负载下，I_f 越小，则 n 越高。由于电动机在额定状态运行时，其磁路已接近饱和，所以通常只是减小励磁电流，将转速往上调。

调速过程是：假设为恒转矩调速，当电压 U 保持一定时，减小励磁电流 I_f，则主磁通 Φ 减小。由于机械惯性，转速不立即发生变化，于是反电动势 $E=K_E\Phi n$ 就减小，I_a 随之增加。由于 I_a 增加的影响超过 Φ 减小的影响，所以转矩 $T=K_T\Phi I_a$ 也就增加，则转速 n 上升。随着 n 的升高，反电动势 E 增大，I_a 和 T 随着减小，直到电磁转矩和负载转矩相平衡为止。但这时转速已较原来的升高了。

这种调速方法所用设备简单，调节经济，控制方便，调速平滑，可得到无级调速。缺点是减小励磁电流，随着电动机转速的增高，电枢电流随之升高，电动机的温升升高，换向条件变坏，转速过高，还会出现不稳定的现象。

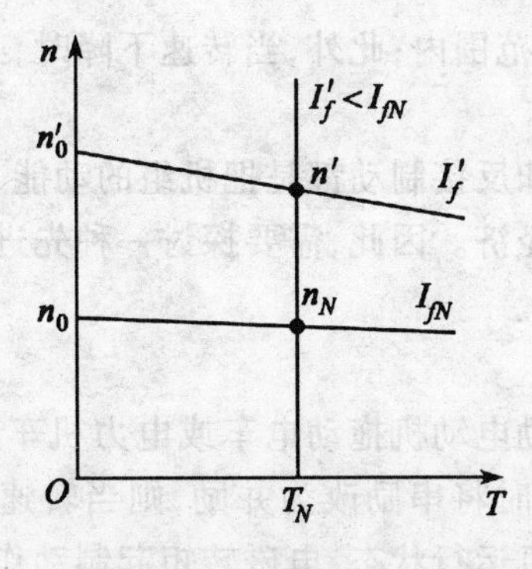

图 11-16　并励电动机改变励磁电流调速曲线图

11.4.3 直流电动机的制动与反转

在电力拖动机组中，无论是电机停转，还是由高速进入低速运行，都需要对电动机进行制动，即强行减速。制动的物理本质就是在电机转轴上施加一个与旋转方向相反的力矩。这个力矩若以机械方式产生，如摩擦片、制动闸等，则称为机械制动；若以电磁方式产生，则称为电磁制动，这里所讲的制动主要是指电磁制动，并有能耗制动、反接制动和回馈制动三种形式。

1. 能耗制动

以并励直流电动机为例，在能耗制动时保持励磁电流不变，在电枢两端从电源断开的同时，将其立即接到一个制动电阻上。这时电动机内主磁场保持不变，电枢因机械惯性继续旋转，并且感应出电动势在电枢回路中产生电流，电机由电动机状态立即转至发电机状态，此时电枢电流反向，从而产生的电磁转矩与原来相反，称为制动转矩，故转速迅速下降，直到停转。电动机机械系统所储存的动能，全都转换为电能而消耗在制动电阻上，所以称为能耗制动。

能耗制动利用机组动能来取得制动转矩，操作简便，容易实现，但制动时间较长（低速时制动转矩很小），必要时可以增加机械制动闸。

2. 反接制动

这与异步电动机反接制动的道理一样，在制动时，强迫电动机朝相反的方向转动而促使电动机立即停转。直流电动机反接制动时，在保持励磁电流条件（方向和数值的大小）不变的情况下，利用倒向开关将电枢两端反接在电源上，此时电枢电流

$$I_a = -\frac{U+E}{R_a}$$

将变成负值，且电流相当大，随之产生很大的制动性电磁转矩使电动机停转。

反接制动的优点是很快能使电动机迅速停转；缺点是电枢电流可能过大，其数值几乎是直接起动电流的两倍（额定电流的30倍以上），对电机冲击太大，为此反接时必须接入足够的电阻 R_L，使

$$I_a = -\frac{U+E}{R_a+R_L}$$

电枢电流被限制在一定允许值范围内；此外，当转速下降时，必须及时切断电源，否则电动机将反转。

需要说明的是，能耗制动和反接制动都是把机组的动能，甚至于电网供给功率全部消耗在电枢回路中的电阻上，很不经济。因此，需要探讨一种先进的制动方式。下面将介绍的回馈制动就是一种比较好的方式。

3. 回馈制动

以串励电动机为例，当串励电动机拖动电车或电力机车下坡时，若不制动，速度会越来越高而达到危险程度。假如此时将串励改为并励，则当转速升高至某一数值，即 $E > U$ 时，电流将反向，电动机进入发电机运行状态，电磁转矩起制动作用，限制了转速的进一步上升，将下坡时机车的位能转换为电能回馈给电网，故称为回馈制动。

4. 直流电动机的反转

从前述电动机反接制动可以知道，当电动机励磁保持不变（方向和数值的大小）时，调

换接至电源的电枢两端导线即可改变电动机的转动方向；如果电枢接线不变，将励磁绕组两端对调，也可达到使直流电动机反转的目的。这是因为若要改变电动机的转动方向，就要改变电磁转矩的方向。由左手定则可知：在磁场方向不变的情况下，若想改变转矩的方向，则必须改变电枢电流的方向；若保持电枢电流方向不变，欲改变转矩的方向，那只有改变磁场的方向了。

例 11.2 有一他励直流电动机，$P_N = 7.5(\text{kW})$，$U_N = 220(\text{V})$，$n_N = 1\ 500(\text{r/min})$，$R_a = 0.4(\Omega)$，在额定恒转矩负载 T_N 下运行，试求：

(1)将电源电压降至 150(V)，其他条件不变，电动机稳定运行速度。

(2)若将磁通减到 $\Phi = 0.8\Phi_N$，其他条件不变，电动机稳定运行速度。

解 (1)调压调速计算

$$K_E\Phi_N = \frac{U_N - I_N R_a}{n_N} = \frac{220 - 46 \times 0.4}{1\ 500} = 0.134(\text{V}/(\text{r} \cdot \text{min}))$$

将电源电压降至 150V 后，电动机稳定运行速度为

$$n = \frac{U}{K_E\Phi_N} - \frac{I_N R_a}{K_E\Phi_N} = \frac{150 - 46 \times 0.4}{0.134} = 982(\text{r/min})。$$

(2)将磁通减至 $\Phi = 0.8\Phi_N$ 时，T_N 保持不变，电动机稳定运行速度为

$$n = \frac{U}{0.8K_E\Phi_N} - \frac{\frac{I_N}{0.8}R_a}{0.8K_E\Phi_N} = \frac{220 - \frac{46}{0.8} \times 0.4}{0.8 \times 0.134} = 1\ 838(\text{r/min})。$$

[思考与练习题]

11.4.1 如果不接励磁绕组，一台直流电动机起动时会出现什么现象？

11.4.2 在使用并励电动机时，发现转向不对，若将接到电源的两根线对调一下，能否改变转动方向？

11.4.3 试说明在下列条件下，一台他励直流电动机的转速、电枢电流及电动势将如何变化？

(1)励磁电流和负载转矩不变，电枢电压降低。

(2)电枢电压和负载转矩不变，励磁电流减小。

(3)电枢电压、励磁电流和负载转矩不变，在电枢回路中串入一个电阻。

11.4.4 试分析直流电动机和三相异步电动机起动电流大的原因，两者是否相同？

11.4.5 试比较并励电动机和三相异步电动机的调速性能。

习 题 11

11.1 怎样从电动机定子和转子结构的外观上来区别直流电动机、笼型异步电动机和绕线型异步电动机？

11.2 如何判断一台直流电机是处于发电机状态还是处于电动机状态？

11.3 一台直流电动机的额定转速为 3 000(r/min)，如果电枢电压和励磁电流均为额定值，试问该电动机是否允许在转速为 2 500(r/min)时长期运行？为什么？

11.4 有一台并励直流电动机，额定功率 $P_N = 10(\text{kW})$，额定电压 $U_N = 220(\text{V})$，额定电

流 $I_{aN}=53.8(\mathrm{A})$，额定转速 $n_N=1\ 500(\mathrm{r/min})$，电枢电阻为 $0.3(\Omega)$，最大励磁功率为 $260(\mathrm{W})$。在额定转矩下，若在电枢回路中串入电阻 $R_a'=0.7(\Omega)$，试求此时的转速。

11.5 一台并励直流电动机，额定电压 $U_N=220(\mathrm{V})$，额定转速 $n_N=1\ 000(\mathrm{r/min})$，电枢电阻为 $0.3(\Omega)$，额定电流 $I_{aN}=70.1(\mathrm{A})$，额定励磁电流 $I_{fN}=1.82(\mathrm{A})$。试求：

(1)如果负载转矩减小到额定转矩的一半时，电动机的转速为多少？

(2)如果在轻载的情况下，电动机转速为 $1\ 080(\mathrm{r/min})$，输入电流为多少？

11.6 直流电动机的起动电流决定于什么？正常运行时工作电流又决定于什么？

11.7 一台他励直流电动机，$U_N=220(\mathrm{V})$，$R_a=0.45(\Omega)$，反电动势 $E=208(\mathrm{V})$，励磁电流不变。试求：

(1)电枢电流；

(2)当负载转矩增加20%后，电枢电流、反电动势及转速变化了多少？

11.8 有一台并励直流电动机，额定电压 $U_N=110(\mathrm{V})$，额定电流 $I_{aN}=82.2(\mathrm{A})$，电枢电阻为 $0.12(\Omega)$，额定励磁电流 $I_{fN}=2.65(\mathrm{A})$。试问：

(1)若直接起动，求起动瞬间的电流是额定值的几倍？

(2)如果要把起动电流限制为额定电流的2倍，应选用多大的起动电阻？

11.9 一台他励直流电动机，额定电压 $U_N=220(\mathrm{V})$，额定电流 $I_{aN}=25(\mathrm{A})$，电枢电阻为 $0.2(\Omega)$。试问：当负载保持不变时，在下述两种情况下电动机转速变化了多少？

(1)电枢电压保持不变，磁通减少了10%。

(2)主磁通保持不变，电枢电压减少了10%。

11.10 三相异步电动机带动直流发电机向一并励直流电动机供电，试问：

(1)异步电动机反转时，直流电动机将如何变化？为什么？

(2)直流电动机负载增加时，异步电动机将如何变化？为什么？

(3)改变交流电源的频率对直流电动机有什么影响？为什么？

第 12 章　控制电机及其控制系统

前面我们所介绍的各种电机是普通的旋转电机，其主要任务是进行能量的转换。而控制电机的主要任务是转换和传递控制信号，要求有较高的控制性能，如要求反映快、精度高、运行可靠等，能量的转换是次要的。

控制电机的类型很多，本章只介绍常用的几种：伺服电动机、步进电动机、测速发电机和自整角机。各种控制电机有各自的控制任务，例如：伺服电动机将电压信号转换为转矩和转速以驱动控制对象；步进电动机将脉冲信号转换为角位移或线位移；测速发电机将转速转换为电压，并传递到输入端作为反馈信号；自整角机将转角差转换为电压信号，并经电子放大器放大后控制伺服电动机。

§12.1　自动控制的基本概念

12.1.1　概述

“控制”是一个具有广泛意义的概念。控制可以指人与人的关系，也可以指其他方面的关系。当指人—机关系时，是指人对于机器或设备的控制。为使某一机器、设备或过程处于希望的状态而对其进行的操作，称为控制。把这些被控制的机器、设备或过程称为受控对象或对象。受控对象要实现控制的量称为受控变量或输出变量，如飞机的飞行速度、电机的转速、生产过程中的压力、温度等。在人直接参与下完成的控制，称为人工控制。如果使用某种装置代替人的作用，在没有人直接参与的情况下，使受控对象按照预定的规律运行并达到预期的状态或性能要求，这就是自动控制。这种能代替人对控制对象施加控制作用的装置，称为自动控制装置。把由自动控制装置和被控制的对象所组成的系统称为自动控制系统。

在现代生活中，自动控制技术发挥着重要作用。而且，这一作用将随着社会的发展与日俱增。

12.1.2　开环控制与闭环控制

自动控制系统从结构上看，可以分为开环控制与闭环控制。图 12-1 是开环控制的方框图。当发出控制指令后，控制对象（例如电动机）便开始工作，但不能自动检测控制对象是否按照控制指令的要求进行工作。例如，对普通车床的主轴电动机就是采用开环控制的。在加工时，接通电源（发出控制指令），电动机就带动主轴转动。至于主轴实际转速，因受工件的硬度、进刀量的大小、电源电压的波动等影响而有变化，这是不能自动调节的。由于开环控制结构简单，对输出量（如转速、温度、电压等）的精确度要求不高的场合应用较广。如自动售货机、自动洗衣机、步进电机控制及产品自动生产流水线等。

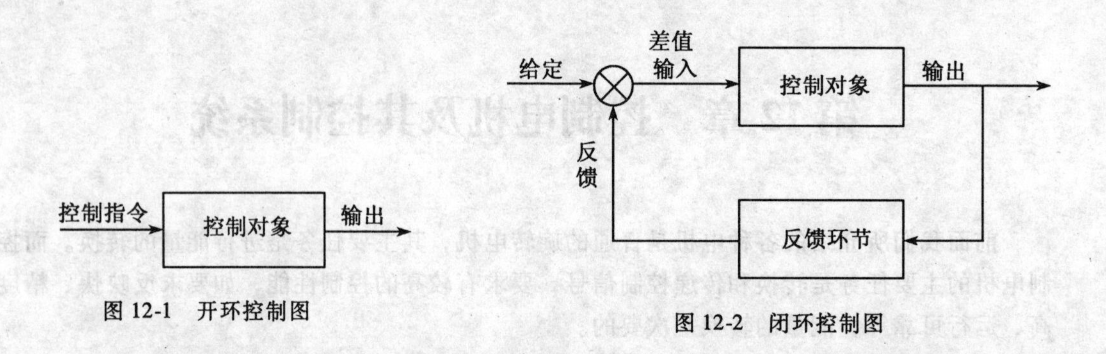

图 12-1 开环控制图

图 12-2 闭环控制图

图 12-2 是闭环控制的方框图。我们通过反馈环节将控制对象的输出信号（被调量）引回到输入端，与给定值比较，以得出的差值信号（通常要先放大）去控制控制对象的输出信号。这样，信号的传送途径是一个闭合环路，称为闭环。由于闭环控制总是通过反馈来实现的，所以闭环控制系统也叫做反馈控制系统。在反馈控制系统中，被调量受到外界影响时，按照给定要求能自动调节。

另外，还有开环控制和闭环控制的组合，称为复合控制，这里不再赘述。

12.1.3 控制系统的构成

图 12-3 所示的方框图是一个基本的反馈控制系统，其各基本组成部分及作用如下：

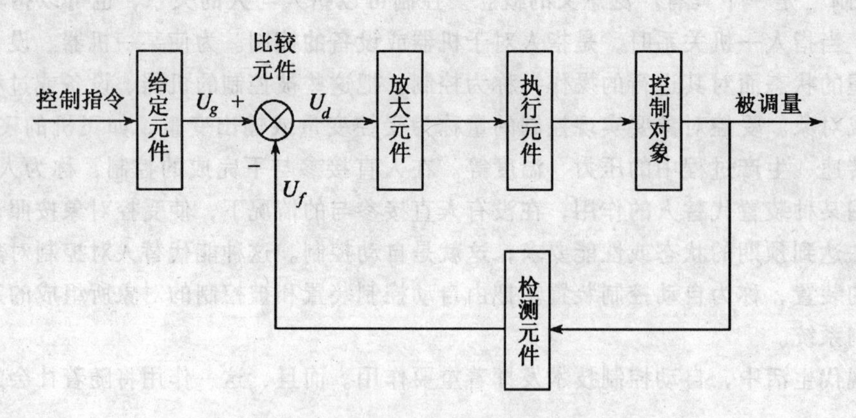

图 12-3 反馈控制系统的方框图

(1)给定元件。给定元件的作用是给出一个给定值，给定值和预定被调量（如电压、转速、温度等）之间有一定的函数关系（例如成比例关系）。改变给定值，就可以改变被调量。

(2)检测元件。检测元件的作用是把被调量检测出来反馈到输入端，反馈量和被调量之间也有一定的函数关系。如果被调量是转速或温度，则常用测速发电机或热电偶作为检测元件。

(3)比较元件。比较元件将反馈量与给定值比较，得出差值。反馈控制系统就是利用差值进行工作的。在有些情况下，常用运算放大器、机械差动元件或电桥等作为比较元件。如果比较装置中是减去反馈信号，就形成一个负反馈系统。

(4)放大元件。由于比较元件给出的差值信号往往过于微弱，不能直接推动控制对象，所以要用放大元件加以放大。各种放大器都是放大元件。

(5)执行元件。执行元件的作用是直接推动控制对象以改变被调量。如伺服电动机就是一执行元件。

(6)控制对象。如电动机、电动机带动的机械负载、发电机、电炉等都是控制对象，相应的被调量是转速、位移、电压、温度等。

12.1.4　控制系统的性能指标

一个性能良好的控制系统，应当满足稳定性、快速性和准确性。具体来说，可以从静态和动态两方面考虑。

1. 静态精确度

静态精确度是指当外界条件在一定范围内变化后，被调量偏离变化前的相对误差。例如某种机床的直流电动机当负载增加后，其转速与空载时相比，转速降不超过 4%。这就是转速静态精确度。

2. 动态指标

衡量动态过程性能的指标，主要有以下几项：

(1) 动态过程时间 t_p。这是指从一种工作状态变到另一种工作状态的时间。例如在图 12-4 中，把电动机的转速从 500r/min 调到 1 000r/min 所需的时间。t_p 表示系统的快速性。

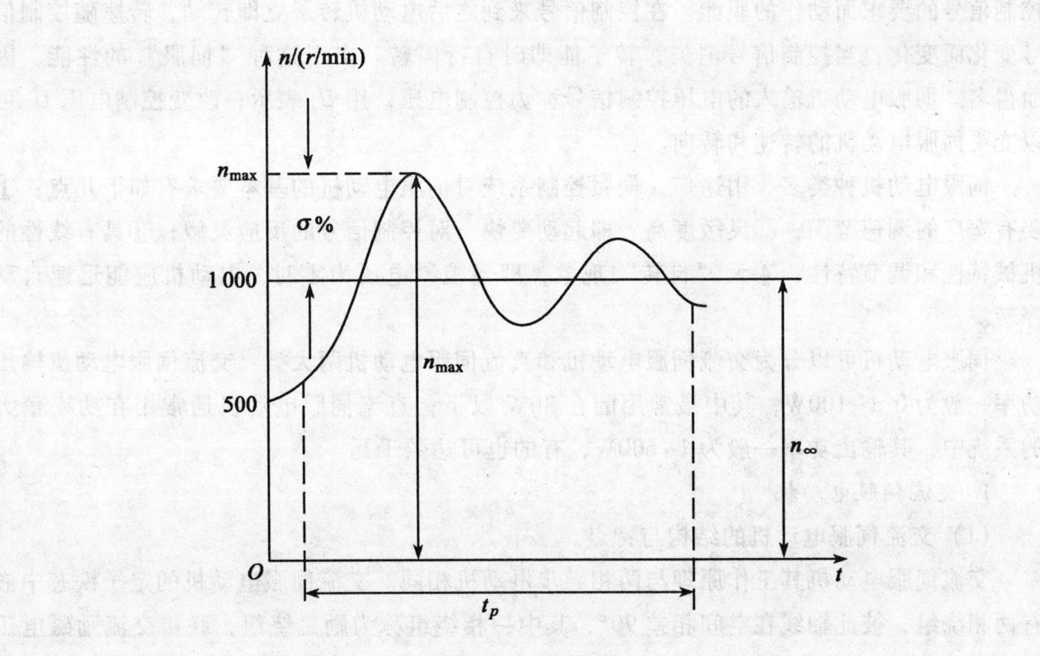

图 12-4　动态指标

(2) 超调量$\sigma\%$。为了使动态过程快，往往会出现调过头的现象。在图 12-4 中，超调量为

$$\sigma\% = \frac{n_{max} - n_{\infty}}{n_{\infty}} \times 100\%$$

式中：n_{max}——动态过程中的最大值；n_{∞}——稳定值。

(3) 振荡次数N。在快速系统中，从一种工作状态变到另一种工作状态，可能会出现反复多次的超调，好像振荡一样。振荡次数是指在动态过程时间内，被调量经过稳定值的次数。

动态过程时间短，表示系统的快速性好；超调量小和振荡次数少，表示系统的稳定性好。但振荡次数、动态过程时间和超调量三者之间是有矛盾的。如果要缩短动态过程时间，就会增大超调量，而超调量越大振荡次数也就越多。一般要求，超调量应在 40% 以内，允许有 1 ~3 次振荡。

§12.2 伺服电动机及其控制

在自动控制系统中，伺服电动机用来驱动控制对象，它的转矩和转速受信号电压控制。当信号电压的大小和极性（或相位）发生变化时，电动机的转速和转动方向将非常灵敏和准确地跟着变化。

12.2.1 伺服电动机的基本结构与工作原理

伺服电动机亦称为执行电动机，在控制系统中用做执行元件。该电动机具有一种服从控制信号的要求而动作的职能。在控制信号来到之后电动机转子立即转动，转速随控制信号变化而变化；当控制信号消失，转子能即时自行停转。由于这种“伺服”的性能，因而得名。伺服电动机输入的电压控制信号称为控制电压，用U_c表示；改变控制电压U_c可以变更伺服电动机的转速和转向。

伺服电动机种类多、用途广，伺服控制系统对伺服电动机的基本要求有如下几点：①要有宽广的调速范围；②灵敏度高，即起动要快，对控制信号的反应灵敏；③具有线性的机械特性和调节特性；④无“自转”现象，即当控制电压为零时，电动机应能迅速自动停转。

伺服电动机可以分为交流伺服电动机和直流伺服电动机两大类：交流伺服电动机输出功率一般为 0.1~100W，其中最常用的在 30W 以下；直流伺服电动机通常用在功率稍大的系统中，其输出功率一般为 1~600W，有的也可达数千瓦。

1. 交流伺服电动机

(1) 交流伺服电动机的结构与特点。

交流伺服电动机其工作原理与两相异步电动机相同。交流伺服电动机的定子铁芯中嵌有两相绕组，彼此轴线在空间相差 90°，其中一相绕组称为励磁绕组，联接交流励磁电压u_f，另一相绕组称为控制绕组，外接控制信号电压u_c。控制电压u_c的大小和相位随偏差信号的变化而改变。励磁电压u_f与控制电压u_c的频率相等，但在相位上相差 90°。图12-5

是交流伺服电机的原理接线图。

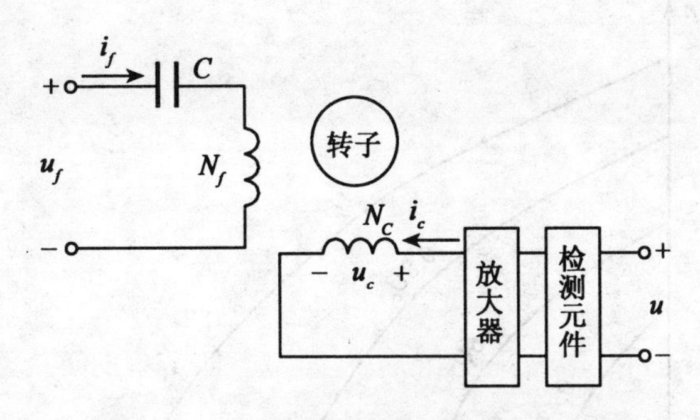

图 12-5　交流伺服电动机的原理接线图

交流伺服电动机的转子分为笼型转子和杯形转子（杯形转子可视为无数条并联的导体条组成）两类结构，交流伺服电动机的结构与特点如表 12-1 所示。

表 12-1　交流伺服电动机的结构特点与性能特点

种类	产品型号	结构特点	性能特点	应用范围
笼形转子	SL	与一般笼型电动机结构相同，但为了减小转动惯量，转子做得细而长，转子导体用高电阻率的材料。	励磁电流较小，体积较小、机械强度高，但低速运行不够平稳，有时快时慢的现象。	小功率的伺服系统
杯形转子	SK	转子做成薄壁圆筒形，放在内、外定子之间。	转动惯量小，运行平滑，无抖动现象，但励磁电流较大，体积也较大。	要求运行平滑的系统

（2）交流伺服电动机的控制原理与控制特性。

由于励磁电压 u_f 与控制电压 u_c 的频率相等，但在相位上相差 90°，所以在其两个绕组分别通入两个相位相差 90°的电流 i_f 和 i_c，因而产生了旋转磁场，在旋转磁场的作用下，电动机的转子便转动起来。如果电机参数与一般的单相异步电动机一样，那么当控制信号消失时，电机转速虽会下降些，但仍会继续不停地转动。伺服电动机在控制信号消失后仍继续旋转的失控现象称为“自转”。实际中，可以通过增加转子电阻的办法来消除“自转”。

当调节控制电压 u_c 的大小时，转子的转速随之变化。控制电压高，电动机旋转得快，控制电压低，电动机旋转得慢。当控制电压反相时，旋转磁场和转子也都反转。由此控制电动机的转速与转向。

在运行时如果控制电压变为零，电动机就立即停转。这是交流伺服电动机的特点，图 12-6 是交流伺服电动机在不同控制电压下的机械特性曲线，U_c 为额定控制电压的有效值。由图 12-6 可见：在一定负载转矩下，控制电压越高，电动机的转速越高；在一定的控制电压下，负载增加，转速下降。此外，由于转子电阻较大，机械特性曲线陡降较快，特性很软，不利于系统的稳定。伺服电动机的电源频率有 50Hz 和 400Hz 之分。

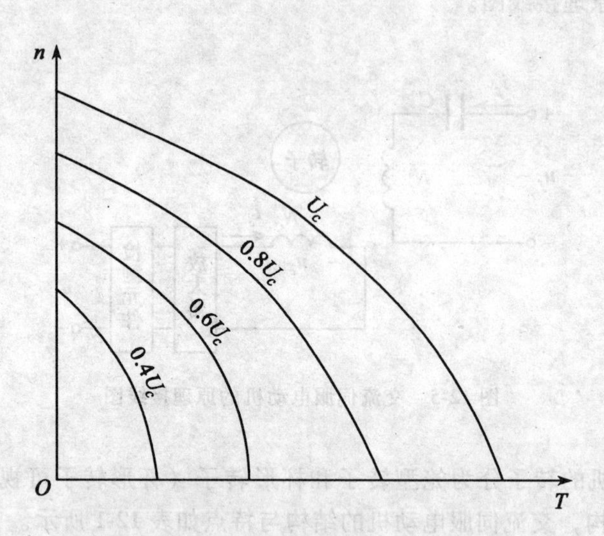

12-6　交流伺服电动机在不同控制电压下的机械特性曲线

交流伺服电动机有如下缺点：

① 体积大，重量重，动态响应差，效率低。

② 机械特性非线性，导致系统的动态精度低。

③ 若参数选择不当，或制造工艺不良，都会使电动机在单相状态下产生自转现象，而自转现象在下面将要介绍的直流伺服电动机则没有。

2. 直流伺服电动机

直流伺服电动机的基本结构及工作原理与普通直流电动机相类似。为了适应各种不同伺服系统的需要，直流伺服电动机从结构上作了许多改进，如无槽电枢伺服电动机，空心杯形电枢伺服电动机，无刷直流执行伺服电动机，扁平形结构的直流力矩电动机等。这些类型的电动机具有转动惯量小、机电时间常数小、对控制信号响应速度快、低速运行特性好等特点。

直流伺服电动机既可以采用电枢控制，也可以采用磁场控制，但通常采用电枢控制。该电动机的励磁绕组和电枢分别采用两个独立电源供电。电枢控制时，其控制电路如图12-7所示。图12-7中将励磁绕组接于恒定电压 U_f，建立的磁通 Φ 也是定值，而控制电压 U_c 接到伺服电动机电枢两端。

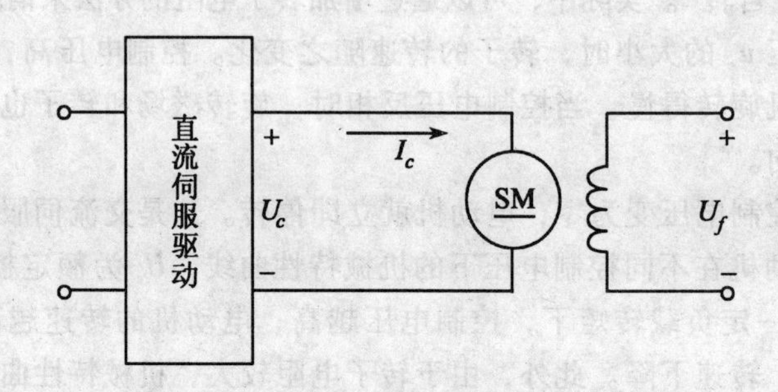

图 12-7　直流伺服电动机的接线图

直流伺服电动机的机械特性与一般他励直流电动机的机械特性相同，也用下式表示

$$n = \frac{U_c}{K_E \Phi} - \frac{R_a}{K_E K_T \Phi^2} T \tag{12-1}$$

图 12-8 是直流伺服电动机不同控制电压下（U_c 为额定控制电压）的机械特性曲线 $n=f(T)$。由图可见：在一定的负载转矩下，当励磁不变时，磁通不变，调节电枢电压 U_c，就可以调节电动机的转速。当控制电压 $U_c=0$ 时，电动机立即停转。要电动机反转，可以改变电枢电压 U_c 的极性。

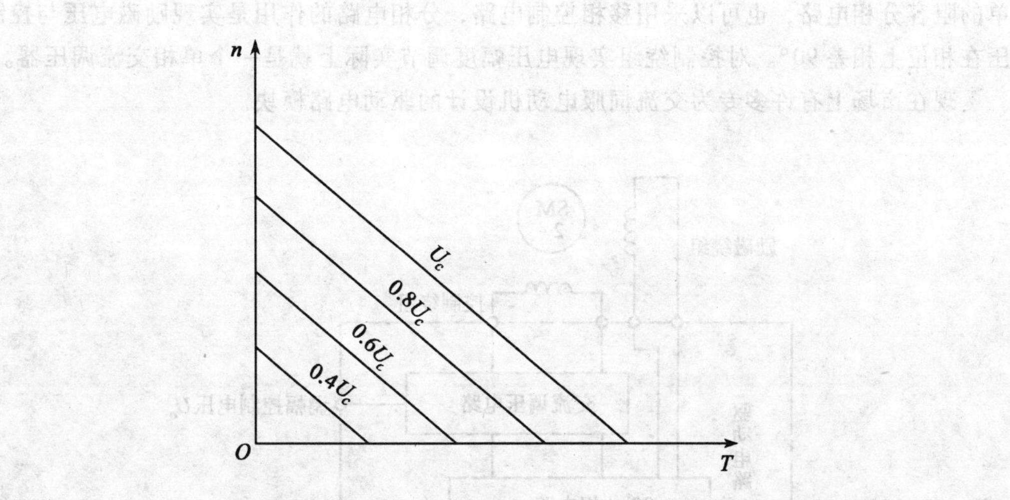

图 12-8 直流伺服电动机在不同控制电压下的机械特性曲线（励磁不变）

直流伺服电动机的主要优点如下：

① 体积小、重量轻、效率高，一般适用于功率较大的系统。

② 电枢控制时的机械特性是斜率不变的平行直线族。

③ 起动转矩大。

④ 调速范围广，从每分钟数十转到数千转。

主要缺点是：

① 结构较复杂，电刷和换向器需经常维护。

② 换向产生的火花，带来电磁干扰。

③ 其控制信号来自直流放大器，因而直流放大器的零点漂移会影响系统的精度和稳定性。

12.2.2 伺服电动机的驱动与控制系统

1. 交流伺服电动机的驱动

从上述讨论的两相交流伺服电动机原理可知，交流伺服电动机定子上有两个在空间上正交的绕组。一个是励磁绕组，作为电动机磁场的建立；另一个是控制绕组，作为电动机运行控制，它们都是加交流电压。虽然可以通过调节控制电压信号的幅值、相位都可以对交流伺服电动机加以控制，但在交流伺服电动机实际应用中，以调节控制电压信号幅值的

方法最为常用。

幅值控制是在励磁电压与控制电压相位差（90°）不变的情况下，只改变控制电压的幅值来实现对电动机进行的转速控制。因而伺服电动机的驱动电路应具有以下三个功能：

(1) 对励磁绕组施加固定频率、固定相位的单相交流电。

(2) 实现励磁电压与控制电压的分相（相差90°）。

(3) 实现对控制电压的幅度调节。

幅值控制驱动电路的结构框图如图12-9所示。图12-9中的90°分相电路可以采用简单的阻容分相电路，也可以采用移相控制电路，分相电路的作用是实现励磁电压与控制电压在相位上相差90°。对控制绕组实现电压幅度调节实际上就是一个单相交流调压器。

现在市场上有许多专为交流伺服电动机设计的驱动电路模块。

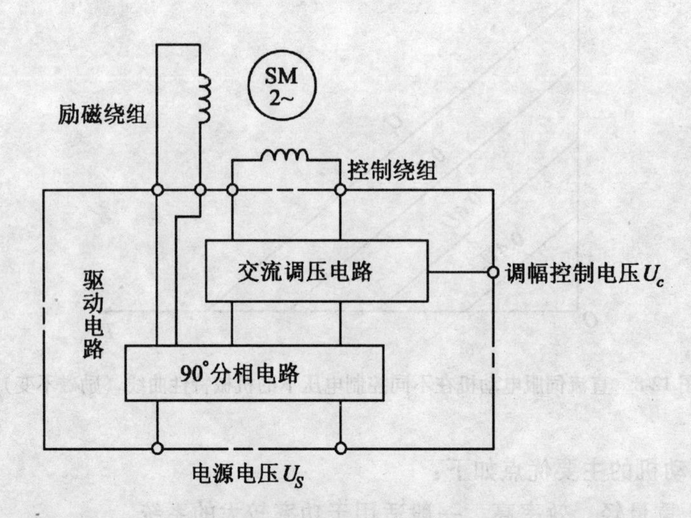

图12-9 交流伺服电动机幅值控制驱动电路的结构框图

2. 直流伺服电动机的驱动

直流伺服电动机实际上就相当于一台小容量的他励直流电动机，因此，普通直流电动机的驱动系统均可用来驱动直流伺服电动机。

通常由于直流伺服电动机的功率不是太大，所以近年来有许多专为直流伺服电动机设计的驱动模块得到应用。适用于直流伺服电动机的驱动模块的典型电路有PWM调制的开关式和直流线性功率放大器式两大类。直流伺服电动机的驱动模块将直流控制信号直接进行电压和功率放大后驱动直流伺服电动机。使用了这种专用模块后，直流伺服电动机静、动态特性，控制线性度，灵敏度和快速性等都有所提高。

与交流伺服电动机驱动模块一样，市场上有很多很不错的直流伺服电动机的驱动器。

3. 伺服电动机的应用

伺服系统的应用非常广泛，有位置伺服系统、速度伺服系统、增量运动伺服系统等。我们知道，测量物体的重量有多种方式，如图12-10所示称重系统是利用伺服系统来实现的一个例子。

图12-10中的电位器RP是一种特殊的电位器，通常称为旋转反馈电位器，该电位器

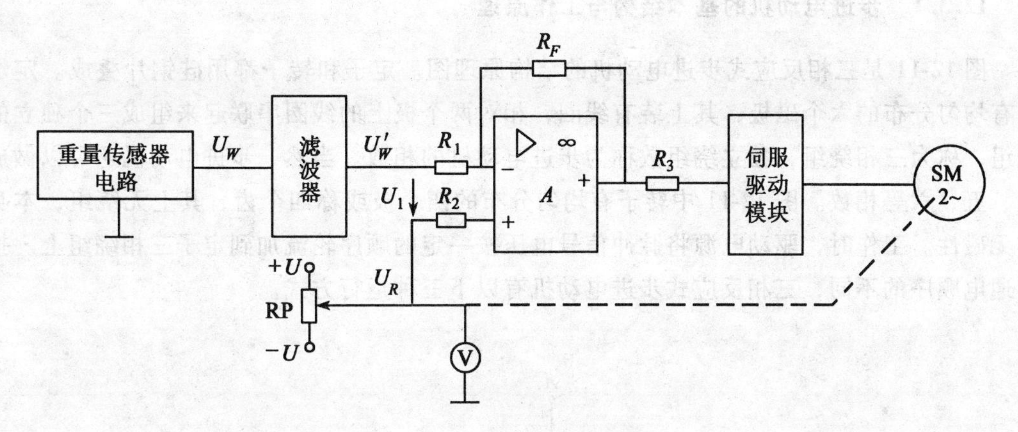

图 12-10　伺服称重系统框图

的调节轴是与伺服电动机连在一起的，所以当伺服电动机旋转时，电位器滑线端也同步运动。假设称重之前（重量传感器没有重物作用）系统处于平衡状态，伺服电动机静止，此时运算放大器的输入电压一定为零，所以运算放大器的输出偏差电压也为零。下面讨论该系统的称重过程。

当开始称重时，重量传感器电路输出的电压 U_W 经滤波电路滤掉干扰信号后输出到运算放大器的反向输入端，为 U'_W，由于伺服电动机处于静止状态，所以电位器的输出电压 U_R 仍然保持不变，这样，运算放大器的输入电压 U_I 就不再为零，运算放大器输出的偏差电压至伺服驱动模块输入端，伺服驱动模块将该电压进行放大后驱动伺服电动机旋转。

电位器的滑线端随电动机的旋转同步运动，电位器的输出电压 U_R 也随之变化，当该电压变至与称重电压 U'_W 相等时，运算放大器的输入电压 U_I 重新为零。运算放大器输出的偏差电压亦为零，伺服电动机停止转动，系统又处于一个新的平衡状态。

此时测量电位器输出电压的增量 ΔU_R，若系统各元件的输入和输出的关系均为线性关系，ΔU_R 与重物的重量一定成正比。换句话说，测出 ΔU_R 的数值，也就间接的测出了被称物体的重量。

§12.3　步进电动机及其控制

步进电动机是一种利用电磁铁的作用原理将输入脉冲信号转换成输出轴的角位移（或直线位移）的电机，因此步进电动机也称为脉冲电动机。这种电动机每输入一个脉冲信号，输出轴便转动一个固定的角度，输出轴转过的总角度是与输入脉冲数成正比的，输出轴的转速也是与脉冲频率成正比的。

近年来，随着微电子技术、电力电子技术和计算机技术的发展，以及数控系统的广泛采用，促进了步进电动机以及其驱动与控制系统的发展，使步进电动机在机械、纺织、轻工、化工、精密机械等领域，特别是在数控机床上都得到了广泛应用。

12.3.1 步进电动机的基本结构与工作原理

图 12-11 是三相反应式步进电动机的结构原理图。定子和转子都用硅钢片叠成。定子具有均匀分布的六个磁极，其上装有线圈，相对两个极上的线圈串联起来组成三个独立的绕组，称为三相绕组，独立绕组数称为步进电动机的相数。当然，步进电动机还可以做成四、五、六等相数。图 12-11 中转子有均匀分布的四个极或称四个齿，其上无绕组，本身亦无磁性。工作时，驱动电源将脉冲信号电压按一定的顺序轮流加到定子三相绕组上。按其通电顺序的不同，三相反应式步进电动机有以下三种运行方式。

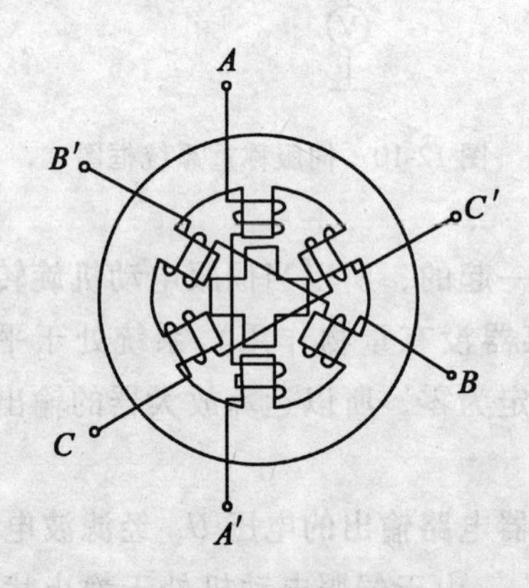

图 12-11 反应式步进电动机结构图

1. 三相单三拍运行方式

“三相”是指三相步进电动机，“单”是指每次只给一相绕组通电，“三拍”是指通电三次完成一个通电循环。也就是说，这种运行方式是按 A—B—C—A 或相反顺序通电的。

当 A 相绕组单独通电时，由于磁力线总是力图从磁阻最小的路径通过，即要建立以 A—A'为轴线的磁场，因此，在磁力的作用下，如图 12-12（a）所示，转子总是将从前一步位置转到齿 1、3 与 A、A'极对齐的位置。

当 B 相绕组通电时，A，C 两相不通电，转子又按顺时针方向转过去 30°，转子的齿 2、4 与 B、B'极对齐，如图 12-12（b）所示。

随后 C 相通电，A、B 两相不通电，转子又按顺时针方向转过 30°，转子的齿 3、1 与 C、C'极对齐，如图 12-12（c）所示。

不难理解，当脉冲信号一个一个发来，如果按 A—C—B—A—… 的顺序轮流通电，则电动机转子便按顺时针方向一步一步地转动。每一步的转角为 30°（称为步距角）。如果这样轮流换接三次，磁场旋转一周，转子前进了一个齿距角（转子为四个齿时，齿距角为 90°）。如果按 A—C—B—A—… 的顺序通电，电动机则按逆时针方向转动。

显然，齿距角 θ_z 和齿数 z 之间的关系为

$$\theta_z = \frac{360°}{z} \tag{12-2}$$

在单三拍运行时，步距角 θ_b（或称为每输入一个脉冲时转子转过的角度）却只有齿距角的三分之一，即

$$\theta_b=\frac{1}{3}\theta_z=\frac{90^\circ}{3}=30^\circ$$

单相轮流通电方式的“单”是指每次切换前后只有一组绕组通电，在这种通电方式下，电动机的稳定性较差，容易失步。

2. 三相双三拍运行

三相双三拍运行方式是按 *AB*—*BC*—*CA*—*AB* 或相反的顺序通电的，即每次同时给两相绕组通电。由于两相绕组通电，力矩就大些，定位精度高而不易失步。

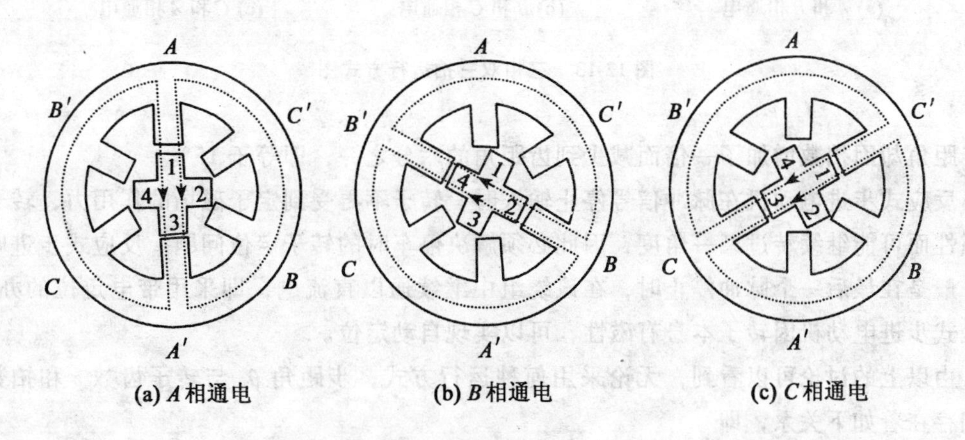

图 12-12　三相单三拍运行方式图

当 *A*、*B* 两相绕组同时通电时，由于 *A*、*B* 两相的磁极对转子齿部都有吸引力，故转子将转到如图 12-13（a）所示位置。

当 *A* 相绕组断电，*B*、*C* 两相绕组同时通电时，同理，转子将转到如图 12-13（b）所示位置。

当 *B* 相绕组断电，*C*、*A* 两相绕组同时通电时，转子将转到如图 12-13（c）所示位置。

可见，当三相绕组按 *AB*—*BC*—*CA*—*AB*—… 顺序通电时，转子按顺时针方向转动。改变通电顺序，使之按 *AB*—*CA*—*BC*—*AB*—… 顺序通电时，即可改变转子的转向。通电一个循环，磁场在空间旋转了 360°，而转子只转了一个齿距角。三相双三拍运行时，步距角仍等于齿距角的三分之一，即 $\theta_b=30^\circ$。

3. 三相单、双六拍运行方式

三相单、双六拍运行方式是按 *A*—*AB*—*B*—*BC*—*C*—*CA*—*A* 或相反的顺序通电的，即需要六拍才完成一个循环。

当 *A* 相绕组单独通电时，转子将转到如图 12-12（a）所示位置，当 *A* 相和 *B* 相绕组同时通电时，转子将转到如图 12-13（a）所示位置，以后情况依此类推。所以采用这种运行方式时，六拍即完成了一个循环，磁场在空间旋转了 360°，转子仍只转一个齿距角，

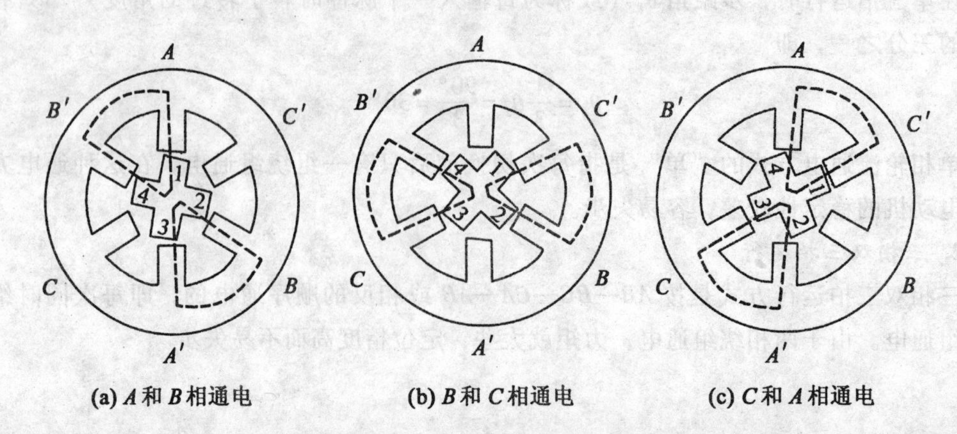

(a) A 和 B 相通电　　(b) B 和 C 相通电　　(c) C 和 A 相通电

图 12-13　三相双三拍运行方式图

但步距角却因拍数增加了一倍而减少到齿距角的六分之一，即等于 15°。

反应式步进电动机在脉冲信号停止输入时，转子不再受到定子磁场的作用力，转子将因惯性而可能继续转过某一角度，因此必须解决停车时的转子定位问题。反应式步进电动机一般是在最后一个脉冲停止时，在该绕组中继续通以直流电，即采用带电定位的办法。永磁式步进电动机因转子本身有磁性，可以实现自动定位。

由以上的讨论可以看到，无论采用何种运行方式，步距角 θ_b 与转子齿数 z 和拍数 N 之间存在着如下关系，即

$$\theta_b = \frac{360°}{zN} \tag{12-3}$$

既然转子每经过一个步距角相当于转了 $\frac{1}{zN}$ 转，若脉冲频率为 f，则转子每秒钟就转了 $\frac{f}{zN}$ 转，故转子每分钟的转速为

$$n = \frac{60f}{zN} \tag{12-4}$$

图 12-11 所示的步进电动机，步距角太大，不能满足电动机平滑运行的要求。要想减小步距角，由式（12-4）可知，一是增加相数（即增加拍数 N），二是增加转子的齿数 z。由于相数越多，驱动电源就越复杂，所以较好的解决方法还是增加转子的齿数。典型结构如图 12-14 所示。从图中可以看出，转子的齿数增加了很多（图中为 40 个齿），定子每个极上也相应地开了几个齿（图中为 5 个齿）。当 A 相绕组通电时，A 相绕组下的定、转子齿应如图 12-12 一样依次错开 $\frac{1}{m}$ 个齿距角（m 为相数）。这样，在 A 相断电而别的相通电时，转子才能继续转动。对于图 12-14 所示的步进电动机来说，由于 $z=40$，故采用单三拍和双三拍运行方式时，步距角为

$$\theta_b = \frac{360°}{zN} = \frac{360°}{40 \times 3} = 3°$$

采用六拍方式运行时，步距角为

$$\theta_b = \frac{360°}{zN} = \frac{360°}{40 \times 6} = 1.5°$$

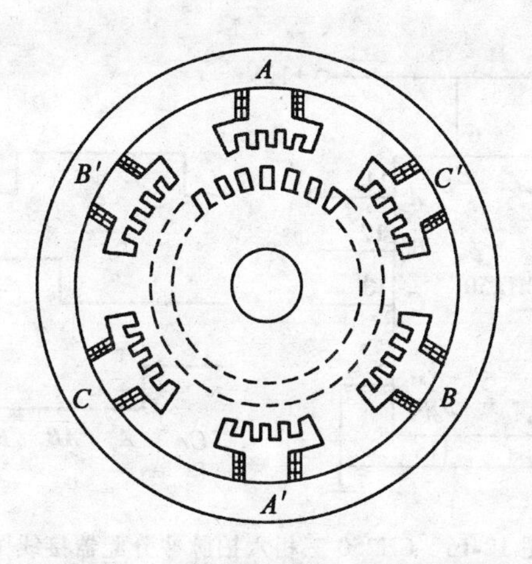

图 12-14　三相反应式步进电动机典型结构图

由上述介绍可以看出，步进电动机具有结构简单，控制特性好，误差不长期积累，步距值不受各种干扰因素的影响等独特的优点。此外，步进电动机的转速取决于脉冲信号的频率，并与频率同步。

12.3.2　步进电动机的驱动与控制

1. 步进电动机的驱动

步进电动机不能直接接到工频交流电源和直流电源上工作，而必须使用专用的步进电动机驱动器。一个步进电动机驱动器主要由脉冲分配器和功率放大器组成，其组成部分如图 12-15 所示。

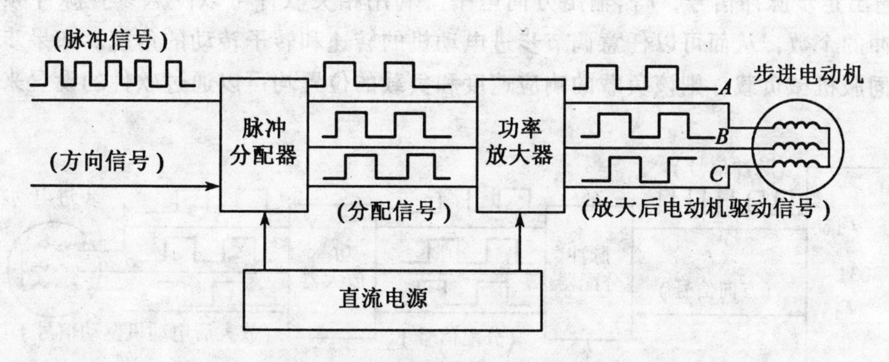

图 12-15　步进电动机驱动器示意图

从前面的讨论可知，步进电动机绕组是按一定通电方式工作的，为了在步进电动机的各绕组实现这种轮流通电，即将脉冲按规定的方式分配到步进电动机的每相绕组，通常利用脉冲分配器来完成这项工作。脉冲分配器可以有多种形式，早期的脉冲分配器电路多数由逻辑门、触发器等数字电路组成；有些控制较复杂的分配器则由单片计算机构成。近年来，专用步进电动机的分配器控制芯片得到了广泛的应用。图 12-16 是步进电动机的专用分配器控制芯片 CH250 工作于三相六拍脉冲分配器的接线图。

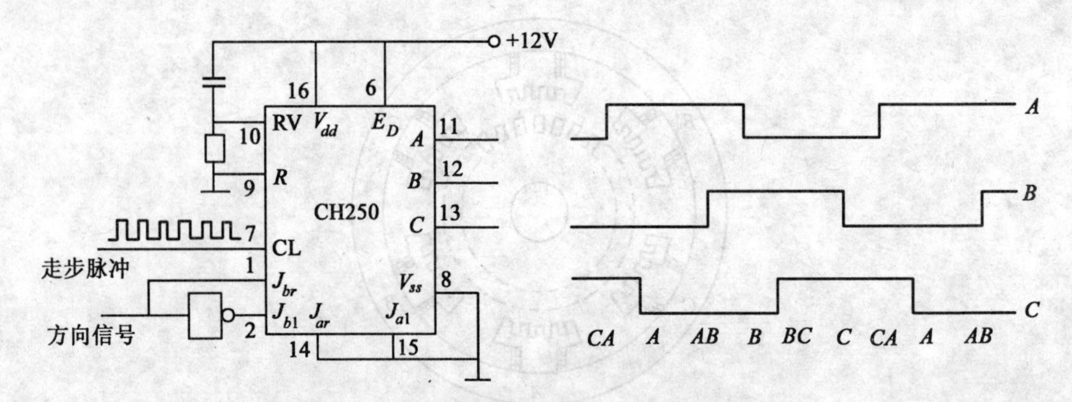

图 12-16 CH250 三相六拍脉冲分配器接线图

通过设置某些引脚（1，2 和 14，15）的电平，可以使 CH250 按双三拍、单三拍、单双六拍以及相应的正、反转共 6 种状态工作，使用起来十分简单、方便。

从 CH250 输出的信号经功率放大器环节放大之后驱动步进电动机转动。

2. 步进电动机的控制

输入到步进电动机驱动器的走步脉冲的频率决定了步进电动机的旋转速度，调节频率就可以方便地调节步进电动机的转速；输入到步进电动机驱动器的走步脉冲的个数决定了步进电动机旋转的角度，通过控制走步脉冲的个数就能精确地控制步进电动机的转角和位置。目前有多种方法可以对步进电动机进行控制，下面介绍几种常用的方法。

(1) 单片计算机开环控制系统。

一个单片计算机步进电动机串行开环控制系统框图如图 12-17 所示。单片计算机 8031 的 $P_{1.0}$输出走步脉冲信号，$P_{1.1}$输出方向电平。利用相关软件可以随意设置脉冲频率以及发出脉冲的个数，从而可以任意调节步进电动机的转速和转子转动的角度。如果步进电动机所带伺服机械负载，则该负载的响应速度和负载的位置均可以通过软件的设置来实现。

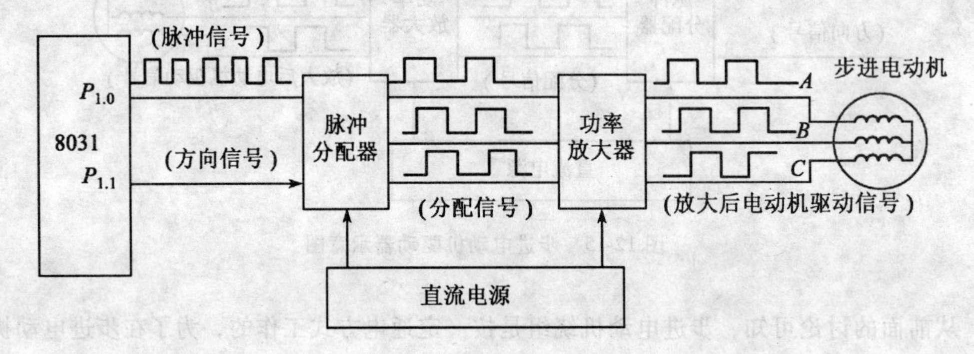

图 12-17 8031 单片计算机步进电动机串行开环控制系统框图

（2）步进电动机的闭环控制系统。

步进电动机由于自身的结构特点和工作方式，在开环状态下就能实现较高精度的速度和位置控制，基本上能够满足一般伺服系统的控制需要。但有时要求得到更加精确的位置控制以及更高、更平稳的转速控制时，就必须采用闭环控制系统。一个微机控制的步进电动机闭环控制系统的框图如图 12-18 所示。

闭环控制是直接或间接地检测步进电动机转子的位置和速度，然后通过反馈进行适当的处理，给出步进脉冲串。采用闭环控制，不仅可以获得更加精确的位置控制以及高得多与平稳得多的转速，而且可以在步进电动机的许多其他领域内获得更大的通用性。

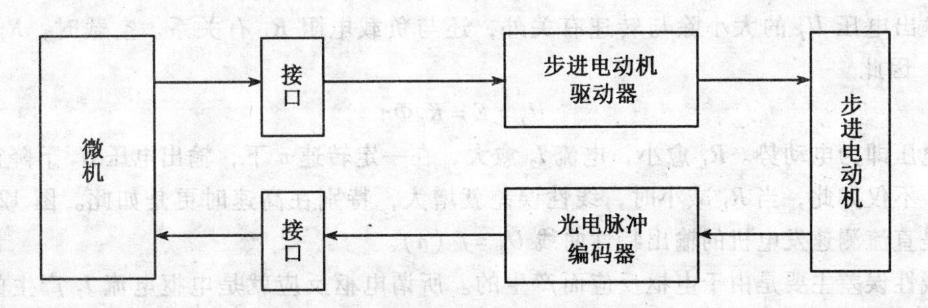

图 12-18　步进电动机闭环控制系统框图

§12.4　测速发电机

测速发电机是一种测量转速的信号元件，它将输入的机械转速变换为电压信号输出。其输出电压与转速成正比，在自动控制系统中用来测量和调节转速；也可将它的输出电压反馈到电子放大器的输入端以稳定转速。

测速发电机除传统上的直流和交流发电机外，还有采用新原理、新结构研制成的霍尔效应测速发电机。

12.4.1　直流测速发电机

直流测速发电机分永磁式和他励式两种。永磁式测速发电机毋需励磁绕组，其永久磁极用矫顽磁力较高的永磁材料制成。他励式测速发电机的结构与直流伺服电动机是一样的，他励式测速发电机的接线图如图 12-19 所示。励磁绕组上加电压 U_1，电枢接负载电阻 R_L。当电枢被带动时，其中产生电动势 E，输出电压为 U_2。

直流测速发电机的主要特性也是输出电压正比于转速。直流测速发电机的基本公式之一，即

$$E = K_E \Phi n \tag{12-5}$$

式（12-5）表明直流测速发电机的电动势 E 是正比于磁通 Φ 与转速的乘积的。在他励式测速发电机中，如果保持励磁电压 U_1 为定值，则磁通 Φ 也是常数。因此，E 正比于 n。

直流测速发电机的输出电压（即电枢电压）为

$$U_2 = E - I_2 R_a = K_E \Phi n - I_2 R_a$$

而

$$I_2 = \frac{U_2}{R_L}$$

于是

$$U_2 = \frac{K_E \Phi}{1 + \frac{R_a}{R_L}} n \tag{12-6}$$

式（12-6）表示直流测速发电机有负载时输出电压 U_2 与转速 n 的关系。如果 Φ，R_a 及 R_L 保持为常数，则 U_2 与 n 之间呈线性关系。

输出电压 U_2 的大小除与转速有关外，还与负载电阻 R_L 有关系。空载时，$R_L = \infty$，$I_2 = 0$，因此

$$U_2 = E = K_E \Phi n$$

输出电压即为电动势。R_L 愈小，电流 I_2 愈大，在一定转速 n 下，输出电压 U_2 下降得也就愈多。不仅如此，当 R_L 减小时，线性误差就增大，特别在高速时更是如此。图 12-20 所示的是直流测速发电机的输出特性曲线 $U_2 = f(n)$。

线性误差主要是由于电枢反应而产生的。所谓电枢反应就是电枢电流 I_2 产生的磁场对磁极磁场的影响，使电机内的合成磁通小于磁极磁通。电流 I_2 愈大，磁通减小得愈多。因此，负载电阻 R_L 愈小和转速 n 愈高时，电流 I_2 就愈大，磁通 Φ 就愈小，线性误差也就愈大。所以在直流测速发电机的技术数据中列有"最小负载电阻和最高转速"一项，就是在使用时所接的负载电阻不得小于这个数值，转速不得高于这个数值，否则线性误差会增加。

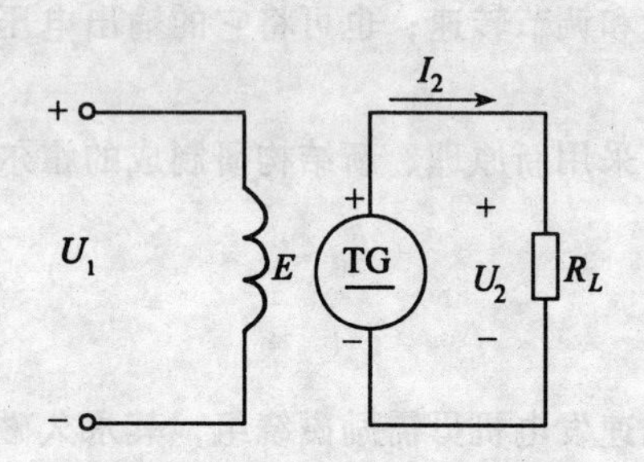

图 12-19 他励式测速发电机的接线图

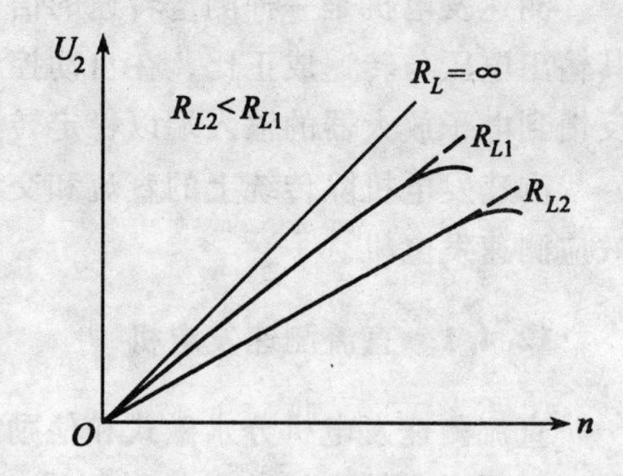

图 12-20 直流测速发电机的输出特性曲线

12.4.2 交流测速发电机

交流测速发电机分同步式和异步式两种，这里只介绍异步式测速发电机。异步式交流测速发电机的结构与交流伺服电动机的结构相似，其转子结构有笼型的，也有杯型的，在自动控制系统中多采用空心杯型转子异步式交流测速发电机。该发电机的定子上有两个绕组，一个作励磁用，称为励磁绕组；另一个输出电压，称为输出绕组。两个绕组轴线互相垂直，其原理图如图 12-21 所示。在分析时，杯形转子可以视做由无数并联的导体条组

成，和笼型转子一样。

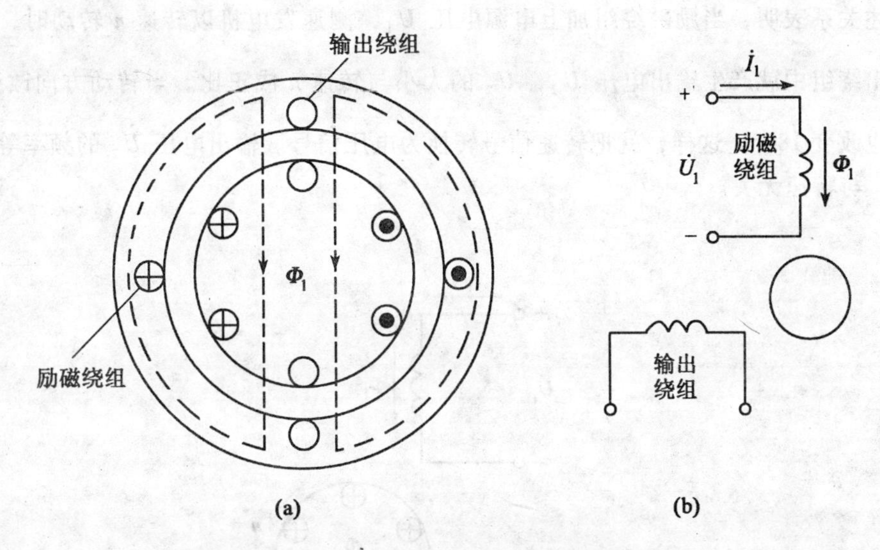

图 12-21　交流测速发电机的原理图（静止时）

在测速发电机静止时，将励磁绕组接到交流电源上，励磁电压为 $\dot{U}_1$，其值一定。这时在励磁绕组的轴线方向产生一个交变脉动磁通，其幅值设为 Φ_1。由于该脉动磁通与输出绕组的轴线垂直，故输出绕组中并无感应电动势，输出电压为零。

当测速发电机由被测转动轴驱动而旋转时，就有电压 $\dot{U}_2$ 输出。输出电压 $\dot{U}_2$ 与励磁电压 $\dot{U}_1$ 的频率相同，$\dot{U}_2$ 的大小与发电机的转速 n 成正比。通常测速发电机与伺服电动机同轴相联，通过发电机的输出电压就可以测量或调节电动机的转速。

测速发电机的输出电压是其转速的线性函数，这是该发电机的主要特性。其原理如下：

当发电机旋转时，在励磁绕组轴线方向的脉动磁通 Φ_1 与图 12-21 一样，由

$$U_1 \approx 4.44 f_1 N_1 \Phi_1$$

可知，Φ_1 正比于 U_1。

除此以外，杯型转子在旋转时切割 Φ_1 而在转子中感应出电动势 E_r 与相应的转子电流 I_r，如图 12-22 所示。E_r 和 I_r 与磁通 Φ_1 及转速 n 成正比，即

$$I_r \propto E_r \propto \Phi_1 n$$

转子电流 I_r 也要产生磁通，两者也成正比，即

$$\Phi_r \propto I_r$$

磁通 Φ_r 与输出绕组的轴线一致，因而在其中感应出电动势，两端就有一个输出电压 U_2。U_2 正比于 Φ_r，即

$$U_2 \propto \Phi_r$$

根据上述关系就可得出

$$U_2 \propto \Phi_1 n \propto U_1 n$$

上述关系表明，当励磁绕组加上电源电压 $\dot{U}_1$，测速发电机以转速 n 转动时，该发电机的输出绕组中就产生输出电压 $\dot{U}_2$，$\dot{U}_2$ 的大小与转速 n 成正比。当转动方向改变，$\dot{U}_2$ 的相位也改变 180°。这样，就把转速信号转换为电压信号。输出电压 $\dot{U}_2$ 的频率等于电源频率 f_1，与转速无关。

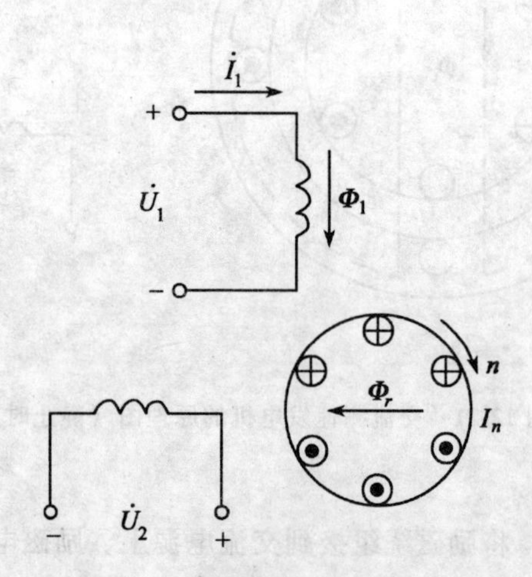

图 12-22 交流测速发电机的原理图

实际上交流测速发电机没有像上面所讲的那样理想，而是有线性误差的，主要由于 Φ_1 并非常数。因为励磁绕组与转子杯间的关系相当于变压器的一、二次绕组间的关系，所以 Φ_1 是由励磁电流和转子电流共同产生的。而转子电动势和转子电流与转子转速有关，因此当转速变化时，励磁电流 $\dot{I}_1$（还有励磁绕组的阻抗压降）和磁通 Φ_1 都将发生变化。这样，就破坏了输出电压 U_2 与转速 n 之间的线性关系。为了减小非线性误差，常用电阻较大的非磁性材料作转子。

12.4.3 测速发电机的应用

测速发电机的作用是将机械速度转换为电气信号，常用做测速元件、校正元件、解算元件，与伺服电机配合，广泛用于速度控制或位置控制系统中，如在稳速控制系统中，测速发电机将速度转换为电压信号作为速度反馈信号，可达到较高的稳定性和较高的精度，在计算解答装置中，常作为微分、积分元件。

图 12-23 是直流测速发电机在恒速控制系统中应用的一例。直流伺服电动机经过变速箱（图中未画出）带动机械负载，并在其输出轴上连接一测速发电机。如果负载转矩由于某种原因增大，电动机的转速便下降，测速发电机的输出电压因而减小。将测速发电机的输出电压 U_f 反馈（负反馈）到输入端，与给定电压 U_g 比较，使差值电压 $U_d = U_g - U_f$ 增大，经放大后加到电动机电枢上的电压也增大，从而使电动机的转速回升。反之亦然。这样，当负载转矩发生变化时，转速就可以近似于不变。改变给定电压，便能得到所要求

的转速。图 12-23 的方框图如图 12-24 所示。

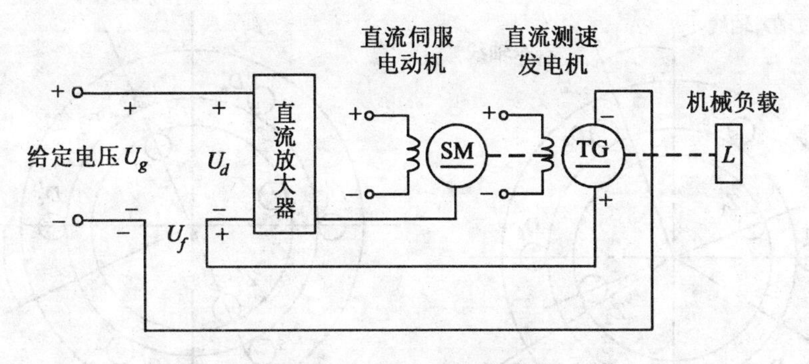

图 12-23　恒速控制系统原理图

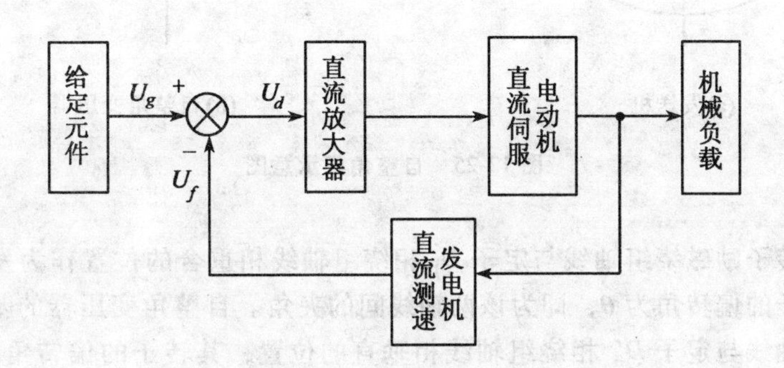

图 12-24　图 12-23 的方框图

§12.5　自整角机

自整角机广泛应用于随动系统中，能对角位移或角速度的偏差进行自动地整步。自整角机通常是两台或两台以上组合使用，产生信号的自整角机称为发送机，该机将轴上的转角变换为电信号；接收信号的自整角机称为接收机，该机将发送机发送的电信号变换为转轴的转角，从而实现角度的传输、变换和接收。

自整角机按自整角输出量可以分为控制式和力矩式两种。

12.5.1　控制式自整角机

控制式自整角机有一个三相对称绕组 D_1D_4、D_2D_5、D_3D_6，称为整步绕组，也叫做同步绕组，它们的匝数相等，轴线在空间互差 120°，连接成星形；还有一个单相绕组 Z_1Z_2，如图 12-25 所示。三相绕组在定子上，单相绕组在转子上；也可以相反。两者原理是一样的。图 12-26 是控制式自整角机的工作原理图。左边的是发送机，右边的是接收机，两者结构完全一样。三相绕组放在定子上。两边的三相绕组用三根导线对应地联接起来。发送机的单相绕组作为励磁绕组，接在单相交流电源上，其电压 U_1 为定值。接收机的单相绕组作为输出绕组，其输出电压 U_2 由定子磁通感应产生，输出绕组连接交流伺服电动机的控制绕组。此时，接收机是在变压器状态下工作，故在控制式自整角机系统中的接收机称为自整角变压器。

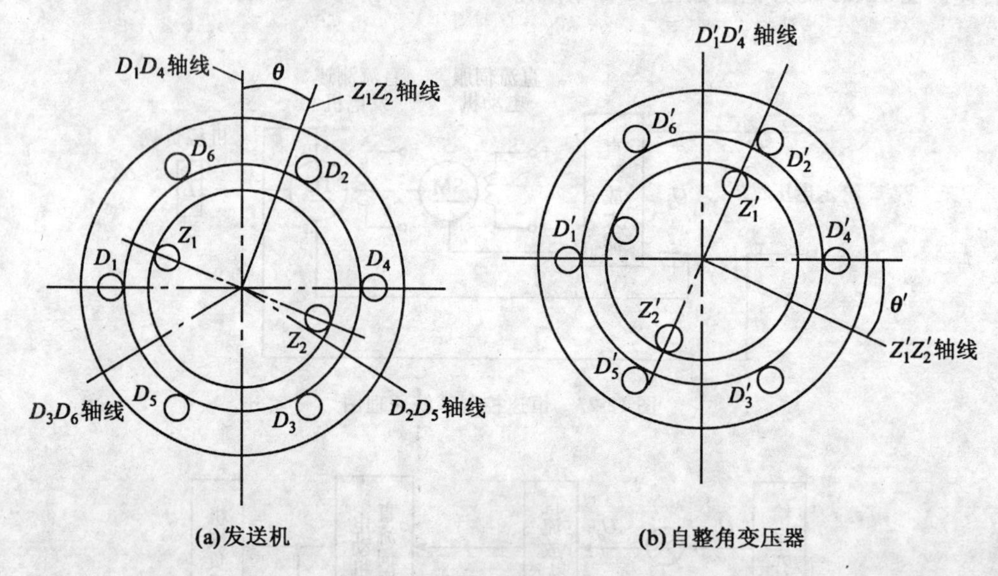

图 12-25 自整角机示意图

发送机的转子励磁绕组轴线与定子 D_1 相绕组轴线相重合的位置作为发送机的基准电气零位，其转子的偏转角为 θ，即为该两轴线间的夹角。自整角变压器的基准电气零位是转子输出绕组轴线与定子 D_1' 相绕组轴线相垂直的位置，其转子的偏转角为 θ'。图 12-25 是发送机和自整角变压器的示意图。若 $\theta=\theta'$，失调角 $\delta=\theta-\theta'=0$，自整角此时的位置叫做协调位置。

1. 三相整步绕组的电动势和电流

当发送机的励磁绕组通入励磁电流后，产生交变脉动磁通，其幅值为 Φ_m。设转子偏转角为 θ（见图 12-26（a）），则通过 D_1 相绕组的磁通幅值为

$$\Phi_{1m}=\Phi_m\cos\theta \tag{12-7}$$

因为定子三相绕组是对称的，励磁绕组轴线和 D_2 相绕组轴线的夹角为 $\theta+240°$，与 D_3 相绕组轴线的夹角为 $\theta+120°$，于是，通过 D_2 相绕组与 D_3 相绕组的磁通幅值分别为

$$\Phi_{2m}=\Phi_m\cos(\theta+240°)=\Phi_m\cos(\theta-120°) \tag{12-8}$$

$$\Phi_{3m}=\Phi_m\cos(\theta+120°) \tag{12-9}$$

那么，在三相整步绕组中感应出电动势，其有效值分别为

$$E_1=4.44fN\Phi_{1m}=4.44fN\Phi_m\cos\theta \tag{12-10}$$

$$E_2=4.44fN\Phi_{2m}=4.44fN\Phi_m\cos(\theta-120°) \tag{12-11}$$

$$E_3=4.44fN\Phi_{3m}=4.44fN\Phi_m\cos(\theta+120°) \tag{12-12}$$

式中 N 为整步绕组每相绕组的匝数。

若令 $E=4.44fN\Phi_m$，则

$$E_1=E\cos\theta \tag{12-13}$$

$$E_2=E\cos(\theta-120°) \tag{12-14}$$

$$E_3=E\cos(\theta+120°) \tag{12-15}$$

式中 E 为 $\theta=0°$时 D_1 相中电动势的有效值。

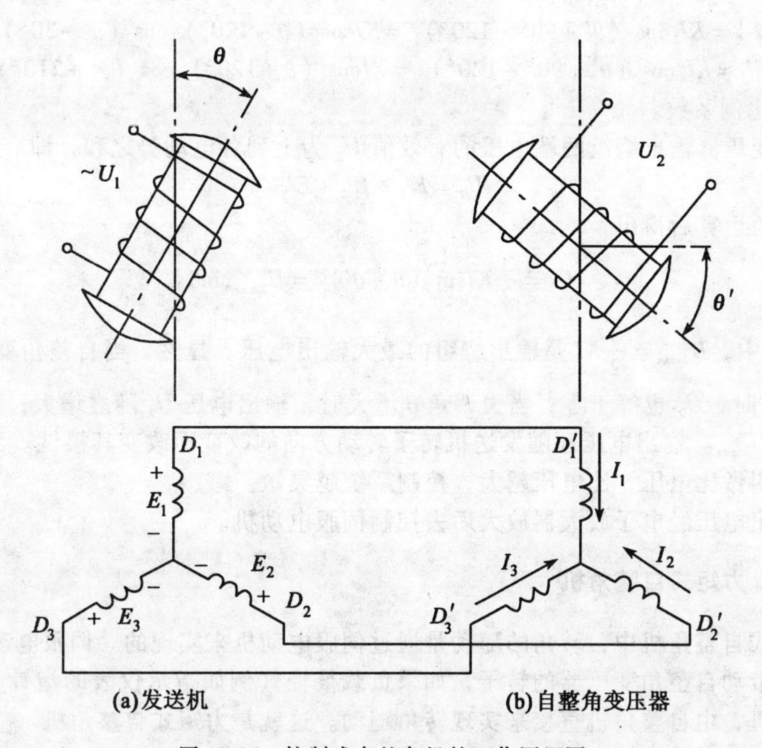

图 12-26　控制式自整角机的工作原理图

由上述分析可见，在定子每相绕组中感应出的电动势是同相的，但是它们的有效值不相等。

在这些电动势的作用下，自整角变压器的三相绕组的每个绕组中流过的电流也是同相的，但是有效值不相等。它们的有效值分别为

$$I_1=\frac{E_1}{|Z|}=\frac{E}{|Z|}\cos\theta=I\cos\theta \tag{12-16}$$

$$I_2=\frac{E_2}{|Z|}=\frac{E}{|Z|}\cos(\theta-120°)=I\cos(\theta-120°) \tag{12-17}$$

$$I_3=\frac{E_3}{|Z|}=\frac{E}{|Z|}\cos(\theta+120°)=I\cos(\theta+120°) \tag{12-18}$$

式中 $|Z|$ 为发送机和自整角变压器每相定子电路的总阻抗模。

自整角变压器的三相绕组电流就是发送机绕组电流，只不过对发送机而言，电流是“流出”的，对于接收机（自整角变压器）而言，电流是“流入”的。

三相整步绕组中星点连线中的电流为

$$I_0=I_1+I_2+I_3=0$$

连线中并没有电流，实际线路中并不需要连接此线，分析时连接只不过为了便于分析而已。

2. 自整角变压器的输出电压

自整角变压器的三相绕组电流都产生脉动磁场，并分别在自整角变压器的单相输出绕组中感应出同相的电动势，其有效值为

$$E'_1 = KI_1\cos(\theta' + 90°) = KI\cos\theta\cos(\theta' + 90°) \quad (12\text{-}19)$$

$$E'_2 = KI_2\cos(\theta' + 90° - 120°) = KI\cos(\theta - 120°)\cos(\theta' - 30°) \quad (12\text{-}20)$$

$$E'_3 = KI_3\cos(\theta' + 90° + 120°) = KI\cos(\theta + 120°)\cos(\theta' + 210°) \quad (12\text{-}21)$$

式中 K 为一比例系数。

自整角变压器输出绕组两端电压的有效值 U_2 为上列各电动势之和，即

$$U_2 = E'_1 + E'_2 + E'_3$$

经过三角运算后得出

$$U_2 = \frac{3}{2}KI\sin(\theta - \theta') = U_{2\max}\sin\delta \quad (12\text{-}22)$$

式（12-22）中，$U_{2\max} = \frac{3}{2}KI$ 是输出绕组的最大输出电压。显然，当自整角变压器在协调位置即 $\delta = 0°$时，U_2 也等于零；当失调角 δ 增大时，输出电压 U_2 随之增大；当 $\delta = 90°$时，达到最大值 $U_{2\max}$。输出电压还随发送机转子转动方向的改变而改变其极性。当 $\delta = 1°$时输出的电压值叫做比电压，比电压越大，控制系统越灵敏。

通常输出电压经电子放大器放大后去控制伺服电动机。

12.5.2 力矩式自整角机

在控制式自整角机中，转角的随动是通过伺服电动机来实现的。伺服电动机既带动控制对象，也带动自整角变压器的转子，如果负载很轻（例如指示仪表的指针），就不需应用伺服电动机，由自整角机直接来实现转角随动。这就是力矩式自整角机。

图 12-27 是力矩式自整角机的接线图。两台自整角机是相同的，与控制式自整角机不同的只是右边的一台称为接收机，其单相绕组与发送机的单相绕组一道接在单相交流电源上，都作为励磁用，三相整步绕组对应相接。接收机的转子带动负载。

励磁电流通过每个自整角机的励磁绕组时，产生各自的交变脉动磁通，该磁通在三相绕组中产生感应电动势，它们同相但有效值不同。各相绕组中电动势的大小与这个绕组相对于励磁绕组的位置有关。在力矩式自整角机中，发送机与接收机的电气基准零位是一样的。若接收机转子与发送机转子对定子绕组的位置相同，即如图 12-27 中两边的偏转角 $\theta = \theta'$或失调角 $\delta = 0°$的情况，那么在两边对应的每相绕组中产生同样的电动势，例如 $D_{\sigma 1}$ 相与 D'_1 相绕组中的电动势 $E_1 = E'_1$。从两边组成的每相回路来看，相应的两个电动势互相抵消，因此在两边的三相绕组中没有电流。

若在该位置发送机转子转动一个角度，则 $\delta \neq 0°$。于是发送机与接收机相应的每相定子绕组中的两个电动势就不能互相抵消，定子绕组中就有电流。这个电流与接收机励磁磁通作用而产生转矩（称为整步转矩），而这个转矩将使接收机的转子（带着负载）转动，使失调角减小，直到 $\delta = 0°$时为止，以实现转角随动的要求。

同样，发送机的转子也受转矩的作用，该转矩力图使发送机转子回到原先的位置，但由于发送机转子与主轴固定连接，不能随动。

由上述分析可知，控制式自整角机转轴不直接带动负载，而是将失调角转变为与失调角成正弦函数的电压输出，经放大后去控制伺服电动机，以带动从动轴旋转；力矩式自整角机可以直接带动不大的轴上负载，可以远距离传递角度。

12.5.3 自整角机的应用

自整角机的应用越来越广泛，常用于位置和角度的远距离指示，如在飞机、舰船之中

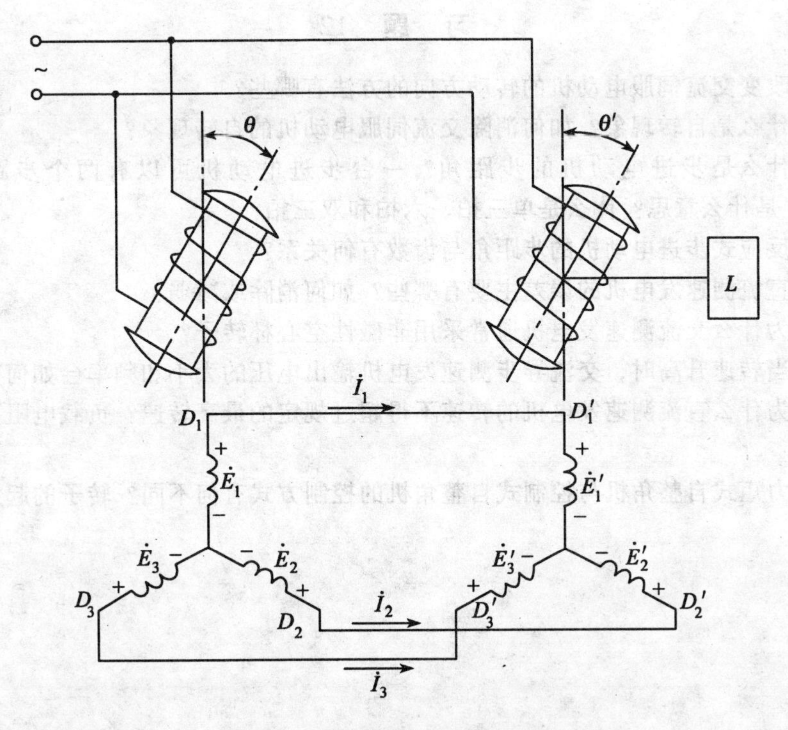

图 12-27　力矩式自整角机接线图

用于角度位置、高度的指示，雷达系统中用于无线定位等；另一方面用于远距离控制系统中，如轧钢机轧辊控制和指示系统、核反应堆的控制棒指示等。图 12-28 是自整角机的一个应用实例。该系统连线距离长达数公里，因此采用升压、降压变压器。为了有足够的力矩带动负载，应采用较大机座号的自整角机。

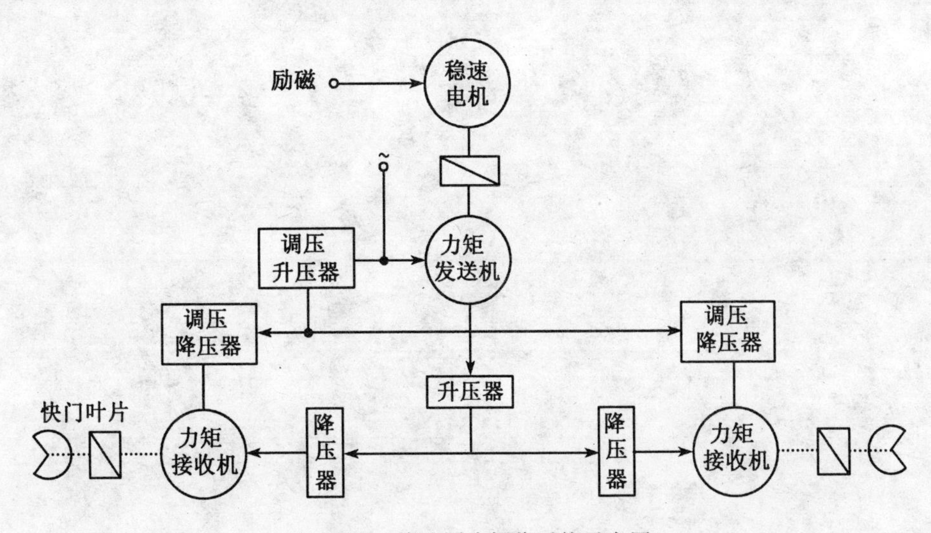

图 12-28　快速同步摄像系统示意图

习 题 12

12.1 改变交流伺服电动机的转动方向的方法有哪些？

12.2 什么是自转现象？如何消除交流伺服电动机的自转现象？

12.3 什么是步进电动机的步距角？一台步进电动机可以有两个步距角，例如3°/1.5°，这是什么意思？什么是单三拍、六拍和双三拍？

12.4 反应式步进电动机的步距角与齿数有何关系？

12.5 直流测速发电机的误差主要有哪些？如何消除或减弱？

12.6 为什么交流测速发电机通常采用非磁性空心杯转子？

12.7 当转速升高时，交流异步测速发电机输出电压的大小和频率会如何变化？

12.8 为什么直流测速发电机的转速不得超过规定的最高转速？负载电阻不能小于给定值？

12.9 力矩式自整角机与控制式自整角机的控制方式有何不同？转子的起始位置有何不同？

第 13 章　工业企业供电与安全用电

§13.1　电力系统概述

13.1.1　电力系统与电力网

电是能量的一种形式，电具有输送方便、控制灵活、转换容易、便于实现自动化等优点，是工农业生产和社会生活不可缺少的能源。

电能从生产到供给用户使用，一般经过发电、变电、输电、配电和用电几个环节，其过程如图 13-1 所示。

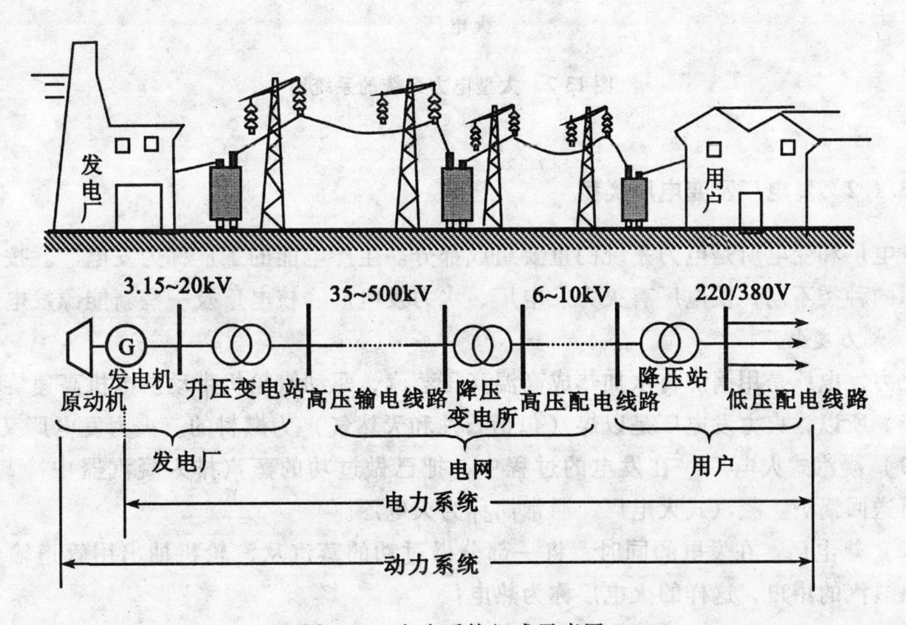

图 13-1　电力系统组成示意图

由发电机、输电线路、变电所以及各种用户用电设备连接起来构成的整体，称为电力系统。电力系统是三相系统，因三相结构完全相同，故常用单线图表示。如图 13-2 所示为一大型电力系统的系统图。

在电力系统中，由各种不同电压等级的电力线路和变电所构成的网络，称为电力网。电力系统再加上发电厂的动力部分（火电厂的锅炉、汽轮机、热力管网等；水电厂的水库、水轮机、压力管道等），则称为动力系统。

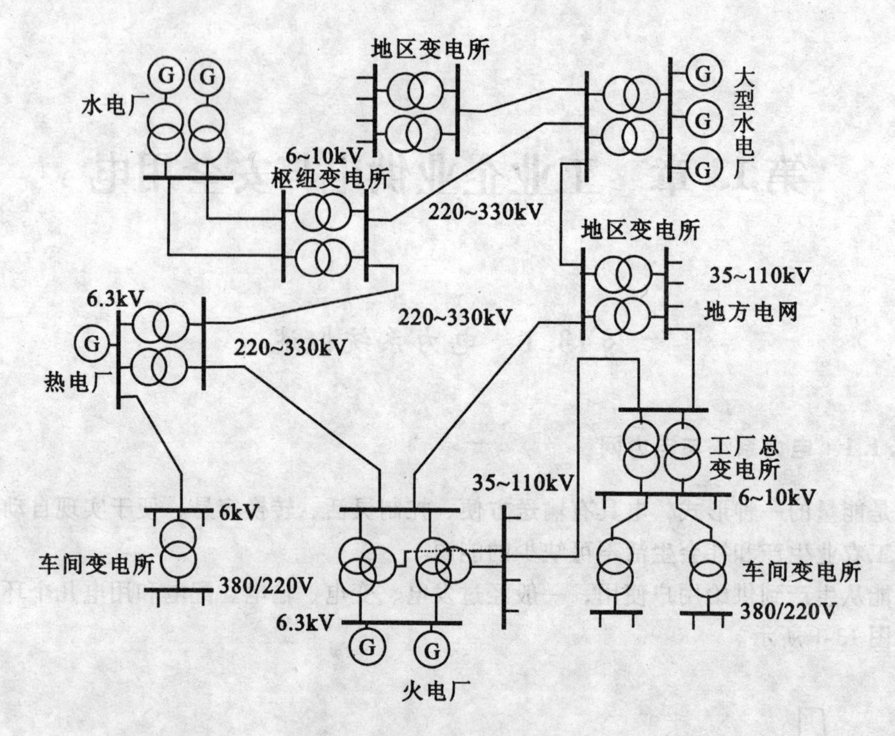

图 13-2 大型电力系统的系统图

13.1.2 发电厂及变电所类型

发电厂和变电所是电力系统的重要组成部分。生产电能的工厂称为发电厂。按使用一次能源的种类不同，发电厂有火力发电厂、水力发电厂、核电厂及一些新能源发电厂。

1. 火力发电厂

火力发电厂是用锅炉将水加热成高温高压蒸汽，驱动汽轮机带动发电机高速旋转而发出电能。所以，火力发电厂是以煤（包括石油和天然气）为燃料的。火力发电厂又分为：

(1) 凝汽式火电厂 在发电的过程中，把已做过功的蒸汽排入凝汽器中冷却成水，又重新送回锅炉。凝汽式火电厂，通常简称为火电厂。

(2) 热电厂 在发电的同时，将一部分做过功的蒸汽从汽轮机抽出用管道输给附近需要热蒸汽的用户，这样的火电厂称为热电厂。

(3) 燃气轮机发电厂 燃气轮机发电厂，是以燃气轮机作原动机的发电厂，该发电厂是利用燃料（油或天然气）燃烧所产生的高温气体直接冲动燃气轮机的转子旋转。

2. 水力发电厂

水力发电厂是利用水的位能释放而驱动水轮发电机组发电的电厂。水力发电厂虽然建设投资大，工期长，但发电不需燃料，故发电成本低，能量转换效率高，无污染。因此，从环境保护和可持续发展的角度，应大力开发水电。

3. 核电厂

利用原子核裂变产生的高热将水加热成水蒸汽驱动汽轮发电机发电的电厂称为核电

厂。核电厂造价较高，但由于热料费用低，1kg 铀 235 与 2 860t 标准煤发出同样多的电能。

4. 其他电厂

利用其他一次能源发电的，尚有风力发电、潮汐发电、地热发电、太阳能发电等。这些一般容量不大，多为实验性质的。

5. 变电所

电力系统由发电机、变电所、线路和用户组成。变电所是联系发电厂和用户的中间环节，起着变换电压和分配电能的作用。

13.1.3　发电厂及变电所电气设备简介

为了满足生产的需要，发电厂和变电所中装设有各种电气设备。它们包括：

(1) 生产和转换电能的设备。如发电机将机械能转换成电能，电动机将电能转换成机械能；变压器将电压升高或降低，以满足输、配电的需要。

(2) 接通和断开电路的开关电器。如断路器、隔离开关、熔断器、接触器等电器，它们用于正常或事故时，将电路闭合或断开。

(3) 限制故障电流和防御过电压的电器。如限制短路电流的电抗器和防御过电压的避雷器等。

(4) 载流导体。如裸导体、汇流排、电缆等，它们按设计的要求，将有关的电气设备连接起来。

以上设备，通常称为一次设备。另外，还有一些对一次设备进行测量、控制、监视和保护用的设备，它们称为二次设备。通常有仪用互感器、测量表计、继电保护及自动装置和直流电源设备。

上述各种电气设备，在发电厂和变电所中必须依照相应的技术要求连接起来。把发电机、变压器、断路器等按预期生产流程连成的电路称为电气主接线。

13.1.4　电力系统的电压等级

三相交流电由三相交流发电机产生，我国生产的交流发电机的电压等级有：0.4kV、0.69kV、3.15kV、6.3kV、10.5kV、13.8kV、15.7kV、18kV、20kV 等多种。

发电厂距离电力负荷中心一般有数十公里、数百公里甚至上千公里，显然仅用发电机端的电压是不能把电能送到远处去的，而常常需要用高压输电。我国相关国家标准规定高压输电的电压等级有 35kV、110kV、220kV、330kV、500kV、750kV 和 1000kV。

§13.2　低压配电线路

低压配电线路是供配电系统的重要组成部分，担负着将变电所 380/220V 的低压电能输送和分配给用电设备的任务。

13.2.1　低压配电线路的接线方式

从车间变电所或配电箱（配电屏）到用电设备的线路属于低压配电线路。低压配电线路的连接方式主要有放射式、树干式和环形接线三种。

1. 放射式接线

图 13-3（a）所示为放射式接线的电路图。它是从降压变压器低压母线上引出若干条支线，各条支线分别配电给各用电设备或配电箱。放射式接线方式的特点是：其中任一支线发生故障或检修，可由开关断开，以保证非故障线路正常运行。因此，放射式接线方式的供电可靠性高。但变电所低压侧引出线多，有色金属消耗量大，采用的开关设备多，投资、运行费用高。这种接线方式多用于负载点比较分散而各负载点又相当集中的负载场合。

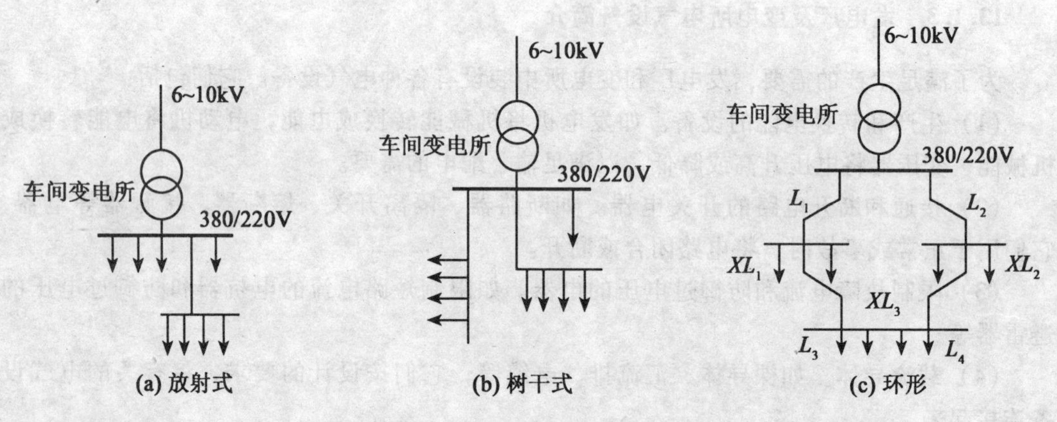

图 13-3 低压配电线路的接线方式

2. 树干式接线

图 13-3（b）所示为树干式接线的电路图。它是从降压变压器低压母线上引出干线，沿干线走向再引出若干条支线，然后再引至各用电设备或配电箱。这种接线方式的特点正好与放射式接线相反，它使用的导线和开关设备较少，投资、运行费用较低，有色金属消耗量少。但供电可靠性差，若干线发生故障，该条干线总开关跳闸，所带负荷全部停电。这种接线方式适用于设备量小、负荷分配均匀且无特殊要求的场合。

3. 环形接线

图 13-3（c）所示为环形接线的电路图。环形接线的实质是两端供电的树干式接线方式的改进，相对单端供电的树干式接线，供电可靠性提高了。当 L_2 段出现故障或检修时，可通过 L_1、L_3 段与 XL_2 联系的开关设备接通电源，继续给 XL_2 供电。即任何段发生故障均可以另一段联络线切换操作，恢复供电。但这种接线方式保护装置配合相当复杂，如配合不当，还会扩大故障范围，所以环形接线采用开环运行。

低压配电线路的连接方式除以上 3 种外，还有双回路放射式、链式等。在具体应用中，往往不是某一种单一接线方式，而是将它们混合交替使用。在具体选择配电接线方式时，应根据用电设备的分布情况，负荷对供电可靠性的要求及投资费用等综合考虑。

13.2.2 导线截面的计算与选择

合理选择导线截面，关系到系统的安全、可靠、经济、合理的运行。导线截面的选择一般是根据发热条件和电压损失来选择。对于线路距离短且负荷电流大的供电线路，一般先按发热条件的计算方法选择导线截面，然后按电压损失条件进行校验；对于线路距离长且电压水平要求较高的供电线路，一般先按电压损失条件的计算方法选择导线截面，然后用发热条件进行校验。

1. 根据发热条件选择导线截面

电流通过导线时，由于导线的电阻及电流的热效应会使导线发热而温度升高，过高的温度将加速绝缘老化，甚至受到损坏而导致短路事故。裸导线温度过高时将导线接头处加速氧化，使接头电阻增大而过热，易造成断路事故。为此，规定导线的最高允许温度是以限制通过电流来实现的。导线通过规定的允许电流值，即允许载流量时，导线温度不会超过最高允许温度，即橡皮绝缘导线为55°，裸导线为70°。

按发热条件选择电线截面，就是要求导线的允许载流量不得小于线路的计算电流，即

$$I_y \geqslant I_{js} \tag{13-1}$$

式中：I_{js}——线路的计算电流，A；I_y——导线、电缆的允许载流量，A。I_y 一般从电工手册的相关表格查得。如表 13-1 所示为耐热型聚氯乙烯绝缘铜芯导线的允许载流量。

表 13-1　耐热型聚氯乙烯绝缘铜芯导线长期连续负荷允许载流量　（单位：A）

截面面积 /mm²	明敷				二根穿管				三根穿管				四根穿管			
	50℃	55℃	60℃	65℃	50℃	55℃	60℃	65℃	50℃	55℃	60℃	65℃	50℃	55℃	65℃	65℃
1.5	25	23	22	21	19	18	17	16	17	16	15	14	16	15	14	13
2.5	34	32	30	28	27	25	24	23	25	23	22	21	23	21	20	19
4	47	44	42	40	39	37	35	33	34	32	30	28	31	29	28	26
6	60	57	54	51	51	48	46	43	44	41	39	37	40	38	36	34
10	89	84	80	75	76	72	68	64	67	63	60	57	59	56	53	50
16	123	117	111	104	95	90	85	81	85	81	76	72	75	71	67	63
25	165	157	149	140	127	121	114	108	113	107	102	96	101	96	91	86
35	205	191	185	174	160	152	144	136	138	131	124	117	126	120	113	107
50	264	251	238	225	202	192	182	172	179	170	161	152	159	151	143	135
70	310	295	280	264	240	228	217	204	213	203	192	181	193	184	174	164
95	380	362	343	324	292	278	264	240	262	249	236	223	233	222	210	198
120	448	427	405	382	347	331	314	296	311	296	281	266	275	261	248	234
150	519	494	469	442	399	380	360	340	362	345	327	306	320	305	289	272

2. 根据允许电压损失选择导线截面

任何输电线路都存在着线路阻抗，当电流通过线路时，必将在线路阻抗上产生压降。

为了保证用电设备正常运行，必须保证用电设备的端电压在所要求的范围内，为此必须对线路的电压损失限定在允许的值内。

电压损失是指线路的始端电压与终端电压有效值的差，即

$$\Delta U = U_1 - U_2 \tag{13-2}$$

在电力系统中，所涉及的电压等级通常有多种。电压损失用绝对值表示就不便比较，所以，工程上通常用 ΔU 与线路额定电压的百分数表示电压损失的程度，即用电压损失相对值表示，即

$$\Delta U\% = \frac{\Delta U}{U_N} \times 100\% \tag{13-3}$$

国家颁布的《全国供用电规则》中规定 10kV 及以下高压供电和电压电力的用户，电压波动的幅度不应超过额定电压的 ±7%；对低压照明用户，电压波动的幅度不应超过额定电压的 +5%、-10%。

电压损失是由阻抗引起的，对于低压线路来说，三相线路线间距离一般很近，导线截面小，电抗的作用可以忽略，而只考虑线路的电阻作用。因而可以认为电压损失仅与有功功率 P 的大小和线路的长度 l 成正比。其计算公式为

$$\Delta U\% = \frac{Pl}{CS} \tag{13-4}$$

在规定电压损失时，就可以求出相应的导线截面积，即

$$S = \frac{Pl}{C\Delta U\%} = \frac{M}{C\Delta U\%} \tag{13-5}$$

式中：M——负荷矩，kW·m；从手册中相关表格查得，如表 13-3 所示。

C——电压损失计算常数，视线路电压、供电系统及导线材料而定。其值如表 13-2 所示。

表 13-2 电压损失计算常数 C 值

线路额定电压/V	系统体制及电流种类	系数 C 值	
		铜线	铝线
380/220	三相四线	77	46.3
380/220	三相三线	34	20.5
220	单相或直流	12.8	7.75
110		3.2	1.9
36		0.34	0.21
24		0.135	0.092
12		0.038	0.023

表 13-3　380/220V 内线线路（铜导线）负荷力矩表（$\cos\varphi=1$）　（单位：kW·m）

导线截面/mm^2 电压损失/%	1.5	2.5	4	6	10	16	25	35	50	70	95	120
0.2	25	42	66	100	166	266	415	581	830	1 160	1 580	1 990
0.4	50	83	133	199	332	531	830	1 160	1 660	2 300	3 150	3 980
0.6	75	125	199	299	498	797	1 250	1 740	2 500	3 490	4 780	5 980
0.8	100	166	266	398	664	1 060	1 670	2 320	3 320	4 650	6 300	7 970
1.0	125	208	332	498	830	1 330	2 080	2 950	4 150	5 860	7 890	9 960
1.2	150	249	398	598	996	1 590	2 490	3 490	4 980	6 970	9 460	11 950
1.4	175	291	465	697	1 160	1 860	2 900	4 070	5 810	8 130	11 000	13 900
1.6	200	332	531	797	1 330	2 120	3 320	4 650	6 640	9 300	12 600	15 900
1.8	225	374	598	896	1 490	2 390	3 750	5 230	7 470	10 500	14 200	17 900
2.0	250	415	664	996	1 660	2 260	4 150	5 810	8 300	11 600	15800	19 900
2.2	274	457	730	1 100	1 830	2 920	4 570	6 390	9 130	12 800	17 300	21 900
2.4	299	498	797	1 200	1 990	3 190	4 980	6 970	9 960	13 900	18 900	23 900
2.6	324	540	863	1 290	2 160	3 450	5 400	7 550	10 800	15 100	20 500	25 900
2.8	349	581	930	1 390	2 320	3 720	5 820	8 130	11 600	16 300	22 100	27 900
3.0	374	623	996	1 490	2 490	3 980	6 230	8 720	12 500	17 400	23 700	29 900
3.2	398	664	1 060	1 590	2 660	4 250	6 640	9 300	13 300	18 600	25 200	31 900
3.4	423	706	1 130	1 690	2 820	4 520	7 060	9 880	14 100	19 800	26 800	33 900
3.6	448	747	1 200	1 790	2 990	4 780	7 470	10 500	14 900	20 900	28 400	35 900
3.8	478	789	1 260	1 890	3 150	5 050	7 900	11 000	15 800	22 100	30 000	37 800
4.0	498	830	1 330	1 990	3 320	5 310	8 300	11 600	16 600	23 200	31 500	39 800
4.2	523	872	1 390	2 090	3 490	5 580	8 720	12 200	17 400	24 400	33 100	41 800
4.4	549	913	1460	2 190	3 650	5 840	9 130	12 800	18 300	25 600	34 700	43 800
4.6	578	955	1 530	2 290	3 820	6 110	9 550	13 400	19 000	26 700	36 300	45 800
4.8	598	996	1 590	2 390	3 980	6 770	9 970	13 900	19 900	27 900	37 800	47 800
5.0	623	1 038	1 660	2 490	4 150	6 640	10 400	14 500	20 800	29 000	39 400	49 800

§13.3　安全用电

安全用电包括用电时的人身安全和设备安全。电气事故有其特殊的严重性，当发生人身触电时，轻则烧伤，重则死亡；当发生设备事故时，轻则损坏电气设备，重则引起火灾或爆炸。由于我们经常接触各种电气设备，因此必须十分重视安全用电问题，防止电气事故的发生。本节着重分析人身触电事故的发生与危害，以及防止触电的保护措施，并对安全用电与触电急救的常识作简单的介绍。

13.3.1 触电事故

触电是指人体接触到电气设备的带电部位而引起局部受伤或死亡的现象。触电对人体伤害的程度主要由通过人体的电流决定。

1. 电流对人体的危害

微小的电流通过人体是没有感觉的。能引起人体感觉的最小电流称为感知电流。正常人触电后能自主摆脱的最大电流称为摆脱电流。超过摆脱电流，人体可能会受到伤害，当电流达到一定数值时，就可能致命，在短时间内危及生命的最小电流称为致命电流。如表13-4所示为人体被伤害程度与通过电流大小的关系。

表 13-4　人体被伤害程度与通过电流大小的关系

名　称		成年男性	成年女性
感知电流	工频	1.1mA	0.7mA
	直流	5.2mA	3.5mA
摆脱电流	工频	16mA	10.5mA
	直流	76mA	51mA
致命电流	工频	30 ~ 50mA	
	直流	1300mA（0.3s） 500mA（3s）	

表13-4中列出了工频电流和直流电流对人体的伤害程度。工频是最危险的触电频率，由表13-4可知，如果通过人体的工频电流超过30 ~ 50mA，就有生命危险。触电对人体的伤害程度除与电流的大小、频率以及人的年龄、性别、身体素质等因素有关外，还与通电的路径和通电时间有关。当电流通过心脏，脊椎和中枢神经等要害部位时，触电的伤害最为严重，通常认为从左手到右脚是最危险的途径，从一只手到另一只手也是很危险的。触电时间越长，电流对人体的伤害也越严重，因此一旦发生触电事故，首先要迅速切断电源，使触电者尽早脱离带电部位。

根据人体所受的伤害，可把触电分为电伤和电击两种类型。电伤是指电流对人体表面的伤害，包括电弧烧伤、烙伤、熔化的金属渗入皮肤等。电伤即使通过的触电电流较大，一般也不至于危及生命；而电击则是电流对人体内部的伤害，影响人的呼吸、心脏和神经系统，造成人体内部组织被破坏，电击即使通过的电流较小，也可能导致严重的后果。在许多情况下电伤和电击是同时发生的，但是绝大多数触电死亡是由其中的电击所造成的。

通过人体电流的大小决定于触电电压和人体电阻的大小。人体电阻由皮肤电阻和人体内部电阻组成。皮肤电阻与触电时的接触面积及潮湿、肮脏程度等因素有关，一般为 $10^4 \sim 10^5\Omega$，但在电压较高时会发生击穿，皮肤被击穿后电阻迅速下降，甚至接近于零，这时只有人体内部电阻，最小仅800 ~ 1 000Ω。可见决定触电危险性的关键因素是触电电压，而触电电压又与触电类型有关。

2. 触电类型

绝大多数的触电事故发生在低压电力系统，常见的触电类型有以下三种：

（1）两相触电。两相触电是指人体两处同时触及两相带电体而触电，如图 13-4（a）所示。这时加在人体上的电压是线电压，通常为 380V，这是最危险的。

（2）电源中性点接地的单相触电。我国低压电力系统绝大部分采用中性点接地方式运行。当人体碰到一根相线时，电流从相线经人体，再经大地回到中性点，如图 13-4（b）所示。这时人体承受相电压，通常为 220V，也十分危险。触电电流与脚和地面之间的绝缘好坏有很大关系。

（3）电源中性点不接地的单相触电。少数局部地区的低压系统的中性点是不接地的，因输电线与大地之间有电容存在，当人体碰到一根相线时，交流电可以通过分布电容而形成回路，如图 13-4（c）所示，也是危险的。

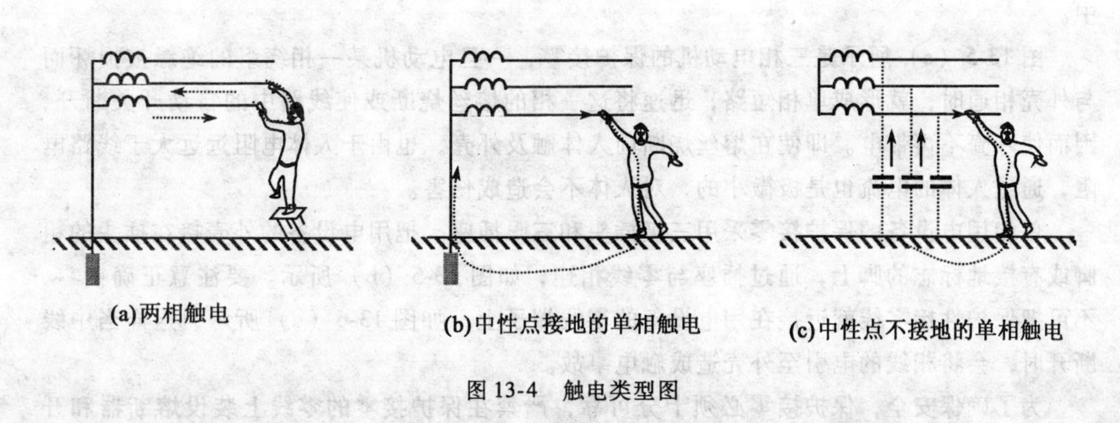
(a)两相触电　(b)中性点接地的单相触电　(c)中性点不接地的单相触电

图 13-4　触电类型图

13.3.2　防范措施

为了防止触电事故的发生，必须采取有效的保护措施，主要有如下几项：

1. 使用安全电压

按照人体的最小电阻（800～1 000Ω）和工频致命电流（30～50mA）可以求得对人体的危险电压为（800～1 000Ω）×（30～50mA）＝24～50V。据此我国将安全电压规定为 36V、24V、12V、6V 等。凡是裸露的带电设备（如电镀槽）和移动的电气用具（如行灯）等都应使用安全电压。在一般建筑物中可以使用 36V 或 24V，在特别危险的生产场地，如潮湿、有腐蚀性或有导电尘埃以及能导电的地面和狭窄的工作场所等，则应使用 12V 或 6V 的安全电压。

2. 绝缘保护

绝缘保护是用绝缘体把可能形成的触电回路隔开，以防止触电事故的发生，常见的有外壳绝缘、场地绝缘和用变压器隔离等方法。

（1）外壳绝缘。为了防止人体触及带电部位，电气设备的外壳常装有防护罩，有些电动工具和家用电器，除了工作电路有绝缘保护外，还有塑料外壳作为第二绝缘。

（2）场地绝缘。在人体站立的地方用绝缘层垫起来，使人体与大地隔离，可以防止单线触电。常用的有绝缘台、绝缘地毯、绝缘胶鞋等。

（3）变压器隔离。在用电器回路与供电电网之间加一个变压器，利用原、副绕组之间的绝缘作用的隔离，这样用电器对地就不会有电压，人体即使接触到用电器的带电部位也不会触电，这种变压器称为隔离变压器。

3. 接零或接地

电气设备的外壳大多是金属的，正常情况下并不带电，因为外壳与带电部分是有绝缘体隔开的。但万一绝缘被损坏或外壳碰线，则外壳就会带电，这时人体一旦与其接触就可能造成单线触电事故。为此应采取保护接零或保护接地措施，以便有效地防止由设备外壳带电引起的触电事故。

（1）保护接零。保护接零又称为保护接中，就是将电气设备的金属外壳与供电线路的零（中）线相连接，宜用于供电变压器副边中性点接地（称为工作接地）的低压系统中。

图 13-5（a）所示是三相电动机的保护接零，一旦电动机某一相绕组的绝缘被损坏而与外壳相通时，就形成单相短路，迅速将这一相的熔丝烧断或使线路中的自动开关断开，因而使外壳不再带电。即使在熔丝烧断前人体触及外壳，也由于人体电阻远远大于线路电阻，通过人体的电流也是极微小的，对人体不会造成伤害。

单相用电设备的保护接零采用三极插头和三眼插座。把用电设备的外壳接在插头的粗脚或有接地标志的脚上，通过插座与零线相连，如图 13-5（b）所示。要注意正确接零，不可把保护性接零线就近接在用电设备的零线端子上，如图 13-6（a）所示，这样当中线断开时，会将相线的电引至外壳造成触电事故。

为了确保安全，保护接零必须十分可靠，严禁在保护接零的零线上装设熔断器和开关。除了在电源中性点进行工作接地外，还要在零线的一定间隔距离及终端进行多次接地，称为重复接地（见图 13-5）。

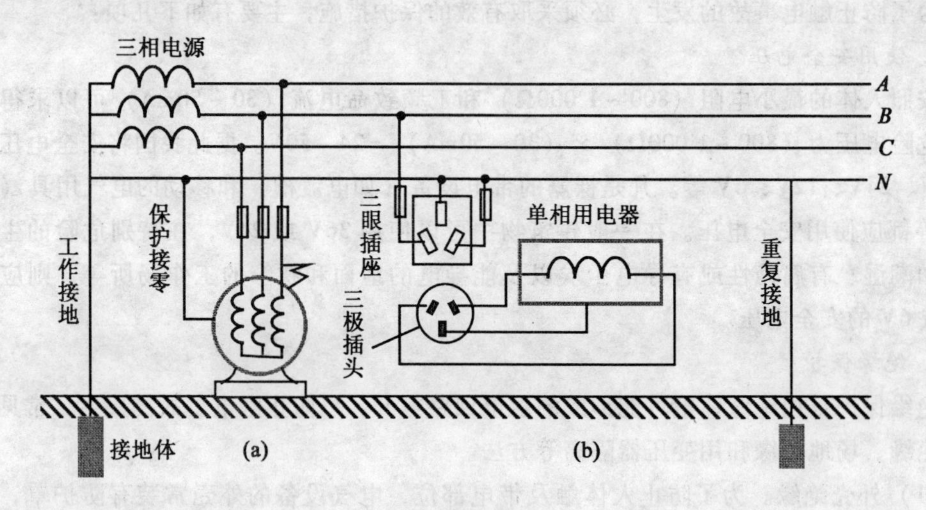

图 13-5 保护接零

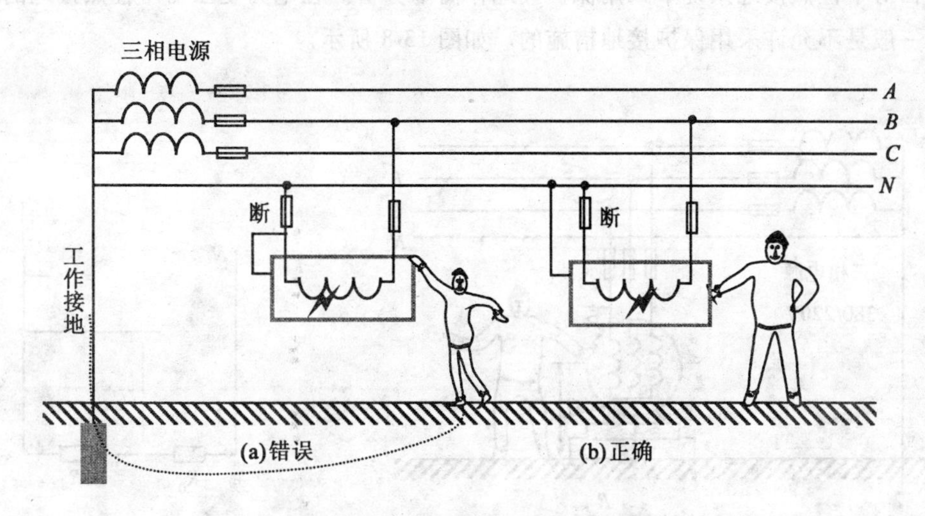

图 13-6　单相用电设备的正确接零

（2）保护接地。在中性点不接地的系统中是不允许采用保护接零的，因为当供电系统发生一相碰地时，系统可以照常运行，这时大地与碰地的端线等电位，会使所有接在零线上的电气设备外壳呈现对地电压，相当于相电压，这是十分危险的。

在中性点不接地的系统中宜采用保护接地，即把电气设备的金属外壳通过导体和接地体与大地可靠地连接起来，如图 13-7 所示。当某相相线碰壳时，由于人体电阻远远大于接地装置的电阻，故漏电电流几乎不从人体通过，从而保证了安全。

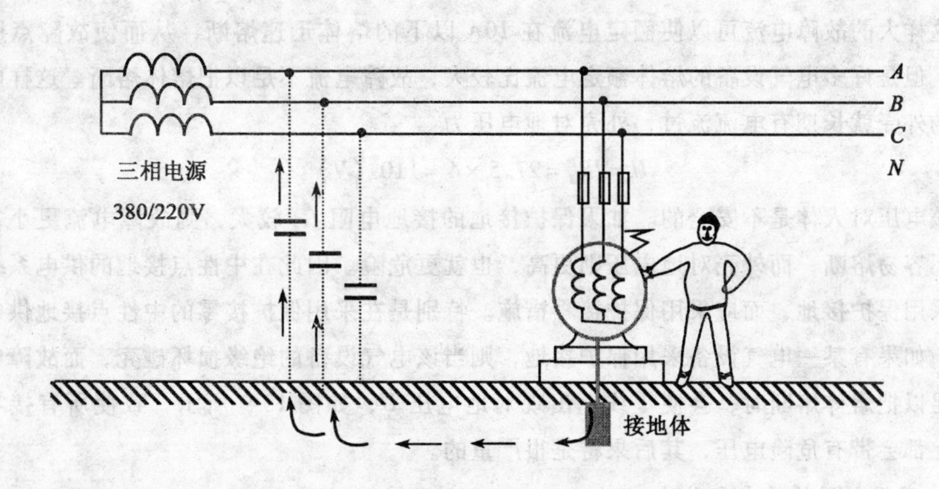

图 13-7　保护接地

国家颁布的《电气安装规程》规定：1 000V 以下的电气设备，保护性接地装置的接地电阻应不大于 4Ω，接地体可以用埋入地下的钢管、角钢或自来水管。通常是在电气设备比较集中的地方或必要的地方装设接地极，然后将各接地极用干线连接起来，凡需接地的设备都与接地干线连接，这样就形成了一个保护接地系统。

下面对中性点接地系统中采用保护接地作简单分析。在电力变压器中性点接地的供电系统中一般是不允许采用保护接地措施的。如图 13-8 所示。

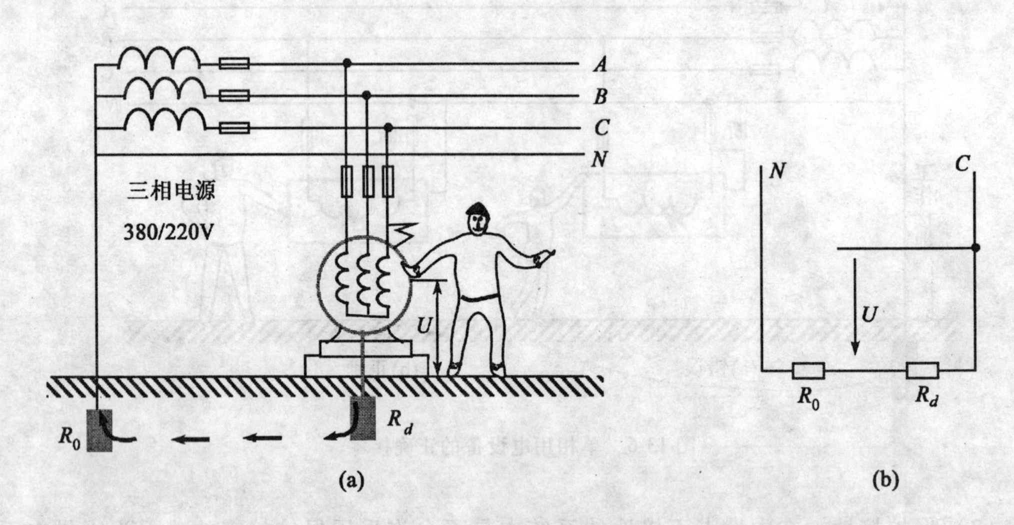

图 13-8 中性点接地系统中的保护接地

设接地装置的接地电阻 R_0 与 R_d 均为 4Ω，电源相电压为 220V，则一相碰壳时的电流为

$$I=\frac{220}{4+4}=27.5\ (\mathrm{A})$$

这样大的故障电流可以使额定电流在 10A 以下的熔体迅速熔断，从而使故障点脱离电源，但是许多电气设备的熔体额定电流比较大，故障电流不足以把熔体熔断。这样电气设备的外壳就长期有电流流过，外壳对地电压为

$$U=IR_d=27.5\times4=110\ (\mathrm{V})$$

该电压对人体是不安全的。如果保护接地的接地电阻 R_d 较大，则故障电流更小，熔体更不容易熔断，而外壳对地电压则更高，也就更危险。因此在中性点接地的供电系统中不宜采用保护接地，而应采用保护接零措施。特别是在采用保护接零的中性点接地供电系统中，如果有某一电气设备采用保护接地，则当该电气设备的绝缘损坏碰壳，而故障电流又不足以把熔体熔断时，会使零线上出现对地电压 U，如图 13-9 所示，致使所有接零的设备上都会带有危险电压，其后果将是很严重的。

4. 家用电器的接零和接地

我国目前家用电器已逐渐普及，家用电器一般都是单相负载，许多具有金属外壳的家用电器使用三眼插头，共有三根引出线，其中两根是负载引出线，一般分别接电源的端线和零线（220V）；另一根与金属外壳相连，专供接地或接零保护用，称为接地线。用好这根接地线对保障家用电器安全是十分重要的。

（1）如果用户的供电系统中性点不接地（这是少数地区），则其家用电器应采取保护

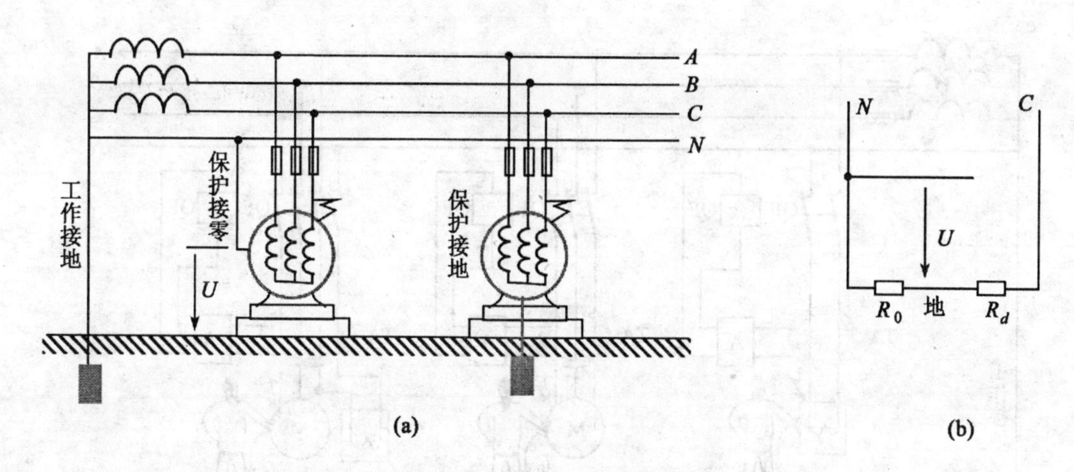

图 13-9　中性点接地系统中的保护接地与保护接零混用

接地措施，即让接地线与大地可靠连接。

(2) 我国绝大多数用户的供电系统中性点是接地的，故应采取保护接零措施，即让接地线与零线可靠连接，该零线上绝不允许装有开关和熔断器。

(3) 目前一些用户虽然供电系统的中性点是接地的，但住房内没有保护接零的三眼插座，而入户的零线上又装有开关和熔断器，不便从零线的干线上接线，也有采用瓮中捉鳖接地措施的。这是因为家庭熔丝的额定电流较小（一般小于 5A），若能可靠接地（$R_d<4\Omega$），则接地故障电流足以使熔丝熔断，及时切除电源，也能保证用电安全。但是这种在中性点接地系统中采用保护接地的做法应谨慎从事，必须注意合理配置熔丝并保证可靠接地，否则不但起不到保护作用，反而会招来危险。

5. 触电保护器保护

触电保护器又称漏电自动开关，其工作原理如图 13-10 所示。用电设备的所有电源线穿过一个电流互感器 TA 的环形铁芯，正常工作时由于通过互感器环形铁芯内的所有导线中电流的相量和等于零，故互感器的次级线圈没有电流，触电保护器保持在正常供电状态。

当用电设备的绝缘被损坏、有人误碰带电部分或一相碰接地外壳而未使电源切除时，电路中就有漏电流 I_0 分流入地，于是环形铁芯内导线的电流相量和不再等于零，而在电流互感器的次级感应出电流。该电流经放大器 A 放大后通过自动开关 QF 的电磁线圈，产生脱扣动作将电源切断，从而起到保护作用。

触电保护器的主要性能是动作电流与动作切除时间，一般动作电流不超过 15mA 或 30mA，动作时间在 0.1s 以内。在图 13-10 中，图（a）所示为双极触电保护器，适用于家庭及电动工具等单相电源电路；图（b）所示为三极触电保护器，适用于三相电动机等三相三线制电路；图（c）所示为四级触电保护器，适用于三相四线制电路。

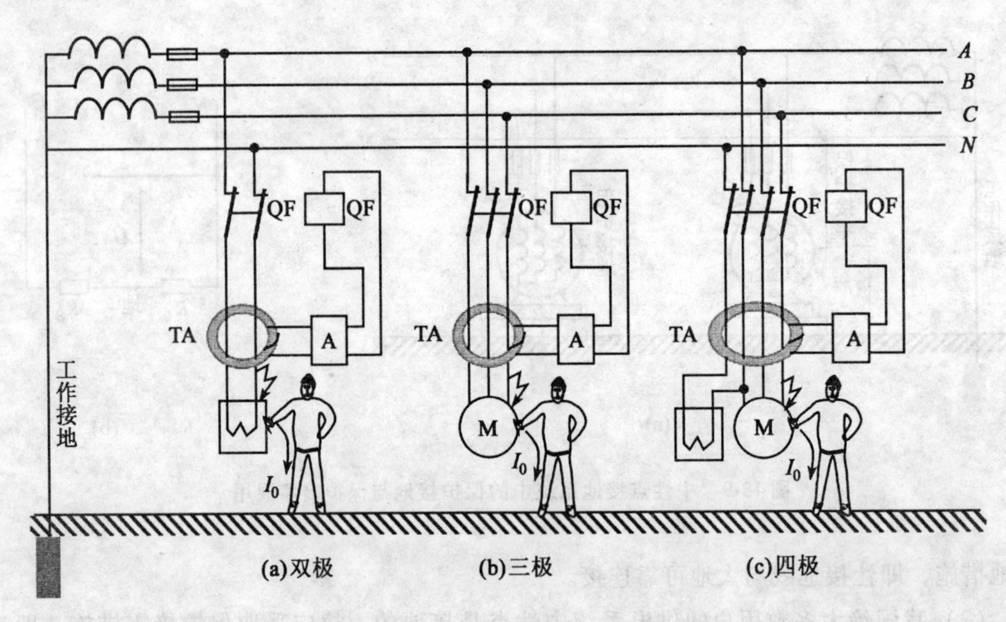

图 13-10 触电保护器的工作原理图

13.3.3 安全用电常识

尽管采取以上各种措施来防止触电，但如果工作疏忽或不重视安全用电，仍有可能发生触电事故，因此还应十分重视安全用电和触电急救常识。

1. 安全用电常识

(1) 严格执行规章制度。工程上一般都不许带电作业，断电检修时要在闸刀上挂上电气安全工作标示牌，以禁止别人合闸。必须带电作业时，则要由专业电工按操作要领进行操作。

(2) 正确安装用电设备。闸刀开关必须垂直安装，静插座应在上方，以免闸刀落下引起意外事故。电源线应接在上桩头，以保证断开闸刀后刀片上和熔丝上不带电，避免调换熔丝时触电。电灯开关应接在火线上，以保护断开开关后灯头上不带电。使用螺旋灯头时，不可把火线接在与螺旋套相连的接线桩头上，以免调换灯泡时触电。

(3) 用电设备在工作中不要超过额定值，保护电器的规格要合适，发现用电设备的温升过高时，应及时查明原因，消除故障。

(4) 电气设备停止使用时，应切断电源。电气设备拆除后，不应留有可能带电的电线，如果电线必须保留，则应将电源切断，并将裸露的线端用绝缘布包扎好。

(5) 建立定期安全检查制度。重点检查电气设备的绝缘和外壳接零或接地情况是否良好，要注意有无裸露带电部分，各种临时用电线及移动电气用具的插头、插座是否完好。对那些不合格的电气设备要及时调换，以保证正常安全工作。

2. 触电急救常识

触电的现场急救是抢救触电者生命的关键步骤。

(1) 若发现有人触电，首先应尽快使触电者脱离电源，其方法是就近断开开关或切断电线，也可用绝缘物作为工具使触电者与电源分离，但营救人员要注意自身安全，避免发生新的触电事故。

(2) 如果触电者伤害不严重，神志还清醒，但心慌、四肢麻木，全身无力或一度昏迷但很快恢复知觉，应让其躺下安静休息 1~2h，并严密观察，防止发生意外。

(3) 如果触电者伤害较严重，无知觉、无呼吸甚至无心跳，应立即送医院抢救，同时进行人工呼吸，不要耽搁时间，不要间断，要长时间坚持做。

[思考与练习题]

13.3.1　为什么鸟停在一根高压裸电线上不会触电，而站在地上的人碰到 220V 的单根高压裸电线危险？

13.3.2　直流发电机的两根端线都不接地，当人体与单根端线接触时，是否会触电？

13.3.3　一些金属外壳的家用电器（如电风扇、电冰箱等）使用三眼插头和插座，而一些非金属外壳的电器（如电视机、收音机）却只用两眼插头和插座，试说明其原因。

13.3.4　试判断图 13-11 中三个三眼插座接线图（a）、（b）、（c）中哪一个正确？

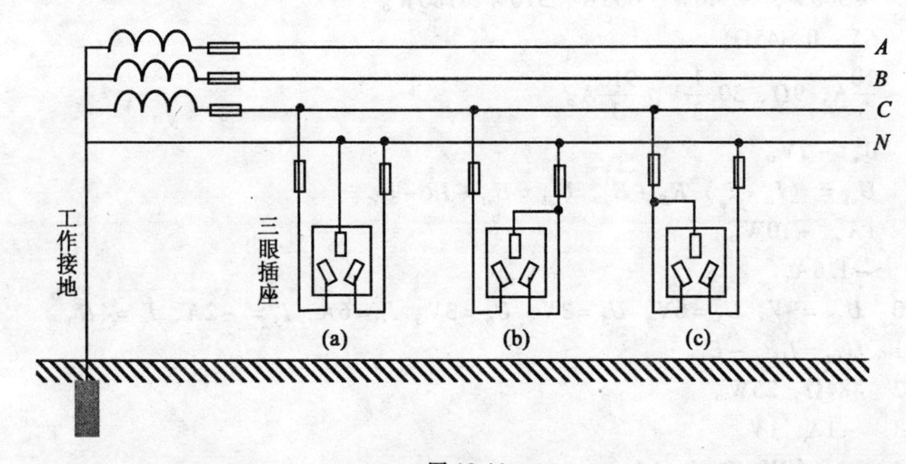

图 13-11

13.3.5　试从安全用电的观点分析图 13-12（a）、（b）两种电灯与开关的接法中哪一种比较合理？

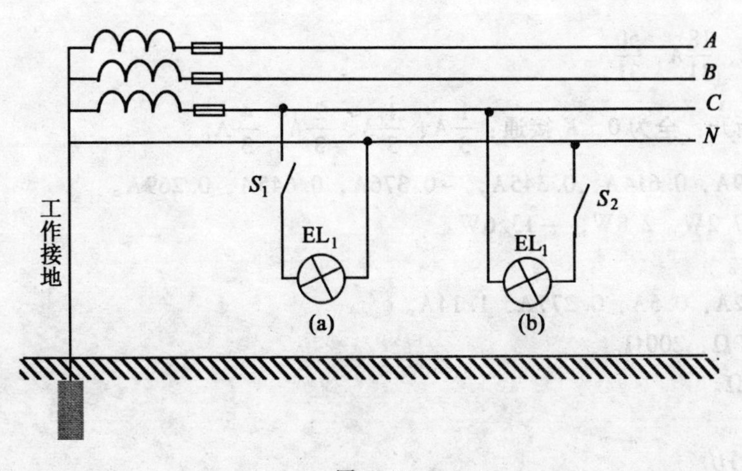

图 13-12

部分习题答案

第1章

1.1 (a)、(b) 电源，(c)、(d) 负载。

1.2 (c) 电势源：$I=1$A，$P=-2$W；电激流：$U=-2$V，$P=2$W；

(d) 电势源：$I=-2$A，$P=2$W；电激流：$U=1$V，$P=-2$W。

1.3 −560W，−540W，600W，320W，180W。

1.4 6V，0.345Ω。

1.5 $\frac{10}{3}$A，9Ω，$30\frac{1}{3}$V，$\frac{910}{3}$A。

1.6 0，−7V。

1.7 $U_{ab}=(I_B+I_g)R_B+E_g$，$U_{ab}=U_{s1}-IR-U_{s2}$。

1.8 1A，−10W。

1.9 −1.8A。

1.10 $U_{AD}=9V$，$U_3=6$V，$U_5=3$V，$U_6=3$V，$I_4=6$A，$I_5=-2$A，$I_6=4$A。

1.11 $U_{AB}=I_1R_1-E_1$。

1.12 484Ω，25W。

1.13 −1A，1V。

1.14 1A，10V，24V，1A。

1.15 2A。

1.16 $U_{s1}=-20$V，$U_{s2}=40$V，20W，40W，$P_{s1}=20$W，$P_{s2}=-80$W。

第2章

2.1 $\frac{32}{31}$A，$\frac{18}{31}$A，$\frac{50}{31}$A。

2.2 K断开：全为0，K接通：$\frac{1}{3}$A、$\frac{1}{3}$A、$\frac{2}{3}$A、$\frac{4}{3}$A。

2.3 0.99A，0.614A，0.345A，−0.376A，0.645A，0.269A。

2.4 −17.2W，2.8W，−13.6W。

2.5 11A。

2.6 1.42A，0.5A，0.277A，1.14A。

2.10 200Ω，200Ω。

2.11 10Ω。

2.12 6V。

2.14 $\frac{rU_1}{R-R_1+r}$。

2.15 -5.84V，1.96V。

2.16 35V，17.5Ω。

2.17 $\frac{38}{23}$A。

2.18 -0.4。

2.19 -1V。

2.20 1.25A。

2.21 2.5A。

2.22 -1A。

2.23 $\frac{1}{3}$A。

2.24 5A。

2.25 5.88A，0.12A，2.34A，2.22A，1A，3.22A。

2.26 $3-0.111\sin t$A。

第3章

3.1 （1）314rad/s，50Hz，0.02s，200V $-\frac{\pi}{3}$；

（2）$-100\sqrt{3}$V，$100\sqrt{3}$V。

3.2 （1）10.6A；7.07A；（2）75°。

3.3 $-5+j10$，$-11+j2$，$-50\angle 16.3°$ $2\angle 90°$。

3.4 $-1+j11.66$，$11.66+j$。

3.5 $220\angle 0°$V，$10\angle 90°$A，$5\sqrt{2}\angle -45°$A。

3.7 $i=2\sin(\omega t-90°)$ A。

3.8 $u=100\sqrt{2}\sin(\omega t+53.1°)$ V。

3.9 $i=6\sin(\omega t-15°)$ A。

3.10 $u_2=2\sin(\omega t+30°)$ V。

3.11 31.85A，0.0318A。

3.12 0.314A，3.14A。

3.13 （1）$1581\angle -71.6°$Ω，（2）$972\angle 59°$Ω。

3.14 （1）$20/\angle -90°$Ω，（2）$40\angle 30°$Ω。

3.15 $u=10\sqrt{2}\sin 314t$V。

3.16 $i=2\sin(100t+45°)$ A，$i'=2\sin(200t-45°)$ A。

3.17 （2）112.5W，194.9var，225VA，0.5；（3）R=25Ω，L=8.66mH。

3.18 6Ω，15.9mH。

3.19 16Ω，60mH，1 452var。

3.20 9.2kΩ，0.5V。

3.21 开关闭合：15.56A，155.6V，155.6V，0，2 420W，2 420var，3 422VA，0.707。

开关断开：22A，220V，220V，220V，4 840W，0，4 840VA，1。

3.22 （1）1.414A，10W；

（2）10Ω，0，90W；

（3）17.32Ω，10Ω，433W。

3.23 $i_1=\sqrt{2}\sin(1\,000t-45°)$，$i_1=\sqrt{2}\sin(1\,000t+45°)$。

3.24 （1）24A，30A，18A，26.8A；

（2）0.894 4；

（3）4 829.9VA，4 320W，2 160var。

3.25 （1）$i=7.143\sin(314t-45°)$ A；

（2）$u_1=71.43\sin(314t+8.1°)$ V；$u_2=71.43\sin(314t-8.1°)$ V；

（3）153.6W，204.7W，358.3W；

（4）204.7var，153.6var，358.3var；

（5）255.9VA，255.9VA，505.9VA。

3.26 （1）4.3Ω；（2）17.5mH。

3.27 $11\angle-60°$A，$11\angle0°$A，$19.1\angle-30°$A，3 630W。

3.28 （1）$i_1=44\sqrt{2}\sin(314t-53.1°)$ A，

$i_2=22\sqrt{2}\sin(314t-36.9°)$ A，

$i=65.4\sqrt{2}\sin(314t-47.7°)$ A；

（2）5 812W，7 741var，9 680VA，3 870W，2 906var，4 840var；

（3）9 683W，10 642var，14 388VA。

3.29 （1）10A，10A，20A，$10\sqrt{2}$A；

（2）2 200W，−2 200var，3 111var，0.707。

3.30 15.6Ω，22.85Ω。

3.31 141.4V，10A。

3.32 50Ω，25Ω，138mH。

3.33 图（a）：$U_2=U_3=100$V，$U_4=141.4$V，$U_5=0$，$U=100$V；

图（b）：$I=I_2=I_3=10$A，$I_4=0$。

3.34 $U=220$V，$I_1=15.6$A，$I_2=11$A，R = 10Ω，$L=31.8$mH，$C=159.2\mu$F，$I=11$A。

3.35 $\sqrt{5}e^{i63°}$ V。

3.36 （1）523.9Ω，1.67H；

（2）0.5，2.59μF。

第4章

4.1 （1）18.2A，18.2A，18.2A，0；

（2）0，18.2A，18.2A，18.2A。

4.2 44A，36.67A，22A，39.61A。

4.3 （1）0，36.67A，22A，0，220V，220V；

（2）0，23.75A，23.75A，0，142.5V，237.5V；

（3）55.2，63.3A，38A，0，380V，380V。

4.4 （2）22A，22A，22A，60.1A；

(3) 4 840W。

4.5 15Ω, 16.1Ω。

4.6 (1) 38A, 65.8A, 43 320W;

(2) $I_A=65.8\text{A}$, $I_{AB}=I_{AC}=38\text{A}$, $P=28\ 880\text{W}$;

(3) 22A, 22A, 14 520W。

4.7 38A, 65.8A, 25 992W, 34 656var, 43 320VA, 0.6。

4.8 $\frac{I_p}{I'_p}=1$ $\frac{I_L}{I'_L}=\frac{\sqrt{3}}{3}$, $\frac{P}{P'}=1$。

4.9 0.5, 101.6μF。

4.10 (1) 超过; (2) 528.7μF, 38.3A; (3) 41 只。

第5章

5.1 4.472A。

5.2 $u_2=0.0517+0.851\sin(314t+31.63°)$ V。

5.3 $U=123.3\text{V}$, $I=45.85\text{A}$, $P=800\text{W}$。

5.4 1 088.16W。

5.5 $i=0.3\sqrt{2}\sin(3\omega t+45°)$ A,

各电压表读数: $U=50\text{V}$, $U_C=40.25\text{V}$, $U_L=4.5\text{V}$;

电流表的读数: 0.3A。

5.6 $u_R=268.3\sin(\omega t+56.57°)+96.35\sin(3\omega t-45.52°)$ V,

$U_R=201.579\text{V}$。

5.7 $C_1=1\mu\text{F}$, $L_1=1\text{H}$。

5.8 $C=0.037\text{F}$, $L=0.333\text{H}$, $R=8\Omega$, $I_{3m}=50\text{A}$, $P=10.9\text{kW}$。

5.9 $f_0=2\ 820\text{Hz}$, $f_2=3\ 560\text{Hz}$, $f_1=2\ 240\text{Hz}$, $\Delta f=1\ 320\text{Hz}$, $Z=R=500\Omega$。

5.10 1V, 0.048V。

5.11 (1) $\sqrt{2}\sin 6\ 280t$V; (2) 6V。

5.12 能。

5.13 (1) 166.67Ω, 105mH, 0.242μF;

(2) 39.48V。

5.14 1 092kHz, 215kΩ。

第6章

6.1 (1) $u_C(0_+)=u_C(0_-)=U_s$, $u_{R2}(0_+)=u_C(0_+)=U_s$

$i_2(0_+)=\frac{U_S}{R_2}, U_{R1}(0_+)=0, i(0_+)=0$

(2) $i(\infty)=\frac{U_S}{R_1+R_2}, U_{R1}(\infty)=\frac{R_2}{R_1+R_2}U_S, i_C(\infty)=0$。

6.2 $i_L(0_+)=i_L(0_-)=\frac{U_S}{R_1}, u_{R1}(0_+)=U_S$,

$u_L(0_+) = -\frac{R_2}{R_1}U_S, i(\infty) = \frac{U_S}{R_1+R_2}, u_L(\infty) = 0$。

6.3 $t=0_+$时：R_1：1A，2V，R_2：1A，8V，
C_1和C_2：1A，0，L_1和L_2：0，8V，
稳态时：R_1：1A，2V，R_2：1A，8V，
C_1和C_2，0，8V　L_1和L_2：1A，0。

6.4 200Ω。

6.5 $u_C = 5e^{-2.5\times10^4 t}$V，$i_c = -e^{-25\times10^4 t}$。

6.6 8.21V　0.82mA。

6.7 $u_C = Ue^{-\frac{t}{RC}}$，$i_k = \frac{U}{r} + \frac{U}{R}e^{-\frac{t}{RC}}$。

6.8 $u_C = 100\ (1-e^{-0.1t})$ V，$i = 10^{-4}e^{-0.1t}$。

6.9 $u = 9\ (1-e^{-1.67\times10^5 t})$ V。

6.10 $u_C = 20\ (1-e^{-25t})$ V。

6.11 $u_C = 20\ (1-15e^{-0.04t})$ V。

6.12 $u_C = (150-100e^{-3.33\times10^{-2}t})$ V，$i = 50e^{-3.33\times10^{-2}t}$μA。

6.13 $u_C = 10+40e^{-50t}$V。

6.14 $i = 2e^{-5\times10^4 t}$A。

6.15 $u_C = -5+15e^{-10t}$V。

6.16 $u_C = \frac{R_2}{R_1+R_2}U + \left[U\ (1-e^{-\frac{t_1}{R_1C}}) - \frac{R_2}{R_1+R_2}U\right]e^{-\frac{R_1+R_2}{R_1R_2C}(t-t_1)}$。

6.17 3.68V。

6.18 $U_C = 0.865e^{-10^5(t-t_p)}$V，$u_C = -0.865e^{-10^5(t-t_p)}$V。

6.19 $u_C = -0.78e^{-5(t-0.5)}$V，$u_R = -u_C$。

6.20 $i = 12-9e^{-100t}$A。

6.21 $i = 2\ (1-e^{-100t})$ A，$i_1 = 3-e^{-200t}$A，$i_2 = 2e^{-50t}$A。

6.22 $i_1 = 2-e^{-2t}$A，$i_2 = 3-2e^{-2t}$A，$i_L = 5-3e^{-2t}$A。

6.23 $u_0 = 10+2e^{-80t}$V。

6.24 $R = r = \sqrt{\frac{L}{C}}$。

第7章

7.1 $Z_{11} = Z_{22} = 350\Omega$，$Z_{21} = Z_{12} = 50\Omega$，$Z_a = Z_c = 300\Omega$，$Z_b = 50\Omega$。

7.2 $Z_b = Z_c = 4\Omega$，$Z_a = 2\Omega$

7.3 图（a)：$[\boldsymbol{Y}] = \begin{bmatrix} \frac{1}{Z} & -\frac{1}{Z} \\ -\frac{1}{Z} & \frac{1}{Z} \end{bmatrix}$；图（b)：$[\boldsymbol{Y}] = \begin{bmatrix} G+j\omega C_1 & -G \\ -G & G+j\omega C_2 \end{bmatrix}$。

7.4 图(a)：$[A]=\begin{bmatrix}\frac{Z_1+Z_2}{Z_2} & Z_1\\ \frac{1}{Z_2} & 1\end{bmatrix}$；图(b)：$[A]=\begin{bmatrix}1 & Z_2\\ \frac{1}{Z_1} & \frac{Z_1+Z_2}{Z_1}\end{bmatrix}$。

7.5 图(a)：$[Y]=\begin{bmatrix}\frac{Z_1+Z_2}{2Z_1Z_2} & \frac{Z_1-Z_2}{2Z_1Z_2}\\ \frac{Z_1-Z_2}{2Z_1Z_2} & \frac{Z_1+Z_2}{2Z_1Z_2}\end{bmatrix}$；图(b)：$[Z]=\begin{bmatrix}\frac{Z_1+Z_2}{2} & \frac{Z_2-Z_1}{2}\\ \frac{Z_2-Z_1}{2} & \frac{Z_1+Z_2}{2}\end{bmatrix}$。

7.6 图(a)：$[A]=\begin{bmatrix}1 & 0\\ j\omega L & 1\end{bmatrix}$；图(b)：$[A]=\begin{bmatrix}n & 0\\ 0 & \frac{1}{n}\end{bmatrix}$。

第8章

8.1 0.5×10^{6} 1/H，0.796×10^{7} 1/H，600A，9 550A，10 150A。

8.2 (1) 0.35A，(2) 1.6×10^{-3}Wb。

8.3 1A，47 746N。

8.4 (1) 180.5 匝；(2) 260.5 匝，8 180.5 匝；(3) 2.9A，90.6A。

8.5 63W，0.29。

8.6 (1) 1T；(2) 18V。

8.7 (1) 12.2，2.18V；(2) 1.04T。

8.9 (1) 230 匝，75.3 匝，13.2 匝；(2) 0.2A，46.2VA。

8.10 (1) 250 盏；(2) 104 盏。

8.11 (1) 2，4.55A，9.09A。
(2) 967W，1 028W，3.32%。

8.12 64 匝。

8.13 1.25W。

8.15 (1) 1.36A，27.3A；(2) 440/110V，13.6/54.6A，6kVA。

8.16 95V，5.187kVA。

第9章

9.2 (1) 0.04；(2) −0.33；(3) 1.4。

9.3 2 880r/min，3 000 r/min

9.4 12 极，0.05，2.5Hz。

9.5 20N · m，12 N · m。

9.6 26.5 N · m，58.4 N · m。

9.8 256V。

9.9 13.2 N · m，53.1 N · m。

9.10 (1) 247.8A，411 N · m，484 N · m；

(2) 198.2A, 263 N·m, 309.8 N·m。

9.12 (2) 227.3A, (3) 1072 N·m。

9.13 (1) 80.4%; (2) 19.5 N·m; (3) 0.087。

9.14 (1) 5.04A, 8.72A, 14.7A;

(2) 0.047, 2.33Hz。

9.15 960 r/min, 40kW, 0.87, 89.7%。

9.16 (1) 194.9 N·m; (2) 0.87。

9.17 (1) 132.5A, 129.9 N·m。

9.18 (1) 1.53; (2) 259.9A, 169.8A。

9.19 (1) 1.25V, 0.667 Hz; (2) 0.002 89Ω; (3) 1 484 N·m, 1 125 r/min。

9.20 0.008 76Ω。

9.22 $Q = 18.8\text{kW}$。

9.23 $E_0 = 7\ 470\text{V}$, $\theta = 11.2°$

第10章

10.1

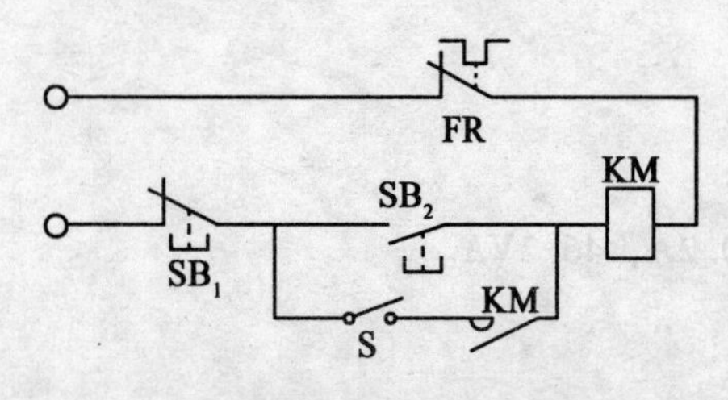

10.1题图 (a) 答案

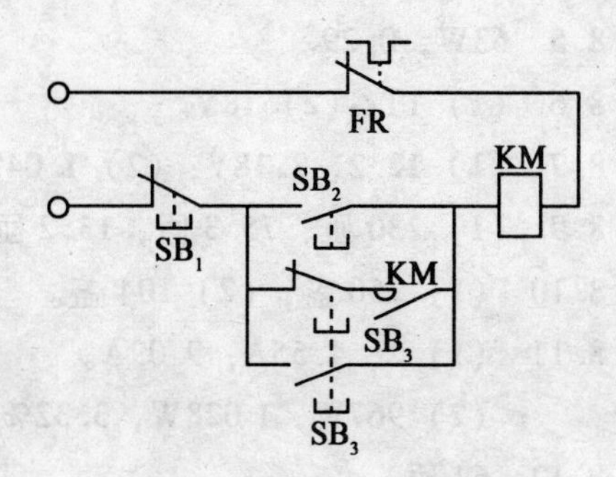

10.1题图 (b) 答案

10.2

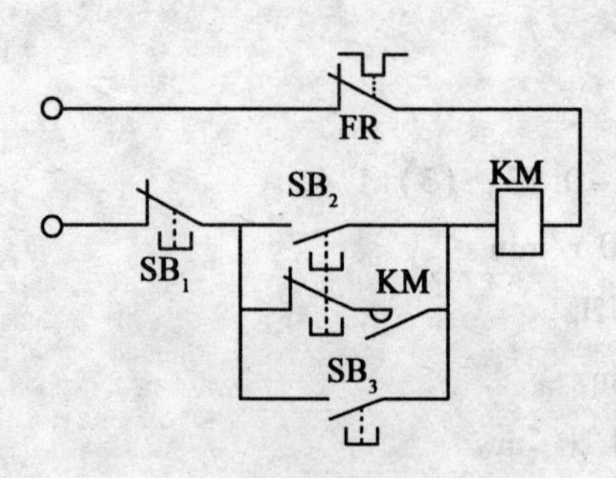

10.2题答案

10.3

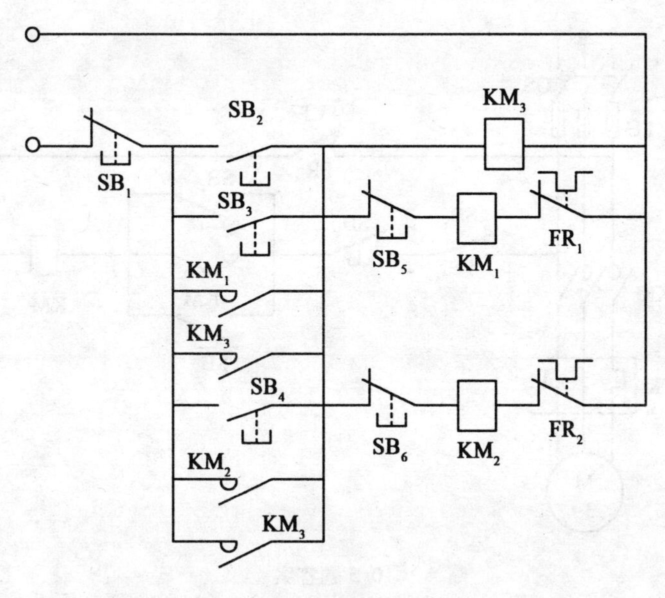

10.3 题答案

10.4

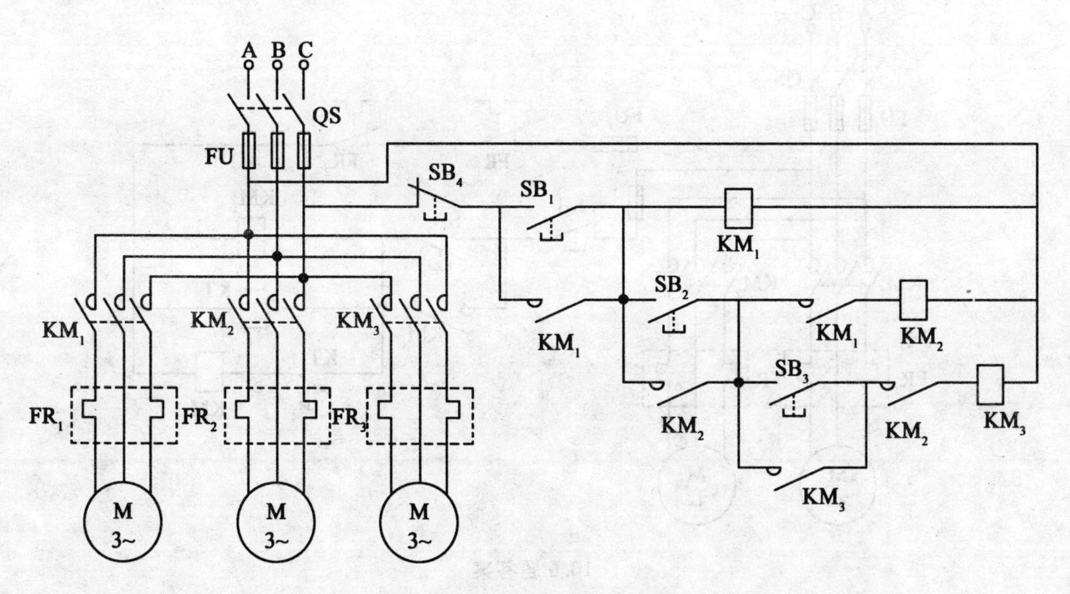

10.4 题答案

10.5

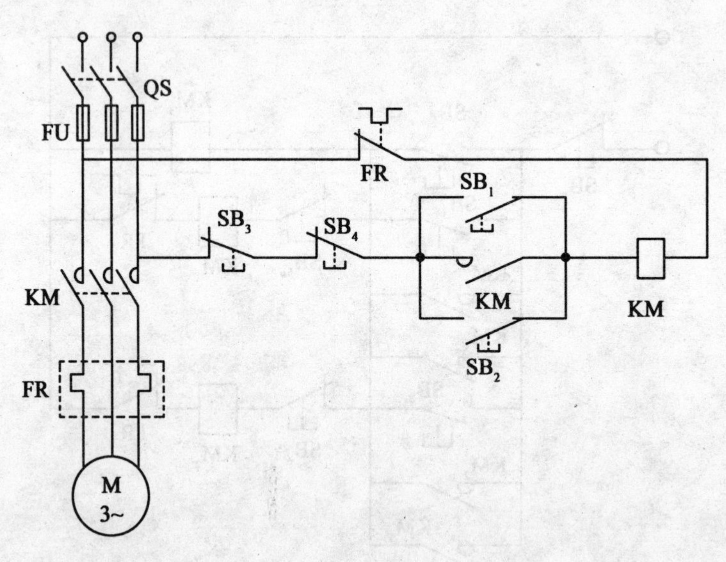

10.5 题答案

10.6

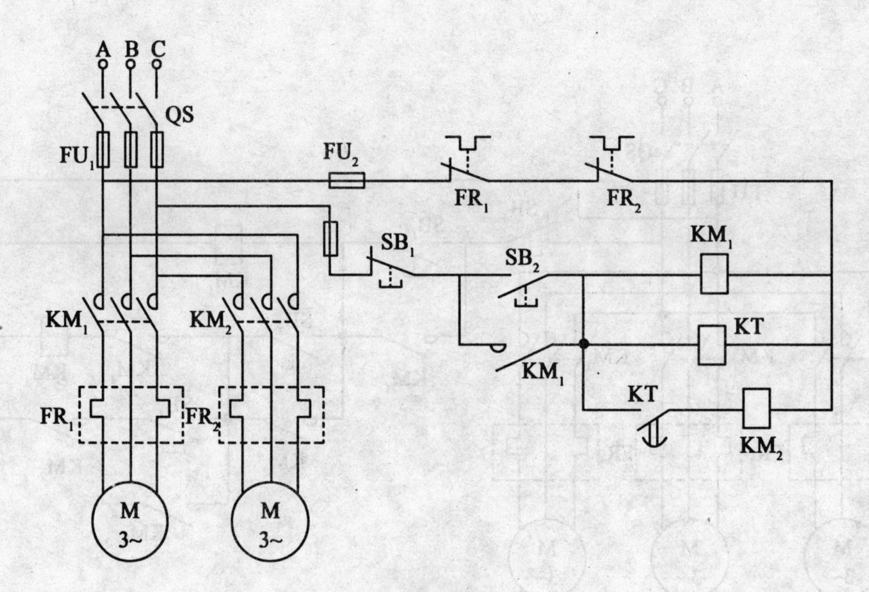

10.6 题答案

10.7

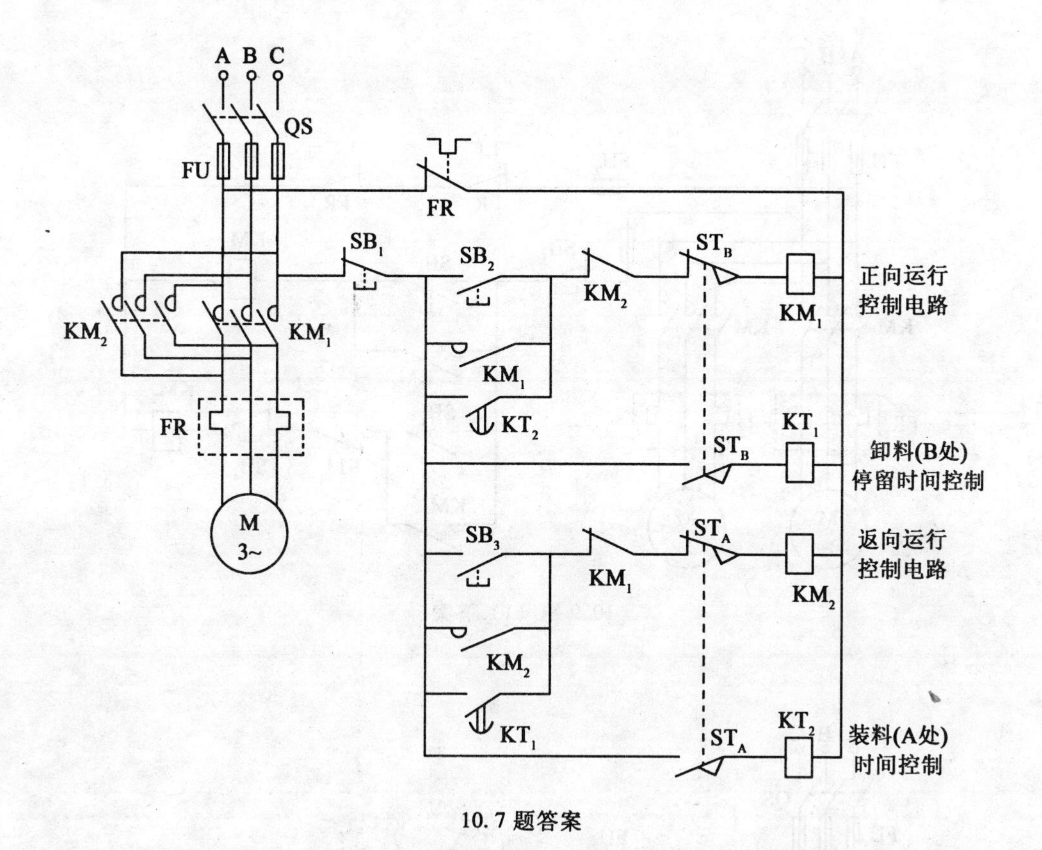

10.7 题答案

10.8

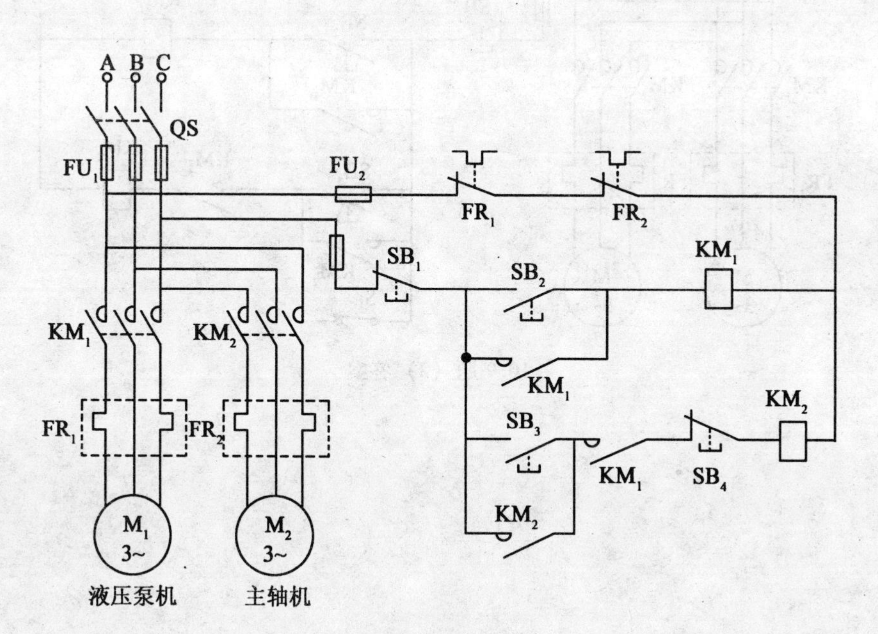

10.8 题答案

10.9

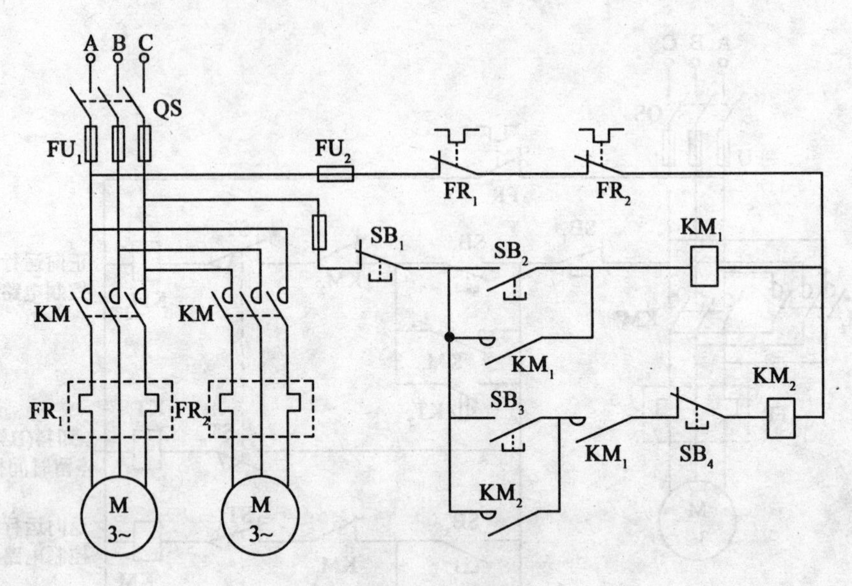

10.9 题（1）答案

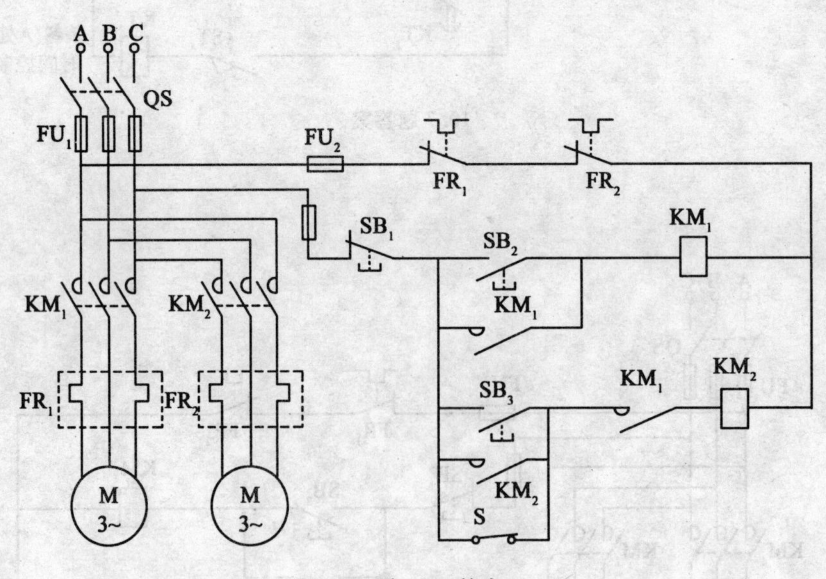

10.9 题（2）答案

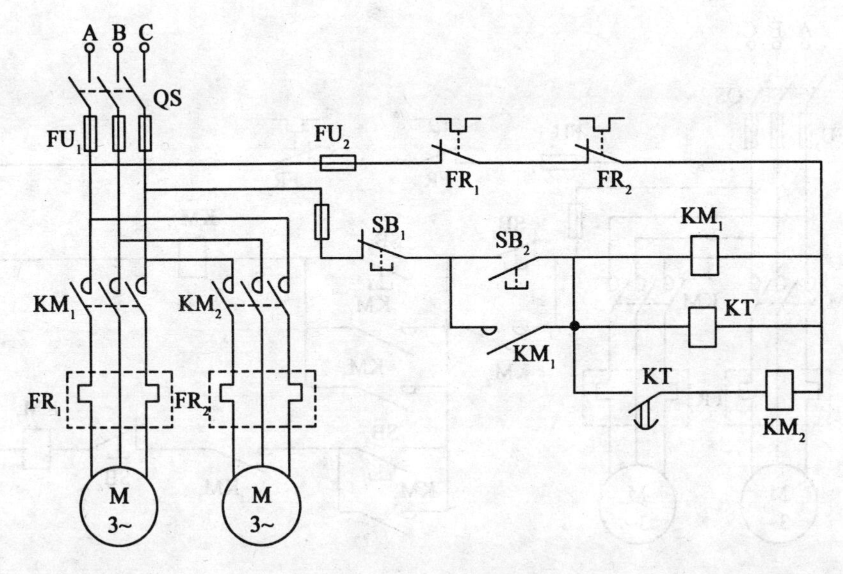

10.9 题（3）答案

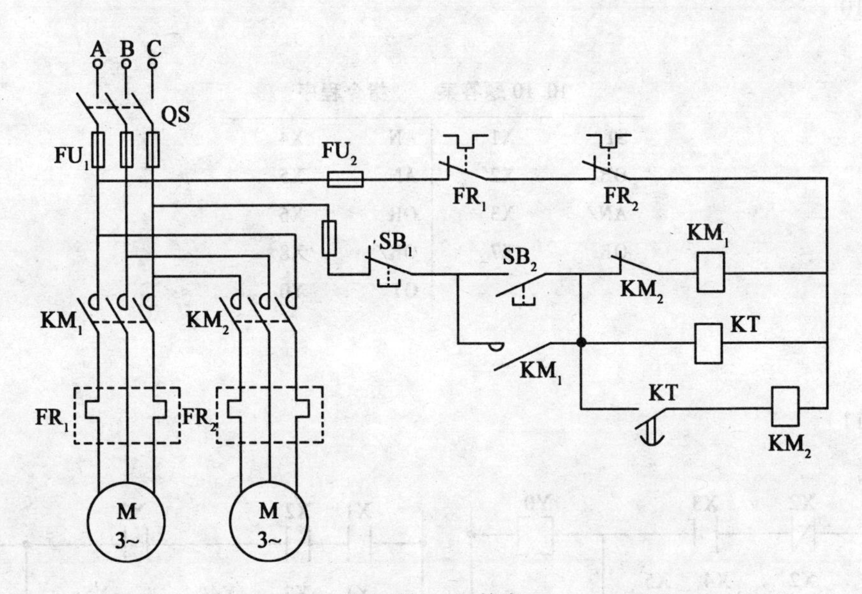

10.9 题（4）答案

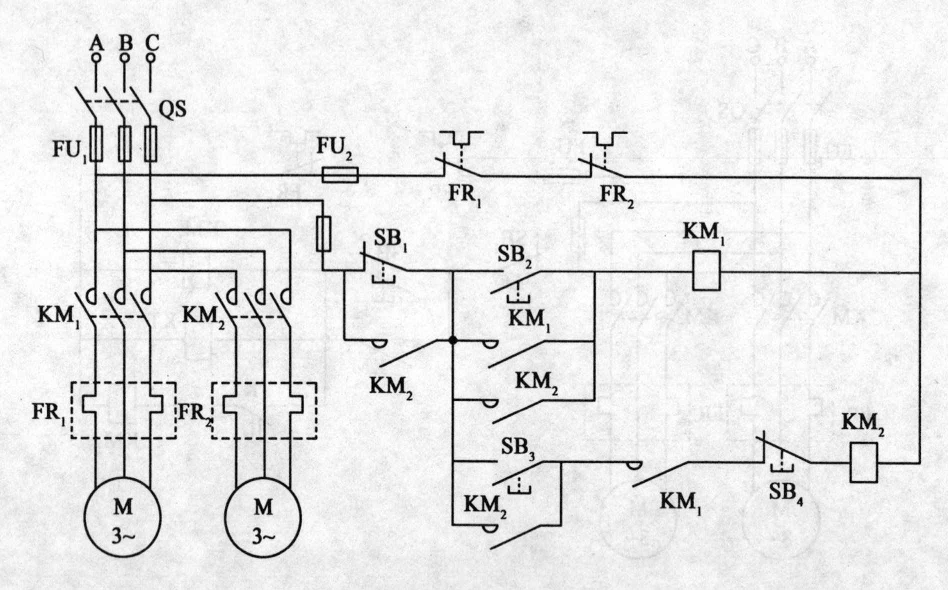

10.9 题（5）答案

10.10

10.10 题答案　　指令程序

ST	X1	AN	X4
OR	X2	AN	X5
AN/	X3	OR	X6
OR	X7	OR/	X8
		OT	Y0

10.11

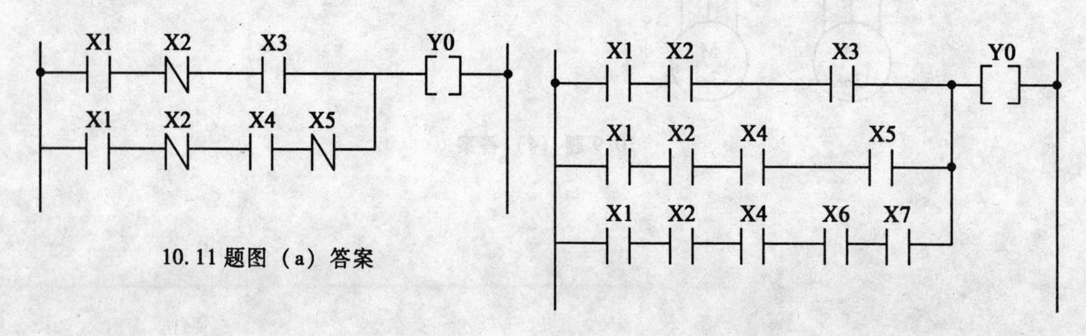

10.11 题图（a）答案

10.11 题图（b）答案

10.12

10.12 题图（a）答案

ST	X0	TM	Y2
AN/	T2	K	2
TM	Y1	ST	X0
K	1	AN/	T1
ST	T1	OT	Y0
		ED	

10.12 题图（b）答案

ST	X0	K	100
TM	X0	ST	T1
K	100	OT	Y0
ST	T0	ED	
TM	Y1		

10.13

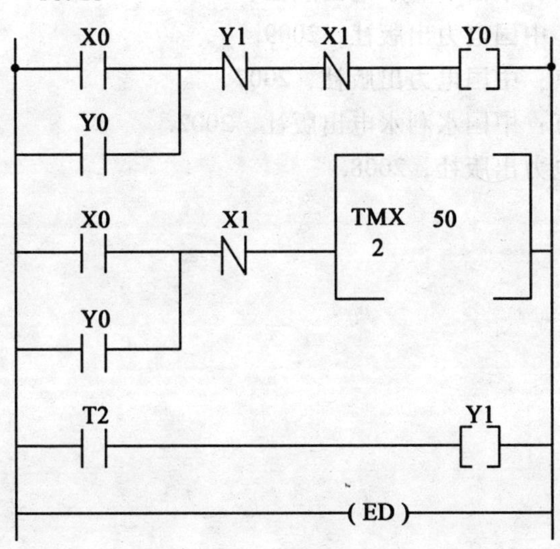

10.13 题答案 梯形图

10.13 题答案 指令语句表

ST	X0	AN/	X1
OR	Y0	TM	X2
AN/	Y1	K	50
AN/	X1	ST	T2
OT	Y0	OT	Y1
ST	X0		ED
OR	Y0		

第 11 章

11.4　1 229 r/min。

11.5　（1）1 051 r/min；（2）16.8A。

11.8　（1）11.2；（2）0.56Ω。

11.9　（1）转速升高了 10.5%；（2）转速下降了 10.5%。

参考文献

[1] 李海等．电工技术（第二版）．武汉：武汉大学出版社，2005.
[2] 秦曾煌主编．电工学（第七版）上册．北京：高等教育出版社，2009.
[3] 史仪凯主编．电工技术．北京：科学出版社，2008.
[4] 李　海．电工电子技术．北京：中国电力出版社，2007.
[5] 侯树文．电工学及电气设备．北京：中国水利水电出版社，2008.
[6] 熊信银．发电厂电气设备．北京：中国电力出版社，2009.
[7] 王晓玲等．电气设备及运行．北京：中国电力出版社，2007.
[8] 王士政等．发电厂电气部分．北京：中国水利水电出版社，2002.
[9] 尹克宁．电力工程．北京：中国电力出版社，2008.